Die blaue Stunde der Informatik

Die blaue Stunde – die Zeit am Morgen zwischen Nacht und Tag, die Zeit am Abend ehe die Nacht anbricht. Wenn alles möglich scheint, die Gedanken schweifen, wenn Zeit für anregende Gespräche ist und Neugier auf Zukünftiges wächst, auf alles, was der nächste Tag bringt.

Genau hier setzt diese Buchreihe rund um Themen der Informatik an: Was war, was ist, was wird sein, was könnte sein?

Von lesenswerten Biographien über historische Betrachtungen bis hin zu aktuellen Themen umfasst diese Buchreihe alle Perspektiven der Informatik – und geht noch darüber hinaus. Mal sachlich, mal nachdenklich und mal mit einem Augenzwinkern lädt die Reihe zum Weiter- und Querdenken ein. Für alle, die die bunte Welt der Technik entdecken möchten.

Ulf Hashagen · Rudolf Seising
Hrsg.

Algorithmische Wissenskulturen

Der Einfluss des Computers auf die Wissenschaftsentwicklung

Hrsg.
Ulf Hashagen
Forschungsinstitut für Technik- und
Wissenschaftsgeschichte
Deutsches Museum
München, Deutschland

Rudolf Seising
Forschungsinstitut für Technik- und
Wissenschaftsgeschichte
Deutsches Museum
München, Deutschland

ISSN 2730-7425　　　　　　　　ISSN 2730-7433 (electronic)
Die blaue Stunde der Informatik
ISBN 978-3-658-35559-3　　　　ISBN 978-3-658-35560-9 (eBook)
https://doi.org/10.1007/978-3-658-35560-9

Die Deutsche Nationalbibliothek verzeichnet diese Publikation in der Deutschen Nationalbibliografie; detaillierte bibliografische Daten sind im Internet über https://portal.dnb.de abrufbar.

© Springer Fachmedien Wiesbaden GmbH, ein Teil von Springer Nature 2025

Das Werk einschließlich aller seiner Teile ist urheberrechtlich geschützt. Jede Verwertung, die nicht ausdrücklich vom Urheberrechtsgesetz zugelassen ist, bedarf der vorherigen Zustimmung des Verlags. Das gilt insbesondere für Vervielfältigungen, Bearbeitungen, Übersetzungen, Mikroverfilmungen und die Einspeicherung und Verarbeitung in elektronischen Systemen.
Die Wiedergabe von allgemein beschreibenden Bezeichnungen, Marken, Unternehmensnamen etc. in diesem Werk bedeutet nicht, dass diese frei durch jede Person benutzt werden dürfen. Die Berechtigung zur Benutzung unterliegt, auch ohne gesonderten Hinweis hierzu, den Regeln des Markenrechts. Die Rechte des/der jeweiligen Zeicheninhaber*in sind zu beachten.
Der Verlag, die Autor*innen und die Herausgeber*innen gehen davon aus, dass die Angaben und Informationen in diesem Werk zum Zeitpunkt der Veröffentlichung vollständig und korrekt sind. Weder der Verlag noch die Autor*innen oder die Herausgeber*innen übernehmen, ausdrücklich oder implizit, Gewähr für den Inhalt des Werkes, etwaige Fehler oder Äußerungen. Der Verlag bleibt im Hinblick auf geografische Zuordnungen und Gebietsbezeichnungen in veröffentlichten Karten und Institutionsadressen neutral.

Springer Vieweg ist ein Imprint der eingetragenen Gesellschaft Springer Fachmedien Wiesbaden GmbH und ist ein Teil von Springer Nature.
Die Anschrift der Gesellschaft ist: Abraham-Lincoln-Str. 46, 65189 Wiesbaden, Germany

Wenn Sie dieses Produkt entsorgen, geben Sie das Papier bitte zum Recycling.

Inhaltsverzeichnis

Einleitung 1
Ulf Hashagen und Rudolf Seising

Einleitende und methodische Essays

Die „Algorithmisierung" der Wissenschaften: Fragen zum Verhältnis von Wissenschaftsentwicklung, Algorithmen und Computertechnologie 21
Ulf Hashagen

Eine kurze Geschichte von Algorithmen und Daten 51
Rudolf Seising

Algorithmische Wissenskulturen: Theorie

Die Dominanz der Vorhersage: Eine iterative und eine explorative Kultur 91
Johannes Lenhard

Wissenschaftspraxis algorithmischer Wissenskulturen 109
Gabriele Gramelsberger

Kultur oder Regime? Der Computer und die Organisationsform der Wissenschaften 125
Johannes Lenhard

Algorithmische Wissenskulturen: Rechnen und Simulieren

Die Anfänge der numerischen Strömungsmechanik im Kalten Krieg 139
Michael Eckert

Algorithmen, Politik und wissenschaftliche Standards: Wie die Klimavorhersage die Kultur der Klimawissenschaft veränderte 171
Matthias Heymann

Vorhersage und Kontrolle: Die Beeinflussung der Atmosphäre und die Computertechnologie 191
Manuel Kaiser

Die meteorologische Stadt: Stadtklimasimulationen und Umgebungskonzepte der frühen Stadtklimaforschung 211
Hannah Zindel

Nichtnumerische algorithmische Wissenskulturen

Adas Traum, oder: Die Weberei als algorithmische Wissenskultur 233
Ellen Harlizius-Klück

Eine verschwindende Materialität? Die Algorithmisierung der Papierfaltung Ende des 20. Jahrhunderts 275
Michael Friedman

Algorithmische Wissenskulturen in den Geisteswissenschaften und ihr Vorlauf im 19. Jahrhundert 301
Toni Bernhart

Algorithmische Wissenskulturen: Daten

Algorithmische Kulturen des Pflanzensammelns? Das Beispiel der Computerisierung des Botanischen Gartens und Botanischen Museums Berlin 327
Suzana Alpsancar

Die soziale Genese kollaborativer e-Science-Plattformen ab 1990 am Beispiel von „Big Data in Astronomy" 367
Hans Dieter Hellige

Die soziale Genese von „Big Data in Social Sciences" in der Entstehungsphase zentraler Beobachtungs- und Analyse-Plattformen ab 2000 403
Hans Dieter Hellige

Namensverzeichnis 447

Kurzbiographien

Suzana Alpsancar (* 1981) ist Juniorprofessorin für Angewandte Ethik mit Schwerpunkt Technikethik in der digitalen Welt an der Universität Paderborn.
   Studium der Philosophie, Neueren und Neuesten Geschichte, Germanistischen Sprachwissenschaft und Informatik an der TU Chemnitz; 2010 Promotion an der TU Darmstadt; 2011–2017 Postdoc an der TU Darmstadt, Yale University, TU Braunschweig, Universität Witten-Herdecke und TU Kaiserslautern; 2017–2019 Gastprofessorin für Technikphilosophie und ab 2019 wiss. Mitarbeiterin an der BTU Cottbus-Senftenberg; 2020 Senior-Fellow am MECS der Universität Lüneburg. Seit 2021 leitet sie die Fachgruppe „Angewandte Ethik" am Heinz Nixdorf Institut und dem Fach Philosophie der Universität Paderborn und ist PI ebendort im SFB/TRR 318 „Constructing Explainability", dem NRW-Forschungsnetzwerk SustAInable Life-cycle of Intelligent Socio-Technical Systems (SAIL) sowie dem ERC Synergy Grant „Cultures of the Cryosphere. Infrastructures, Politics, and Futures of Artificial Cooling". Arbeitsschwerpunkte: Fragen nach normativen, ethischen, und epistemologischen Herausforderungen in digitalisierten Welten.
   Autorin von „Das Ding namens Computer" (2012), Mitherausgeberin des Jahrbuchs Technikphilosophie (erscheint jährlich), des Sammelbandes „Philosophische Digitalisierungsforschung. Verantwortung, Verständigung, Vernunft, Macht" (2024) sowie zahlreicher Aufsätze zur Philosophie und Ethik von KI und digitalen Infrastrukturen.

Toni Bernhart (* 1971) ist außerplanmäßiger Professor für Neuere deutsche Literatur am Institut für Literaturwissenschaft der Universität Stuttgart; Studium der Germanistik, Theaterwissenschaft und Geografie an der Universität Wien, Promotion 2001 an der Humboldt-Universität zu Berlin und Habilitation 2018 an der Universität Stuttgart; 2015–2020 Leiter des DFG-geförderten Forschungsprojekts „Quantitative Literaturwissenschaft" an der Universität Stuttgart.
   Arbeitsschwerpunkte: Quantitative Literaturwissenschaft, Wissenschaftsgeschichte der Digital Humanities, Auditivität und Literatur, Medienarchäologie, Drama im europäischen Kontext, Imaginationen von ‚Volkspoesie'.
   Autor der Bücher: „‚Adfection derer Cörper'. Empirische Studie zu den Farben in der Prosa von Hans Henny Jahnn" (2003), „Volksschauspiele. Genese einer kulturgeschichtlichen Formation" (2019).

Michael Eckert (* 1949) ist Senior Researcher am Forschungsinstitut für Technik- und Wissenschaftsgeschichte des Deutschen Museums.

Studium der Physik an der TU München; 1979 Promotion in theoretischer Physik an der Universität Bayreuth; seit 1981 wissenschaftlicher Mitarbeiter an Projekten zur Physik- und Technikgeschichte am Deutschen Museum und an der Ludwig-Maximilians-Universität München.

Arbeitsschwerpunkte: Geschichte der Quanten- und Festkörperphysik, Strömungsmechanik und Turbulenzforschung; Autor der Bücher „Die Atomphysiker" (1993), „Arnold Sommerfeld – Atomphysiker und Kulturbote" (2013), „Ludwig Prandtl – Strömungsforscher und Wissenschaftsmanager" (2017), „Turbulence – an Odyssey" (2022).

Michael Friedman ist Reseach Associate im Mathematischen Institut der Universität in Bonn und Senior Lecturer am Cohn Institute for History and Philosophy of Science And Ideas an der Universität von Tel Aviv. Studium der Mathematik und Philosophie an den Universitäten in Tel Aviv und Bar Ilan, Promotion in Mathematik an der Bar Ilan Universität. Arbeitsschwerpunkte: Als Mathematikhistoriker liegt der Schwerpunkt seines Interesses auf der Interaktion von materiellem, visuellem und symbolischem Wissen. Derzeit untersucht er die vielfältigen Traditionen und materiellen Praktiken (Falten, Flechten, Weben, Knoten sowie 3D-Modelle) der Mathematik. In diesem Zusammenhang erforscht er, inwiefern diese Praktiken symbolisch-mathematisches Wissen antrieben.

Autor der Bücher „A History of Folding in Mathematics. Mathematizing the Margins" (2018) „Ramified Surfaces" (2022), „On Joachim Jungius' Texturæ Contemplatio. Texture, Weaving and Natural Philosophy in the 17th Century" (2023) sowie der Mitherausgeber des Sammelbandes „Model and Mathematics: From the 19th to the 21st Century" (2022, mit Karin Krauthausen).

Gabriele Gramelsberger (* 1964) ist Professorin für Wissenschaftstheorie und Technikphilosophie an der RWTH Aachen und Direktorin des Käte Hamburger Kollegs „Kulturen des Forschens".

Studium der Philosophie mit Schwerpunkt Wissenschaftstheorie an der Universität Augsburg, Promotion in Philosophie an der Freien Universität Berlin.

Arbeitsschwerpunkte: Erkenntnistheorie, Philosophie des Digitalen und der digitalen Wissenschaft.

Autorin der Bücher „Computerexperimente" (2010), „From Science to Computational Sciences" (2011), „Operative Epistemologie" (2020) und „Philosophie des Digitalen" (2023) sowie zahlreicher Aufsätze zur Geschichte und Philosophie der Computersimulation.

Ellen Harlizius-Klück (* 1958) ist Senior Researcher am Forschungsinstitut für Technik- und Wissenschaftsgeschichte des Deutschen Museums.

Studium der Mathematik, Kunst und Philosophie in Siegen und Düsseldorf; 2004 Promotion; 2000 bis 2006 Professorin für Textil- und Bekleidungswissenschaften an der Universität Osnabrück; 2006 Scholar-in-Residence am Deutsches

Museum, München; 2012 bis 2013 Marie-Curie Senior Research Fellow im m4human Programm der Gerda Henkel Stiftung (COFUND) am Center for Textile Research der Universität Kopenhagen; 2014 bis 2015 wissenschaftliche Mitarbeiterin im Kooperationsprojekt „Ancient Textiles" des Center for Textile Research (Kopenhagen) und der Abteilung Alte Geschichte der Leibniz Universität Hannover; 2014 bis 2016, Co-Investigator im Projekt „Weaving Codes – Coding Weaves", gefördert durch den Digital Transformations Amplification Award des Arts & Humanities Research Council (Vereinigtes Königreich). 2016–2022 Principal Investigator des Projekts „PENELOPE: A Study of Weaving as Technical Mode of Existence" gefördert durch den Europäischen Forschungsrat (ERC) im „Horizon 2020" Rahmenprogramm für Forschung und Innovation am Forschungsinstitut für Technik- und Wissenschaftsgeschichte des Deutschen Museums, München.

Arbeitsschwerpunkte: Die Weberei in der Geschichte der Wissenschaften; Mathematische Aspekte der antiken Weberei. Zahlreiche Publikationen zur (antiken) Weberei und Mathematik, z. B. in Materia philosophiae hg. von Robert Hahn und William Wians (2025).

Mitherausgeberin „Homo Textor: Weaving as (Technical) Mode of Existence" (2025).

Ulf Hashagen (* 1961) ist Leiter des Forschungsinstituts für Technik- und Wissenschaftsgeschichte des Deutschen Museums und Vorstandsmitglied des Münchener Zentrums für Wissenschafts- und Technikgeschichte.

Studium der Mathematik und Physik an der Universität Marburg und der Universität Göttingen, 2001 Promotion in Geschichte der Naturwissenschaften und 2011 Habilitation in Wissenschafts- und Technikgeschichte an der Ludwig-Maximilians-Universität München; 1993–2000 Kurator und Wiss. Hauptabteilungsleiter am HNF Heinz Nixdorf MuseumsForum in Paderborn; seit 2001 am Forschungsinstitut des Deutschen Museums.

Arbeitsschwerpunkte: Geschichte der mathematischen Wissenschaften im 19. und 20. Jahrhundert; Geschichte des „Scientific Computing" und der Informatik.

Autor des Buches „Walther von Dyck (1856–1934): Mathematik, Technik und Wissenschaftsorganisation an der TH München" (2003) und Mitherausgeber der Sammelbände „The First Computers: History and Architectures" (2000), „History of Computing: Software Issues" (2002) sowie der Zeitschrift „Sudhoffs Archiv: Zeitschrift für Wissenschaftsgeschichte".

Hans Dieter Hellige (*1943) ist Professor für Technikgestaltung und Technikgenese i.R. am artec Forschungszentrum Nachhaltigkeit der Universität Bremen.

Studium der Geschichte mit den Schwerpunkten neuere Wirtschafts-, Sozial- und Technikgeschichte; Promotion 1976 an der TU Berlin; 1977–2008 Lehrtätigkeit in den Studiengängen Elektrotechnik, Informatik, Medieninformatik, Geschichte; 1995 Habilitation auf dem Gebiet der historischen Technikgeneseforschung; 1970–2009 zusammen mit Ernst Schulin Hauptherausgeber der Walther-Rathenau-Gesamtausgabe; 1993–2015 Sprecher der Fachgruppe Informatik- und Computergeschichte in der Gesellschaft für Informatik.

Arbeitsschwerpunkte: Theorie und Methodik der Technikgeneseforschung, Geschichte und Bewertung von Einzeltechniken der Telekommunikation und Computerkommunikation, Geschichte des Computing und der Informatik, Unternehmensgeschichte der deutschen Elektroindustrie und Elektrizitätswirtschaft.

Autor von „Rathenau und Harden in der Gesellschaft des Deutschen Kaiserreiches. Eine sozialgeschichtlich-biographische Studie zur Entstehung neokonservativer Positionen bei Unternehmern und Intellektuellen" (1983), Herausgeber von „Walther Rathenau – Maximilian Harden. Briefwechsel 1897–1920" (1983), Mitherausgeber von „Walther Rathenau Hauptwerke und Gespräche" (1977) und „Walther Rathenau Briefe"(2 Bde. 2006), Herausgeber der Sammelbände „Technikleitbilder auf dem Prüfstand. Das Leitbild-Assessment aus Sicht der Informatik- und Computergeschichte" (1996), „Geschichten der Informatik. Visionen, Paradigmen und Leitmotive" (2004) und „Mensch-Computer-Interface. Zur Geschichte und Zukunft der Computer-Bedienung" (2008).

Matthias Heymann (* 1961) ist Professor of History of Science and Technology am Centre for Science Studies, Aarhus University in Dänemark. Seit 2011 Domain Editor der WIREs Climate Change für den Bereich Climate, History, Society, Culture. Seit 2017 Koordinator der Tensions of Europe Research Group Technology, Environment and Resources.

Arbeitsschwerpunkte: Geschichte von Umweltwissenschaften- und Umwelttechnologien, insbesondere zur Frage, wie Wissenschaften auf die Problematik von Umwelt- und Klimaveränderungen reagieren. Publikationen zur Geschichte von Energietechnologien, zur Geschichte der Atmosphären- und Klimawissenschaften, zur Geschichte der Konstruktionswissenschaft u. a.

Manuel Kaiser (*1983) ist Leiter der Medizinsammlung Inselspital Bern.

Studium der Geschichte, Germanistik und Kunstgeschichte an der Universität Zürich und an der Humboldt Universität zu Berlin. 2015 bis 2021 Mitglied des Graduiertenkollegs des Zentrums Geschichte des Wissens (Universität Zürich / ETH Zürich). Promotion an der Universität Zürich zum Thema „Wetter- und Klimamodifikation im Kalten Krieg" (2021).

Autor des Buches „Den Himmel zähmen: Wetter- und Klimabeeinflussung im 20. Jahrhundert" (2024).

Johannes Lenhard (* 1964) ist Heisenberg-Professor für Philosophy in Science and Engineering an der RPTU Kaiserslautern.

Studium der Philosophie und der Mathematik in Heidelberg und Frankfurt am Main; 1998 Promotion in Mathematik an der Universität Frankfurt; 2012 Habilitation in Philosophie an der Universität Bielefeld; seit 2020 an der RPTU Kaiserslautern.

Arbeitsschwerpunkte: Epistemologie und Methodologie computerbasierter Natur- und Ingenieurwissenschaften, gerne per philosophisch-historischer Analyse. Mitherausgeber des Sammelbandes „Mathematics as a Tool. Tracing New Roles of Mathematics in the Sciences" (2017).

Autor des Buches „Calculated Surprises. A Philosophy of Computer Simulation" (2019) und Mitautor des Buches „Cultures of Prediction. How Science and Engineering Evolve with Mathematical Tools" (2024).

Rudolf Seising (* 1961) ist wissenschaftlicher Mitarbeiter im Forschungsinstitut für Technik- und Wissenschaftsgeschichte des Deutschen Museums. Studium der Mathematik, Physik und Philosophie an der Ruhr-Universität Bochum (RUB), 1996 Promotion in Wissenschaftstheorie und 2004 Habilitation für Geschichte der Naturwissenschaften an der Ludwig-Maximilians-Universität (LMU) München; 1986–1988 wissenschaftlicher Mitarbeiter im Institut für Philosophie an der RUB; 1988–1995 wissenschaftlicher Mitarbeiter in Informatik und 1995–2002 Hochschulassistent für Wissenschaftsgeschichte an der Universität der Bundeswehr (UniBw) München, 2002–2008 Universitätsassistent an der Universität Wien, später Medizinischen Universität Wien; Professurvertretungen für Geschichte der Naturwissenschaften an der Friedrich-Schiller-Universität Jena 2008, 2009–2010, 2014–2017 und an der LMU für Wissenschaftsgeschichte 2010; Visiting Researcher 2009–2010 und danach Adjoint Researcher 2011–2014 am European Centre for Soft Computing in Mieres (Spanien); 2017–2023: Leitung des BMBF-Projekts „IGGI – Ingenieur-Geist und Geistes-Ingenieure: Eine Geschichte der Künstlichen Intelligenz in der Bundesrepublik Deutschland"; seit 2024 Leitung des Projekts „Artificial Vision at Work" im DFG-Schwerpunktprogramm „Digitalisierung der Arbeitswelt".

Autor der Bücher „Es denkt nicht! Die vergessenen Geschichten der KI" (2021), „The Fuzzification of Systems. The Genesis of Fuzzy Set Theory and its Initial Applications – Developments up to the 1970s" (2007) und u. a. Herausgeber von „Geschichten der Künstlichen Intelligenz in der Bundesrepublik Deutschland (2023)".

Hannah Zindel (* 1985) ist Wissenschaftskommunikatorin an der Universität Bremen. 2005 bis 2011 Studium der Angewandten Theaterwissenschaft an der Justus-Liebig-Universität Gießen; 2011 bis 2017 Promotion an der philosophischen Fakultät der Universität Erfurt mit einer Arbeit zur Geschichte der Ballonfahrt; 2017 bis 2022 wissenschaftliche Mitarbeiterin (PostDoc) an der Leuphana Universität Lüneburg mit einem Forschungsprojekt zur Geschichte des Windkanals; 2022 bis heute Wissenschaftskommunikation am MAPEX Center for Materials and Processes der Universität Bremen.

Autorin des Buchs: „Ballons. Medien und Techniken früher Luftfahrten", Fink 2020.

Einleitung

Ulf Hashagen und Rudolf Seising

1 Zeitschriftenlektüre

Aufmerksame Leserinnen und Leser von Tageszeitungen, populärwissenschaftlichen Journalen sowie auch von führenden Wissenschaftszeitschriften wie „Nature" und „Science" konnten in den letzten Jahren nicht nur den Eindruck gewinnen, dass der Computer die Entwicklung der Natur- und Ingenieurwissenschaften wie auch der Wirtschafts- und Sozialwissenschaften sowie der Medizin in einem immer stärkerem Maße beeinflusste, sondern dass der wissenschaftliche Fortschritt vielfach vor allem auf der Nutzung von Algorithmen beruhte, die die Naturwissenschaften transformiert hatten. So wurde im Dezember 2021 in der führenden Wissenschaftszeitschrift „Science" der „Breakthrough of the Year" nicht an einen Wissenschaftler, sondern an eine Software verliehen, nämlich an die KI-Software AlphaFold (Service 2021). Zehn Tage später konnten auch Leserinnen und Leser der Süddeutschen Zeitung in einem mit „Turbo für die Biologie" überschriebenen Artikel lesen, dass die künstliche Intelligenz AlphaFold in der Lage sei, „unbekannte Proteinstrukturen atomgenau vorherzusagen" und einer „der wichtigsten Durchbrüche des Jahres" wäre (Meier 2021). In der britischen Schwesterzeitschrift „Nature" konnte man dann im September 2022 lesen, dass die Entwickler von AlphaFold ein Preisgeld von 3 Mio. Dollar gewonnen hatten (Merali 2022) – für diese wissenschaftliche Leistung erhielten der US-Amerikaner David Baker (*1962) und die beiden Briten Demis Hassabis (*1976) und John Jumper(*1985) 2023 auch den Chemie-Nobelpreis.

Ein (digitales) Rückwärtsblättern in den beiden genannten Wissenschaftszeitschriften führt zu der Erkenntnis, dass die Diskussion um den (angeblich) überragenden Einfluss von Computern auf die Entwicklung der Naturwissenschaften

---

U. Hashagen (✉) · R. Seising
Forschungsinstitut für Technik- und Wissenschaftsgeschichte
Deutsches Museum, München, Deutschland
E-Mail: u.hashagen@deutsches-museum.de; r.seising@deutsches-museum.de

© Springer Fachmedien Wiesbaden GmbH, ein Teil von Springer Nature 2025
U. Hashagen, R. Seising (Hrsg.), *Algorithmische Wissenskulturen*, Die blaue Stunde der Informatik, https://doi.org/10.1007/978-3-658-35560-9_1

nicht erst im zweiten Jahrzehnt des 21. Jahrhunderts begonnen hatte. Nach Ende des Zweiten Weltkrieges hatte bald eine relativ intensive Berichterstattung über die neu erfundenen elektronischen Computer eingesetzt (Markus 1946; Hartree 1946; „Machines Speed Science" 1947; Williams 1949). Als 1949/1950 die ersten beiden Von-Neumann-Rechner in Großbritannien lauffähig waren, wurde in der Zeitschrift „Nature" auf die Anwendungsmöglichkeiten für wissenschaftliche Probleme in verschiedenen Gebieten der Physik, Geophysik, Astronomie, Kristallographie, Statistik, Elektrotechnik etc. verwiesen (Wilkes 1950; Kilburn 1951; Woodger 1951).

Mitte der 1950er-Jahre wurde über die ersten wissenschaftlichen Anwendungen der „Electronic Brains" berichtet, wie z. B. über die Versuche mit Hilfe der neuen Elektronenrechner Wettervorhersagen zu berechnen („Weather Forecasting" 1954; Reichelderfer 1954; Sutton 1955). Im November 1957 konnte man in einem die bisherigen Erfolge des Computers resümierenden Artikel mit dem Titel „Automatic Digital Calculators: A Retrospect" (Booth 1957) lesen, dass die neu entwickelten Methoden einer mathematischen Wettervorhersage kurz davor stünden, praktisch nutzbar zu werden. Die Vorausberechnungen auf den modernen Hochgeschwindigkeitsrechnern gestatteten nun Wetterprognosen und nicht nur nachträgliche Überprüfungen. In den folgenden Jahren wurden die Leserinnen und Leser von „Nature" und „Science" regelmäßig über die verbesserten Möglichkeiten der Wettervorhersage unterrichtet, welche durch den rasanten technologischen Fortschritt der Computertechnologie, den systematischen Ausbau von Messstationen und verbesserte wissenschaftliche numerische Methoden möglich wurden („Computers and Automatic Stations to Speed Weather Forecasting" 1959; Brewer 1961; Gilchrist 1962; „Meteorological Data Processing" 1963; Probert-Jones 1964). Für die USA wurde 1965 in „Science" die „Numerical Weather Prediction in Daily Use" (Cressman 1965) erwartet, und 1970 kündigte Großbritannien zuverlässige Wettervorhersagen bis zu einer Woche im Voraus an, sofern im nächsten Jahr das neue Computersystem IBM 360/Modell 195 installiert worden sei („Meteorology" 1970).

In dem genannten, 1957 erschienenen Artikel „Automatic Digital Calculators: A Retrospect" wurden über die Meteorologie hinaus weitere wissenschaftliche Fortschritte angekündigt, die durch den Einsatz von Computern ermöglicht worden seien:

> „New scientific applications of digital computing machines appear daily and range from the study of to the binding energies of molecules, and from the design of optical systems to the analysis of speech." (Booth 1957, S. 1090)

Diese Ankündigung erschien angesichts der Tatsache, dass bis Mitte der 1950er-Jahre nur drei britische Universitäten und ein Forschungsinstitut mit einem Computer ausgestattet waren (Agar 1996; Clark 2010) als sehr optimistisch. Der Autor Andrew Donald Booth (1918–2009) versuchte die Leserinnen und Leser von „Nature" mit einem schlagenden Beispiel zu überzeugen, nämlich mit der von Dorothy Crowfoot Hodgkin (1910–1994) publizierten und 1964 mit dem Nobelpreis ausgezeichneten Röntgenstrukturanalyse des Vitamins B12 (Hodgkin et al. 1955; Hodgkin et al. 1957), die ohne die Nutzung eines automatischen digitalen Computers nicht möglich gewesen wäre (Booth 1957, S. 1090–1091).

In der nächsten Dekade schien sich das Statement von Booth als eine „self fulfilling prophecy" zu erweisen. Zum einen wurde in beiden Zeitschriften vielfach über die Gründung, den Ausbau, die Ausstattung, die Organisation und die Finanzierung von Rechenzentren („Computer Center") an Universitäten und Forschungsinstituten in Großbritannien berichtet („IBM 7090 Computing Centres at the Imperial College of Science and Technology" 1964; „National Computing Centre" 1966; „Computing: Centre for Calculations" 1969; Bastable 1968; Oberle 1969), zum anderen findet sich in den 1960er-Jahren in den Zeitschriften „Nature" und „Science" eine Reihe von Artikeln über die Nutzung des Computers in ganz unterschiedlichen Disziplinen.

Ein erstes Beispiel dafür findet sich in der Geologie: Im Juni 1962 wurde in einem Artikel „The Computer in Geology" dargelegt, dass Geologen angesichts zunehmender Mengen an numerischen Daten und der breiten Verfügbarkeit von Hochgeschwindigkeitsrechnern begonnen haben, sich mit automatischer Datenerfassung zu beschäftigen. Dafür nutzten sie außer Messgeräten automatische Methoden der Gesteinsanalyse mittels der Speicherung geologischer Daten auf Lochkarten oder Magnetbändern und stellten eine Bibliothek von speziell für die Analyse geologischer Daten geeigneter Computerprogramme zusammen, um eine automatische Interpretation von geologischen Daten durch den Computer zu ermöglichen (Krumbein 1962).

Weitere Beispiele kommen aus der Astronomie: In einem 1964 publizierten Artikel „Libration of Pluto-Neptune" wurde aufgrund einer 100-stündigen numerischen Integration der Bahnen der fünf äußeren Planeten über 120.000 Jahre auf dem „Naval Ordnance Research Calculater" (NORC) geschlussfolgert, dass der Abstand zwischen Pluto und Neptun bei der kleinsten Annäherung in einem engen Bereich schwankte (Cohen und Hubbard 1964). Zwei Jahre später wurde über einen „Electronics Star Catalogue", einem vom Smithsonian Astrophysical Observatory publizierten umfassenden Sternkatalog (mit den Positionen und Eigenbewegungen von mehr als einer Viertelmillion Sternen) referiert. Dieser wurde sowohl als vierbändige Buchpublikation als auch auf zwei mit einem IBM-Computer kompatiblen Magnetbandspulen publiziert. Mit Hilfe eines Computerprogramms waren in einem Zeitraum von acht Jahren die in einem Dutzend Sternkatalogen enthaltenen Informationen über die Positionen und Eigenbewegungen von 258.997 Sternen für diesen „Electronics Star Catalogue" korreliert worden („Electronics Star Catalogue" 1966). Wiederum ein Jahr später wurde unter dem Obertitel „Astronomy by Computer" über die Gründung eines großen Instituts für Theoretische Astronomie in Cambridge berichtet, an dem Astronomen mit ihrem Handwerkszeug – Papier, spitzen Bleistiften und einem IBM 360/44 – ihre Arbeit aufgenommen hätten („Astronomy by Computer" 1967; Walsh 1967). Die sich unter dem Einfluss des Computers in vielfacher Weise verändernde Disziplin Astronomie wurde 1971 in dem Artikel „Electronic Optical Astronomy: Philosophy and Practice" (Dennison 1971) analysiert. Darin wurde eine Revolution in der astronomischen Beobachtungstechnik beschrieben, die schon Mitte des 20. Jahrhunderts durch die Anwendung elektronischer Instrumente in der beobachtenden Astronomie einsetzte und sich durch den vermehrten Computereinsatz in die Gegenwart fortsetzte.

Ein letztes Beispiel findet sich in der Kristallographie, die schon früh ein Anwendungsgebiet der Computer war: 1968 wurde in einem Artikel über zwei Computerprogramme referiert, die die Arbeit des Benutzers bei der Vorbereitung der Eingabedaten vereinfachten, indem der Computer einen möglichst hohen Anteil der Berechnungen und der Arbeitsorganisation übernahm (Nicol 1968). Ein Jahr später wurde unter dem Titel „Automatic Determination of Crystal Structure" darüber berichtet, dass mehrere kristallographische Computerprogramme zu einem großen vollautomatischen Programm für die Lösung von Kristallstrukturen zusammengefasst worden waren, mit dem Ziel ein nicht interaktives System zu schaffen (d. h. alle Entscheidungen vom Computer treffen zu lassen), welches ein Stereobild des Inhalts einer Einheitszelle ausgab (Johnson et al. 1969). Wiederum ein Jahr später wurde unter dem Titel „The Revolution in Crystallography" darüber informiert, dass Automatisierung und Computer die Röntgenstrukturbestimmung zu einem Routinewerkzeug im Labor gemacht haben, das nicht nur großen Anteil an der Renaissance der anorganischen Chemie, sondern auch in der organischen Chemie eine enorme Hilfe bei der Strukturaufklärung und Synthese großer Moleküle hätte (Hamilton 1970). Drei Monate vorher war in den USA in der führenden populärwissenschaftlichen Zeitschrift „Scientific American" ein Artikel „Chemistry by Computer" erschienen, der noch eine andere grundlegende Veränderung der Chemie diagnostizierte. In der Chemie vollzog sich demnach ein Wandel von einem vorwiegend experimentell arbeitenden Fachgebiet hin zu einer aufgrund von quantenmechanischen Berechnungen theoretische Vorhersagen treffenden Disziplin – wurden früher Eigenschaften der Materie durch direkte Messungen und Laboranalysen von chemischen Reaktionen ermittelt, so konnten nun mit Hilfe von leistungsfähigen Computern makroskopische Ergebnisse von chemischen Experimenten vorausgesagt werden:

> „To give some idea of the computational power modern computers have made available to quantum chemists, a calculation of the orbital picture of a simple diatomic, or two-atom, molecule that 20 years ago would have required about 15 man-years of labor consumes only about 20 seconds on the most capable computer available today." (Wahl 1970)

Verfolgt man die Berichterstattung in „Nature" und „Science" in den 1970er- und 1980er-Jahren, so scheint die weitere Entwicklung und die Verbreitung von computerbasierten Methoden in den Natur- und Ingenieurwissenschaften vor allem an einem halben Dutzend Faktoren fest gemacht worden zu sein.

Erstens am Aufkommen der Minicomputer und der Workstations, die einem weiteren Benutzerkreis von Wissenschaftlern einen leichteren und direkteren Zugang zu Computern ermöglichten (Maugh 1973; Mark und Fujiwara 1973; Robinson 1976; Shavitt und Tobin 1976; Redfearn 1982; Roberts 1984; Joy und Gage 1985; Fink 1986; „Chemical Design Takes to the Terminals" 1986).

Damit zusammen ging zweitens eine schnell zunehmende Automatisierung bzw. Computerisierung der experimentellen Tätigkeit im Labor einher – das „Automated Laboratory" wurde in der Berichterstattung in „Science" und „Nature" zunehmend zu einer Realität (Schoenfeld und Milkman 1964; Spinrad 1967; Hamilton 1970;

Dennison 1971; Bos 1981; „The Automated Laboratory: A Load Off the Mind" 1982; Enke 1982; „Automation is Just Beginning" 1984; „Computer Applications" 1985).

Drittens intensivierte sich die Diskussion über die Nutzung von Computern für Zwecke des „Information Retrieval" in der Medizin, in den Naturwissenschaften und in der Technik (Ray und Kirsch 1957; Lynch 1968; Arnett 1970; Lynch und Smith 1971; Heller, Milne und Feldmann 1977; Doszkocs et al. 1980; Williams 1985; Schatz 1997).

Viertens wird die wissenschaftlich anspruchsvolle Entwicklung von effizienten und schnellen Algorithmen – wie der schnellen Fourier-Transformation (FFT) – thematisiert, die manche zuvor nicht durchführbare Berechnungen nun ermöglichte (Knuth 1973; Kolata 1974; Knuth 1976; Kolata 1978; Longuet-Higgins 1981; Barnes und Hut 1986).

Fünftens wurde über die Fortschritte der Computergrafik und deren Anwendung in der naturwissenschaftlichen Forschung vielfach berichtet: Beispiele hierfür sind die Visualisierung dreidimensionaler Modelle von makromolekularen Strukturen und die vergleichende Modellbildung von Proteinstrukturen. Außerdem entstanden völlig neue Möglichkeiten zur Analyse und Darstellung wissenschaftlicher Daten, wie die Visualisierung mehrdimensionaler Datensätze in der Statistik, die qualitativ neue Mustererkennungsmethoden ermöglichte. Sinkende Hardwarekosten und stetige Fortschritte bei der Entwicklung von Grafikalgorithmen führten dazu, dass die Computergrafik mehr und mehr zur bevorzugten Mensch-Computer-Schnittstelle wurde, die in immer zahlreicheren Bereichen eingesetzt wurde und auch zu einem neuen Konzept des „numerischen Experimentierens" am Rechner führte (Harmon und Knowlton 1969; Meyer 1971; Pitteway 1972; Feldman et al. 1973; Langridge et al. 1981; Whitted 1982; Kolata 1982; Graedel und McGill 1982; Lesk und Hardman 1982; Bash et al. 1983; Cleveland und Robert McGill 1985; Ripka 1986; Namba et al. 1985; Greenwade 1991).

Sechstens wurde zu Anfang der 1980er-Jahre nicht mehr nur über die Nutzung von Computern und von Programmen, sondern vermehrt über die zunehmende Verbreitung und Bedeutung von „Software Packages" berichtet und diskutiert (McLellan und Kuhlow 1974; Saccone et al. 1982; Robinson 1984; Williams 1985; Ripka 1986; Hary, Oshio und Flanagan 1987; Cannon 1987; Davis 1987; Heijne 1988; Foster und Bau 1989; Gershon 1990). Der Einsatz von Software Packages wurde auch bei der „Laborautomatisierung" immer wichtiger: Hierbei wurden Computer sowie „intelligente" Instrumente (in die ein Computer eingebettet war) eingesetzt, um die Arbeit der Wissenschaftlerinnen und der Wissenschaftler zu „automatisieren". Bei der Durchführung sich oft wiederholender Experimente sowie der Datenerfassung wurde dadurch zum einen eine Erfassung der Daten in maschinenlesbarer Form möglich und zum anderen auch eine bessere Reproduzierbarkeit und erhöhte Präzision ohne menschliche Fehler. Die im Computer gespeicherten Versuchsdaten erlaubten außerdem eine Automatisierung der Datenanalyse für den weiteren wissenschaftlichen Auswertungsprozess („Pittsburgh Preview" 1989; Jezl 1990).

Siebtens nahm die Diskussion über die Bedeutung von Supercomputern (bzw. Höchstleistungsrechnern) für die Forschung in Natur- und Ingenieurwissenschaften sowie für die nationalen Innovationssysteme in beiden Zeitschriften in den 1980er-Jahren einen ungewöhnlich breiten Raum ein (Buzbee et al. 1982; Budiansky 1983; Walsh 1983; Waldrop 1985) – 1984 wurde in einem Artikel in „Nature" zutreffenderweise von einer „Supercomputermania" („Supercomputermania" 1984) gesprochen. In „Science" wurde im September 1984 unter der Überschrift „Super Problems for Supercomputers" (Peterson 1984) über eine Konferenz berichtet, auf der einflussreiche Wissenschaftlerinnen und Wissenschaftler die Fachöffentlichkeit und die Politik zu überzeugen suchten, dass die Bereitstellung und Weiterentwicklung von Supercomputern unerlässlich für die weiteren Fortschritte in vielen Bereichen der theoretischen Grundlagenforschung sei. Dabei wurde die Überzeugung formuliert, dass der Einsatz von Supercomputern und die daraus resultierenden Computersimulationen bereits eine „dritte Art" der wissenschaftlichen Methodik darstelle – neben Theorie und Experiment (Pool 1992). Berichte und Äußerungen ähnlicher Art tauchten in den folgenden Jahren immer wieder auf und dokumentieren das wachsende Bewusstsein der Wissenschaftlerinnen und Wissenschaftler, ein völlig neues Untersuchungsinstrument zur Verfügung zu haben, das vollkommen neuartige Einsichten eröffnete: so beispielsweise in die chaotischen Strukturen von Gasströmungen in der Nähe eines Schwarzen Loches oder in die langfristig chaotische Entwicklung der Planetenbahnen in unserem Sonnensystem, wie sie im Verhalten von analytischen Lösungen von Differentialgleichungen nicht auftraten (Smarr 1985; Message 1986; Sussman und Wisdom 1988; Laskar 1989; Milani 1989; Sussman und Wisdom 1992; Milani und Nobili 1992).

Die Lektüre von Artikeln über den Einsatz von Computern in der Wissenschaft in den beiden Zeitschriften in den 1990er-Jahren zeigt, dass Supercomputing das beherrschende Thema blieb. In der Folge erschienen bis in die 2000er-Jahre Dutzende von Artikeln über Supercomputer und deren „revolutionäre Anwendungen" in den Naturwissenschaften. So wurde 1991 in einem mit „Supercomputer Voyages to the Southern Seas" betitelten Artikel ein mit einem Cray X-MP-Supercomputer berechnetes Modell der Ozeanzirkulation in der südlichen Hemisphäre vorgestellt, mit dem sich auf der Grundlage von Berechnungen, die zu den umfangreichsten gehörten, die jemals auf einem Computer durchgeführt wurden, unter anderem Großbritanniens warme Winter erklären ließen (Bird 1991). Im gleichen Jahr wurde in einem Artikel über neue zwei- und dreidimensionale numerische Simulationen von extragalaktischen Radioquellen berichtet, die mehr und mehr die auf Teleskopbildern beobachteten komplexen Strukturen zu reproduzieren begannen und die Erforschung wichtiger physikalischer Phänomene ermöglichten (Burns et al. 1991). Weiterhin wurde über die Anwendung von Supercomputern in der biomedizinischen Forschung (u. a. bei der Bestimmung der dreidimensionalen Struktur von Viren) (Martino et al. 1994), bei der Simulation und physikalischen Erklärung von Turbulenzphänomenen in der Physik (Cipra 1995; Moin und Kim 1997) sowie über eine kosmologische Simulation in der astrophysikalischen Forschung berichtet, welche erklärte, wie die Schwerkraft die riesigen Strukturen des Universums geschaffen habe (Glanz 1998). Berichtet und diskutiert wurde auch ausführlich über den Bau immer schnellerer Supercomputer (Bell 1992; Butler 1999b), den Ausbau von nationalen Supercomputer-Rechenzentren in den USA (Baskett und Hennessy

1993; Macilwain 1993; Taubes 1996; Mervis 1997; Butler 1999a) und über umfangreiche Forschungen zu schnelleren Algorithmen (Greengard 1994), die viele Anwendungen erst ermöglichten. In der Berichterstattung spiegelten sich neben diesen Erfolgsgeschichten auch grundlegende Probleme, die mit der neuen wissenschaftlichen Methodik der numerischen Simulation auftauchten: Die schon Ende der 1980er-Jahre in „Science" pointiert formulierte Frage „Is It Real, or Is It Cray?" (Pool 1989) setzte sich Mitte der 1990er-Jahre in einer Diskussion über die Möglichkeit der Verifizierung und Validierung von numerischen Modellen in den Geowissenschaften fort. Diese wurde aus wissenschaftsphilosophischer Sicht für unmöglich erklärt, da natürliche Systeme nie abgeschlossen und Modellergebnisse immer uneindeutig seien (Oreskes et al. 1994b, 1994a). Die aus wissenschaftshistorischer und wissenschaftsphilosophischer Perspektive vorgetragenen Einsichten, dass der Vorhersagewert der Modelle eigentlich immer in Frage stünde und der primäre Wert der Modelle nur heuristisch sei, wurden anscheinend bald auch sehr ernsthaft von Forscherinnen und Forschern in der Geo- und Klimawissenschaft diskutiert, die Computersimulationen in ihrer Forschung einsetzten. Es wurde auch hinterfragt, wie zuverlässig diese virtuellen Lösungen mit ihren präzisen Zahlen und von Computersimulationen erzeugten realistischen Bildern seien, die den Anschein von höchster Genauigkeit erweckten, denn hinter den Modellierungen stand eine große Zahl von Annahmen, Vereinfachungen und auch offensichtlichen Fehlern (Cipra 2000).

2 Konzeption des Workshops

Die damals noch kursorische Lektüre von Zeitschriften wie „Nature" und „Science" brachte uns im Jahr 2017 auf die Idee, einen Workshop zum Thema „Algorithmische Wissenskulturen" im Deutschen Museum zu planen.

Die Grundlage für den damaligen Workshop sowie für den nun vorliegenden Band bildet die Hypothese, dass sich seit der Herausbildung des modernen Wissenschaftssystems im 19. Jahrhundert in einigen Natur- und Technikwissenschaften spezifische numerische Wissenskulturen herausgebildet haben, die konstituierend für die Entwicklung der computerbasierten „algorithmischen Wissenskulturen" waren; diese entwickelten sich in der zweiten Hälfte des 20. Jahrhunderts aufgrund der Erfindung und technischen Weiterentwicklung des modernen Computers zu maschinenbasierten Wissenskulturen fort. Lange vor dem Aufkommen der „Digital Humanities", dem „Big Data"-Hype, dem Erfolg des „Deep Learning" und der ChatGPT-Euphorie hat die Computertechnologie – hier verstanden als Hard- und Software – begonnen, die Wissenschaften zu revolutionieren. Dieser Prozess setzte in der zweiten Hälfte des 20. Jahrhunderts ein und hat sich in den vergangenen Jahrzehnten nicht nur erheblich beschleunigt, sondern grundlegende methodische Veränderungen in den Wissenschaften mit sich gebracht. Inzwischen hat diese Entwicklung in unserer gegenwärtigen Wissenschaftswelt eine derartige Bedeutung gewonnen, dass von einer radikalen Transformation der Verfasstheit der Wissenschaften gesprochen werden kann. Da gegen Ende des 20. Jahrhunderts das algorithmische

Moment der Computerwissenschaften und -technologien deutlich in den Vordergrund trat, haben wir dies zum Anlass genommen, diese historische Entwicklung mit dem Terminus „algorithmische Wissenskulturen" zu charakterisieren.

Wissenschaftliches Rechnen und Simulieren sind zweifellos wesentliche und grundlegende Elemente dieser algorithmischen Wissenskulturen, doch damit ist dieser Begriff weder wissenschaftsphilosophisch erschöpfend definiert noch wissenschaftshistorisch beschrieben und interpretiert. Auch die computerisierte Mustererkennung, statistische Methoden und Datenanalysen bzw. Wissensextraktion aus Datenbanken trugen dazu bei, dass aus Wissensbereichen algorithmische Wissenskulturen wurden. Der Leitdiskurs der „Simulation" über die „Computerrevolution" in den Wissenschaften wurde durch den des „Big Data" abgelöst, und darüber hinaus begann „Model-Driven Science" die computerbasierte „Data-Driven Science" zu verdrängen.

Drei Grundannahmen über den Gesamtverlauf der Revolutionierung der Wissenschaften durch den Computer sollen helfen, diese Entwicklungen historisch zu rekonstruieren:

1. Während die Wissenschaftsforschung Algorithmen bisher als einen mit dem Aufstieg des modernen Digitalcomputers untrennbar verbundenen Themenkomplex behandelt hat, existierten seit der Herausbildung des modernen Wissenschaftssystems im 19. Jahrhundert in Teilen der Natur- und Technikwissenschaften ausgeprägte rechnerisch-numerische Wissenskulturen. Dies galt vor allem für die Astronomie und Geodäsie, die als empirische Wissenschaften neben Theorie und Datenerhebung durch Beobachtung bzw. Experiment auch über eine ausgebildete Rechenkultur verfügten, die als dritte grundlegende Methode für die Erklärung und Vorhersage von Naturphänomenen diente. Die Entwicklung von numerischen Methoden war für die Wissenschaftler zentraler Teil ihrer disziplinären Agenda. Die Anwendung der Rechenverfahren wurde mehr und mehr institutionalisiert und dabei menschlichen Rechnern – im englischen Sprachraum auch als „human computers" bezeichnet – übertragen, die die Massendaten (Input) auswerteten und für Vorhersagen (Output) nutzten. Als Hilfsmittel dienten papierene Datenbanken, also Tafelwerke, aus denen die Rechner neue Tafelwerke als wissenschaftliche Publikationen erzeugten. Im frühen 20. Jahrhundert setzte eine Mechanisierung dieser Verfahren ein, bei der Rechenmaschinen von „human computers" genutzt bzw. partiell auch Hollerithmaschinen eingesetzt wurden. Dem Aufkommen maschinenbasierter Rechenkulturen folgte bald ihr Aufstieg in anderen Wissenschaftsfeldern wie der Meteorologie, Klimatologie, Hydrologie, Statistik, Ballistik und Luftfahrtwissenschaften. Innerhalb der Mathematik kam es dabei seit Anfang des 20. Jahrhunderts in verschiedenen Ländern zur Herausbildung von mathematischen Subdiziplinen, die diese angewandte Form des Rechnens als „praktische Mathematik" (Deutschland), als „applicatione del calculo" (Italien) oder als „numerical analysis" (Großbritannien) bezeichneten. Dabei umfasste dieses neue „angewandte Rechnen" mehr als nur die Tätigkeit des Ausrechnens, sondern es vereinte Praktiken der Modellierung, der mathematischen Annäherung an die

Modelldarstellungen sowie schließlich der Entwicklung neuer numerischer Verfahren zur Berechnung.
2. Die Erfindung des Computers in den 1940er-Jahren scheint zunächst keine breitenwirksamen und systematischen Veränderungen in den algorithmischen Wissenskulturen ausgelöst zu haben. Erst in den 1960er-Jahren setzte international ein weitreichender Prozess ein, der zu einer breiten Verwendung von Computern in den Natur- und Ingenieurwissenschaften führte, wobei diese zunächst als extrem schnelle frei programmierbare Rechenmaschinen genutzt wurden. Dabei entwickelte sich eine relativ kleine Gruppe von Wissenschaftlerinnen und Wissenschaftlern zu Computerexpertinnen und -experten und Teile dieser Gruppe stellten die Programmierung des Computers in den Mittelpunkt ihrer Forschungsagenda. Die Effizienz, die Geschwindigkeit, die Zuverlässigkeit und die Eleganz der Rechenverfahren wurden so zu eigenen Forschungsfragen und ließen den Terminus Algorithmus zur konstituierenden Begrifflichkeit der neu entstehenden Disziplin Informatik werden. In der Programmiersprache ALGOL (ALGOrithmic Language), die eine exakte Definition von Eigenschaften der algorithmischen Sprachen formulierte, kam dies exemplarisch zum Ausdruck.
3. In den folgenden Jahrzehnten wuchs die Bedeutung von algorithmischen Wissenskulturen und ging in zahlreichen wissenschaftlichen Disziplinen mit einer grundlegenden epistemischen Transformation einher, bei denen die Modellbildung und nicht die Theoriebildung an erster Stelle der Forschungsagenda stand. Damit stieg der Einfluss der algorithmischen Wissenskulturen in den einzelnen Disziplinen teilweise enorm an. Vor allem in den Natur- und Ingenieurwissenschaften bildete sich parallel zur Empirie und Theorie ein rein modellierender und rechnerischer Zweig aus: Computational Fluid Dynamics, Computational Chemistry, Computational Physics bis hin zu reinen Computational Sciences, wie den Klimawissenschaften, die maßgeblich auf der Verwendung von Computern basieren.

Nicht nur das wissenschaftliche Rechnen und die Simulation ließen algorithmische Wissenskulturen in wissenschaftlichen Disziplinen entstehen. Auch andere computerbasierte algorithmische Techniken – wie zum Beispiel Mustererkennung, computerbasierte Statistikmethoden und Datenvergleiche – transformierten immer umfassendere Wissensbereiche zu algorithmischen Wissenskulturen. Insbesondere in den 1970er- und 1980er-Jahren erfolgte mit dem Durchbruch in der Datenbanktechnologie ein Schritt hin zu datenlastigen und zunehmend vernetzten Anwendungen. Diese „Kolonialisierungstendenz" der algorithmischen Wissenskulturen hat mit Computational Social Sciences, e-Humanities und Big Data im ersten Jahrzehnt des 21. Jahrhundert explosionsartig an Dynamik gewonnen. Als im zweiten Jahrzehnt unseres Jahrhunderts die Large Language Models große Popularität erreichten, verstärkte sich diese Entwicklung noch.

Kurz nach dem Workshop wurde der Öffentlichkeit ChatGPT präsentiert, der Chatbot, der auf der Transformer-Architektur aufbaut. Die erste Version dieses Sprachmodells GPT-1 führte die Firma OpenAI im Juni 2018 ein, seit März 2023 liegt die vierte Version GPT-4 vor, welche neben der textlichen Kommunikation auch die Eingabe, Analyse, Beschreibung und Generierung von Bildern ermöglicht. Diese Entwicklungen der letzten Jahre haben das Argument, algorithmische Wissenskulturen als Werkzeug für die historische Analyse des Wechselverhältnisses von Computerhardware, Software, Algorithmen und Wissenschaftsentwicklung zu nutzen, noch einmal erheblich verstärkt.

3 Inhalt des Sammelbandes

Die Beiträge in diesem Band widmen sich den Fragen, welche grundlegenden und methodischen Veränderungen der Computer in der Wissenschaftspraxis und im Agenda-Setting der einzelnen wissenschaftlichen Disziplinen mit sich gebracht hat, wie er die algorithmischen Wissenskulturen in einzelnen Disziplinen transformierte bzw. neuartige algorithmische Wissenskulturen entstehen ließ. Sie zeigen anhand von Fallstudien, wie der Computer als Maschine, Werkzeug und Medium die Entwicklung der Wissenschaften beeinflusste und welche neuen methodischen Möglichkeiten der mathematischen Modellierung, der Simulation und der Datenanalyse daraus resultierten. Schließlich wird auch versucht, das Phänomen der Computersimulation historisch einzuordnen und Algorithmen als das wissenserzeugende Element in dieser Entwicklung zu betrachten.

Der erste Essay von Ulf Hashagen beginnt mit einer fragmentarischen Untersuchung der zeitgenössischen Diskussion über das Verhältnis von Wissenschaftsentwicklung, Algorithmen und Computertechnologie in der wissenschaftlichen Öffentlichkeit der zweiten Hälfte des 20. Jahrhunderts und fragt danach, wie Wissenschaftler den Einfluss der Computertechnologie auf die wissenschaftliche Praxis und die Entwicklung ihrer Disziplinen wahrgenommen und diskutiert haben. Dem werden die bisher in der Wissenschafts- und Computergeschichte analysierten Probleme und Fragestellungen gegenübergestellt und es wird anhand einiger exemplarisch ausgewählter Problemfelder versucht, Forschungsfragen für diese Bereiche zu entwickeln. Der zweite Essay von Rudolf Seising nähert sich dem Thema durch die historische Analyse zweier Grundbegriffe der im 20. Jahrhundert entstandenen Informatik: Daten und Algorithmen. Der Erzählbogen über das Zusammenspiel von Algorithmen und Daten mündet auch in die Forschungen zur „Künstlichen Intelligenz", die aus der „Computational Statistics" entstandenen Data Science und das Maschinelle Lernen, das aus der Fusion der „Computational Statistics" mit der KI-Forschung hervorging

Im ersten Teil des Bandes nähern sich Gabriele Gramelsberger und Johannes Lenhard der Thematik der algorithmischen Wissenskulturen aus wissenschaftsphilosophischer Perspektive. Lenhard betont zunächst den prognostischen Charakter der algorithmischen Wissenskulturen. Er zeigt, dass digitale, elektronische Computer zunächst eine iterative Kultur der Vorhersage bereicherten, die in den 1990er-Jahren um eine explorative Komponente für die Vorhersage erweitert wurde. Diese beiden kulturellen Komponenten lassen sich im Hinblick auf die institutionelle und die soziale Organisation der Wissenschaft unterscheiden. In seinem zweiten Beitrag diskutiert Lenhard den Voraussagecharakter der algorithmischen Wissenskulturen als „Kultur" oder als „Regime". Letztere böten eine integrativere, historisch-philosophische Perspektive auf den Computer und die Organisationsform der Wissenschaften. Gramelsberger beleuchtet insbesondere die Zusammenhänge der algorithmischen Wissenskulturen mit der Computertechnologie und verweist auf eine dadurch entstandene eigene Wissenschaftspraxis. Die Verlagerung der Berechnungen von „menschlichen Computern" zu elektronischen Computern macht nicht nur eine weitaus schnellere Ausführung von einer enorm vergrößerten Anzahl an Rechenschritten möglich, sondern erlaubt vor allem eine neuartige Fokussierung auf die Modellierung und auf das Experimentieren mit den Modellen. Forscherinnen und Forscher können dadurch „Was-Wäre-Wenn-Fragen" stellen, was Gramelsberger zu einem Charakteristikum der neuen Wissenschaftspraxis erklärt.

Der zweite Teil des Bandes enthält Arbeiten, die das Rechnen, Modellieren und Simulieren innerhalb der algorithmischen Wissenskulturen thematisieren. Der Physikhistoriker Michael Eckert untersucht die Geschichte der numerischen Strömungsmechanik im Kalten Krieg. Schon im Atombombenprojekt in Los Alamos wurden während des Zweiten Weltkrieges Näherungsrechnungen von Schockwellen durchgeführt, allerdings noch ohne Nutzung von elektronischen programmgesteuerten Rechnern. Für das nach dem Krieg begonnene Wasserstoffbombenprojekt konnten der schon im Krieg konstruierte ENIAC und vor allem die ersten elektronischen Von-Neumann-Rechner, wie der MANIAC am Los Alamos National Laboratory, für die Berechnung von Schockwellen, Unterwasserexplosionen oder Strömungsvorgängen in der Atmosphäre benutzt werden. Weitere Verbreitung fand die numerische Strömungsdynamik erst in den 1960er-Jahren mit dem Aufkommen der Transistorrechner, die allerdings noch nicht die notwendigen Rechenkapazitäten für eine realistische numerische Modellierung dreidimensionaler Strömungen besaßen. Neben ihrer großen Relevanz für die militärischen Anwendungen leistete die numerische Strömungsforschung in der Folge auch wesentliche Beiträge zum physikalischen Verständnis des jahrhundertealten Turbulenzproblems in der Strömungsmechanik und wurde hier wie auch bei der aus der Meteorologie hervorgehenden Chaostheorie zum Schrittmacher der Grundlagenforschung. Eckert zeigt, dass dieses neue Forschungsfeld nicht nur bei den anwendungsnahen und militärisch bedeutsamen Strömungsrechnungen, sondern auch in der Grundlagenforschung ein Produkt des Kalten Krieges war.

Der Beitrag des Technikhistorikers Matthias Heymann befasst sich mit einem weiteren Forschungsfeld, das durch den Kalten Krieg wesentlich beeinflusst wurde: die Klimaforschung. Er behandelt das Wechselspiel von wissenschaftlichen Standards und Algorithmen im Kontext der internationalen Politik und beschreibt, wie die Klimavorhersage die Kultur der Klimawissenschaft veränderte. Der Artikel zielt darauf ab, die enorm einflussreiche Ausprägung der algorithmisch-numerischen Wissenskultur der Klimaprognostik zu analysieren, die als Instrument der internationalen Steuerung der klimatischen Veränderungen enorme gesellschaftliche und politische Bedeutung erlangte. Dadurch leistet Heymann einen wesentlichen Beitrag zur Diskussion über algorithmisch-numerische Wissenskulturen. Er geht von der Annahme aus, dass die Wissenskultur der Klimamodellierung keineswegs einen monolithischen Charakter trägt. Wie er anhand der Analyse der Klimaprognostik in den USA und in Großbritannien in den 1970er-Jahren zeigen kann, wurde die Entwicklung der Klimamodellierung in hohem Maße und entscheidend von den unterschiedlichen politischen und kulturellen Kontexten in den beiden Ländern geprägt. Das rapide steigende Rechenpotential der digitalen Computertechnologie hatte dabei wesentlichen Einfluss auf die den Klimamodellierrungen zugrundeliegenden Forschungsstrategien und heizte die Veränderungsdynamik dieser wichtigen Wissenskultur an.

Der Historiker Manuel Kaiser erweitert die von Michael Eckert und Matthias Heymann behandelten Themenkomplexe um eine historische Analyse der aus der Logik des Kalten Krieges entstandenen Forschungsprogramme, das Wetter- und Klimageschehen nicht nur zu berechnen, sondern gezielt zu kontrollieren und zu beeinflussen. In seinem Beitrag stellt er die These auf, dass sich ab den 1960er-Jahren eine spezifische algorithmische Wissenskultur der numerischen Simulation der Wetter- und Klimaphänomene entwickelt hat. Diese setze – trotz aller Ungewissheiten und Unsicherheiten – auf eine prinzipiell mögliche Vorhersagbarkeit und Kontrollierbarkeit zukünftiger Zustände, welche gewissermaßen vergleichbar mit der durch den Laplace'schen Determinismus geprägten naturwissenschaftlichen Wissenskultur der Vorcomputerzeit zu sein scheint. In der durch algorithmische Methoden geprägten neuen Wissenskultur sei von entscheidender Bedeutung gewesen, dass Diskurse über vorausberechenbare Zukünfte des Wetters bzw. Klimas geführt wurden.

Diese drei historischen Aufsätze zu Forschungsprojekten der Strömungsmechanik sowie der Wetter- und Klimaforschung werden durch Hannah Zindels Studie zu Simulationen in der frühen Stadtklimaforschung aus einer medienwissenschaftlichen Perspektive komplettiert. Ihre Schlussfolgerung lautet, dass Stadtklimasimulationen vor allem als Medientechniken verstanden werden können. Bis in die 1990er-Jahre lieferten Stadtklimasimulationen fast ausschließlich theoretische Modelle, die ohne reale Anwendung blieben. Das änderte sich im 21. Jahrhundert in fundamentaler Weise, als die fortschreitende Hardwareentwicklung sowie das Aufkommen von Big Data die Arbeit mit großen Datenmengen ermöglichten und neu entworfene digitale Stadtklima-Simulations-Modelle für die Praxis der Stadtplanung brauchbare Ergebnisse lieferten.

Im dritten Teil des Bandes liegt der Fokus auf nichtnumerischen algorithmischen Wissenskulturen, von denen die vielleicht älteste, die Weberei, von der Historikerin und Philosophin Ellen Harlizius-Klück untersucht wird. Sie kommt zu dem für die Computergeschichte völlig neuen Ergebnis, dass schon frühe Weberinnen an ihren Handwebstühlen Muster „berechneten", d. h. Folgen von binären Daten kombinierten. Die durch die Erfindung von Joseph-Marie Jacquard eingeleitete Mechanisierung des Webens, so die These von Harlizius-Klück, reduziert das Weben auf eine Maschine, die nicht mehr Muster berechnet, sondern Muster webt, die durch eine Lochkartensteuerung entstehen.

Die Wissenskultur des Papierfaltens ist der Forschungsgegenstand des Mathematikhistorikers Michael Friedman, der aufzeigt, wie sich durch den Einsatz von Computern die wissenschaftliche Praxis und Handlungsweisen von Mathematikern veränderten – vom haptischen Falten zur algorithmischen Lösung des

Papierfaltungsproblems. Sieben Grundoperationen, die mit nur einer Falte gemacht werden, bilden das Axiomensystem für die faltungsbasierte Geometrie. In der weiteren Entwicklung kamen ab den 1990er-Jahren Faltungsprogramme zum Einsatz. Die epistemologische Verschiebung von der materiellen und praktischen Falttätigkeit zur Berechenbarkeit und Programmierbarkeit weist auf die Entstehung einer algorithmischen Wissenskultur für die Welt des Origami hin.

Der Beitrag des Germanisten Toni Bernhart zeigt, dass sich im 19. Jahrhundert auch in geisteswissenschaftlichen Disziplinen algorithmische Wissenskulturen ausbildeten, wenn diese auch nicht den Status eines disziplinär-konstituierenden Elementes erlangten, wie in einigen Naturwissenschaften. Er demonstriert anhand einer Reihe von originellen Fallstudien zur Anwendung quantitativer bzw. statistischer Verfahren auf sprach- und literaturwissenschaftliche Probleme in überzeugender Weise, dass die Digital Humanities des 21. Jahrhunderts aus einer epistemischen Perspektive Vorläufer im 19. Jahrhundert hatten, die bisher relativ unbekannt waren. Charakteristisch für die verwendeten quantitativen Methoden ist nach Bernhart eine ausgefeilte Operationalisierung mit Hilfe einer Vielzahl von Techniken, die bei den Versuchen Stil mit messenden Verfahren zu bestimmen oder mit einer komplexen Algorithmik ein Häufigkeitswörterbuch zu erstellen oder strittige Texturheberschaften zu klären, angewendet wurden.

Der vierte Teil des vorliegenden Bandes widmet sich der Untersuchung des Verhältnisses zwischen algorithmischen Wissenskulturen und dem Umgang mit großen Datenmengen in den Wissenschaften. Der erste Beitrag von Suzana Alpsancar widmet sich dem Umgang mit Datenerfassung und -organisation in der Botanik, einer Disziplin, die sich ursprünglich aus dem Zusammenspiel der disziplinären Entwicklung der „Naturgeschichte" mit den Objekten in botanischen Gärten und Pflanzensammlungen entwickelte. Alpsancar demonstriert am Beispiel des Sammelns und Dokumentierens von Pflanzen, dass sich der Prozess der Computerisierung in der Botanik nicht in das gängige Schema einer vollständigen Formalisierung oder Mathematisierung einfügt. Trotzdem zeigt sich, dass im 20. Jahrhundert auch hier ein stetig anwachsender Einsatz von Computern mit einer teilweisen Algorithmisierung der Problemlösungsschritte in der Wissenschaftspraxis stattgefunden hat. Ihre Fallstudie zur Dokumentation von Pflanzen im Botanischen Garten in Berlin-Dahlem offenbart grundlegende Veränderungsprozesse, wie eine Zentralisierung, einen Medienwandel oder den Übergang von lokalen zu globalen digitalen Datenbanken. Diese bilden die Basis für neuartige wissenschaftliche Kooperationsprojekte und eine neue Infrastruktur. Dennoch entstand aus der weltweiten Vernetzung der botanischen Sammlungen keine neue Forschungslogik.

Zwei Beiträge von Hans Dieter Hellige behandeln das Wechselspiel von Big-Data-Konzepten und der Wissenschaftsentwicklung in den USA um die Jahrtausendwende. Am Beispiel der Astronomie und der soziometrischen Verhaltensforschung wird gezeigt, wie die technologiegetriebene algorithmenbasierte Wissensgewinnung zu disziplinären Transformationen unterschiedlicher Ausprägung und Tragweite führen. Hellige kommt nach einer weitausgreifenden historischen Analyse zu der überzeugenden These, dass das von amerikanischen „Computer Scientists" in den 2000er-Jahren propagierte „Fourth Paradigm" eines einheitlichen und für alle datenintensiven Wissenschaftsfelder gleichen normativen Transformationsmusters zu kurz greift. Vielmehr dürfen die zwischen Sozial- und Naturwissenschaften bestehenden grundlegenden epistemischen Unterschiede in einer historischen Analyse nicht ignoriert werden. Im Fall einer Naturwissenschaft wie der Astronomie war die Transformation in den 1990er-Jahren maßgeblich durch eine im 19. Jahrhundert entstandene Wissenschaftskultur geprägt, die sich durch einen intensiven, disziplinär tradierten Austausch von Daten und einen wissenschaftlichen Internationalismus auszeichnete. Dagegen wurde die Agenda der soziometrischen Verhaltensforschung in den USA durch die umfassende militärische Förderung stark beeinflusst und führte zu einer Priorisierung der durchgängigen Erfassung des Alltagsverhaltens von Gruppen und sozialen Netzwerken.

4 Danksagung

Wir danken dem Springer-Verlag, insbesondere David Imgrund und Lisa Burato für die Aufnahme des Buchprojekts in die Reihe „Die blaue Stunde" und für die wohlwollende und sehr hilfreiche Unterstützung und Betreuung. Ferner danken wir Andrea Lucas, Dorothee Messerschmidt und Markus Ehberger für ihr hervorragendes Lektorat. Wir danken den Gutachterinnen und Gutachtern der Beiträge und den Autorinnen und Autoren für ihre Arbeiten und Geduld.

Literatur

Agar, Jon (1996). „The Provision of Digital Computers to British Universities up to the Flowers Report (1966)". In: The Computer Journal 39, S. 630–642.
Arnett, Edward M. (25. Dez. 1970). „Computer-Based Chemical Information Services". In: Science 170.3965, S. 1370–1376.
„Astronomy by Computer" (19. Aug. 1967). In: Nature 215.5103, S. 806.
„Automation is Just Beginning" (1. Juni 1984). In: Nature 309.5969, S. 647.
Barnes, Josh und Piet Hut (Dez. 1986). „A Hierarchical O(N log N) Force-Calculation Algorithm". In: Nature 324.6096, S. 446–449.
Bash, Paul A. u. a. (23. Dez. 1983). „Van Der Waals Surfaces in Molecular Modeling: Implementation with Real-Time Computer Graphics". In: Science 222.4630, S. 1325–1327.
Baskett, Forest und John L. Hennessy (1993). „Microprocessors: From Desktops to Supercomputers". In: Science 261.5123, S. 864–871.
Bastable, C. W. (12. Jan. 1968). „Computer Costs: A Reasonable Approach". In: Science 159.3811, S. 150–152.
Bell, Gordon (3. Apr. 1992). „Ultracomputers: A Teraflop Before Its Time". In: Science 256.5053, S. 64.
Bird, Jane (1991). „Supercomputer Voyages to the Southern Seas". In: Science 254.5032, S. 656–657.
Booth, Andrew D. (23. Nov. 1957). „Automatic Digital Calculators: A Retrospect". In: Nature 180.4595, S. 1089–1091.
Bos, M. (1. Jan. 1981). „Microprocessors in Laboratory Automation". In: Naturwissenschaften 68.1, S. 14–19.
Brewer, Alan W. (1. Juni 1961). „Weather Forecasting by Numerical Methods". In: Nature 190.4780, S. 973–974.

Budiansky, Stephen (1. Sep. 1983). „Computers: NSF Pressed on Supercomputers". In: Nature 305.5929, S. 2.
Burns, Jack O., Michael L. Norman und David A. Clarke (Aug. 1991). „Numerical Models of Extragalactic Radio Sources". In: Science 253.5019, S. 522–530.
Butler, Declan (2. Dez. 1999a). „Computing 2010: From Black Holes to Biology". In: Nature 402.6761, S. C67–C70.
Butler, Declan (16. Dez. 1999b). „IBM Promises Scientists 500-Fold Leap in Supercomputing Power ..." In: Nature 402.6763, S. 705–706.
Buzbee, Bill L., Robert H. Ewald und William J. Worlton (17. Dez. 1982). „Japanese Supercomputer Technology". In: Science 218.4578, S. 1189–1193.
Cannon, Gordon C. (1987). „Sequence Analysis on Microcomputers". In: Science 238.4823, S. 97–103.
„Chemical Design Takes to the Terminals" (Mai 1986). In: Nature 321.6065, S. 94–97.
Cipra, Barry (8. Sep. 1995). „Mathematicians Open the Black Box of Turbulence". In: Science 269.5229, S. 1361–1362.
Cipra, Barry (11. Feb. 2000). „Revealing Uncertainties in Computer Models". In: Science 287.5455, S. 960–961.
Clark, Martyn (2010). „State Support for the Expansion of UK University Computing in the 1950s". In: IEEE Annals of the History of Computing 32.1, S. 23–33.
Cleveland, William S. und Robert McGill (30. Aug. 1985). „Graphical Perception and Graphical Methods for Analyzing Scientific Data". In: Science 229.4716, S. 828–833.
Cohen, Charles J. und Elbert C. Hubbard (1. Sep. 1964). „Libration of Pluto-Neptune". In: Science 145.3638, S. 1302–1303.
„Computer Applications" (13. Juni 1985). In: Nature 315.6020, S. 613–616.
„Computers and Automatic Stations to Speed Weather Forecasting" (31. Juli 1959). In: Science 130.3370, S. 257–257.
„Computing: Centre for Calculations" (19. Apr. 1969). In: Nature 222, S. 220–221.
Cressman, George P. (16. Apr. 1965). „Numerical Weather Prediction in Daily Use". In: Science 148.3668, S. 319–327.
Davis, John C. (1987). „Contour Mapping and SURFACE II". In: Science 237.4815, S. 669–672.
Dennison, Edwin W. (15. Okt. 1971). „Electronic Optical Astronomy: Philosophy and Practice". In: Science 174.4006, S. 240–244.
Doszkocs, Tamas E., Barbara A. Rapp und Harold M. Schoolman (4. Apr. 1980). „Automated Information Retrieval in Science and Technology". In: Science 208.4439, S. 25–30.
„Electronics Star Catalogue" (23. Apr. 1966). In: Nature 210.5034, S. 357.
Enke, Christie G. (12. Feb. 1982). „Computers in Scientific Instrumentation". In: Science 215.4534, S. 785–791.
Feldman, Richard J., Charles R. T. Bacon und Jack S. Cohen (1. Juli 1973). „Versatile Interactive Graphics Display System for Molecular Modelling by Computer". In: Nature 244.5411, S. 113–115.
Fink, William L. (1986). „Microcomputers and Phylogenetic Analysis". In: Science 234.4780, S. 1135–1139.
Foster, Kenneth R. und Haim H. Bau (3. Feb. 1989). „Symbolic Manipulation Programs for the Personal Computer". In: Science 243.4891, S. 679–684.
Gershon, Diane (Feb. 1990). „Software for Smart Users". In: Nature 343.6259, S. 673–676.
Gilchrist, Andrew (13. Jan. 1962). „The New Meteorological Office Headquarters Building". In: Nature 193.4811, S. 113–115.
Glanz, James (5. Juni 1998). „Cosmos in a Computer". In: Science 280.5369, S. 1522–1523.
Graedel, T. E. und R. McGill (5. März 1982). „Graphical Presentation of Results from Scientific Computer Models". In: Science 215.4537, S. 1191–1198.
Greengard, Leslie (12. Aug. 1994). „Fast Algorithms for Classical Physics". In: Science 265.5174, S. 909–914.
Greenwade, L. Eric (12. Sep. 1991). „Scientific Visualization: Practices and Promises". In: Nature 353.6340, S. 191–192.

Hamilton, Walter C. (10. Juli 1970). „The Revolution in Crystallography. Automation and Computers Have Made X-Ray Structure Determination a Routine Laboratory Tool". In: Science 169.3941, S. 133–141.

Harmon, Leon D. und Kenneth C. Knowlton (4. Apr. 1969). „Picture Processing by Computer". In: Science 164.3875, S. 19–29.

Hartree, Douglas R. (12. Okt. 1946). „The ENIAC, an Electronic Computing Machine". In: Nature 158.4015, S. 500–506.

Hary, David, Koichi Oshio und Steven D. Flanagan (29. Mai 1987). „The ASYST Software for Scientific Computing". In: Science 236.4805, S. 1128–1132.

Heijne, Gunnar von (Juni 1988). „Getting Sense Out of Sequence Data". In: Nature 333.6174, S. 605–607.

Heller, Stephan R., G. W. A. Milne und R. J. Feldmann (21. Jan. 1977). „A Computer-Based Chemical Information System". In: Science 195.4275, S. 253–259.

Hodgkin, Dorothy Crowfoot, Jennifer Kamper u. a. (29. Okt. 1957). „The Structure of Vitamin B12 I. An Outline of the Crystallographic Investigation of Vitamin B12". In: Proceedings of the Royal Society of London. Series A, Mathematical and Physical Sciences 242.1229, S. 228–263.

Hodgkin, Dorothy Crowfoot, Jenny Pickworth u. a. (20. Aug. 1955). „Structure of Vitamin B12: The Crystal Structure of the Hexacarboxylic Acid derived from B12 and the Molecular Structure of the Vitamin". In: Nature 176.4477, S. 325–328.

„IBM 7090 Computing Centres at the Imperial College of Science and Technology" (16. Mai 1964). In: Nature 202.4933, S. 647.

Jezl, Barbara Ann (1990). „Macintosh Laboratory Automation: Three Software Packages". In: Science 248.4951, S. 92–97.

Johnson, Quintin, Gordon S. Smith und Eileen Kahara (6. Juni 1969). „Automatic Determination of Crystal Structure". In: Science 164.3884, S. 1163–1164.

Joy, William und John Gage (26. Apr. 1985). „Workstations in Science". In: Science 228.4698, S. 467–470.

Kilburn, Tom (21. Juli 1951). „The New Universal Digital Computing Machine at the University of Manchester". In: Nature 168.4264, S. 95–96.

Knuth, Donald E. (1973). „Computer Science and Mathematics. How a New Discipline Presently Interacts With an Old One, and What We May Expect in the Future". In: American Scientist 61.6, S. 707–713.

Knuth, Donald E. (17. Dez. 1976). „Mathematics and Computer Science. Coping with Finiteness". In: Science 194.4271, S. 1235–1242.

Kolata, Gina Bari (8. Nov. 1974). „Analysis of Algorithms: Coping with Hard Problems". In: Science 186.4163, S. 520–521.

Kolata, Gina Bari (24. Nov. 1978). „Computer Science: Surprisingly Fast Algorithms". In: Science 202.4370, S. 857–858.

Kolata, Gina Bari (3. Sep. 1982). „Computer Graphics Comes to Statistics". In: Science 217.4563, S. 919–920.

Krumbein, William C. (29. Juni 1962). „The Computer in Geology. Quantification and the Advent of the Computer Open New Vistas in a Science Traditionally Qualitative". In: Science 136.3522, S. 1087–1092.

Langridge, Robert u. a. (13. Feb. 1981). „Real-Time Color Graphics in Studies of Molecular Interactions". In: Science 211.4483, S. 661–666.

Laskar, Jacques (16. März 1989). „A Numerical Experiment on the Chaotic Behaviour of the Solar System". In: Nature 338.6212, S. 237–238.

Lesk, Arthur M. und Karl D. Hardman (1982). „Computer-Generated Schematic Diagrams of Protein Structures". In: Science 216.4545, S. 539–540. Longuet-Higgins, H. Christopher (10. Sep. 1981). „A Computer Algorithm for Reconstructing a Scene From Two Projections". In: Nature 293.5828, S. 133–135.

Lynch, J. T. und G. D. W. Smith (19. März 1971). „Scientific Information by Computer". In: Nature 230.5290, S. 153–156.

Lynch, Michael F. (1. Mai 1968). „Storage and Retrieval of Information on Chemical Structures by Computer". In: Endeavour 27.101, S. 68–73.
„Machines Speed Science" (25. Jan. 1947). In: The Science News-Letter 51.4, S. 51–52.
Macilwain, Colin (21. Okt. 1993). „National Supercomputer Centre Urged for US". In: Nature 365.6448, S. 683.
Mark, Harry B. und Shizuo Fujiwara (1973). „Computer Assisted Chemical Research Design". In: Science 182.4112, S. 606–607.
Markus, John (Juni 1946). „Joints In A Jiffy". In: Scientific American 174.6, S. 245–248.
Martino, Robert L. u. a. (1994). „Parallel Computing in Biomedical Research". In: Science 265.5174, S. 902–908.
Maugh, Thomas H. (19. Okt. 1973). „Medium-Sized Computers: Bringing Computers into the Lab". In: Science 182.4109, S. 270–272.
McLellan, Alden und William Kuhlow (Apr. 1974). „Spatial Resolution of ERTS Images by Computer". In: Nature 248.5448, S. 479–480.
Meier, Christian J. (27. Dez. 2021). „Turbo für die Biologie". In: Süddeutsche Zeitung, S. 12.
Merali, Zeeya (22. Sep. 2022). „AlphaFold Developers Win US$3-Million Breakthrough Prize". In: Nature 609.7929, S. 889.
Mervis, Jeffrey (7. März 1997). „The Next Wave of Supercomputing Centers". In: Science 275.5305, S. 1412.
Message, Philip James (Jan. 1986). „Celestial Mechanics: Testing Solar System Stability". In: Nature 319.6052, S. 359–360.
„Meteorological Data Processing" (8. Juni 1963). In: Nature 198.4884, S. 941–941.
„Meteorology" (1. Aug. 1970). „Meteorology: Next Year's Forecast". In: Nature 227.5261, S. 878–879.
Meyer, Edgar F. (23. Juli 1971). „Interactive Computer Display for the Three Dimensional Study of Macromolecular Structures". In: Nature 232.5308, S. 255–257.
Milani, Andrea (März 1989). „Emerging Stability and Chaos". In: Nature 338.6212, S. 207–208.
Milani, Andrea und Anna M. Nobili (1. Juni 1992). „An Example of Stable Chaos in the Solar System". In: Nature 357, S. 569–571.
Moin, Parviz und John Kim (1997). „Tackling Turbulence with Supercomputers". In: Scientific American 276.1, S. 62–68.
Namba, Keiichi, Donald L. D. Caspar und Gerald J. Stubbs (15. Feb. 1985). „Computer Graphics Representation of Levels of Organization in Tobacco Mosaic Virus Structure". In: Science 227.4688, S. 773–776.
„National Computing Centre" (1. Jan. 1966). In: Nature 209.5018, S. 20.
Nicol, Alastair W. (18. Mai 1968). „Computer Programs for Crystallography". In: Nature 218.5142, S. 674–675.
Oberle, Mark W. (26. Sep. 1969). „Campus Computers: Federal Budget Cuts Hit University Centers". In: Science 165.3900, S. 1337–1339.
Oreskes, Naomi, Kristin Shrader-Frechette und Kenneth Belitz (15. Apr. 1994a). „Response: The Meaning of Models". In: Science 264.5157, S. 331.
Oreskes, Naomi, Kristin Shrader-Frechette und Kenneth Belitz (4. Feb. 1994b). „Verification, Validation, and Confirmation of Numerical Models in the Earth Sciences". In: Science 263.5147, S. 641–646.
Peterson, Ivars (29. Sep. 1984). „Super Problems for Supercomputers". In: Science News 126.13, S. 200–203.
Pitteway, Michael L. V. (14. Jan. 1972). „The Impact of Computer Graphics". In: Nature 235.5333, S. 83–85.
„Pittsburgh Preview" (März 1989). In: Nature 338.6210, S. 92–97.
Pool, Robert (23. Juni 1989). „Is It Real, or Is It Cray?" In: Science 244.4911, S. 1438–1440.
Pool, Robert (3. Apr. 1992). „The Third Branch of Science Debuts". In: Science 256.5053, S. 44–47.
Probert-Jones, J. R. (1. Mai 1964). „Advances in Weather Forecasting". In: Nature 202.4934, S. 755–755.

Ray, Louis C. und Russell A. Kirsch (25. Okt. 1957). „Finding Chemical Records by Digital Computers". In: Science 126.3278, S. 814–819.
Redfearn, Judy (Sep. 1982). „Microcomputers For All". In: Nature 299.5882, S. 407–408.
Reichelderfer, Francis W. (12. Nov. 1954). „The United States Weather Bureau". In: Science 120.3124, 7A.
Ripka, William C. (1. Mai 1986). „Computer-Assisted Model Building". In: Nature 321.6065, S. 93–94.
Roberts, Gordon C. K. (Juni 1984). „How to Crunch Your Numbers [Book Review: Biodata Handling with Microcomputers. By R. B. Barlow. Elsevier, 1983]". In: Nature 309.5969, S. 649.
Robinson, Arthur L. (6. Aug. 1976). „Computational Chemistry: Getting More from a Minicomputer". In: Science 193.4252, S. 470–472.
Robinson, Arthur L. (1984). „Personal Computers Attract Lab Software". In: Science 224.4644, S. 40–44.
Saccone, Cecilia u. a. (Juli 1982). „Sequence Software". In: Nature 298.5869, S. 8.
Schatz, Bruce R. (17. Jan. 1997). „Information Retrieval in Digital Libraries: Bringing Search to the Net". In: Science 275.5298, S. 327–334.
Schoenfeld, Robert L. und Norman Milkman (9. Okt. 1964). „Digital Computers in the Biological Laboratory: Computer Processing of Data During Experiments Facilitates Biological Research". In: Science 146.3641, S. 190–198.
Service, Robert F. (17. Dez. 2021). „2021 Breakthrough of the Year: Protein Structures". In: Science 374.6574, S. 1426–1427.
Shavitt, Isaiah und Frank Tobin (26. Nov. 1976). „The Attraction of Minicomputers". In: Science 194.4268, S. 890–894.
Smarr, Larry L. (26. Apr. 1985). „An Approach to Complexity: Numerical Computations". In: Science 228.4698, S. 403–408.
Spinrad, Robert J. (6. Okt. 1967). „Automation in the Laboratory". In: Science 158.3797, S. 55–60.
„Supercomputermania" (23. Feb. 1984). In: Nature 307.5953, S. 672.
Sussman, Gerald Jay und Jack Wisdom (22. Juli 1988). „Numerical Evidence That the Motion of Pluto Is Chaotic". In: Science 241.4864, S. 433–437.
Sussman, Gerald Jay und Jack Wisdom (3. Juli 1992). „Chaotic Evolution of the Solar System". In: Science 257.5066, S. 56–62.
Sutton, Graham (26. Nov. 1955). „Weather Forecasting: The Future Outlook". In: Nature 176, S. 993–996.
Taubes, Gary (20. Sep. 1996). „Redefining the Supercomputer". In: Science 273.5282, S. 1655–1657.
„The Automated Laboratory: A Load Off the Mind" (30. Sep. 1982). In: Nature 299.5882, S. 403.
Wahl, Arnold C. (Apr. 1970). „Chemistry by Computer". In: Scientific American 222.4, S. 54–71.
Waldrop, M. Mitchell (Mai 1985). „NSF Commits to Supercomputers". In: Science 228.4699. May 3, 1985, S. 568–571.
Walsh, John (15. Sep. 1967). „Theoretical Astronomy: New Institute in Cambridge". In: Science 157.3794, S. 1286–1288.
Walsh, John (6. Mai 1983). „Supercompeting over Supercomputers". In: Science 220.4597, S. 581–584.
„Weather Forecasting" (1. Okt. 1954). In: Nature 174.4432, S. 673–675.
Wilkes, Maurice V. (Dez. 1950). „Automatic Computing". In: Nature 166, S. 942–943.
Williams, Martha E. (26. Apr. 1985). „Electronic Databases". In: Science 228.4698, S. 445–456.
Williams, R. Wilson (Jan. 1949). „A Survey of Some Recent Advances in Computing Devices". In: Science Progress 37.145, S. 42–52.
Whitted, Turner (12. Feb. 1982). „Some Recent Advances in Computer Graphics". In: Science 215.4534, S. 767–774.
Woodger, Michael (17. Feb. 1951). „Automatic Computing Engine of the National Physical Laboratory." In: Nature 167.4242, S. 270–271.

Einleitende und methodische Essays

Die „Algorithmisierung" der Wissenschaften: Fragen zum Verhältnis von Wissenschaftsentwicklung, Algorithmen und Computertechnologie

Ulf Hashagen

Zusammenfassung

Schon bald nach der Erfindung des Computers setzte unter Wissenschaftlern und Wissenschaftlerinnen ein lebhafter Diskurs über den Einfluss des Computers auf die Wissenschaftsentwicklung ein, der bis zum Ende des 20. Jahrhunderts immer größere Kreise erfasste und sich immer mehr intensivierte. Während die fundamentale Bedeutung der Computertechnologie für die modernen Natur- und Ingenieurwissenschaften für die Zeitgenossen bald außer Frage stand, blieb diese Thematik bis zum Ende des 20. Jahrhunderts bestenfalls ein Nischenthema der Wissenschafts- und Computergeschichte. Der Artikel gibt zunächst einen kursorischen Abriss über die bisher von der historischen Forschung behandelten Themengebiete und Forschungsfragen und versucht einige mögliche Ansätze für die zukünftige Forschung zu identifizieren. Dies wird dann an einem Beispiel, nämlich der Frage der gegenseitigen Beziehung von Hardware-Entwicklung und Wissenschaftspraxis (bzw. Wissenschaftsentwicklung) detaillierter ausgeführt und dabei ein kurz gefasster Überblick über die historische Entwicklung dieses Wechselverhältnisses gegeben. Abschließend wird die in der Technikgeschichte viel diskutierte Frage des „technologischen Determinismus" in Bezug auf die Fragestellungen des Artikels diskutiert: „Does the Computer Drive Science and Technology?".

U. Hashagen (✉)
Forschungsinstitut für Technik- und Wissenschaftsgeschichte
Deutsches Museum, München, Deutschland
E-Mail: u.hashagen@deutsches-museum.de

1 Unterschiedliche Perspektiven: Computergeschichte vs. Wissenschaftsgeschichte

Im August 1998 hielt der Wissenschaftshistoriker Michael S. Mahoney (1939–2008) von der Princeton University auf der „International Conference on the History of Computing" in Paderborn den Vortrag „The Structures of Computation", den er mit der folgenden, die Zuhörer überraschenden Bemerkung beendete:

> „The history of science has until recently tended to ignore the role of technology in scientific thought [...]. The situation has begun to change with recent work on the role and nature of the instruments that have mediated between scientists and the objects of their study, ranging from telescopes and –scopes in the 17th century to bubble chambers in the 20th. But, outside of the narrow circle of people who think of themselves as historians of computing, historians of science (and indeed of technology) have ignored the instrument that by now so pervades science and technology as to be indispensable to their practice. Increasingly, computers not only mediate between practitioners and their subjects but also replace the subjects with computed models. One might argue that no instrument since the 17th century has shaped the practice of science to the extent that the computer has done. Some time soon, historians are going to have to take the computer seriously as an object of study, and it will be important, when they do, that they understand the ambiguous status of the computer itself" (Mahoney 2000).

Mahoney hatte sich mit dem Problem, dass die Wissenschaftsgeschichte sich bisher kaum mit dem Einfluss des Computers auf die Wissenschaftsentwicklung befasste, schon längere Zeit beschäftigt (Mahoney 1988, S. 117) – und er stand mit dieser Beobachtung nicht allein da. So hatte der Computerhistoriker William Aspray (*1952) in einem Übersichtsartikel zum Stand der Computergeschichte konstatiert, dass die Historiografie der Computergeschichte nach wie vor durch eine starke Betonung der technischen Produzenten und eine Analyse technischer Innovationen geprägt sei. Gleichzeitig gab er zu bedenken, dass historische Studien über die Nutzung des Computers in der Wissenschaft generell fehlen würden. Neben der von ihm selbst verfassten und weit beachteten Monografie über „John von Neumann and the Origins of Modern Computing" (Aspray 1990), verwies Aspray auf einen Konferenzband zur Entwicklung des wissenschaftlichen Rechnens (Nash 1990), auf eine Dissertation über das wissenschaftliche Rechnen in der Meteorologie (Nebeker 1989), auf einen Artikel über die Entwicklung und Nutzung der Supercomputer (Elzen und MacKenzie 1993) sowie zwei Artikel und eine Monografie über die Anwendung von Ideen aus der Informationstheorie in Physik und Biologie (Heims 1975; 1991; Haraway 1982). Sein Resümee war, dass diese wichtigen Studien nicht annähernd ausreichten, um die Breite und Komplexität der Thematik wirklich zu erfassen (Aspray 1994).

Als der Computerhistoriker Thomas Haigh fast zwei Jahrzehnte später einen Überblicksartikel über die – in der Zwischenzeit stark zugenommene – Forschungsliteratur zur Geschichte des Computers publizierte, ging er in einem Unterkapital auf die Literatur zu „Applications in Science" ein (Haigh 2011, S. 465–466). Der geografische Fokus der vorgestellten Studien lag überwiegend auf den USA, eine Studie befasste sich mit Großbritannien und in wenigen Fällen wurden Entwicklungen in anderen westeuropäischen Ländern thematisiert. Unter den zwanzig von Haigh vorgestellten Publikationen befanden sich drei unpublizierte Dissertationen sowie drei Sammelbände und sechs Zeitschriftenartikel. Die acht vorgestellten Monografien thematisierten die Vorgeschichte des wissenschaftlichen Rechnens vor der Erfindung des Computers (Croarken 1990; Grier 2005), die Biografie eines amerikanischen Computerpioniers (Cohen 1999), die Rolle des Computers und der „Computer Science" im militärisch-industriellen Komplex der USA in der Frühphase des Kalten Krieges (Akera 2007), die „Mode-Wissenschaft" Kybernetik (Heims 1991; Kay 2000) sowie Anwendungen des Computers in Wettervorhersage (Harper 2008) und Hochenergiephysik (Galison 1997). Haigh schloss die Präsentation des weiterhin sehr begrenzten Forschungsstandes aber mit einem optimistischen Statement, welches in der Argumentation stark an Mahoneys eingangs zitierte Ausführungen erinnerte:

> More work will surely follow. As historians turn to the late twentieth and early twenty-first centuries they will find it hard to tell the story of any discipline without covering the influence of technological change on its laboratory practice, publication patterns, methods of collaboration, or analytical habits. (Haigh 2011, S. 466)

Einer der Gründe für das von Mahoney diagnostizierte, lang anhaltende historische Desinteresse an der Nutzung des Computers in den Wissenschaften ist, dass die Wissenschaftsgeschichte und die Geschichte der Informatik (als Teilgebiet der Technikgeschichte) lange Zeit eines gemeinsam hatten: sie ignorierten den jeweils anderen Forschungsbereich. In der Wissenschaftsgeschichte baute dies auf einer langen Tradition der Ignoranz gegenüber der Rolle der Technik im wissenschaftlichen Denken und Handeln auf; in der Computergeschichte hingegen lag das Hauptaugenmerk auf der Professionalisierung und Schaffung der Informatik als Disziplin und nicht auf den zahlreichen Anwendungen von Computern in den traditionellen wissenschaftlichen Disziplinen (Mahoney 1997; Coy 2004; Mahoney 2011; Tedre 2011; Tedre 2014; Nofre 2023). Beide Seiten ließen dabei weitgehend außer Acht, dass es sich beim Computer um ein neuartiges Instrument handelte, das in wissenschaftlichen Anwendergruppen ständig neu „erfunden" wurde, indem durch neue Hard- und Software-Konfigurationen neuartige „Maschinen" entstanden. Das Interesse der Historiker an der Wechselbeziehung von Computern und deren Einsatz in der wissenschaftlichen und technischen Praxis intensivierte sich erst in der zweiten Hälfte der 2010er-Jahre, als die Bedeutung von Algorithmen sowie der Verarbeitung von wissenschaftlichen Daten mehr in den Fokus des allgemeinen Interesses in der Wissenschaftsgeschichte rückte (Ensmenger 2012; Aronova et al. 2017; Evans und Johns 2023b). Innerhalb der Computergeschichte wurde diskutiert, ob man sich zukünftig den „Histories of Computing(s)" als einer Geschichte von Gruppen und disziplinären Praktiken zuwenden sollte, die den Computer als neues Gerät „gestalteten", indem sie es an ihre Bedürfnisse und Bestrebungen anpassten (Mahoney 2005). Weiterhin wurde vorgeschlagen, die Computergeschichte in ein „hybrides Feld" zu verwandeln, das unter anderem auch die Interaktion mit der Wissenschaftsgeschichte suchen müsse (Misa 2007).

Für eine Geschichte des Wechselverhältnisses von Computertechnologie und Wissenschaftsentwicklung bieten sich eine Reihe von grundlegenden Problemfeldern und Fragestellungen an, die von der Forschung bisher in sehr unterschiedlichem Maße untersucht bzw. aufgegriffen wurden. Generell hat die Forschung in den letzten zehn Jahren große Fortschritte gemacht und es ist eine Vielzahl von Publikationen erschienen – die Wissenschaftsgeschichte hat den Computer zumindest partiell entdeckt. So existieren neuere Studien zur Entwicklung des Supercomputing in den großen nationalen Forschungslaboratorien der USA (Yood 2013). Außerdem liegt inzwischen eine größere Zahl von innovativen Studien vor, die die Nutzung von Computern in naturwissenschaftlichen Disziplinen mit unterschiedlichen methodischen Ansätzen thematisieren. Beispiele sind Arbeiten über den Einsatz des Computers in der Astronomie (McCray 2014, 2017; Olley 2018; Scroggins und Boscoe 2020), in der Meteorologie und in den Klimawissenschaften (Edwards 2010; Dahan Dalmédico 2010; Martin-Nielsen 2018; Heymann und Dahan Dalmédico 2019; Mahony et al. 2019) sowie über die Bemühungen zur Computerisierung der biologischen und medizinischen Forschung (November 2012; Leonelli und Ankeny 2012; Stevens 2013; Leonelli 2014; Stevens 2017; November 2018; Lea 2023).

Dabei ist die Frage, ob und wie die wissenschaftliche Praxis, die Forschungsagenda (Mahoney 2002) und die Wertesysteme in wissenschaftlichen Disziplinen durch die Nutzung von Computern verändert wurden, bisher nur in Teilen beantwortet worden. Unterschiedliche Ansätze dazu gibt es beispielsweise in Studien über die Entwicklung der Kristallografie (Mols 2006), Chemie (Lenhard 2014; Wieber und Hocquet 2018; Wieber und Hocquet 2020), Meteorologie (Nebeker 1995; Dahan Dalmédico 2001; Harper 2003; Harper 2008; Martin-Nielsen 2017; Martin-Nielsen 2018) und Klimawissenschaften (Edwards 2010; Heymann und Dahan Dalmédico 2019; Mahony et al. 2019). Ein näherer Blick auf die Disziplin Mathematik zeigt exemplarisch, wie groß der Forschungsbedarf wohl allgemein ist: Durch Asprays Arbeiten ist analysiert worden, wie der Computer die numerische Mathematik als Teilgebiet der Mathematik in den 1940er- und 1950er-Jahren entscheidend zu verändern begann (Aspray 1990, 1989; Aspray und Gunderloy 1989). Aber von einer umfassenden historischen Analyse der Entwicklung der numerischen Mathematik hin zu einer durch große Programmbibliotheken und Softwarepakete (J. J. Dongarra et al. 2008) geprägten Subdisziplin der Mathematik mit starken Bezügen und Verbindungen zu anderen natur- und ingenieurwissenschaftlichen Disziplinen ist die Forschung weit entfernt. Noch stärker wird dieser Mangel für die Mathematik als Gesamtdisziplin greifbar, denn der Computer hat auch Einfluss auf viele Teilgebiete der reinen Mathematik, wie z. B. der Zahlentheorie (H. C. Williams 1982; Corry 2008; Bullynck 2009) genommen, und es entstanden neue Gebiete, wie eine „Algorithmic Number Theory" (Bach und Shallit 1996) und „Computational Geometry" (Lee und Preparata 1984; Berg et al. 2008). Dabei entwickelte sich eine methodisch veränderte computerbasierte „Experimental Mathematics" (Baker 2008; Borwein 2012; Sørensen 2016; Sørensen et al. 2024), die einerseits auf computerbasierte Entdeckung von Theoremen (Borwein und Corless 1999; Bailey und Borwein 2001) und andererseits auf die Unterstützung von Computern bei

Beweisen (MacKenzie 1999; Dick 2011; Mahboubi 2016; Bringsjord und Govindarajulu 2018) setzt (Mol 2015). Welche Faktoren die „Computerisierung" einer (Teil-)Disziplin beschleunigten oder hemmten und wie dies von existierenden wissenschaftlichen Praktiken abhing, wäre dabei zu untersuchen. Ebenso wären die (sozialen) Netzwerke zwischen den Forschungsobjekten (oder Artefakten), den Computern, dem Computerpersonal und den Wissenschaftlerinnen und Wissenschaftlern zu analysieren, um die Herausbildung formalisierter Arbeitsstrukturen und Arbeitsroutinen für die „Computerisierung" eines Faches oder einer Disziplin nachzuvollziehen.

Eine weitere zentrale Forschungsfrage ist, welche neuartigen computergestützten Methoden sich in der zweiten Hälfte des 20. Jahrhunderts herausgebildet haben. Bis in die 2010er-Jahre hat sich diese Diskussion fast ausschließlich auf die (Computer-)Simulation konzentriert, welche der wissenschaftlichen Forschung neben Experiment und Theorie einen dritten Weg der Erkenntnisgewinnung eröffnet und dadurch revolutionäre Veränderungen in verschiedenen Disziplinen ausgelöst haben soll (Humphreys 2004; Lenhard 2007; Humphreys 2009; Winsberg 2010; Parker 2013; Lenhard 2019; Winsberg 2022). Der Diskurs wird bis heute vor allem von der Wissenschaftsphilosophie dominiert – historische Studien liegen bisher in weniger großem Umfang vor (Heymann 2006; Edwards 2010; Heymann 2010; Dahan Dalmédico 2010; Leonardi 2012; Heymann et al. 2017; Borrelli und Wellmann 2019). Einen wegweisenden Beitrag zur Geschichte der Simulation hat Charles Care mit seinem Buch „Technology for Modelling: Electrical Analogies, Engineering Practice and the Development of Analogue Computing" (Care 2010) geleistet, indem er die Geschichte des Analogrechners bzw. des Analogrechnens nicht nur als Geschichte einer andersartigen – sich vom Digitalrechner unterscheidenden – Rechentechnologie, sondern auch als Geschichte einer Modellierungstechnologie interpretiert. Damit stellt sich die Frage, ob die „Erfindung der Simulation" wirklich mit der Erfindung des digitalen Computers einhergeht. Alternativ könnte die wissenschaftshistorische und -philosophische Forschung – so meine These – von einer Koexistenz und Konkurrenz von „Analog Simulation" (Karplus 1958) und „digitaler Computersimulation" in den 1950er- und 1960er-Jahren mit unterschiedlichen erkenntnistheoretischen Qualitäten ausgehen. Der „Simulations-Hype" wurde bald nach der Erklärung des Big-Data-Paradigmas Ende der 2000er-Jahre – dem sogenannten „Fourth Paradigm" (Bell et al. 2009; Hey et al. 2009) – durch einen kleinen „Big-Data-Hype" in der Wissenschaftsforschung abgelöst, und schon bald erschienen zunehmend Artikel, die das „Big-Data-Phänomen" zu historisieren suchten (Aronova et al. 2010; Leonelli und Ankeny 2012; Aronova et al. 2017; Jones 2018; Carson 2020). Diese starke Fixierung der Forschung auf „Simulation" und „Big Data" als Methoden hat ein eher verfälschtes Bild von den Einsatzfeldern des Computers in der wissenschaftlichen Praxis erzeugt. Zum Beispiel ist die enorm wichtige und stark verbreitete computergestützte Instrumentierung von Experimenten in vielen Bereichen der Naturwissenschaften und der Medizin, bei der die Maschine die Steuerung und Datenauswertung der immer komplizierter werdenden Experimente übernimmt, bisher nur wenig untersucht worden.

Weiterhin stellt sich die Frage nach Rolle und Bedeutung der Algorithmen in diesem historischen Prozess. Der Aufschwung des Algorithmusbegriffs nach 1950 (Yu 2021), die Bezeichnung von ALGOL als algorithmische Programmiersprache (Bauer 1997), die steigende Anzahl von neu publizierten Algorithmen und Veröffentlichungen zur Theorie der Algorithmen in der (numerischen) Mathematik sowie die systematische Untersuchung von numerischen und nichtnumerischen Algorithmen (Knuth 1985; Knuth 1988) in Mathematik und Informatik zeugen von deren großer, wenn nicht sogar zentraler Bedeutung (Chabert et al. 1999; Priestley 2011; Bullynck 2016; Tatarchenko 2019). Eine vielleicht mindestens ebenso große Bedeutung wie in der numerischen Mathematik und Informatik hatten Algorithmen in den Natur- und Ingenieurwissenschaften (Greengard 1994; Plimpton 1995; Hujeirat und Thielemann 2009) sowie in Anwendungsgebieten wie der Kryptologie (Bauer 2007; Dooley 2018). Die Einschätzung von Wissenschaftlern und Wissenschaftlerinnen über die große Bedeutung von Algorithmen für ihre Forschungsfelder (Dongarra et al. 2020; Perkel 2021; Tatarchenko 2023) sollte Wissenschafts- und Technikhistorikern Anlass geben, sich vertieft mit diesem Gebiet zu beschäftigen und darüber hinaus theoretische Ansätze wie „Algorithmische Kulturen" (Striphas 2015; Evans und Johns 2023a) oder „Algorithmische Regime" (Jarke et al. 2024) zu reflektieren.

Mit der historischen Betrachtung des Aufkommens der Algorithmen in der Informatik sind Fragen einer Geschichte der Software eng verbunden – auch verstanden als Geschichte der Computerprogramme sowie der Programmierpraxis in den Wissenschaften. Die Geschichte der Software ist seit den 2000er-Jahren als methodisches und historiografisches Problem der Computergeschichte von Computerhistorikern intensiv diskutiert worden (Hashagen et al. 2002; Campbell-Kelly 2007; Mahoney 2008). Dabei wurde allerdings die Nutzung und Produktion von Software in den verschiedenen Wissenschaftsdisziplinen außerhalb der Informatik bzw. „Computer Science" fast völlig ausgeblendet – was wiederum typisch für die fehlende gegenseitige Wahrnehmung von Computer- und Wissenschaftsgeschichte ist. Unter dem Titel „Software in Science is Ubiquitous Yet Overlooked" (Hocquet et al. 2024) erschien 2024 in der Zeitschrift „Nature" ein Artikel, in dem eine Geschichte der Software als historisch gewachsenes und vielschichtiges sozio-technisches System in den Wissenschaften zurecht als große Leerstelle in der wissenschaftshistorischen und -philosophischen Forschung identifiziert wird – wobei allerdings wenig reflektiert wird, dass viele der grundlegenden Problemfelder einer Geschichte der wissenschaftlichen Software von den methodischen Fragestellungen und Ergebnissen der eben erwähnten Publikationen zur Softwaregeschichte profitieren könnten. Sowohl historische Studien als auch zeitgenössische Diskussionen in den Natur- und Ingenieurwissenschaften sowie in der Informatik bieten ein großes Potenzial für die Entwicklung methodischer Ansätze und Fragestellungen künftiger historischer Forschung: Wie wird wissenschaftliche Software von Wissenschaftlerinnen und Wissenschaftlern entwickelt, wie lernen sie das Programmieren und welche Programmiersprachen und Software-Methoden setzen sie ein (Segal 2009; Sletholt et al. 2012)? In welcher Weise wird bei der Erstellung von wissenschaftlicher Software mit Programmierern und Programmiererinnen zusammengearbeitet (Ensmenger und Aspray 2002; McCray 2014)? Wie richtet sich die Programmierarbeit an einer nach Genderfragen definierten Achse aus (Light 1999; Gürer et al. 2009; Abbate 2012; Ensmenger 2015; Hicks 2017)? Werden Methoden des Software Engineering eingesetzt (Johanson und Hasselbring 2018; Pinto et al. 2018; Wiese et al. 2020)? Wie wird sichergestellt, dass die entwickelte Software ein „reliable artefact" für die Nutzung in der Wissenschaft darstellt (D. MacKenzie 2002; Kanewala und Bieman 2014; Eisty und Carver 2022; Imbert und Ardourel 2023)? Darüber hinaus stellen sich Fragen nach der Nutzung von wissenschaftlicher Software und nach ihrer Geschichte als kommerzielles Produkt (Campbell-Kelly 2004).

2 Der Einfluss der Hardware-Entwicklung auf die Wissenschaften

Ein weiterer Problemkreis des Wechselverhältnisses von Computertechnologie und Wissenschaftspraxis ist die Frage des Einflusses der Hardware-Entwicklung – dies soll hier beispielhaft etwas detaillierter ausgeführt werden.

Die Forschung zur Erfindungsgeschichte des Computers hat gezeigt, dass der Bau der Vorläufermaschinen des modernen Computers ursprünglich durch wissenschaftliche Fragestellungen der Kriegsforschung initiiert und vorangetrieben wurde. Dies gilt sowohl für den ENIAC in den USA (Haigh et al. 2016) und den Colossus in England (Copeland 2006) als auch für die Relaisrechner von Konrad Zuse (1910–1995) im „Dritten Reich" (Hashagen 2024). Auch zwischen den ersten Computern (Von-Neumann-Rechner), die ab den späten 1940er-Jahren gebaut wurden, und ihrem Einsatz in den Wissenschaften bestand anfangs eine enge Wechselbeziehung, da sie oft speziell für wissenschaftliche Zwecke entwickelt wurden und Wissenschaftler häufig auch als Erfinder oder Computerbauer auftraten. Dieses nutzergetriebene Modell einer technischen Innovation war auch bei der maßgeblich durch den Mathematiker John von Neumann (1903–1957) beeinflussten Entwicklung des Konzepts des modernen Computers virulent. Die beim Bau der Atombombe auftretenden mathematischen Probleme, die mit Hilfe der zu dieser Zeit zur Verfügung stehenden Rechenhilfsmittel und -maschinen nicht zu bewältigen waren, wurden zur entscheidenden Triebkraft für die Entwicklung des Konzepts einer elektronischen, speicherprogrammierten Maschine und für den Bau des IAS-Computers in Princeton, der für eine breite Palette von Problemen der wissenschaftlichen Forschung in Mathematik, Natur- und Ingenieurwissenschaften eingesetzt wurde (Aspray 1990, S. 49–72). Wissenschaftler, Wissenschaftlerinnen und wissenschaftliche Institutionen traten in den 1940er- und 1950er-Jahren in Großbritannien (EDSAC, Manchester Mark I) (Lavington 1980; Williams 1997), den USA (u. a. ILLIAC I, MANIAC, AVIDAC, GEORGE, ORACLE) (Metropolis 1980; Seidel 1998; Yood 2013) und im deutschsprachigen Raum (G1, G2, DERA, PERM, D1, D2, D3, Mailüfterl, ERMETH) (Petzold 1985; Hashagen 2011) als entscheidende Akteure beim Computerbau auf, bevor dieser an die Industrie überging und Computer zum allergrößten Teil nicht mehr für wissenschaftliche Anwendungen konstruiert und produziert wurden (Campbell-Kelly und Garcia-Swartz 2015). Ab Mitte der 1950er-Jahre gingen Universitäten und außeruniversitäre Forschungsinstitute dann mehr und mehr eine „Allianz mit der Industrie" bei der Planung und Produktion von neuen Computern (Seidel 1998, S. 42–49) ein und wurden schließlich immer mehr zu Kunden der Computerindustrie. Wie sich dieses bilaterale Produzenten-Kunden-Verhältnis sowie das trilaterale Verhältnis zwischen Computerindustrie, Staat und Wissenschaft in Bezug auf Forschungsfinanzierung und die Ausstattung von wissenschaftlichen Institutionen mit Computern und ihrer Nutzung durch Wissenschaftler und Wissenschaftlerinnen verschiedener Fachdisziplinen seit den 1950er-Jahren entwickelte, ist eine Frage, mit der sich die historische Forschung bisher relativ wenig befasst hat. Für die Entwicklung in den USA liegen sowohl Studien über die Ausstattung der amerikanischen Universitäten durch die National Science Foundation (NSF) (Aspray und Williams 1994; Aspray 2016; Freeman et al. 2019) als auch über die Ausstattung und Nutzung von Computern an großen nationalen Forschungslaboratorien der Atomic Energy Commission (AEC) (Seidel 1996; Seidel 1998; Yood 2013) vor. Dabei hat die historische Forschung verdeutlicht, wie sehr im amerikanischen Wissenschaftssystem militärische Akteure wie die DARPA mit enormen Fördermitteln großen, wenn nicht den größten Einfluss auf die Entwicklung und Forschung zum Computing und zur Computer Science genommen haben (Norberg und O'Neill 1996; Roland und Shiman 2002). Es ist offenkundig, dass die signifikante militärische Förderung der Computertechnologie in den USA der dortigen Computerindustrie zu einer globalen Führungsposition verholfen hat und maßgeblich zu Innovationen in diesem Bereich beigetragen hat (Flamm 1987; Coopey 2004b; Cortada 2009; Mowery 2010). Wie sich die wesentlich geringere finanzielle Förderung der Computertechnologie und die zurückhaltendere Ausstattung von Hochschulen und Forschungsinstituten mit Computern in westeuropäischen Ländern auf die Forschung auswirkte, ist dagegen eine offene Frage. Dabei scheint sich die Ausstattung von wissenschaftlichen Instituten und Hochschulen mit Computern in den unterschiedlichen westeuropäischen Ländern teilweise nach unterschiedlichen Mustern ausgestaltet zu haben. Während in Westdeutschland bis Mitte der 1960er-Jahre die Deutsche Forschungsgemeinschaft dabei die zentrale koordinierende Rolle spielte (Hashagen 2011), lag die Planung in Großbritannien zunächst viel näher bei dem zuständigen Ministerium bevor hier ebenfalls eine kooperativer ausgerichtete Steuerung einsetzte (Verdon und Wells 1995; Agar 1996; Clark 2010). Für die große Wissenschaftsnation Frankreich ist das Bild trotz eines guten Forschungsstandes mit Studien zur Wirtschaftsgeschichte französischer Computerfirmen und zu dem auf eine Unabhängigkeit von der amerikanischen Computerindustrie abzielenden „Plan Calcul" sowie zu der relativ späten Etablierung einer französischen Computer Science weitgehend unscharf. In der Literatur wird darauf verwiesen, dass es in Frankreich als einzigem westlichen Industriestaat nicht gelang, in den 1950er Jahren mit öffentlichen Mitteln einen eigenen Computer zu entwickeln (Amouyal 1990; Baron und Mounier-Kuhn 1990; Coopey 2004a; Mounier-Kuhn 2010; Mounier-Kuhn 2012; Kuo 2022). Welchen Einfluss die Ausstattung mit Computern auf die Forschung in den Natur-, Ingenieur-, Wirtschafts- und Sozialwissenschaften in den nationalen Wissenschaftssystemen hatten, wird bisher nur in wenigen Studien thematisiert. Ebenso fehlt eine vergleichende Perspektive auf die unterschiedlichen Steuerungsmodelle der staatlichen Akteure bei diesem Prozess sowie auf die Auswirkungen auf unterschiedliche Fachdisziplinen – für die vorliegenden Fragen erweisen sich die Studien über die großen nationalen Forschungslaboratorien in den USA als am aussagekräftigsten (Seidel 1998; Seidel 2008; Yood 2013).

Das Wissenschaftssystem mit seinen speziellen Anforderungen an den Computer blieb dennoch ein wichtiger Antreiber der Hardware-Entwicklung – und umgekehrt hatte die Hardware-Entwicklung anscheinend wesentliche Bedeutung für die Wissenschaftsentwicklung. Eine Möglichkeit dies zu veranschaulichen ist das Bild einer Doppelhelix aus den beiden Strängen wissenschaftliche Problementwicklung und Hardware-Entwicklung, welches bereits mit der Fertigstellung der ersten elektronischen Von-Neumann-Rechner in den frühen 1950er-Jahren am Horizont erschien. Als in der Wissenschaft begonnen wurde Computer zu nutzen, wurde bald ein problematisches Missverhältnis zwischen den Entwicklungsdynamiken dieser beiden Stränge deutlich. So erforderte beispielsweise die Berechnung eines zweidimensionalen hydrodynamischen Problems auf dem IAS-Computer in Princeton 1250 h Rechenzeit, während ein dreidimensionales Problem 50.000 h in Anspruch genommen hätte. Derartige Berechnungen überstiegen eindeutig die Möglichkeiten der damaligen Computertechnologie. Der IAS-Computer erwies sich zwar als ein sehr nützliches wissenschaftliches Werkzeug, aber die inhärenten Grenzen der Technologie blieben ein Hindernis für die Untersuchung vieler tiefer gehender wissenschaftlicher Fragestellungen (Aspray 1990, Kap. 7).

Das Wechselverhältnis zwischen Wissenschafts- und Hardwareentwicklung auf der Suche nach dem schnellsten Rechner führte zur Entwicklung spezieller „Höchstleistungsrechner", deren Leistungsfähigkeit an den möglichen Fließkommaoperationen pro Sekunde gemessen wurde und für die sich in den 1970er-Jahren der Terminus „Supercomputer" zu verbreiten begann. Die Entwicklung dieser Supercomputer wurde in den 1950er-Jahren von den großen nationalen Forschungslaboratorien der Atomic Energy Commission in den USA initiiert, welche im Zusammenhang mit der von ihnen betriebenen Kernwaffenentwicklung einen enormen Bedarf an Rechenleistung hatten (D. MacKenzie 1996). Diese Laboratorien beeinflussten nicht nur den Bau erster „Höchstleistungsrechner", sondern bildeten enge Allianzen mit amerikanischen Computerfirmen wie IBM und CDC bei der Entwicklung der Rechner (D. MacKenzie 1991; Seidel 1996; Seidel 1998). Auch wenn in Westeuropa ab den späten 1950er-Jahren mit dem Atlas-Computer in Großbritannien (Hendry 1984; Lavington 1993), der Bull Gamma 60 in Frankreich (Bataille 1972; Quatrepoint und Jublin 1976; Leclerc 1990) und der TR 4 und TR 440 in Westdeutschland (Petzold 1985; Zellmer 1990; Jessen et al. 2010a, b) schnelle wissenschaftliche Rechner entwickelt wurden, hatten die amerikanischen Hersteller CDC und Cray Research bis Ende der 1970er-Jahre keine nennenswerten Konkurrenten auf dem internationalen Supercomputermarkt (Thornton 1980; Murray 1997; Misa 2013; Schneider 2012). In den 1980er-Jahren gelang es in Japan durch staatlich gelenkte Industriepolitik, konkurrenzfähige Supercomputer zu entwickeln (Anchordoguy 1994). Im Gegensatz dazu scheiterten in Europa ähnliche

Bestrebungen (Sandholtz 1992; Oakley und Owen 1989). In der in den USA geführten Diskussion über den technologischen Wettbewerb im Bereich der Supercomputer trat eine zunehmende nationalistische Prägung zu Tage. So wurden Supercomputer nicht nur zum entscheidenden Faktor für die nationale Sicherheit erklärt, sondern auch als grundlegendes Instrument der Spitzenforschung und als unbedingt notwendig für die technologische Führungsposition der USA proklamiert (Yood 2013, Kap. 8). Dies war einerseits ein Prozess, bei dem amerikanische Wissenschaftler und Wissenschaftlerinnen erfolgreich die Öffentlichkeit und staatliche Institutionen zu mobilisieren versucht hatten (Report 1982; Roland und Shiman 2002; Freeman et al. 2019). Anderseits war dies Teil einer allgemeinen Politik der amerikanischen Regierung während des Kalten Krieges, die im Schnittfeld von Exportkontrollen gegen die Sowjetunion (Mastanduno 1991; Johnston 1998; Cain 2005; MacDonald 2015; Daniels und Krige 2022; Daniels 2022; Marino 2022) und dem Wiederaufbau der Wissenschaft in Westeuropa in Form einer „konsensualen Hegemonie" durch die USA agierte. Dabei wurden nicht nur die wissenschaftlichen und technologischen Ziele der USA in Westeuropa gefördert, sondern auch ihre politischen und ideologischen Ziele im Kalten Krieg verfolgt (Krige 2006; Oreskes 2010).

Für die Entwicklung der Firmen CDC und Cray sowie für die technologische Entwicklung der Supercomputer in der durch die legendären Designentwürfe von Seymour Cray (1925–1996) geprägten Ära liegen methodisch unterschiedlich vorgehende und historisch sehr überzeugende Analysen vor (Elzen und MacKenzie 1991; Elzen und MacKenzie 1993; Schneider 2012; Elzen und MacKenzie 2025). Dagegen mangelt es bislang an historischen Studien, die das politische Agieren der anderen westlichen Industrienationen sowie des Ostblocks und der Schwellenländer beleuchten und die Auswirkungen dieses komplexen politisch-wirtschaftlichen Umfelds auf die Nutzung des Höchstleistungsrechnens in den nationalen Wissenschafts- und Innovationssystemen analysieren. Welche Auswirkungen der Zugang bzw. auch der Nichtzugang zu diesen „Höchstleistungsrechnern" in nationalen Wissenschaftssystemen auf die wissenschaftlich-technologische Entwicklung hatte und wie dies die jeweilige Wissenschaftspraxis veränderte, ist bisher nur in Ansätzen für sehr wenige Disziplinen (z. B. Hochenergiephysik) einer historischen Analyse unterzogen worden (Galison 1997; Seidel 2008). Anderseits wird in der Fachliteratur und in populärwissenschaftlichen Werken überzeugend argumentiert, dass Supercomputer beispielsweise auf große Teile der astronomischen Forschung einen enormen Einfluss hatten (Kaufmann und Smarr 1993; Nelson 2000). Da die USA Geburtsstätte der Supercomputertechnologie waren und weltweit den mit Abstand größten Absatzmarkt für Supercomputer boten, stellt sich die Frage, ob und in welcher Weise ihr nationales Wissenschafts- und Innovationssystem daraus Vorteile ziehen konnte. Weiterhin wäre zu untersuchen in welchen Fachgebieten und Teilbereichen dies zu einer wissenschaftlichen und wirtschaftlichen Dominanz im globalen Wettbewerb führte.

Weiterhin fehlen Studien über die Geschichte der Supercomputer und des Höchstleistungsrechnens nach Ende der „Ära Seymour Cray", nachdem in der ersten Hälfte der 1990er-Jahre durch technologische Veränderungen wie dem Aufkommen der massiv parallelen Supercomputer (MPP) und durch politische Einflussfaktoren eine grundlegende Neuordnung des Marktes für Supercomputer stattgefunden hatte. Scheinbar unbeirrt von all diesen Veränderungen und Umständen und in einer klaren Gesetzmäßigkeit – und dies ist eine historiografische Herausforderung für die Wissenschafts- und Computergeschichte – wand sich die oben genannte Doppelhelix auch den nächsten beiden Jahrzehnten weiter empor. Die Peak Performance der Supercomputer, die Mitte der 1960er-Jahre mit dem skalaren Supercomputer CDC 6600 die MegaFlop-Grenze und Mitte der 1980er-Jahre mit dem Vektorrechner Cray-2 die GigaFlop-Grenze überschritten hatte, erreichte in der zweiten Hälfte der 1990er-Jahre mit dem Intel ASCI Red in massiv paralleler Architektur die TeraFlop-Grenze und hat 2022 mit der Installation des Frontier-Supercomputers am Oak Ridge National Laboratory in den USA mit einer Rechenleistung von 1,1 Exaflops die Exascale-Hürde von 1018-Double-Precision-Operationen pro Sekunde genommen (Bourzac 2017; Chen 2024). Die große Aufmerksamkeit, die Supercomputer in der wissenschaftlichen und breiten Öffentlichkeit fanden, täuscht leicht darüber hinweg, dass andere Hardware-Entwicklungen ab den 1960er-Jahren großen Einfluss auf die Wissenschaftspraxis genommen haben. Die in den 1960er-Jahren begonnene Entwicklung von Minicomputern, die vor allem mit der Firma DEC und den dort entwickelten Rechnern PDP-8 und PDP-11 verbunden wird (Ceruzzi 2003, Kap. 4) , begann spätestens ab Beginn der 1970er-Jahre großen Einfluss auf die Wissenschaftspraxis in den Natur- und Ingenieurwissenschaften zu nehmen (Maugh 1973; Mark und Fujiwara 1973; Robinson 1976; Shavitt und Tobin 1976). Minicomputer stellten keine direkte Konkurrenz zu Mainframe- und Supercomputern dar, sondern eröffneten vor allem den Natur- und Ingenieurwissenschaften einen kulturell völlig andersartigen Zugang zu Computern, indem sie eine direkte Interaktion mit der Maschine erlaubten. Die hohe Flexibilität der Minicomputer ermöglichte die gleichzeitige Ausführung einer Vielzahl von Aufgaben, wodurch sie sich zu einem vielseitigen Werkzeug zur Steuerung, Datenerfassung und Datenanalyse in Laboratorien entwickelten. Es liegen keine allgemeinen Zahlen über die Verwendung von Minicomputern in Laboratorien vor, aber eine Statistik über die im Jahr 1975 in allen Laboratorien der AEC verwendeten Computer gibt einen guten ersten Einblick: 72 „Large Computers" (Preis größer als 1.000.000 $) und 301 „Medium Size Computers" standen 1531 „Small Computers" (Preis kleiner als 50.000 $) gegenüber (Fernbach 1979).

Historische Untersuchungen zur Geschichte des Einsatzes von Minicomputern in der Wissenschaft sind bisher wenig bekannt. Ein wichtiger früher Ausgangspunkt für derartige Nutzungen von Minicomputern war der von Wesley A. Clark (*1927) gebaute „Laboratory Instrument Computer (LINC)" am Lincoln Laboratory des MIT Anfang der 1960er-Jahre. Da für die biologische Forschung in kleineren, dezentralen Laboratorien die vorherrschenden in speziellen Rechenzentren untergebrachten Mainframe-Rechner völlig ungeeignet waren, konstruierte Clark einen kleineren Computer für Biologen, den diese bei ihrer Forschungsarbeit nutzen konnten, um die anfallenden analogen Daten in Echtzeit zu verarbeiten und grafisch aufzubereiten (W. A. Clark 1988). Der leistungsfähige, interaktive Allzweckcomputer LINC, der mit einer Analog-Digital-Wandlerschaltung ausgestattet war, sodass Sonden und andere Datenerfassungsgeräte direkt an den Rechner angeschlossen werden konnten, wurde ab 1964 von der Firma DEC produziert, war aber mit 40.000 $ noch relativ teuer. Der LINC beeinflusste die weitere Entwicklung kommerzieller Minicomputer bei DEC, und das Interesse der Biologen an einem „persönlichen" interaktiven Computer nahm viele der Praktiken vorweg, die später für die „Symbiose" von Minicomputern und deren Verwendung in der Wissenschaftspraxis der 1970er-Jahre wirksam wurden (November 2011, Kap. 3).

Zwei Studien zur Entwicklung der Hochenergiephysik haben nicht nur generell die große Bedeutung der Integration von Computern in dieses Forschungsfeld unterstrichen, sondern auch gezeigt, wie sich die Wissenschaftspraxis durch den Wechsel der Computertechnologie grundlegend veränderte. In den 1960er-Jahren waren Computer in der Hochenergiephysik in einer Weise zur Steuerung der Experimente und zur Sammlung, Analyse und Interpretation der Messdaten eingesetzt worden, die menschliche Eingriffe nahezu ausschlossen. Dadurch veränderte sich die traditionelle Rolle des Physikers im Experiment grundlegend. Durch die Weiterentwicklung der Computertechnik in den 1970er-Jahren und insbesondere auch die beginnende Nutzung von Minicomputern entstand eine neue Experimentalkultur mit einer Datenerfassung in Real-Time und einer stärkeren Beteiligung des Menschen an der Steuerung der Experimente (Galison 1997, Kap. 4 u. 5). Dieser Prozess setzte sich in den 1980er-Jahren durch eine veränderte, ereignisorientierte Datenanalyse der Beschleuniger-Experimente und durch die Nutzung von Superminicomputern wie der VAX fort und wirkte auch auf die Nutzung des Supercomputing in den Laboratorien in den USA zurück, wo Workstation-Cluster teilweise den traditionellen Vektor-Supercomputer ersetzten (Seidel 2008).

Ein vielleicht noch instruktiveres Beispiel für die durch die Nutzung von Minicomputern ausgelösten Veränderungen in der Wissenschaftspraxis einer naturwissenschaftlichen Disziplin stammt aus der Molekularbiologie. In einer Studie über die Forschungen zum Wurm „C. elegans" im Labor für Molekularbiologie in Cambridge (UK) in den 1980er-Jahren wurde gezeigt, wie der Übergang von der Modellierung des genetischen Programms des Wurms auf einem Mainframe-Rechner hin zum Schreiben von Programmen auf den leichter programmierbaren und leichter zugänglichen Minicomputern das Forschungsprogramm grundlegend beeinflusste. Zunächst war die Forschungsagenda des Labors durch ein hypothesengesteuertes Forschungsprojekt geprägt, und mit Hilfe eines Mainframe-Rechners waren die genetischen Grundlagen der Entwicklung und des Verhaltens des Wurms analysiert worden. Mit der Einführung und Nutzung der Minicomputer durch die Biologen im Labor veränderten sich nicht nur die Praktiken der Datenproduktion sowie des Datenaustausches mit anderen Forschungsgruppen. Es wurde auch die Forschungsagenda in Richtung eines datenintensiven Forschungsprojekts transformiert, das nun eine Kartierung und Sequenzierung der DNA des Wurms zum Ziel hatte. Die leichter programmierbaren und interaktiv nutzbaren Minicomputer erwiesen sich dabei als die historisch spezifische Schlüsseltechnologie, die den Verlauf eines Forschungsprojektes nur deswegen verändern konnte, weil die Wissenschaftler und Wissenschaftlerinnen diese in die Praktiken ihrer Forschung einbauten (García-Sancho 2012).

In der ersten Hälfte der 1980er-Jahre verbreitete sich mit den sogenannten „Workstations" eine weitere, neue Art von Computern in den natur- und ingenieurwissenschaftlichen Instituten und Laboratorien und veränderte die Praxis der wissenschaftlichen Forschung erneut grundlegend. Workstations waren leistungsstarke für Einzelbenutzer ausgelegte Mikrocomputer, die sich durch ihre großen Bitmap-Displays und die Verwendung einer Maus für die Eingabe auszeichneten. Damit unterschieden sie sich sowohl von den Großrechnern und den sehr viel leistungsschwächeren Personalcomputern mit ihren relativ kleinen ASCII-Terminals (Goldberg 1988; Narten 2000). Die Fortschritte in der Mikroprozessortechnologie hatte ermöglicht, dass Workstations als neuartige „persönlicher" Einzelplatz-Computern mit Preisen um 20.000 $ verfügbar waren. Diese zeichneten sich zudem durch ihre Netzwerkfähigkeiten aus, konnten mit anderen Workstations, Mainframe-Rechnern und Supercomputern verbunden werden und konnten auch als „grafische Benutzerschnittstelle" zu Supercomputern dienen (Joy und Gage 1985).

Die „Microprocessor Revolution" (Chandler 2005, S. 132–176) mit ihrem rasanten technologischen Fortschritt und den sinkenden Produktionskosten führte in der ersten Hälfte der 1990er-Jahre zu einer „Workstation-Revolution" (Forslund et al. 1994) im wissenschaftlichen Rechnen. Bis Mitte der 1990er-Jahre war es möglich High-End-Workstations zu bauen, die in ihrer Rechengeschwindigkeit an die Cray-1 heranreichten, aber ein viel günstigeres Preis-Leistungs-Verhältnis als herkömmliche Vektor-Supercomputer hatten (Baskett und Hennessy 1993). Forscherinnen und Forscher nutzten diese High-End-Workstations sowie vernetzte Workstation-Cluster zunehmend für eine breite Palette von Berechnungen wissenschaftlicher Probleme (Buzbee 1993; Forslund et al. 1994). Diese Strategie wurde nicht nur eingesetzt, wenn Forschungsteams keinen Zugang zu einem der zweistellige Millionenbeträge kostenden Supercomputer hatten, sondern diese „Microprocessor Farms" erhielten an den großen Forschungslaboratorien und Großforschungseinrichtungen in den USA Anfang der 1990er-Jahre einen geradezu ikonischen Status. Die Wissenschaftlerinnen und Wissenschaftler erhielten wieder mehr Kontrolle über ihre Forschungsdaten und die Wissenschaftspraxis des wissenschaftlichen Rechnens veränderte sich grundlegend (Seidel 2008, S. 504–506). Als um die Jahrtausendwende PCs über leistungsstarke Prozessoren und hochauflösende Bildschirme verfügten, wurde die Unterscheidung zwischen Workstation und PC eher zu einer Frage der Funktion des Rechners als der Hardware. Eine Forschergruppe am Oak Ridge National Laboratory in Tennessee nutzte dies um aus einem Computer-Cluster aus ausrangierten PCs einen „Do-It-Yourself Supercomputer" zu entwickeln. Damit wurde eine hochauflösende, 7.800.000 quadratische Zellen umfassende Karte von allen Ökoregionen (Gebieten mit demselben Klima, derselben Landform und denselben Bodeneigenschaften) der USA erstellt (Hargrove et al. 2001).

Außerdem entwickelten sich die Workstations und mit steigender Leistungs- und Interaktionsfähigkeit auch die PCs in den 1980er-Jahren zu einem Standardinstrument in den Laboratorien, das bei der Steuerung von Experimenten und der Datensammlung die Minicomputer mehr und mehr ablöste (Robinson 1984; Waldrop 1985; Fink 1986; Baskett und Hennessy 1986). Was die Einführung von Workstations für die wissenschaftlichen Praktiken in der Experimentier- und Beobachtungstätigkeit, bei der Datenerhebung und -auswertung sowie beim wissenschaftlichen Rechnen ab den 1980er-Jahren bedeutete, ist bisher nur in Ansätzen klar und nur wenig historisch untersucht worden. Ein instruktives Beispiel ist die Nutzung der „Density Functional Theory" in der Quantenchemie, die in den 1990er-Jahren einen spektakulären Aufschwung nahm und eine disziplinäre Transformation der „Quantum Chemistry" in eine „Computational Quantum Chemistry" auslöste – als Ursachen für diese Entwicklung wurde die zunehmend mögliche Nutzung von vernetzten Workstations und dann auch PCs sowie eine neuartige Konzeption des „Computational Modeling" in diesem Feld genannt (Lenhard 2014).

Von Anfang der 1970er bis Ende der 1980 Jahre hatte sich die Hardware-Umgebung in den Räumlichkeiten der Hochschulen und Forschungsinstitutionen völlig verändert. Im Jahr 1970 standen, abgesehen von einigen Minicomputern wie der PDP-8 zur dezentralen Verwendung, vornehmlich Mainframe-Computer und einzelne Supercomputer, wie etwa die CDC-6600, zur Verfügung (Mosmann 1973). In der zweiten Hälfte der 1980er-Jahre erfuhr das Hardware-Spektrum eine signifikante Ausweitung: An der Spitze des Leistungsspektrums standen weiterhin die Vektor-Supercomputer (wie die 1985 eingeführte Cray-2) gefolgt von den Minisupercomputern, den Mainframes, den Superminicomputern (wie die 1977 vorgestellte DEC VAX-11/780), den Minicomputern (wie der 1970 eingeführte PDP-11), den Workstations (wie die 1983 eingeführte Sun 2) und schließlich am Ende des Leistungsspektrums den PCs (wie der 1984 eingeführte IBM PC AT) („The Computer Spectrum" 1989). Zudem war der Computermarkt in den 1980er-Jahren durch stark unterschiedliche Innovationsgeschwindigkeiten geprägt. Während der technologische Fortschritt bei Minicomputern und Mainframes eher langsam verlief, hatten die mit dem Mooreschen Gesetz beschriebenen technologischen Fortschritte in der Mikroelektronik eine enorme Innovationsgeschwindigkeit bei Workstations und PCs zur Folge (Brock 2006; Mody 2017).

Nach der Etablierung der 16-Bit-Mikroprozessoren in der ersten Hälfte der 1980er-Jahre drängten zur Mitte des Jahrzehnts die 32-Bit-Mikroprozessoren (Motorola 68020, Intel 80386) auf den Markt, sodass in der deutschen Rechenzentrumsszene diskutiert wurde, ob derartige „,Mainframes' auf einem einzigen Silizium-Chip" bald nicht sogar mit den Mainframes konkurrieren würden und ob dies die „gesamte Datenverarbeitung mehr revolutionieren wird als die ganzen Entwicklungen zuvor" (Meuer 1986). Diese Bemerkung spiegelt auch wider, dass sich von Anfang der 1970er bis Ende der 1980 Jahre mit den eben beschrieben Entwicklungen auch der Zugang der Forscher und Forscherinnen zu Computern in den Hochschulen und Forschungsinstitutionen zu einem großen Teil wesentlich verändert hatte. Seit den 1950er-Jahren hatten sich die an den Hochschulen und Forschungsinstitutionen sukzessive gegründeten Rechenzentren zu selbstständigen organisatorischen Einheiten entwickelt, die über eigenes wissenschaftliches Personal sowie über Personal zur Wartung und Programmierung verfügten und von einem Direktor bzw. einer Direktorin geleitet wurden (Held 2009). An diesen anfangs meist nur mit einem Großrechner ausgestatteten Rechenzentren konnten Wissenschaftler und Wissenschaftlerinnen die von ihnen geschriebenen Programme ausführen lassen. Da Superminicomputer und Minicomputer von einzelnen Instituten in Eigenregie betrieben wurden sowie Workstations und PCs zunehmend einzelnen Benutzern an ihrem Arbeitsplatz zur Verfügung standen, scheint das bis dahin an den Rechenzentren betriebene bestehende Interaktionsmodell zwischen Computer und Benutzer in den 1980er-Jahren an den Hochschulrechenzentren der Bundesrepublik Deutschland so sehr in Frage gestellt worden zu sein (Henning 1984), dass diese in einen Krisenmodus gerieten. Teilweise mussten sie erhebliche Mittelkürzungen verkraften (Held 2009, S. 14) und sogar um die Existenz ihrer Einrichtung fürchten (Muchsel 1990).

Ein Blick auf die andere Seite des Atlantiks zeigt, dass die Entwicklung der Rechenzentren und des zentralisierten Rechnens in den 1980er-Jahren in dem Land, in dem nicht nur die Workstations und PCs erfunden, weiterentwickelt und produziert wurden, sondern auch am meisten Verwendung in der Wissenschaft gefunden hatten, völlig anders verlief. Nachdem in den frühen 1980er-Jahren in einer Reihe von Studien auf das besorgniserregende Problem eines mangelnden Zugangs zu High-Performance-Computing-Ressourcen im amerikanischen Wissenschaftssystem hingewiesen und der drohende Verlust der technologische Führerschaft des amerikanischen Innovationssystems diagnostiziert worden war (Report 1982; A National Computing Environment for Academic Research 1983), hatte die National Science Foundation (NSF) ein Programm initiiert, um dieses Problem zu lösen. 1985 autorisierte der amerikanische Kongress die NSF vier „NSF Supercomputing Centers" zu gründen. Durch das NSF-Programm wurde ein umfassender Auf- und Ausbau von „Supercomputing Centers" an staatlichen Großforschungseinrichtungen und Universitäten in Gang gesetzt. Anfang der 1990er-Jahre verfügten zwei Dutzend weitere Rechenzentren über Supercomputer, die zudem über ein NSF-Netzwerk verbunden waren und es Tausenden von Forscherinnen und Forschern erlaubten diese zu nutzen (Brandt 1991; Freeman et al. 2019).

Die Geschichte der Rechenzentren ist bisher kaum untersucht worden – Rechenzentren sind fast ein blinder Fleck in der Historiografie des Computers. Neben Studien zum „UNESCO International Computation Centre" in Rom (Mounier-Kuhn 2009; Nofre 2014) liegen beispielsweise für den deutschsprachigen Raum bis auf eine neuere Studie zum Rechenzentrum der Stuttgarter Universität (Gugerli und Wichum 2021) nur kürze Darstellungen zur Geschichte einzelner anderer Rechenzentren (Wiegand 1994; Palfner 2012; Bory et al. 2022, S. 48–58) und Darstellungen von (ehemaligen) Rechenzentrumsleitern vor (Hegering 2012; Held 2009, 2018). Dabei ist von der historischen Forschung bisher kaum untersucht worden, was die durch die Entwicklung der Mikroelektronik ausgelösten technologischen Veränderungsprozesse für die Rechenzentren bedeuteten. Ebenso fehlen bisher Studien über die Rolle der Forschungsförderung bei der Ausstattung von nationalen Wissenschaftssystemen mit Computertechnologie und bei dem Aufbau von digitalen Infrastrukturen (Aspray und Williams 1994; Freeman et al. 2019).

Lassen Sie mich diesen kursorischen historischen Überblick über die Entwicklung des Verhältnisses von Computer-Hardware und Wissenschaften mit einem Beispiel schließen, welches direkt in die wissenschaftliche Gegenwart führt: Anfang der 2000er-Jahre erkannten einige Forscher das Potenzial von Grafikprozessoren

(GPUs) für die Implementierung von Deep-Learning-Algorithmen. Im Verlauf der 2000er-Jahre konnten „Computer Scientists" nachweisen, dass der Einsatz von solchen GPUs gegenüber CPUs enorme Vorteile bot, da gewisse Algorithmen für neuronale Netze bzw. für „unüberwachtes Lernen" weit mehr als zehnmal schneller waren. Diese Hardware-Innovationen läuteten nicht nur die „Golden Decade of Deep Learning" (Dean 2022) ein, sondern werfen im Kontext der bisherigen Darstellung nochmals die Frage auf, inwieweit die moderne Wissenschaft auf Computern beruht und durch Hardware-Innovationen vorangetrieben wurde.

3 Statt eines Resümees: Computertechnologie und technologischer Determinismus

Man kann den Gedanken, mit dem der letzte Abschnitt endete, auch zugespitzter formulieren, indem man die in der Technikgeschichte vielfach diskutierte Frage „Does Technology Drive History?" (Smith und Marx 1994) aufgreift und in etwas abgewandelter Form formuliert: „Does the Computer Drive Science and Technology?" (Hashagen 2013).

In den westlichen Industrienationen stößt die Annahme eines in Wirtschaft und Gesellschaft allgegenwärtigen „technologischen Determinismus" sowohl in den Sphären von Politik, Wirtschaft und Gesellschaft als auch unter Naturwissenschaftlern und Ingenieuren auf große Akzeptanz. Dagegen haben die seit den 1970er-Jahren dem Leitbild einer kontextualisierten Historiografie (Staudenmaier 1985) verpflichteten Technikhistoriker und Technikhistorikerinnen versucht, in zahlreichen Studien den Nachweis zu erbringen, dass die Annahme, Technik sei ein autonomer Akteur bei der kontinuierlichen Veränderung der menschlichen Lebenswelt, eine naive Vorstellung sei. Zum einen wurde dabei die Prämisse in Frage gestellt, dass technologische Entwicklungen autonom und von einer von sozialen Einflüssen unabhängigen, internen Logik geprägt sein können; zum anderen wurde der Schluss gezogen, dass gesellschaftliche und soziale Veränderungen nicht durch einen technologischen Wandel determiniert werden können (Kline 2001; Wyatt 2008; Edgerton 2010). So wurde vor allem in den viel zitierten Arbeiten zur „Social Construction of Technology (SCOT)" (Bijker et al. 1987; Fischer 1992; Bijker 1995) gegenüber einem technologischen Determinismus eindeutig Stellung bezogen und argumentiert, dass die Entwicklung neuer Technologien stets das Ergebnis von Aushandlungsprozessen zwischen unterschiedlichen Gruppen (Erfindern, Unternehmern, Konsumenten und Nutzern) sei.

Gegen derartige von der großen Mehrheit der Technikhistoriker und Technikhistorikerinnen vertretene Haltungen haben in den 2000er-Jahren zwei amerikanische Historiker in viel diskutierten Arbeiten Stellung bezogen. Der Computerhistoriker Paul E. Ceruzzi (*1949) vertrat im Jahr 2005 die Auffassung, dass der durch das Mooresche Gesetz beschriebene Fortschritt der Mikroelektronik sowie die sich daraus ergebenden rasanten Innovationen in der Computerhardware und -software nicht mit dem in der Technikgeschichte vorherrschenden sozialkonstruktivistischen Bild der Technikentwicklung vereinbar sind. Stattdessen forderte er dazu auf, diese Entwicklungen einer kritischen Analyse zu unterziehen und zu überprüfen, ob hier nicht ein „raw technological determinism" vorliege (Ceruzzi 2005, S. 593). Der Physikhistoriker Paul Forman (*1937) kritisierte im Jahr 2007 in dem provokativen wie glänzend argumentierten Artikel „The Primacy of Science in Modernity, of Technology in Postmodernity, and of Ideology in the History of Technology" die radikale Leugnung des technologischen Determinismus durch die große Mehrzahl der Technikhistoriker und Technikhistorikerinnen gar als eine nicht sachlich, sondern ideologisch begründete Orthodoxie (Forman 2007, S. 65–67). Das von mir zuletzt angeführte Beispiel der Bedeutung von Grafikprozessoren (GPUs) für die Implementierung von Deep-Learning-Algorithmen ist ein weiteres schlagendes Beispiel für technologischen Determinismus – nur dass es hier nicht um die Veränderung der Gesellschaft oder der Wirtschaft geht, sondern um den Einfluss der durch einen rasanten Wandel geprägten Computertechnologie auf die KI-Entwicklung und damit auf unterschiedlichste Wissenschaftsdisziplinen. Für die Historiografie in der Wissenschafts- und Technikgeschichte wird dabei eine besonders reizvolle Frage gestellt, da sich die traditionell in der Technikgeschichtsschreibung diskutierten Fragen der „Science-Technology Relationship" (Mayr 1976) geradezu umdrehen: Es wird nicht mehr Technik als angewandte Naturwissenschaft begriffen (Kline 1995), sondern Naturwissenschaft als angewandte (Computer-)Technologie – womit die von Paul Forman in dem schon zitierten Artikel aufgeworfenen Fragen neue Perspektiven gewinnen (Forman 2007).

Sicherlich wäre es zu kurz gegriffen, wenn man bei der Analyse des Wechselverhältnisses von Computer- und Wissenschaftsentwicklung einem trivialen „Impact Model" (Edwards 2001) oder einem teilweise von der Politik und anderen Akteuren vertretenen „justificatory technological determinism" (Wyatt 2008, S. 167) folgen würde. Viel spannender wäre hier kritisch und offen zu hinterfragen, wie die rasanten Veränderungen in der Computertechnologie Druck auf die Wissenschaftler und Wissenschaftlerinnen erzeugen oder wie diese ihnen neue Möglichkeiten eröffnen (Edwards 2001, S. 284) – und wie sich diese Entwicklungen in den einzelnen Fällen auf einer Skala von „soft determinism" zu „hard determinism" verorten lassen (Smith und Marx 1994, S. ix-xv). So wäre beispielsweise zu hinterfragen, ob mit der Computer-Hardware, den Computer-Netzwerken und der Software irgendwann „großtechnische Systeme" im Sinne des Technikhistoriker Thomas P. Hughes (1923–2014) entstehen, die mit einem „technologischen Momentum" (Hughes 1975, 1994) großen Einfluss auf Wissenschaftsdisziplinen nehmen.

Schließlich wird man die aufgeworfenen Fragen zum Verhältnis von Wissenschaftsentwicklung und Computertechnologie nur beantworten können, wenn man auch die von den Wissenschaftlern und Wissenschaftlerinnen erdachten und benutzten Algorithmen sowie die von ihnen geschriebenen Programme und die von ihnen benutzte Software mit in die Betrachtung einbezieht – also die algorithmischen Wissenskulturen untersucht, in die der Computer eingebettet wird. Denn der Computer als Technologie unterscheidet sich von fast allen anderen Technologien in einem Punkt, den niemand so schön und so klar formuliert hat, wie der eingangs zitierte Wissenschaftshistoriker Michael Mahoney:

„[…] whereas other technologies may be said to have a nature of their own and thus to exercise some agency in their design, the computer has no such nature. Or, rather, its nature is protean; the computer is – or certainly was at the beginning– what we make of it (or now have made of it) through the tasks we set for it and the programs we write for it." (Mahoney 2005, S. 122)

Literatur

A National Computing Environment for Academic Research (1983). Prepared under the Direction of Marcel Bardon by the NSF Working Group on Computers for Research. NSF-83-84. Washington, D.C.: National Science Foundation.

Abbate, Janet (2012). Recoding Gender: Women's Changing Participation in Computing. History of Computing. Cambridge, MA: MIT Press.

Agar, Jon (1996). „The Provision of Digital Computers to British Universities up to the Flowers Report (1966)". In: The Computer Journal 39, S. 630–642.

Akera, Atsushi (2007). Calculating a Natural World. Scientists, Engineers and Computers During the Rise of US Cold War Research. Cambridge, MA: MIT Press.

Amouyal, Albert (1990). „The Beginnings of Computing Activities at the Atomic Energy Authority, 1952-1972". In: Annals of the History of Computing 12.4, S. 219–225.

Anchordoguy, Marie (1994). „Japanese-American Trade Conflict and Supercomputers". In: Political Science Quarterly 109.1, S. 35–80.

Aronova, Elena, Karen S. Baker und Naomi Oreskes (2010). „Big Science and Big Data in Biology: From the International Geophysical Year through the International Biological Program to the Long Term Ecological Research (LTER) Network, 1957–Present". In: Historical Studies in the Natural Sciences 40.2, S. 183–224.

Aronova, Elena, Christine von Oertzen u. a., Hrsg. (2017). Data Histories. Osiris; 32. Chicago: The University of Chicago Press.

Aspray, William (1989). „The Transformation of Numerical Analysis by the Computer. An Example From the Work of John von Neumann". In: History of Modern Mathematics. Hrsg. von David E. Rowe und John McCleary. Bd. 2: Institutions and Applications. Boston: Academic Press, S. 307–322.

Aspray, William (1990). John von Neumann and the Origins of Modern Computing. History of Computing. Cambridge, MA: MIT Press.

Aspray, William (1994). „The History of Computing within the History of Information Technology". In: History and Technology 11.1, S. 7–19.

Aspray, William (2016). Participation in Computing. The National Science Foundation's Expansionary Programs. Cham: Springer.

Aspray, William und Michael Gunderloy (1989). „Early Computing and Numerical Analysis at the National Bureau of Standards". In: Annals of the History of Computing 11.1, S. 3–12.

Aspray, William und Bernard O. Williams (1994). „Arming American Scientists. NSF and the Provision of Scientific Computing Facilities for Universities, 1950-1973". In: IEEE Annals of the History of Computing 16.4, S. 60–74.

Bach, Eric und Jeffrey Shallit (1996). Algorithmic Number Theory. Bd. 1: Efficient Algorithms. Foundations of Computing Series. Cambridge, MA: MIT Press.

Bailey, David H. und Jonathan M. Borwein (2001). „Experimental Mathematics: Recent Developments and Future Outlook". In: Mathematics Unlimited–2001 and Beyond. Hrsg. von Björn Engquist und Wilfried Schmid. Berlin: Springer, S. 51–66.

Baker, Alan (2008). „Experimental Mathematics". In: Erkenntnis 68.3, S. 331–344.

Baron, Georges-Louis und Pierre Mounier-Kuhn (1990). „Computer Science at the CNRS and in French Universities. A Gradual Institutional Recognition." In: Annals of the History of Computing 12.2, S. 79–87.

Baskett, Forest und John L. Hennessy (1986). „Small Shared-Memory Multiprocessors". In: Science 231.4741, S. 963–967.
Baskett, Forest und John L. Hennessy (1993). „Microprocessors: From Desktops to Supercomputers". In: Science 261.5123, S. 864–871.
Bataille, Maurice (1972). „Something Old: The Gamma 60 the Computer That Was Ahead of its Time". In: ACM SIGARCH Computer Architecture News (SIGARCH) 1.2, S. 10–15.
Bauer, Friedrich L. (1997). „Genesis of Algorithmic Languages". In: Mathematical Methods in Program Development. Hrsg. von Manfred Broy und Birgit Schieder. NATO ASI series. Berlin: Springer, S. 215–269.
Bauer, Friedrich L. (2007). Decrypted Secrets. Methods and Maxims of Cryptology. Fourth, revised and extended edition. Berlin und Heidelberg: Springer.
Bell, Gordon, Tony Hey und Alex Szalay (2009). „Beyond the Data Deluge". In: Science 323.5919, S. 1297–1298.
Berg, Mark de u. a. (2008). Computational Geometry. Algorithms and Applications. Berlin: Springer.
Bijker, Wiebe E. (1995). Of Bicycles, Bakelites, and Bulbs Toward a Theory of Sociotechnical Change. Inside technology. Cambridge, MA: MIT Press.
Bijker, Wiebe E., Thomas P. Hughes und Trevor J. Pinch, Hrsg. (1987). The Social Construction of Technological Systems: New Directions in the Sociology and History of Technology. Cambridge, MA: MIT Press.
Borrelli, Arianna und Janina Wellmann (2019). „Computer Simulations Then and Now: An Introduction and Historical Reassessment". In: NTM. Neue Serie 27.4, S. 407–417.
Borwein, Jonathan M. (2012). „Exploratory Experimentation: Digitally-Assisted Discovery and Proof". In: Proof and Proving in Mathematics Education. The 19th ICMI Study. Hrsg. von Gila Hanna und Michael de Villiers. Berlin: Springer, S. 69–96.
Borwein, Jonathan M. und Robert M. Corless (1999). „Emerging Tools for Experimental Mathematics". In: American Mathematical Monthly 106.10, S. 889–909.
Bory, Paolo, Ely Liithi und Gabriele Balbi (2022). „'A Story of Friendship and Misunderstandings': The Origins of the Swiss National Supercomputing Centre 1985-1992". In: Digital Federalism: Information, Institutions, Infrastructures (1950-2000). Hrsg. von Paolo Bory und Daniela Zetti. Itinera; 49 (2022). Basel: Schwabe Verlag, S. 141–173.
Bourzac, Katherine (2017). „Supercomputing Poised For a Massive Speed Boost". In: Nature 551.7682, S. 554–556.
Brandt, Lawrence E. (1991). „A History and Prospectus for the NSF Supercomputer Centers". In: The International Journal of Supercomputer Applications 5.4, S. 4–9.
Bringsjord, Selmer und Naveen Sundar Govindarajulu (2018). „The Epistemology of Computer-Mediated Proofs". In: Technology and Mathematics. Philosophical and Historical Investigations. Hrsg. von Sven Ove Hansson. Cham: Springer, S. 165–183.
Brock, David C., Hrsg. (2006). Understanding Moore's Law: Four Decades of Innovation. Philadelphia, PA: Chemical Heritage Foundation.
Bullynck, Maarten (2009). „Reading Gauss in the Computer Age: On the U.S. Reception of Gauss's Number Theoretical Work (1938-1989)". In: Archive for History of Exact Sciences 63, S. 553–580.
Bullynck, Maarten (2016). „Essay Review: Histories of Algorithms: Past, Present and Future". In: Historia Mathematica 43.3, S. 332–341.
Buzbee, Bill L. (1993). „Workstation Clusters Rise and Shine". In: Science 261.5123, S. 852–853.
Cain, Frank (2005). „Computers and the Cold War: United States Restrictions on the Export of Computers to the Soviet Union and Communist China." In: Journal of Contemporary History 40.1, S. 131–147.
Campbell-Kelly, Martin (2004). From Airline Reservations to Sonic the Hedgehog. A History of the Software Industry. History of Computing. Cambridge, MA: MIT Press.
Campbell-Kelly, Martin (2007). „The History of the History of Software". In: IEEE Annals of the History of Computing 29.4, S. 40–51.

Campbell-Kelly, Martin und Daniel D. Garcia-Swartz (2015). From Mainframes to Smartphones. A History of the International Computer Industry. Cambridge, MA: Harvard University Press.

Care, Charles (2010). Technology for Modelling. Electrical Analogies, Engineering Practice and the Development of Analogue Computing. History of Computing. London: Springer.

Carson, Cathryn (2020). „Clouds of Data". In: Historical Studies in the Natural Sciences 50.1-2, S. 81–89.

Ceruzzi, Paul E. (2003). A History of Modern Computing. 2. Aufl. History of Computing. Cambridge, MA: MIT Press.

Ceruzzi, Paul E. (2005). „Moore's Law and Technological Determinism. Reflections on the History of Technology". In: Technology and Culture 46, S. 584–593.

Chabert, Jean-Luc u. a. (1999). A History of Algorithms. From the Pebble to the Microchip. Hrsg. von Jean-Luc Chabert. Translated from the 1994 French original by Chris Weeks. Berlin und Heidelberg: Springer.

Chandler, Alfred D. (2005). Inventing the Electronic Century. The Epic Story of the Comsumer Electronics and Computer Industries. Harvard Studies in Business History; 47. Cambridge, MA: Harvard University Press.

Chen, Sophia (2024). „A Day in the Life of the World's Fastest Supercomputer". In: Nature 633.8028, S. 22–25.

Clark, Martyn (2010). „State Support for the Expansion of UK University Computing in the 1950s". In: IEEE Annals of the History of Computing 32.1, S. 23–33.

Clark, Wesley A. (1988). „The LINC was Early and Small". In: A History of Personal Workstations. Hrsg. von Adele Goldberg. New York: ACM, S. 345–400.

Cohen, I. Bernard (1999). Howard Aiken. Portrait of a Computer Pioneer. Cambridge, MA: MIT Press.

Coopey, Richard (2004a). „Empire and Technology. Information Technology Policy in Postwar Britain and France". In: Information Technology Policy: An International History. Hrsg. von Richard Coopey. Oxford: Oxford University Press, S. 144–168.

Coopey, Richard, Hrsg. (2004b). Information Technology Policy. An International History. Oxford: Oxford University Press.

Copeland, B. Jack, Hrsg. (2006). Colossus. The Secrets of Bletchley Park's Codebreaking Computers. Oxford: Oxford University Press.

Corry, Leo (2008). „Number Crunching vs. Number theory: Computers and FLT, from Kummer to SWAC (1850-1960), and Beyond". In: Archive for History of Exact Sciences 62.4, S. 393–455.

Cortada, James W. (2009). „Public Policies and the Development of National Computer Industries in Britain, France, and the Soviet Union, 1940-80". In: Journal of Contemporary History 44.3, S. 493–512.

Coy, Wolfgang (2004). „Was ist Informatik? Zur Entstehung des Faches an den deutschen Universitäten". In: Geschichten der Informatik. Visionen, Paradigmen, Leitmotive. Hrsg. von Hans-Dieter Hellige. Berlin: Springer, S. 473–497.

Croarken, Mary (1990). Early Scientific Computing in Britain. Oxford Science Publications. Oxford: Clarendon Press.

Dahan Dalmédico, Amy (2001). „History and Epistemology of Models. Meteorology (1946-1963) as a Case Study". In: Archive for History of Exact Sciences 55.5, S. 395–422.

Dahan Dalmédico, Amy (2010). „Putting the Earth System in a Numerical Box? The Evolution From Climate Modeling Toward Global Change". In: Studies in History and Philosophy of Modern Physics 41.3, S. 282–292.

Daniels, Mario (2022). „Safeguarding Détente: U.S. High Performance Computer Exports to the Soviet Union". In: Diplomatic History 46.4, S. 755–781.

Daniels, Mario und John Krige (2022). Knowledge Regulation and National Security in Postwar America. Chicago: The University of Chicago Press.

Dean, Jeffrey (2022). „A Golden Decade of Deep Learning: Computing Systems & Applications". In: Daedalus 151.2, S. 58–74.

Dick, Stephanie (2011). „AfterMath. The Work of Proof in the Age of Human-Machine Collaboration". In: Isis 102.3, September 2011, S. 494–505.

Dongarra, Jack, Laura Grigori und Nicholas J. Higham (2020). „Numerical Algorithms for High-Performance Computational Science". In: Philosophical Transactions of the Royal Society A: Mathematical, Physical and Engineering Sciences 378.2166, S. 20190066.

Dongarra, Jack J. u. a. (2008). „Netlib and NA-Net: Building a Scientific Computing Community". In: IEEE Annals of the History of Computing 30.2, S. 30–41.

Dooley, John F. (2018). History of Cryptography and Cryptanalysis: Codes, Ciphers, and Their Algorithms. History of Computing. Cham: Springer.

Edgerton, David (2010). „Innovation, Technology, or History: What Is the Historiography of Technology About?" In: Technology and Culture 51.3, S. 680–697.

Edwards, Paul N. (2001). „From 'Impact' to Social Process. Computers in Society and Culture". In: Handbook of Science and Technology Studies. Hrsg. von Sheila Jasanoff. Thousand Oaks: Sage Publ., S. 257–285.

Edwards, Paul N. (2010). A Vast Machine. Computer Models, Climate Data, and the Politics of Global Warming. Cambridge, MA: MIT Press.

Eisty, Nasir U. und Jeffrey C. Carver (2022). „Testing Research Software: A Survey". In: Empirical Software Engineering 27.6, S. 1–28.

Elzen, Boelie und Donald MacKenzie (1991). „The Charismatic Engineer. Seymour Cray and the Development of Supercomputing". In: Jaarboek voor de geschiedenis van bedrijf en techniek 8, S. 248–277.

Elzen, Boelie und Donald MacKenzie (1993). „From Megaflops to Total Solutions. The Changing Dynamics of Competitiveness in Supercomputing". In: Technological Competitiveness. Contemporary and Historical Perspectives on the Electrical, Electronics, and Computer Industries. Hrsg. von William Aspray. Piscataway, NJ: IEEE Press, S. 119–151.

Elzen, Boelie und Donald A. MacKenzie (2025). The Seymour Cray Era of Supercomputers: From Fast Machines to Fast Codes. ACM Books; 61. New York: Association for Computing Machinery.

Ensmenger, Nathan (2012). „The Digital Construction of Technology. Rethinking the History of Computers in Society". In: Technology and Culture 53.4, S. 753–776.

Ensmenger, Nathan (2015). „'Beards, Sandals, and Other Signs of Rugged Individualism': Masculine Culture within the Computing Professions". In: Osiris. Second Series 30.1, S. 38–65.

Ensmenger, Nathan und William Aspray (2002). „Software as Labor Process". In: History of Computing-Software Issues. Hrsg. von Ulf Hashagen. Paderborn, Germany: Springer, S. 139–165.

Evans, James und Adrian Johns (2023a). „Introduction: How and Why to Historicize Algorithmic Cultures". In: Osiris. Second Series 38, S. 1–15.

Evans, James und Adrian Johns, Hrsg. (2023b). Beyond Craft and Code: Human and Algorithmic Cultures, Past and Present. Osiris; 38. Chicago: The University of Chicago Press.

Fernbach, Sidney (1979). „Scientific Uses of Computers". In: The Computer Age: A Twenty-Year View. Hrsg. von Michael L. Dertouzos. MIT Bicentennial Studies; 6. Cambridge, MA: MIT, S. 146–170.

Fink, William L. (1986). „Microcomputers and Phylogenetic Analysis". In: Science 234.4780, S. 1135–1139.

Fischer, Claude S. (1992). America Calling: A Social History of the Telephone to 1940. Pages: 424. Berkeley: University of California Press.

Flamm, Kenneth (1987). Targeting the Computer: Government Support and International Competition. Washington, D.C.: Brookings Institution.

Forman, Paul (2007). „The Primacy of Science in Modernity, of Technology in Postmodernity, and of Ideology in the History of Technology". In: History and Technology 23.1, S. 1–152.

Forslund, David W., Charles A. Slocomb und Ira A. Agins (1994). „Windows on Computing: New Initiatives at Los Alamos". In: Los Alamos Science 22.

Freeman, Peter, W. Richards Adrion und William Aspray (2019). Computing and the National Science Foundation, 1950-2016: Building a Foundation for Modern Computing. New York: ACM Books.

Galison, Peter (1997). Image and Logic. A Material Culture of Microphysics. Chicago: The University of Chicago Press.
García-Sancho, Miguel (2012). „From the Genetic to the Computer Program: The Historicity of 'Data' and 'Computation' in the Investigations on the Nematode Worm C. elegans (1963-1998)". In: Studies in History and Philosophy of Science Part C: Studies in History and Philosophy of Biological and Biomedical Sciences 43.1, S. 16–28.
Goldberg, Adele, Hrsg. (1988). A History of Personal Workstations. New York: ACM Press.
Greengard, Leslie (1994). „Fast Algorithms for Classical Physics". In: Science 265.5174, S. 909–914.
Grier, David Alan (2005). When Computers Were Human. Princeton: Princeton University Press.
Gugerli, David und Ricky Wichum (2021). An den Grenzen der Berechenbarkeit: Supercomputing in Stuttgart. Zürich: Chronos.
Gürer, Denise u. a. (2009). „Women in Computing". In: Wiley Encyclopedia of Computer Science and Engineering. Hrsg. von Benjamin W. Wah. Hoboken, NJ: Wiley, S. 3099–3122.
Haigh, Thomas (2011). „The History of Information Technology". In: Annual Review of Information Science and Technology 45, S. 431–487.
Haigh, Thomas, Mark Priestley und Crispin Rope (2016). ENIAC in Action: Making and Remaking the Modern Computer. Cambridge, MA: MIT Press.
Haraway, Donna (1982). „The High Cost of Information in Post-World War II Evolutionary Biology: Ergonomics, Semiotics, and the Sociobiology of Communication Systems". In: Philosophical Forum 13, S. 244–278.
Hargrove, William W., Forrest M. Hoffman und Thomas Sterling (2001). „The Do-It-Yourself Supercomputer". In: Scientific American 285.2, S. 72–79.
Harper, Kristine C. (2003). „Research from the Boundary Layer. Civilian Leadership, Military Funding and the Development of Numerical Weather Prediction (1946-55)". In: Social Studies of Science 33.5, S. 667–696.
Harper, Kristine C. (2008). Weather by the Numbers. The Genesis of Modern Meteorology. Cambridge, MA: MIT Press.
Hashagen, Ulf (2011). „Rechner für die Wissenschaft. ‚Scientific Computing' und Informatik im deutschen Wissenschaftssystem 1870-1970". In: Rechnende Maschinen im Wandel. Mathematik, Technik, Gesellschaft. Hrsg. von Ulf Hashagen und Hans Dieter Hellige. Preprints/Deutsches Museum; 3. München: Deutsches Museum, S. 111–152.
Hashagen, Ulf (2013). „The Computation of Nature. Or: Does the Computer Drive Science and Technology?" In: The Nature of Computation. Logic, Algorithms, Applications. 9th Conference on Computability in Europe, CiE 2013, Milan, Italy, July 1-5, 2013. Hrsg. von Paola Bonizzoni, Vasco Brattka und Benedikt Löwe. LNCS 7921. Berlin: Springer, S. 263–270.
Hashagen, Ulf (2024). „Zuse, Konrad Ernst Otto". In: Neue Deutsche Biographie. Bd. 28. Berlin: Duncker & Humblot, S. 787–791.
Hashagen, Ulf, Reinhard Keil-Slawik und Arthur Norberg, Hrsg. (2002). History of Computing. Software Issues. Berlin: Springer.
Hegering, Heinz-Gerd, Hrsg. (2012). 50 Jahre LRZ: Das Leibniz-Rechenzentrum der Bayerischen Akademie der Wissenschaften. Chronik einer Erfolgsgeschichte 1962 – 2012. Garching: Leibniz-Rechenzentrum.
Heims, Steve J. (1975). „Encounter of Behavioral Sciences With New Machine-Organism Analogies in the 1940's". In: Journal of the History of the Behavioral Sciences 11, S. 368–373.
Heims, Steve J. (1991). The Cybernetics Group. Cambridge, MA: MIT Press.
Held, Wilhelm, Hrsg. (2009). Geschichte der Zusammenarbeit der Rechenzentren in Forschung und Lehre. Bd. 1: Vom Betrieb der ersten Rechner bis zur heutigen Kommunikation und Informationsverarbeitung. Wissenschaftliche Schriften der Universität Münster. Münster: Verlagshaus Monsenstein und Vannerdat.
Held, Wilhelm, Hrsg. (2018). Geschichte der Zusammenarbeit der Rechenzentren in Forschung und Lehre. Bd. 2: ZKI, Rechnerverbünde, Anwendervereine und Anwendungen sowie Ereig-

nisse, Erkenntnisse und Kurioses. Wissenschaftliche Schriften der WWU Münster. Münster: Westfälische Wilhelms-Universität.

Hendry, John (1984). „Prolonged Negotiations: The British Fast Computer Project and the Early History of the British Computer Industry". In: Business History 26.3, S. 280–306.

Henning, Gernot (1984). „Ist das Rechenzentrum überholt? Ein Plädoyer für die verteilte Verarbeitung". In: Das Rechenzentrum 7.2, S. 99–110.

Hey, Tony, Stewart Tansley und Kristin Tolle, Hrsg. (2009). The Fourth Paradigm. Data-Intensive Scientific Discovery. Redmond, Washington: Microsoft Research.

Heymann, Matthias (2006). „Modeling Reality. Practice, Knowledge, and Uncertainty in Atmospheric Transport Simulation". In: Historical Studies in the Physical and Biological Sciences 37.1, S. 49–85.

Heymann, Matthias (2010). „Understanding and Misunderstanding Computer Simulation. The Case of Atmospheric and Climate Science – An Introduction". In: Studies in History and Philosophy of Science Part B: Studies in History and Philosophy of Modern Physics 41.3, S. 193–200.

Heymann, Matthias und Amy Dahan Dalmédico (2019). „Epistemology and Politics in Earth System Modeling: Historical Perspectives". In: Journal of Advances in Modeling Earth Systems 11.5, S. 1139–1152.

Heymann, Matthias, Gabriele Gramelsberger und Martin Mahony, Hrsg. (2017). Cultures of Prediction in Atmospheric and Climate Science: Epistemic and Cultural Shifts in Computer-based Modelling and Simulation. Routledge environmental humanities series. London: Routledge, Taylor & Francis Group.

Hicks, Marie (2017). Programmed Inequality: How Britain Discarded Women Technologists and Lost Its Edge in Computing. History of computing. Cambridge, MA: MIT Press.

Hocquet, Alexandre u. a. (2024). „Software in Science Is Ubiquitous Yet Overlooked". In: Nature Computational Science 4.7, S. 465–468.

Hughes, Thomas P. (1975). „Das ‚Technologische Momentum' in der Geschichte. Zur Entwicklung des Hydrierverfahrens in Deutschland 1898-1933". In: Moderne Technikgeschichte. Hrsg. von Karin Hausen und Reinhard Rürup. Köln: Kiepenheuer & Witsch, S. 358–383.

Hughes, Thomas P. (1994). „Technological Momentum". In: Does Technology Drive History? The Dilemma of Technological Determinism. Hrsg. von Merritt Roe Smith und Leo Marx. Cambridge, MA: MIT Press, S. 101–114.

Hujeirat, Ahmad A. und Friedrich-K. Thielemann (2009). „Algorithmenentwicklung in der Computational Astrophysik". In: Informatik-Spektrum 32.6, S. 496–504.

Humphreys, Paul (2004). Extending Ourselves. Computational Science, Empiricism, and Scientific Method. Oxford: Oxford University Press.

Humphreys, Paul (2009). „The Philosophical Novelty of Computer Simulation Methods". In: Synthese 169.3, S. 615–626.

Imbert, Cyrille und Vincent Ardourel (2023). „Formal Verification, Scientific Code, and the Epistemological Heterogeneity of Computational Science". In: Philosophy of Science 90.2, S. 376–394.

Jarke, Juliane u. a., Hrsg. (2024). Algorithmic Regimes: Methods, Interactions, and Politics. Digital studies. Amsterdam: Amsterdam University Press, S. 345.

Jessen, Eike, Dieter Michel, Hans-Jürgen Siegert u. a. (2010a). „The AEG-Telefunken TR 440 Computer: Company and Large-Scale Computer Strategy". In: IEEE Annals of the History of Computing 32.3, S. 20–29.

Jessen, Eike, Dieter Michel und Heinz Voigt (2010b). „Structure, Technology, and Development of the AEG-Telefunken TR 440 Computer". In: IEEE Annals of the History of Computing 32.3, S. 30–39.

Johanson, Arne und Wilhelm Hasselbring (2018). „Software Engineering for Computational Science: Past, Present, Future". In: Computing in Science Engineering 20.2, S. 90–109.

Johnston, Robert (1998). „U.S. Export Control Policy in the High Performance Computer Sector". In: The Nonproliferation Review 5.2, S. 44–59.

Jones, Matthew L. (2018). „How We Became Instrumentalists (Again): Data Positivism since World War II". In: Historical Studies in the Natural Sciences 48.5, S. 673–684.
Joy, William und John Gage (1985). „Workstations in Science". In: Science 228.4698, S. 467–470.
Kanewala, Upulee und James M. Bieman (2014). „Testing Scientific Software: A Systematic Literature Review". In: Information and Software Technology 56.10, S. 1219–1232.
Karplus, Walter J. (1958). Analog Simulation. New York: McGraw-Hill.
Kaufmann, William J. und Larry L. Smarr (1993). Supercomputing and the Transformation of Science. New York: Scientific American Library.
Kay, Lily E. (2000). Who Wrote the Book of Life? A History of the Genetic Code. Stanford: Stanford University Press.
Kline, Ronald R. (1995). „Construing 'Technology' as 'Applied Science': Public Rhetoric of Scientists and Engineers in the United States, 1880-1945." In: Isis 86.2, S. 194–221.
Kline, Ronald R. (2001). „Technological Determinism". In: International Encyclopedia of the Social and Behavioral Sciences. Hrsg. von Neil J. Smelser und Paul B. Baltes. Elsevier, S. 15495–15498.
Knuth, Donald E. (1985). „Algorithmic Thinking and Mathematical Thinking". In: American Mathematical Monthly 92.3, S. 170–181.
Knuth, Donald E. (1988). „Algorithmic Themes". In: A Century of Mathematics in America, Part I. Hrsg. von Peter L. Duren. Bd. 1. Hist. Math. Providence, RI: American Mathematical Society, S. 439–445.
Krige, John (2006). American Hegemony and the Postwar Reconstruction of Science in Europe. Cambridge, MA: MIT Press.
Kuo, Laureen (2022). „Plan Calcul: France's National Information Technology Ambition and Instrument of National Independence". In: The Business History Review 96.3, S. 1–25.
Lavington, Simon H. (1980). Early British Computers. The Story of Vintage Computers and the People Who Built Them. Manchester: Manchester University Press.
Lavington, Simon H. (1993). „Manchester Computer Architectures, 1948-1975". In: IEEE Annals of the History of Computing 15.3, S. 44–54.
Report (1982). Report of the Panel on Large Scale Computing in Science and Engineering. Washington, D. C. National Science Foundation.
Lea, Andrew Scott (2023). Digitizing Diagnosis: Medicine, Minds, and Machines in Twentieth-Century America. Baltimore: Johns Hopkins University Press.
Leclerc, Bruno (1990). „From Gamma 2 to Gamma E.T.: The Birth of Electronic Computing at Bull". In: Annals of the History of Computing 12.1, S. 5–22.
Lee, Der-Tsai und Franco P. Preparata (1984). „Computational Geometry – A Survey". In: IEEE Transactions on Computers 33.12, S. 1072–1101.
Lenhard, Johannes (2007). „Computer Simulation. The Cooperation between Experimenting and Modeling". In: Philosophy of Science 74.2, S. 176–194.
Lenhard, Johannes (2014). „Disciplines, Models, and Computers: The Path to Computational Quantum Chemistry". In: Studies in History and Philosophy of Science 48, S. 89–96.
Lenhard, Johannes (2019). Calculated Surprises. A Philosophy of Computer Simulation. Oxford Studies in Philosophy of Science. Oxford, New York: Oxford University Press.
Leonardi, Paul M. (2012). Car Crashes Without Cars: Lessons About Simulation Technology and Organizational Change From Automotive Design. Acting with technology. Cambridge, MA: MIT Press.
Leonelli, Sabina (2014). „What Difference Does Quantity Make? On the Epistemology of Big Data in Biology". In: Big Data & Society 1.1, S. 1–11.
Leonelli, Sabina und Rachel A. Ankeny (2012). „Re-Thinking Organisms: The Impact of Databases on Model Organism Biology". In: Studies in History and Philosophy of Science Part C: Studies in History and Philosophy of Biological and Biomedical Sciences 43.1, S. 29–36.
Light, Jennifer S. (1999). „When Computers Were Women". In: Technology and Culture 40, S. 455–483.
MacDonald, Stuart (2015). Technology and the Tyranny of Export Controls. Basingstoke, Hampshire: Macmillan.

MacKenzie, Donald (1991). „The Influence of the Los Alamos and Livermore National Laboratories on the Development of Supercomputing". In: Annals of the History of Computing 13.2, S. 179–201.
MacKenzie, Donald (1996). „Nuclear Weapons Laboratories and the Development of Supercomputing". In: Knowing Machines. Essays on Technical Change. Inside technology. Cambridge, MA.
MacKenzie, Donald (1999). „Slaying the Kraken. The Sociohistory of a Mathematical Proof". In: Social Studies of Science 29.1, S. 7–60.
MacKenzie, Donald (2002). „A View From the Sonnenbichl: On the Historical Sociology of Software and System Dependability". In: History of Computing. Software Issues. Hrsg. von Ulf Hashagen, Reinhard Keil-Slawik und Arthur Norberg. Berlin: Springer, S. 97–122.
Mahboubi, Assia (2016). „Machine-Checked Mathematics". In: Nieuw Archief voor Wiskunde. 5. Ser. 17.3, S. 172–176.
Mahoney, Michael S. (1988). „The History of Computing in the History of Technology". In: Annals of the History of Computing 10.2, S. 113–125.
Mahoney, Michael S. (1997). „Computer Science. The Search for a Mathematical Theory". In: Science in the Twentieth Century. Hrsg. von John Krige und Dominique Pestre. Amsterdam: Harwood Academic Publishers, S. 617–634.
Mahoney, Michael S. (2000). „The Structures of Computation". In: The First Computers. History and Architectures. Hrsg. von Raúl Rojas und Ulf Hashagen. Cambridge, MA: MIT Press, S. 17–32.
Mahoney, Michael S. (2002). „Software as Science – Science as Software". In: History of Computing. Software Issues. Hrsg. von Ulf Hashagen, Reinhard Keil-Slawik und Arthur Norberg. Berlin: Springer, S. 25–48.
Mahoney, Michael S. (2005). „The Histories of Computing(s)". In: Interdisciplinary Science Reviews 30.2, S. 119–135.
Mahoney, Michael S. (2008). „What Makes the History of Software Hard". In: IEEE Annals of the History of Computing 30.3, S. 8–18.
Mahoney, Michael S. (2011). „What Makes Computer Science a Science?" In: Science in the Context of Application. Hrsg. von Martin Carrier und Alfred Nordmann. Boston Studies in the Philosophy of Science. Dordrecht: Springer Netherlands, S. 389–408.
Mahony, Martin, Matthias Heymann und Gabriele Gramelsberger (2019). „Cultures of Prediction in Climate Science". In: Climate and Culture: Multidisciplinary Perspectives on a Warming World. Hrsg. von Alex Arnall, Giuseppe Feola und Hilary Geoghegan. Cambridge: Cambridge University Press, S. 21–45.
Marino, Julia (2022). „Fighting the Cold War and the 'Market War' through Critical Technologies, 1979-1992". In: Historical Studies in the Natural Sciences 52.4, S. 485–523.
Mark, Harry B. und Shizuo Fujiwara (1973). „Computer Assisted Chemical Research Design". In: Science 182.4112, S. 606–607.
Martin-Nielsen, Janet (2017). „Scientific Forecasting? Performing Objectivity at the UK's Meteorological Office, 1960s-1970s". In: History of Meteorology 8, S. 202–221.
Martin-Nielsen, Janet (2018). „Computing the Climate: When Models Became Political". In: Historical Studies in the Natural Sciences 48.2, S. 223–245.
Mastanduno, Michael (1991). „The United States Defiant: Export Controls in the Postwar Era". In: Daedalus 120.4, S. 91–112.
Maugh, Thomas H. (1973). „Medium-Sized Computers: Bringing Computers into the Lab". In: Science 182.4109, S. 270–272.
Mayr, Otto (1976). „The Science-Technology Relationship as a Historiographic Problem". In: Technology and Culture 17.4, S. 663–673.
McCray, W. Patrick (2014). „How Astronomers Digitized the Sky". In: Technology and Culture 55.4, S. 908–944.
McCray, W. Patrick (2017). „The Biggest Data of All: Making and Sharing a Digital Universe". In: Osiris. Second Series 32.1, S. 243–263.

Metropolis, Nicholas (1980). „The MANIAC". In: A History of Computing in the Twentieth Century. A Collection of Essays. Hrsg. von Nicholas Metropolis, Jack Howlett und Gian-Carlo Rota. San Diego: Academic Press, S. 457–464.
Meuer, Hans Werner (1986). „PC versus Mainframe". In: Das Rechenzentrum 9.1, S. 25–46.
Misa, Thomas J. (2007). „Understanding 'How Computing Has Changed the World'". In: IEEE Annals of the History of Computing 29.4, S. 52–63.
Misa, Thomas J. (2013). Digital State. The Story of Minnesota's Computing Industry. Minneapolis: University of Minnesota Press.
Mody, Cyrus C. M. (2017). The Long Arm of Moore's Law: Microelectronics and American Science. Cambridge: MIT Press.
Mol, Liesbeth de (2015). „Some Reflections on Mathematics and Its Relation to Computer Science". In: Automata, Universality, Computation. Tribute to Maurice Margenstern. Hrsg. von Andrew Adamatzky. Emergence, Complexity and Computation; 12. Cham: Springer, S. 75–101.
Mols, Sandra (2006). „Error-Mindedness and the Computerisation of Crystallography, 1912-1955". Diss. Manchester: University of Manchester.
Mosmann, Charles (1973). Academic Computers in Service. Effective Uses for Higher Education. San Francisco: Jossey-Bass Publishers.
Mounier-Kuhn, Pierre (2009). „The UNESCO International Computing Center in Rome". In: Soft-EU Meeting. Grenoble: Gerard Alberts & Pierre Mounier-Kuhn.
Mounier-Kuhn, Pierre (2010). L'informatique en France de la seconde guerre mondiale au Plan Calcul: L'émergence d'une science. Collection Roland Mousnier; 43. Paris: PUPS.
Mounier-Kuhn, Pierre (2012). „Computer Science in French Universities: Early Entrants and Latecomers". In: Information & Culture 47.4, S. 414–456.
Mowery, David C. (2010). „Military R&D and Innovation". In: Handbook of the Economics of Innovation. Hrsg. von Bronwyn H. Hall und Nathan Rosenberg. Bd. 2. Amsterdam: North-Holland, S. 1219–1256.
Muchsel, Reginald (1990). „Perestroika für das Hochschul-Rechenzentrum". In: PIK – Praxis der Informationsverarbeitung und Kommunikation 13.2, S. 63–67.
Murray, Charles J. (1997). The Supermen. The Story of Seymour Cray and the Technical Wizards Behind the Supercomputer. New York: Wiley.
Narten, Thomas (2000). „Workstation". In: Encyclopedia of Computer Science. Hrsg. von David Hemmendinger, Anthony Ralston und Edwin D. Reilly. Chichester, UK: John Wiley & Sons, S. 1865–1866.
Nash, Stephen Gregory, Hrsg. (1990). A History of Scientific Computing. New York: ACM Press.
Nebeker, Frederik (1989). „The 20th-Century Transformation of Meteorology". Diss. Princeton University.
Nebeker, Frederik (1995). Calculating the Weather. Meteorology in the 20th Century. San Diego: Academic Press.
Nelson, Alistair H. (2000). „Supercomputing in Astrophysics". In: Reports on Progress in Physics 63.11, S. 1851–1892.
Nofre, David (2014). „Managing the Technological Edge: The UNESCO International Computation Centre and the Limits to the Transfer of Computer Technology, 1946-61". In: Annals of Science 71.3, S. 410–431.
Nofre, David (2023). „'Content Is Meaningless, and Structure Is All-Important': Defining the Nature of Computer Science in the Age of High Modernism, c. 1950–c. 1965". In: IEEE Annals of the History of Computing 45.2, S. 29–42.
Norberg, Arthur L. und Judy E. O'Neill (1996). Transforming Computer Technology. Information Processing for the Pentagon, 1962-1986. Johns Hopkins Studies in the History of Technology, New Series; 18. Baltimore: Johns Hopkins University Press.
November, Joseph (2011). „Removing the Center from Computing. Biology's New Mode of Digital Knowledge Production". In: Berichte zur Wissenschaftsgeschichte 34.2, S. 156–173.
November, Joseph (2012). Biomedical Computing. Digitizing Life in the United States. Baltimore: Johns Hopkins University Press.

November, Joseph (2018). „More than Moore's Mores: Computers, Genomics, and the Embrace of Innovation". In: Journal of the History of Biology 51.4, S. 807–840.
Oakley, Brian und Kenneth Owen (1989). Alvey: Britain's Strategic Computing Initiative. Cambridge, MA: MIT Press.
Olley, Allan (2018). „A Task that Exceeded the Technology. Early Applications of the Computer to the Lunar Three-Body Problem". In: Revue de Synthèse 139.3, S. 267–288.
Oreskes, Naomi (2010). „Science, Technology and Free Enterprise". In: Centaurus 52.4, S. 297–310.
Palfner, Sonja (2012). „Das Deutsche Klimarechenzentrum – Kartographie eines Rechenraumes". In: Zur Geschichte von Forschungstechnologien: Generizität, Interstitialität & Transfer. Hrsg. von Klaus Hentschel. Diepholz: Verlag für Geschichte der Naturwissenschaften und der Technik, S. 455–477.
Parker, Wendy S. (2013). „Computer Simulation". In: Routledge Companion to Philosophy of Science. Hrsg. von M. Curd und S. Psillos. 2. Aufl. Abingdon: Routledge, S. 135–145.
Perkel, Jeffrey M. (2021). „Ten Computer Codes That Transformed Science". In: Nature 589.7842, S. 344–348.
Petzold, Hartmut (1985). Rechnende Maschinen. Eine historische Untersuchung ihrer Herstellung und Anwendung vom Kaiserreich bis zur Bundesrepublik. Technikgeschichte in Einzeldarstellungen; 41. Düsseldorf: VDI-Verlag.
Pinto, Gustavo, Igor Wiese und Luiz Felipe Dias (2018). „How Do Scientists Develop Scientific Software? An External Replication". In: 2018 IEEE 25th International Conference on Software Analysis, Evolution and Reengineering (SANER). Hrsg. von Rocco Oliveto, Massimiliano Di Penta und David C. Shepherd. Piscataway, NJ: IEEE, S. 582–591.
Plimpton, Steve (1995). „Fast Parallel Algorithms for Short-Range Molecular Dynamics". In: Journal of Computational Physics 117, S. 1–19.
Priestley, Mark (2011). A Science of Operations. Machines, Logic and the Invention of Programming. History of Computing. London: Springer.
Quatrepoint, Jean-Michel und Jacques Jublin (1976). French ordinateurs: de l affaire Bull à l assassinat du Plan Calcul. Paris: Moreau.
Robinson, Arthur L. (1976). „Computational Chemistry: Getting More from a Minicomputer". In: Science 193.4252, S. 470–472.
Robinson, Arthur L. (1984). „Personal Computers Attract Lab Software". In: Science 224.4644, S. 40–44.
Roland, Alex und Philip Shiman (2002). Strategic Computing. DARPA and the Quest for Machine Intelligence, 1983-1993. Cambridge, MA: MIT Press.
Sandholtz, Wayne (1992). High-Tech Europe. The Politics of International Cooperation. Studies in International Political Economy; 24. Berkeley: University of California Press.
Schneider, Dieter (2012). Die Entwicklung der Supercomputer. Eine Untersuchung der Technologie, der Systeme und des Marktes zwischen 1975 und 1995. München: Hut.
Scroggins, Michael und Bernadette M. Boscoe (2020). „Once FITS, Always FITS? Astronomical Infrastructure in Transition". In: IEEE Annals of the History of Computing 42.2, S. 42–54.
Segal, Judith (2009). „Software Development Cultures and Cooperation Problems: A Field Study of the Early Stages of Development of Software for a Scientific Community". In: Computer Supported Cooperative Work-the Journal of Collaborative Computing 18.5, S. 581–606.
Seidel, Robert W. (1996). „From Mars to Minerva. The Origins of Scientific Computing in the AEC Labs". In: Physics Today 49.10, S. 33–39.
Seidel, Robert W. (1998). „'Crunching Numbers'. Computers and Physical Research in the AEC Laboratories". In: History and Technology 15.1, S. 31–68.
Seidel, Robert W. (2008). „From Factory to Farm. Dissemination of Computing in High-Energy Physics". In: Historical Studies in the Natural Sciences 38.4, S. 479–507.
Shavitt, Isaiah und Frank Tobin (1976). „The Attraction of Minicomputers". In: Science 194.4268, S. 890–894.
Sletholt, Magnus Thorstein u. a. (2012). „What Do We Know about Scientific Software Development's Agile Practices?" In: Computing in Science & Engineering 14.2, S. 24–36.

Smith, Merritt Roe und Leo Marx, Hrsg. (1994). Does Technology Drive History? The Dilemma of Technological Determinism. Cambridge, MA: MIT Press.
Sørensen, Henrik Kragh (2016). „'The End of Proof'? The Integration of Different Mathematical Cultures as Experimental Mathematics Comes of Age". In: Mathematical Cultures. Hrsg. von Brendan Larvor. Cham: Springer Basel AG, S. 139–160.
Sørensen, Henrik Kragh, Sophie Kjeldbjerg Mathiasen und Mikkel Willum Johansen (2024). „What is an Experiment in Mathematical Practice? New Evidence From Mining the Mathematical Reviews". In: Synthese 203.2, S. 1–21.
Staudenmaier, John M. (1985). Technology's Storytellers. Reweaving the Human Fabric. Cambridge, MA: Society for the History of Technology.
Stevens, Hallam (2013). Life Out of Sequence. A Data-Driven History of Bioinformatics. Chicago und London: University of Chicago Press.
Stevens, Hallam (2017). „A Feeling for the Algorithm: Working Knowledge and Big Data in Biology". In: Osiris. Second Series 32.1, S. 151–174.
Striphas, Ted (2015). „Algorithmic Culture". In: European Journal of Cultural Studies 18.4-5, S. 395–412.
Tatarchenko, Ksenia (2019). „Thinking Algorithmically: From Cold War Computer Science to the Socialist Information Culture". In: Historical Studies in the Natural Sciences 49.2, S. 194–225.
Tatarchenko, Ksenia (2023). „Algorithm's Cradle: Commemorating al-Khwarizmi in the Soviet History of Mathematics and Cold War Computer Science". In: Osiris. Second Series 38, S. 286–304.
Tedre, Matti (2011). „Computing as a Science: A Survey of Competing Viewpoints". In: Minds and Machines 21.3, S. 361–387.
Tedre, Matti (2014). The Science of Computing. Shaping a Discipline. CRC Press.
„The Computer Spectrum" (1989). „The Computer Spectrum: A Perspective on the Evolution of Computing". In: Computer 22.11, S. 57–63.
Thornton, James E. (1980). „„The CDC 6600 Project". In: Annals of the History of Computing 2.4, S. 338–348.
Verdon, Frank P. und Mike Wells (1995). „Computing in British Universities. The Computer Board 1966-1991". In: The Computer Journal 38.10, S. 822– 830.
Waldrop, M. Mitchell (1985). „NSF Commits to Supercomputers". In: Science 228.4699. May 3, 1985, S. 568–571.
Wieber, Frédéric und Alexandre Hocquet (2018). „Computational Chemistry as Voodoo Quantum Mechanics: Models, Parameterization, and Software". In: arXiv:1812.00995 [physics]. arXiv: 1812.00995.
Wieber, Frédéric und Alexandre Hocquet (2020). „Models, Parameterization, and Software: Epistemic Opacity in Computational Chemistry". In: Perspectives on Science 28.5, S. 610–629.
Wiese, Igor, Ivanilton Polato und Gustavo Pinto (2020). „Naming the Pain in Developing Scientific Software". In: IEEE Software 37.4, S. 75–82.
Wiegand, Josef (1994). Informatik und Großforschung: Geschichte der Gesellschaft für Mathematik und Datenverarbeitung. Studien zur Geschichte der deutschen Großforschungseinrichtungen, Bd. 6. Frankfurt am Main und New York: Campus-Verlag.
Williams, Hugh C. (1982). „„The Influence of Computers in the Development of Number Theory". In: Computers & Mathematics with Applications 8.2, S. 75–93.
Williams, Michael R. (1997). A History of Computing Technology. 2. Aufl. Los Alamitos, CA: IEEE Computer Society Press.
Winsberg, Eric (2010). Science in the Age of Computer Simulation. Chicago: University of Chicago Press.
Winsberg, Eric (2022). „Computer Simulations in Science". In: The Stanford Encyclopedia of Philosophy. Hrsg. von Edward N. Zalta und Uri Nodelman. Winter 2022. Metaphysics Research Lab, Stanford University.
Wyatt, Sally (2008). „Technological Determinism Is Dead; Long Live Technological Determinism". In: The Handbook of Science and Technology Studies. Hrsg. von Edward J. Hackett u. a. 3. Aufl. Cambridge, MA: MIT Press, S. 165–180.

Yood, Charles N. (2013). Hybrid Zone. Computers and Science at Argonne National Laboratory 1946-1992. Boston, MA: Docent Press.

Yu, Mingyi (2021). „The Algorithm Concept, 1684-1958". In: Critical Inquiry 47.3, S. 592–609.

Zellmer, Rolf (1990). „Die Entstehung der deutschen Computerindustrie: Von den Pionierleistungen Konrad Zuses und Gerhard Dirks' bis zu den ersten Serienprodukten der 50er und 60er Jahre". Diss. Universität Köln.

Eine kurze Geschichte von Algorithmen und Daten

Rudolf Seising

Zusammenfassung

Algorithmen und Daten sind Grundbegriffe der im 20. Jahrhundert als Wissenschaftsdisziplin etablierten Informatik. Algorithmen verarbeiten immer Daten und Daten werden von Algorithmen verarbeitet. In diesem Essay wird versucht, die Entwicklung des Zusammenspiels von Algorithmen und Daten seit dem Beginn der Computerwissenschaften und die Entwicklung der Nutzung und Beherrschung ihrer Technik darzustellen. Der Erzählbogen reicht dabei vom Aufkommen der Forschungen zur „künstlichen Intelligenz" über die heute das wissenschaftlich-technische Terrain dominierenden Bereiche der aus der computationalen Statistik entstandenen Data Science bis zum maschinellen Lernen, das aus der Fusion der computationalen Statistik mit der KI-Forschung hervorging.

1 Einleitung

Computer sind Maschinen, die mehr vermögen, als nur mit Zahlen zu rechnen. Offenbar erstmals im Jahre 1934 hatte sich Konrad Zuse (1910–1995), der deutsche Computerbau-Pionier, mit den „logischen wie technischen Prinzipien zum Bau solcher – völlig neuartiger – Rechnersysteme" beschäftigt. Zu rechnen bedeutete für ihn seit dem Jahr 1936 und bis in die späten 1940er-Jahre: „Aus gegebenen Angaben nach einer Vorschrift neue Angaben bilden." (Zuse 1948/49, S. 442). Neben den „algebraischen Maschinen" Z1–Z4, hatte Zuse bis 1943 auch das Konzept der „logistischen Rechengeräte" eingeführt, um sie „gegen die Zahlenrechengeräte abzugrenzen". Die „Aufgabenstellung an das Gerät, sowie die von ihm gelieferten Resultate" seien „bereits von höherem Rang […], als bei den Geräten der Zahlen-

R. Seising (✉)
Forschungsinstitut für Technik- und Wissenschaftsgeschichte
Deutsches Museum, München, Deutschland
E-Mail: r.seising@deutsches-museum.de

rechnung" (Zuse-Ingenieurbüro 1947, S. 3–4). Damit meinte er, dass sich programmgesteuerte digitale Rechenmaschinen auch für nicht-numerisches Rechnen eignen, und zwar dafür, dass sie „vorwiegend kombinatorische Denkaufgaben lösen". Zuse selbst hatte für solche „Logischen Maschinen" die Programmiersprache Plankalkül erdacht (Zuse 1948/49). 1947 erschien die von seinem Ingenieurbüro in Hopferau herausgegebene vierseitige Informationsbroschüre „Zuse=Rechengeräte", worin sich ein Anwendungsbeispiel findet, das der Bauingenieur für eine solche logistische Maschine vorsah:

„Es soll eine Brücke gebaut werden. Die Ausgangsangaben sind:
Grundsätzliche Angaben über Konstruktion: z. B. Bogenbrücke mit drei Öffnungen; Bautechnik: z. B. Stahlbau geschweißt; Länge der Brücke, Durchfahrtsbreiten und =Höhen.
Die Maschine liefert als Ergebnis:
Vollständigen Entwurf des Systems mit seinen konstruktiven Einzelheiten. Statische Berechnung. Gewichts=, und Massenermittlung. Kostenvoranschlag. Mechanische Anfertigung der Konstruktionszeichnungen, einschließlich aller Details." (Zuse-Ingenieurbüro 1947, S. 3)

Zuse konnte sich vorstellen, dass „ein ‚allgemeines' logistisches Gerät" bei Vorgabe einer „angemessenen Entwicklungszeit" zur Produktionsreife gebracht werden könnte,

„welches Löhne berechnen, Brücken konstruieren, Integrale lösen oder Schach spielen kann, da die Denkoperationen im Gerät abstrakt durchgeführt werden, und erst eine entsprechende Voreinstellung des Gerätes ihnen die „Bedeutung" im speziellen Fall zuordnet. In der Praxis wird man jedoch die Geräte auf einzelne Wissensgebiete wie z. B. auf die Wetterrechnung oder das Bauwesen spezialisieren, um sie möglichst einfach zu gestalten." (Zuse-Ingenieurbüro 1947, S. 4)

Ein etwas jüngerer Pionier der deutschen Informatik war der Münchner Professor Friedrich L. Bauer (1924–2015). In seiner im Jahre 1971 herausgegebenen „einführende[n] Übersicht" in die Informatik benutzte er als Mitbegründer der Computersprache ALGOL deren Terminologie und sprach nicht mehr von Angaben, sondern von Objekten. Diese „Objekte treten in Algorithmen als Gegenstände auf, mit denen gewisse Operationen ausgeführt werden." (Bauer und Goos 1982, S. 60). In der dritten Auflage dieses mittlerweile zum Standardwerk gewordenen Buchs und auch im Vorlesungsskriptum „Einführung in die Informatik", das Bauer an der TUM in den 1980er-Jahren für seine Lehrveranstaltung ausgab,[1] ergänzte er, dass Zuse die Objekte noch „Angaben" genannt hatte, und dass diese im Plural auch „Daten" genannt werden (Bauer, Goos 1982, S. 57; ebenso Bauer 1981, S. 18). Algorithmen führen also gewisse Operationen mit Daten aus! Der deutschösterreichische Informatiker Peter Rechenberg (*1933) spricht in seinem Buch „Was ist Informatik?" von den Daten als den Dingen, „die verarbeitet werden" und von den Algorithmen als den „Handlungen, die verarbeiten". Somit ruhe die Infor-

---

[1] Seit dem Jahr 1967 hielt Bauer die Anfängervorlesung „Einführung in die Informatik" an der Technischen Universität München.

matik „auf zwei Pfeilern": Daten und Algorithmen (Rechenberg 2000, S. 23). In diesem einleitenden Essay will ich die Konzepte von Algorithmen und Daten in ihrem historischen Zusammenspiel im 20. Jahrhundert betrachten.

2   Informatik und Algorithmen

„Was heißt und was ist Informatik?" – Mit dieser Frage überschrieb F. L. Bauer 1974 einen Beitrag in den „IBM Nachrichten", in dem er die Informatik als die „Wissenschaft von der Programmierung der Informations- das heißt Zeichenverarbeitung" charakterisierte. Zunächst nach deren „geistigen Wurzeln" in Antike und Mittelalter Ausschau haltend, zählte er Probleme der Nachrichtenübermittlung, aber auch die frühen „automates" (sich selbst bewegende Maschinen) auf, die er als Anfänge der programmierbaren Ablaufsteuerung ansah. Zwar nannte er auch die automatischen Webstühle von Jean-Baptiste Falcon (1826–1910) und Joseph-Marie Jacquard (1752–1834), doch zentral in dieser Entwicklung waren für ihn die mechanischen Rechenmaschinen von Wilhelm Schickard (1592–1635), Blaise Pascal (1623–1662) und Gottfried Wilhelm Leibniz (1646–1716). Als Resultat seiner historiografischen Eingangsüberlegungen hielt er fest, dass der Inhalt der Wissenschaft Informatik für ihn auf der Codierung durch Zeichen, der Mechanisierung der Operationen mit Zeichen, der programmierbaren Ablaufsteuerung von Operationen und der Verbindung dieser drei „Elemente in einem Programm, das einen Algorithmus darstellt", basiert. Die Informatik sei eine anwendbare und nach Anwendungen verlangende Wissenschaft, für die Programme geschaffen wurden, die Algorithmen beschreiben. Dies mache – so Bauer – die Informatik zu einer Ingenieurwissenschaft. Da Programme aber immateriell sind, sei die Informatik (auch) eine Geisteswissenschaft! In Abgrenzung zu einer ähnlichen Geisteswissenschaft, zur Mathematik, in der es um die „statisch, also in Ruhe befindlich[e]" Betrachtung von Beziehungen gehe und in der vom „zeitartigen Charakter des ‚Fortschreitens' gänzlich abgesehen" werde, präge die dynamische Denkweise, die „Betrachtung von Abläufen oder ‚Prozessen'" die Informatik „ganz entscheidend". Diese Prägung geschehe insbesondere durch den „Begriff des Algorithmus":

> „[D]er schrittweise Ablauf und die operative Durchführung der Algorithmen stehen im Vordergrund. Die Finitheitsforderung, daß nach endlich vielen Schritten entweder eine Lösung eines Problems bekannt sein muß, oder bekannt sein sollte, daß es keine Lösung geben kann, hat weiterhin prägenden Einfluß auf Denk- und Arbeitsweise der Informatik." (Bauer 1974, S. 336)

Zur Nachrichtentechnik, einem Teilgebiet der Elektrotechnik, verlaufe die Abgrenzung zwischen „Programmatur (der ‚software')" und „der Technologie der Geräte (der ‚hardware')".

„Informatik ist also weder Mathematik noch Nachrichtentechnik, sie ist eine Ingenieur-Geisteswissenschaft (oder eine Geistes-Ingenieurwissenschaft, wem das besser gefällt)." (Bauer 1974, S. 336)[2]

Schon drei Jahre zuvor hatte der österreichische Informatik-Pionier Heinz Zemanek (1920–2014) auf die Frage „Was ist Informatik?" diesen Ingenieur-Charakter des damals neuen Fachs beschworen und auch die „neue Art" des Ingenieurs, die der Informatiker „seiner Ausbildung und seiner Geisteshaltung nach" verinnerlichen müsse: „Beim Informatiker sind die Gebilde, über die er spricht, bereits abstrakt und auf dem Papier, nämlich Programme und Beschreibungen." (Zemanek 1971, S. 61). Zemanek sah in den Informatikern Ingenieure für abstrakte Objekte: Algorithmen und Programme.

Auch der fast zwei Jahrzehnte später geborene US-amerikanische Informatiker Donald Knuth (*1938) betonte 1977 die nichtmaterielle Existenzweise von Algorithmen und Programmen als mentale, also von jeglicher Darstellung unabhängige Konzepte. Computerprogramme sind für ihn ein sprachlicher Ausdruck solcher Algorithmen: „A program is a statement of an algorithm in some well-defined language." (Knuth 1977, S. 63).

Programme bzw. Algorithmen sind eindeutig formulierte Verfahren zur Lösung von Problemen, genauer gesagt, einer ganzen Klasse von Problemen. An Algorithmen werden eindeutige Forderungen gestellt, die sie definitorisch festlegen. Die Verfahrensweise muss narrensicher, ein Verständnis nicht nötig sein, um sie anzuwenden zu können. Das pedantische Einhalten der Vorschrift reicht aus, um zur Lösung zu gelangen, das Verfahren kann daher auch von einer Maschine durchgeführt werden, die anders als ein Mensch „nicht mitdenkt"! (Rechenberg 2000, S. 94) Die wissenschaftliche Beschäftigung mit solchen Verfahren steht im Zentrum einer sich in der zweiten Hälfte des 20. Jahrhunderts unter verschiedenen Namen ausbildenden Disziplin. In seinem Beitrag zum internationalen Symposium über Algorithmen in moderner Mathematik und Computerwissenschaft, das vom 16. bis zum 22. Oktober 1979 in Urgench, dem modernen Zentrum der Khorezm-Region in Usbekistan, stattfand und zu dem unter vielen anderen auch Bauer und Zemanek beitrugen,[3] ging Knuth darauf ein:

„In the U.S.A., the sort of things my colleagues and I do is called Computer Science, emphasizing the fact that algorithms are performed by machines. But if I lived in Germany or France, the field I work in would be called *Informatik* or *Informatique*, emphasizing the stuff that algorithms work on more than the processes themselves. In the Soviet Union, the same field is known as either *Kiberneitka* (Cybernetics), emphasizing the control of a process, or *Prikladnaia Matematika* (Applied Mathematics), emphasizing the utility of the subject and its ties to mathematics in general." (Knuth 1981, S. 82)

---

[2] Dieses Zitat motivierte den Namen des im Jahr 2019 beim Bundesministerium für Forschung und Bildung (BMBF) erfolgreich beantragten Forschungsprojekts „IGGI – Ingenieur-Geist und Geistes-Ingenieure: Eine Geschichte der Künstlichen Intelligenz in der Bundesrepublik Deutschland".

[3] Das Symposium wurde von der Akademie der Wissenschaften der Usbekischen Sozialistischen Sowjetrepublik mit Unterstützung der Sowjetischen Akademie und ihrer sibirischen Abteilung organisiert.

Schon damals war Knuth Professor im Department of Computer Science der Stanford University. Wenn er die Chance hätte, über den Namen seiner eigenen Disziplin abzustimmen, so würde er dafür votieren, sie „Algorithmics" zu nennen, schrieb er in dem oben genannten Aufsatz (Knuth 1981, S. 82). Er verstand Computer Science vor allem als „the study of algorithms" (Knuth 1981, S. 87) – das war seine schon damals viele Jahre währende Überzeugung. Dass große Teile der Community dies anders sahen, lag seines Erachtens darin begründet, dass sie „Algorithmen" unterschiedlich eng definierten. Während andere Informatiker*innen die Algorithmen lediglich als verschiedene Methoden zur Lösung bestimmter Probleme, analog zu einzelnen Theoremen in der Mathematik, betrachteten, umfasste der Begriff „Algorithmus" für Knuth alle möglichen Konzepte für wohldefinierte Prozesse, mitsamt der Struktur der Daten, auf die eingewirkt wird, sowie der Struktur der Abläufe, die ausgeführt werden.

Bis ins 20. Jahrhundert hatte die Auffassung dominiert, dass jedes mathematische Problem durch einen Algorithmus gelöst werden kann. In der Geschichte der Mathematik reihte sich Erfolg an Erfolg und es schien nur eine Frage der Zeit zu sein, bis auf diese Weise alle Probleme gelöst sein würden. Die hier anstehenden Probleme waren in den meisten Fällen numerischer Natur, es ging dabei um die Anwendung der arithmetischen (numerischen) Rechenoperationen und Funktionen auf die Ausgangsdaten und um die Lösung algebraischer Gleichungen oder Gleichungssysteme. Während solche Lösungsverfahren numerische Algorithmen[4] für kontinuierliche mathematische Probleme sind, wurden aber auch nicht-numerische Algorithmen entwickelt, bei denen es nicht um operativ veränderte Werte, sondern um logische (Suchen, Mischen, Testen, Sortieren) oder um mathematische Operationen zum Vergleich mit der Umgebung der Eingangsdaten geht, etwa geometrische oder graphentheoretische. Donald Knuth hat diese Entwicklung 1977 in seinem Artikel „Algorithms" für den „Scientific American" pointiert so formuliert:

„Traditionally algorithms were concerned solely with numerical calculation. Experience with computers has shown, however, that the data manipulated by programs can represent virtually anything. Accordingly the emphasis in computer science has now shifted to the study of various structures by which information can be represented, and to the branching, or decision making, aspects of algorithms which allow them to follow one or another sequence of operations depending on the state of affairs at the time. It is precisely these features of algorithms that sometimes make algorithmic models more suitable than traditional mathematical models for the representation and organization of knowledge." (Knuth 1977, S. 63)

---

[4] Zunächst waren numerische Algorithmen entworfen worden, also solche Verfahren, die auf Ergebnisse führten, indem die vier Grundrechenarten angewendet wurden. So finden sich Algorithmen zur Multiplikation oder zur Division von Dezimalzahlen, zur Bestimmung von Quadratwurzeln oder Primzahlen (Sieb des Eratosthenes). Auch algebraische Gleichungen – also Formeln – lassen sich algorithmisch finden, und ebenso deren Lösungen. Oft wird hier noch zwischen linearen Algorithmen (lineare Rekursion, Polynome, Matrixoperationen) und nichtlinearen Algorithmen (Differenzialgleichungen, Transformationen und Korrelationsgleichungen) unterschieden. Nicht-numerische Algorithmen sind z. B. jene zum formalen Differenzieren oder Integrieren von Polynomen.

Da Knuth betonen wollte, dass es bei Algorithmen in erster Linie um die Manipulation von Symbolen geht, die aber nicht notwendig Zahlen darstellen müssen, diskutierte er hier nicht-numerische Algorithmen. Seine Überlegungen treffen aber auch schon auf viele Algorithmen innerhalb der Mathematik zu: Beispielsweise können das formale Differenzieren und Integrieren von Polynomen als Algorithmen verstanden werden. Hier geht es nicht um arithmetische Rechenoperationen auf bestimmten Zahlenwerten, die kennzeichnend für die numerischen Algorithmen sind; für die nicht-numerischen Algorithmen steht als Grundoperation vielmehr das Vergleichen von Symbolen oder Daten zu Verfügung. Um diese hinsichtlich eines Kriteriums vergleichen zu können, müssen die Daten in einer gewissen Ordnung vorliegen. Das Ergebnis eines solchen Vergleichs entspricht einer Entscheidung: größer oder kleiner, länger oder kürzer, höher oder niedriger, jünger oder älter.

Daten können auf verschiedene Weisen geordnet werden, z. B. in einer Liste. Auf diesen Aspekt kommen wir noch zurück, doch zunächst sollen noch einige mathematisch-logisch-historische Fäden aufgegriffen werden.

3 Die Berechnungsmaschinerie

Zu Beginn des 20. Jahrhunderts stand die Frage im Raum, ob denn jedes mathematische Problem durch einen Algorithmus gelöst werden kann. Die Antwort darauf lautet: Nein! Sie wurde 1931 vom österreichischen Logiker und Mathematiker Kurt Friedrich Gödel (1906–1978) gefunden und sein damals zunächst fast nicht beachteter Vortrag dazu entpuppte sich als wissenschaftliche Sensation. Die Gegenmeinung wurde bis dahin sehr prominent von dem deutschen Mathematiker David Hilbert (1862–1943) vertreten. Dieser hatte im Jahr 1900 auf dem Internationalen Mathematikerkongress in Paris über die wichtigsten offenen Probleme der Mathematik gesprochen; der Vortragstext wurde in den „Nachrichten von der Gesellschaft der Wissenschaften zu Göttingen" veröffentlicht.

> „Man lege sich irgend ein bestimmtes ungelöstes Problem vor, […]. So unzugänglich diese Probleme uns erscheinen und so ratlos wir zur Zeit ihnen gegenüber stehen – wir haben dennoch die sichere Ueberzeugung, daß ihre Lösung durch eine endliche Anzahl rein logischer Schlüsse gelingen muß. […]
>
> Ist dieses Axiom von der Lösbarkeit eines jeden Problems eine dem mathematischen Denken allein charakteristische Eigentümlichkeit, oder ist es vielleicht ein allgemeines dem inneren Wesen unseres Verstandes anhaftendes Gesetz, daß alle Fragen, die er stellt, auch durch ihn einer Beantwortung fähig sind? […]
>
> Trifft man doch auch in anderen Wissenschaften alte Probleme an, die durch den Beweis der Unmöglichkeit in der befriedigendsten Weise und zum höchsten Nutzen der Wissenschaft erledigt worden sind. […]
>
> Diese Überzeugung von der Lösbarkeit eines jeden mathematischen Problems ist uns ein kräftiger Ansporn während der Arbeit; wir haben in uns den steten Zuruf: *Das ist das Problem, suche die Lösung. Du kannst sie durch reines Denken finden; denn in der Mathematik gibt es kein Ignorabimus.*" (Hilbert 1900, S. 261–262, Hervorhebung (Sperrung) im Original)

"Unermeßlich" sei "die Fülle von Problemen in der Mathematik", befand Hilbert damals und diskutierte dann 23 ungelöste mathematische Probleme aus Geometrie, Zahlentheorie, Logik, Topologie, Arithmetik und Algebra. Sie schienen ihm von zentraler Bedeutung zu sein; von ihrer Lösung versprach er sich wesentliche Fortschritte auf den entsprechenden Gebieten. Diese später so genannten "Hilbertschen Probleme" wurden für ganze Generationen zur Leitschnur der mathematischen Forschung; die Lösung eines jeden Problems wurde als große Leistung angesehen.

Unter diesen in die Mathematikgeschichte eingegangenen Problemen war Nummer 10 ein spezielles Entscheidungsproblem:

> "Eine Diophantische Gleichung mit irgend welchen Unbekannten und mit ganzen rationalen Zahlencoefficienten sei vorgelegt: man soll ein Verfahren angeben, nach welchem sich mittelst einer endlichen Anzahl von Operationen entscheiden läßt, ob die Gleichung in ganzen rationalen Zahlen lösbar ist." (Hilbert 1900, S. 276)

Gibt es einen Algorithmus, der entscheiden kann, ob diophantische Gleichungen lösbar sind, fragte Hilbert, und wenn dies der Fall sein sollte: Findet dieser Algorithmus die Lösung in endlicher Zeit? Hilbert war damals davon überzeugt, dass überhaupt alle mathematischen Probleme lösbar sind, und so erwartete er den Beweis, dass ein solcher Algorithmus existiert. Er ließ nur noch auf sich warten.

In der Tat wurden in den nächsten Jahren viele mathematische Probleme gelöst und noch am 8. September 1930 beendete Hilbert seine Ansprache auf dem Kongress der Gesellschaft Deutscher Naturforscher und Ärzte in Königsberg in der Überzeugung, dass alle solchen Probleme gelöst werden können:

> "Für den Mathematiker gibt es kein Ignorabimus, und meiner Meinung nach auch für die Naturwissenschaft überhaupt nicht. Einst sagte der Philosoph COMTE – in der Absicht ein gewiss unlösbares Problem zu nennen –, daß es der Wissenschaft nie gelingen würde, das Geheimnis der chemischen Zusammensetzung der Himmelskörper zu ergründen. Wenige Jahre später wurde durch die Spektralanalyse durch KIRCHHOFF und BUNSEN dieses Problem gelöst, und heute können wir sagen, daß wir die entferntesten Sterne als wichtigste physikalische und chemische Laboratorien in Anspruch nehmen, wie wir solche auf der Erde gar nicht finden. Der wahre Grund, warum es Comte nicht gelang, ein unlösbares Problem zu finden, besteht meiner Meinung nach darin, daß es ein solches gar nicht gibt." (Hilbert 1930, S. 963)

Die weiteren Geschehnisse gehören zur Standarderzählung der Mathematikgeschichte im 20. Jahrhundert; hier soll nur insoweit darauf Bezug genommen werden, als die Begrifflichkeiten der Algorithmik betroffen sind.

Hilberts Programm, das er im Jahr 1900 für die Mathematik skizziert hatte, forderte die Axiomatisierung aller mathematischen Disziplinen. Sie sollten auf axiomatischen Theorien beruhen, also Sammlungen von wahren Aussagen in einer formalen, präzise definierten Sprache und mit *Schlussregeln*, mit denen aus diesen Axiomen Folgerungen gezogen werden können. Die jeweiligen Axiomensysteme sollten *vollständig*[5] und *widerspruchsfrei*,[6] die einzelnen Axiome voneinander *unabhängig*[7] und jeweils *entscheidbar*[8] sein. Hilbert selbst war schon im Jahre 1899 mit seiner Axiomatisierung der Geometrie vorangegangen (Hilbert 1999).

Theoreme, also Lehrsätze, die in der Theorie als gesichertes Wissen gelten, werden üblicherweise in der Sprache der Logik „formuliert" – als Formeln geschrieben, also in Symbolschreibweise ausgedrückt. Die Frage hieß somit: Findet sich ein Algorithmus, der eine beliebige Formel eines logischen Kalküls (ein Theorem einer Theorie) aus den Axiomen dieses Kalküls (aus dieser Theorie) logisch folgern kann?

Diese Frage führt auf eines der fundamentalen Probleme der modernen Logik, das sogenannte Entscheidungsproblem. Hilbert hatte es gemeinsam mit Wilhelm Friedrich Ackermann (1896–1962) 1929 in die „Grundzüge der theoretischen Logik" aufgenommen (Hilbert und Ackermann 1928), wo sie es speziell für den Prädikatenkalkül definierten.

Weitgehend unbeeinflusst von logiktheoretischen Überlegungen hatte sich der norwegische Mathematiker und Logiker Albert Thoralf Skolem (1887–1963) der Arithmetik im Jahre 1923 genähert, und er kam zu einem interessanten Ergebnis, denn er fand einen rekursiven Aufbau der Arithmetik:

> „Faßt man die allgemeinen Sätze der Arithmetik als Funktionalbehauptungen auf, und basiert man sich auf der rekurrierenden Denkweise, so läßt sich diese Wissenschaft in folgerichtiger Weise ohne Anwendung der Russell-Whitehead'schen Begriffe „always" und „sometimes" begründen. Dies kann auch so ausgedrückt werden, daß die logische Begründung der Arithmetik ohne Anwendung scheinbarer logischer Veränderlichen geschehen kann." (Skolem 1923, S. 3)

Die von Skolem so genannte „rekurrierende Denkweise" war eine Methode, die von rekursiven Funktionen ausgehend die Arithmetik begründen sollte. Das Eigenschaftswort „rekursiv" (lateinisch *recurrere* „zurücklaufen") bedeutet dabei, dass Prozeduren oder Regeln auf etwas, das sie selbst erzeugt haben, erneut angewandt werden. Eine rekursiv definierte (kurz: rekursive) Funktion f ist durch einen Term definiert, der diese Funktion selbst aufruft. Ein Beispiel für die rekursive Definition bietet die mathematische Fakultätsfunktion *fak*, die jeder natürlichen Zahl n das Produkt aller vorhergehenden natürlichen Zahlen und ihr selbst zuordnet: *fak* (1)=1, *fak* (2)=1 · 2=2, *fak* (3)=1 · 2 · 3=6, *fak* (4)=1 · 2 · 3 · 4=24, *fak* (5)=1 · 2 · 3 · 4 · 5 = 120, etc. Allgemein kann man definieren:

$$fak(n) = \begin{cases} n\, fak(n-1), & \text{wenn } n \geq 2 \\ 1, & \text{wenn } n = 0 \ oder\ 1 \end{cases}$$

---

[5] Vollständigkeit bedeutet hier, dass jede wahre mathematische Aussage aus den Axiomen ableitbar ist.

[6] Widerspruchsfreiheit bedeutet hier, dass aus den Axiomen unmöglich sowohl eine mathematische Aussage als auch ihre Verneinung abgeleitet werden können.

[7] Unabhängigkeit bedeutet hier, dass keines der Axiome aus den anderen hergeleitet werden kann.

[8] Entscheidbarkeit bedeutet hier, dass es einen Algorithmus gibt, mit dem jede mathematische Aussage entweder in endlich vielen Schritten oder aber überhaupt nicht ableitbar ist.

Mit Hilfe solcher Rekursionen definierte Skolem nun „zahlentheoretische" Funktionen, die nur Zahlenvariablen enthalten und somit ein tatsächlich durchführbares Verfahren zur Berechnung der Funktionswerte für gegebene zahlenwertige Argumente liefern. Sieben Jahre später führte Gödel diese Funktionenklasse unter dem Namen „primitiv-rekursive Funktionen" ein. Solche Funktionen stellte man sich nach einfachen Regeln zusammengesetzt vor und von der Berechnung erwartete man, dass sie nicht zu viel Zeit brauchen würde.

Der Begriff der Berechenbarkeit war bis in diese Zeit nicht präzise gefasst gewesen. Berechenbar war einfach alles, was Menschen auf irgendeine Weise berechnen konnten. Nun sollte dieser Begriff aber im Zusammenhang mit algorithmischen Verfahren geklärt werden. Eine mathematische Funktion sollte beispielsweise berechenbar heißen, wenn es einen Algorithmus gibt, mit dem für jeden Argumentwert ein Funktionswert ausgerechnet werden kann. Nachdem Skolem hatte zeigen können, dass die Arithmetik in finiter Weise – also ohne die Quantoren „alle" und „es gibt" zu benützen – durch primitiv-rekursive Funktionen konstruiert werden kann, äußerte Hilbert die Vermutung, dass jede berechenbare Funktion primitiv-rekursiv sei. Doch Ackermann konnte diese Vermutung schon bald widerlegen, indem er 1926 eine Funktion konstruierte, die zwar berechenbar, aber nicht primitiv-rekursiv ist. Er publizierte dieses Ergebnis zwei Jahre später und die heute so genannte Ackermannfunktion kann tatsächlich von einem Computer in endlicher Zeit ausgewertet werden, sie ist aber nicht primitiv-rekursiv.

Da die primitiv-rekursiven Funktionen also nur eine Teilmenge der Menge aller berechenbaren Funktionen bilden, eignen sie sich nicht zur Definition der Berechenbarkeit als Eigenschaft von Funktionen. Für eine solche allgemeine Definition führte der Weg nun über die dann so genannten „allgemein-rekursiven Funktionen", der 1931 mit einer Arbeit des französischen Logiker Jacques Herbrand (1908–1931) betreten (Herbrand 1931) und 1934 mit einer Arbeit von Gödel gegangen wurde (Gödel 1931). Es war Gödels Idee, die Berechenbarkeit einer Funktion über die Eigenschaften allgemein-rekursiver Funktionen zu definieren, doch er war im Zweifel, ob damit alle Funktionen, die dem noch vagen Begriff nach als berechenbar galten, erfasst würden.

An dieser Stelle der Geschichte traten US-Logiker dieser mathematikhistorischen Entwicklung bei. Der amerikanische Mathematiker Oswald Veblen (1880–1960) war seit 1932 Professor am neu gegründeten und von ihm mit aufgebauten Institute for Advanced Study (IAS) in Princeton. Zuvor war er Gastprofessor in Göttingen, Berlin und Hamburg gewesen. Sicherlich haben diese Aufenthalte zu seiner Überzeugung beigetragen, dass eine sorgfältige Analyse durch Mathematiker*innen die Entwicklung der Logik weitertreiben werde. Dieser Aufgabe hatte sich sein früherer Student Alonzo Church (1903–1995) verschrieben, der 1929 nach Aufenthalten an den Universitäten in Göttingen und Amsterdam Veblens Kollege am IAS wurde. Mit seinen Doktoranden Stephen Cole Kleene (1909–1994) und John Barkley Rosser (1907–1998) forschte Church zur Anwendung mathematischer Techniken auf die Logik und insbesondere zum Hilbertschen Entscheidungsproblem. 1936 zeigte Kleene, dass jede rekursive Funktion in dem von Church und ihm entwickelten λ-Kalkül durch eine rekursionsfreie (und nicht-iterative) Funktion ersetzt werden kann. Er und Church fanden dann ihre Lösung des Hilbertschen Entscheidungsproblems unter der Annahme, dass ein Algorithmus als Formel im λ-Kalkül darstellbar ist. Damit gab es eine Möglichkeit, den Berechenbarkeitsbegriff durch Formulierung im λ-Kalkül zu präzisieren. Gemeinsam mit Rosser wiesen Church und Kleene nach, dass ihr Berechenbarkeitsbegriff mit dem von Herbrand und Gödel äquivalent ist. Kleene formulierte schließlich die These, dass jede intuitiv (oder auch effektiv) berechenbare Funktion allgemein rekursiv ist. Da es schlicht nicht möglich ist, die Eigenschaft „intuitiv (oder auch effektiv) berechenbar" präziser zu fassen, blieb dies für Church eine Hypothese; sie wird heute z. B. in folgender Version „Churchsche These" genannt:

> „Genau jene Funktionen von den natürlichen Zahlen in die natürlichen Zahlen sind effektiv berechenbar, die im λ-Kalkül ausgedrückt werden können."

Ein Jahr später erschienen zwei weitere Vorschläge, den Berechenbarkeitsbegriff zu präzisieren: In dem Artikel „On Computable Numbers, with an Application to the Entscheidungsproblem" führte der britische Mathematiker Alan Mathison Turing (1912–1954) noch lange vor der technischen Konstruktion der Digitalcomputer den grundlegenden Begriff von einer abstrakten automatischen Maschine ein (Turing 1936). Dieses abstrakte Modell einer Berechnungsmaschine orientierte sich an den Handlungen eines rechnenden Menschen. Turing hatte dessen Ausführungsschritte analysiert, wenn dieser mit Bleistift und Papier gemäß einem fest vorgegebenen Verfahren Rechnungen vollzieht, und diese „paper machine" daraufhin entworfen – eine Papiermaschine, wie sie dann in deutscher Sprache von Bettina Heintz (1991, 1995), Sybille Krämer (1991) und Bernhard Dotzler (1996) genannt wurde. Diese abstrakte Maschine kann mittels eines Schreib-Lese-Kopfes sukzessive Symbole, die in die einzelnen Felder eines unendlich langen Speicherband aufgetragen sind, lesen, schreiben und manipulieren. Die wenigen Regeln dazu sind ebenfalls durch die Zeichen in den Feldern auf dem Band gespeichert. Auf dies Weise kann sie alle möglichen Berechnungen durchführen, sie erfasst die berechenbaren Zahlen durch Algorithmen.

Mit dieser später nach ihm benannten Maschine konnte Turing aufzeigen, welcher Natur die algorithmischen Prozesse zur Berechnung jeder berechenbaren Funktion sind. Sein Zugang lieferte exakte Definitionen nicht nur für die Berechenbarkeit einer Funktion, sondern auch für den Algorithmus. Der andere Vorschlag wurde ebenfalls im Jahre 1936 publiziert, und zwar von dem polnisch-amerikanischen Mathematiker Emil Leon Post (1897–1954), der auf der Grundlage der Automatentheorie einen ganz ähnlichen Zugang zu einem Modell entwickelt hatte (Post 1936). Post konnte sich dabei schon auf Churchs Lösung des Entscheidungsproblems beziehen. Er charakterisierte die „finite rule of mechanism" zur allgemeinen Lösung eines Problems als eine Form von Anweisungen, die man einem Arbeitenden (worker) geben kann, der (lediglich) in der Lage ist, an einer Reihe von Schachteln (boxes) einige wenige primitive Handlungen auszuführen: eine Box markieren, die Markierung an einer Box löschen, zur linken oder zur rechten Box gehen und schließlich erkennen, ob die Box, die vor ihm steht, leer ist oder nicht. Ein solcher

Arbeiter hält pedantisch die Vorschrift für solche Verfahren ein, weshalb sie auch von einer Maschine durchgeführt werden können, die anders als ein Mensch „nicht mitdenkt", wie es Peter Rechenberg ausgedrückt hat (Rechenberg 2000, S. 94).[9] Das Handlungsrepertoire dieses Post-Arbeiters ist zu dem der Turing-Maschine äquivalent.

In seinem 1936er Artikel zeigte Turing auch, dass die drei hier vorgestellten Präzisierungen des Berechenbarkeitsbegriffs äquivalent sind (Turing-These). Somit waren die Thesen von Church und Turing gleichwertig und man spricht seither von der Church-Turing-These.

Weil Turing die Berechenbarkeit präzise fassen konnte, ergab sich damit auch eine Präzisierungsmöglichkeit der „Nicht-Berechenbarkeit", denn nachdem Gödel und Church in den 1930er-Jahren gezeigt hatten, dass mathematische Probleme formuliert werden können, zu denen es keinen Lösungsalgorithmus geben kann, brachte die Theorie der Turingmaschinen die Erkenntnis, dass es nicht-berechenbare Funktionen und damit auch mathematische Probleme gibt, zu denen kein Lösungsalgorithmus existiert. Nun sollten aber doch wenigstens die berechenbaren von den nicht-berechenbaren Funktionen zu trennen sein. Also setzte eine rege Suche nach zumindest möglichst allgemeinen Lösungsalgorithmen für möglichst viele mathematische Probleme ein. Ziel war es, Algorithmen zu finden, durch deren Anwendung alle Sätze einer mathematischen Theorie aus den Axiomen dieser Theorie hergeleitet werden konnten.

3.1 Algorithmik

Noch in der zweiten Hälfte der 1960er-Jahre, so jedenfalls schrieb Knuth 1977, sei das Wort „Algorithmus" für die meisten gebildeten Leute unbekannt gewesen. Der rasante Aufstieg der Informatik, die sehr viel Gewicht auf das Studium von Algorithmen lege, habe deren Kenntnis nun aber wesentlich werden lassen. Zu Beginn seines Artikels, noch über dem Autorennamen, quasi als „Untertitel" oder sogar als Motto, steht da ein Satz, wie in Stein gemeißelt:

> „An algorithm is a set of rules for getting a specific output from a specific input. Each step must be so precisely defined it can be translated into computer language and executed by machine." (Knuth 1977, S. 63)

Auch F. L. Bauer definierte im Vorlesungsskript und in jeder Auflage seines Buchs: „Ein *Algorithmus* ist eine präzise, d. h. in einer festgelegten Sprache abgefasste, endliche Beschreibung eines allgemeinen Verfahrens unter Verwendung ausführbarer elementarer (Verarbeitungs)-Schritte." (Bauer 1981, S. 1). Ungenauigkeiten sollten hier unbedingt vermieden werden und damit waren weder orthografische Fehler gemeint noch solche, die durch das Druckverfahren in den Text gelangt sein mögen. Auch spielte es weder eine erhebliche Rolle, in welcher Sprache

---
[9] Siehe die Argumentation im Abschn. 2.

der Algorithmus verfasst wird, oder ob in Worten, als Bild oder Formel. Wichtig ist, „daß eine eindeutige Verständigung möglich ist." (Bauer 1981, S. 3). Diese Eindeutigkeit bei der Verständigung bedeutet, dass jeder Verfahrensschritt zur Lösung des zugrunde liegenden Problems ohne Alternative und völlig klar ist. Insgesamt führt die Algorithmik, wie die heutige Wissenschaft von den Algorithmen genannt wird, folgende Eigenschaften von Verfahren auf, die Algorithmus genannt werden:

- Das Verfahren muss in einem endlichen Text beschreibbar sein (Finitheit).
- Das Verfahren darf keine widersprüchliche Beschreibung haben (Eindeutigkeit).
- Jeder Verfahrensschritt muss tatsächlich ausführbar sein (Ausführbarkeit).
- Die Anzahl der Verfahrensschritte muss endlich sein (Terminierung).
- Das Verfahren muss bei jeder Ausführung für gleiche Eingabewerte auch immer dieselben Ausgabewerte liefern (Determiniertheit).
- Im Verfahren ist der nächste Schritt zu jedem Zeitpunkt eindeutig definiert (Determinismus).

3.1.1 Algorithmus = Logik + Steuerung

Die Präzision von Algorithmen gewährleisten Logik und Deduktion. Mit Hilfe der Logik können Sachverhalte repräsentiert und mit Hilfe der Deduktion können Probleme durch die Ableitung logischer Folge(runge)n gelöst werden. Logik und Deduktion erlauben die präzise Definition berechenbarer Funktionen und Prozeduren sowie die Verwendung von Beweisverfahren, bei denen zielgerichtet Schlüsse gefolgert werden. Auf diese Weise werden die logisch definierten Prozeduren in Programmen durch Berechnungen ausführbar.

Der US-amerikanische Logiker und Informatiker Robert Anthony Kowalski (*1941) schrieb 1988: „Looking back on our early discoveries, I value most the discovery that computation could be subsumed by deduction." (Kowalski 1988, S. 39). Dabei meinte er seine gemeinsam mit Alain Marie Colmerauer (1941–2017) in Marseille angestellten Forschungen. Schon vorher hatte Patrick Hayes (*1944) von der University of Edinburgh auf dem 1973 abgehaltenen 2nd Symposium on Mathematical Foundations of Computer Science argumentiert, dass die „usual sharp distinction that is made between the processes of computation and deduction, is misleading" (Hayes 1973). Ihm zustimmend sprach Kowalski nun von „Berechnung" als „gesteuerter Deduktion"; Hayes' Sichtweise schlossen sich auch der deutsche Logiker Wolfgang Bibel (*1938) in seiner (abgelehnten) Habilitationsschrift zum automatischen Beweisen (Bibel 1975) und der Knuth-Schüler und MIT-Professor Vaughan Pratt (*1944) an (Pratt 1977).

Mit Bezug zu damaligen Datenbanksystemen hatte der Mathematiker, Entwickler der relationalen Algebra und Schöpfer der „relationalen Datenbanken" Edgar Frank „Ted" Codd (1923–2003) schon 1970 geltend gemacht, dass die Prozeduren zwei Komponenten haben, die voneinander getrennt betrachtet werden sollten: eine relationale Komponente, die die Logik der Daten definiert, und eine Steuerungskomponente, die auf den Daten operiert, diese also zu speichern und abzurufen erlaubt (Codd 1970).

Kowalski schlug einige Jahre später eine ähnliche Auftrennung für den Begriff des Algorithmus vor. Zur Überschrift seiner Publikation entschied er sich für eine Gleichung: „Algorithm = Logic + Control" (Kowalski 1979). Im Text argumentierte er, ein Algorithmus A habe zwei Komponenten: eine Logikkomponente L und eine Kontrollkomponente C. Erstere spezifiziert das für die Problemlösung zu verwendende Wissen, während letztere die Problemlösungsstrategien festlegt, mit denen der Algorithmus dieses Wissen verwendet; insofern schrieb er: $A = L + C$. Während die Komponente L des Algorithmus besagt, *was* zu tun ist, legt die Komponente C fest, *wie* dies zu bewerkstelligen ist.

3.1.2 Algorithms + Data Structures = Programs

Damit Algorithmen im Computer durch Programme ausführbar werden, müssen sie auf Daten zugreifen können, die ihnen dazu gegeben werden. „Ohne Daten sind Algorithmen machtlos", schreibt die Philosophin und Journalistin Manuela Lenzen in ihrer kürzlich erschienenen Einführung „Künstliche Intelligenz" (Lenzen 2020, S. 30). Wenn es nichts zu verarbeiten gibt, haben wir Leerlauf. Vorhandene Daten müssen allerdings in einer bestimmten Art und Weise im Speicher angeordnet und verknüpft sein. Die dazu verwendeten Operationen charakterisieren die sogenannte Datenstruktur. Knuth definierte diesen Begriff (data structure) im ersten Band („Fundamental Algorithms") seines Werks „The Art of Computer Programming" als ein „Table of data including structural relationships" (Knuth 1968).

Als der Schweizer Informatiker und glühende Verfechter des „strukturierten Programmierens" Niklaus Wirth (*1934) 1975 ein Buch publizierte, betitelte er es ebenfalls mit einer Gleichung: „Algorithms + Data Structures = Programs" (Wirth 1976). In der Tat kann ein in ein Programm überführter Algorithmus nichts ausrichten, wenn keine in einer dafür adäquaten Weise strukturierten Daten bereitgestellt wurden. Wie Knuth am Schluss seines Artikels von 1977 geschrieben hatte, sind bestimmte Datenstrukturen „important tools", um effiziente Algorithmen zu konstruieren:

> „When one starts to investigate how fast an algorithm is, or when one attempts to find the best possible algorithm for a specific application, interesting issues arise and one often finds that the questions have subtle answers. Even the „best possible" algorithm can sometimes be improved if we change the ground rules. Since computers „think" differently from people, methods that work well for the human mind are not necessarily the most efficient when they are transferred to a machine." (Knuth 1977, S. 80)

Dass Struktur und Auswahl der Algorithmen, die auf den unterliegenden Daten operieren sollen, oft streng von der Struktur dieser Daten selbst abhängen, hatte auch Wirth schon zwei Jahre zuvor betont und auch darauf hingewiesen, dass umgekehrt die Entscheidungen darüber, wie Daten strukturiert werden, nicht ohne Kenntnis der darauf anzuwendenden Algorithmen getroffen werden können: „In short, the subjects of program composition and data structures are inseparably intertwined." (Wirth 1976, S. xiii).

3.2 Daten und Datenstrukturen

Das Wort „Daten" ist aus etymologischer Sicht die deutsche Pluralform zum lateinischen Wort „datum", abgeleitet von „dare" – „gegeben" – dem Passiv Partizip Präsens des Verbs „geben" (Grimm 1860, S. 163–164; Kluge und Sebold 1999). Daten sind also gegebene Größen oder „Angaben" – dieses Wort verwendete Zuse z. B. in seinem Artikel „Über den allgemeinen Plankalkül als Mittel zur Formulierung schematisch-kombinativer Aufgaben" im Jahre 1948/1949. Dort heißt es:

> „„Angaben" können sehr verschiedenartig sein, zum Beispiel Zahlen, Aussagen, Namen, Adressen, Koordinaten usw. Sie unterscheiden sich nach ihrer Struktur. Die einfachste Struktur hat der Ja-Nein=Wert, z. B. Vorzeichen einer Zahl, einzelne Dualziffer. Es zeigt sich, dass alle komplizierteren Angaben aus Ja-Nein-Werten aufgebaut werden können." (Zuse 1948/49, S. 442)

Heute reden wir von „Bits" – ein Kunstwort, das aus den beiden englischen Wörtern „binary" (deutsch: „binär") und „digit" (deutsch „Ziffer" oder „Stelle" im Dualzahlensystem) zusammengesetzt und wohl von dem US-amerikanischen Princeton-Statistikprofessor John Wilder Tukey (1915–2000) geprägt wurde. Schon im Wintersemester 1943/1944 soll er in seinem Seminar die „Informationsmenge" als Größe eingeführt und von deren kleinster Einheit als von „bits" gesprochen haben. Als er gegen Ende des Jahres 1946 bei einer Diskussion mit Norbert Wiener (1894–1964), John von Neumann (1903–1957) und einigen Bell-Nachrichtentechnikern, darunter auch Claude E. Shannon (1916–2001), über „binary digits", also Ja-Nein-Antworten diskutierte, schlug er den Ausdruck „bit" wieder vor.

Die seit der zweiten Hälfte der 1980er-Jahre geltende Norm DIN 44300 Nr. 19 definierte Daten als „Gebilde aus Zeichen oder kontinuierliche Funktionen, die aufgrund bekannter oder unterstellter Abmachungen Informationen darstellen, vorrangig zum Zweck der Verarbeitung und als deren Ergebnis." Abgelöst wurde diese Norm 1993 von einer heute noch geltenden des internationalen Technologiestandards ISO/IEC 2382–1 für Informationstechnik. Danach sind Daten eine wieder interpretierbare Darstellung von Information in formalisierter Art, geeignet zur Kommunikation, Interpretation oder Verarbeitung.[10]

In dieser formalisierten Darstellung repräsentieren Daten die Information so, dass sie von Maschinen lesbar und bearbeitbar ist. Dazu wird ihr Inhalt gemäß einer strengen Syntax zu Zeichen(ketten) codiert. Nachdem Zuse schon 1948 – und nicht als Einziger – für die Datenverarbeitung mit einem Computer die binäre Kodierung vorgeschlagen hatte, setzte sich diese in der Digitaltechnik fast überall durch. Wieder als Information interpretierbar sind Daten allerdings nur in einem Bedeutungskontext. So kann eine Folge von Ziffern eine Telefonnummer, eine Bankleitzahl oder ein Datum bedeuten. Welche dieser Bedeutungen richtig ist, hängt vom Kontext ab.

---

[10] Data: „reinterpretable representation of information in a formalized manner, suitable for communication, interpretation, or processing". (ISO/IEC 2382, 1993).

F. L. Bauer führte Daten in seinem Lehrbuch daher als Paare ein, die aus einer Nachricht und ihrer Information bestehen: (N, I). Dabei sind die Informationen I die jeweiligen Werte der Daten und die Nachrichten N deren jeweilige Bezeichnungen. Einer Bezeichnung N wird ihr Wert I, also einer Nachricht ihre Information zugeordnet, und zwar durch eine Interpretation. Daten wie etwa (1, *eins*) bestehen also aus der Nachricht mit ihrer Bezeichnung 1 und deren Information mit dem Wert *eins*. Das Datenelement 1 wird hier als Ziffer *eins* interpretiert. In einem anderen Kontext hätte es auch als Wahrheitswert bzw. boolesche Größe einer Aussage interpretiert werden können.

Kontexte sind Ausschnitte der Wirklichkeit und nachdem im 20. Jahrhundert die Programme zur Reduktion aller Wissenschaften auf eine Einheitswissenschaft – bevorzugter Kandidat war die Physik – gescheitert sind, war klar, dass jede Wissenschaft nur Ausschnitte der Wirklichkeit thematisieren kann. Nur für diese Ausschnitte liefert diese Wissenschaft Theorien und Erklärungen, mit denen die Wissenschaftler*innen ein Verständnis entwickeln können. Dafür wird nach Zusammenhängen zwischen den Sachverhalten dieses Wirklichkeitsausschnitts gesucht, die in den entsprechenden Theorien durch die Daten und deren Beziehungen (Relationen) zueinander repräsentiert werden.

Verschiedene Wirklichkeitsausschnitte können jeweils unterschiedliche Gegenstände betreffen. In der Physik geht es um Materie und Energie, in der Biologie um Zellen und Organismen und in der Chemie um die Elemente, ihre Verbindungen und Gemische. Diese Gegenstände der Einzelwissenschaften können wiederum völlig verschiedene Eigenschaften und Beziehungen untereinander aufweisen. Trotz ihrer Ungleichheit können solche Wirklichkeitsausschnitte aber strukturgleich sein, das bedeutet, dass, ohne dass es auf die Art der Gegenstände ankommt, die Operationen oder Relationen zwischen ihnen gleich sind. Zum Beispiel sind bestimmte Lebewesen Nachkommen anderer Lebewesen und bestimmte Bücher haben mehr Seiten als andere Bücher; beide Beziehungen lassen sich durch eine Ordnungsstruktur (meist als „<" geschrieben) formal angeben. Die Ordnungsstruktur ist also ein Paar, bestehend aus einer Menge von Gegenständen und einer Ordnungsrelation. Andere relationale Strukturen sind Mengen mit der Teilmengenrelation, z. B. sind die Klassen der Elefanten und der Wale in der Klasse der Säugetiere enthalten. Wieder andere sind Mengen mit der Relation „(Un)Gleichheit" oder auch mit der Äquivalenz als Relation. Zudem gibt es topologische, geometrische, algebraische und viele weitere auch noch komplexere Strukturen. In der Logik und in der Wissenschaftstheorie werden Strukturen auch Modelle genannt. Die formale Beschreibung von Strukturen ist Sache der Mathematik. Hier können solche Strukturen abstrakt – unabhängig von den Wirklichkeitsausschnitten – untersucht werden.

In den einzelnen Wissenschaftsdisziplinen, die ja sehr verschieden voneinander sind, geht es um ganz unterschiedliche Gegenstände eines Wissensbereichs, die untersucht, analysiert, erklärt und kontrolliert werden. Dazu wird von ihnen abstrahiert, durch Beobachtungen, Messungen, Erhebungen oder Befragungen. Resultat dieser Abstraktionen sind Daten und diese sind nicht immer so elementar wie Zahlen (und schon da gilt es zu unterscheiden z. B. zwischen natürlichen, binären, dezimalen, reellen, rationalen und ganzen Zahlen mit oder ohne Vorzeichen) oder boolesche Wahrheitswerte. Es kann sich um Texte mit Wörtern aus Buchstaben oder um Listen, Bilder, Film- bzw. Tonaufnahmen handeln. Daten haben in den meisten Fällen eine nicht gerade kleine Anzahl von Attributen und ihre Darstellung braucht eine Struktur. Lange Zeit war die Statistik die wissenschaftliche Disziplin, in der man sich mit den Daten, ihrer Darstellung und Verarbeitung beschäftigte. Ab der Mitte des 20. Jahrhunderts war der Computer zunächst als Werkzeug und später mehr und mehr auch als Akteur in diese Domäne eingedrungen und damit wurde die Wissenschaft von den Daten – die *Data Science* – komplexer und komplizierter. Wenn nicht mehr Menschen mit ihren intelligenten Fähigkeiten mit den Daten umgehen, sondern Computer auf Daten zugreifen und diese verarbeiten sollen, dann brauchen sie dafür nicht nur deren genaue Beschreibung, sondern auch eine exakte Beschreibung von der Weise, wie die Daten gehalten, angeordnet bzw. organisiert werden und wie diese Daten verknüpft werden können bzw. wie auf diesen Datenmengen operiert werden kann. Das Vorliegen solcher Datenstrukturen ist Grundvoraussetzung dafür, dass die Daten und ihre Attribute von einer Maschine algorithmisch verarbeitet werden können. Charakteristisch für solche Datenstrukturen sind daher nicht nur die Daten selbst, sondern auch diejenigen Datenoperationen, mit denen ein Datenzugriff und eine Datenverwaltung ermöglicht und schließlich auch realisiert wird.

Einfache Datenstrukturen sind Datenfelder. Sie lassen sich durch die Angabe ihres Feldnamens, den Datentyp (z. B. numerisch oder alphanumerisch), die Feldlänge (in Zeichen oder Byte) und den Inhalt des Feldes kennzeichnen. Beispiele für typische Datenfelder sind die Angaben, die ein Unternehmen von seiner Kundschaft nutzt: etwa Name, Geburtsdatum, Postleitzahl, Kundennummer. Folgen solcher Datenfelder bilden die „Datensatz" („record", „tupel") genannten Datenstrukturen.

In der „Array" genannten Datenstruktur sind mehrere Variablen vom selben Datentyp gespeichert. Beispiele sind der eindimensionale Fall des Vektors und der zweidimensionale Fall der Matrix, aber meist haben Arrays mehr als zwei Dimensionen. Der Zugriff auf die einzelnen Array-Elemente wird über einen Index bewerkstelligt. Der Computer operiert also in Form von indiziertem Speichern und indiziertem Lesen; diese Operationen können direkt auf jedes Element des Arrays zugreifen.

Andere Datenstrukturen sind verkettete Listen, in denen zu jedem Element ein Verweis auf das nächste Element gehört, Stapelspeicher („stack"), mit der Besonderheit, dass die gespeicherten Objekte nur in umgekehrter Reihenfolge gelesen werden können, und Warteschlangen, bei denen gespeicherte Objekte nur in der gespeicherten Reihenfolge wieder gelesen werden können. Kompliziertere Datenstrukturen sind Graphen und Bäume, die Verknüpfungsmöglichkeiten in mehr als nur einer Richtung vorsehen. Darüber hinaus gibt es viele andere Datenstrukturen.

Im Computer strukturiert vorliegende Daten sind Zeichen oder Symbole, die für den Computer keine, für uns Menschen aber Bedeutung und Werte haben. Zunächst symbolisierten, wie wir beispielsweise in Bauers Arbeiten lesen konnten, die Zeichen Zahlen, mit denen gerechnet wurde; der Computer war eine schnelle Rechenmaschine. Darauf verwies auch der Sozialwissenschaftler und KI-Pionier Herbert A. Simon (1916–2001) in seiner Autobiografie, als er sich an einen Vortrag erinnerte, den er im Jahre 1950 vor Ökonomen gehalten hatte:

„Computers were within my sphere of attention, but only computers used as number crunchers. In spite of the „giant brain" metaphor, there is little suggestion in the 1950 talk that the most important application of computers might lie in imitating intelligence symbolically, not numerically." (Simon 1991, S. 199)

3.2.1 Symbolverarbeitung

Die maschinelle Nachahmung intelligenten Verhaltens ist auf einer symbolischen Ebene sehr viel komplexer zu realisieren als auf der numerischen Ebene des Zahlenrechnens. Schon Turing und Church hatten ja darauf verwiesen, dass unter Berechnungen (computation) sehr viel mehr zu verstehen ist, als lediglich die Manipulation von Zahlen, denn diese ist nur ein abstrakter Aspekt bei der Interpretation innerer Zustände einer Rechenmaschine (Turing 1936; Church 1936).[11] Schon sehr schnell erwies sich die Vorstellung vom Computer als bloßem „number cruncher", der nur zu numerischen Berechnungen taugte, als zu primitiv, und in den 1950er-Jahren manifestierte sich eine Neuinterpretation von „computation" als Symbolverarbeitung (symbol processing): Wegbereitende Arbeiten zu dieser Entwicklung leisteten Herbert A. Simon, Alan Newell (1927–1992) und John Clifford Shaw (1922–1991). Newell hatte Physik an der Stanford University und Mathematik an der Princeton University studiert. Danach ging er 1950 zu dem nach Ende des Zweiten Weltkriegs gegründeten und weitgehend von der Air Force finanzierten US-Think Tank RAND (Research and Development) im kalifornischen Santa Monica, wo zwei Jahre später auch Simon als externer Berater tätig war. Shaw war im Zweiten Weltkrieg Flugzeugnavigator bei der Navy gewesen und erhielt 1950 als Systemprogrammierer für RANDs auf von-Neumann-Architektur basierenden Computer JOHNNIAC (*John v. Neumann Numerical Integrator and Automatic Computer*) eine Anstellung im dortigen Systems Research Laboratory (SRL).

Nebenbei hatte Shaw mit älteren, mittels Karten ablaufgesteuerten Tabuliermaschinen ein System konstruiert, um Radarkarten für die Luftverteidigungssimulation zu imitieren. Dieses Rechensystem erzeugte bei dieser Anwendung also keine Zahlen, sondern Ortspunkte auf einer planen Karte. Simon erinnerte sich zur Mitte der 1970er-Jahre im Interview mit Pamela McCorduck an seine erste Begegnung mit diesem System:

> „But that air-defense lab was really an eye-opener. They had this marvelous device there for simulating maps on old tabulating machines. Here you were, using this thing not to print out statistics, but to print out a picture, which the map was. Suddenly it was obvious that you didn't have to be limited to computing numbers – you could compute the position you wanted, a spot to appear on a piece of paper. You could print pictures, with things that weren't even a modern computer, just old card calculators." (McCorduck 1979, S. 125)

Dass Computer als Systeme aufgefasst werden können, die numerische, aber auch nicht-numerische Symbole verarbeiten können, war eine Einsicht, die sich bei Simon und Newell im Laufe ihrer nun folgenden Diskussionen durchsetzte: Mit einem Computer ließen sich alle Arten von Nachrichtenverarbeitungsprozessen si-

---

[11] Siehe dazu Abschn. 2.

mulieren. Für die formale Beschreibung solcher Prozesse brauchte man dann noch eine Computersprache, denn Newell und Shaw wussten aus Erfahrung, dass die Maschinensprache dazu ungeeignet war:

> „We needed a higher-level language, congenial to the human programmer, which would do automatically much of the „housekeeping" in the computer and which would be translated automatically by the computer itself into machine language. And memory structures would have to be highly modifiable." (Simon 1991, S. 204)

In den folgenden Jahren arbeiteten die beiden gemeinsam mit Shaw an Programmen zur Lösung von „ultracomplicated" Problemen, etwa aus den Bereichen des Schachspielens, der euklidischen Geometrie, der Streichholzaufgaben oder der symbolischen Logik. Dabei war weder vorhersehbar, welche Datenstrukturen das System bilden und speichern können muss, noch wie diese während der Berechnungen miteinander interagieren bzw. verändert werden. Die nötige Flexibilität der Programme war nur mit einer speziellen Indexierung zu erreichen und die konnten Newell und Shaw mit den von ihnen erfundenen Listenverarbeitungssprachen IPL-I bis IPL-IV (Information Processing Language) realisieren. IPL-II wurde beim RAND-Rechner JOHNNIAC eingesetzt.

Shaw programmierte das von Newell und Simon entworfene System Logic Theorist. Dieses Programm führte Beweise einiger mathematischer Theoreme, die auch in der „Principia Mathematica" bewiesen worden waren. Damit war der Logic Theorist das erste Programm zur Lösung nicht-numerischer Probleme, und zwar durch selektive Suchalgorithmen. Dazu wurden die fünf Axiome der Aussagenlogik, die in dem Computer als Symbol- also Datenstrukturen dargestellt vorlagen, schrittweise entsprechend den logischen Schlussregeln modifiziert bzw. transformiert, bis eine Struktur entstanden war, die dem zu beweisenden Satz entsprach. Auch ihr etwas später als Variante des Logic Theorist entstandenes Programm General Problem Solver beruhte auf der Manipulation von solchen Datenstrukturen, ebenso wie ihr Schachprogramm und dann auch andere Programme ihrer Doktoranden, etwa solche von M. Ross Quillian (1931–2018) und George W. Ernst (*1939).

Kurz darauf, im Sommer 1956 stellten Newell und Simon den Logic Theorist beim Summer Research Project on Artificial Intelligence am Dartmouth College in Hanover, New Hampshire vor. Dieser sechswöchige von der Rockefeller Foundation geförderte Workshop wurde von John McCarthy (1927–2011), Marvin Lee Minsky (1927–2016), Nathaniel Rochester (1919–2001) und Claude Elwood Shannon (1916–2001) organisiert und gilt heute als die Geburtsstunde der Forschung zur sogenannten Artificial Intelligence (AI). Auch ein noch nicht vollständig fertiges Schachprogramm von Alex Bernstein (1930–1999) wurde bei dem Treffen diskutiert (Bernstein 1958; Bernstein und Roberts 1958; Bernstein et al. 1958).

Nach dem Dartmouth-Meeting beschäftigten sich auch andere AI-Pioniere eingehend mit Datenlistenstrukturen. Minsky hatte noch dort mit Rochester ausführlich die Möglichkeiten erörtert, ähnlich dem Logic Theorist, der Theoreme der Aussagenlogik bewies, auch ein Beweisprogramm für geometrische Sätze zu konstruieren. Rochester, der bei IBM eine Gruppe leitete, die sich mit Mustererkennung und Informationstheorie befasste, besprach dies mit seinem neuen Mitarbeiter Herbert Leo Gelernter (1929–2015), der noch im gleichen Sommer gemeinsam mit seinem Kollegen Carl L. Gerberich ein solches Programm schrieb. Dabei erweiterten die beiden auf Anraten von McCarthy die Sprache Fortran durch einige Listenoperationen zu FLPL (Fortran List Processing Language). Zwei Jahre später publizierte dann McCarthy mit Hilfe von Rochester, der 1958 Visiting Professor am MIT wurde, LISP als eine mächtigere „List Processing"-Sprache. Schließlich ist das Programm SAINT (Symbolic Automatic INTegrator) zu nennen, das Minskys Mitarbeiter James Robert Slagle (1934–1994) im Jahre 1961 in seiner Dissertation zur Lösung von Analysis-Aufgaben entwarf (Slagle 1963).

Das Schachspiel war in den 1950er-Jahren ein wichtiges Test- und Anwendungsgebiet für AI-Systeme. Da dieses Spiel ungeheuer komplex ist – „ultracomplicated", wie Simon und Newell schrieben –, war es „the intellectual game par excellence". Programme, die es zu spielen vermochten, galten als Aspiranten für Artificial-Intelligence-Systeme. Als Newell, Shaw und Simon 1958 die damals bekannten Schach-Programme untersuchten, kamen sie noch zu dem Urteil: „[W]e have at least entered the arena of human play – we can beat a beginner." (Newell et al. 1958, S. 48). Wie McCarthy berichtete (McCarthy 1989, 1990), bezeichnete der russische AI-Forscher Alexander Semenovich Kronrod (1921–1986) das Schachspiel schon bald darauf als die „Drosophila der AI", eine Bezeichnung, die der Wissenschaftshistoriker und -soziologe Nathan Ensmenger vor etwa zehn Jahren gründlich diskutierte (Ensmenger 2012).

Diese ersten AI-Programme basierten allerdings nicht nur auf der *Implementierung* von formaler Logik und Schlussregeln. Vielmehr orientierten sie sich auch an menschlichen Vorgehensweisen beim Lösen von Problemen, und da gab es doch einiges zu unterscheiden, wie im nächsten Abschnitt erläutert wird.

3.2.2 Heuristik

Beim Schachspiel haben die Spieler*innen ungeheuer viele Möglichkeiten. Bereits nach wenigen Spielzügen sind die möglichen Folgezüge unüberschaubar; schon nach drei Zügen beider Spieler*innen gibt es mehrere Millionen mögliche Stellungen (Bonsdorf et al. 1978, S. 9). Diese Komplexität übersteigt nicht nur das menschliche Fassungsvermögen, sondern auch das eines Computers. Es war in den 1950er-Jahren der noch anfänglichen Computertechnik völlig illusorisch, von einer Maschine derart viele Transformationen von Datenstrukturen durchführen zu lassen und das ist es auch heute noch. Als im Jahre 1997 der von IBM entwickelte Computer Deep Blue erstmals den damals amtierenden Schachweltmeister Garri Kimowitsch Kasparow (*1963) besiegte, hatte auch dieser bei Weitem nicht alle möglichen Spielkonstellationen bewerten können.[12]

Warum wird das Schachspiel inzwischen so gut von Computerprogrammen beherrscht? Und warum wird Schach denn überhaupt von einigen Spieler*innen hervorragend gespielt? Die Antwort auf die zweite Frage führt zur Antwort auf die erste Frage! Newell und Simon hatten diese Antwort in den Ergebnissen der experi-

---

[12] Sieh dazu auch (Hessler 2017).

mentellen Psychologie gesucht, und sie wurden in einer Dissertation über Denkvorgänge beim Schachspiel des niederländischen Kognitionspsychologen und Schachspielers Adrianus Dingeman (Adriaan) de Groot (1914–2006) fündig, mit dem sie sich anfreundeten. In de Groots Experimenten sollten Menschen bei der Analyse für sie neuer Schachspielstellungen laut denken (de Groot 1965). In eigenen Experimenten beobachteten nun auch Newell und Simon das Vorgehen ihrer Test-Studierenden bei der Lösung logischer Probleme. Dabei bemerkten sie, dass diese sich nicht immer von starren logischen bzw. rationalen Regeln leiten ließen, sondern bei ihren Entscheidungen auch auf Daumenregeln („rules of thumb") vertrauten. Indem nur solche Lösungswege eingeschlagen wurden, die *vermutlich* zur Lösung führen, war man nur mit einer gewissen Wahrscheinlichkeit, aber nicht sicher erfolgreich. Von Vorteil ist dabei aber, dass nicht blindlings alle möglichen Lösungswege verfolgt werden müssen, sondern nur die vielversprechendsten, und auf diese Weise wird die sogenannte „kombinatorische Explosion" verhindert.

Simon entwickelte damals sein Modell der eingeschränkten Rationalität („bounded rationality"), das er 1957 in seinem Buch „Models of Man" einführte (Simon 1957). Hier griff er auf das schon bis in die Antike zurückreichende Konzept der Heuristik zurück. Damit waren Vorgehensweisen gemeint, durch die trotz unvollständiger Information und ggf. auch in Eile häufig richtige Aussagen bzw. praktikable Lösungen gefunden werden (Simon 1959, S. 250). Die Vorstellung, dass wir Menschen über einen „mentalen Werkzeugkasten" (eine „adaptive toolbox") verfügen, dem wir das jeweils zum Kontext bzw. zur Umwelt passende Werkzeug – die angemessene Entscheidungsregel – bei Bedarf entnehmen können, entwickelten Ulrich Hoffrage, Ralph Hertwig und Gerd Gigerenzer in den letzten Jahrzehnten zu einer Theorie der ökologischen Rationalität weiter (Hoffrage et al. 2005).

Wie lässt sich das geistige Vermögen des Menschen verstehen? Wie nehmen wir wahr? Wie kommt es zu Erinnerungen? Wie entscheiden wir? Diese und ähnliche Fragen interessierten Simon, und zunächst widmete er sich ihnen als Sozialwissenschaftler im Rahmen des sich etablierenden Gebiets der modernen Verhaltensökonomie. Seine Überlegungen basierten dabei anfangs auf algorithmischen Vorstellungen. Gemeinsam mit Newell entwickelte er dann aber ein davon abweichendes Modell menschlichen Problemlösungsverhaltens. Einflussreich waren dabei die Methoden, neue mathematische Resultate zu finden, die der ungarische Mathematiker George Pólya (1887–1985) aufbauend auf psychologische Motiven in seinen Büchern „How to Solve It" (Pólya 1945) und „Mathematics and Plausible Reasoning" (Pólya 1954) beschrieben hatte. Im Vorwort zu Letzterem heißt es:

> „We secure our mathematical knowledge by demonstrative reasoning, but we support our conjectures by plausible reasoning. A mathematical proof is demonstrative reasoning, but the inductive evidence of the physicist, the circumstantial evidence of the lawyer, the documentary evidence of the historian, and the statistical evidence of the economist belong to plausible reasoning." (Pólya 1954, S. v)

Pólyas Kurse an der Stanford University hatte Newell als Student besucht. Pólya hatte seine Studierenden darin auch in die Methoden der Heuristik eingeführt und Newell hatte schnell dessen Maxime verinnerlicht: „Certainly, let us learn proving, but also let us learn guessing." (Pólya 1954, S. vi). Die Wissenschaftshistorikerin Stephanie Dick charakterisiert Pólyas Grundüberzeugung von der mathematischen Forschungsarbeit so, dass

> „mathematicians don't just go about deducing conclusions from axioms. When they set out to prove something they do all kind of things: they experiment with cases, looking for patterns; they develop analogous problems; they work backward from something they already believe is true; they look for counterexamples; and so on. It can be a long way from axioms to desired conclusions by deduction, and mathematicians look for shortcuts." (Dick 2015, S. 627)

Newell und Simon gründeten ihre experimentellen Untersuchungen des menschlichen Problemlösens und Entdeckens auf diese Überlegungen zur Heuristik. Daraus wollten sie formale Aspekte des menschlichen Problemlösens ableiten und auf diese Weise suchten sie die Grundlagen menschlichen Entscheidens im Allgemeinen zu verstehen. Diese Art der „menschlichen Intelligenzleistung" wollten sie im Unterschied zu algorithmischen Programmen in sogenannten „heuristischen Programmen" simulieren, die meist schneller, aber auch fehleranfälliger als die algorithmischen zu einem Ergebnis kommen. Auf der Western Joint Computer Conference im Februar 1957 stellten sie dann das gemeinsam mit Cliff Shaw geschriebene Programm Logic Theory Machine vor:

> „This paper is a case study in problem solving, representing part of a program of research on complex information-processing systems. We have specified a system for finding proofs of theorems in elementary symbolic logic, and by programming a computer to these specifications, have obtained empirical data on the problem-solving process in elementary logic. The program is called the Logic Theory Machine (L T); it was devised to learn how it is possible to solve difficult problems such as proving mathematical theorems, discovering scientific laws from data, playing chess, or understanding the meaning of English prose.
>
> The research reported here is aimed at understanding the complex processes (heuristics) that are effective in problem solving. Hence, we are not interested in methods that guarantee solutions, but which require vast amounts of computation. Rather, we wish to understand how a mathematician, for example, is able to prove a theorem even though he does not know when he starts how, or if he is going to succeed." (Newell et al. 1957, S. 218)

Heuristisches Vorgehen war auch ein Erfolgskonzept des ersten Computerprogramms, das Dame spielte. Es lief auf dem IBM 704 und wurde im Jahre 1959 von Rochesters IBM-Mitarbeiter Arthur Lee Samuel (1901–1990) geschrieben (Samuel 1959). Es ist sehr viel einfacher, Dame zu spielen, als Schach zu spielen, und die Regeln des Damespiels lassen sich einfacher programmieren: Die Spieler*innen platzieren abwechselnd ihre weißen bzw. schwarzen Steine auf einem 8×8-Brett und sie dürfen ihre Steine nur in diagonaler Richtung vorwärtsbewegen. Nach Überspringen eines gegnerischen Steins, der auf der Diagonalen sitzt, kann dieser entnommen werden. Dieses Schlagen kann mehrere Züge lang geschehen.

Zunächst gab Samuel dem Rechner ein Modell des Damebretts ein. Nun hätte sein Programm vor jedem Zug alle möglichen Gegenzüge seines Gegenübers sowie alle nachfolgenden eigenen Züge untersuchen und nach gewissen vorgegebenen vorzugebenden Kriterien (z. B. Anzahl der verbleibenden eigenen Steine, ihre Nähe zum gegnerischen Brettende) bewerten können. Dann hätte es den Zug mit der höchsten Bewertung als optimalen nächsten Zug bestimmt. Die Anzahl dieser möglichen Gegenzüge liegt allerdings bei 10^{40} und sie alle zu untersuchen übersteigt sämtliche Zeitvorstellungen. Aus diesem Grunde ließ Samuel sein Programm heuristisch vorgehen, indem nur die Züge mit großer Aussicht auf Erfolg untersucht und bewertet wurden. Ein Programmteil speicherte frühere Spielstände und ihre nachfolgende Entwicklung ab, durch einen anderen konnte die Spielanalyse aufgrund des heuristischen Verfahrens, nur die mit einer bestimmten Wahrscheinlichkeit Erfolg bringenden Züge in die Berechnung einzubeziehen, optimiert werden. Man kann sagen, dass dies ein erstes selbstlernendes Computersystem war, denn durch dieses Programm konnten die Ergebnisse der vorherigen Spiele in die Bewertung des Spielstands einfließen. Hatte das Computersystem in einem Spiel gesiegt, so wurden alle Spielstände aus diesem Spiel besser bewertet als zuvor; hatte es verloren, so erhielten alle Spielstände des Spiels eine schlechtere Bewertung. Auf diese Weise wurde das Programm immer besser, weil es in den folgenden Spielen jene Spielsituationen einnehmen konnte, die in früheren Spielen zum Sieg führten.

Samuel hatte hier die Analogie zu menschlichen Lernmethoden bemüht und in der Einleitung zu seinem Artikel die Bezeichnung „machine learning" eingeführt:

> „The studies reported here have been concerned with the programming of a digital computer to behave in a way which, if done by human beings or animals, would be described as involving the process of learning. While this is not the place to dwell on the importance of machine-learning procedures, or to discourse on the philosophical aspects, there is obviously a very large amount of work, now done by people, which is quite trivial in its demands on the intellect but does, nevertheless, involve some learning. We have at our command computers with adequate data-handling ability and with sufficient computational speed to make use of machine-learning techniques, but our knowledge of the basic principles of these techniques is still rudimentary. Lacking such knowledge, it is necessary to specify methods of problem solution in minute and exact detail, a time-consuming and costly procedure. Programming computers to learn from experience should eventually eliminate the need for much of this detailed programming effort." (Samuel 1959, S. 211)

Schon in den ersten Jahrzehnten der Computerentwicklung waren zwei völlig verschiedene Methoden angedacht worden, den Computer etwas zu lehren: Die erste Methode ist die der Programmierung des Computers, und danach verhält dieser sich wie ein Schüler, der gelernt hat, was ihm beigebracht wurde. Die zweite Methode ist Samuels „[p]rogramming computers to learn from experience". Diese zweite Methode würde jene erste ablösen, mutmaßte Samuel schon 1959, doch es sollte noch fast ein halbes Jahrhundert dauern, bis das „machine learning" sich durchsetzte und nun im 21. Jahrhundert die „Künstliche Intelligenz" dominiert.

3.3 Auf dem Weg zur Data Science

Maschinelles Lernen (ML) unterscheidet sich ganz gravierend von der klassischen Künstliche-Intelligenz (KI), die der Philosoph John Haugeland (1945–2010) im Jahre 1985 GOFAI (Good Old Fashioned Artificial Intelligence) nannte, um sie von den damals aufgekommenen neuen Ansätzen, wie künstlichen neuronalen Netzen und Klassifikationsbäumen, abzugrenzen, die heute im Zentrum des maschinellen Lernens stehen (Haugeland 1985). GOFAI ging von der Annahme aus, dass viele Aspekte der Intelligenz – im Antrag zur Dartmouth Summer School stand sogar „every aspect of learning or any other feature of intelligence" – durch die Manipulation von Symbolen in einer Maschine erreicht werden können. Wie wir gesehen haben, hatten Newell und Simon diese „physical symbol systems hypothesis" vertreten. ML nutzt einen völlig anderen Zugang: Die hier genutzte Software erhält eine ungeheuer große Datenmenge zur Verarbeitung, und bei der Bewältigung der eng begrenzten Aufgaben soll sie sich aufgrund der immer weiter ansteigenden Datenmenge immer weiter verbessern.

So ist das von DeepMind, einem Tochterunternehmen von Alphabet Inc., im Dezember 2017 vorgestellte Programm AlphaZero ein autodidaktisches Programm, das keinerlei Partien bzw. Züge enthielt, sondern lediglich die Schachspielregeln. Aus dem damals in der Zeitschrift „Science" publizierten Artikel geht hervor, dass AlphaZero innerhalb von einigen Stunden, in denen es Partien gegen sich selbst spielte, eine ungeheure Spielstärke erlernte, nicht zu vergessen, dass es ebenso auch die Spiele Go und Shogi beherrschen konnte (Silver et al. 2018).

Dieses Vorgehen war schon sechzig Jahre zuvor von Arthur Samuel so beschrieben worden, dass die Maschinen die Fähigkeit zu lernen erwerben können, ohne dafür explizit programmiert worden zu sein (Samuel 1959). Auf seinen Fall des Dame-Programms bezogen hieß dies: Der Programmcode enthält lediglich die Regeln des Damespiels, die Güte des Spielens wird aufgrund jener Daten gesteigert, die das Programm erhält, wenn bestimmte Spielkonstellationen, die vorher nicht erreicht worden waren, eine Bewertungen bekommen. So wird das Damespielen des Programms optimiert, während das Programm selbst unverändert bleibt.

ML-Algorithmen sollen „lernen", d. h. ihr Output soll mit der Zeit verbessert werden. Die sie beschreibenden Programme erzeugen also nicht bei jedem Durchlauf denselben Ausgabewert (Output), sondern andere, zuweilen bessere Werte. Da diese Algorithmen aber auch nicht bei jeder Ausführung die gleichen Eingabewerte (Inputs) erhalten, wird die Determiniertheitsforderung nicht verletzt.

Mit diesem Unterschied gegenüber den GOFAI-Algorithmen verbunden ist jener, dass die Outputs bei den ML-Algorithmen mit Wahrscheinlichkeiten bewertet werden. Es handelt sich gewissermaßen um probabilistische Algorithmen, denn anders als die klassischen Algorithmen liefern sie Ergebnisse, die nur mit einer gewissen Wahrscheinlichkeit richtig sind, während die klassischen Algorithmen stets die eindeutige Lösung des Problems finden.

Nicht die Datenverarbeiter*innen, die den Umstieg von den Lochkartenmaschinen auf die Digitalcomputer der 1950er-Jahre erlebt bzw. durchgeführt und das Aufkommen der Beschreibungssprachen zum Aufbau von Listen und Übersetzerprogrammen miterlebt hatten, waren es, die nun diesen neuen Weg des Umgangs mit großen Datensammlungen beschritten. Dieser Umbruch deutete sich nicht bei den Computerwissenschaftler*innen, sondern bei den Statistiker*innen an. Er bereitete sich sehr langsam im Fach Statistik vor, das ja große Expertise im Umgang mit Daten vorweisen konnte, allerdings lange Zeit nur wenig und nun erst sehr gemächlich mit der Computertechnik vertraut wurde. Bereits 1962 hatte der Statistiker John W. Tukey den Mitgliedern seines Fachs in seinem Artikel „The Future of Data Analysis" ein neues Forschungsgebiet mit diesem Namen vorgestellt. Für den kurzen Zeitraum und die bisherigen technischen Entwicklungen, die er damals überblicken konnte, war sein Urteil bezüglich des „impact of the computer" überraschend deutlich, wenn er schrieb, dass die Datenanalyse „could be done by hand on small data sets, but [...] speed and economy of delivery of answer make the computer essential for large data sets and very valuable for small sets." Und: „The future of data analysis can involve great progress, the overcoming of real difficulties, and the provision of a great service to all fields in science and technology." (Tukey 1962). Acht Jahre später wies er den Statistiker*innen den Weg von den damals dominanten mathematischen Methoden der statistischen Analyse zur datengenerierten Hypothesenherleitung. Die Statistik, die ja schon in ihren frühen Anfängen als „Staatsbeschreibung" vor allem Daten erhoben, gesammelt und analysiert hatte, wurde nun zu einer Wissenschaft, die das Verständnis von Daten zu fördern und daran anschließend Hypothesen zu generieren imstande ist. Tukey nannte dies „Exploratory Data Analysis" (Tukey 1977). Gemeinsam mit dem Stanford-Statistikprofessor Jerome Harold Friedman (*1939) hatte er vier Jahre zuvor die von ihnen entwickelte statistische Methode „Projection Pursuit" publiziert. Dabei wird davon ausgegangen, dass der Raum der vorliegenden Daten sehr viele Dimensionen hat. Das Verfahren besteht darin, in diesen hochdimensionalen Datenraum eine Hyperebene zu legen, um die Daten darauf zu projizieren. In diesen Projektionen lassen sich „interessante" Strukturen aufdecken (Friedman und Tukey 1974).

Sehr viel mehr noch, als damals angenommen, würden die Computer die Datenanalyse zukünftig verändern, prophezeite Tukey im Juli 1982 in seinem Vortrag „Another Look at the Future" für das 14. Interface-Symposium: „[D]ata analysis would become so computationally intensive that it would push the limits of existing computer systems." Er erläuterte dies folgendermaßen:

> „This means (i) large systems, (ii) systems planned both for growth and for easy specialized attachment, (iii) cooperation between a variety of insightful data analysts on the one hand and a variety of computer experts on the other – each group with diverse skills. Success will not be easy, but starting now poses no major barriers. There are people with enough insights of the needed kinds, though they may be hard to find and assemble. And we can expect the 4th or 5th generations of such systems to be far, far better than anything we have today." (Tukey 1982, S. 408)

Weitere 15 Jahre später sah Friedman das Fach Statistik auf einem Scheideweg und die nächste wissenschaftliche Revolution in der Data-Mining-Revolution. Seinen Kolleg*innen in der Statistik empfahl er deshalb: „[M]ake peace with computing" und „moderate our romance with mathematics". Mathematik sei wie das Computing ein mächtiges Werkzeug, aber es sei nicht das einzige Werkzeug, mit dem statistische Methodologie validiert werden könne. Mathematik und Theorie seien nicht dasselbe. Eine Theorie soll Verständnis schaffen und mit der Mathematik sei man da auf einem guten Weg, die aber nicht den einzigen Weg böte, um zu einem Verständnis zu gelangen (Friedman 1997, S. 6). Im gleichen Jahr forderte Chien-Fu

Jeff Wu (*1949), der damals Professor an der University of Michigan war, die Statistik-Community auf, einen großen Schritt vorwärts zu wagen und ihr Fach *Statistik* in *Data Science* umzubenennen. Außerdem schlug er vor, nicht mehr von „Statistikern", sondern von „Data scientists" zu sprechen: „It is time in the history of statistics to make a bold move." (Wu 1997). Das Fach sollte sich auf die „großen Datenmengen" fokussieren, sich den anderen Wissenschaften mehr öffnen – auch für die Ausbildung von Data Scientists sollten die anderen Wissenschaften treibend sein – und deren empirisch-physikalischen Ansatz und deren Wissen zur Problemlösung nutzen.

William Swain Cleveland (*1943), der Professor für Statistik an der Purdue University war, warb wenige Jahre später ebenfalls dafür, die Statistik in Data Science umzuwandeln, sich den technischen Aspekten der Disziplin der Informatik zuzuwenden und mit deren Vertreter*innen zusammenzuarbeiten (Cleveland 2001). Das Fach Statistik befand sich zum Ende des 20. Jahrhunderts in einer „revolutionären Phase", die nach heutigem Dafürhalten in eine Entwicklung mündet, die zu ihrer Fusion mit Teilen der Informatik bzw. der KI-Forschung, genauer dem „machine learning" führte. Diese Entwicklung lässt sich gut anhand von Leben und Werk des US-amerikanischen Statistikers Leo Breiman (1928–2005) erzählen und verstehen.

4   Exkurs: Leo Breiman

Im Jahre 2001 veröffentlichte Breiman den Artikel „Statistical Modeling: The Two Cultures", dem im gleichen Heft zahlreiche Kommentare aus der Community folgten (Breiman 2001). Breiman charakterisierte den „State of the Art" der Statistik als aus zwei unterschiedlichen „Kulturen" des statistischen Modellierens bestehend. Auf die Frage, wie Statistiker*innen von den Daten zu ihren Schlussfolgerungen gelangen, antwortete er: Entweder gehen sie von der Prämisse aus, dass ein gegebenes stochastisches Datenmodell die Daten erzeugt, oder sie ignorieren einen unbekannten Datenmechanismus und verwenden algorithmische Modelle. Die theoretische, universitäre Statistik sei von der erstgenannten Kultur geprägt, während die „industrielle Statistik" seit Jahrzehnten die letztgenannte pflege, außerdem gehörten dieser Kultur auch Psychometriker*innen und Sozialwissenschaftler*innen an, aber eben kaum Statistiker*innen aus den Universitäten:

> „Reading a preprint of Gifi's book (1990)[13] many years ago uncovered a kindred spirit. It has made small inroads into the analysis of medical data starting with Richard Olshen's work in the early 1980s. For further work, see Zhang and Singer (1999). Jerome Friedman and Grace Wahba have done pioneering work on the development of algorithmic methods. But the list of statisticians in the algorithmic modeling business is short, and applications to data are seldom seen in the journals. The development of algorithmic methods was taken up by a community outside statistics." (Breiman 2001, S. 205)

---

[13] Breiman bezog sich hier auf das Standardbuch von Albert Gifi (1990). Dieses Pseudonym verwendeten die Mitglieder der Abteilung Datentheorie in der Fakultät für Sozialwissenschaften, der Universität von Leiden.

Dass die „statistical community" sich fast ausnahmslos der Kultur der Datenmodellierung verschrieben hatte, habe zu „irrelevant theory, questionable conclusions" und ihrer Abwesenheit bei vielen der damals interessanten Problembearbeitungen geführt. Die Kultur der algorithmischen Modellierung sei nämlich sowohl bei großen und komplexen Datenmengen sehr brauchbar, stelle aber auch eine akkurate und informative Alternative zur Modellierung kleiner Datenmengen dar. Breimans Konsequenz lautete: „If our goal as a field is to use data to solve problems, then we need to move away from exclusive dependence on data models and adopt a more diverse set of tools." (Breiman 2001, S. 199).

4.1 Algorithmische Modellierung

Leo Breiman war mit einem Physikstudium von der Caltech und einem Master von der Columbia University in New York an die University of California gekommen. Nach seiner mathematischen Promotion an der UCB in Berkeley im Jahre 1954 lehrte er an der UCLA in Los Angeles Wahrscheinlichkeitstheorie. Während dieser Anstellung verbrachte er ein Sabbatical als educational statistician für die UNESCO in Liberia (Olshen 2001, S. 188).

1967 ließ Breiman das Universitätsleben für dreizehn Jahre hinter sich, um zunächst ein Buch über Wahrscheinlichkeitstheorie zu schreiben (Breiman 1968) und danach als unabhängiger Berater für verschiedene Organisationen und Projekte zu arbeiten. Unter anderem war er für die von William S. Meisel (*1942) geleitete Technology Services Corporation (TSC) bei Umwelt- und Gesundheitsstudien bzw. daraus abzuleitenden Voraussagen tätig. Hier entwickelte er mit dem schon genannten Teilchenphysiker und späteren Stanford-Statistiker Jerome Herold Friedman, dem Stanford-Statistiker Richard A. Olshen (*1942) und dem Berkeley-Statistiker Charles Joel Stone (1936–2019) eine Methode zur Erstellung von Modellen für Voraussagen und Erklärungen auf der Basis von Klassifikations- und Regressionsbäumen. Sie beschlossen, diese Forschungsergebnisse in einem Buch mit dem Titel „Classification Trees" zu veröffentlichen, da sie mit Schwierigkeiten rechneten, die Arbeit als Beiträge in den üblichen statistischen Zeitschriften publiziert zu bekommen (Breiman et al. 1984).

Im Jahre 1980 folgte Breiman einem Angebot, wieder an die Universität zu gehen, und zwar ins Department of Mathematics der UC Berkeley, wo er ein Jahr später zum Direktor des Statistical Laboratory ernannt wurde.

> „What happened was this. When I got to Berkeley, all the computing in the department was essentially done downstairs in the Central Computing Facility. [...] In Evans Hall. They had a big multiprocessor computer main frame, and we had a little PDP–11 in the department, which was virtually worthless, had 32 kilobytes of main memory and so on. I remember my first visit down to the Central Computing Facility. I asked them, „What statistical packages do you have?" And they said, „Well, I think we have BMDP. No. We don't have the whole thing. We only have parts of it." And I said, „Well, do you know what parts you have?" And they said, „Well, we'll try to find out." I was supposed to teach this course in multivariate analysis. And it was clear that for the department to ever get into any kind of relationship

with data, they had to have a decent computing facility. And the basement of Evans was not the answer. So I said, „Okay, the first thing I'm going to try to do is to get a decent computing facility here. This was 1980, and the best minicomputer we could get was the VAX 750. It was sort of within our price range. It had a 16-bit system, a lot more memory and it cost about $75.000 at a discount price."" (Olshen 2001, S. 191)

Die Projekterfahrungen außerhalb der akademischen Welt ließen es für Breiman unbedingt notwendig erscheinen, dass ein mathematisches Universitätsdepartment über eine hervorragende Rechenanlage verfügt, die von einer Einrichtung für statistisches Rechnen betrieben werden sollte. Nach seinem erfolgreichen Antrag zur Beschaffung einer Rechenanlage beim Office of Naval Research (ONR) orderte das Department 1982 eine VAX 11/75. Im Januar 1986 wurde Breiman erster Direktor der von ihm gebildeten Statistical Computing Facility (SCF), für die das Department in diesem Jahr dann auch die schon wieder veralteten Computer gegen Cluster aus Sun3-Workstations und -Servern austauschte (Speed et al. 2012, S. 13–14).

1993 trat Breiman in den Ruhestand, doch „some of Breiman's best work was done after retirement", teilte die Pressestelle der UC Berkeley anlässlich seines Todes am 5. Juli 2005 mit und bezog sich dabei auf eine Stellungnahme des damaligen Chairman des UCB Statistikdepartments Peter J. Bickel, der den von Breiman entwickelten „Random Forest"-Algorithmus als „one of the most successful state-of-the-art classification programs" hervorhob (Media Relations 2005).

Das „more diverse set of tools", das Breiman mit seinen Kollegen als Alternative zur klassischen Statistik weiterentwickelt hatte, bestand aus Algorithmen zur Klassifizierung von Daten und zu ihrer Voraussage aufgrund schon vorliegender Daten. Und gerade wegen der hohen Prognosegenauigkeit war diese alternative Methode sehr erfolgreich. Sie war aus den Projektstudien in den 1970er-Jahren entstanden und sie basierte auf zwei wichtigen Veränderungen: „[to] challenge for the tools and computers of the time" (Cutler 2010, S. 1622) und „[to] make the transition from probability theory to algorithms" (Breiman 2001, S. 215).

4.2 Vor lauter Bäumen

Das von Breiman mit Friedman, Stone und Olshen verfasste Buch „Classification and Regression Trees", kurz CART (Breiman et al. 1984), beginnt mit der „Background"-Vorstellung einer medizinischen Studie zur Entwicklung einer Methode, um auf einer initial erstellten Datenbasis die vom Herzinfarkt bedrohten Hochrisikopatient*innen zu identifizieren. Dabei stellen die Autoren ihre neue computerbasierte Methode „CART" den herkömmlichen statistischen Methoden gegenüber: Bei Patient*innen am San Diego Medical Center der University of California wurden dazu am ersten Tag neunzehn Variablen gemessen, um den Zustand der Person zu charakterisieren: Blutdruck, Alter und siebzehn weitere binäre Variablen, um die medizinischen Symptome zusammenzufassen. Mit Hilfe einer Binärbaumstruktur (Abb. 1) konnte in dieser Studie eine Klassifikationsregel (F: Hochrisiko, G: kein Hochrisiko) erstellt werden.

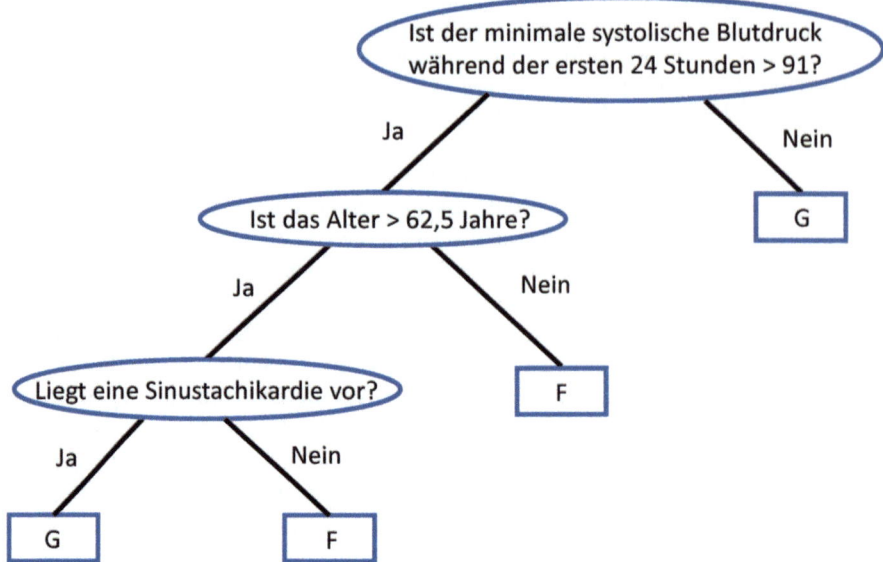

Abb. 1 Binärbaumstruktur zur Klassifikation von Patient*innen in den Klassen F: Hochrisiko, G: kein Hochrisiko. Gezeichnet nach Breimann et al. 1984, S. 2

Das sehr einfache CART-Verfahren klassifizierte auf diese Weise 89 % der Patient*innen mit niedrigem und 75 % der Patient*innen mit hohem Herzinfarktrisiko korrekt. Wie die Autoren in diesem einführenden Kapitel deutlich machen wollten, brauchte das CART-Verfahren den Vergleich mit den klassischen Statistikverfahren nicht zu scheuen, bei denen davon ausgegangen wurde, dass ein stochastisches Datenmodell die Daten erzeugt hat und dass auch später folgende Daten stets einem solchen Modell gehorchen. So hatten sich bisher viele der an die Statistik verwiesenen Probleme mittels (multipler) linearer bzw. logarithmischer Regressionen und Diskriminanzanalysen behandeln lassen. Im vorliegenden Problem war es nun aber erforderlich, für eine lineare schrittweise Diskriminanzanalyse zwölf Variablen zu betrachten, und schließlich wurden etwas weniger genaue Ergebnisse erzielt, als mit der CART-Methode. Für die logistische Regression wurden zehn Variablen gebraucht, einschließlich drei Interaktionen, die vom CART-Programm vorgeschlagen wurden, um vergleichbare Ergebnisse zu erzielen. Das Nearest-Neighbour-Verfahren konnte überhaupt keinen Erfolg verbuchen: Das Ergebnis war zu schlecht und der Rechenaufwand war zu hoch.

Die Autoren schlossen dieses Einführungskapitel mit der Bemerkung ab, dass ihre CART-Methode zur Verwendung von Klassifikationsbäumen keine abstrakte Übung gewesen sei, sondern dass die Probleme, vor die sie sich bei den TSC-Projekten in den 1970er-Jahren gestellt sahen, mit den oben genannten klassischen Statistikmethoden nicht auf einfache oder natürliche Weise hätten gelöst werden können (Breiman et al. 1984, S. 17).

Später listete Breiman einige der Probleme auf, die sein Umdenken von klassischen zu alternativen Statistikmethoden veranlasst hatten (Breiman 2001, S. 200):

- Predicting next-day ozone levels
- Using mass spectra to identify halogen-containing compounds
- Predicting the class of a ship from high altitude radar returns
- Using sonar returns to predict the class of a submarine
- Identity of hand-sent Morse Code
- Toxicity of chemicals
- On-line prediction of the cause of a freeway traffic breakdown
- Speech recognition
- The sources of delay in criminal trials in state court systems

Bei dem Problem, Schiffstypen anhand der Spitzenwerte von Radarprofilen zu klassifizieren, ergaben die Beobachtungen eine unterschiedliche Anzahl von Spitzenwerten, und sowohl diese Anzahl als auch ihre Positionen hingen von dem Winkel ab, den das Schiff mit dem Radar bildete. Da die Dimensionalität der Datenvektoren variabel war, erwies sich keine der üblichen Methoden als geeignet. Auch hier führte das Konzept des Klassifikationsbaums zum Erfolg. Noch zwei weitere Projekte aus der obigen Liste sollen im Folgenden Breimans Anlass für einen Fokuswechsel von der Datenmodellierung zur algorithmischen Modellierung illustrieren.

4.2.1 Ozon-Projekt

In den 1970er-Jahren suchte die Environmental Protection Agency (EPA) nach Methoden zur genaueren Voraussage der Ozonkonzentration in der Luft über dem Los-Angeles-Becken, die in den vorangegangenen zehn Jahren oft auf für die Bevölkerung gesundheitsgefährdende Werte angestiegen war. Ziel der an die TSC vergebenen Studie war eine möglichst exakte Vorhersage der Ozonwerte für die jeweils nächsten zwölf Stunden. An Datenmaterial standen die über 450 meteorologischen Variablen, die in den vorangegangenen sieben Jahren täglich/stündlich gemessen worden waren, sowie die zum jeweiligen Zeitpunkt gemessenen Ozonwerte zur Verfügung. Die Aufgabe in diesem Projekt war es, folgende Funktion f zu schätzen: $f(x) = y$, wobei $x = (x_1, x_2, ..., x_{450})$ der hochdimensionale Variablenvektor war und y = Ozonwert$_{\text{Tag } n}$ den Ozonwert am Tag n des Untersuchungszeitraums angab; ein Schätzwert war dann $\hat{y}$ = Ozonwert$_{\text{Tag } n+1}$. Um die Funktion f zu schätzen, teilten die Projektbeteiligten die Daten in einen Trainingsdatensatz auf, der aus den Daten der ersten fünf Jahre bestand, und in einen Testdatensatz, der die Daten der letzten zwei Jahre enthielt. Wieder konnten mit den herkömmlichen statistischen Verfahren – lineare Regressionen, Variablenselektionen, Einbeziehung quadratischer Terme, Interaktionen der Variablen – keine akzeptablen Ergebnisse erzielt werden. Die Fehlerquote war zu hoch. Das Projekt scheiterte.

4.2.2 Chlor-Projekt

Die EPA beauftragte die TSC auch mit einer Untersuchung der toxischen Wirkung von chemischen Verbindungen. Das Standardverfahren dazu war die Massenspektralanalyse, die Aufschluss über die chemische Struktur einer Verbindung geben kann. Zwar war dieses Analyseverfahren preiswert, die Auswertung allerdings war teuer, denn dazu wurde ein*e Chemiker*in gebraucht. Da giftige Verbindungen oftmals Halogene, unter anderem Chlor, enthalten, wollte die EPA durch dieses Projekt erfahren, ob aus der Massenspektralanalyse einer Verbindung das Vorhandensein von Chlor zuverlässig nachgewiesen werden kann.

Massenspektren erhält man, indem chemische Verbindungen zunächst mit Ionen beschossen, dadurch fragmentiert/aufgebrochen werden, und anschließend durch ein elektrisches Feld oder durch ein Magnetfeld geleitet werden: die schwereren Teile werden durch das Feld weniger stark abgelenkt als die leichteren. Wenn die Fragmente dann von einem Streifen absorbiert werden, so kennzeichnet die Auftreffposition des Fragments sein Molekulargewicht und die Intensität der Lichterscheinung an dieser Stelle misst seine Auftreffhäufigkeit Die resultierenden Massenspektren geben die Häufigkeiten der Fragmente vom Molekulargewicht eins bis zum Molekulargewicht der ursprünglichen Verbindung an und dabei entsprechen die Peaks den häufigen Fragmenten. Die nun für das Projekt verfügbare Datenbasis bestand aus den Massenspektren von 30.000 Verbindungen sowie deren bekannten chemischen Strukturen. Ziel war es, eine Funktion $f(x)$ zu konstruieren, die genau vorhersagt, ob eine Verbindung Chlor enthält oder nicht, wobei x der Vorhersagevektor für das Massenspektrum der Verbindung mit variabler Dimensionalität ist und das Molekulargewicht in der Datenbank von 30 bis über 10.000 variierte. Vorherzusagen war „$y=1$: Die Verbindung enthält Chlor" bzw. „$y=2$: Die Verbindung enthält kein Chlor".

Auch hier wurde der Datensatz wieder unterteilt, und zwar in einen Trainingsdatensatz von 25.000 und einen Testdatensatz zu 5000 Daten. Zur Messung der Vorhersagegenauigkeit wurden die lineare Diskriminanzanalyse und anschließend die quadratische Diskriminanzanalyse angewendet. Rückblickend schrieb Breiman: „These were difficult to adapt to the variable dimensionality. By this time I was thinking about decision trees." (Breiman 2001, S. 201). Das war erfolgreich, denn der Entscheidungsbaum, den seine Forschungsgruppe dann aufstellte, führte zu einer 95 %igen Genauigkeit sowohl für „$y=1$. Die Verbindung enthält Chlor" als auch für „$y=2$. Die Verbindung enthält kein Chlor." Die Forschenden hatten dazu die Kennzeichen von Chlor in Massenspektren recherchiert und dieses Expertenwissen in den Entscheidungsbaum-Algorithmus integriert, der mit einem Satz von 1500 Ja-Nein-Fragen gebildet wurde, die auf ein Massenspektrum beliebiger Dimensionalität angewendet werden konnten (Breiman et al. 1984).

Eine frühe Version solcher Regressionsbäume publizierten Breiman und Meisel schon 1976 (Breiman und Meisel 1976). Sie hatten den höherdimensionalen Datenraum mittels einer zufällig orientierten Ebene in Regionen aufgeteilt und in jeder dieser Regionen eine lineare Regression angepasst. Adele Cutler (*1936) beurteilte dies später so: „In retrospect, the idea of using randomly chosen splits seems a good

20 years ahead of its time." Sie verweist auf den folgenden Absatz in dieser frühen Veröffentlichung, den sie für einen klaren Indikator für Breimans spätere Forschungsausrichtung hält (Cutler 2010, S. 1623):

> „But many typical data analytic problems are characterized by their high dimensionality (a large number of independent variables) and the lack of any a priori identification of a natural and appropriate family of regression functions." (Breiman und Meisel 1976, S. 301)

Sicherlich unzulässig verallgemeinernd, aber im Prinzip stimmig, schrieb Breimann rückblickend, dass damals alle Artikel in den „Annals of Statistics" folgendermaßen begonnen hätten: „Assume that the data are generated by the following model: ..." Danach sei dann die Mathematik gefolgt, die Inferenz, Hypothesen, Tests und Asymptotik untersuchte (Breiman 2001, S. 202). Diese traditionelle Statistik-Kultur beruhe aber auf dem Glauben, dass ein*e Statistiker*in durch Vorstellungskraft und Blick auf die Daten eine einigermaßen gute parametrische Klasse von Modellen für das in der Natur Geschehende entwickeln kann. Dann wird er*sie die Parameter schätzen und Schlussfolgerungen ziehen.

Wenn aber ein Modell an Daten angepasst wird, um quantitative Schlussfolgerungen zu ziehen, dann beziehen sich diese Schlussfolgerungen auf den Mechanismus des Modells und nicht auf den in der Natur angenommenen Mechanismus. Breiman folgerte, dass ein Modell, das die Natur nur schlecht nachbildet, zu falschen Schlussfolgerungen führen kann.

Warum sollte ein Modell das Naturgeschehen nicht genügend gut abbilden? – Weil die Komplexität der betrachteten Systeme ungeheuer groß ist und vor allem aus Physik, Chemie und Biologie immer mehr Fragen an immer komplexere Systeme gestellt wurden. Damit wurden auch die Datenstrukturen immer komplexer und es wurde schwieriger, geeignete Datenmodelle für deren Implementierung vorzulegen.

Hochkomplexe Probleme, die sich der Datenmodellierung entzogen, fanden sich z. B. vermehrt bei der Sprach- und Bilderkennung bzw. -verarbeitung sowie bei der Voraussage von nichtlinearen Zeitreihen und Finanzmarktanalysen. Seit der Mitte der 1980er-Jahre setzten in diesen Feldern vor allem jüngere Forschende aus der Informatik, der Physik und den Ingenieurwissenschaften auf die neuen algorithmischen Modelle der künstlichen neuronalen Netzwerke oder der Entscheidungsbäume.[14] Vereinzelt waren auch Statistiker*innen daran interessiert, wie die Arbeit von Grace Goldsmith Wahba (*1934) zu theoretischen Aspekten der Verwendung von Spline-Modellen (Wahba 1990) belegt. Ein weiteres Beispiel ist das letzte, von Stone und Olshen verfasste Kapitel im CART-Buch (Breiman et al. 1984), in dem die beiden einen Beweis der asymptotischen Konvergenz des CART-Algorithmus zum Bayes-Risiko führen, für den Fall, dass die Bäume bei zunehmendem Stich-

---

[14] Die verschiedenen Forschungsgebiete, die hier von Anwendungen der algorithmischen Modellierung profitierten, lassen sich aus den damaligen Artikeln in den Proceedings der jährlich stattfindenden Conference on Neural Information Processing Systems oder in der Zeitschrift „Machine Learning" ablesen.

probenumfang wachsen. Alles in allem war die Liste der Statistiker*innen, die sich damals mit dieser Methode beschäftigten aber sehr kurz. „There are others, but the relative frequency is small." (Breiman 2001, S. 205).[15]

5 Schluss

Große Teile des Fachs Statistik wurden im letzten Drittel des 20. Jahrhunderts zu einer mit Machine-Learning-Algorithmen arbeitenden Data Science. Diese Revolution war von Tukey eingeleitet worden, als er das Potenzial der Computer für die statistische Forschung erkannt hatte, während die meisten Statistiker*innen im Computer noch lediglich ein Werkzeug gesehen hatten. So jedenfalls resümierte der Statistiker, Informatiker und geschäftsführende Vizepräsident von SYSTAT Leland Wilkinson (*1945) in einem Artikel über die Zukunft des statistischen Computing im Jahre 2008:

> „In contrast, most statisticians of his era concerned themselves with statistical packages and subroutine libraries. They projected a future in which large multivariate models could be solved with faster and larger computers. They looked forward to high-resolution color graphics and three-dimensional scientific visualization. Tukey thought instead about intelligent analytic systems, interactive graphics (Fisherkeller et al. 1988), automated graphics (Tukey 1982, 1986), and analytic assistants for working scientists." (Wilkinson 2008, S. 419)

Wilkinson zitierte auch den Stanford-Statistiker David Donoho (*1957), der auf der Tagung Mathematical Challenges of the 21st Century der American Mathematical Society am 8. August 2000 in Los Angeles und damit auf den Tag genau ein Jahrhundert nach David Hilberts Vortrag auf dem internationalen Mathematikerkongress in Paris feststellte, dass Tukey die Welt der Statistik auseinandergerissen habe und dass es nun erneut ein Jahrhundert dauern könne, bis die Teile wieder zusammengesetzt sein würden. Donoho prophezeite im Jahr 2000, dass viele der hochdimensionalen Probleme, die Tukey angegriffen hatte, in der Zukunft formalisiert werden könnten (Donoho 2000). Er setzte seine Hoffnung dabei auf die Mathematiker*innen, nicht auf die Informatiker*innen und deren algorithmischen Zugang und nicht auf die Arbeiten von Breiman und dessen Koautoren. Einer von diesen, Jerome Friedman, hatte freilich schon drei Jahre zuvor, in einem Keynote-Vortrag auf dem 29. Symposium on the Interface Between Computer Science and Statistics die Statistiker*innen davor gewarnt, die auf sie zukommende Revolution im statistischen Rechnen zu verpassen: die Data-Mining-Revolution. (Friedman 1997). Wil-

---

[15] Neben den schon genannten wegbereitenden Arbeiten von Friedmann, Wahba und Gifi zählte Breiman auch das frühe klassische Werk der Datenanalyse „Fitting Equations to Data" von den Industriestatistikern Cuthbert Daniel (1904–1997) und Fred Starr Wood (1921–1990) (Daniel und Wood 1971) zu den wenigen Werken, mit denen die Entwicklung der algorithmischen Modellierungsmethode nachgezeichnet werden kann. Schließlich nannte er noch das Buch „Recursive Partitioning and Applications" von Helping Zhang (*1963) und Burton H. Singer (*1938) (Zhang und Singer 1999).

kinson erklärte nun elf Jahre später diese Data-Mining-Revolution für beendet denn: „we are in an era of *machine learning*" (Wilkinson 2008, S. 419, Kursive im Original).

„Something important changed in the world of statistics in the new millennium."

So lautet der erste Satz im Epilog des 2016 erschienenen Buchs „Computer Age Statistical Inference" der beiden Stanford-Statistik-Professoren Bradley Efron (*1938) und Trevor Hastie (*1953), mit dem Untertitel „Algorithms, Evidence, and Data Science" (Efron und Hastie 2016, S. 446). Sie führten aus, dass und wie „electronic computing" die Statistik schon seit den letzten Dekaden des 20. Jahrhunderts dominiert habe. Da sind die frühen Statistik-Software-Packages SAS und SPSS, weiter nennen sie Mathematica und Matlab. Später kamen dann die auf statistischen Computersprachen S und ihren „Open Source"-Nachfolger R (Ross und Gentleman 1996)[16] aufsetzenden Algorithmen dazu.

Efron und Hastie zeichneten die historische Entwicklung der Disziplin Statistik in ein gleichseitiges Dreieck ein, dessen Ecken sie mit „Mathematics", „Computations" und „Applications" beschrifteten (Abb. 2). Zwischen den ersten beiden Ecken befindet sich die Grundlinie, während „Applications" die Spitze bildet. In diesem Bereich lassen die Autoren ihre Statistikgeschichte beginnen und zunächst in Richtung „Mathematics" verlaufen. Dies entspricht der Entwicklung und Begründung mathematisch-logischer statistischer Methoden. Der empirisch-numerische Zugang, den die Ecke namens „Computation" repräsentiert, spielte nach ihrem Dafürhalten bis etwa zum Jahr 1950 kaum eine Rolle.

Nach Efron und Hastie entwickelte sich die Statistik also etwa vom Beginn des 19. Jahrhunderts an bis ca. 1950 entlang der Dreiecksseite „Applications – Mathematics" und kam am Eckpunkt „Mathematics" im Jahre 1950 an, als die Arbeit

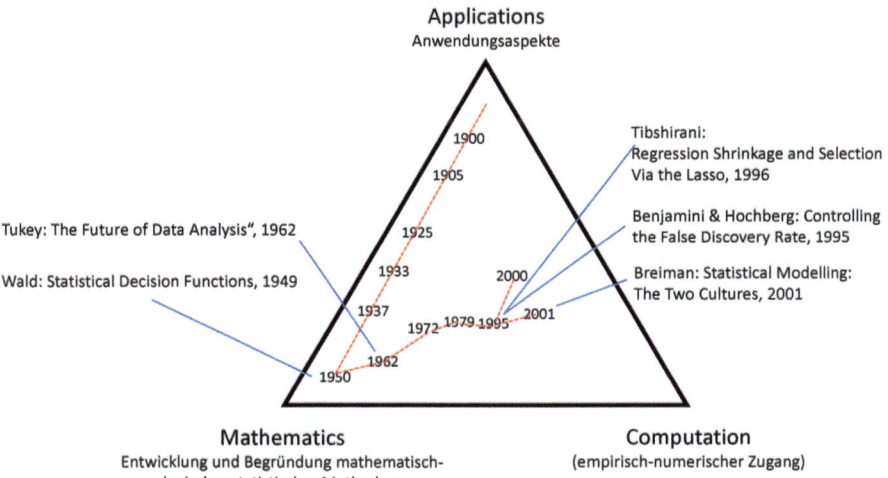

Abb. 2 Die Entwicklung der wissenschaftlichen Disziplin Statistik seit dem Ende des 19. Jahrhunderts. Gezeichnet nach Efron und Hastie 2016, S. 448

---

[16] https://www.r-project.org/ (Abruf: 17.9.2024).

„Statistical Decision Functions" von Abraham Wald (1902–1950) erschien (Wald 1949). Sie steht für die Autoren für einen gewissen Abschluss der Mathematisierung der statistischen Inferenz. In der Abbildung ist damit die größte Distanz zu den Anwendungsaspekten („Applications") erreicht. In der zweiten Hälfte des 20. Jahrhunderts veränderte sich die Statistik-Entwicklung durch die Computerisierung. In der Zeichnung verläuft sie in Richtung des Eckpunkts „Computation", denn mit dem Aufkommen der „electronic computation" setzte ein Prozess ein, der die Statistik aus ihrem „Eigenbrötlertum" um mathematische Strukturen herausgelöst und mitgerissen habe. Diese Entwicklung zeigt der im Dreieck nun zu verfolgende Verlauf vom Jahre 1962 – als Tukeys Artikel „The Future of Data Analysis" (Tukey 1962) erschien, der eine anwendungs- und computation-orientierte Ausrichtung der Statistik als Disziplin forderte – bis zum Jahr 1995, als für die statistische Inferenz zwei computerintensive Algorithmen in das Fach eingeführt wurden:

- Die israelischen Statistiker Yoav Benjamini (*1949) und Yosef (Yosi) Hochberg (1945–2013) publizierten die „Falscherkennungsrate" (englisch „False Discovery Rate"), die ein Testverfahren zur Beherrschung multipler Testprobleme liefert (Benjamini, Hochberg 1995)
- und Robert Tibshirani (*1956) formulierte die „Lasso" (Least absolute shrinkage and selection operator) genannte Regressionsanalysemethode (Tibshirani 1996).

Diese unterschiedlichen Methoden führten zu einer Verzweigung der Statistikentwicklung: Im Dreieck geht ein Strang unmittelbar nach oben zurück in Richtung „Applications", der andere verläuft in einigem Abstand zum Punkt „Computations". Auf dem letztgenannten Strang findet mit der Jahreszahl 2001 auch das Werk von Breiman Berücksichtigung. Dazu kommen die Algorithmen der künstlichen neuronalen Netze und des Deep Learning sowie andere Machine-Learning-Algorithmen.

Diese Voraussagealgorithmen waren Ursache für die Veränderung des Fachs Statistik zu „Data Analytics" und schließlich zu „Data Science". Mit ihren Erfolgen, die sich mit Big Data einstellten, wurden sie immer wichtiger. Efron und Hastie nennen sie die „media stars of the Big-Data era" (Efron und Hastie 2016, S. 446). Das ist die Ära, in der Statistik- und Künstliche-Intelligenz-Forschung miteinander Kontakt aufnahmen.

Literatur

ASA: ASA on the Role of Statistics in Data Science, 2015, https://magazine.amstat.org/blog/2015/10/01/asa-statement-on-the-role-of-statistics-in-data-science/ (Abruf: 7.6.2022).
Bauer, Friedrich L.: Einführung in die Informatik I, Teil A-D. Institut für Mathematik und Informatik der Technischen Universität München 1981.
Bauer, Friedrich L.; Goos, Gerhard: Informatik. Eine einführende Übersicht. Erster Teil. Heidelberg, New York, NY: Springer 1971.
Bauer, Friedrich L.: Was heißt und was ist Informatik? In: IBM Nachrichten 24 (1974), S. 333–337.

Bauer, Friedrich L.; Goos, Gerhard: Informatik. Eine einführende Übersicht. Erster Teil. Dritte, völlig neu bearbeitete und erweiterte Auflage. Heidelberg, New York, NY: Springer 1982.

Benjamini, Yoav; Hochberg, Yosi: Controlling the False Discovery Rate: A Practical and Powerful Approach to Multiple Testing. In: Journal of the Royal Statistical Society, Series B 57 (1995), Nr. 1, S. 289–300.

Bernstein, Alex: A Chess Playing Program for the IBM 704. In: Chess Review 26 (1958), Nr. 7, S. 208–209.

Bernstein, Alex et al.: A Chess Playing Program for the IBM 704. In: Proceedings of the 1958 Western Joint Computer Conference. Contrast in Computers. New York, NY: American Institute of Electrical Engineers 1958, S. 157–158.

Bernstein, Alex; Roberts, Michael de V.: Computer Vs. Chess-Player. In: Scientific American 198 (1958), Nr. 6, S. 96–107.

Bibel, Wolfgang: Programmieren in der Sprache der Prädikatenlogik. Eingereicht als Habilitationsarbeit, Fachbereich Mathematik, Technische Universität München, Januar 1975. Kürzere Version publiziert als: Prädikatives Programmieren. In: Brakhage, H. (Hrsg.): Automata Theory and Formal Languages. 2nd GI Conference. Kaiserslautern, May 20–23, 1975. Lecture Notes in Computer Science 33. Berlin, Heidelberg: Springer 1975, S. 274–283.

Bohnsdorf, Eero; Fabel, Karl; Riihimaa, Olave: Schach und Zahl. 3. Auflage. Düsseldorf: Walter Rau Verlag 1978.

Breiman, Leo: The Poisson Tendency in Traffic Distribution. In: The Annals of Mathematical Statistics 34 (1963), S. 308–311.

Breiman, Leo: Probability Theory. Reading, MA: Addison-Wesley 1968.

Breiman, Leo: Statistical Modelling: The Two Cultures. In: Statistical Sciences 16 (2001), Nr. 3, S. 199–231.

Breiman, L.; Meisel, W. S.: General Estimates of the Intrinsic Variability of Data in Nonlinear Regression Models. In: Journal of the American Statistical Association 71 (1976), S. 301–307.

Breiman, Leo et al.: Classification and Regression Trees. Belmont, CA: Wadsworth 1984.

Church, Alonzo: An Unsolvable Problem of Elementary Number Theory. In: American Journal of Mathematics 58 (1936), Nr. 2, S. 345–363.

Cleveland, William S.: Data Science: An Action Plan for Expanding the Technical Areas of the Field of Statistics. In: International Statistical Review 69 (2001), Nr. 1, S. 21–26.

Codd, Edgar F.: A Relational Model of Data for Large Shared Data Banks. In: Communications of the ACM (1970), Nr. 6, S. 377–387.

Cutler, Adele: Remembering Leo Breiman. In: The Annals of Applied Statistics 4 (2010), Nr. 4, S. 1621–1633.

Daniel, C. und Wood, F. S.: Fitting Equations to Data, John Wiley & Sons, 1971.

Dick, Stephanie: Of Models and Machines: Implementing Bounded Rationality. In: ISIS 106 (2015), Nr. 3, S. 623–634.

Donoho, David: High-Dimensional Data Analysis: The Curses and Blessings of Dimensionality; lecture delivered at „Math Challenges of the 21s Century. A Panorama of Mathematics", American Mathematical Society, Los Angeles, August 6–11 2000, Aide memoire for an address to the ICM. https://dl.icdst.org/pdfs/files/236e636d7629c1a53e6ed4cce1019b6e.pdf (Abruf: 17.6.2024).

Dotzler, Bernhard: Papiermaschinen. Versuch über Communication & Control in Literatur und Technik. Berlin: Akademie Verlag 1996.

Efron, Bradley; Hastie, Trevor: Computer Age Statistical Inference. Algorithms, Evidence, and Data Science. Cambridge: Cambridge University Press 2016.

Ensmenger, Nathan: Is Chess the Drosophila of Artificial Intelligence? A Social History of an Algorithm. In: Social Studies of Science 42 (2012), Nr. 1, S. 5–30.

De Groot, Adrian: Het denken van den schaker: een experimenteel-psychologische studie, Ph.D. Universiteit van Amsterdam, Amsterdam: Noord-Hollandsche Uitgevers Maatschappij 1946; englischsprachige Übersetzung: Thought and Choice in Chess. The Hague: Mouton Publishers 1965.

Fisherkeller, Mary A.; Friedman, Jerome H.; Tukey, John W.: Prim-9: An Interactive Multidimensional Data Display and Analysis System. In: Cleveland, William S.; McGill, Marylin E. (Hrsg.): Dynamic Graphics for Statistics. Pacific Grove, CA: Wadworth and Brooks/Cole 1988.

Friedman, Jerome H.: Data Mining and Statistics: What's the Connection? Keynote address in: Computing Science and Statistics: Proceedings of the 29th Symposium on the Interface Between Computer Science and Statistics. 1997, https://www.rose-hulman.edu/class/cs/OldFiles/csse433/433/dm-stat.pdf (Abruf: 17.9.2024).

Friedman, Jerome Harold; Tukey, John Wilder: A Projection Pursuit Algorithm for Exploratory Data Analysis, IEEE Transactions on Computers, 1974, C-23, Nr. 9, p. 881–890.

Gifi, Albert: Nonlinear Multivariate Analysis. Chichester, New York: John Wiley & Sons Ltd. 1990. Reprint 1996.

Gödel, Kurt: Über formal unentscheidbare Sätze der Principia Mathematica und verwandter Systeme. In: Monatshefte für Mathematik und Physik 38 (1931), S. 173–198.

Grimm, Jakob: Grimm Wilhelm: „datum", in: Grimm, Jacob; Grimm, Wilhelm (Hrsg.): Deutsches Wörterbuch. Band 2: Biermörder – D – (II). Leipzig: S. Hirzel 1860.

Hayes, Patrick J.: Computation and Deduction. In: Proc. 2nd Symposium on Mathematical Foundations of Computer Science. Prag: Czechoslovak Academy of Sciences 1973, S. 105–116.

Haugeland, John: Artificial Intelligence: The Very Idea. Cambridge, MA: MIT Press 1985.

Heintz, Bettina: Modernisierungsstrategien und Computerarchitekturen. In: Joerges, Bernward (Hrsg.): Wissenschaft – Technik – Modernisierung. Verhandlungen der Sektion Wissenschaftsforschung der DGS beim 25. Deutschen Soziologentag in Frankfurt, am Main Wissenschaftszentrum Berlin für Sozialforschung GmbH (WZB), Oktober 1990. Berlin: WZB 1991, S. 44–72.

Heintz, Bettina: Papiermaschinen: Die sozialen Voraussetzungen maschineller Intelligenz. In: Rammert, Werner (Hrsg.): Soziologie und künstliche Intelligenz. Produkte und Probleme einer Hochtechnologie. New York, NY, Frankfurt am Main: Campus 1995, S. 37–64.

Herbrand, Jacques: Sur la non-contradiction de l'arithmétique. In: Journal für reine und angewandte Mathematik 166 (1931), S. 1–8, Vorbemerkung von Helmut Hasse.

Hessler, Martina: Der Erfolg der „Dummheit". Deep Blues Sieg über den Schachweltmeister Garri Kasparov und der Streit über seine Bedeutung für die Künstliche Intelligenz-Forschung. In: NTM Zeitschrift für Geschichte der Wissenschaften, Technik und Medizin 25 (2017), S. 1–33.

Hilbert, David: Grundlagen der Geometrie. 14. Auflage. Stuttgart: Teubner 1999 (erste Auflage: 1899).

Hilbert, David: Mathematische Probleme. In: Nachrichten von der Gesellschaft der Wissenschaften zu Göttingen, Mathematisch-Physikalische Klasse 1900, S. 253–297.

Hilbert, David: Naturerkennen und Logik. In: Naturwissenschaften 18 (1930), S. 959–963.

Hilbert, David; Ackermann, Wilhelm: Grundzüge der theoretischen Logik. Berlin: Julius Springer 1928.

Hoaglin, David C.: John W. Tukey and Data Analysis. In: Statistical Science 18 (2003), Nr. 3, S. 311–318.

Hoffrage, Ulrich; Hertwig, Ralph; Gigerenzer, Gerd: Die ökologische Rationalität einfacher Entscheidungs- und Urteilsheuristiken. In: Siegenthaler, Hansjörg (Hrsg.): Rationalität im Prozess kultureller Evolution: Rationalitätsunterstellungen als eine Bedingung der Möglichkeit substantieller Rationalität des Handelns. Tübingen: Mohr Siebeck 2005, S. 65–89.

ISO Online Browsing Platform (OBP): ISO/IEC 2382-1:1993(en) Information technology – Vocabulary – Part 1: Fundamental terms, Section 2: Terms and definitions, 01.01.02: data, 1993, https://www.iso.org/obp/ui/#iso:std:iso-iec:2382:-1:ed-3:v1:en (Abruf: 6.10.2022).

Kleene, Stephen Cole: Recursive Predicates and Quantifiers. In: American Mathematical Society Transactions 54 (1943), Nr. 1, S. 41–73.

Kluge, Friedrich; Sebold, Elmar: „Daten" und „Datum". In: Kluge, Friedrich; Sebold, Elmar: Etymologisches Wörterbuch der deutschen Sprache. 23. Auflage. Berlin: De Gruyter 1999, S. 163–164.

Kowalski, Robert: Algorithm = Logic + Control. In: Communications of the ACM July 22 (1979), Nr. 7, S. 424–436.

Kowalski, Robert: The Early Years of Logic Programming. In: Communications of the ACM 31 (1988), Nr. 1, S. 38–43.

Knuth, Donald E.: The Art of Computer Programming: Vol. 1: Fundamental Algorithms. 3. Auflage. Reading, MA: Addison-Wesley 1968.

Knuth, Donald E.: Algorithms. In: Scientific American 236 (1977), Nr. 4, S. 63–81.

Knuth, Donald E.: Algorithms in Modern Mathematics and Computer Science. In: Ershov, Andrei P.; Knuth, Donald E. (Hrsg.): Algorithms in Modern Mathematics and Computer Science: Proceedings, Urgench, Uzbek Ssr, September 16-22, 1979. Berlin, Heidelberg, New York: Springer 1981, S. 82–99.

Krämer, Sybille: Die Säkularisierung der Symbole: Ein Projekt der Neuzeit und seine (post)modernen Folgen. In: Joerges, Bernward (Hrsg.): Wissenschaft – Technik – Modernisierung. Verhandlungen der Sektion Wissenschaftsforschung der DGS beim 25. Deutschen Soziologentag in Frankfurt, Wissenschaftszentrum Berlin für Sozialforschung GmbH (WZB) Oktober 1990. Berlin: WZB 1991, S. 19–31.

Lenzen, Manuela: Künstliche Intelligenz. Fakten, Chancen, Risiken. München: C. H. Beck 2020.

McCarthy, John: The Fruitfly on the Fly. In: Journal of the International Computer Chess Association 12 (1989), Nr. 4, S. 199–206.

McCarthy, John: Chess as the Drosophila of AI. In: Marsland, T. Anthony; Schaeffer, Jonathan (Hrsg.): Computers, Chess, and Cognition. New York, NY: Springer 1990, S. 227–237.

McCorduck, Pamela: Machines who Think, San Francisco: W. H. Freeman & Co 1979.

Media Relations: Press Release, Leo Breiman, professor emeritus of statistics, has died at 77. 2005, https://www.berkeley.edu/news/media/releases/2005/07/07_breiman.shtml (Abruf: 7.6.2022).

Newell, Alan; Shaw, John Clifford; Simon, Herbert A.: Empirical Explorations of the Logic Theory Machine: A Case Study in Heuristic. In: Proceedings of the Western Joint Computer Conference, Los Angeles, California, February 1957. New York, NY: Association for Computing Machinery 1957, S. 218–230.

Newell, Alan; Shaw, John Clifford; Simon, Herbert A.: Chess-Playing Programs and the Problem of Complexity. In: IBM Journal of Research and Development 2 (1958), Nr. 4, S. 320–335.

Olshen, Richard: A Conversation with Leo Breiman. In: Statistical Science 16 (2001), Nr. 1, S. 184–198.

Papert, Seymour: Verstehen von Differenzen. In: Graubard, Stephen R. (Hrsg.): Probleme der Künstlichen Intelligenz. Eine Grundlagendiskussion. Wien, New York, NY: Springer 1996, S. 1–14. Vollständige Übersetzung der 1989 bei der MIT Press, Cambridge, MA, und London, UK erschienenen Originalausgabe „The Artificial Intelligence Debate".

Pólya, George: How to Solve It. Princeton, NJ: Princeton University Press 1945.

Pólya, George: Mathematics and Plausible Reasoning, Volume I: Induction and Analogy in Mathematics, Volume II: Patterns of Plausible Inference. Princeton, NJ: Princeton University Press 1954.

Post, Emil L.: Finite Combinatory Processes-Formulation 1. In: The Journal of Symbolic Logic 1 (1936), Nr. 3, S. 103–105.

Pratt, Vaughan R.: The competence/performance dichotomy in programming, preliminary report, POPL'77: Proceedings of the 4th ACM SIGACT-SIGPLAN symposium on Principles of programming languages, 1977, S. 194–200.

Rechenberg, Peter: Was ist Informatik? Eine allgemeinverständliche Einführung. 3. Auflage. München, Wien: Hanser 2000.

Ross, Ihaka; Gentleman, Robert: *A Language for Data Analysis and Graphics*. In: *Journal of Computational and Graphical Statistics* 5 (1996), Nr. 3, S. 299–314, https://www.stat.auckland.ac.nz/~ihaka/downloads/R-paper.pdf (Abruf: 7.4.2021).

Samuel, Arthur L.: Some Studies in Machine Learning Using the Game of Checkers. In: IBM Journal of Research and Development 3 (1959), S. 210–229. Nachdruck mit einem zusätzlichen kommentierten Spiel in: Feigenbaum, Edward A.; Feldman, Julian (Hrsg.): Computers and Thought. New York, NY: McGraw-Hill 1959, S. 71–105.

Silver, David et al.: A General Reinforcement Learning Algorithm That Masters Chess, Shogi, and Go Through Self-Play. In: Science 362 (2018), Nr. 6419, S. 1140–1144.
Simon, Herbert A.: Models of Man, Social and Rational. Mathematical Essays on Rational Human Behavior in a Social Setting. New York: John Wiley 1957.
Simon, Herbert A.: Theories of Decision-Making in Economics and Behavioral Science. In: The American Economics Review 49 (1959), Nr. 3, S. 253–283.
Simon, Herbert A.: Models of My Life. New York: Basic Books 1991.
Slagle, James R.: A Heuristic Program That Solves Symbolic Integration Problems in Freshman Calculus, Symbolic Automatic Integrator (Saint), Ph D Dissertation S. M. Massachusetts Institute of Technology, Department of Mathematics, June 1961, https://dspace.mit.edu/bitstream/handle/1721.1/11997/31225400-MIT.pdf?sequence=2 (Abruf: 7.6.2022).
Slagle, James R.: A Heuristic Program That Solves Symbolic Integration Problems in Freshman Calculus, Symbolic Automatic Integrator. In: Journal of the ACM 10 (1963), Nr. 4, S. 507–520.
Skolem, Th.: Begründung der elementaren Arithmetik durch die rekurrierende Denkweise ohne Anwendung scheinbarer Veränderlicher mit unendlichem Ausdehnungsbereich. In: Skrifter utgivt af Videnskapselkapet i Kristiana I, Matematisk-naturvidenskabelig klasse, no. 6 Dybusach 1923, S. 1–38.
Speed, Terry; Pitman, Jim; Rice, John: A Brief History of the Statistics Department of the University of California at Berkeley, 2012, https://arxiv.org/ftp/arxiv/papers/1201/1201.6450.pdf (Abruf: 7.6.2022).
Stone, Charles J.: Selected Recollections of my Relationship with Leo Breiman. In: The Annals of Applied Statistics 4 (2010), Nr. 4, S. 1652–1655.
Tibshirani, Robert: Regression Shrinkage and Selection Via the Lasso. In: Journal of the Royal Statistical Society, Series B 58 (1996), Nr. 1, S. 267–288.
Tukey, John W.: The Future of Data Analysis. In: The Annals of Mathematical Statistics 33 (1962), Nr. 1, S. 1–67.
Tukey, John W.: Exploratory Data Analysis. Reading MA: Addison-Wesley 1977.
Tukey, John W.: Another Look in the Future. In: Heiner, Karl W.; Sacher, Richard S.; Wilkinson, John W. (Hrsg.): Computer Science and Statistics, Proceedings of the 14th Symposium of the Interface. New York, NY: Springer 1982, S. 2–8.
Turing, Alan: On Computable Numbers, with an Application to the Entscheidungsproblem. In: Proceedings of the London Mathematical Society, Series 2 42 (1936), Nr. 1, S. 230–265.
van Dyk, David et al.: ASA Statement on the Role of Statistics in Data Science, 2015, https://magazine.amstat.org/blog/2015/10/01/asa-statement-on-the-role-of-statistics-in-data-science/ (Abruf: 7.6.2022).
Wahba, Grace: Spline Models for Observational Data. Philadelphia, PA: Society for Industrial and Applied Mathematics SIAM 1990.
Wald, Abraham: Statistical Decision Functions. In: The *Annals of Mathematical Statistics* 20 (1949), Nr. 2, S. 165–205.
Wilkinson, Leland: The Future of Statistical Computing. In: Technometrics 50 (2008), Nr. 4, S. 418–435.
Wirth, Niklaus: Algorithms + Data Structures = Programs. Englewood Cliffs, NJ: Prentice-Hall 1976.
Wolfram, Stephen: Computer Software in Science and Mathematics. In: Scientific American 251 (1984), Nr. 3, S. 188–203.
Wu, *Chien-Fu Jeff: Statistics = Data Science?* (PDF), 1997, www2.isye.gatech.edu/~jeffwu/presentations/datascience.pdf, retrieved 9 October 2014, 1997 *(Abruf: 6.102022).*
Yiu, Chris: The Big Data Opportunity, 2012, https://policyexchange.org.uk/wp-content/uploads/2016/09/budget-2011-policy-exchanges-response.pdf (Abruf: *7.6.2022).*
Zhang, Heping; Singer, Burton: Recursive Partitioning and Applications. New York, NY: Springer 1999.
Zemanek, Heinz: Was ist Informatik? In: Elektronische Rechenanlagen 4 (1971), S. 157–161.
Zuse-Ingenieurbüro (Hrsg.): Zuse-Rechengeräte. Hopferau 1947.
Zuse, Konrad: Über den allgemeinen Plankalkül als Mittel zur Formulierung schematisch-kombinativer Aufgaben. In: Archiv der Mathematik 1 (1948/49), S. 441–449.

Algorithmische Wissenskulturen: Theorie

Die Dominanz der Vorhersage: Eine iterative und eine explorative Kultur

Johannes Lenhard

> **Zusammenfassung**
>
> Dieses Kapitel stellt die doppelte These auf, dass der Computer als Instrument mit verschiedenen algorithmischen Kulturen verknüpft ist und dass diese (verschiedenen) Kulturen jeweils an der Vorhersage orientiert sind. Drei Fallbeispiele werden diskutiert, die nahelegen, dass der digitale Computer schon seit den 1950er-Jahren mit einer iterativen Kultur der Vorhersage verbunden war und dass seit den 1990er-Jahren eine davon verschiedene Kultur hinzugetreten ist, in der (auch) eine explorative Komponente wichtig für die Vorhersage wird. Beide Kulturen unterscheiden sich auch hinsichtlich der institutionellen und sozialen Organisation der Wissenschaften.

1 Die Neuordnung der Vorhersage

Wie wird das Wetter morgen? Wie wird es im nächsten Jahr? Hält die Brücke noch? Etwas vorherzusagen kann wichtig, schwierig, oder gar unmöglich sein. Die Fähigkeit zur Vorhersage ist also keineswegs selbstverständlich. In der Philosophie steht diese Fähigkeit aber in aller Regel im Schatten der Erklärung. Entweder ergibt sich die Vorhersage aus einer guten Erklärung, dann aber ist sie lediglich eine abgeleitete Errungenschaft. Oder sie wird ungeachtet einer fehlenden Erklärung erzielt, was sie jedoch verdächtig macht, weil solche Vorhersagen keine tiefere wissenschaftliche

---

J. Lenhard (✉)
RPTU Kaiserslautern-Landau, Kaiserslautern, Deutschland
E-Mail: johannes.lenhard@rptu.de

Einsicht versprechen, selbst wenn sie verlässlich eintreffen.[1] Schaut man auf mathematische Modelle, produzieren sie Vorhersagen wie von selbst. Wenn ein mathematisches Modell beschreibt, wie bestimmte Anfangswerte x zu einem Ergebnis y führen, so bestimmt es (meist) auch, was zu erwarten wäre, wenn man stattdessen von anderen Anfangswerten x' ausginge. Gerade die Verbindung zur Vorhersage macht mathematische Modelle auf interessante Weise problematisch. Sie können grundlegende Gesetze formulieren oder auf lediglich statistischen Auswertungen beruhen, die vielleicht gar keine Erklärungen nahelegen. Sie können im Kopf kalkulierbar sein oder Dynamiken großer Komplexität darstellen, bei deren Auswertung ein leistungsstarker Computer nötig ist. Die Leistung der Modelle kümmert sich nicht unbedingt um Erklärungsbedürfnisse seitens der Anwender – obwohl menschengemacht können solche Modelle undurchschaubar sein.[2] Diese Diskussion wird im Rahmen der künstlichen Intelligenz wieder brandaktuell, kann aber zugleich auf eine lange Geschichte zurückblicken. Schon bei Platon erscheint die „Rettung der Phänomene"[3] als zwiespältige Errungenschaft, wenn mathematische Modelle Phänomene zutreffend vorhersagen, also damals: wenn geometrische Konstruktionen dazu geeignet sind, Bewegungen von Himmelskörpern zu beschreiben und sogar vorherzusagen. Solche Ansätze könnten, trotz zutreffender Vorhersagen, die Phänomene auf ganz unangemessene Weise repräsentieren. Ob diese Art der mathematischen Rettung aus den „richtigen" Gründen passiert, ist damit nicht gesagt – schließlich lieferte das geozentrische System des Ptolemaios sehr gute Vorhersagen.

Die Geschichte der Meteorologie lässt sich mit Gewinn entlang des Ziels der Vorhersage erzählen, wie das (Heymann et al. 2017) in ihrem „Cultures of Prediction" dokumentiert haben. Sie verbinden diese Geschichte mit dem elektronischen Computer: „The rise of numerical computation in the middle of the twentieth century represents a landmark in the development of new predictive techniques." (Heymann et al. 2017, S. 1). Sicher wäre es wichtig, den Blick über die Meteorologie hinaus zu erweitern, um die Bedeutsamkeit der Vorhersage zu beurteilen. (Johnson und Lenhard 2011) etwa bringen eine besondere „Kultur der Vorhersage" mit dem Aufkommen der direkt und persönlich verfügbaren vernetzten Rechner zusammen, die – anders als große Mainframe-Rechner – ohne nennenswerten Aufwand an Geld und Organisation genutzt werden können. Meine These lautet, dass Computertechnologie und das Ziel der Vorhersage in besonderer Weise miteinander verschränkt sind. Einerseits ermöglicht der Computer Vorhersagen, die ohne seine al-

---

[1] In der wissenschaftsphilosophischen Literatur hat vor allem der Logische Positivismus die starke Position der Erklärung begründet, etwa mit dem Hempel-Oppenheim-Schema. (Reichenbach 1938) und (Douglas 2009) geben einen guten Einblick.

[2] Das Kapitel 4 in (Lenhard 2019) diskutiert „epistemische Opazität" im Zusammenhang der Computermodellierung ausführlich.

[3] Die Rede von der Rettung der Phänomene problematisiert, ob wissenschaftliche Theorien erklären, wie physikalische Phänomene zustande kommen, oder ob sie solche Phänomene lediglich formal (mathematisch) beschreiben. Handelt es sich bei physikalischen Theorien um Beschreibungen mit Realitätsanspruch oder eher um mathematisch formulierte Hypothesen, die die Phänomene zwar „retten", aber nicht voll erfassen? Pierre Duhem (1861–1916) verfolgt diese Kontroverse von der Antike bis zu Galileo auf erhellende Weise (Duhem 1969).

gorithmischen Kapazitäten gar nicht möglich wären, andererseits kanalisiert er die Methodologie in einer Weise, die auf Vorhersagen (und eben nicht Erklärungen) hinausläuft. Diese These wird im Folgenden anhand dreier Beispiele diskutiert und belegt.

2   Tabellenkalkulation

Am Anfang steht mit der Tabellenkalkulation ein alltägliches, ja scheinbar banales Beispiel. Nassim Taleb bezeichnet seltene Ereignisse, die außerhalb dessen liegen, was man erwartet, als „Schwarze Schwäne" (Taleb 2008). Sein gleichnamiges Buch ist zum Bestseller geworden, dank der (damals aktuellen und) nicht vorhergesagten Bankenkrise. Schwarze Schwäne, so Taleb, entfalten oft eine starke Wirkung auf die Dynamik eines Systems und machen Vorhersagen daher unmöglich. (Eine leidvolle Erfahrung im Bereich der Finanzberater, dem Taleb zugehört.) Dennoch hält die Branche, so Taleb, zäh am Irrtum fest, man sei zu weitreichenden Vorhersagen fähig. Der nötige Skeptizismus fehle. In einer Passage spekuliert Taleb (dessen gesamtes Buch eher im Plauderton gehalten ist), dass die einfach bedienbaren Programme für Tabellenkalkulation zu dieser Haltung beitragen. Vor dem Aufkommen der Computer und den auch von Nicht-Experten relativ leicht zu bedienenden Programmen bereitete es große Mühe, Szenarien für die Zukunft durchzurechnen. Anders gesagt, eine Kultur des blinden Delegierens von Algorithmen an Software birgt Gefahren.

> „Doch dann kam das Spreadsheet! Wenn man jemandem, der mit dem Computer umgehen kann, ein Excel Spreadsheet gibt, bekommt man eine „Absatzprognose", die sich mühelos ad infinitum ausdehnt. […] Vielleicht ist die Leichtigkeit, mit der man in die Zukunft vorstoßen kann, indem man Zellen in diesen Spreadsheet-Programmen verschiebt, dafür verantwortlich, dass wahre Armeen von Vorhersagern voller Zuversicht langfristige Vorhersagen produzieren […]." (Taleb 2008, S. 198–199)

Im Hintergrund des Spreadsheets arbeitet ein mathematisches Modell, das spezifiziert, wie die jeweiligen Einträge algorithmisch miteinander verknüpft werden.[4] Für den Nutzer bleibt das jedoch hinter der Oberfläche und es muss ihn nicht kümmern. Natürlich sollte es ihn kümmern. Aus historischer Perspektive leuchtet ein, dass die von Taleb geschilderte Option der anstrengungslosen Vorhersage erst durch Computertechnologie eröffnet wird. Umgekehrt war die Tabellenkalkulation auch ein wichtiger Antrieb bei der Verbreitung der PCs. „The detailed story of how the spreadsheet was invented and kick-started the personal computer revolution is a standard item in every account of the rise of the personal computer." (Campbell-Kelly 2003, S. 327).

---

[4] In der Regel wird eine algebraische Formel angegeben, die vom Programm automatisch umgesetzt wird, d. h. eine Modifikation in einem Eintrag ändert entsprechend der Formeln sofort auch weitere Einträge.

Die Software macht Algorithmen auch für Nicht-Experten nutzbar, indem sie die Algorithmen sofort und direkt im Hintergrund ausführt. Diese Art der anstrengungslosen Vorhersage hielt um 1990 herum Einzug in weite Bereiche der Buchhaltung und Verwaltung, als Desktop-Computer und bald darauf das Internet schlagartig Verbreitung fanden. Die Technologie kanalisiert die Entwicklung hin zur Vorhersage,[5] ungeachtet der Geltungsbedingungen, über die ein versierter Modellierer nachdenken würde. Schon dieses einfache Beispiel zeigt, dass die technischen Möglichkeiten zur Vorhersage radikal unabhängig sind von der Güte der Vorhersage und auch von der Kompetenz der Nutzer.[6] Epistemische und institutionelle/soziale Aspekte verschränken sich hier auf eine neue (und manchmal verhängnisvolle) Weise.

3 Whirlwind – ein früher Hochleistungsrechner

Das zweite Beispiel ist ganz anders gelagert als das erste. Es handelt vom Gegenteil des Alltäglichen, von einem frühen Großrechner, der zugleich als Ikone algorithmischer Kultur gelten kann. Ab 1943 wurde am MIT auf Betreiben der US Navy ein Flugsimulator zum Training von Piloten projektiert, der Airplane Stability and Control Analyzer (ASCA). Dieser sollte in der Lage sein, in einem nachgebauten Cockpit das Verhalten verschiedener Flugzeugtypen zu simulieren. Derartige Flug- und Trainingssimulatoren waren damals bereits in Gebrauch. Sie waren jeweils auf einen bestimmten Flugzeugtyp zugeschnitten und bestanden im Wesentlichen aus einer Servo-Mechanik, die elektrisch und hydraulisch die Bewegungen des Piloten an die Anzeigen der Armaturen im Cockpit koppelte.

Der ASCA sollte etwas bahnbrechend anderes leisten. Er sollte als Herzstück einen Computer haben, sodass man das Verhalten verschiedener Flugzeugtypen simulieren konnte – und zwar aus ihrer aerodynamischen Charakteristik berechnet. Sollte das gelingen, so taugte die Simulation auch zum Design neuer Flugzeugtypen, deren Flugverhalten die Simulation vorhersagen könnte. Dazu musste der projektierte Analogrechner nicht nur in der Lage sein, die Bewegungen des Piloten in steuernde Prozesse des Flugzeugs umzusetzen, sondern auch das resultierende Verhalten des Flugzeugs zu berechnen, sodass ASCA diese in die mechanische Bewegung der Cockpitinstrumente umsetzen konnte. Kurz, der zu ASCA gehörende Analogrechner stellte ein atemberaubendes Entwicklungsprojekt dar, sowohl was die theoretische Durchdringung der Strömungsdynamik, als auch was die Verarbeitungsgeschwindigkeit angeht, – alles musste ja in Echtzeit funktionieren.

Projektleiter wurde Jay W. Forrester (1918–2016), ein junger Ingenieur am MIT, der mit Robert Everett (1921–2018) einen weiteren Ingenieur als Co-Leiter

---

[5] Die Technologie hat jedoch nicht genug Einfluss, um die Entwicklung allein zu determinieren.
[6] Eine 1987 von Price Waterhouse durchgeführte Evaluationsstudie ergab, dass „21 per cent of spreadsheets had serious errors that caused them to produce incorrect results." (Campbell-Kelly 2003, S. 342).

hinzuholte. Man plante übrigens zunächst mit einem Analogrechner, da digitale Computer erst einem kleinen Kreis von Entwicklern geläufig waren, und mit einem Optimismus, der sich auf die Erfolge des Labors für Servo-Mechanismen stützte, weniger auf die Analyse der zu bewältigenden Schwierigkeiten. Es verwundert noch heute, wie unrealistisch dieses Projekt war, selbst wenn man berücksichtigt, dass zu Kriegszeiten nahezu unbegrenzte Geldmittel zur Verfügung standen.

Tatsächlich wurde ASCA nach einigen Jahren aufgegeben und man konzentrierte sich allein auf den Bau des Echtzeit-Computers, der „Whirlwind" getauft wurde. Außerdem löste die Air Force die Navy in der Rolle des Finanziers ab und als neues Ziel wurde die Schaffung eines Flugabwehrsystems projektiert.[7]

Das Vorbild des Whirlwind waren der in dieser Zeit bekannt gewordene Digitalcomputer ENIAC sowie das von John von Neumann (1903–1957) entwickelte Konzept des EDVAC, das eine variable Steuerung durch Software vorsah.[8] Forrester erkannte sofort, wie sehr der digitale Computer dem Analogrechner überlegen war, was Präzision und Flexibilität anging, und er projektierte Whirlwind als einen digitalen Computer.

Whirlwind wurde trotz der exorbitanten Entwicklungskosten gebaut und konnte zu Anfang der 1950er-Jahre in Dienst gestellt werden. Das Projekt stand aber wegen der hohen Kosten während fast der gesamten Laufzeit unter großem Rechtfertigungsdruck.[9] Wenn die neuen digitalen Computer tatsächlich, wie versprochen, universale und flexible Instrumente werden, so fragten die Auftraggeber, wieso sollte man dann unter großem finanziellem Aufwand gleich mehrere (und insbesondere: Whirlwind als das teuerste) betreiben? Forrester verfolgte eine Rechtfertigungsstrategie, die auf einen kleinen aber wichtigen Unterschied zwischen algorithmischen Kulturen hinauslief. Die mathematisch ausgerichteten Forscher, wie von Neumanns und Herman H. Goldstines (1913–2004) Gruppe am Institute for Advanced Study (IAS) in Princeton, sehen den Computer, so insinuierte Forrester, als ein Werkzeug für mathematische Naturwissenschaft. Das Werkzeug ist dann für Anwender (und Geldgeber) deshalb relevant, weil auch sie mathematisch-naturwissenschaftliche Probleme zu lösen haben, etwa in einer meteorologischen Simulation, oder im Design eines neuen Flugzeugs, das aerodynamische Be-

---

[7] (Redmond, Smith 1980) erzählen die Geschichte der Entwicklung von Whirlwind als Erfolgsgeschichte. (Akera 2007, Kapitel 5) bietet eine viel kritischere Version. Zum weiteren militärisch-politischen Kontext der Forschung und Entwicklung von Computersystemen von Flugabwehr bis zur strategischen Entscheidungshilfe, siehe (Edwards 1996) oder (MacKenzie 2001).
[8] John von Neumanns „First Draft of a Report on the EDVAC" gilt als vorläufige Niederschrift gemeinsamer Diskussionen u. a. mit den Entwicklern des ENIAC, John W. Mauchly (1907–1980) und J. Presper Eckert (1919–1995). Der „First Draft" von 1945 erschien aber so gelungen, dass John von Neumann in der Rezeption zum alleinigen Autor nicht nur des Texts, sondern auch des Konzepts wurde.
[9] Damals schlug der IAS Computer mit 650.000 US-Dollar zu Buche, ENIAC mit 600.000 US-Dollar, der Harvard Mark III mit ca. 700.000 US-Dollar. Insgesamt wurden in dieser frühen Phase etwa zehn Computer entwickelt, deren Gesamtbudget Whirlwind mit ca. drei Millionen US-Dollar zur Hälfte beanspruchte, siehe dazu (Redmond und Smith 1980, Kapitel 9).

rechnungen erfordert. Aus dieser Perspektive spielt vorrangig eine Rolle, auf welche Weise mathematische Modelle und Theorien durch digitale Maschinen approximiert und gelöst werden können. Algorithmisch gesehen ist die massenhafte Iteration zentral. Daher ist es treffend, von einer durch den digitalen Computer aufkommenden iterativen Kultur zu sprechen.

Forrester verteidigte Whirlwind als ein Projekt innerhalb dieser iterativen Kultur, aber mit einem entscheidenden zusätzlichen Merkmal, nämlich der Einbindung in ein System. Eine solche Einbindung (ob in einem Flugsimulator oder in einem Flugabwehrsystem) kann es notwendig machen, in Echtzeit zu rechnen. Vor allem dann, wenn der Computer wichtige Informationen zu dringenden Entscheidungen liefert. Die Hochgeschwindigkeit (ohne sie wäre Echtzeit nicht zu machen) war für Forrester die Vorbedingung, die Whirlwind im Unterschied zu allen anderen in Entwicklung befindlichen Computern erfüllen musste. Nur dann konnte Whirlwind in ein System (dringender) Entscheidungen, wie das von der Air Force geplante Flugabwehrsystem, integriert werden. Kurz gesagt, Forrester verschrieb sich dem Systemgedanken und machte die Vorhersagefähigkeit im Rahmen eines Systems, das heißt die Analyse von Radardaten dezentraler Stationen zur sofortigen Entscheidungsfindung, zum Alleinstellungsmerkmal des Whirlwind.[10]

> „While the IAS group was building a machine that would „apparently be for their own laboratory studies and mathematical problems", the young MIT engineers were seeking to design and construct a computer that they intended to be part of a larger system employing a digital computer as an integral element."[11]

Da Whirlwind auf Echtzeit-Anwendungen hin entwickelt worden war, bedeuteten das Ende von ASCA und der Flugsimulation und die folgende Hinwendung zur Luftverteidigung (im Rahmen des Projekts SAGE, Semi-Automatic Ground Environment)[12] gar keine so große konzeptionelle Veränderung: der wiederholte Ablauf von schneller Vorhersage, Entscheidung, Rückkopplung blieb intakt. Das algorithmisch hervorstechende Merkmal war die massenhafte Iteration. Die bei der Datenanalyse nötigen mathematischen Operationen werden von der Softwareprogrammierung in kleine Schritte aufgelöst, die vom Computer nacheinander abgearbeitet werden. Menschen, die rechnen, können nur in recht engen Grenzen iterative Strategien anwenden. Ein Problem in Millionen von kleinen Schritten aufzulösen, die jeweils „nur" erfordern, Speicherinhalte auszulesen, zu addieren und wieder zu speichern ist keine gute Idee. Es sei denn, man überträgt diese Aufgaben dem Computer, der solche massenhaften Iterationen in sehr viel höherer Geschwindigkeit ausführen kann.

---

[10] Vgl. dazu die Berichte und Memoranden von Warren Weaver (1894–1978), Forrester, von Neumann und anderen, die (Redmond und Smith 1980) in Kapitel 5 anführen und mit deren Hilfe die Air Force feststellen wollte, wie überzeugend Forresters Argumentation ist.

[11] (Redmond und Smith 1980, S. 124) zitieren hier (Forrester und Everett 1948, S. 2), Hervorhebung im Original.

[12] Inhaltlich rührte diese Änderung daher, dass die Air Force die Navy als Finanzier ersetzte.

Abb. 1 Der Mainframe-Computer IBM701, 1952 angekündigt und 1953 der Öffentlichkeit präsentiert. Reprint Courtesy of IBM Corporation ©

Von der Konstruktionsweise her gesehen waren die damaligen Computer sogenannte „Mainframes", deren Komponenten in stählernen Rahmen montiert waren. Die Abb. 1 und 2 zeigen typische Exemplare von Mainframe-Computern.

Die Umstände unter denen die Komponenten aufgebaut wurden, sind nicht ganz belanglos, denn sie führen vor Augen, dass die Maschinen teuer und groß waren. Sie waren in eigenen Gebäuden oder Räumen aufgestellt, und vor allem war der Zugang zur Nutzung beschränkt oder jedenfalls streng organisiert. Typischerweise mussten Forscher ein Programm auf Lochkarten stanzen, den entstandenen Stapel von Karten abgeben oder einsenden und dann mitunter Tage auf Bescheid über das Ergebnis warten. Soziologisch gesehen war es ein Distinktionsmerkmal, überhaupt Zugang zu einem Computer zu erhalten. Die Ressource war knapp und Bedeutsamkeit (wissenschaftliche oder politische) daher Bedingung für den Zugang. Bezieht man diesen Umstand mit ein, so kann man von (iterativer) „Mainframe-Kultur" sprechen, oder besser vom „Mainframe-Regime", weil das den Systemcharakter unterstreicht. Wer Zugang zum Computer erhielt, war als Teil des Systems anerkannt.[13] Umgekehrt stellte auch die Computernutzung eine Bedingung an die wissenschaftliche Modellbildung. Dass die Modelle Fragen stellen, die durch massenhafte Iteration zu lösen sind, ist ja nicht selbstverständlich. Die Modelle müssen „passen", was tiefgreifende Fragestellungen berührt, wovon u. a. die Informatik oder die numerische Mathematik zeugen.

Der Systemgedanke wurde zum Angelpunkt von Forresters eigener intellektueller Entwicklung. Er wollte eine allgemeine System-Architektur entwerfen, die

---

[13] Ab den 1960er-Jahren wurde diese Grenze stetig liberalisiert und der Zugang zu Computern einfacher. Universitäre Rechenzentren zum Beispiel waren dann auch für Studierende (und ihre wissenschaftlichen Projekte) zugänglich.

Abb. 2 Das 1954 vorgestellte Nachfolgermodell, der IBM704, im Einsatz. Reprint Courtesy of IBM Corporation ©

einen Rahmen für Modelle beliebiger Thematik abgeben könnte, basierend auf der Rechenkraft des Whirlwind:

> „Were a stranger to ask, „Can you do my computing job?" wrote Forrester, the answer appropriate to a minimum computer's capacities must be, „Probably, but we must analyze it to find out." But if one possessed the ultimate system Forrester had in mind, then the answer to the question could safely be: „Yes, what is it?" Forrester was after the ultimate."[14]

---

[14] (Redmond und Smith 1980, S. 186), aus einem Brief Forresters an J. A. Stratton vom 3.3.1950 zitierend.

Forrester dachte an ein System, das über Komponenten definiert ist, die sich wechselseitig beeinflussen. Ein solches System führt in der Regel allerdings zu nicht-linearen Abhängigkeiten, die es schwierig machen, das Verhalten des Gesamtsystems vorherzusagen. Ein Computer jedoch, der die Einflüsse und deren Wirkungen vielfach iteriert, unter Einbeziehung von Rückkopplungsschleifen, kann einfach direkt eine Vorhersage treffen. Algorithmisch gesehen setzt Forresters System (wie gehabt) auf massenhafte Iteration, durch die das Verhalten des Gesamtsystems vorhergesagt wird. Forrester sah seine systems dynamics als nahezu universalen Ansatz und wechselte nach Beendigung des Entwicklungsprojekts Whirlwind an die Sloan School of Management des MIT. In seinem Buch „Industrial Dynamics" (Forrester 1961) überträgt er den Systemgedanken auf die Ökonomie und untersucht zum Beispiel, wie Manager – wenn sie seiner Systemdynamik nicht folgen – wegen instabiler Vorhersagen falsche Entscheidungen treffen können.[15]

Eine Dekade später übertrug Forrester die Systemdynamik auf einen neuen Objektbereich. Ganz wie er es gewünscht hatte, war er wegen eines Vorhersageproblems kontaktiert worden. Der Club of Rome wollte mittels eines Weltmodells die Zukunft der Erde vorhersagen – „The Predicament of Mankind". Es war aber noch nicht klar, welche Art von Modell geeignet wäre. Forrester überzeugte den Club davon, dass die Systemdynamik genau der richtige Ansatz sei. Und so beruht der berühmte Bericht „The Limits to Growth" auf der Modellierung und den Berechnungen durch Forrester.[16] Nach der Spezifizierung der Subsysteme und deren Interaktion läuft die Maschinerie der Systemdynamik wie von selbst, wie Forrester nicht ohne Stolz feststellt:

> „This book was undertaken as one step toward showing how the behavior of the world system results from mutual interplay between its demographic, industrial, and agricultural subsystems. [...] Because the „system dynamics" approach as already developed at the Massachusetts Institute of Technology seemed well suited, the group was invited to Cambridge to determine first-hand if they agreed that the methods then existing would be suitable for the next step in the project." (Forrester 1971, S. vii-viii)

Forrester berichtet stolz, dass er nur wenige Stunden benötigte, um während eines Fluges das Modell für die Club-of-Rome-Studie aufzustellen. Das gesamte Erdsystem konnte problemlos in die systemdynamische Struktur eingepasst werden. Mit anderen Worten, die algorithmische Kultur war so dominant, dass die Frage nach der Passung zwischen der Modellierungsaufgabe und dem bestehenden system-dynamischen Rahmen gar nicht gestellt zu werden brauchte, oder jedenfalls unproblematisch bejaht wurde. Der Universalitätsanspruch dieser algorithmischen

---

[15] Auch heute noch oft gebraucht ist Forresters Problemstellung, welche Menge an Getränken ein Händler vorrätig haben sollte, um seine Kunden bedienen zu können. Es kann zu systembedingten Schwankungen kommen, die viel größer sind, als intuitiv zu erwarten. Forresters „Beer Game" firmiert heute allerdings unter „Soda Game".

[16] Der extrem publikumswirksame Bericht „The Limits to Growth" wurde unter Federführung von Forresters Kollegen am MIT geschrieben, siehe (Meadows et al. 1972). Forrester hat es sich nicht nehmen lassen, den Modellierungsansatz in einem eigenen Buch „World Dynamics" (Forrester 1971) zu behandeln.

Kultur war damals auf seinem Höhepunkt. Aber gerade der universale Anspruch, jegliches Systemverhalten vorhersagen zu können, führt zu einem Rechtfertigungsproblem. Besteht dieser Anspruch deshalb, weil die Systeme eben so sind (philosophisch ausgedrückt ein ontologisches Argument)? Das konnte selbst Forrester nicht behaupten. Es war ja die Flexibilität, dank derer sich die Systemdynamik anwenden ließ, also eher deren ontologische Abstinenz. Forrester bringt mehrfach zum Ausdruck, dass die Flexibilität seines Ansatzes nur zu einem heuristischen Argument taugt:

> „The theory of world structure [...] may seem oversimplified. On the other hand, the model presented here is probably more complete and explicit than the mental models now being used as a basis for world and national planning. The human mind is not adapted to interpreting the behavior of social systems." (Forrester 1971, S. 123)

Die Rechtfertigung, so suggeriert er, besteht darin, dass es keine bessere Alternative gibt, will man am Vorhersageziel festhalten. Wie zentral die Fähigkeit zur Vorhersage war, kann man an der Konfliktlinie ersehen, die damals die Zukunftsforschung teilte. Dort standen sich über viele Jahre zwei Fraktionen gegenüber. Die eine wollte das Nachdenken über die Zukunft der Menschheit auf wissenschaftliche Füße stellen und die Vorhersagemethoden mittels Computereinsatz mathematisieren. Sie betrachtete die Zukunft als Gegenstand einer algorithmischen Kultur der Vorhersage. Die andere Fraktion stand diesem Ansatz kritisch gegenüber. Sie sah die Zukunftswissenschaft als eine Disziplin, die weder auf einer algorithmischen Kultur fußen, noch an quantitativer Vorhersage orientiert sein sollte.[17] Das Erscheinen von „Limits to Growth" allerdings führte zur Hegemonie der algorithmischen Kultur der Vorhersage in der Zukunftsforschung. Der Bericht setzte auch einen neuen Akzent, die Warnung aufgrund der Vorhersage, die den öffentlichen Diskurs fortan stark prägen sollte.

4 Der Aufstieg der Dichtefunktionaltheorie

Das dritte Beispiel handelt von der „computational chemistry", genauer von der Dichtefunktionaltheorie (DFT). Wer nichts mit Simulationsmethoden aus dem Schnittbereich von Chemie, Physik und Ingenieurwissenschaften zu tun hat, mag das für ein entlegenes Beispiel halten, aber die DFT ist die heute vermutlich meist genutzte Theorie der Naturwissenschaften.[18] Der Philosophie und der Geschichte der Naturwissenschaften ist das noch weitgehend entgangen. Meine These lautet: Der große und relativ plötzliche Erfolg der DFT erfolgt im Rahmen einer neuen

---

[17] Jenny Andersson hat ihrer erhellenden Analyse „The Great Future Debate and the Struggle for the World" von 2012 noch eine umfassende Monografie zum Thema folgen lassen: (Andersson 2018). Von deutschsprachiger Seite haben es Robert Jungk (1913–1994) und Ossip K. Flechtheim (1909–1998) im nicht-algorithmischen Lager zu einiger Prominenz gebracht.

[18] Genauer gesagt wird später belegt, dass Veröffentlichungen zu dieser Theorie die Zitationsstatistiken anführen, was eine entsprechend häufige Nutzung zumindest nahelegt.

Kultur, bzw. eines neuen Regimes der Vorhersage.[19] Der Erfolg der DFT hat mit den seit den 1990er-Jahren verfügbaren „kleinen" Computern zu tun, die schnell zur Grundausstattung jedes Büros gehörten und die einen explorativ-iterativen Modus der Modellierung erlaubten. Mit ihm kommt es zu einer Verschiebung von Schwerpunkten auch in der Quantenchemie, hin zu einem neuen Gebiet, das man als „computational chemistry" bezeichnen kann.[20] Im zweiten Beispiel wurde vorgeführt, wie die teilweise überhaupt nicht algorithmisch vorgehende Zukunftsforschung einer algorithmischen Kultur (dem iterativen Regime der Vorhersage) zugeschlagen wurde und im computerbasierten Welt-Modellieren aufging. Das jetzt verhandelte dritte Beispiel ist anders gelagert. Eine neue algorithmische Kultur der Vorhersage (iterativ-explorativ) tritt neben die bereits bestehende und im Fach wohl etablierte iterative Kultur.

Ein einfacher, wenn auch grober, Indikator dafür, wie gut Computermethoden in wissenschaftlichen Kreisen etabliert sind, ist die Karriere des Terminus „Simulation". Er bezeichnet zunächst eine täuschend echte Imitation. In diesem allgemeinen Sinne simuliert auch Thomas Manns (1875–1955) Felix Krull, wenn er die Musterungskommission von seiner Krankheit überzeugt. Der Begriff wird heute aber meist im Zusammenhang mit Computermodellen verwendet, die ein Flugzeug, den Verlauf einer Strömung, Aktienkurse oder anderes simulieren, das heißt, die die Dynamik eines mathematischen Modells mit Hilfe des Computers darstellen. Eine einfache Datenauswertung zeigt, dass die „Simulation" in den 1990er-Jahren einen bemerkenswerten Karriereschub erfahren hat (siehe Abb. 3).

Abb. 3 Prozentualer Anteil der Aufsätze, die „Simulation" in Titel oder Abstract erwähnen unter allen Aufsätzen, die im ISI Web of Science erfasst wurden. Abbildung durch den Autor

---

[19] Die terminologische Entscheidung zwischen Kultur und Regime möchte ich noch eine Weile offenhalten.

[20] Die Quantenchemie setzte schon in den 1950er-Jahren stark auf den Computer und hat sich dadurch von der Physik emanzipiert, dass sie aus der Quantentheorie durch computergeeignete Ansätze zu chemisch relevanten Ergebnissen kam. Die „computational chemistry" zeichnet sich durch einen noch viel stärkeren Bezug zu Computermethoden und gleichzeitig schwächeren Bezug zur Quantentheorie aus. Die folgende Argumentation findet sich ausführlicher in (Lenhard 2014).

Dass Simulation in schnellem Wachstum begriffen ist, kann nicht überraschen, da sie sich wesentlich auf elektronische Computer stützt und deren Rechenkraft über Jahrzehnte hinweg stark zugenommen hat, – eine Beobachtung, die auch als „Moore's Law" bezeichnet wird. Die Überraschung liegt vielmehr im deutlichen Knick, der das Wachstum um 1990 herum kennzeichnet. Woher rührt er?

Den Schlüssel zur Antwort hält eine parallele Entwicklung bereit. Um 1990 herum haben kleinere Computer Einzug gehalten.

An dieser Stelle sind ein paar Worte zur Terminologie angebracht. Die Bezeichnung „Mainframe" rekurriert auf die stählernen Rahmen, in denen die Rechnerkomponenten montiert waren (und noch sind). Während Whirlwind ein Mainframe-Computer war, wie im Grunde alle damaligen Computer, war seine Besonderheit, dass er in Echtzeit rechnete, also auf sofortige Rückgabe von Resultaten hin konzipiert war. Das war in normalen Rechenzentren erst sehr viel später zu finden. Diese Besonderheit spielt hier jedoch keine Rolle. Über die Größe hinaus steht „Mainframe" hier für den zentral verwalteten Zugang zum Rechner – in der Regel als „batch processing", d. h. man sendet einen Auftrag und erhält später ein Resultat rückgemeldet, interagiert aber nicht direkt mit dem Computer.[21] Auch wenn Whirlwind in Echtzeit rechnete, so geschah das in einem geschlossenen System und nicht offen, zum Ausprobieren für Forscher. Dagegen steht die Bezeichnung „Desktop" für den Forschern direkt zugängliche und miteinander vernetzte Computer, obwohl darunter genau genommen so verschiedene Typen fallen wie PC, Workstations, Cluster von Workstations (dann eher im Keller von Forschungseinrichtungen installiert) und andere.[22] Mit dieser Entwicklung hat sich nicht die Rechenkapazität erhöht – im Gegenteil konnten und können sie mit Hochleistungsrechnern bei weitem nicht mithalten. Mit ihnen jedoch konnte die Arbeit an und mit Simulationsmodellen auf eine neue Weise organisiert werden.

Die 1990er Wende signalisiert eine neue Qualität in der Epistemologie, der Methodologie und der sozialen Organisation von Simulation. Alle drei Dimensionen der Organisation sind miteinander verbunden. Insbesondere folgt die Simulation einem iterativen und explorativen Modus. Vom iterativen Charakter war schon oben im Zusammenhang der Mainframe-Rechner die Rede. Jetzt tritt der explorative Charakter hinzu. Was es damit auf sich hat, wird im Folgenden erläutert. Während algorithmisch gesehen die Iteration auch die Mainframe-Kultur kennzeichnete, tritt nun ein neues, nämlich explorierendes Element hinzu. Ein Herzstück dieser Wende ist also algorithmischer Natur, von iterativ zu iterativ-explorativ.

Dieser Modus macht intensiven Gebrauch von einer Rückkopplungsschleife in der Modellierungsphase. Modellierer können auf einfache Weise Parameter modifi-

---

[21] (Campbell-Kelly et al. 2014) unterscheiden genauer zwischen Batch, Real-Time, und Time-Sharing-Regimen.

[22] Lab-scale wäre eine andere Möglichkeit der Benennung. (Ceruzzi 2003) gibt die Geschichte der Computerentwicklung in wünschenswertem historiografischem Detail; (November 2012) geht speziell auf frühe Linien der Entwicklung ein, die mit dem hier „Desktop" genannten Typ verbunden sind.

zieren, mit der neuen Einstellung das Modell testen, wiederum modifizieren, usw.[23] Nutzt man diese Schleife zum Zwecke der Exploration, so erlaubt sie, mit Modellen zu arbeiten, die in wichtiger Hinsicht vorläufig sind, da sie im Verlauf der Modellierung erst noch adaptiert werden. Dabei ist es nicht erforderlich, diese Anpassung auf theoretische Spezifikation zu stützen, sondern es genügt der Vergleich mit der jeweils beobachteten Performanz. Dieser explorative Modus setzt voraus, dass die Kosten des wiederholten Ausprobierens niedrig sind, sowohl in finanzieller Hinsicht, als auch hinsichtlich der Energie und Zeit seitens der Forscher. Damit wird technologisch gesehen zum Schlüssel, dass Computer leicht zugänglich und vernetzt sind – eine Bedingung, die seit etwa 1990 erfüllt war.[24]

Es erscheint hinreichend plausibel, dass der explorativ-iterative Modus der Simulationsmodellierung schlecht umsetzbar ist mit einem von zentraler Instanz gesteuerten Computer, dessen Rechenzeit zudem noch beantragt und vergütet werden muss. Gleichzeitig ist aber noch nicht klar, wie relevant der neue Modus der Modellierung tatsächlich ist. Inwiefern hat er etwas mit der 1990er Wende zu tun? Ich werde diese Frage beantworten, indem ich eine Theorie vorstelle, deren Erfolg eng mit der 1990er Wende verknüpft ist. Anhand ihrer lässt sich argumentieren, wie technologische Entwicklung und Modus der Modellierung aufeinander reagieren.

Für das Argument darüber, wie – und wie verschieden – Simulation organisiert ist, verfolge ich die Quantenchemie, genauer gesagt eine spezielle Theorie aus diesem Gebiet, die Dichtefunktionaltheorie (DFT). Mit Hilfe der DFT kann man Eigenschaften von Molekülen und Festkörpern errechnen, wie die Bindungsenergien, aus denen sich wiederum zentrale chemische Eigenschaften eines Stoffes ergeben. Vermutlich hat die große Mehrheit derer, die dieses Kapitel lesen, von der Dichtefunktionaltheorie noch nichts gehört und wird mit Fug und Recht bezweifeln, dass sich aus ihr etwas Typisches über die Simulation lernen lässt. Umso mehr wird es mir Freude bereiten, die Leserschaft, ohne groß technisch zu werden, vom Gegenteil zu überzeugen. Die DFT erstreckt sich tatsächlich in alle drei der oben genannten Dimensionen. Ihr Aufschwung ist in methodischer, epistemischer und organisatorischer Hinsicht eng mit der 1990er Wende der Simulation verknüpft.

Zunächst hat die Popularität der DFT in der Tat eine spektakuläre Entwicklung genommen (die noch andauert). Unter Quantenchemikern herrscht große Einigkeit darüber, dass die DFT eine besondere Stellung einnimmt: „The truly spectacular development in this new quantum chemical era is density functional theory (DFT)." (Barden und Schaefer 2000, S. 1415) Diese Theorie hat ihre Ursprünge in den 1960er-Jahren in der Festkörperphysik, sie war dort von Beginn an recht einflussreich, blieb aber in der Chemie praktisch irrelevant. Während der 1970er und bis in die späten 1980er-Jahre listet die Web of Science Datenbank nur etwa 30 Aufsätze,

---

[23] Die besondere Rolle, die anpassbare Parameter in der Simulationsmodellierung spielen, wird diskutiert in (Hasse und Lenhard 2017).
[24] Ein genaues Datum anzugeben wäre nicht sinnvoll. Zwei der Faktoren, die „um 1990 herum" wirksam werden sind die erschwinglich gewordenen Anschaffungskosten von Computern, die nun zu einer Computerausstattung an fast allen wissenschaftlichen Arbeitsplätzen führt, sowie das Internet, das die „kleinen" Computer miteinander vernetzt.

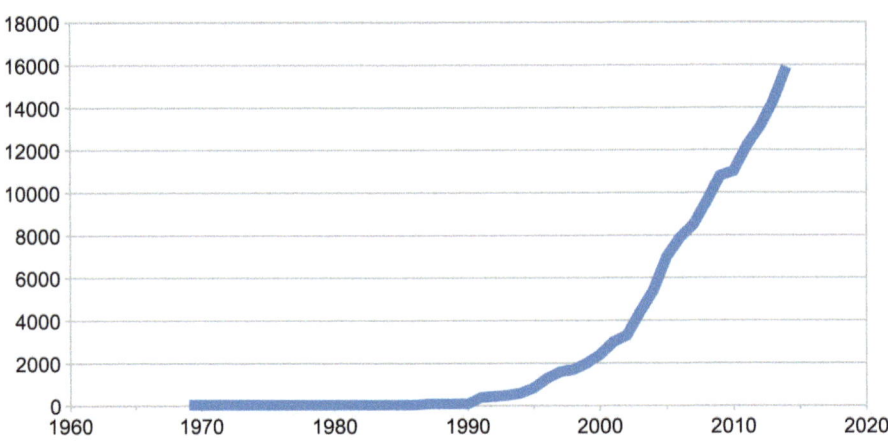

Abb. 4 Anzahl der Aufsätze pro Jahr in der ISI Web of Science Datenbank, die „density functional theory" in Titel oder Abstract enthalten. Abbildung durch den Autor

die pro Jahr in der Chemie zur DFT publiziert wurden. Etwa 1990 jedoch wandelte sich das Bild, und die DFT trat in eine neue Phase ein, wie die Abb. 4 greifbar macht. Zwischen 1990 und 2005 ist die Anzahl der Aufsätze über die DFT lawinenartig angewachsen, von etwa 30 auf mehr als 4000 pro Jahr. Das schnelle Wachstum hat sich auch im folgenden Jahrzehnt fortgesetzt. Im vergangenen Jahr sind mehr als 15.000 Aufsätze erschienen, die sich auf DFT berufen.

Diese Daten stützen die Behauptung, dass sich die DFT zur meist genutzten Theorie der vergangenen Jahre aufgeschwungen hat. Nun zeigen die Zitationszahlen zwar an, wie erfolgreich die DFT ist, sie geben aber keinen Hinweis darauf, warum das so ist. Wodurch kommt die 1990er Wende in der DFT zustande und wie verhält sie sich zum etwa zeitgleichen Auftreten der „kleinen" Computer?[25]

Kurz gesagt ist die DFT eine Theorie, die die Eigenschaften der elektronischen Struktur beschreibt, dabei aber diejenigen Probleme umschifft, die bei der (approximativen) Lösung der Schrödingergleichung auftreten. Die DFT beschreibt ebenfalls die Energie, jedoch auf eine andere Weise, nämlich mit Hilfe der (gemeinsamen) Dichte der Elektronen. Man kann sagen, diese Dichte an einem Ort im Raum ist umso größer, je wahrscheinlicher Elektronen an diesem Ort registriert (oder gemessen) werden. Die Elektronendichte ist folglich ein geometrisches Objekt im dreidimensionalen Raum und hat lediglich drei Freiheitsgrade.[26] Damit erscheint die Komplexität als radikal reduziert, was zu praktischen Verfahren einlädt.

---

[25] Das saloppe „klein" soll darauf hindeuten, dass nicht die technische Spezifizierung oder eine bestimmte Rechenkraft wichtig sind, sondern die leichte und direkte (dezentrale) Zugänglichkeit, der Austausch von Software, das freistehende Ausprobieren.

[26] In der Schrödingergleichung taucht jedes Elektron mit drei Freiheitsgraden auf, was bei recht moderater Molekülzahl sehr schnell rechnerisch unbeherrschbar (da „computationally complex") wird.

Der Theoretische-Festkörper-Physiker Walter Kohn (1923–2016) spielte eine entscheidende Rolle dabei, die DFT zu formulieren. Er und sein Kollege Pierre Hohenberg (1934–2017) formulierten die beiden grundlegenden Theoreme. Sie zeigten, dass die zugehörige Elektronendichte tatsächlich die „ground state" Energie eindeutig bestimmt, das heißt, dass diese Energie eine Funktion nur der Elektronendichte ist (Hohenberg und Kohn 1964). Folglich kann diese Energie auch ohne Bezug auf die Schrödingergleichung berechnet werden – wenigstens im Prinzip. In der Praxis allerdings führte das zunächst nur vom Regen in die Traufe.

Die 1964 veröffentlichten Theoreme bewiesen nämlich nur, dass eine Funktion f existiert, welche die Dichte in die Energie umwandelt. Die Dichte selbst ist mathematisch gesehen eine Funktion und Funktionen von Funktionen werden auch Funktionale genannt, daher der Name Dichtefunktional. Während der Wert der Energie von der exakten Form der Funktion abhängt, sagt das Theorem zwar, dass diese Funktion existiert, es sagt aber weder etwas über deren Form aus, noch darüber, wie man sie bestimmen könnte. Der Raum mathematischer Funktionen ist extrem groß und eine bestimmte Funktion zu finden kann entsprechend sehr schwierig sein. Kohn war klar, dass sein Theorem von geringem Nutzen war, solange die Funktion unbekannt blieb. Schon ein Jahr später veröffentlichte er, gemeinsam mit Lu Jeu Sham (*1938), ein praktisches Rechenschema, um das gesuchte Funktional zu approximieren (Kohn und Sham 1965).

Das Kohn-Sham-Schema zur Berechnung von Dichtefunktionalen ist attraktiv, weil es rechentechnisch „billig" („computationally cheap") ist, es lieferte aber keine Resultate von sehr hoher Genauigkeit. Das war ausreichend zur Untersuchung von Objekten, die regelmäßige Strukturen haben, wie in der Kristallografie. Die meisten chemisch interessanten Problemstellungen aber erfordern eine höhere Genauigkeit. DFT war daher von wenig Nutzen in der Chemie – und wurde auch wenig genutzt, wie das die oben gezeigten niedrigen Zitationszahlen aus der Chemie belegen.

Etwa um 1990 wurden eine Reihe neuer Funktionale entwickelt. Ihnen war gemeinsam, dass sie jeweils viele anpassbare Parameter enthielten und dass diese Parameter oft heuristischer Natur waren, also ohne theoretisch-physikalische Interpretation. Der einzige Weg, solchen Parametern einen plausiblen Wert zuzuweisen, besteht darin, auszuprobieren, wie die jeweiligen Werte das Verhalten der Funktion beeinflussen. Ein solcher Zugang war bis dahin wenig populär (in der Quantenchemie), weil Exploration auf Computerzeit angewiesen ist, weil sie zudem nur dann sinnvoll ist, wenn Computer mit nur geringen Kosten genutzt werden können und weil darüber hinaus auch die Zwischenergebnisse schnell zur Verfügung stehen müssen, sodass die Forscher schnell die nächste Schleife des Ausprobierens und Modifizierens starten können. Genau diese Bedingungen waren seit den 1990er-Jahren erfüllt, mit dem Vordringen kleiner und vernetzter Computer, die in jedem Büro verfügbar wurden. Genau damals wurde die DFT zum Riesenerfolg in der Chemie. Heute gibt es mehr als 100 Programmpakete, die mit der DFT arbeiten und die meist mehrere Funktionale anbieten.

Die theoretische Entwicklung hat dagegen bei Weitem nicht mithalten können. Meistens ermangeln Funktionale einer theoretischen Fundierung, selbst wenn sie sehr erfolgreich sind. Der Erfolg in der Vorhersage (oft beschränkt auf gewisse

Materialklassen und Umstände) ist überzeugend genug. Entsprechend rührt die Vielzahl der Veröffentlichungen nicht von theoretischen Fortschritten her, sondern vom Anwenden bzw. Anpassen erhältlicher Funktionale auf bestimmte Stoffklassen unter bestimmten Rahmenbedingungen. Es gibt eine Reihe sehr verschiedener Funktionale (die meisten bauen auf dem Kohn-Sham-Schema auf), die wiederum spezielle Parameteranpassungen erfordern und nur unter bestimmten Umständen gute Ergebnisse zeitigen. Das Wissen darum, unter welchen Umständen welche Funktionale mit welchen Parameterwerten gut vorhersagen, ist ein „Schatz" der Laborgruppen. Wenn man die DFT als eine Decke sehen möchte, die große Teile der Quantenchemie, aber auch der Physik und Materialwissenschaften überdeckt, so ist sie jedenfalls eine Patchwork-Decke.

Die 1990er Wende verwandelte die DFT von einer relativ randständigen Theorie in die meistgebrauchte Theorie der gesamten Wissenschaften (gemäß den oben gezeigten Daten). Dies wurde wesentlich durch die vernetzte Infrastruktur ermöglicht. Auf ihr können Modelle und anpassbare Funktionale ausgetauscht werden, und das in einer Form, die vom Nutzer nicht viel mehr verlangt, als mit einer grafischen Oberfläche zu interagieren. Auf diese Weise können extrem große Zitationscluster entstehen. Gleichzeitig sind theoretische Arbeiten nur selten Teil der Kommunikation. Experten im Anwenden der DFT müssen eben keine (theoretisch versierten) Experten in der Quantenchemie sein. Das erinnert, obwohl auf sehr anderem Niveau, an die Diagnose im Beispiel der Tabellenkalkulation.

Von philosophischer Seite ist ein epistemisches Charakteristikum hervorzuheben. Der explorative Modus verstärkt die Orientierung an der Vorhersage, während das Erklärungspotenzial gleichzeitig geschwächt wird. Denn der wiederholte Abgleich im Modellierungsprozess passt das Modellverhalten nach Vorgabe der Daten an. Auf eine Begründung oder Rechtfertigung der Parameterwerte kommt es dabei nur begrenzt an. Das ist bemerkenswert, denn üblicherweise werden Vorhersage und Erklärungskraft als eng verwandt betrachtet. In der DFT sind sie das nicht. Dies liefert einen starken Grund dafür, die Lage in der DFT epistemisch, nämlich als an der Vorhersage orientiert, zu kennzeichnen.

Das Beispiel der DFT mutete zunächst exotisch an. Es erscheint aber plausibel, dass sich die gefundenen Resultate auf weitere Bereiche übertragen lassen, die ebenso zur 1990er Wende in der Simulationsmodellierung beitragen. Darauf jedenfalls deutet meine Arbeit mit Hans Hasse zur computergestützten Thermodynamik hin (Hasse und Lenhard 2017), die eine weitere große Beispielklasse derselben algorithmischen Kultur analysiert. Die Orientierung an der Vorhersage verläuft quer zu Disziplinen und führt zu neuen Nachbarschaften.

Insgesamt hat dieser Beitrag gezeigt, wie der Computer mit verschiedenen algorithmischen Kulturen verknüpft ist. Es wurde zwischen einer Mainframe-Kultur, die algorithmisch gesehen stark iterativ geprägt ist und einer explorativ-iterativen Desktop-Kultur unterschieden. Epistemologisch betrachtet sind beide Kulturen, trotz aller Unterschiede, an der Vorhersage orientiert.

Literatur

Akera, Atsushi: Calculating a Natural World. Scientists, Engineers, and Computers During the Rise of U.S. Cold War Research. Cambridge, MA, London: MIT Press 2007.
Andersson, Jenny: The Future of the World. Futurology, Futurists, and the Struggle for the Post-Cold War Imagination. Oxford: University of Oxford Press 2018.
Andersson, Jenny: The Great Future Debate and the Struggle for the World. The American Historical Review 117 (2012), H. 5, S. 1411–1430.
Barden, Christopher J.; Schaefer, Henry F.: Quantum Chemistry in the 21st Century. Pure and Applied Chemistry 72 (2000). H. 8, S. 1405–1423.
Campbell-Kelly, Martin et al.: Computer: A History of the Information Machine. 3. Aufl. New York, London: Routledge 2014.
Campbell-Kelly, Martin: The Rise and Rise of the Spreadsheet. In: Campbell-Kelly, Martin et al. (Hrsg.): The History of Mathematical Tables. From Sumer to Spreadsheets. Oxford: Oxford University Press 2003, S. 323–347.
Ceruzzi, Paul E.: A History of Modern Computing. Cambridge, MA: MIT Press 2003.
Douglas, Heather: Reintroducing Prediction to Explanation. Philosophy of Science 76 (2009), H. 4, S. 444–463.
Duhem, Pierre: To Save the Phenomena. An Essay on the Idea of Physical Theory From Plato to Galileo. Chicago: Chicago University Press 1969.
Edwards, Paul N.: The Closed World. Computers and the Politics of Discourse in Cold War America. Cambridge, MA, London: MIT Press 1996.
Forrester, Jay W.: Industrial Dynamics. Waltham: Pegasus Communications 1961.
Forrester, Jay W.: World Dynamics. Cambridge, MA: Wright-Allen Press 1971.
Forrester, Jay W.; Everett, Robert R.: Memorandum L-6: Comparison Between the Computer Programs at the Institute for Advanced Study and the MIT Servomechanisms Laboratory. October 11, 1948.
Hasse, Hans; Lenhard, Johannes: Boon and Bane. On the Role of Adjustable Parameters in Simulation Models. In: Lenhard, Johannes; Carrier, Martin (Hrsg.): Mathematics as a Tool. Tracing New Roles of Mathematics in the Sciences. Cham: Springer 2017, S. 93–115.
Heymann, Matthias; Gramelsberger, Gabriele; Mahony, Martin: Cultures of Prediction in Atmospheric and Climate Science. Epistemic and Cultural Shifts in Computer-Based Modelling and Simulation. Oxon, New York: Routledge 2017.
Hohenberg, Pierre; Kohn, Walter: Inhomogeneous Electron Gas. In: Physical Review 136 (1964), S. B864–B871.
Johnson, Ann; Lenhard, Johannes: Toward a New Culture of Prediction. Computational Modeling in the Era of Desktop Computing. In: Nordmann, Alfred; Radder, Hans; Schiemann, Gregor (Hrsg.): Science Transformed? Debating Claims of an Epochal Break. Pittsburgh: University of Pittsburgh Press 2011, S. 189–199.
Kohn, Walter; Sham, Liu J.: Self-Consistent Equations Including Exchange and Correlation Effects. Physical Review 140 (1965), S. A1133–A1138.
Lenhard, Johannes: Disciplines, Models, and Computers: The Path to Computational Quantum Chemistry. In: Studies in History and Philosophy of Science Part A 48, 2014, S. 89–96.
Lenhard, Johannes: Calculated Surprises. A Philosophy of Computer Simulation. New York, NY: Oxford University Press 2019.
MacKenzie, Donald: Mechanizing Proof: Computing, Risk, and Trust. Cambridge, MA: MIT Press 2001.
Meadows, Donella H.; Meadows, Dennis L.; Randers, Jørgen; Behrens, William W: The Limits to Growth. A Report for the Club of Rome's Project on the Predicament of Mankind. New York: Universe Books 1972.
November, Joseph: Biomedical Computing. Digitizing Life in the United States. Baltimore: Johns Hopkins University Press 2012.

Redmond, Kent C.; Smith, Thomas M.: Project Whirlwind. The History of a Pioneer Computer. Bedford: Digital Equipment Corporation 1980.
Reichenbach, Hans: Experience and Prediction. An Analysis of the Foundations and the Structure of Knowledge. Chicago: University of Chicago Press 1938.
Taleb, Nassim Nicholas: Der Schwarze Schwan. Die Macht höchst unwahrscheinlicher Ereignisse. München: Hanser 2008.

Wissenschaftspraxis algorithmischer Wissenskulturen

Gabriele Gramelsberger

> **Zusammenfassung**
>
> Algorithmische Wissenskulturen haben eine eigene Wissenschaftspraxis hervorgebracht. Die einstmals arbeitsteilige Tätigkeit des Rechnens in Gruppen von „menschlichen Computern", die per Hand Kalkulationen durchführten, hat sich seit den 1950er-Jahren in die elektronischen Computer verlagert. Was jedoch unverändert geblieben ist, ist die Zerlegung eines wissenschaftlichen Phänomens in berechenbare und abarbeitbare Schritte. Bereits John von Neumann führte Flowcharts ein, um die komplexe Choreografie der Programmierung darzustellen. Diese werden bis heute verwendet. Auch wenn Menschen heute die Milliarden Berechnungsoperationen pro Sekunde, die heutige Supercomputer leisten, nicht durchführen könnten, so ist die algorithmische Wissenskultur mehr, als nur Berechnungen auszuführen. Die unglaubliche Menge an Rechenoperationen ermöglicht es Forschenden, mit ihren Modellen numerisch zu experimentieren und Was-wäre-Wenn-Fragen zu stellen. Es sind diese Was-wäre-wenn-Fragen, die die Wissenschaftspraxis der algorithmischen Wissenskultur charakterisieren.

1 Einleitung

Nirgends zeigt sich der Einfluss der algorithmischen Wissenskulturen deutlicher als in der Transformation der Wissenschaften in computationale respektive digitale Wissenschaften (Gramelsberger 2011; Meyer-Spasche 2019). Zu theoretischen und experimentellen Disziplinenbereichen gesellen sich seit den 1970er-Jahren verstärkt digitale, so in der Physik, der Chemie oder der Biologie („Computational Physics", „Computational Chemistry", „Computational Biology"). Diese Transfor-

---

G. Gramelsberger (✉)
RWT Aachen, Aachen, Deutschland
E-Mail: gramelsberger@humtec.rwth-aachen.de

mation hat epistemische wie forschungspraktische Folgen. Epistemische, indem die neuen Wissenskulturen der Computersimulation wie auch des maschinellen Lernens möglich geworden sind; forschungspraktische, da sich Wissenschaft zunehmend im Medium von Software vollzieht und von der Leistungsfähigkeit der Computer abhängig wird. Musste der Statistiker John Wilder Tukey (1915–2000) 1958 noch argumentieren, warum er dem Begriff der „Hardware" den der „Software" beiseitestellte – „today the ‚software' comprising the carefully planned interpretive routines, compilers, and other aspects of automative programming are at least as important to the modern electronic calculator as its ‚hardware' of tubes, transistors, wires, tapes and the like" (Tukey 1958, S. 2) – so ist heutzutage Software zu dem Forschungsinstrument *par excellence* geworden. Oder, in anderen Worten: „Software is the new physical infrastructure of […] scientific and technical research." (PITAC 1999, S. 27). Software digitalisiert und steuert Experimentalsysteme und Messinstrumente, generiert wie verarbeitet ungeheure Mengen an Daten, trainiert maschinelle Lernverfahren, simuliert aufwändige Modelle und extrapoliert sie in die Zukunft. Es scheint fast so, als ob viele der heutigen Naturwissenschaftler weniger die Natur als ihre Softwareprodukte erforschen – allen voran die Meteorologen, die nicht nur das Wetter der nächsten Woche, sondern auch das Klima für 2100 berechnen und mit letzterem virtuell experimentieren.

Wieviel Software mittlerweile in der Wissenschaft alljährlich produziert wird, lässt sich nicht abschätzen, doch die Cyber-Infrastrukturen zur Entwicklung und Publikation wissenschaftlicher Software werden zunehmend umfangreicher. Heutzutage ist wissenschaftliche Software oft kollaborativ mit Git oder Jupyter entwickelt, sie ist als „Textprodukt" durch einen Digital Object Identifier (DOI) zitationsfähig und sie soll auf Plattformen wie runmycode.org oder execandshare.org frei verfügbar sein. Projekte wie CodeMeta liefern Metabeschreibungen von wissenschaftlicher Software in Formaten wie JSON (JavaScript Object Notation) oder XML (Extensible Markup Language), um softwarebasierte Forschung reproduzierbar zu machen. Denn aufgrund der Vielfalt an Methoden und Softwareprodukten wie auch der Unmengen an Daten ist es heute gar nicht mehr so einfach, Nachvollziehbarkeit und Reproduzierbarkeit der Methoden und Resultate sicherzustellen – beide konstituieren seit der frühen Neuzeit das Ideal der Wissenschaftlichkeit. Und dies, obwohl Algorithmen eindeutige Handlungsvorschriften zur Lösung von Problemen oder von Klassen von Problemen sind, die in einem endlichen Text eindeutig beschreibbar (Finitheit) und tatsächlich ausführbar sind (Ausführbarkeit) und die dafür nur endlich viele Schritte benötigen dürfen (Terminierung). Darüber hinaus sollten sie bei denselben Voraussetzungen das gleiche Ergebnis liefern (Determiniertheit) und sparsam bezüglich Ressourcen, Rechenzeit und Speicherplatz sein (Effizienz). Was also ist dies für eine algorithmische Wissenskultur, die die Wissenschaftspraxis zunehmend transformiert? Am Beispiel der Entwicklung der Meteorologie wird die sich seit den 1950er-Jahren formierende digitale Wissenschaftspraxis anhand ihrer epistemischen wie forschungspraktischen Folgen nachvollziehbar, denn die Meteorologie ist als Physik der Atmosphäre eine der ersten Simulationswissenschaften und heute wohl die avancierteste Computational Science.

2 Wissenskulturen des Berechnens

Seit der Neuzeit untersucht die Wissenschaft, allen voran die Physik, Phänomene nicht nur experimentell, sondern mit Hilfe mathematischer Modelle, die sich berechnen lassen (Hesse 1966; Gelfert 2016). Das Modell eines starren Körpers und des damit einhergehenden Schwerpunkts etwa, ermöglichte es der klassischen Mechanik, die Wirkung von äußeren Kräften als geradlinige Bewegung (Translation) durch Vektoraddition zu berechnen. Doch solche Modellannahmen sind idealtypische Abstraktionen, die für realweltliche Phänomene zu vereinfachend sind. Weder existieren starre Körper, noch reduzieren sich Körper auf einzelne Punktmassen und deren Schwerpunkt oder wirken Kräfte üblicherweise exakt geradlinig auf ein Objekt. Teilweise führten die in der klassischen Physik verwendeten idealisierten Modelle auf Differentialgleichungen, die sich im Rahmen der Analysis lösen und damit auch exakt berechnen ließen. Das bedeutet, dass sich eine allgemeine Lösungsfunktion analytisch herleiten ließ und in diese jeweils spezielle Werte in die Variablen zur Berechnung eingesetzt wurden. In der Regel handelt es sich dabei um Modelle, in welchen die Wechselwirkungen linear sind und sich daher aufsummieren lassen.

Neben diesem sehr einfachen Modellbereich traten auch in der klassischen Physik Probleme mit nicht-linearen Wechselwirkungen auf, deren idealisierte Modellierung keine analytische Lösung zuließ.[1] Bereits ein so einfach anmutendes Modell, das die Wechselwirkung von drei Massenpunkten aufeinander beschreibt (Drei-Körper-Problem), bereitet Schwierigkeiten und ist aufwendig in der Berechnung. Daher entwickelte sich im 19. und 20. Jahrhundert eine rege Kultur von Berechnungsgruppen für wissenschaftlich, militärisch oder ökonomisch komplexe Probleme und Rechnen wurde zu einer arbeitsteiligen Tätigkeit, ähnlich der Fließbandarbeit in den aufkommenden Fabriken. Ein anschauliches Beispiel dieser neuen Wissenskultur des arbeitsteiligen Berechnens per Hand gibt der Computerhistoriker David A. Grier für die Berechnung der Wiederkehr des Halley'schen Kometen in seinem Buch „When Computers Were Human":

> „[They …] identified the basic differential equations that described the path of the comet and created a computing plan for the Greenwich Observatory computing staff. […] It located all the key objects in space and described the forces acting between them. At each step of the calculation, the computers advanced the comet, Saturn, Jupiter, and the other planets forward by a small distance. […] Once they had moved the objects, they had to recalculate all the forces. It was a slow and methodological process, one that required much grinding of Brunsvigas and other calculating machines." (Grier 2005, S. 121)

Die „computing plans" sind die Vorläufer der Programmiermethoden, wie sie in den 1940er-Jahren von John von Neumann (1903–1957) entwickelt worden sind. Er führte dafür den Begriff des „coding" ein (Goldstine und von Neumann 1963, S. 151).

---
[1] Vgl. die Einleitung in diesem Band zum Rechenbegriff.

„Coding begins with the drawing of the flow diagrams. This is the *dynamic* or *macroscopic* stage of coding. […] The next stage consists of the individual coding of every operation box, alternative box and variable remote connection. This is the *static* or *microscopic* stage of coding." (Goldstine und von Neumann 1963, S. 100, 101)[2]

Die „operation boxes" enthalten die Anweisungen, welche mathematischen Berechnungsschritte auszuführen sind, und mit den „flow diagrams" lassen sich die komplexen Verknüpfungen zwischen den „operation boxes" darstellen. Das können Folgen von Boxen, Schleifen einer Box, die auf sich selbst zurückverweist, oder alternative Pfade zwischen zwei oder mehreren Boxen sein. Die komplexe Choreografie von Entscheidungsmöglichkeiten, die so entsteht, charakterisiert auch moderne Softwareprogramme.

Mit diesen Choreografien ist es möglich, zunehmend komplexere Berechnungen auszuführen, doch diese benötigen immer mehr Einzelberechnungen. Irgendwann ist dies per Hand in Gruppen menschlicher „Computer" und mit Hilfe mechanischer Tischrechner nicht mehr zu leisten. Daher war es das Ziel der Computerpioniere der 1940er-Jahre, erste elektronische Rechner und schließlich frei programmierbare Digitalcomputer zu bauen (Ceruzzi 1998; Rojas und Hashagen 2000; Ensmenger 2010). Die dafür nötige diskrete Mathematik entwickelte von Neumann mit dem Coding für den ersten Digitalrechner, den Electronic Numerical Integrator and Computer (ENIAC), für ballistische Berechnungen. ENIAC war ein Ungetüm aus 18.000 Vakuumröhren mit Tausenden von Steckverbindungen. Programmieren hieß damals: „Setting up the ENIAC meant plugging and unplugging a maze of cables and setting arrays of switches. In effect, the machine had to be rebuilt for each new problem it was to solve." (Ceruzzi 1998, S. 21). ENIAC war auch der Rechner, auf welchem das erste Computermodell des Wetters berechnet wurde. 1950 gelang es dem Meteorologen Jule Gregory Charney (1917–1981), ein stark vereinfachtes (barotropisches) Wettermodell für ein flaches Berechnungsgitter mit 15 x 18 Berechnungspunkten zu berechnen (Charney et al. 1950).[3] Die Berechnung einer 24-Stunden-Luftdruckprognose dauerte auf ENIAC 24 h: „In the course of the four 24 hour forecasts about 100,000 standard I.B.M. punch cards were produced and 1,000,000 multiplications and divisions were performed." (Charney et al. 1950, S. 245). Bereits sechs Jahre später hatten sich die Rechner schon so weit verbessert, „daß die reine Rechenzeit für eine 24 h-Vorhersage sich auf 20 bis 30 min, für eine 72 h-Vorhersage auf wenig mehr als 1 h" belief. (Flohn 1956, S. 446).

---

[2] Falls nicht anders angegeben, finden sich alle Hervorhebungen in Zitaten bereits im Originaldokument.

[3] Ursprünglich für von Neumanns IAS Computer geplant, lief die erste Wettersimulation auf ENIAC. „Rossby, Vladimir Zworykin of RCA, and Weather Bureau Chief Francis Reichelderfer, had succeeded in convincing von Neumann that weather prediction was a good candidate for his [IAS] computer." (Phillips 2000, S. 15).

3 Algorithmische Wissenskulturen der Computersimulation

> „Man hat verschiedene Namen für diese Verbindung von Modellierung und Berechnung geprägt: computational science oder Computersimulation oder einfach, wie der russische Mathematiker A.A. Samarskij, Computerexperiment. Er unterscheidet drei Phasen bei so einem Experiment: Modell – Algorithmus – Programm (MAP, vielleicht die Abbildung = map der Wirklichkeit in den Computern). Algorithmen sind die Vorschriften zur (im allgemeinen näherungsweisen) Lösung der Modellgleichungen; Programm meint die Realisierung dieser Vorschriften, die Erstellung von Software. Programme sind letztendlich auch die Instrumente dieses Experiments." (Neunzert 1995, S. 49, 50)

Die Frage jedoch ist, ob die Verbindung von Modellierung und Berechnung die algorithmische Wissenskultur der Computersimulation schon hinreichend gut beschreibt, oder ob noch etwas Entscheidendes fehlt. Charney beispielsweise nutzte sein Wettermodell, um verschiedene Luftdruckprognosen zu berechnen, dennoch taucht der Begriff „Simulation" in seinem Bericht „Numerical Integration of the Barotropic Vorticity Equation" kein einziges Mal auf. Charney nutzte sein Modell, um erste, grundsätzliche Erfahrungen mit der diskreten Mathematik und der numerischen Integration zu machen.

> „The forecasts were computed for a period of 24 hours. The time interval used was at first one hour but was increased to two and then three hours when it was found that the larger intervals gave practically identical forecasts and did not lead to computational instability performed." (Charney et al. 1950, S. 244)

Erst danach berechnete er retrospektiv Luftdruckprognosen für den 5., 30. und 31. Januar und den 13. Februar 1949.

1956 programmierte der Meteorologe Norman Phillips (1923–2019), ein Kollege in Charneys und von Neumanns „Meteorological Project", ein ähnlich einfaches Modell wie Charney, um die globalen Luftzirkulationsmuster für die nördliche Hemisphäre zu berechnen (Nebeker 1995; Harper 2008). Dieses als erstes Klimamodell in die Geschichte eingegangene Modell, wurde von Phillips als „a numerical experiment" bezeichnet (Phillips 1956, S. 132).

> „The enabling innovation by Phillips was to construct an energetically complete and self-sufficient two-level quasi-geostrophic model which could sustain a stable integration for the order of a month of simulated time. […] A new era had been opened." (Smagorinsky 1983, S. 54)

Diese neue Ära bestand im Übergang von numerischen Berechnungen zur Simulation als algorithmischer Wissenskultur. Simulation ist hier nicht mehr nur als numerische Integration der unbekannten Lösung eines komplexen Problems zu verstehen, sondern als experimentelle Methode, die mit einem programmierten Modell experimentiert, analog zu Laborexperimenten. Dies geht mit mehr als einer Berechnung oder einem numerischen Experiment einher, insofern das Modell unter variierenden Bedingungen immer wieder berechnet wird – und zwar aus wissenschaftlichen und methodischen Gründen. Dies setzt immer effizientere Rechner sowie entsprechende Systemprogramme und Anwendungssoftware voraus, um numerische Variationen der Anfangs- und der Randbedingungen simulieren zu können.

Doch Simulationen komplexer Probleme sind, wie schon Pierre-Simon de Laplace (1749–1827) und Jules Henri Poincaré (1854–1912) feststellten, aufgrund ihrer Nicht-Linearität sensitiv gegenüber Variationen in den Anfangs- und Randbedingungen;[4] also gegenüber eben jenen Variationen, die man mit den Computerexperimenten erforschen möchte. Epistemisch geht die Herausforderung der Instabilitäten mit grundsätzlichen Bedenken bezüglich der Vorhersagbarkeit komplexer Systeme einher. Der Meteorologe Edward Norton Lorenz (1917–2008) entdeckte 1963 in einer einfachen Wettersimulation, einer vereinfachten Konvektionsgleichung formuliert als 3-Variablen-Problem, nach zahlreichen Iterationen aufgrund gerundeter Anfangswerte, instabiles, chaotisches Verhalten (Lorenz 1963). Dies ließ ihn epistemische Bedenken äußern, ob man Simulationen im Bereich der Meteorologie für Vorhersagen überhaupt nutzen könne. Er bezeichnete das instabile Verhalten komplexer Simulationen als indeterministisch und als allenfalls für heuristische, aber nicht für prognostische Zwecke geeignet (Lorenz 1969). Ebenso hatte bereits zuvor Stanisław Marcin Ulam (1909–1984), der mit von Neumann in Los Alamos in den 1940er-Jahren an den ersten numerischen Berechnungen gearbeitet hatte, für „computing machines as a heuristic aid" plädiert. (Ulam 1960, Kap. 8). Forschungspraktisch geht die epistemische Herausforderung der Instabilitäten mit einem spezifischen Design von Simulationsexperimenten einher. Üblicherweise wird ein „initial ‚control run'" durchgeführt, gefolgt von weiteren Experimenten: „next, this run was repeated exactly, but with a small random error added to the initial free-air temperature conditions at each point." (Warshaw und Rapp 1972, S. 3). In anderen Worten: Erst muss das dynamische Verhalten des simulierten Systems untersucht werden (Sensitivitätsstudien), bevor es für heuristische oder prognostische Zwecke verwendet werden kann.

> „In such simulations starting from a fictitious initial state, e.g. an isothermal and motionless atmosphere, is often considered to be an advantage for the experiments. It enables a test of the ability of the computational and physical schemes of the model to simulate an atmosphere with statistical properties similar to those of the real atmosphere, with no, or not much, prior information on these properties. [...] These additive errors may be viewed as reflecting our uncertainty about global initial conditions if we were to attempt real predictions with the model." (Messinger und Arakawa 1976, S. 1)

Die Frage, worin bei aller epistemischen Vagheit der Vorteil von Simulationen besteht, hat Charney beantwortet: „A variety of physical processes [can now] be synthesized mathematically within the computer." (Charney 1972, S. 117). Diese

---

[4] 1773 wollte der Physiker und Mathematiker Pierre-Simon Laplace die Entwicklung eines komplexen Drei-Körper-Problems durch Reihenentwicklungen per Hand berechnen, doch er kam zu keiner verlässlichen Lösung, denn die numerische Konvergenz der Reihenentwicklung war unsicher (Laplace 1798–1825). 1890 konnte der Mathematiker Henri Poincaré zeigen, warum dies der Fall war. Die numerischen Berechnungen sind sensitiv abhängig von den Anfangswerten. Kleine Variationen in den Anfangswerten der Berechnungen können zu großen Variationen in den Resultaten führen (Poincaré 1890).

mathematische Synthese bietet nur die Computersimulation, die mit Hilfe von Software zahlreiche Konzepte und Bedingungen in ein Modell integriert. Dass diese ersten Modelle aufgrund der geringen Rechenleistung noch sehr einfach waren, hat Charney ebenfalls treffend beschrieben. „He proposed to consider a ‚hierarchy of pilot problems', each of which would contain more physical, numerical, and observable aspects of the general forecast than the preceding ones." (Harper 2008, S. 124). Seither wachsen die Modelle stetig und integrieren immer zahlreichere Prozesse und Beobachtungsaspekte. Dieser Zuwachs an Modellkomplexität hat in den 1970er-Jahren dazu geführt, die Modelle nicht nur für heuristische Zwecke zu nutzen, sondern vermehrt für prognostische (Dahan-Delmedico 2001; Heymann et al. 2017).

Der prognostische Nutzen – trotz intrinsischer Probleme bezüglich der Vorhersagbarkeit („predictability"), wie sie Lorenz aufgezeigt hatte – markiert ein weiteres Charakteristikum der algorithmischen Wissenskultur der Simulation. Zum einen, weil komplexere Modelle eine zutreffendere Prognose als stark idealisierte, analytisch berechenbare Modelle bieten. Zum anderen, weil nun Was-wäre-wenn-Fragen an die Modelle gestellt werden können. Und die bis heute wichtigste Was-wäre-wenn-Frage an Klimamodelle stellten 1967 Syukuro Manabe (*1931) und Richard Thyron Wetherald (1936–2011) mit einem globalen, aber dennoch immer noch sehr einfachen Klimamodell (Manabe und Wetherald 1967). Die Frage lautete: Was wäre wenn der Kohlendioxidgehalt der Atmosphäre sich verdoppeln würde? Wie sensitiv würde das Klima darauf reagieren und welche Erhöhung der global-gemittelten Jahrestemperatur hätte dies zur Folge? Diese Frage – in der Meteorologie als „Klimasensitivität" betitelt – treibt seither die prognostische Modellentwicklung an (Gramelsberger und Feichter 2011). Und die untere Grenze der Antwort ist seither immer dieselbe: Eine Verdopplung des Kohlendioxidgehalts der Atmosphäre würde mindestens einen Anstieg der global-gemittelten Jahrestemperatur um die 2 °C zur Folge haben.

Die Was-wäre-wenn-Fragen werden zunehmend konkreter, insofern sich neben dem heuristischen und prognostischen Gebrauch der Simulationen der instruktive Gebrauch ankündigt. Aktuell werden Simulationsmodelle genutzt, um Climate-Engineering-Optionen für die Instruktion konkreter Handlungen zu evaluieren – im Moment noch eher zur Unterlassung von Handlungsoptionen des Klimaengineerings, aber zukünftig eventuell, um mögliche Aktionen auf mögliche Klimazukünfte zu berechnen und in die Tat umzusetzen (Feichter und Quante 2017; Gramelsberger 2021). Damit gehen Simulationen selbst in die Voraussetzung dessen ein, was sie simulieren.

3.1 Cyber-Infrastrukturen der digitalen Wissenschaft

Da die Menschheit zwar ein „vast geophysical experiment" mit dem Klima betreibt (Revelle und Suess 1957, S. 18), sich für Wissenschaftler aber Experimente mit der Atmosphäre verbieten, ist die Meteorologie zu einer paradigmatischen Simulationswissenschaft respektive zu einer „experimentellen Wissenschaft" geworden. Der

Begriff des „Experiments" bezieht sich hier auf Computerexperimente beziehungsweise „in-silico Experimente" (Gramelsberger 2010; Winsberg 2010). Um aussagefähige Experimente und Vorhersagen zu ermöglichen, sind zum einen bessere Modelle nötig, zum anderen schnellere Computer, um die räumliche und zeitliche Auflösung der Simulationsläufe zu erhöhen. Doch was zudem entscheidend ist, ist eine verbesserte Grundlage der empirischen Daten. Da der Forschungsgegenstand der Meteorologie die globalen wie regionalen Prozesse der Atmosphäre sind, verfügt sie mittlerweile über eine globale Maschinerie der Messung meteorologisch relevanter Variablen: „A Vast Machine" (Edwards 2010), die von der World Meteorological Organization (WMO) unter Leitung der Vereinten Nationen mit dem United Nations Environment Programme (UNEP) seit 1972 koordiniert wird (WMO 2020; UNEP 2020). Das Global Climate Observing System (GCOS) sammelt und analysiert seit 1992 koordinierte Messdaten von Bodenstationen, Schiffen und Satelliten und generiert dadurch ein immer dichteres Messbild des atmosphärischen Zustandes. Die Messdaten werden unter anderem im World Data Center for Climate (WDCC) am Deutschen Klimarechenzentrum in Hamburg zentral gesammelt und zur Verfügung gestellt. Denn erst mit hinreichend guten Messdaten lassen sich Wetter- und Klimasimulationen – wie auch alle anderen Simulationen – adäquat initialisieren und evaluieren (GCOS 2020; WDCC 2020).

Dies macht deutlich, dass die algorithmische Wissenskultur der Simulation mit einer eigenen Cyber-Infrastruktur einhergeht, die Modellierungszentren, Rechenzentren und Messdaten-Analysezentren herausgebildet hat (Palfner 2012, 2014). Letztere beschäftigen sich nicht nur mit der Analyse von Messdaten, sondern auch mit der Aufbereitung der Daten für Simulationen, denn im Unterschied zur unregelmäßigen Verteilung von Messstationen sind die Berechnungsgitter von Simulationen regulär gestaltet. Dies treibt zum einen den Ausbau der Messnetze an, um eine zunehmend reguläre und dichtere Abdeckung zu erzielen, zum anderen die Analysemethoden, die die unregelmäßig verteilten Messdaten in eine reguläre Struktur überführen (Dateninterpolation).

> „The process of transforming data from observations at irregularly spaced points into data of a regularly arranged grid has often been referred to as „objective analysis." An objective analysis scheme must perform several functions, namely, interpolation, removal of data errors, smoothing, and, in most applications, should contain some method of insuring internal consistency." (Cressman 1959, S. 367)

Solche Korrekturen sind notwendig, da im Unterschied zu den frühen, heuristischen Computerexperimenten, die mit fiktiven Zuständen starteten wie oben beschrieben, prognostische Simulationen auf Messdaten basieren. Es war der Meteorologe Hans Arnold Panofsky (1917–1988), der 1949 auf Vorschlag von John von Neumann eine erste Dateninterpolationsmethode entwickelte, die er „objektive Analyse" nannte (Panofsky 1949, S. 386). Was ihm vorschwebte, war eine automatische Methode, die die „subjektiven" Analysen der Meteorologen ersetzte. „These disadvantages could be avoided if the meteorological variables were objectively related to the space coordinates by analytic functions, for then the coded weather reports could be translated into initial conditions without human interference." (Panofsky 1949, S. 386). Dateninterpolation geht mit Glättung der Daten einher, die nicht nur die Unregelmäßigkeiten der Messpunktverteilung nivelliert – „[The] objective techniques differ from the subjective analysis by a more even spacing and simpler patterns" –, sondern auch die Messqualität (Panofsky 1949, S. 390).[5] In den 1950er-Jahren wurde Panofskys Methode, die für kleinere Messgebiete mit relativ dichten Daten konzipiert war, von dem Meteorologen George Cressman (1919–2008) für globale Messdaten erweitert, die wesentlich lückenhafter zu diesem Zeitpunkt waren als heute (Cressman Methode). Panofskys Methode führte hier zu Instabilitäten und war zudem extrem rechenaufwendig. Die Idee von Cressman, die bis heute als Methode verwendet wird, war, die Distanz des Messpunktes zum Berechnungspunkt zu berücksichtigen und dadurch die Relevanz des Messpunktes gewichtet in die Interpolation miteinzubeziehen (Cressman 1959). In seinem Überblicksartikel gibt Cressman eine anschauliche Beschreibung der Wissenschaftspraxis der Datenanalyse Ende der 1950er-Jahre:

> „Data are received via teletypewriter from the Northern Hemisphere. The teletypewriter reports are processed automatically [...] using the JNWP [Joint Numerical Weather Prediction] Unit's IBM 704 computer. During this process the temperature soundings are subject to a hydrostatic check and corrected where possible. The erroneous data which cannot be corrected are deleted. All wind soundings are checked for vertical consistency, with the erroneous parts of the reports being deleted. The elements to be analyzed are then selected and sorted into a geographical order. At this point a control on the process is introduced by means of the production of a plotted chart. Here, the digits of highest significance are printed in their approximate geographical location (within the nearest grid square). [...] This plotted map gives the monitoring analyst a picture of the data coverage. The listing of each report on the map is also helpful for subsequent monitoring of the automatic error rejection process. The plotted map is quite cheap to obtain, requiring 10 seconds for the calculations and the preparation of the tape, which is then used to print the map on the off-line printer. The printing requires about 40 seconds. [...] The total time required on the IBM 704 computer for a 500-mb analysis [...] averages about 15 minutes." (Cressman 1959, S. 368, 369 und 371)

Dabei werden die Interpolationsmethoden selbst zum Gegenstand von Computerexperimenten: „The Joint Numerical Weather Prediction (JNWP) Unit, after extensive trials of the above-mentioned scheme [Panofsky's] changed its analysis procedure to the one described [Cressman's]." (Cressman 1959, S. 367).

Dieser „objektive" Weg führt zu den immer komplexeren Verfahren der Datenassimilation, die die Historie der Messdatenpunkte miteinbeziehen. Für diese zeitliche Interpolation werden Simulationsmodelle benötigt, die eine Kurzfristprognose als eine erste Schätzung der Messentwicklung geben, die dann mit den gemessenen Daten abgeglichen werden. Die Datenassimilation

---

[5] „The amount of smoothing will depend on the nature of the variable analyzed; variables whose observation is comparatively inaccurate or subject to ‚unrepresentative' fluctuations (wind, for example) should be smoothed more than variables which can be observed accurately (pressure, for example)." (Panofsky 1949, S. 386).

„stellt eine Schätzung des wahrscheinlichen Zustandes der Atmosphäre dar, die aber dort, wo Beobachtungen davon abweichen, noch korrigiert werden muss. Dort, wo keine Beobachtungen vorliegen oder wo Beobachtungen und First Guess übereinstimmen, ist die Erste Näherung identisch mit der endgültigen Analyse. […] Das Modell versetzt uns in die Lage, aus räumlichen Strukturen auf zeitliche Tendenzen zu schließen und umgekehrt." (Wergen 2002, S. 144)

Diese zunehmende Verschränkung von Simulation und Messung ist typisch für die aktuelle Ausprägung der algorithmischen Wissenskultur der Computersimulation.[6] Reanalysedaten gehen hier sogar noch einen Schritt weiter, indem sie weit zurückliegende, historische Daten unterschiedlichster Messinstrumente – Bodenstationen, Bojen, Sonden oder Satelliten – mit Hilfe von Klimamodellen in ein einheitliches Datenformat assimilieren.[7] Das Besondere dabei ist, dass sie die Assimilationsmethode selbst unverändert lassen, da jede Methode einen Einfluss auf die Interpretation der Daten hat.

„The motivation for the CDAS [Climate Data Assimilation System] project was the apparent „climate changes" that resulted from many changes introduced in the NMC [National Meteorological Center] operational Global Data Assimilation System (GDAS) over the last decade in order to improve the forecasts. These jumps in the perceived climate parameters obscure, to some extent, the signal of true short-term climate changes or interannual climate variability." (Kalnay et al. 1996, S. 438)

Noch stärker ist der Einfluss der Klimamodelle auf die Assimilation von Proxy-Datensätzen aus indirekten Klimaarchiven wie Eisbohrkernen oder Baumringen zur Rekonstruktion des Klimas der Vergangenheit.

„Recently, an alternative approach combining proxy data and climate simulations using a data assimilation (DA) technique has emerged. […] Development and evaluation of a system of proxy data assimilation for paleoclimate reconstruction. […] The temporal resolution and spatial distribution of proxy data are significantly lower (seasonal at best) and sparser than the present-day observations used for weather forecasts, and the information we can get does not measure the direct states of climate (e.g., temperature, wind, pressure), but represents proxies of those states (e.g., tree-ring width, isotopic composition in ice sheets)." (Okazaki und Yoshimura 2017, S. 379)

---

[6] „Das Ergebnis der Datenassimilation sind intern konsistente Felder, die auf einem regelmäßigen Gitternetz vorliegen. Sie stellen vorgeblich eine Analyse der aktuellen Situation der Atmosphäre dar. Es ist daher naheliegend, die Felder nicht nur zum Start der Vorhersage, sondern auch für die Verifikation und für die Diagnostik atmosphärischer Prozesse zu nutzen. Dabei ist jedoch Vorsicht geboten." (Wergen 2002, S. 148).

[7] „The NCEP [US-National Centers for Environmental Prediction] and NCAR [US-National Center for Atmospheric Research] are cooperating in a project (denoted 'reanalysis') to produce a 40-year record of global analyses of atmospheric fields in support of the needs of the research and climate monitoring communities. This effort involves the recovery of land surface, ship, rawinsonde, pibal, aircraft, satellite, and other data; quality controlling and assimilating these data with a data assimilation system that is kept unchanged over the reanalysis period 1957–96." (Kalnay et al. 1996, S. 437).

Die Reanalysedatensätze gelten als Referenzdaten, die für den Modellvergleich herangezogen werden. Modellvergleiche sind Ausdruck einer hoch entwickelten Simulationskultur wie die der Meteorologie. Alle Klimamodelle, deren Resultate für die Sachstandsberichte des von den Vereinten Nationen koordinierten Intergovernmental Panel on Climate Change (IPCC) berücksichtigt werden sollen, müssen an einem global koordinierten Modellvergleich des Coupled Model Intercomparison Projects (CMIP) teilnehmen.

> „The Coupled Model Intercomparison Project (CMIP) organized under the auspices of the World Climate Research Programme's (WCRP) Working Group on Coupled Modelling (WGCM) started 20 years ago as a comparison of a handful of early global coupled climate models performing experiments using atmosphere models coupled to a dynamic ocean, a simple land surface, and thermodynamic sea ice. It has since evolved over five phases into a major international multi-model research activity." (Eyring et al. 2016, S. 1938)

Der Modellvergleich dient dazu, die Stärken und Schwächen eines Modells anhand von zahlreichen Testexperimenten, die jedes Modell berechnen muss, im Vergleich zu den anderen Modellen zu ermitteln. Die Resultate werden dann im Detail analysiert und verglichen.

> „An important part of CMIP is to make the multi-model output publicly available in a standardized format for analysis by the wider climate community and users. The standardization of the model output in a specified format, and the collection, archival, and access of the model output through the Earth System Grid Federation (ESGF) data replication centres have facilitated multi-model analyses." (Eyring et al. 2016, S. 1938)

Es werden bis zu 20 bis 40 Petabytes an Modellvergleichsdaten erwartet. Dies macht die enorme Datenlastigkeit der Simulationskultur deutlich, die im Gesamten längst die Exabyte-Grenze überschritten hat. Denn „data volumes are increasing far faster than computer power, due to improvements in sensors. This is, of course, a tremendous opportunity for scientists, but it's also a tremendous challenge." (Ian Foster im Interview mit Dave Levitan 2020).

4 Ausblick auf die sich formierende algorithmische Wissenskultur des maschinellen Lernens

Bereits 1959 schrieb George Cressman: „The problem of automatic recognition [of] data is a very urgent one." (Cressman 1959, S. 274). 2019 publizierten führende Forscher aus dem Bereich des maschinellen Lernens (ML) den Artikel „Tackling Climate Change With Machine Learning." (Rolnick et al. 2019). Die Idee ist, nicht nur Messdatensätze durch ML-Verfahren auswerten zu lassen, sondern Simulationen durch maschinelles Lernen zu ersetzen:

> „Climate forecasts are computationally expensive [...], while ML methods are becoming increasingly fast to train and run, especially on next-generation computing hardware. As a result, climate scientists have recently begun to explore ML techniques, and are starting to team up with computer scientists to build new and exciting applications." (Rolnick et al. 2019, S. 36)

ML wird mittlerweile eingesetzt, um Satelliten zu kalibrieren, Regen vorherzusagen oder um Quellen von Luftverschmutzung in den Satellitendaten zu identifizieren.

Um ML-Verfahren anstelle von oder in Verbindung mit Klimamodellen zu nutzen, müssen diese jedoch hydro- und thermodynamisches Wissen besitzen. Ein erstes Beispiel geben Pierre Gentine et al. (2018) für die Wolkenmodellierung in Klimamodellen. Da Wolkenprozesse auf kleinen Skalen ablaufen (unter zwei Kilometer), Klimamodelle aktuell mit etwa 60 Kilometer Gitterweite berechnet werden, müssen Wolkenprozesse in Klimamodellen parametrisiert werden. Dies bedeutet, die klimatischen Effekte von Wolken in stark idealisierten Submodellen (semi-empirische Parametrisierungsschemata, z. B. der Konvektion) zu berechnen oder hochauflösende Wolkenmodelle in die Klimaberechnungen einzubetten (Superparametrisierung).[8] Ist Ersteres mit großen Unsicherheiten behaftet, so ist Letzteres extrem rechenaufwendig. Gentine et al. schlagen daher vor,

> „to use an alternative approach to convective parameterization in which convection is represented using a machine-learning algorithm based on artificial neural networks (ANNs), trained on superparameterized simulations, called Cloud Brain (CBRAIN). [...] Our aim here is to use such ANN techniques to better parameterize convection in coarse-scale climate simulations by learning from cloud-permitting SP-simulations, while trying to minimize the computational cost compared to those cloud-permitting simulations, which are still computationally prohibitive." (Gentine et al. 2018, S. 5743)

Anhand von Simulationsdaten eines superparametrisierten Atmosphärenmodells, das Prognosen für einen Zeitraum von zwei Jahren berechnete – dies entspricht 140 Mio. Trainingsstichproben pro Jahr –, wurde CBRAIN trainiert und evaluiert. Ein künstliches neuronales Netzwerk zu trainieren, heißt, die Fehlerquote zwischen Output und Input zu minimieren. Mit Netzwerken zu experimentieren, heißt, herauszufinden, wieviel Trainingsdaten benötigt werden, um einen optimalen Output zu erzielen. Im Falle von CBRAIN zeigte sich, dass drei Monate simulierter Trainingsstichproben genügten, um zutreffende Vorhersagen zu generieren. Doch es ist nicht klar, ob das Netzwerk unzählige individuelle Fälle gelernt hat oder ob es generalisieren kann. „For climate prediction, the algorithm should be able to generalize to situations that have potentially not been seen such as changes in trace gas profile and concentrations or aerosols, and should be able to represent convection over continents." (Gentine et al. 2018, S. 5748, 5749).

Auch wenn CBRAIN noch nicht in Klimamodelle integriert ist, zeigt es die Möglichkeiten dieser neuen algorithmischen Wissenskultur auf. Es ist vielleicht nur eine Frage der Zeit, bis Klimamodelle (üblicherweise in C++ oder Fortran geschrieben) durch eine neue Art von Modellen (in Python oder Julia geschrieben), die

---

[8] „But scales smaller than the mesh size of a climate model cannot be resolved yet are essential for its predictive capabilities. The unresolved scales are modeled by a variety of semiempirical parameterization schemes, which represent the dynamics on subgrid scales as parametric functions of the resolved dynamics on the computational grid. [...] All of these parameterization schemes contain parameters that are uncertain, and the structure of the equations underlying them is uncertain itself." (Schneider et al. 2017, S. 12, 396; Gramelsberger 2010a).

ML-Modelle integrieren, abgelöst werden (Schneider et al. 2017). Die integrierten ML-Modelle lernen mit der Parametrisierung fallspezifisch umzugehen, statt in den Modellen wie bislang semiempirischen Parametrisierungsschemata vorzuschreiben. Ein Klimamodell, „that is designed from the outset to learn systematically from observations and high-resolution simulations represents an opportunity to achieve a leap in fidelity of parameterization schemes and thus of climate projections." (Schneider et al. 2017, S. 12.410).

Doch wenn in Zukunft das Simulationsmodell selbst hinzulernt, dann stellt sich die Frage, wozu man noch Wissenschaftler benötigt. Die Verbesserung der Datenerhebung sowie die automatisierte Verschaltung der Satelliten mit den selbstlernenden Klimamodellen müsste genügen, um automatisierte Klimavorhersagen zu ermöglichen. Allenfalls wenn die Rechner abstürzten bräuchte man noch Menschen.

Literatur

Ceruzzi, Paul E.: A History of Modern Computing. Cambridge, MA: MIT Press 1998.
Charney, Jule G.: Impact of Computers on Meteorology. In: Computer Physics Communications 3 (1972), S. 117–126.
Charney, Jule G.; Ragnar Fjørtof; Neumann, John von: Numerical Integration of the Barotropic Vorticity Equation. In: Tellus 2 (1950), S. 237–254.
Cressman, Georg: An Operational Objective Analysis System. In: Monthly Weather Report 87 (1959), S. 367–374.
Dahan-Delmedico, Amy: History and Epistemology of Models: Meteorology as a Case Study (1946–1963). In: Archive for the History of the Exact Sciences 55 (2001), S. 395–422.
Edwards, Paul N.: A Vast Machine. Computer Models, Climate Data, and the Politics of Global Warming. Cambridge, MA: MIT Press 2010.
Ensmenger, Nathan: The Computer Boys Take Over. Computers, Programmers, and the Politics of Technical Expertise. Cambridge, MA: MIT Press 2010.
Eyring, Veronika et al.: Overview of the Coupled Model Intercomparison Project Phase 6 (CMIP6) Experimental Design and Organization. In: Geoscientific Model Development 9 (2016), S. 1937–1958.
Feichter, Johann; Quante, Markus: From Predictive to Instructive. Using Models for Geo Engineering. In: Heymann, Matthias; Gramelsberger, Gabriele; Mahony, Martin (Hrsg.): Cultures of Prediction in Atmospheric and Climate Science. London: Routledge 2017, S. 178–194.
Flohn, Hermann: Entwicklung, Stand und Aussichten einer mathematischen Wettervorhersage. In: Physikalische Blätter 12 (1956), H. 10, S. 442–452.
Foster, Ian im Interview mit Dave Levitan: Exabyte Problem: Climate Scientists Grapple with a Deluge of Data. In: IEEE Spectrum, 10.12.2012, https://spectrum.ieee.org/energywise/ energy/environment/exabyte-problem-climate-scientists-grapple-with-a-deluge-of-data (Abruf: 6.1.2020).
GCOS Global Climate Observing System: 2020, https://public.wmo.int/en/programmes/global-climate-observing-system (Abruf: 6.1.2020).
Gelfert, Axel: How to Do Science with Models. A Philosophical Primer. Heidelberg: Springer 2016.
Gentine, Pierre et al.: Could Machine Learning Break the Convection Parameterization Deadlock? In: Geophysical Research Letters 45 (2018), S. 5742–5751.
Goldstine, Herman H.; Neumann, John von: Planning and Coding Problems for an Electronic Computing Instrument (1947). In: Taub, Abraham H. (Hrsg.): John von Neumann: Collected Works Bd. 5: Design of Computers, Theory of Automata and Numerical Analysis. Oxford: Pergamon Press 1963, S. 80–151.

Gramelsberger, Gabriele: Computerexperimente. Zum Wandel der Wissenschaft im Zeitalter des Computers. Bielefeld: Transcript 2010.

Gramelsberger, Gabriele: Conceiving Processes in Atmospheric Models – General Equations, Subscale Parameterizations, and "Superparameterizations". Studies in History and Philosophy of Modern Physics 41 (2010a), S. 233–241.

Gramelsberger, Gabriele: From Science to Computational Sciences. Studies in the History of Computing and Its Influence on Today's Sciences. Zürich, Berlin: Diaphanes 2011.

Gramelsberger, Gabriele: GeoMIP Szenarien: Der wissenschaftliche Umgang mit dem künstlichen Klima. In: Büttner, Urs; Müller, Dorit (Hrsg.): Künstliches Klima: Zur Imaginationsgeschichte des Climate Engineering. Berlin: Matthes und Seitz 2021, S. 102–112.

Gramelsberger, Gabriele; Feichter, Johann (Hrsg.): Climate Change and Policy. The Predictability of Climate Change and the Problem of Uncertainty. Berlin u. a.: Springer 2011.

Grier, David A.: When Computers Where Human. Princeton: Princeton University Press 2005.

Harper, Kristine C.: Weather by the Numbers. The Genesis of Modern Meteorology. Cambridge, MA: MIT Press 2008.

Hesse, Mary: Models and Analogies in Science. Notre Dame: University of Notre Dame Press 1966.

Heymann, Matthias; Gramelsberger, Gabriele; Mahony, Martin (Hrsg.): Cultures of Prediction in Atmospheric and Climate Science. Epistemic and Cultural Shifts in Computer-Based Modelling and Simulation. London: Routledge 2017.

Kalnay, Eugenia et al.: The NCEP/NCAR 40-Year Reanalysis Project. In: Bulletin of the American Meteorological Society 77 (1996), S. 437–471.

Laplace de, Pierre-Simon: Traité de mécanique céleste, 2 Bde. Paris: Duprat 1798–1825.

Lorenz, Edward N.: Deterministic Nonperiodic Flow. In: Journal of the Atmospheric Sciences 20 (1963), H. 2, S. 130–141.

Lorenz, Edward N.: The Predictability of a Flow Which Possesses Many Scale Motions. In: Tellus 21 (1969), S. 289–307.

Manabe, Syukuro; Wetherald, Richard T.: Thermal Equilibrium of the Atmosphere with a Given Distribution of Relative Humidity. In: Journal of the Atmospheric Sciences 24 (1967), S. 241–259.

Messinger, Frank; Arakawa, Akio: Numerical Methods Used in Atmospheric Models (GARP Publication Series 17). Geneva: Global Atmospheric Research Program (GARP) of the World Meteorological Organization 1976.

Meyer-Spasche, Rita: Some Remarks on the Impact of Computers on Mathematics and Physics. In: Wolfschmidt, Gudrun (Hrsg.): Vom Abakus zum Computer – Geschichte der Rechentechnik. Hamburg: Tradition 2019, S. 322–347.

Nebeker, Frederik: Calculating the Weather, Meteorology in the 20th Century. San Diego: Academic Press 1995.

Neunzert, Helmut: Mathematik und Computersimulation: Modelle, Algorithmen, Bilder. In: Braitenberg, Valentin; Hosp, Inga (Hrsg.): Simulation. Computer zwischen Experiment und Theorie. Reinbek bei Hamburg: Rowohlt 1995, S. 44–53.

Okazaki, Atsushi; Yoshimura, Kei: Development and Evaluation of a System of Proxy Data Assimilation for Paleoclimate Reconstruction. In: Climate of the Past 13 (2017), H. 4, S. 379–393.

Palfner, Sonja: Das Deutsche Klimarechenzentrum – Kartographie eines Rechenraumes. In: Hentschel, Klaus (Hrsg.): Zur Geschichte von Forschungstechnologien: Generizität, Interstitialität & Transfer. Diepholz: GNT-Verlag 2012, S. 455–477.

Palfner, Sonja: Technik als Denkstil? – E-Infrastrukturen in der Wissenschaft. In: Kaminski, Andreas; Gelhard, Andreas (Hrsg.): Zur Philosophie informeller Technisierung. Darmstadt: Wissenschaftliche Buchgesellschaft 2014, S. 82–100.

Panofsky, Hans A.: Objectice Weather Map Analysis. In: Journal for Meteorology 6 (1949), S. 386–392.

Phillips, Norman: The General Circulation of the Atmosphere: A Numerical Experiment. In: Quarterly Journal of the Royal Meteorological Society 82 (1956), S. 132–164.

Phillips, Norman: The Start of Numerical Weather Prediction in the United States. In: Spekat, Arne (Hrsg.): 50 Years Numerical Weather Prediction. Berlin: Deutsche Meteorologische Gesellschaft 2000, S. 13–28.

PITAC Report to the President: Information Technology Research: Investing in Our Future, President's Information Technology Advisory Committee. PITAC Report, 24.2.1999, http://www.nitrd.gov/pitac/report/pitac_report.pdf (Abruf: 3.1.2020).

Poincaré, Henri: Sur le problème des trois corps et les équations de la dynamique. In: Acta Mathematica 13 (1890), S. 1–270.

Revelle, Roger; Suess, Hans E.: Carbon Dioxide Exchange Between Atmosphere and Ocean and the Question of an Increase of Atmospheric CO_2 During the Past Decades. In: Tellus 9 (1957), S. 18–27.

Rojas, Raúl; Hashagen, Ulf (Hrsg.): The First Computers: History and Architectures. Cambridge, MA: MIT Press 2000.

Rolnick, David et al.: Tackling Climate Change with Machine Learning. In: arXiv.org 1906.05433v2, 5. Nov. 2019.

Schneider, Tapio et al.: Earth System Modeling 2.0: A Blueprint for Models That Learn From Observations and Targeted High-Resolution Simulations. In: Geophysical Research Letters 44 (2017), S. 12.396–12.417.

Smagorinsky, Joseph: The Beginnings of Numerical Weather Prediction and General Circulation Modeling: Early Recollections. In: Advances in Geophysics 25 (1983), S. 3–37.

Tukey, John W.: The Teaching of Concrete Mathematics. In: The American Mathematical Monthly 65 (1958), S. 1–9.

Ulam, Stanislaw M.: A Collection of Mathematical Problems. New York: Interscience Publishers 1960.

UNEP United Nations Environment Programme: 2020, https://www.unenvironment.org/ (Abruf: 6.1.2020).

Warshaw, Michael; Rapp, Robert R.: An Experiment on the Sensitivity of a Global Circulation Model: Studies in Climate Dynamics for Environmental Security, Report R-908-ARPA. Santa Monica: The Rand Corporation 1972.

Wergen, Werner: Datenassimilation – ein Überblick. In: Promet 27 (2002), H. 3–4, S. 142–149.

Winsberg, Eric: Science in the Age of Computer Simulation. Chicago: University of Chicago Press 2010.

WDCC World Data Center for Climate: 2020, https://www.dkrz.de/up/systems/wdcc (Abruf: 6.1.2020).

WMO World Meteorological Organization: 2020, https://public.wmo.int/en (Abruf: 6.1.2020).

Kultur oder Regime? Der Computer und die Organisationsform der Wissenschaften

Johannes Lenhard

Zusammenfassung

Der vorliegende Beitrag stellt „Kultur" und „Regime" als Perspektiven der Analyse vergleichend einander gegenüber und greift dazu auf Literatur zurück, die aus der Wissenschaftsgeschichte und der historischen Soziologie stammt. Das weitreichendere Format der Regime gegenüber der eher lokalen Verankerung von Kulturen, sowie der deutliche politische Anteil, den „Kultur" zwar nicht ausschließt, „Regime" jedoch betont, lassen den Regime-Begriff attraktiv erscheinen. Der Begriff „Regime der Vorhersage" ist mit dem Konzept „algorithmische Kulturen" verwandt und verbündet – und verschärft es. In drei kurzen Proben wird vorgestellt, wie vielversprechend die Regime der Vorhersage eine integrative historisch-philosophische Perspektive auf den Computer und die Organisationsform der Wissenschaften motivieren.

1 Einleitung

Der elektronische Computer ist ein Instrument, das seine Entwickler wie seine Nutzer, seine enthusiastischen Anhänger wie seine skeptischen Beobachter gleichermaßen in Staunen versetzt. Unter staatlicher Aufsicht gedrucktes Geld, so heißt es, sei ein Auslaufmodell, das durch neue Weisen der Verschlüsselung in der Blockchain ersetzt würde – und wer jetzt investiere, könne sogar reich werden (auch wenn sich die Natur des Geldes ändert, scheint doch die Natur des Reichtums, zumindest für seine Besitzer, eine beruhigende Konstante zu bleiben). Die Verarbeitung von Big Data mittels künstlicher Intelligenz, so eine andere berühmte These, mache wissen-

J. Lenhard (✉)
RPTU Kaiserslautern-Landau, Kaiserslautern, Deutschland
E-Mail: johannes.lenhard@rptu.de

schaftliche Theorien überflüssig.[1] Damit wäre die Frage, wie und mit welchen Mitteln der Mensch seine Welt begreift, auf spektakuläre Weise neu eröffnet. Mit dem Staunen beginnt das historische und philosophische Nachdenken: Wie verändert der Computer unsere Gesellschaft, Wissenschaft, ja sogar unsere Begriffe von Rationalität und Menschlichkeit? Diese Frage, so berechtigt sie mir erscheint, ist zu hoch gegriffen für einen Aufsatz. Ich werde sie daher enger fassen: Wie verändert der Computer die epistemische, methodologische und institutionelle Verfasstheit der Wissenschaften?[2]

Natürlich wird der Einfluss des Computers in einer seit Jahrzehnten wachsenden Reihe von fachwissenschaftlichen Publikationen sowie auch in einer Menge populärer Literatur analysiert. Diese Beiträge gruppieren sich hauptsächlich um zwei Pole, einen wissenschaftlichen und einen gesellschaftlichen. Analysen der ersten Sorte erläutern neue Termini und Arbeitsweisen und schildern neue Versprechen, die jetzt verwirklicht werden können; sie berichten sozusagen von der Werkbank der Wissenschaften. Dieser erste Pol ist mehr daran orientiert, wissenschaftliche Errungenschaften zu erläutern, als sie kritisch zu reflektieren. Die Bücher von Katharina Zweig (2019) oder Sebastian Stiller (2015) bieten instruktive Beispiele, ebenso zahlreiche Beiträge etwa zum wissenschaftlichen Rechnen oder zur künstlichen Intelligenz in Zeitschriften wie „Spektrum der Wissenschaft". Der zweite Pol betrifft vorrangig die Nutzung computerbasierter Technologie. Die Arbeiten, die der Sammelband „The Cultures of Computing" versammelt (Star 1995) sind ebenso ein Beispiel, wie Jon Agars These, der Computer schließe an viel ältere Techniken von „Files" in einer staatlichen Bürokratie an (Agar 1990). Typische Analysen in diesem Umfeld reflektieren den gesellschaftlichen Verwendungszusammenhang, lassen aber Aspekte der Mathematik, der Berechnung und Algorithmisierung außen vor.

Angemessen wäre es aber, beide Pole im Blick zu behalten, denn wichtige Auswirkungen des Computergebrauchs betreffen gerade die institutionelle Organisation der Wissenschaften; zugleich beeinflussen – kanalisieren – die technischen Eigenschaften des Computers, was als aussichtsreiche Methodologie gilt und welche epistemischen Ziele angestrebt werden. Kurz, die hier verfolgte Frage nach der epistemischen, methodologischen und institutionellen Verfasstheit der Wissenschaften verlangt nach einem interdisziplinären Ansatz, der mathematische und naturwissenschaftliche mit historisch-philosophischen und soziologischen Perspektiven verbindet. Genau dafür ist „algorithmische Kulturen" ein Vorschlag, der konzeptionell weiterführt.

Sie fassen den elektronischen Computer nicht als ein singuläres Instrument auf, sondern betten ihn in eine umfassendere Historie ein, wodurch Vergleiche ermöglicht werden, sowohl mit algorithmischen Kulturen der Vor-Computerzeit, als auch mit Kulturen, die in der Computer-Zeit angesiedelt sind, aber auf ganz unterschiedliche

---

[1] Vgl. den provokativen Aufsatz (Anderson 2008), oder die ausführliche Würdigung der datengetriebenen Forschung in (Hey et al. 2009).
[2] Eine philosophische Auseinandersetzung mit der Simulationsmodellierung als neuem Typ mathematischer Modellierung findet sich in (Lenhard 2019) – konform, aber ohne Überschneidung mit dem vorliegenden Text.

Weise Gebrauch vom Computer als Instrument machen. Es gibt bereits instruktive Beispiele für Studien, die sich dieser Konzeption zurechnen ließen, obgleich sie den Begriff der algorithmischen Kultur nicht gebrauchen. Das numerisch-iterative Verfahren von Newton löst eine Differenzialgleichung, indem es von einem groben und vorläufigen Vorschlag ausgeht, der dann in wiederholten Schritten verfeinert wird, wobei die Schritte jeweils (nur) von überschaubarer numerischer Schwierigkeit sind. So wird eine schwer lösbare Aufgabe mit Hilfe eines iterativen Algorithmus zugänglich gemacht.[3] Ein ganz anders gelagertes Beispiel wäre der Rechenschieber als Instrument, dessen Einsatz in der französischen Artillerie begann und der später zum Symbol praktisch arbeitender Ingenieure aufstieg. Sein Charme liegt gerade darin, dass er Rechnen in einen allenfalls rudimentären Algorithmus transformiert, also eine Praxis unterstützt, die Algorithmen nur sparsam einsetzt (Williams 1990).

Im vorliegenden Band möchte ich mit „Regime der Vorhersage" einen Begriff vorstellen, der mit „algorithmische Kulturen" verbündet und verwandt ist. Beide Konzepte gehen von einer Pluralität aus und nutzen die daraus resultierende Einladung, systematische und historische Vergleiche anzustellen. Die beiden wesentlichen Differenzen liegen erstens im Format – „Kulturen" hat im gängigen Gebrauch der Wissenschaftsstudien lokalen Charakter, während „Regime" eine über-lokale Größe und eine Verbindung zu Macht suggeriert; und zweitens darin, dass „Vorhersage" ein epistemisches Ziel spezifiziert, statt es beim algorithmischen Weg zu belassen. Beide Unterschiede gereichen den Regimen der Vorhersage (als analytische Perspektive) zum Vorteil.

Die Argumentation wird allerdings auf separate Beiträge in diesem Band aufgeteilt. Der Artikel „Die Dominanz der Vorhersage" im vorliegenden Buch illustriert die Orientierung an der Vorhersage anhand dreier Beispiele – der Tabellenkalkulation, der zentral in einem Rechenzentrum organisierten Mainframe-Rechner, sowie der vernetzten und leicht verfügbaren Desktop-Computer. Während digitale Computer generell mit iterativen Algorithmen verbunden sind,[4] wird im dritten Beispiel eine explorative Komponente sehr viel wichtiger für die Vorhersage, – und auch die institutionelle Organisation der Wissenschaften unterscheidet sich stark von der zentralisierten Mainframe-Kultur (bzw. dem Mainframe-Regime).

Der vorliegende Beitrag stellt Kultur und Regime als Perspektiven der Analyse vergleichend einander gegenüber und greift dazu auf Literatur zurück, die aus der Wissenschaftsgeschichte und der historischen Soziologie stammt. Das größere Format des Regimes gegenüber der eher lokalen Verankerung von Kultur sowie der deutlich politische Anteil, den Kultur zwar nicht ausschließt, Regime jedoch betont, lassen den Regime-Begriff attraktiv erscheinen. In drei kurzen Proben wird schließlich vorgestellt, wie vielversprechend „Regime der Vorhersage" eine integrative historisch-philosophische Perspektive motiviert.

---

[3] Für eine philosophisch und historisch präzise Studie zu Newton siehe (Harper 2011).
[4] Üblicherweise wird zwischen iterativer, rekursiver und logischer Programmierung unterschieden. Bei all diesen Arten spielt auf der Maschinenebene die Iteration einfacher Manipulationen von Bits (digital vorgehaltener Information) eine tragende Rolle.

2   Pluralität

Ob Kulturen oder Regime, es gibt jedenfalls mehrere davon, teils auch gleichzeitig. Ein zentrales Merkmal muss daher die in der Terminologie mitgedachte Pluralität sein. Dieses Erfordernis erfüllen Kulturen wie Regime, wobei der Begriff „Kulturen" sogar genau deshalb Verbreitung gefunden hat, in historischen und philosophischen Analysen der Wissenschaften, weil er von unterschwelligen Objektivitäts- und Eindeutigkeitsansprüchen wegführt. Die Literatur zu „Kultur" in diesem Sinne füllt, wie Klaus Hentschel zutreffend resümiert, eine ganze Bibliothek (Hentschel 2014, S. 9). Einer der wirkmächtigsten Beiträge dazu stammt von Clifford Geertz (1926–2006): „The Interpretation of Culture" (Geertz 1973). Ursprünglich ausgehend von der Kulturanthropologie, hat sich der Begriff dann in Wissenschaftsgeschichte und -philosophie verbreitet. Wurde der Kultur-Begriff früher noch verwendet, um etwas Einzigartiges rhetorisch abzugrenzen und zu verteidigen, so dominiert jetzt die Vorstellung von einer Pluralität von Kulturen.[5] Peter Galison und Andrew Warwick, um ein Beispiel zu nennen, vergleichen wissenschaftshistorische mit ethnografischer Arbeit, denn es gehe darum, Kulturen in deren eigenem Verständnis zu interpretieren, um so der Fremdheit der Vergangenheit Sinn abzugewinnen.

> „Understanding science as a cultural activity, then, means learning to identify and to interpret the complicated and particular collection of shared actions, values, signs, beliefs and practices by which groups of scientists make sense of their daily lives and work." (Galison und Warwick 1998, S. 288)

Die Überlegungen von Galison und Warwick leiten eine Sonderausgabe der „Studies in History and Philosophy of Modern Physics" ein, zu der Galison einen Artikel über Richard Feynman (1918–1988) beiträgt, in dem er nachvollzieht, wie Feynman „jettisoned mathematical niceties in the interest of direct prediction […]" (Galison und Warwick 1998, S. 292).[6] Folglich wäre die Kultur, zu der Feynman gehört, durch ihr Interesse an Vorhersage gekennzeichnet, ganz im Sinne der oben vorgeschlagenen (und in meinem separaten Beitrag „Die Dominanz der Vorhersage" erläuterten) epistemischen Charakterisierung.

Es lassen sich noch weitere Beispiele anfügen, in denen eine wissenschaftliche Kultur durch ihre Orientierung an der Vorhersage ausgezeichnet wird. Gary Allen Fine zum Beispiel studiert die Arbeit im Chicagoer Büro des US National Weather Service als eine Kultur der Vorhersage (Fine 2007). Er lässt offen, ob es noch weitere Kulturen der Vorhersage gibt. Matthias Heymann, Gabriele Gramelsberger und Martin Mahoney legen sich dagegen auf den Plural fest: „We use the term in the plural to suggest a multitude of distinct cultures of prediction." (Heymann et al. 2017, S. 6). Allerdings binden sie die Pluralität deutlich an den lokalen Ursprung: „The term ‚cultures of prediction' emphasizes the local origin and socially contingent character of the cultural formations built around the construction and use of computer models for predictive purposes." (Ebd.).

---

[5] Siehe dazu die Einleitung in (Hentschel 2014).
[6] Es besteht wenig Zweifel daran, dass diese Beobachtung für weite Bereiche der Physik, oder der Praxis von Physikern, zutrifft.

Ganz konsequent beziehen sie sich auf Karin Knorr-Cetina (1999), die den Begriff der „epistemic cultures" eingeführt hat und zwar in ganz bewusster Positionierung gegen eine behauptete Einheit der Wissenschaften – es existiert eben eine Vielzahl von Kulturen. Knorr-Cetina allerdings möchte von jeglicher inhaltlichen Spezifizierung absehen. Wissenschaftliche Kulturen produzieren Wissen und sind insofern epistemisch. Die hier verfolgte Grundfrage nach der Charakterisierung der Rolle des Computers lässt sich aus dieser Position heraus kaum angehen. Denn hier geht es gerade um eine tiefer gehende Betrachtung epistemologischer, methodologischer und technologischer Merkmale, etwa die Unterscheidung zwischen dem iterativen und dem iterativ-explorativen Modus der Modellierung, der eine iterative bzw. iterativ-explorative algorithmische Kultur kennzeichnet.[7] Eine solche Charakterisierung zielt auf institutionelle und technologische Gegebenheiten ab, die einer Kultur gemeinsam sind – ungeachtet unterschiedlicher lokaler Umstände. Gleichzeitig eröffnet die Betrachtung solcher typischer Eigenschaften neue Perspektiven auf die Pluralität. Wie zum Beispiel unterscheiden sich computergestützte von früheren Kulturen der Vorhersage? Denn dass weder die Nutzung von Algorithmen noch die Prominenz von Vorhersagen mit dem Computer beginnt, steht außer Frage.

Auch bei Heymann et al. übrigens scheint an manchen Stellen durch, dass die Organisationsform eine Komponente politischer Macht aufweist, etwa wenn sie feststellen: „[…] we might say there is something imperial in the diffusion and dominance of certain predictive practices." (Heymann et al. 2017, S. 7). Das ist ganz richtig, wird vom Begriff „Kultur" aber nicht recht erfasst. Diesbezüglich ist der Regime-Begriff dem Kultur-Begriff überlegen.

3 Differenzen: Ausdehnung und Macht

Regime unterscheiden sich von Kulturen hinsichtlich ihrer Reichweite (Größe) und hinsichtlich der Rolle, die politischer Macht zukommt. Beide Unterschiede sind eher gradueller Natur – und beide sprechen meines Erachtens dafür, den Begriff „Regime" zu nutzen.

Dieser Begriff ist zwar nicht neu in Analysen der Wissenschaften, er wird aber viel weniger benutzt als der Begriff „Kultur". Auch deshalb, weil sich die Wissenschaftsforschung nachdrücklich auf lokale soziale Gruppen und Institutionen hin orientiert.[8] Der Historiker Martin Jay ist eine der Ausnahmen, die den Regime-Begriff aktiv nutzen. Er hat den Terminus „scopic regimes" geprägt, um radikal verschiedenartige Weisen des Betrachtens zu benennen, die in etwa dem Foucault'schen Begriff der „Episteme" entsprechen. Jay sieht verschiedene (scopic) Regime zueinander in Kon-

---

[7] Illustrierende Beispiele liefert „Die Dominanz der Vorhersage".
[8] Diese Orientierung ist nicht durch den Kultur-Begriff erzwungen. Man kann sehr gut von Kulturen mit großer Reichweite sprechen, etwa von der internationalen mathematischen Kultur des späten zwanzigsten Jahrhunderts. Dass der Regime-Begriff die lokale Orientierung unterläuft ist natürlich auch nicht durch den Begriff selbst garantiert. Ich danke den Herausgebern für ihre nützlichen Hinweise zur Sache.

kurrenz stehen, die bestimmen, was sichtbar genannt wird. Sie beschreiben Sichtbarkeit „as a contested terrain, rather than as a harmoniously integrated complex of visual theories and practices." (Jay 1998, S. 4).

In der historischen Soziologie ist der Regime-Begriff recht verbreitet und wird genutzt, um die Organisation der Wissenschaften zu analysieren. Ein nicht untypisches Beispiel ist der Eintrag „Wissensregime" von Peter Wehling (2007). Er beschreibt sie als zweidimensionale Entitäten, die erstens das Verhältnis zwischen verschiedenen Formen des Wissens hierarchisch regeln und zweitens die Produktion des Wissens beeinflussen. Eine derartige Bestimmung bleibt jedoch so allgemein-soziologisch, dass ihr die relevanten epistemologischen, methodologischen und technologischen Aspekte entgehen. Bezüglich dieser Beobachtung ähneln sich die Herangehensweisen von Wehling und Knorr Cetina. Wo die eine nur lokal epistemische Praktiken beschreiben mag, dort möchte der andere ganz von solchen Praktiken abstrahieren. Der interessante Bereich liegt dazwischen.

Ein ergiebigerer Beitrag stammt von Dominique Pestre (2003). Er opponiert gegen die populäre Formel vom „Mode 2", in dem sich die Wissenschaft aktuell organisiere.[9] Stattdessen plädiert er für „Regimes of Knowledge Production in Society" als angemessene Begrifflichkeit, weil diese eine politischere Lesart nahelege. Dabei geht er von mehreren Regimen aus, die historisch aufeinander folgen und die die „Co/Produktion" von Wissenschaft und Gesellschaft jeweils unterschiedlich regeln (Pestre 2003, S. 246). Für Pestre geht es darum, das Regime zu charakterisieren, in dem wir uns heute befinden. Regime also heben die politische, machtbezogene Dimension hervor. Das birgt freilich die Gefahr, diese Dimension als allein dominant anzusehen. Für meine Zwecke muss der Regime-Begriff auch innerwissenschaftliche Eigenschaften mit einbeziehen. Es geht also mehr um eine Übertragung des politischen Begriffs auf die Analysen der Wissenschaften. Dort kann es sehr wohl mehrere Regime geben, die gleichzeitig existieren. Die verschiedenen epistemischen, methodologischen und technologischen Eigenschaften geben dann Raum für eine Pluralität von Regimen. Programmatisch vertritt Pestre zwei „banale Ideen": eine Analyse soll beachten, dass Wissen und Macht verbunden sind und sie soll verschiedene Konfigurationen unterscheiden. Genau dafür halte ich die Regime der Vorhersage für bestens geeignet.

4 Zusammenfassung: Regime der Vorhersage

Ein Vorgriff sei gestattet auf die Vorhersage als Ziel algorithmischer Kulturen/Regime, die ich erst im Beitrag „Die Dominanz der Vorhersage" diskutiere. Die dort erörterten Fälle sind Beispiele für algorithmische Kulturen, aber gleichzeitig auch Beispiele für eine Konfiguration, die mit „Regime der Vorhersage" präziser bezeichnet werden kann. Hier eine kurze Zusammenfassung der Gründe, die diesen Terminologie-Vorschlag motivieren.

---

[9] (Gibbons et al. 1994) haben eine hitzige Diskussion ausgelöst, als sie die These aufstellten, die Wissenschaften seien im Begriff, von einem langfristig und disziplinär orientierten Mode 1 zu einem kurzfristig und projektartig, quer zu Disziplinen organisierten Mode 2 umzuschwenken.

I. Sowohl Kulturen als auch Regime bezeichnen Konfigurationen im Plural, d. h. mehrere Kulturen oder Regime können einander folgen oder auch koexistieren. Es gibt mehrere Regime der Vorhersage, die in Verbindung mit dem Computer stehen. Das sind insbesondere die Regime der Mainframe- und der Desktop-Computer.[10] Von Kulturen zu sprechen würde zugegebenermaßen die mögliche Pluralität gleichermaßen betonen, wie die Nutzung des Begriffs „Regime".

II. Macht ist ein Bestandteil von Regimen. Der Kultur-Begriff schließt nicht aus, dass Macht mitgedacht wird, aber der Regime-Begriff legt dies (auf hilfreiche Weise) unmittelbar nahe. Dass Regime eine Machtstruktur besitzen, spiegelt sich mitunter in den Bedingungen, die Forscher akzeptieren müssen, wenn sie mitmachen wollen. Im Falle des explorativen Regimes müssen sie zum Beispiel epistemische Opazität akzeptieren. Das heißt, sowohl der genaue Entstehungsweg wie der Geltungsbereich des erzeugten Wissens können in wichtigen Aspekten nicht „durchsichtig" gemacht werden.[11] Diese forcierte Opazität läuft der üblichen Beschreibung mathematischer Modellierung entgegen. Wenn Vorhersagen auf Kosten epistemischer Transparenz erkauft werden, wird dies seitens der Forscher teils als gravierender Nachteil empfunden. Ein Mainframe-Regime tendiert dazu, wissenschaftliche Problemformulierung auf das schmale Brett zu führen, wo Rechenkapazität und Geschwindigkeit helfen. Die Machtstruktur berührt insbesondere auch Kriterien für den Erfolg. Man denke etwa an ökonomische Vorhersagen. Dass vorhergesagt wird und mit welcher Methodik dies geschieht, ist von eminenter Wichtigkeit, – ob und inwieweit die Vorhersagen zutreffen, scheint aber fast ohne Belang zu sein. Darin erweist sich eben die Macht eines Regimes: es bringt seine Mitglieder dazu, Methodologien und Erfolgskriterien zu akzeptieren. In dieser Hinsicht übrigens ähneln die wissenschaftlichen Regime der Vorhersage ihren vor- oder para-wissenschaftlichen Nachbarn, wie Nicholas Rescher in seiner Monografie über Vorhersage schreibt: „[...] for the soothsayers and augurs in premodern societies to consultants in the late twentieth century, prediction certainly was a profitable business, often regardless of whether predictions turned out to be right or not." (Rescher 1998, S. 13).

---

[10] Diese Etikettierung übergeht historiografisch wichtige Feinheiten. Die Bezeichnung „Mainframe" rekurriert auf die stählernen Rahmen, in die Rechnerkomponenten montiert waren (und noch sind). Über die Größe hinaus steht „Mainframe" hier für den zentral verwalteten Zugang zum Rechner – in der Regel als batch processing, d. h. man sendet einen Auftrag und erhält später ein Resultat rückgemeldet, interagiert aber nicht direkt mit dem Computer. Dagegen steht die Bezeichnung „Desktop" für den Forschern direkt zugängliche und miteinander vernetzte Computer, obwohl darunter genau genommen so verschiedene Typen fallen wie der PC, Workstations, Cluster von Workstations (dann eher im Keller von Forschungseinrichtungen installiert), oder auch der frühe LINC. Lab-scale wäre eine andere Möglichkeit der Benennung. (Ceruzzi 2003) gibt die Geschichte der Computerentwicklung in wünschenswertem historiografischem Detail; (November 2012) geht speziell auf frühe Linien der Entwicklung ein, die mit dem hier „Desktop" genannten Typ verbunden sind.

[11] In (Lenhard 2019) wird epistemische Opazität als ein Merkmal computerbasierter Modellierung ausführlich diskutiert.

III. Regime der Vorhersage sind durch das Zusammenwirken epistemologischer, methodologischer und technologischer Komponenten sowie durch die damit verbundene soziale Organisation gekennzeichnet. Diese Faktoren sind miteinander verschränkt und stabilisieren die Konfiguration. Entsprechend ist die Integration philosophischer, historischer und soziologischer Ansätze nötig, will man Regime der Vorhersage oder auch algorithmische Kulturen analysieren.

Jeder Versuch, den Gebrauch von Computern in den Wissenschaften in seinen Auswirkungen zu charakterisieren, sollte alle Aspekte, (I), (II) und (III) integrieren.

5 Drei Anknüpfungspunkte

Eine breitere Untersuchung der Regime der Vorhersage steht zwar noch aus, ist aber vielversprechend. Im Folgenden möchte ich drei kurze Skizzen geben, wie sie an bereits bestehende Ansätze aus der philosophisch und politisch wachen Wissenschaftsgeschichte anknüpfen und so ein integratives Forschungsprogramm motivieren könnte.

Alder: Organisation der Ingenieure
Ken Alder untersucht die Organisation des Ingenieurwesens im Frankreich der Aufklärungszeit, über die Revolution hinweg und bis zur Restauration im frühen 19. Jahrhundert. Er arbeitet heraus, wie wissenschaftliche und soziale Aspekte, wie Erziehung, Beruf und technisches Wissen so eng miteinander verzahnt waren, dass sie ein technologisches Regime bildeten. Eines von Alders Beispielen ist, wie Gewehre mittels normierter und standardisierter Bauteile hergestellt wurden. Das Bestreben, Prozeduren und Erzeugnisse zu normieren und so deren Identität zu definieren, schreibt Alder, entfaltete eine ebenso wissenschaftliche wie politische Wirkung. „[T]he effort to make things identical was part of a larger Enlightenment project to replace the corporate order with a more innovative technological régime." (Alder 1997, S. 6). Dieses Regime erwies sich als Stabilitätsanker mit politischer Wirkung, sodass das Ingenieurcorps selbst durch die Französische Revolution hindurch und über den Wechsel vom Ancien Régime zu Napoleon hinaus eine Konstante bleiben konnte.

Selbst die Errungenschaften der Mathematisierung kann man aus sozialer Perspektive einordnen. Denn die mathematische Ausbildung ging einher mit der Etablierung als objektiv geltender Erfolgskriterien. Verkürzt gesagt: nicht die Herkunft, sondern der Lernerfolg sollten entscheidend werden. So wurde ein System der Meritokratie errichtet, das später weite Verbreitung gefunden hat.[12]

Die rationale Mechanik, die sich stark auf Isaac Newton (1642–1726) berief und von Pierre-Simon Laplace (1749–1827) mit großem Erfolg auf einen Höhepunkt geführt wurde, sowohl wissenschaftlich wie politisch, war oft von begrenztem Nutzen, wenn es um Aufgaben für Ingenieure ging, wie etwa die Konstruktion von Gewehren.

---

[12] Vgl. (Alder 1997). Mit guten Gründen kann man die SAT-Scores, die den Eintritt in US-Colleges regeln, in diese Abstammungslinie stellen.

"This is not to say that mathematics was without value to engineers. If anything, mathematics helped them model technological systems whose behavior could *not* be derived from first principles." (Alder 1997, S. 71; Hervorhebung im Original).

Von besonderem Interesse ist die Reform des mathematischen Curriculums nach dem (aus französischer Sicht überraschend) verlorenen Siebenjährigen Krieg. Es sollte nämlich die mathematischen Werkzeuge nützlicher machen hinsichtlich ihrer Vorhersagekraft. Dazu wurden die „mixed mathematics" in den Fächerkanon aufgenommen, die zwar die neuen analytischen Methoden verwendeten, aber in einen sehr anwendungsbezogenen Kontext stellten. Analytische Modelle wurden durch heuristische Parameter und semi-empirische Elemente ergänzt (daher ist „mixed" zutreffend). Diese Entwicklung deutet auf einen Wechsel des Regimes hin, hin zur Orientierung auf Vorhersage – und dies trifft den Punkt, um den es hier geht: Bei der Verwendung mathematischer Methoden soll es für die Ingenieure nicht mehr um den Anschluss an grundlegende Prinzipien, sondern um die Qualität der Vorhersage gehen. Das stellt eine herausfordernde Abkehr von der rationalen Mechanik dar. Stärke in der Beschreibung wird erkauft durch verminderte Erklärungskraft:

> „For the French engineers who created the science of machines in the years 1765–1830, mathematics served as a form of „descriptionism", a way to quantify how changes in certain measurable parameters affected some other relevant parameter. Mathematics, more often than not, enabled engineers to evade real causal explanation." (Alder 1997, S. 71)

War dieses von den Ingenieuren angestrebte Regime mit dem etablierten wissenschaftlichen Regime der rationalen Mechanik vereinbar? Jedenfalls waren Spannungen vorprogrammiert, da das Streben nach Vorhersage und der Bezug auf erste Prinzipien nicht unbedingt harmonieren. Tatsächlich kam es zu deutlichen Auseinandersetzungen. John Heilbron (1993) beschreibt die Auseinandersetzungen um den „Descriptionism", den der Mathematiker Jean le Rond d'Alembert (1717–1783) abfällig als „spirit of calculation" betrachtete. Diese Art der Auseinandersetzung ist durchaus typisch für den Prozess der Identitätsbestimmung von Natur- und Ingenieurwissenschaften, wenn es um Gemeinsamkeiten und gegenseitige Abgrenzung geht. In gewisser Weise hat dieses Spannungsverhältnis bis heute nichts an Aktualität eingebüßt. Walter Vincenti (1917–2019) hat die „Methode der Parametervariation" als typisch für die Methoden der Ingenieure geschildert (Vincenti 1990). Mathematische Gleichungen werden dort lediglich als Gerüst verwendet, um das Modellverhalten mit Parameteranpassungen an Daten anzugleichen. Das im Beitrag „Die Dominanz der Vorhersage" diskutierte Beispiel der Dichtefunktionaltheorie zeigt, wie ein ähnliches Vorgehen zum nobelpreiswürdigen Erfolgsfaktor in der Computermodellierung wurde.

Edwards: Kalter Krieg

In seinem schon klassischen Buch „The Closed World" betrachtet der Historiker und Politologe Paul Edwards große militärische Überwachungs- und Waffensysteme, die in der Zeit des Kalten Krieges aufgebaut und betrieben wurden und in denen dem Computer eine zentrale Rolle zukam. Er hebt den politischen Anteil dieser Systeme hervor.

„This book is built on an implicit critique of existing computer historiography. Instead of progress and revolution, the plot structure I shall use emphasizes contingency and multiple determination. I shall cast technological change as technological choice, tying it to political choices and socially constituted values at every level, rendering technology as a product of complex interactions among scientists and engineers, funding agencies, government policies, ideologies, and cultural frames." (Edwards 1996, S. xiii)

Das trifft sich genau mit der oben konstatierten Pluralität und unterstreicht, dass computerbasierte Regime nicht auf technologischem Automatismus beruhen. Edwards möchte mit seiner Arbeit diejenigen Perspektiven korrigieren, die von einem unausweichlichen Fortschritt ausgehen, der nichts mit Personen zu tun habe, sondern von Marktmechanismen und einer technischen Logik getrieben werde (Edwards 1996, S. xiv). Anstatt an technologischer Logik orientiert, so Edwards, folge der Aufbau von Computersystemen vielmehr dem politischen Ziel zentraler Steuerung und Kontrolle:

„Strategic Defense and Strategic Computing sought to reinforce the technological supports of closed-world politics. They did so largely by upgrading the role of computers. The problems of previous systems were attributed to their lack of intelligence; with AI, this element could now be added, restoring confidence in central control." (Edwards 1996, S. 299, Hervorhebung des Autors)

Auch wenn Regime und Macht zusammengehören, so sind die Abhängigkeiten doch kompliziert und benötigen so umfassende Studien, wie etwa das Buch von Edwards eine ist. Das Beispiel zum Whirlwind-Computer und dessen Erbauer Jay W. Forrester (1918–2016) (siehe wiederum meinen Beitrag „Die Dominanz der Vorhersage") legt darüber hinaus nahe, dass auch eine „tiefere" Schicht der technischen und sozialen Bedingungen des Computergebrauchs relevant ist, in dem Sinne, dass das politische System nicht schlicht bestimmend ist (zum Beispiel durch sein Verlangen nach zentraler Kontrolle), sondern dass umgekehrt auch soziale und technische Bedingungen der Modellierung beeinflussen (kanalisieren), wie und als was sich politische Motive artikulieren. Bei aller Relevanz der Politik stellt diese nur einen Faktor dar, der mit der institutionellen Organisation und dem Modus der Modellierung interagiert. Gemeinsam bestimmen sie, was in einem Regime gut funktioniert (gefördert wird, als Erfolg gilt) und was nicht.

Foer: Big Data
Der Publizist Franklin Foer ergänzt die soeben gegebenen und auf historischer Forschung basierenden Beiträge durch einen aktuellen, eher populärwissenschaftlichen Essay zum historischen Hintergrund des Silicon Valley. Er warnt vor Big Data und stellt die algorithmische Auswertung persönlicher Daten in einen politischen Kontext. Sein zentraler Punkt ist, dass Netzwerke nicht eine neutrale Infrastruktur darstellen, sondern eher so etwas wie Regime sind, verknüpfte Systeme, die mit Machtausübung verbunden sind. Foer geht ausführlich auf eine im Silicon Valley verbreitete Ansicht ein, der gemäß Mikrocomputer und Computernetzwerke als Mittel zur Befreiung gelten, die die Hebel der Macht sozusagen in die Hände der einzelnen Individuen legen.[13]

---

[13] Foer verweist auf Fred Turners „From Counterculture to Cyberculture" (Turner 2006).

Die anfänglich politisch freiheitliche Ausrichtung schlägt jedoch um. Was als Gegenkultur begann, wird selbst zu einem dominierenden Netzwerk, in dem Algorithmen regieren, die für die Nutzer und zunehmend auch für die Entwickler opak werden. Foer veranschaulicht das am Nachrichten-Algorithmus von Facebook, der Nutzer mit verschiedenen „personalisierten" Informationen füttert, deren Zusammensetzung sogar den Entwicklern des Algorithmus schleierhaft wird.

> „We have, perhaps for the first time ever, built machines we do not understand. [...] At some deep level we don't even really understand how they're producing the behaviour we observe. This is the essence of their incomprehensibility." (Foer 2017, S. 73–74, sich beziehend auf Kleinberg und Mullainathan 2015)

Die mangelnde Transparenz (Opazität) wird, und da liegt Foer ganz richtig, (auch) zum politischen Problem. Sie macht das übliche Instrumentarium von Verhandlung, Argument und Prüfung untauglich. Das heißt aber nicht, dass Opazität in jeder Hinsicht dysfunktional wäre. Wenn es bloß darum geht, menschliches Verhalten vorherzusagen, tut die Opazität der Algorithmen ihrer Funktionalität keinen Abbruch.

> „The algorithm is a novel problem for democracy. Technology companies boast, with little shyness, about how they can nudge users toward more virtuous behaviour – how they can induce us to click, to read, to buy, or even to vote. These tactics are potent, because we don't see the hand steering us. We don't know how information has been patterned to prod us." (Foer 2017, S. 111)

Transparenz mag aus vielerlei Gründen eine Tugend sein für Algorithmen – für die Funktionalität eines Regimes der Vorhersage geht es aber auch ohne.

Die drei andiskutierten Beispiele greifen sehr verschiedene Fälle heraus. Eine wichtige Gemeinsamkeit – und der Grund dafür, dass die Beispiele hier auftauchen – liegt darin, dass Macht, mathematische Werkzeuge und Orientierung an der Vorhersage eine Verbindung eingehen können. Das macht sie zu einem aufschlussreichen Hintergrund für die Diskussion algorithmischer Kulturen.

Literatur

Anderson, Chris: The End of Theory. The Data Deluge Makes the Scientific Method Obsolete. Wired 16 (2008), H. 7, https://www.wired.com/2008/06/the-end-of-theo/ (Abruf: 15.12.2021).
Agar, Jon: The Government Machine. A Revolutionary History of the Computer. Cambridge, MA, London: The MIT Press 1990.
Alder, Ken: Engineering the Revolution. Arms and Enlightenment in France. Princeton, NJ: Princeton University Press 1997.
Ceruzzi, Paul E: A History of Modern Computing. Cambridge, MA: The MIT Press 2003.
Edwards, Paul N.: The Closed World. Computers and the Politics of Discourse in Cold War America. Cambridge, MA, London: The MIT Press 1996.
Fine, Gary Alan: Authors of the Storm. Meteorologists and the Culture of Prediction. Chicago, London: Chicago University Press 2007.
Foer, Franklin: World Without Mind. The Existential Threat of Big Tech. New York: Penguin Press 2017.
Galison, Peter; Warwick, Andrew: Introduction. Cultures of Theory. Studies in History and Philosophy of Modern Physics 29 (1998), H. 3, S. 287–294.

Geertz, Clifford: The Interpretation of Cultures. New York: Basic Books 1973.
Gibbons, Michael et al: The New Production of Knowledge. The Dynamics of Science and Research in Contemporary Societies. London: Sage 1994.
Harper, William L.: Isaac Newton's Scientific Method. Turning Data Into Evidence About Gravity and Cosmology. Oxford: Oxford University Press 2011.
Heilbron, John L: Weighing Imponderables and Other Quantitative Science Around 1800. In: Historical Studies in Physical and Biological Sciences, Supplement to Vol. 24 (1993), S. 141–146.
Hentschel, Klaus: Visual Cultures in Science and Technology. A Comparative History. Oxford: Oxford University Press 2014.
Hey, Tony; Tansley, Stewart; Tolle, Kristin (Hrsg.): The Fourth Paradigm. Data-Intensive Scientific Discovery. Redmond: Microsoft Research 2009.
Heymann, Matthias; Gramelsberger, Gabriele; Mahony, Martin (Hrsg.): Cultures of Prediction in Atmospheric and Climate Science. Epistemic and Cultural Shifts in Computer-Based Modelling and Simulation. Oxon, New York: Routledge 2017.
Jay, Martin: Scopic Regimes of Modernity. In: Foster, Hal (Hrsg.): Vision and Visuality. Seattle: Bay Press 1998, S. 2–23.
Kleinberg, Jon; Mullainathan, Sendhil: What Do You Think About Machines That Think? We Built Them, But We Don't Understand Them. In: Edge.org 2015, https://www.edge.org/response-detail/26192 (Abruf: 15.12.2021).
Knorr Cetina, Karin: Epistemic Cultures. How the Sciences Make Knowledge. Cambridge, MA: Harvard University Press 1999.
Lenhard, Johannes: Calculated Surprises. A Philosophy of Computer Simulation. New York: Oxford University Press 2019.
November, Joseph: Biomedical Computing. Digitizing Life in the United States. Baltimore: The Johns Hopkins University Press 2012.
Pestre, Dominique: Regimes of Knowledge Production in Society. Towards a More Political and Social Reading. In: Minerva 41 (2003), S. 245–261.
Rescher, Nicolas: Predicting the Future. An Introduction to the Theory of Forecasting. Albany: State University of New York Press 1998.
Spinner, Helmut: Wissensregime. In: May, Hermann (Hrsg.): Lexikon der ökonomischen Bildung. 5. Aufl. München, Wien: Oldenbourg 2004, S. 645–647.
Star, Susan Leigh (Hrsg.): The Cultures of Computing. Cambridge, MA: Blackwell Publishers 1995.
Stiller, Sebastian: Planet der Algorithmen. Ein Reiseführer. München: Albrecht Knaus Verlag 2015.
Turner, Fred: From Counterculture to Cyberculture. Stewart Brand, the Whole Earth Network, and the Rise of Digital Utopianism. Chicago: University of Chicago Press 2006.
Vincenti, Walter: What Engineers Know and How They Know It. Baltimore: Johns Hopkins University Press 1990.
Wehling, Peter: Wissensregime. In: Schützeichel, Rainer (Hrsg.): Handbuch Wissenssoziologie und Wissensforschung. Konstanz: UVK 2007, S. 704–712.
Williams, Michael R.: Early Calculation. In: Aspray, William (Hrsg.): Computing Before Computers. Ames: Iowa State University Press 1990, S. 3–58.
Zweig, Katharina: Ein Algorithmus hat kein Taktgefühl. Wo künstliche Intelligenz sich irrt, warum uns das betrifft und was wir dagegen tun können. München: Heyne Verlag 2019.

Algorithmische Wissenskulturen:
Rechnen und Simulieren

Die Anfänge der numerischen Strömungsmechanik im Kalten Krieg

Michael Eckert

Zusammenfassung

Die numerische Strömungsmechanik – Computational Fluid Dynamics (CFD) – entwickelt Methoden, um die analytisch nicht lösbaren Gleichungen der Strömungsmechanik mit numerischen Verfahren näherungsweise zu lösen. Ihre Wurzeln reichen weit zurück, doch erst mit dem elektronischen Computer wurde das Potenzial dieser Verfahren für die Lösung vielfältiger Strömungsprobleme deutlich. Die Orte und Personen, die in den 1950er- und 1960er-Jahren die Anfänge der CFD prägten, verweisen auf den Kalten Krieg als wichtigsten zeithistorischen Kontext. Die strömungsmechanischen Probleme betrafen jedoch nicht nur die Entwicklung von Waffen (Atombombe) und andere militärisch relevante Anwendungen (Wetter), sondern auch Grundlagenprobleme. Am Beispiel von drei Problembündeln (Strömungsinstabilität, Lorenz-Attraktor, Turbulenz) wird die Vielschichtigkeit der CFD aufgezeigt. Um 1970 etablierte sich die numerische Strömungsmechanik international als eigenständige Subdisziplin, wie anhand von Konferenzen, Lehrbüchern und einschlägigen Organen deutlich wird.

1 Einleitung

Die Strömungsmechanik ist ein Forschungsfeld mit vielen Gesichtern. Hydrodynamik galt lange als Grundlagenfach der theoretischen Physik. Mit den von Leonhard Euler (1707–1783) formulierten Differenzialgleichungen wurde die Theorie idealer (d. h. reibungsloser) Fluide begründet. Spätestens Mitte des 19. Jahrhunderts verfügte man mit den Navier-Stokes-Gleichungen auch über die Grundlage für die Be-

---

M. Eckert (✉)
Deutsches Museum, München, Deutschland
E-Mail: m.eckert@deutsches-museum.de

schreibung realer (reibungsbehafteter) Fluide. Auch das Strömungsverhalten bei Temperatur- und Dichteänderungen wurde bereits im 19. Jahrhundert in Gestalt von Differenzialgleichungen formuliert (Rankine-Hugoniot-Bedingung). Im Prinzip sollten sich daraus die in der Praxis wichtigen Wasser- und Luftströmungen berechnen lassen. Doch das gelang nur in Sonderfällen. Zu Beginn des 20. Jahrhunderts illustrierten Hydrodynamik und Hydraulik das Auseinanderklaffen von Theorie und Praxis wie keine anderen Wissenschaftsdisziplinen.

2 Frühe Wurzeln numerischer Strömungsrechnung

Um für die analytisch nicht allgemein lösbaren Grundgleichungen der Hydrodynamik wenigstens Näherungslösungen zu finden, entwickelten Mathematiker ein ganzes Arsenal von Methoden. „Numerisches Rechnen" und „Graphisches Rechnen" waren schon 1902 Gegenstand eines umfangreichen Übersichtsartikels in der „Encyklopädie der mathematischen Wissenschaften", in dem auch die dafür eingesetzten Rechenmaschinen nicht zu kurz kamen (Mehmke 1902). Karl Heun (1859–1929), Carl Runge (1856–1927) und Wilhelm Kutta (1867–1944) entwickelten um diese Zeit grundlegende Methoden für die numerische Integration von Differenzialgleichungen (Goldstine 1977, Kap. 5.9). 1915 war die „Numerische und graphische Quadratur gewöhnlicher und partieller Differentialgleichungen" bereits Gegenstand eines Enzyklopädieartikels, in dem auch die später bei elektronischen Computern zur Lösung der Navier-Stokes-Gleichungen eingesetzte „Ersetzung der Differentialgleichung durch eine Differenzengleichung" beschrieben wurde: „Man überzieht das Integrationsgebiet mit einem Netz quadratisch gelegener Punkte und wendet auf die Funktionswerte in diesen die durch eine Differenzengleichung ersetzte Differentialgleichung an", heißt es dazu. „Man erhält so für jeden Punkt eine Gleichung, die den Funktionswert in dem Punkte mit denen der benachbarten Punkte oder mit den Grenzwerten verbindet." (Runge und Willers 1915, S. 173).

Um dieselbe Zeit arbeitete der britische Physiker und Meteorologe Lewis Fry Richardson (1881–1953) an einem Buch, das er vorläufig als „Weather Prediction by Arithmetical Finite Differences" betitelte. Es erschien 1922 unter dem Titel „Weather Prediction by Numerical Process" und gilt als der erste Versuch einer numerischen Strömungsrechnung. Richardson charakterisierte den wetterbestimmenden Zustand der Atmosphäre durch sieben orts- und zeitabhängige Variablen (Druck, Temperatur, Dichte, Feuchtigkeit und drei Geschwindigkeitskomponenten der Luftströmung), die einem Satz von sieben Differenzialgleichungen gehorchten. Um sie zu lösen, unterteilte Richardson die Atmosphäre über der Erdoberfläche in 12.000 Luftsäulen, und jede von ihnen vertikal noch einmal in fünf Zellen. Die zu Differenzengleichungen umformulierten Differenzialgleichungen ergaben dann ein System von Gleichungen, aus dem für jede Zelle in aufeinanderfolgenden Zeitschritten die Werte der sieben Variablen zu bestimmen waren. Richardsons Wettervorhersage blieb eine geistreiche Utopie – aber es waren weniger die wissenschaftlichen Grundlagen als die technischen Mittel, die zur Realisierung dieser Utopie fehlten (Lynch 2006).

In Deutschland entstand in den 1920er-Jahren mit der „Zeitschrift für Angewandte Mathematik und Mechanik" (ZAMM) und der Gesellschaft für Angewandte Mathematik und Mechanik (GAMM) ein Forum, das auch weiteren Kreisen aus der Technik („wissenschaftlichen Ingenieuren") die Möglichkeit bot, ihre spezifischen Anliegen zu diskutieren – und aus diesen Kreisen kamen weitere Anstöße für eine numerische Strömungsrechnung. 1922 erschien in der ZAMM ein Artikel über „Die numerische Bearbeitung von partiellen Differentialgleichungen in der Technik", der gezielt „die sogenannten Randwertprobleme" in den Blick nahm, „die besondere Bedeutung für die Technik erlangt haben." (Hencky 1922). Der Autor war Heinrich Hencky (1885–1951), ein Privatdozent an der Technischen Hochschule Dresden, der sich kurz zuvor an der Technischen Hochschule Darmstadt mit einer Habilitationsschrift über die „angenäherte Lösung von Stabilitätsproblemen" in der Elastizitätstheorie einen Namen gemacht hatte (Tanner und Tanner 2003). Hencky zeigte, wie man mit der „Methode des Überganges von Differential- zu Differenzengleichungen" auf dem Gebiet der Kontinuumsmechanik Näherungslösungen gewinnen konnte. Als Beispiel berechnete er für die Strömung um eine quergestellte Platte mithilfe eines sehr groben quadratischen Netzes die „Stromfunktion"; unter anderem zeigte er, wie hinter der Platte „in sich zurückkehrende Stromlinien" entstanden Abb. 1.

Diese numerische Strömungsberechnung lieferte auch Einsichten in grundlegende Strömungsformen. „Es entstehen zwei Strudel, welche beständig die gleichen Flüssigkeitsteilchen enthalten. Bei entsprechenden Störungen lösen sich diese Strudel los und es treten periodische Lösungen an die Stelle der stationären. Die Kármánsche Wirbelstrasse ist wahrscheinlich eine dieser periodischen Strömungen." (Hencky 1922, S. 65). Hencky ging auch auf die Probleme ein, die mit der Diskretisierung verbunden sind, machte aber keine Angaben über den dafür nötigen Aufwand. Die Frage der numerischen Stabilität schien nur andeutungsweise auf. Das Ersetzen der Differenzialgleichungen durch Differenzengleichungen lasse, so

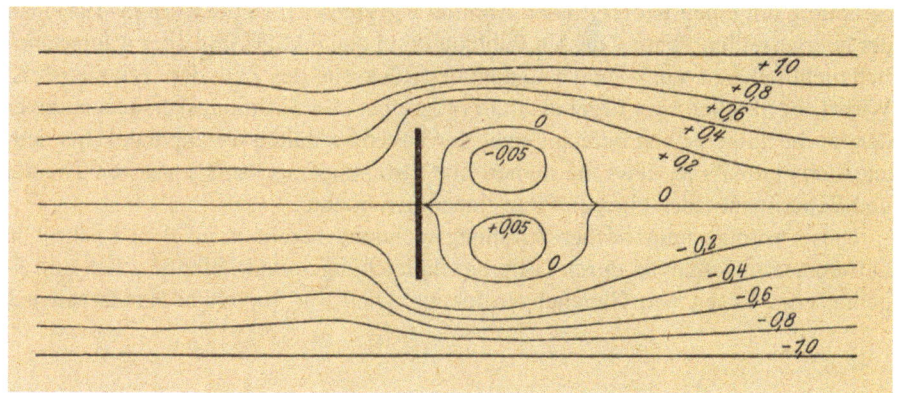

Abb. 1 Henckys numerische Berechnung von Stromlinien um eine Platte. (Hencky 1922, S. 65)

Hencky, scharfe Konturen verschwinden, „aber die wesentlichen Umrisse bleiben erhalten. Allerdings darf man in der Nähe einer singulären Stelle bei Anwendung endlicher Differenzen nicht ein quantitativ bis auf wenige vH [= Prozent] richtiges Resultat erwarten." (Hencky 1922, S. 59).

Wenige Jahre später veröffentlichten die Mathematiker Richard Courant (1888–1972), Kurt Otto Friedrichs (1901–1982) und Hans Lewy (1904–1988) von der Göttinger Universität in den „Mathematischen Annalen" eine Untersuchung „Über die partiellen Differenzengleichungen der mathematischen Physik", in der sie deren Konvergenzverhalten in Abhängigkeit von der Maschenweite des Gitters analysierten (Courant et al. 1928). Die darin formulierten theoretischen Schlussfolgerungen bezogen sich ganz allgemein auf die Diskretisierung bei verschiedenen Typen von Differenzialgleichungen. Sie wurden später als grundlegend für die numerische Strömungsmechanik wiederentdeckt, ins Englische übersetzt und im „IBM Journal of Research and Development" abgedruckt – als ein herausragendes Beispiel für eine Forschung, die zu rein theoretischen Zwecken durchgeführt worden sei und sich dann als von immenser praktischer Bedeutung erwiesen habe (Lax 1967, S. 235). Das kam vor allem in der „Courant-Friedrichs-Lewy-Bedingung" für die Diskretisierung zum Ausdruck. Sie ist grundlegend für die numerische Stabilität. CFD-Experten betrachten das Jahr 1928 als Geburtsjahr ihrer Disziplin – „when Courant, Friedrichs and Lewy published a definitive paper on the numerical solution of so-called hyperbolic partial differential equations (the equations that govern inviscid compressible flow are such equations)." (Anderson 1997, S. 443).[1]

Eine weitere Vorläuferarbeit, die man als Markstein numerischer Strömungsmechanik vor dem Zeitalter von elektronischen Computern bezeichnen kann, wurde 1933 von Alexander Thom (1894–1985) in den „Proceedings of the Royal Society of London" veröffentlicht (Thom 1933). Thom war „Teaching Fellow" an der University of Glasgow, wo er nach einer mehrjährigen Berufstätigkeit als Ingenieur 1929 den Doktorgrad erworben hatte. Anders als den vorwiegend theoretisch interessierten angewandten Mathematikern in Göttingen ging es Thom um einen direkten Vergleich der numerisch berechneten Strömungen mit experimentellen Ergebnissen. Dazu wählte er den experimentell besonders gründlich untersuchten Fall der Strömung um einen Kreiszylinder. Ähnlich wie Heinrich Hencky (1885–1951) bei der quergestellten Platte – dessen Publikation in der ZAMM ihm aber wahrscheinlich nicht bekannt war – fand Thom an der Rückseite des Zylinders symmetrische Wirbel. Er verglich sein Ergebnis mit Fotografien von Strömungsversuchen, die er den für die numerischen Berechnungen gewählten Verhältnissen anpasste. Hier deutete sich erstmals an, dass die numerische Strömungsmechanik zwischen Theorie und Experiment einen eigenen Platz einnehmen konnte.

Diese Ansätze numerischer Strömungsrechnung beruhten auf dem Ersatz von Differenzialgleichungen durch Differenzengleichungen und liefen letztlich auf algebraisches Lösen von Gleichungen hinaus. Dies war vorerst in Handarbeit mit

---

[1] Siehe dazu auch (Anderson 1995, Kap. 4).

Papier und Bleistift zu bewältigen, allenfalls unterstützt durch mechanische Rechenmaschinen für eine schnellere Erledigung der Grundrechenarten.[2]

3 Numerische Strömungsrechnung beim Manhattan Project

Im Zweiten Weltkrieg wurden Hydro-, Aero- und Gasdynamik mit höchster Priorität für eine Vielzahl von Anwendungen gefördert. Die Form von Flügelprofilen mit geringstmöglichem Luftwiderstand, die Steigerung der Effizienz von Sprengstoffen (Hohlladungen) oder die Abschätzung von Detonationswirkungen in Luft und Wasser hingen von einer genauen Kenntnis der jeweiligen Strömungsverhältnisse ab. Damit stieg auch der Bedarf an Mathematikern, die mit der nötigen Kenntnis der physikalischen Grundlagen ihr Arsenal an numerischen Methoden für die jeweiligen Anwendungen in den Kriegsprojekten einsatzfähig machten. John von Neumann (1903–1957), der sich am Institute for Advanced Study in Princeton zuvor eher der reinen Wissenschaft gewidmet hatte, entwickelte nun „an obscene interest in computational technique", wie er 1943 einem Kollegen schrieb. „I think that I see clearly that the best course for me at present is to concentrate on Ordnance work, and the Gas Dynamical matters connected therewith."[3] Als Berater des Ballistic Research Laboratory (BRL) in Aberdeen, Maryland, wurde John von Neumann zum Experten für die Strömungsmechanik kompressibler Fluide, bei der es vor allem um die Berechnung von Stoßwellen geht. In der „äußeren Ballistik" spielen Stoßwellen eine wesentliche Rolle als Hauptquelle für den Widerstand von Geschossen bei Überschallgeschwindigkeit; außerdem verursachen sie unerwartete Abweichungen bei der Flugbahn von Raketen und Lenkbomben, wenn die stabilisierenden Leitflächen nicht entsprechend ausgelegt sind. „Accordingly, study of these shock waves quickly became a program of major importance in exterior ballistics," so wurde das gesteigerte Interesse an Stoßwellen-Untersuchungen am BRL im Rückblick begründet. Außerdem spielten sie auch bei Fragen der „terminal ballistics" eine Rolle, jenem Teil der Ballistik, der sich mit den Phänomenen beim Aufprall eines Projektils, einer Bombe oder einer anderen Explosion an und in einem Zielobjekt befasst. Es sei deshalb „imperative", urteilte man 1943 beim BRL, „that knowledge of shock wave phenomena be increased in both scope and depth." (Barber 1956, S. 45–47).

Neben dieser Tätigkeit für das BRL war von Neumann als wissenschaftlicher Berater auch für das Navy Bureau of Ordnance und andere militärische Stellen tätig. Im September 1943 begann er außerdem mit einer intensiven Beratertätigkeit

---

[2] Eine andere Art von näherungsweisen Strömungsberechnungen beruhte auf dem Einsatz von analogen Rechengeräten. So kam ab Mitte der 1930er-Jahre der Differential Analyzer für Strömungsberechnungen zum Einsatz, die auf gewöhnliche Differenzialgleichungen reduziert werden konnten (z. B. bei der Berechnung der laminaren Grenzschicht). In England machte der Physiker Douglas Rayner Hartree (1897–1958) davon vielfältigen Gebrauch (Fischer 2003).
[3] Von Neumann an Oswald Veblen (1880–1960), zitiert in (Aspray 1990, S. 27).

für das Atombombenprojekt in Los Alamos. Die Fokussierung von Stoßwellen, mit der er sich am BRL im Zusammenhang mit Hohlladungen beschäftigt hatte, entwickelte er nun zu einer Methode für die Verdichtung von Plutonium zu einer kritischen Masse. Bei konisch geformten Hohlladungen verdichten zusammenlaufende Stoßwellen Metall zu einem heißflüssigen Strahl, der Panzerungen durchdringen kann. Bei der Plutoniumbombe wird in einer Kugelschalenanordnung durch Implosion eine unterkritische Masse im Kugelzentrum zu einer überkritischen Anordnung verdichtet. Dabei müssen die Stoßwellen eines außen angebrachten konventionellen Sprengstoffs so nach innen fokussiert werden, dass sie das Plutonium von allen Richtungen aus gleichzeitig erfassen und völlig symmetrisch nach innen beschleunigen. Anders als bei den Hohlladungen konnte dieser Vorgang vor einer ersten Atombombenexplosion nicht experimentell untersucht werden. Die „critical assembly" konnte nur aus theoretischen Berechnungen ermittelt werden. „We are in what can only be described as a desperate need of your help," schrieb Robert Oppenheimer (1904–1967), der Direktor des Los Alamos Laboratory, im Juli 1943 an von Neumann. „We have a good many theoretical people working here, but I think that if your usual shrewdness is a guide to you about the probable nature of our problems you will see why even this staff is in some respects critically inadequate." (Hoddeson et al. 1993, S. 130).

Anfang 1944 stand die Berechnung der Implosion ganz oben auf der Agenda der Theorieabteilung in Los Alamos. Dazu musste ein System partieller Differenzialgleichungen (Navier-Stokes- und Zustandsgleichungen) gelöst werden, das die Kompression durch Stoßwellen in Materialien verschiedener Dichte (Sprengstoff, Zwischenschicht, Plutonium) als räumlich und zeitlich ablaufenden Prozess bei variablen und extrem hohen Temperaturen beschrieb, was nur auf numerischem Weg näherungsweise möglich war. Wie dies in Arbeitsteilung menschlicher und maschineller Rechner (mechanischer Rechenmaschinen, IBM-Lochkartenmaschinen und anderer Geräte) ohne programmierbare Elektronenrechner gelang (ENIAC kam erst nach dem Kriegsende zum Einsatz, siehe unten), ist Gegenstand zahlreicher Darstellungen (Lazarus et al. 1978; Feynman 1980; Metropolis und Nelson 1982). Sie gehören heute zur Folklore der Computergeschichte. Mit Blick auf die Anfänge der numerischen Strömungsdynamik genügt es festzuhalten, dass diese Art der Strömungsberechnung in Los Alamos für die Abschätzung der Vorgänge bei der Implosion erstmals praktische Bedeutung erlangte. Um es mit den Worten von Hans Bethe (1906–2005), dem Leiter der Theorieabteilung im Atombombenprojekt auszudrücken (Bethe 1970, S. 4):

> „[…] the computation was done mechanically, much as in a desk calculator, the sensing was by an electrical contact through the holes in a punch card. The mechanical design was quite complicated […] Finally, about 3 months after it was started, the first implosion calculation was finished. The result was very satisfactory to us: the fissile material was strongly compressed. This showed that we could get a good energy yield by assembling a relatively small amount of fissile material. Essentially it proved that our project would be successful, provided we could produce a spherically symmetrical implosion. The Trinity Test at Alamogordo, on July 16, 1945, proved (among other things) that our calculation of compression by implosion was correct."

Neben der Implosion waren in Los Alamos Stoßwellenberechnungen auch noch für andere Fragen relevant. Zum Beispiel: In welcher Höhe sollte die Bombe gezündet werden? Ab einer kritischen Höhe verbindet sich die primäre Stoßwelle der Explosion mit der am Erdboden reflektierten Stoßwelle (Machreflexion), sodass die Zerstörungskraft sich viel weiter ausbreitet als bei einer bodennahen Explosion. Bei einer Explosionshöhe von ein bis zwei Kilometern, so schätzten die Theoretiker in Los Alamos, würde dieser Stoßwelleneffekt den größten Schaden verursachen (Hoddeson et al. 1993, S. 184).

„Gas Dynamics – shock waves" stand auch ganz oben auf der Themenliste des Applied Mathematics Panel, eines von 23 Gremien, mit denen das National Defense Research Committee in den USA die wissenschaftliche Kriegsforschung im Zweiten Weltkrieg organisierte (Owens 1989). Als das Panel im Jahr 1946 in einem Rechenschaftsbericht die Kriegserfahrungen auf diesem Gebiet zusammenfasste, galt die Gasdynamik als das wichtigste Teilgebiet in der Rubrik „Fluid dynamics and related problems". Auch die Rolle numerischer Verfahren wurde betont, da analytische Lösungen nur in wenigen Spezialfällen existierten. „Consequently, considerable importance attaches to a computational treatment, developed under the Applied Mathematics Panel," so wurde ein Kapitel über „A proposed numerical method" eingeleitet. Das als „punch-card experiment" charakterisierte Lösungsverfahren ließ sich auch auf andere Fälle anwenden: „For spherically symmetric motion, the hydrodynamical partial differential equation is quite similar to that of the one-dimensional case, and approximate, numerical procedures can be similarly applied." (Cairns 1946, S. 40).

4 ENIAC und das „Los Alamos Problem"

Die in den Kriegsprojekten aufgeworfenen Probleme führten in vielen Ländern zu einem gesteigerten Bedarf an numerischen Lösungsverfahren. Die angewandte Mathematik erfuhr international ein gesteigertes Interesse (Mehrtens 1986; Booß-Bavnbek und Høyrup 2003). Die USA gingen aus dem Krieg als Weltmacht Nummer eins hervor und bauten diese Stellung im Kalten Krieg weiter aus, was sich auch bei der Entwicklung elektronischer Rechenanlagen und ihrer Anwendung für die numerische Lösung militärisch relevanter Probleme zeigte. Besonderen Kultstatus erlangte dabei der für das Ballistic Research Laboratory in Aberdeen, Maryland, entwickelte Electronic Numerical Integrator and Computer (ENIAC).[4]

Obwohl der ENIAC für ballistische Berechnungen konzipiert worden war, galt sein erster Einsatz einem hydrodynamischen Problem für das Wasserstoffbombenprojekt in Los Alamos. John von Neumann, der als Berater für das Manhattan Pro-

---

[4] In der umfangreichen Literatur zur Computergeschichte werden verschiedene Aspekte dieser Entwicklung beleuchtet, siehe (Rojas, Hashagen 2000); einen detaillierten Zeitzeugenbericht über die Anfänge des ENIAC liefert Herman H. Goldstine (1913–2004), der als Mathematiker mit der Entwicklung des ENIAC befasst war (Goldstine 1972). Zum Einsatz von ENIAC siehe (Haigh et al. 2016).

ject in Los Alamos und die Ballistiker in Aberdeen mit dem jeweiligen Problem vertraut war, spielte dabei eine Hauptrolle. Von Neumann sah in dem neuen Elektronenrechner einen Schlüssel, um in einer strittigen Frage beim „Super"-Projekt in Los Alamos weiterzukommen. Die „Super", wie die Wasserstoffbombe bezeichnet wurde, beschäftigte Edward Teller (1908–2003), John von Neumann, Stanisław Ulam (1909–1984) und andere Theoretiker in Los Alamos neben der Uran- und Plutoniumbombe schon vor Kriegsende als eine in ihrer Zerstörungskraft praktisch unbegrenzte Kernwaffe. Die Abfolge von strömungsmechanischen und kernphysikalischen Vorgängen beim Zünden einer Fusionsbombe wies noch einen viel höheren Grad an Komplexität auf als die entsprechende Abfolge beim Zünden einer Spaltungsbombe. Dabei bereitete von Neumann ein für die Frage der Machbarkeit der Wasserstoffbombe als entscheidend betrachtetes Problem zur numerischen Lösung auf. Es ist nicht bekannt, worum es sich dabei im Detail handelte – in der Literatur über die Entstehung der Wasserstoffbombe ist nur von „ENIAC calculations of Super hydrodynamics" die Rede (Rhodes 1995, S. 253). Auch in einer ausführlichen Geschichte des Wasserstoffbombenprojekts gibt es keine genaueren Aufschlüsse, was die strömungsphysikalischen Einzelheiten betrifft (Fitzpatrick 1998 S. 118–121). Weil es viele Diskussionen darüber gab, ob man den neuen Rechner zum Auftakt gleich mit einem so komplexen Problem erproben sollte, blieb es den ENIAC-Konstrukteuren jedenfalls in besonderer Erinnerung (Goldstine 1972, S. 214).

Das „Los-Alamos-Problem" erforderte, so viel ist bekannt, die Lösung von drei gekoppelten partiellen Differenzialgleichungen. Über die Bedeutung dieses ENIAC-Einsatzes gab es später sehr unterschiedliche Meinungen. Ulam schrieb in einem Aufsatz über „The Role of Los Alamos Laboratory Work in the History of the Modern Computing Machines" darüber folgendes:[5]

> „A specific physical arrangement and concrete plans for a thermonuclear weapon had to be calculated more exactly in order to settle the question of whether the scheme would work. The magnitude of the problem was staggering. In addition to all the problems of behavior of fission; that is to say, neutronics, thermodynamics and hydrodynamics, new ones appeared vitally in the thermonuclear problems. The behavior of more materials, the question of time scales and interplay of all the geometrical and physical factors became even more crucial for the success of the plan. It was apparent that numerical work had to be undertaken on a vast scale [...] It seemed at that time that the feasibility of a thermonuclear bomb was established, according to the opinion of the author. Even though the work was of necessity incomplete and had to omit certain physical effects the results of the calculations had great importance in leaving open the hopes for a successful solution to the problem and the eventual construction of an H-bomb. One could hardly exaggerate the psychological importance of this work and the influence of these results on Teller himself and on people in the Los Alamos laboratory in general [...] I well remember the spirit of exploration and of belief in the possibility of getting trustworthy answers in the future. This partly because of the existence of computing machines which could perform much more detailed analysis and modeling of physical problems."

---

[5] Aus dem Nachlass Ulams, zitiert nach (Aspray 1990, S. 47). Ein anderer Computerpionier aus Los Alamos (Stanley Frankel) fand dagegen im Nachhinein diese Berechnung „ill advised" und „vastly beyond the scope of the ENIAC". (Aspray 1990, S. 266).

Die Berechnung erforderte mehrere Monate Vorbereitung und etwa sechs Wochen Rechenzeit auf dem Ende 1945 erstmals in Betrieb genommenen ENIAC. Die konventionelle numerische Berechnung mit mechanischen Rechenmaschinen hätte 100 Mannjahre erfordert, so verglich man später die ENIAC-Rechenleistung mit den numerischen Fähigkeiten der Vorkriegszeit (Aspray 1990, S. 47). Für die ENIAC-Entwickler war dies auch der Beweis, dass ihr Rechner weit über ballistische Berechnungen hinaus eingesetzt werden konnte. „Within the limitations imposed by the requirements of national security every effort will be made to permit the great potential usefulness of this great scientific tool to be realized as broadly as possible", so General Gladeon Marcus Barnes (1887–1961), der als Leiter der Forschungs- und Entwicklungsabteilung im Ordnance-Department das ENIAC-Projekt von militärischer Seite aus betreute, in seiner Einweihungsrede am 15. Februar 1946 (Goldstine 1972, S. 229).

Mit dem ENIAC-Einsatz für das „Los-Alamos-Problem" begann eine Art Koevolution von numerischen Strömungsberechnungen und elektronischen Computern. Für John von Neumann zeichnete sich dies schon in der Vorbereitungsphase ab, als das Problem für die elektronische Berechnung aufbereitet wurde. „It is clear now", schrieb er in einem Memorandum im September 1945, „that the machine will cause great advances in hydrodynamics, aerodynamics, quantum theory of atoms and molecules, and the theory of partial differential equations in general." (Aspray 1990, S. 52). Von Neumann bezeichnete mit „the machine" dabei nicht den ENIAC, sondern einen Elektronenrechner, den er in einem Gemeinschaftsprojekt des Institute for Advanced Study (IAS) in Princeton mit der Princeton University und der Radio Corporation of America (RCA) entwickeln wollte.

5   Explosionswellen und atmosphärische Strömungen

John von Neumann setzte hohe Erwartungen in das Computerprojekt am IAS. Im Unterschied zu dem für ballistische Berechnungen konzipierten ENIAC war der IAS-Computer für „purely scientific experimenting" (Aspray 1990, S. 52) angelegt.

Der „reinen Wissenschaft" kam jedoch angesichts des Anwendungspotenzials von Computern für Waffentechnologien eher eine Alibifunktion zu. Der Kalte Krieg tat ein Übriges, um eher die Berechnung von Stoßwellen oder Strömungen um Flugzeuge, wie sie im Windkanal untersucht wurden, zum Gegenstand von Computerberechnungen zu machen. Ohne kräftige Förderung aus dem militärisch-industriellen Komplex (Army, Navy, Air Force, Atomic Energy Commission, RCA) wäre von Neumanns Computerprojekt in Princeton auch kaum zu realisieren gewesen. Von Neumann bestand den Geldgebern gegenüber zwar auf Unabhängigkeit bei der Durchführung der wissenschaftlichen Projekte, was jedoch auch als taktischer Schachzug mit Blick auf seine Wirkungsstätte, das Institute for Advanced Study, geboten schien, denn dort gab man ansonsten eher anwendungsfernen Forschungen den Vorzug.

Von Anfang an standen beim Princetoner Computerprojekt die numerischen Verfahren zur Lösung der partiellen Differenzialgleichungen in der Hydrodynamik als besondere Herausforderung im Zentrum. „It should be noted that it is only natural that this should be so", schrieb von Neumann 1945 mit Blick auf seine Erfahrungen beim Atombombenprojekt an seinen Kollegen Oswald Veblen (1880–1960) am Institute for Advanced Study,

> „since hydrodynamical problems are the prototype for anything involving non-linear partial differential equations, particularly those of the hyperbolic or mixed type, hydrodynamics being a major physical guide in this important field, which is clearly too difficult at present from the purely mathematical point of view."[6]

Er verglich den geplanten Computer mit dem Windkanal, der in der Aerodynamik als Analogrechner für Strömungsberechnungen betrachtet werden könne:

> „This latter use of the wind tunnel is a peculiar thing: It is superior to ordinary computing, because the wind tunnel as an „analogy" computer is much faster than the existing digital computing facilities, and it can handle, in its own limited field, much more complicated problems than those facilities can. [...] We are in the process of developing an electronic digital computer with a very high intrinsic precision, which will be able to handle problems of very high complexity – actually of much higher complexity than that of the typical wind tunnel – or flow-problems [...] I would like to add, that such a machine would be much smaller and cheaper than a conventional wind tunnel."[7]

Die ultimative Herausforderung sah er in dem Problem der Turbulenz. „Clearly one of the major difficulties of fluid dynamics, which turns up at the most varied occasions, is the phenomenon of turbulence", so sprach er in einem Vortrag am 15. Mai 1946 das Turbulenzproblem an. „The major reasons why we cannot do much about it analytically are that it involves a nonlinear, partial differential equation [...] and that it is quite intrinsically three-dimensional." Außerdem müsse man die Zeit als vierte Dimension hinzunehmen, da die Turbulenz ein nicht-stationäres Phänomen sei. Analytisch hatte man sich am Turbulenzproblem immer wieder die Zähne ausgebissen, aber mit dem Computer konnte man das Problem numerisch angehen. „Now as to what speeds are required to solve such a problem in three, or rather in four, dimensions by calculation: This requires a somewhat detailed analysis [...]", so begann er eine Abschätzung der dafür benötigten Rechenzeit. Als bestimmende Einheit wählte er die für eine Multiplikation benötigte Zeit, die er mit einer zehntausendstel Sekunde ansetzte. Bei mindestens zehn hoch zehn Multiplikationen für dreidimensionale nichtstationäre Strömungsprobleme müsse man dann etwa zwei Wochen Rechenzeit veranschlagen. Etwa genauso viel Zeit sei zur Vorbereitung erforderlich, um das Problem für den Computer aufzubereiten (Neumann 1981).

Der IAS-Computer ging erst fünf Jahre später in Betrieb, seine offizielle Einweihung fand am 10. Juni 1952 statt. Die Lösung des Turbulenzproblems per Computer erwies sich vorerst als unerfüllbarer Wunschtraum. Dennoch zeigte von Neumanns Zweckoptimismus Wirkung. Das Konzept für den IAS-Computer diente anderen Computerentwicklungen als Blaupause: MANIAC in Los Alamos, ILLIAC an der

---

[6] Memorandum an O. Veblen, 26.3.1945. Zitiert in (Dahan Dalmedico 2001, S. 401).
[7] Von Neumann an Howard Emmons (1912–1998), 3.4.1946. Zitiert in (Aspray 1990, S. 274).

University of Illinois, JOHNNIAC bei der RAND Corporation, um nur einige zu nennen. Insgesamt wurden mindestens 17 Rechenanlagen nach dem IAS-Vorbild gebaut, darunter mehrere auch außerhalb der USA, wie die PERM an der Technischen Hochschule in München oder WEIZAC am Weizmann-Institut in Rehovot in Israel (Aspray 1990, S. 86–94).

Zu den ersten Strömungsberechnungen auf dem IAS-Computer zählten Probleme, die nur eine Diskretisierung in einer räumlichen Dimension erforderten. Bei der von einem punktförmigen Explosionszentrum gleichförmig in den Raum sich ausbreitenden Stoßwelle war nur die radiale Veränderung als Funktion der Zeit von Interesse. „Blast waves" waren schon im Manhattan Project Gegenstand von numerischen Berechnungen. Jetzt konnten dafür die neue Hardware eingesetzt und zudem neue numerische Methoden sowie Computerprogramme entwickelt werden. In einem zusammenfassenden Bericht aus dem Jahr 1954 beschrieben von Neumann und seine Mitarbeiter die Problemstellung und das numerische Rechenverfahren:

> „The problem itself is that of studying the decay and propagation of the shock wave generated by a very strong point-source explosion in an ideal gas under the assumption of spherical symmetry. We additionally were interested in the behavior of the pressure as a functional of radial distance for fixed times and of pressure as a function of time for fixed distances. (Electronic Computer Project Staff 1954, S. II-1)"[8]

Die Ausbreitung einer Stoßwelle wird durch die Rankine-Hugoniot-Gleichung beschrieben und stellt ein Anfangswertproblem dar. Von Neumann war mit solchen Fragen aus seiner Beratertätigkeit im Krieg bestens vertraut. In dem Bericht wird auch auf eine Arbeit bei der Rand Corporation verwiesen, wo eine ganz ähnliche Stoßwellenberechnung durchgeführt, aber eine andere Methode benutzt worden sei. Das Ergebnis der numerischen Berechnungen wurde in Form von Tabellen und Graphen dargestellt, wobei vor allem der Zusammenhang von Schockradius und Druck von Interesse war. Die berechneten Werte dienten jedoch nicht dem Vergleich mit experimentellen Ergebnissen, sondern sollten eher die Durchführbarkeit solcher Probleme auf dem IAS-Computer aufzeigen. Dabei fällt mit Blick auf spätere numerische Strömungsrechnungen auf, dass die Visualisierung noch kaum eine Rolle spielte. Stattdessen stand der „computational algorithm" im Zentrum, wobei die grundsätzlichen Methoden der Diskretisierung schon als wohlbekannt vorausgesetzt wurden. Umso größere Beachtung fand die für Stoßwellen besonders wichtige Frage der numerischen Stabilität und die dafür erforderliche Genauigkeit. Für ein typisches Zeitintervall erforderte der Algorithmus 2746 Multiplikationen und 1790 Divisionen, die bei einer Zeitdauer von 0,72 bzw. 1,1 Millisekunden für eine Multiplikation bzw. Division auf dem IAS-Computer 3,95 s dauerten. Der Zeitaufwand für die Berechnung der radialen Ausbreitung einer Explosionswelle betrug damit einige Stunden. (Electronic Computer Project Staff 1954, S. II-6–II-26).

Explosionswellen stellten als Anfangswertproblem mit nur einer Raumdimension einen relativ einfachen Fall numerischer Strömungsmechanik dar. John von Neu-

---

[8] Der Bericht bezog sich auf den Zeitraum vom 1.7.1953 bis 30.6.1954, mit gelegentlichen Bezügen auf die Zeit der ersten Inbetriebnahme seit Herbst 1952.

mann hatte sich aber bereits in der Planungsphase des Computerprojekts eine viel größere Herausforderung gestellt: die numerische Wettervorhersage (Aspray 1990, Kap. 6). Die erste Anregung dazu kam aus dem Army Air Force Air Weather Service. Die Meteorologie gehörte, wie sich im Zweiten Weltkrieg gezeigt hatte, zu den besonders dringend benötigten Wissenschaften – und im Kalten Krieg erlebte die Meteorologie einen ungeahnten Aufschwung. An die mit dem Computer möglich erscheinende numerische Wettervorhersage knüpften sich die unterschiedlichsten Erwartungen (Harper 2003). Für von Neumann und Vladimir Zworykin (1888–1982) von der Radio Corporation of America (RCA), seinen industriellen Mitstreiter im IAS-Computerprojekt, war die numerische Wettervorhersage auch ein Schritt auf dem Weg zur kontrollierten Wetterbeeinflussung als Waffe in einem künftigen Krieg (Harper 2008, Kap. 4).

Zunächst blieb die numerische Wettervorhersage aber wie bei Richardson ein Zukunftsprojekt. Alle für das Wetter maßgeblichen Faktoren zu berücksichtigen, war unmöglich. Erst als 1948 mit Jule Charney (1917–1981) ein Meteorologe mit einem besonderen Interesse an geophysikalischer Strömungsmechanik an das IAS kam, gewann das Projekt allmählich Konturen Abb. 2. Charney sah von allen kurzfristigen und nur über kleine Entfernungen veränderlichen Prozessen ab und konzentrierte sich auf die großräumige Strömung in einer Schicht über der Erdoberfläche in einer Höhe von mehreren Kilometern. Sein Modell behandelte die Luftbewegung als eine zweidimensionale inkompressible Strömung; dabei sollte die Luftdichte nur vom Druck abhängen („barotrop") und die aus Druckdifferenzen sich ergebende Kraft mit der Corioliskraft im Gleichgewicht stehen („quasi-geostroph"). Die Zirkulation der Luftbewegung wurde wie in einem idealen Fluid als Erhaltungsgröße angenommen, d. h. die Zentren der rechts- und linksdrehenden Luftmassen durften sich in der Zeit über die Fläche bewegen, konnten aber nicht verschwinden oder neu entstehen. Dieses zweidimensionale „barotropische Modell" wurde ab Oktober 1949 auf dem ENIAC erprobt (Platzman 1979). Zum Vergleich wurden Beobachtungsdaten bei einem Luftdruck von 500 Millibar (entsprechend etwa sechs Kilometern Höhe) für (rückwirkende) Wettervorhersagen herangezogen.

Im November 1950 publizierten von Neumann und die Meteorologen seines Teams ihre ersten Ergebnisse. Die bei der Diskretisierung abgeleitete „finite difference vorticity equation" sei auch für andere Hochgeschwindigkeitsrechner brauchbar, obwohl sie im vorliegenden Fall für den ENIAC entwickelt worden sei: „It is not, however, recommended for hand computation." Was die Ergebnisse angeht, fassten sie ihre Erfahrungen folgendermaßen zusammen (Charney et al. 1950, S. 274–275):

> „The forecasts were computed for a period of 24 hours. The time interval used was at first one hour but was increased to two and then three hours when it was found that the larger intervals gave practically identical forecasts and did not lead to computational instability. The space interval Δs was taken to be 736 km, or 8 degrees of longitude at 45 degrees latitude on the map, and the grid rectangle consisted of 15 x 18 space intervals. […] Actually we estimate on the basis of experiences acquired in the course of the Eniac calculations, that if a renewed systematic effort with the Eniac were to be made, and with a thorough routinization of the operations, a 24-hour prediction could be made on the Eniac in as little as 12 hours."

Abb. 2 Jule Charney (ganz links) und andere Mitarbeiter des Meteorologie-Projekts am Institute for Advanced Study vor dem IAS-Computer. (Quelle: Photograph by Joseph Smagorinsky, courtesy AIP Emilio Segrè Archives, gift of John M. Lewis (https://repository.aip.org/islandora/object/nbla%3A291344; Abruf: 23.10.2023))

Als der IAS-Computer betriebsbereit wurde, konnte die Rechenzeit deutlich reduziert werden. Damit eröffneten sich auch Möglichkeiten, das barotrope Einschicht-Modell so zu erweitern, dass auch der vertikale Austausch von warmen und kalten Luftmassen einbezogen wurde. Dieses „barokline Modell" wurde zuerst mit nur zwei übereinandergelagerten Schichten durchgerechnet. In ihrem Bericht für den Zeitraum vom November 1952 bis November 1953 beschrieben von Neumann und seine Mitarbeiter Berechnungen mit einem Dreischicht-Modell, mit dem 12- und 24-Stunden-Vorhersagen gemacht wurden. Die Ergebnisse wurden mit Wetterkarten verglichen, die die tatsächlich beobachteten Hoch- und Tiefdruckgebiete zeigten: „From these figures it will be seen that while by no means perfect the forecasts are as good, if not better, than these which could be obtained by the more conventional methods of forecasting." (Electronic Computer Project Staff 1954, S. III-1)

Das IAS-Computerprojekt wurde nach von Neumanns Tod im Jahr 1957 beendet. Dem Abschlussbericht für die Periode von Juli 1954 bis Dezember 1956 zufolge wurde in diesem Zeitraum die Leistungsfähigkeit des IAS-Computers mit einer Vielzahl von Problemen getestet, um die Möglichkeiten des Computers als Hilfsmittel der Forschung auf breiter Ebene zu erkunden. Die Meteorologie rangierte dabei unter allen Anwendungen immer noch an erster Stelle. „Dr. Charney's group used one third of the total machine time available for operation during the period covered by this report." An zweiter Stelle stand die Astrophysik, an dritter die Atom- und Kernphysik. Dabei dürfte vor allem für astrophysikalische Probleme wie „stellar evolution" die numerische Behandlung viele Gemeinsamkeiten mit der geheimen Forschung für die Wasserstoffbombe aufgewiesen haben. Bei der Berechnung der Prozesse im Sterninneren ist man mit denselben nichtlinearen partiellen Differenzialgleichungen konfrontiert, und in beiden Fällen kann man mit dem Untersuchungsgegenstand nicht im Labor experimentieren. „This impossibility of physical experimentation can be compensated for to a remarkable degree by numerical experimentation", heißt es im IAS-Bericht dazu. „It is for this reason that numerical research plays such an unusually important role in astrophysics." (Institute for Advanced Study 1956, Sektion 20).

6 Numerische Strömungsrechnung auf den frühen Superrechnern der USA

Abgesehen von der geheimen Forschung für Atom- und Wasserstoffbomben wurden numerische Berechnungen von Strömungen in den 1950er-Jahren vor allem mit Blick auf meteorologische Anwendungen rasant weiterentwickelt. Ab 1953 rechnete man bereits mit baroklinen Modellen von bis zu sieben Schichten. 1954 wurde eine Joint Numerical Weather Prediction Unit eingerichtet. Die Initiative dafür kam vom US Weather Bureau und von militärischer Seite (Air Weather Service der Air Force, Naval Weather Service). Die ersten Modellrechnungen wurden im Air Force Cambridge Research Laboratory für den Computer aufbereitet und im IBM Hauptquartier in New York durchgerechnet (Aspray 1990, S. 146–148). Der dafür benutzte IBM 701 war nach dem Vorbild des IAS-Computers entwickelt worden, aber um einiges leistungsfähiger. Dieser „Defense Calculator", wie er zunächst hieß, fand in den frühen 1950er-Jahren Eingang in viele Institutionen des militärisch-industriellen Komplexes, die sich eine so teure Anlage leisten konnten. „It was a major factor in maintaining our supremacy, not only in the space race, but other areas that prevail today", so wurde der Einsatz des IBM 701 bei der Lockheed Aircraft Corporation bewertet (Amaya 1983, S. 185).[9]

---

[9] Für weitere „Customer Experiences" mit dem IBM 701 an anderen Institutionen siehe (Voorhees 1983, McCool 1983, Baker 1983, Kishi 1983, Ryckman 1983).

Ein IBM 701 lieferte 1955 auch einer unter Leitung von Joseph Smagorinsky (1924–2005) eingerichteten und vom Weather Bureau, der Air Force und der Navy geförderten General Circulation Research Section die Rechenleistung, um die allgemeinen Strömungsverhältnisse in der Atmosphäre auf dem Computer zu simulieren (Aspray 1990 S. 151). Aus der General Circulation Research Section gingen 1959 das General Circulation Research Laboratory und 1963 das Geophysical Fluid Dynamics Laboratory hervor. Da hatte die IBM 701 aber bereits ausgedient und wurde durch die 40-mal schnellere IBM 7030 („Stretch") ersetzt (Smagorinsky 1983, S. 36). Die geophysikalische Strömungsrechnung ging damit eine Symbiose mit Superrechnern ein, die bis heute andauert (Edwards 2000, 2010; Weart 2010).

Bei den Modellen der numerischen Wettervorhersage und den daraus hervorgegangenen Klimamodellen ist der Kontext des Kalten Krieges nur indirekt an der Förderung durch militärische Instanzen erkennbar. Bei der auf Kernwaffen ausgerichteten Forschung ist der Kalte Krieg als Motor für die Symbiose von Computerentwicklung und numerischer Strömungsrechnung jedoch offensichtlich. Hier versuchte man sich anfangs wie in Princeton ebenfalls an ein- und zweidimensionalen Problemen. Ein solches Beispiel betraf die Vermischung zweier übereinander geschichteter Fluide mit unterschiedlicher Dichte. Die numerische Berechnung wurde 1954 auf dem nach dem IAS-Vorbild konstruierten MANIAC in Los Alamos durchgeführt. Sie diente jedoch, wie John Pasta (1918–1981) und Stanisław Ulam später in einem Aufsatz erläuterten, weniger dem Studium der detaillierten Vermischungsprozesse, sondern mehr dem grundsätzlichen Test der dabei eingesetzten Verfahren:

„In order to test some of these general speculations on actual problems, we have run some numerical computations on an electronic machine, the MANIAC, in the Los Alamos Scientific Laboratory and on its prototype at the Institute for Advanced Study in Princeton. The main purpose of these calculations was exploratory, and the feasibility of using certain numerical schemes on the machine was considered of more interest than the precision of the results. The main point of interest was the amount of time necessary in order to compute on the machine the time behavior of certain functionals of our systems. The problems were mostly of the initial value type, the integration was in time, and the calculation ran in cycles, for which we decided that about five minutes would be allowed. The nature of the problems and the characteristics of the machine with this requirement fixed the maximum number of mass points at about 256. The first problem studied involved the motion of a heavy fluid on top of a lighter one – usually known as the Taylor instability configuration. (Pasta, Ulam 1959, S. 7)"

Wie bei den Rechnungen zur Implosionsmethode im Manhattan Project und der Princetoner Berechnung von Explosionswellen trat auch mit der Taylor-Instabilität die Frage nach der Größe der räumlichen und zeitlichen Schrittweiten in den Vordergrund: Bei einer zu groben Diskretisierung würde die Veränderung der Grenzfläche zwischen den beiden aneinandergrenzenden Fluiden nicht mehr erfasst werden. Mit den für solche Computeranwendungen entwickelten Algorithmen brach für die numerische Mathematik ein neues Zeitalter an. „Numerical calculation is being used today in fields where it was unheard of fifteen years ago," so leitete Robert D. Richtmyer (1910–2003), der nach dem Krieg die Theorieabteilung in Los Alamos leitete, sein 1957 in erster Auflage publiziertes Lehrbuch über „Difference Methods for Initial-Value Problems" ein:

> „Finite-difference methods for solving partial differential equations were discussed in 1928 in the celebrated paper of Courant, Friedrichs, and Lewy but were put to use in practical problems only about fifteen years later under the stimulus of wartime technology and with the aid of the first automatic computers. At Los Alamos, for example, the calculation of certain time-dependent fluid flows played an important part in the wartime work of the laboratory and much time and effort was devoted to these calculations, which were performed on the punch-card machines available at that time. Immediately after the war still more complicated problems involving several simultaneous partial differential equations were solved numerically on the ENIAC in Aberdeen by members of the Los Alamos staff, and very soon problems involving fluid dynamics, neutron diffusion and transport, radiation flow, thermo-nuclear reactions, and the like were being solved on various machines all over the United States. (Richtmyer, Morton 1957)"

Für die zweidimensionale Berechnung der Taylor-Instabilität bei der Vermischung übereinandergeschichteter Flüssigkeiten wäre selbst auf dem IAS-Computer das darauf noch berechenbare Netz diskreter Zellen viel zu grob gewesen, um die entscheidenden kurzwelligen Fluktuationen zu erfassen. Um diese einzubeziehen, war ein feineres Netz erforderlich, was auf eine Rechenzeit von 50.000 h hinauslief (Aspray 1990, S. 171–172). Auch wenn Computer wie MANIAC oder IBM 701 ihr Vorbild am IAS an Schnelligkeit übertrafen, konnte erst von der nächsten Generation elektronischer Computer auf dem Gebiet der numerischen Strömungsdynamik ein Fortschritt erwartet werden. Bei den wichtigsten Vertretern dieser Generation wurden anstelle der Elektronenröhren Transistoren eingesetzt. „The year 1960 was full of challenge, largely as a result of the Sputnik space race and the beginning of a long period of explosive technological change", erinnerte sich ein ehemaliger CDC-Ingenieur. „The first commercial transistor computers had been delivered in early 1960 – notably the IBM 7090 and the CDC 1604." (Thornton 1980, S. 138).

Die Transistorisierung ermöglichte eine Miniaturisierung in einem zuvor ungekannten Ausmaß. Dennoch waren die um 1960 in Betrieb genommenen Computer Rechenanlagen von beachtlicher Größe und alles andere als Massenprodukte. Nur große Rüstungskonzerne und Großforschungseinrichtungen, denen nichts zu teuer war, konnten sich solche Rechner leisten. Die National Laboratories der US-Regierung wurden im Kalten Krieg immer mit reichlichen Mitteln ausgestattet, um die Forschungsfront weiter voranzutreiben (Seidel 1993). Die Kernwaffenschmieden Los Alamos National Laboratory und Lawrence Livermore National Laboratory spielten dabei eine doppelte Rolle als Kundschaft und Initiatoren von Superrechnern, die ihren spezifischen Anforderungen genügten. Dies wird am Beispiel eines Computers namens LARC (Livermore Automatic Research Computer) besonders deutlich. Er wurde 1954 von Edward Teller und Sidney Fernbach (1917–1991), dem „Director of Computing" in Livermore in Auftrag gegeben und sollte die Rechenleistung der existierenden Computer um den Faktor einhundert übertreffen. Den Zuschlag für den Bau dieses Rechners erhielt Remington Rand (ab 1955 Sperry Rand), die Anfang der 1950er-Jahre mit dem UNIVAC ihren ersten Auftritt als Computerhersteller hatten und den LARC für einen Preis von 2,85 Mio. Dollar liefern wollten. Am Ende beliefen sich die Entwicklungskosten auf 19 Mio. Dollar. Als der LARC in Betrieb ging, war er nur um den Faktor zwei schneller als der kommerzielle IBM 7090. Es wurde nur noch ein weiterer LARC gebaut, und der ging ebenfalls in die Rüstungsforschung (an das David Taylor Model Basin bei Bethesda, Maryland, wo die US Navy Schiffe und Schiffsreaktoren entwickeln ließ). In Livermore kaufte man zusätzlich zum LARC drei IBM 7090. Eine ähnliche Entwicklung nahm der in Los Alamos installierte IBM-Superrechner namens Stretch. „Like LARC, Stretch was a financial disaster, and, unlike LARC, it did not meet its ambitious performance specifications", so lautet das Urteil eines Computerhistorikers, „even though it was later to be seen as successful in the sense that many of the technical innovations forming the IBM System/360 flowed from Stretch." (MacKenzie 1991, S. 190).

Blieben die frühen Beispiele numerischer Strömungsrechnungen weitgehend auf eindimensionale Probleme (wie kugelsymmetrische Explosionswellen) oder weitmaschige zweidimensionale Netze (wie bei den Wettermodellen) beschränkt, so erlaubten die Computer der 1960er-Jahre immerhin eine zögerliche Inangriffnahme zweidimensionaler Probleme mit feinerer Diskretisierung. Es ist wenig überraschend, dass hierbei wieder die großen National Laboratories in den USA eine Vorreiterrolle spielten. 1963 erschien in „Physics of Fluids" ein Artikel über eine numerische Berechnung der „Kármánschen Wirbelstrasse" – verfasst von Mitarbeitern des Los Alamos National Laboratory und durchgeführt auf einer IBM 7090 (Fromm, Harlow 1963). Die Einzelheiten der dabei verwendeten „finite difference method" waren einem umfangreichen Los Alamos Report vorbehalten (Fromm 1963). Danach erschienen aus dem Los Alamos National Laboratory in rascher Folge weitere, realistisch anmutende, aber durchwegs auf zwei räumliche Dimensionen beschränkte numerische Strömungsberechnungen (Harlow 1964; Harlow und Welch 1965; Harlow und Shannon 1967). Francis H. Harlow (1928–2016), unter dessen Leitung diese Arbeiten durchgeführt wurden Abb. 3, wird von der amerikanischen IT History Society das Verdienst zuerkannt, „the science of computational fluid dynamics (CFD) as an important discipline" etabliert zu haben (IT History Society 2019).

Mitte der 1960er-Jahre erschien das Potenzial leistungsfähiger Computer für Berechnungen in der Strömungsmechanik und in anderen Gebieten immerhin schon so groß, dass man darüber nicht nur in Fachzeitschriften, sondern auch im „Scientific American" lesen konnte. 1965 berichteten die Physiker aus Los Alamos über ihre „Computer Experiments in Fluid Dynamics" (Harlow, Fromm 1965), und im Jahr darauf stellte Anthony G. Oettinger (*1929), ein Harvard-Professor für Linguistik und angewandte Mathematik, „The Uses of Computers in Science" in ganzer Breite heraus. Die jüngsten Rechnungen aus Los Alamos über einen zweidimensionalen Wasserfall erschienen ihm zur Illustration besonders geeignet, aber er führte auch

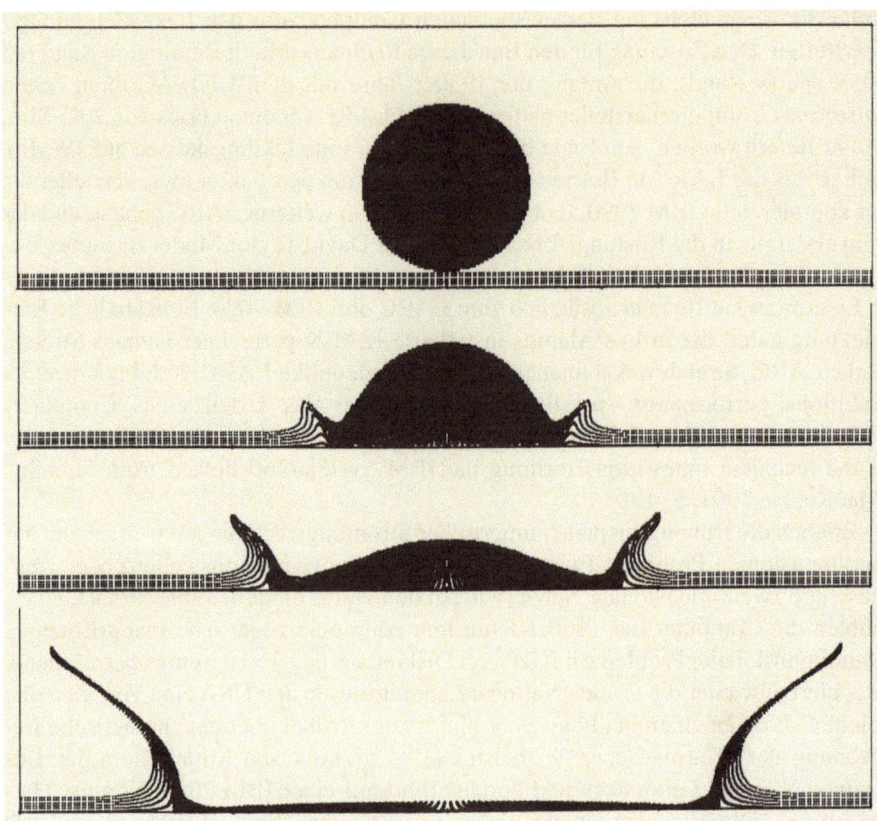

Abb. 3 Der Aufprall eines Wassertropfens auf eine Wasseroberfläche bei sehr geringer Wassertiefe. (Harlow und Shannon 1967, S. 3858)

aus vielen anderen Bereichen Computeranwendungen vor. „In short, computers are capable of profoundly affecting science by stretching human reason and intuition, much as telescopes or microscopes extend human vision," so beendete er seine Übersicht (Oettinger 1966, S. 172). Obwohl Oettinger als Harvard-Professor eher die Sicht eines Akademikers repräsentiert zu haben scheint, verweisen seine außeruniversitären Aktivitäten auch hier auf den Kalten Krieg als Kontext für die frühen Computeranwendungen. Oettinger gehörte dem Foreign Intelligence Advisory Board des amerikanischen Präsidenten und dem National Security Council an. Von 1966 bis 1968 war er Präsident der Association for Computing Machinery (ACM). Er gilt als graue Eminenz auf dem Gebiet der „Science and Technology Intelligence" im Kalten Krieg (National Intelligence University 2022).

Zu den frühen Anwendungen im Kalten Krieg gehörte auch die Raumfahrt. Die Entwicklung von Interkontinentalraketen setzte Kenntnisse über Strömungen im Hyperschallbereich voraus, wie sie beim Wiedereintritt in die obere Erdatmosphäre aus dem All entstehen. Das Verhalten von Raketenköpfen in solchen Strömungen konnte im Labor nur unzulänglich erforscht werden, deshalb bot sich hier der „numerische Windkanal" als Alternative an. Solche Untersuchungen wurden im Ames Research Center der NASA in den 1970er-Jahren für die Umströmung des Space Shuttle beim Wiedereintritt in die Erdatmosphäre unternommen. In diesem Zusammenhang machten sich die Ames-Forscher auch bereits darüber Gedanken, wie sich das Verhältnis von Windkanälen und Computern angesichts der rasch voranschreitenden „technology of computational fluid dynamics" verändern würde (Chapman et al. 1975, S. 23).

7 Grundlagenforschung aus dem Computer: Turbulenz, Instabilität, Chaos

Anwendungsorientierte und militärisch geförderte Arbeiten im Kalten Krieg gaben oft Anlass für neue Grundlagenforschung. Das gilt nicht nur für die numerische Strömungsmechanik, sondern auch für viele andere Computeranwendungen im Kalten Krieg, wie der 1970 publizierte Sammelband Computers and Their Role in the Physical Sciences zeigt. Die beiden Herausgeber, Sidney Fernbach and Abraham H. Taub (1911–1999), bezogen ihre Computererfahrungen aus Los Alamos und anderen amerikanischen Forschungszentren im Kalten Krieg. Auch die meisten anderen Autoren, die in diesem Buch ihre Computer-Erfahrungen beschrieben, hatten ihr Know-how im militärisch-industriell-akademischen Komplex der USA erworben (Fernbach und Taub 1970).

Auf dem Gebiet der numerischen Strömungsmechanik wurde der enge Bezug von Grundlagenfragen und Anwendungen vor allem dort offenkundig, wo es um die Modellierung turbulenter Strömungen ging. Gegen Ende der 1960er-Jahre waren die Computer bereits so leistungsfähig, dass die Beschränkung auf ein- und zweidimensionale Strömungsprobleme bald überwindbar erschien. „Problems of three space dimensions, especially nonsteady ones, are on the edge of present capability both of methods and of computing-machine capacity (or reasonable running time)." So schätzte Howard W. Emmons von der Division of Engineering and Applied Physics an der Harvard University 1970 die Möglichkeiten der numerischen Modellierung von Strömungsproblemen ein. Damit ließen sich jedoch noch lange nicht alle Strömungserscheinungen berechnen. Vor allem die Turbulenz sei „well beyond present machine capability." (Emmons 1970, S. 15). Die Turbulenz wurde damit zur besonderen Herausforderung der numerischen Strömungsmechanik. Stanley Corrsin (1920–1986), Professor am Department of Aeronautics der Johns Hopkins University, hatte schon 1961 festgestellt, dass selbst mit den mächtigsten Supercomputern die Turbulenz nicht in den Griff zu bekommen sei. Die Speicherkapazität selbst der jüngsten Generation von Superrechnern sei dafür bei weitem zu gering. Um die Diskretisierung bis zur Erfassung der kleinsten Turbulenzwirbel voranzutreiben, müsse man die Strömungswerte in etwa 1014 Netzpunkten berechnen. „The foregoing estimate is enough to suggest the use of analog instead of digital computation; in particular, how about an analog consisting of a tank of water?" (Corrsin 1961, S. 323–324).

Offenbar standen realistischen Strömungsberechnungen auf dem Computer noch erhebliche Hindernisse im Weg. Herman H. Goldstine (1913–2004), der engste Mitarbeiter John von Neumanns bei der Rechnerentwicklung, hatte schon im Juli 1956 in einem Vortrag in New York „The need for both engineering and mathematical advances in the computing machine field" betont (Aspray 1990, S. 170–171). Nach dem Stand der Technik von 1970 wäre für eine direkte numerische Berechnung der turbulenten Rohrströmung durch Lösen der diskretisierten Navier-Stokes-Gleichung eine Rechenzeit von rund hundert Jahren nötig gewesen (Emmons 1970, S. 33).

Die Direkte Numerische Simulation (Direct Numerical Simulation, DNS), wie das Verfahren zur direkten Berechnung von Druck und Strömungsgeschwindigkeit aus den Navier-Stokes-Gleichungen (ohne Rückgriff auf zusätzliche Gleichungen, die das Turbulenzproblem für spezifische Fälle vereinfachen können) genannt wird, wurde seither zur Messlatte für die Fortschritte in der numerischen Strömungsmechanik. Aus den Übersichtsartikeln, die zum Beispiel im „Annual Review of Fluid Mechanics" diesem Thema gewidmet wurden, ist zu entnehmen, dass selbst angesichts rasanter Fortschritte der Computertechnik realistische Berechnungen turbulenter Strömungen auf diesem Weg kaum möglich waren. „The foundations of DNS were laid at the National Center for Atmospheric Research", heißt es in einem Übersichtsartikel aus dem Jahr 1998 zu den Anfängen. Die ersten Berechnungen seien mit einer räumlichen Diskretisierung von 32 mal 32 mal 32 Netzpunkten und unter Annahmen durchgeführt worden, die weit entfernt von realistischen Verhältnissen waren. Ihre Bedeutung läge auch weniger in der Simulation wirklicher Wettervorgänge, als im Vergleich mit theoretischen Berechnungen von idealisierten Strömungen, die im Laboratorium nicht realisiert werden konnten (Moin und Mahesh 1998).

Mit Blick auf die frühe Geschichte der numerischen Strömungsdynamik boten sich für die Berechnung realistischer turbulenter Strömungen vorerst nur alternative Verfahren an. Bei Anwendungen wie in der Geophysik und Meteorologie wurden turbulente Verwirbelungen nur auf größeren Skalen (Large Eddy Simulation, LES) berücksichtigt (Herring 1979). Eine andere numerische Berechnung turbulenter Strömungen ging von den gemittelten Navier-Stokes-Gleichungen aus (Reynolds Averaged Navier Stokes Equations, RANS). Für die darin auftretenden Fluktuationen gibt es aber nicht genügend Bestimmungsgleichungen, sodass man das Problem nur durch Zusatzannahmen lösen kann (Schließungsproblem). Je nach Art dieser Zusatzannahmen spricht man von unterschiedlichen „Turbulenzmodellen". Einige besitzen weit zurückreichende Wurzeln, wie der „Mischungsweg-Ansatz" aus den 1920er-Jahren, andere entstanden mit den Fortschritten der statistischen Turbulenztheorie in den 1940er- und 1950er-Jahren (Launder und Spalding 1974).

Bei den Versuchen, turbulente Strömungen anders als auf direktem Weg mittels DNS numerisch zu berechnen, betrat man oft wissenschaftliches Neuland. Die mit dem Schließungsproblem aufgeworfenen Fragen berühren die physikalischen Grundlagen der Turbulenz. Dies gilt nicht nur für die voll entwickelte Turbulenz, sondern auch für den Übergang von der laminaren zur turbulenten Strömung. Die frühen Versuche, die Turbulenzentstehung als Instabilität der laminaren Strömung zu erklären, scheiterten, sodass man lange Zeit das eigentliche Turbulenzproblem in dem Versagen dieses Ansatzes („Orr-Sommerfeld-Ansatz") sah (Eckert 2010). Mathematisch handelt es sich bei der Berechnung der Strömungsinstabilität um ein Eigenwertproblem. Dessen Lösung erforderte zwar nicht wie bei numerischen Simulationen dreidimensionaler turbulenter Strömungen die Rechenleistung von Supercomputern, wurde aber angesichts erfolgloser analytischer Lösungsansätze dennoch Gegenstand häufiger Computeranwendungen in der Strömungsmechanik. Das umstrittene Ergebnis einer Theorie von Werner Heisenberg (1901–1976) aus dem Jahr 1923 wurde erst dreißig Jahre später auf numerischem Weg bestätigt (Thomas 1953). Was wie das Ergebnis von „reiner" Wissenschaft anmutet, zeigt jedoch auch in diesem Fall den Hintergrund des Kalten Krieges. Die Rechnung wurde im IBM Watson Laboratory an der Columbia University durchgeführt, das 1945 gegründet wurde, um nach den Kriegserfahrungen die Möglichkeiten von IBM-Computern für die Lösung hochkomplexer Probleme in der Wissenschaft auszuloten und so die wissenschaftlichen Grundlagen „of our national security and the welfare and peace of the world" zu festigen (Brennan 1971, S. 13).

Unter ähnlichen Vorzeichen wurde in den 1950er- und 1960er-Jahren auch andernorts das Potenzial elektronischer Computer für Stabilitätsrechnungen in der Strömungsforschung genutzt. Dies fand schließlich auch in einem der ersten Lehrbücher über dieses Gebiet einen Niederschlag:

> „In planning the book it became apparent that the timing of the writing meant that the digital computer, be it of very large size or only of moderate capacity, offered new possibilities for the study of flow instability both in the classroom and in the research institution. After we had explored this point further, we found that the influence of the computer was already so greatly established in the general sense (even to the point that a new breed of scientist is developing) that it seemed desirable to make its presence better known in this field. [...] Of course, computers must be used with caution, lest they produce numerical asphyxia. We hope that the reader will share with us the view that the computer, by providing specific examples of solutions, does indeed facilitate the physical interpretation of the situation. (Betchov und Criminale 1967, S. v)"

Die Autoren dieses Lehrbuchs können wie andere frühe Computeranwender dem militärisch-industriell-akademischen Komplex zugerechnet werden – in diesem Fall der Aerospace Corporation, El Segundo, Kalifornien, und dem Department of Aerospace and Mechanical Sciences, Princeton University. Andere numerische Pionierarbeiten zur Stabilitätstheorie wurden am Department of Fluid, Thermal, and Aerospace Sciences der Case Western Reserve University in Cleveland, Ohio, durchgeführt – gefördert vom Air Force Office of Scientific Research und dem Office of Naval Research. Dazu wurden 1960 in London bei einer Konferenz der Advisory Group for Aerospace Research and Development (AGARD), einer 1952 gegründeten Förderorganisation der NATO, erste Forschungsergebnisse präsentiert (Lees und Reshotko 1960).[10]

---

[10] Siehe dazu den Übersichtsartikel von Reshotko (1976).

Die Rolle des Computers als Schrittmacher für neue Grundlagenforschung wird auch bei den frühen Versuchen numerischer Wetterberechnungen deutlich. Edward Norton Lorenz (1917–2008), ein Meteorologe am MIT, der mit den meteorologischen Strömungsrechnungen von Jule Charney in Princeton vertraut war, beschäftigte sich in den 1950er-Jahren mit der Frage, wie man die Beschreibung atmosphärischer Strömungen so vereinfachen kann, dass im Wust der vielen Parameter der Blick auf das Wesentliche nicht verloren geht. Er konzentrierte sich auf ein nach Henri Bénard (1874–1939) und Lord Rayleigh (1842–1919) benanntes Modellsystem, bei dem ein Fluid zwischen zwei horizontalen Platten eingeschlossen und von unten erwärmt wird. Wenn der Temperaturunterschied zwischen der unteren und der oberen Platte gering ist, verteilt sich die zugeführte Wärme gleichmäßig; übersteigt der Temperaturunterschied jedoch eine kritische Schwelle, steigen die erwärmten Teile aufgrund ihrer geringeren Dichte nach oben und die kühleren sinken nach unten: Es bilden sich Konvektionsrollen. Dichte, Druck, Temperatur und Geschwindigkeit in dem Fluid sind abhängig von Ort und Zeit und genügen einem System von partiellen Differenzialgleichungen. Lorenz führte an deren Stelle drei neue Variablen X, Y, Z ein, die nur von der Zeit t abhängen: X(t) als Maß für die Intensität der Konvektionsströmung, Y(t) für die Temperaturdifferenz zwischen den auf- und absteigenden Teilen des Fluids, und Z(t) für die Abweichung vom linearen Temperaturprofil zwischen der unteren und der oberen Platte. Damit war das Problem auf drei gekoppelte gewöhnliche Differenzialgleichungen reduziert, die sich aufgrund der Nichtlinearität zwar ebenfalls nur mit dem Computer berechnen ließen, aber weit einfacher zu handhaben waren als die ursprünglichen, auch vom Ort abhängigen Variablen (Lorenz 1963).

Für Lorenz ging es dabei nicht nur um eine meteorologisch relevante Modellrechnung, sondern um das grundsätzliche Problem der Vorhersagbarkeit (Dahan Dalmedico 2001, S. 409–418). Da es sich um nichtlineare Gleichungen handelte, vermutete er hinter dem Problem der Wettervorhersage eine tieferliegende Problematik, der mit der Verfeinerung von Wettermodellen und leistungsfähigeren Computern allein nicht beizukommen sei. Dennoch war das Ergebnis seiner numerischen Berechnung überraschend. Die Variablen pendelten auf eine merkwürdige Weise unvorhersehbar zwischen bestimmten Grenzwerten hin und her. Wenn man sie in einem Koordinatensystem als Funktion der Zeit darstellte, folgten sie einer regelmäßigen, aber doch ganz willkürlich erscheinenden Bahn. Das Gebilde, dem die Variablenbahn für große Zeiten zustrebte, nennt man heute Lorenz-Attraktor Abb. 4. Die numerische Rechnung bestätigte auch, was Lorenz vermutet hatte: die extreme Abhängigkeit von den Anfangsbedingungen. Obwohl die zeitliche Entwicklung der Variablen vollständig durch die Differenzialgleichungen bestimmt war, ergab sich bei der geringsten Veränderung des Startzeitpunkts schon nach kurzer Zeit eine immer größere Abweichung gegenüber dem vorherigen Modellverlauf. Dass es sich dabei nicht um einen Computerfehler handelte, wurde daran deutlich, dass auch die neue Lösung dem Lorenz-Attraktor zustrebte. Diese Befunde zählen heute zu den Fundamenten der modernen Chaostheorie (Ruelle 1980; Gleick 1987; Lorenz 1995, 2006).

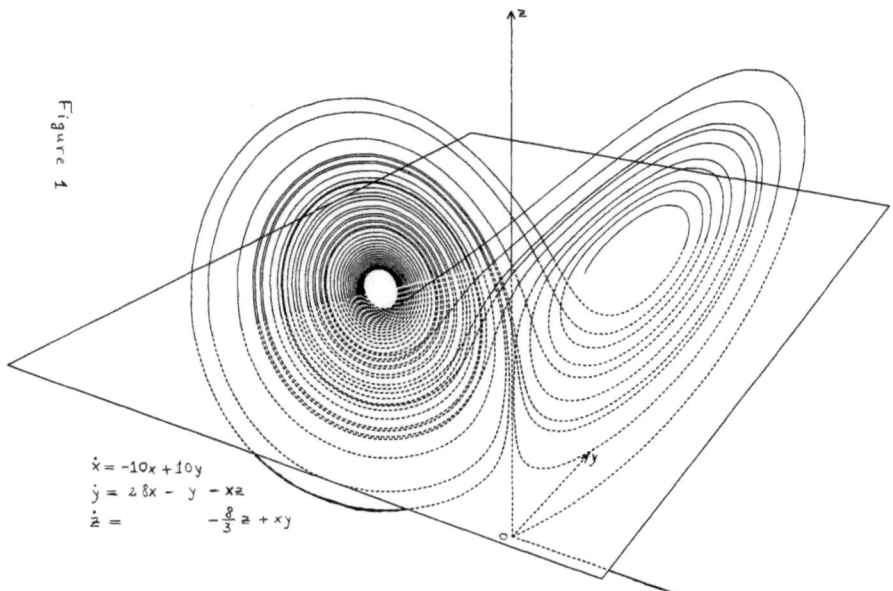

Abb. 4 Lorenz analysierte ein System aus drei gekoppelten Differenzialgleichungen für die zeitabhängigen Größen x(t), y(t), z(t), die sich aus einem vereinfachten Konvektionsmodell ergaben: $\partial x/\partial t = -\sigma x + \sigma y$, $\partial y/\partial t = -xz + rx - y$, $\partial z/\partial t = xy - bz$. Die Berechnung ist durchgeführt für die Parameter $\sigma = 10$, $r = 28$, $b = 8/3$. Sie beginnt bei $\{x = 0, y = 0, z = 0$ für $t = 0\}$. Der Vektor $\{x(t), y(t), z(t)\}$ beschreibt in unregelmäßiger Abfolge Schleifen nach links und rechts. Die gezeigte Abbildung wurde von Oscar Lanford (1940–2013) generiert (Lanford 1977, S. 114). David Ruelle (*1935) hat unter Verwendung der darstellten Grafik das Gebilde, dem die Spitze des Vektors für $t \to \infty$ zustrebt, in der halb-populären Zeitschrift „The Mathematical Intelligencer" als typisches Beispiel für einen „seltsamen Attraktor" vorgestellt. (Ruelle 1980)

Dieses Beispiel zeigt, dass numerische Strömungsberechnungen nicht nur auf den Superrechnern von Los Alamos oder anderen Großforschungsanlagen des Kalten Krieges durchgeführt wurden. Im Fall des Lorenz-Attraktors handelte es sich um einen elektronischen Kleinrechner namens Royal McBee LGP-30, der von Stanley Frankel (1919–1978), einem Veteranen des Manhattan Project, entwickelt worden war (Kaisler 2017, Kap. 2). Frankel verfügte über reichlich Erfahrungen mit dem ENIAC und den numerischen Verfahren zur Berechnung der Prozesse bei der Explosion von Atombomben. Als er in der McCarthy-Ära die Freigabe für geheime Forschungen in staatlichen Einrichtungen verlor, setzte er seine Karriere als Berater von Computerfirmen fort. Der Kontext des Kalten Kriegs wird aber auch deutlich, wenn man die Institutionen in den Blick nimmt, denen Lorenz die Förderung seiner Arbeit verdankte. Dabei steht das Geophysics Research Directorate des Air Force Cambridge Research Center an erster Stelle (Lorenz 1963, S. 130). Es wurde nach dem Zweiten Weltkrieg gegründet, um das am MIT entwickelte Mikrowellen-Radar und damit verwandte Technologien für die Air Force in großem Umfang weiter zu erforschen. In den 1950er-Jahren wurde daraus eine viele Bereiche umfassende „Cold War systems development organization".[11]

8 CFD auf dem Weg zur Disziplin

„It is the end of what Americans might call ‚steam' calculation, carried out with considerable labour by dedicated individual computers aided only by desk machines", so hieß es 1961 im Vorwort eines Lehrbuchs über „Field Computations in Engineering & Physics". „In the coming epoch these methods, which have proved their value, will be programmed for rapid calculation on automatic digital computers." (Thom, Apelt 1961). Vorgänger dieses Lehrbuchs war eine Abhandlung Alexander Thoms aus dem Jahr 1953 unter dem Titel „The Arithmetic of Field Equations", die im Organ der Royal Aeronautical Society, The Aeronautical Quarterly, publiziert worden war. Thom hatte bereits im Zeitalter der mechanischen Rechenmaschinen solche „Feldberechnungen" durchgeführt (siehe Abschn. 2) und wusste wie kaum jemand sonst, welchen Unterschied die neuen elektronischen Möglichkeiten für die Praxis bedeuteten. Der vermutlich letzte Versuch, analytisch nicht lösbaren Strömungsproblemen auf konventionellem Weg numerisch näher zu kommen, wurde 1953 in Japan mit der Berechnung von Wirbeln im Nachlauf eines umströmten Zylinders unternommen: „The numerical integration in this study took about one year and a half with twenty working hours every week, with a considerable amount of labour and endurance," so umschrieb der Autor den dafür nötigen Rechenaufwand (Kawaguti 1953). „Field Computations in Engineering & Physics" markiert zusammen mit dem 1957 in den USA veröffentlichten „Difference Methods for Initial-Value Problems" (Richtmyer, Morton 1957) den Auftakt einer neuen, auf Computeranwendungen hin orientierten Lehrbuchliteratur. 1962 folgte ein aus einer Sommerschule in Oxford hervorgegangenes Lehrbuch mit dem Titel „Numerical Solution of Ordinary and Partial Differential Equations" (Fox 1962). Ein Jahr später wurde die Lehrbuchreihe „Methods in Computational Physics" gegründet, in der die Hydrodynamik mit einem eigenen Band abgedeckt wurde (Alder et al. 1964). 1967 erschienen die „Difference Methods for Initial-Value Problems" in zweiter Auflage.

An diesen Lehrbüchern lässt sich noch einmal der Kontext des Kalten Krieges ablesen. Das Know-how des Hydrodynamikbandes „Methods in Computational Physics" stammte aus Kernwaffenlaboratorien oder anderen, im Kalten Krieg zu mächtigen Forschungsanlagen ausgebauten Einrichtungen: Vier Autoren gaben Los Alamos als ihre institutionelle Adresse an, fünf das Lawrence Livermore National Laboratory, und je einer das britische Atomic Weapons Research Establishment in Aldermaston, die australische Atomic Energy Commission und die amerikanische Northrop Corporation. Auch der Autor des 1972 erschienenen Lehrbuchs „Computational Fluid Dynamics" (Roache 1972) konnte auf Erfahrungen in einer Kern-

---

[11] https://en.wikipedia.org/wiki/Air_Force_Research_Laboratory (Abruf: 20.9.2021). Siehe dazu auch (Liebowitz 1985).

waffenschmiede zurückgreifen, die Sandia Laboratories in Albuquerque, New Mexico. Der Titel seines Lehrbuchs gab der neuen Disziplin auch ihren Namen. „For brevity, that book will be referred to as ‚CFD' in this paper", schrieb er zwei Jahre später in einem Übersichtsartikel über „Recent Developments and Problem Areas in Computational Fluid Dynamics," der aus einem Vortrag bei der „First International Conference on Computational Methods in Nonlinear Mechanics" an der University of Texas in Austin hervorging (Roache 1974). Darin werden nicht nur „Reports" aus den US-amerikanischen Kernwaffenschmieden zitiert, sondern auch aus Institutionen wie den United Aircraft Research Laboratories oder dem Air Force Flight Dynamics Laboratory.

Die Air Force förderte auch grundlegende Arbeiten zur Strömungsmechanik, was man dem Titel der einschlägigen Förderprogramme nicht auf den ersten Blick ansieht. Bei der Northrop Corporation führte man zum Beispiel theoretische Untersuchungen zur Grenzschichtstabilität durch, die von der Air Force dem Förderprogramm „Application of Laminar Flow Control Technology to Optimum Supersonic Cruise" zugerechnet wurden (Raetz, Brown 1966). In Großbritannien wurden unter ähnlichen Vorzeichen ebenfalls grundlegende Arbeiten zur numerischen Strömungsrechnung gefördert. Michael Gaster (*1932), ein Professor am College of Aeronautics in Cranfield, lieferte mit den Mitarbeitern der „Computer Unit" an der Universität von Edinburgh dazu in den 1960er-Jahren wichtige Beiträge. Die Cranfield University war ursprünglich eine Hochschule der Royal Air Force und rühmt sich bis heute dieser Tradition: „Through the 1950s and 1960s, the development of many aspects of aircraft research and design led to considerable growth and diversification into other areas such as manufacturing and management." (Cranfield University 2022). Gasters Forschungen galten vorwiegend den elementaren Prozessen beim Turbulenzübergang; sie trugen ihm die Mitgliedschaft in der Royal Society ein. „His work is marked by a unification of theoretical ideas with experiment, partly brought about by ingenious use of computational methods", heißt es in einer Würdigung der Royal Society (The Royal Society 2022).

Gegen Ende der 1960er-Jahre lässt sich die Disziplinbildung neben den ersten Lehrbüchern auch an einschlägigen Fachzeitschriften ablesen. Numerisch auf dem Computer erzeugte Ergebnisse von Strömungsberechnungen konnten jetzt nicht nur in älteren Organen wie „Physics of Fluids" und „Journal of Fluid Mechanics" publiziert werden, sondern auch in dem 1966 gegründeten „Journal of Computational Physics" oder in den Proceedings internationaler Konferenzen über „Numerical Methods in Fluid Mechanics", die seit 1969 an wechselnden Orten in aller Welt stattfanden und in der Springer-Reihe „Lecture Notes in Physics" veröffentlicht wurden. In den 1970er-Jahren kamen weitere Fachorgane hinzu wie „Computer & Fluids" (1973) oder „Notes on Numerical Fluid Mechanics" (1978). Letztere gingen aus einer Initiative der GAMM hervor, die 1974 einen „Fachausschuss für Numerische Methoden in der Strömungsmechanik" gegründet hatte und seit 1975 „GAMM-Workshops on Numerical Methods in Fluid Mechanics" veranstaltete (Weiland, Hirschel 2009).

An den Lehrbüchern, Fachorganen und Konferenzen lässt sich auch die wachsende Internationalisierung der numerischen Strömungsmechanik ablesen. Auch wenn die neuesten Supercomputer nach wie vor denselben Einrichtungen vorbehalten blieben, die im Kalten Krieg in den Genuss nie versiegender staatlicher Gelder kamen, konnte sich in den 1970er-Jahren bereits eine Vielzahl von Forschungsinstituten durchaus leistungsfähige Computer leisten. Dafür sorgte schon der rasante, auf die Rechenleistung bezogene Preisverfall. Die Kosten für eine Computerberechnung verringerten sich von den 1950er bis zu den 1970er-Jahren etwa alle acht Jahre um den Faktor zehn. Gleichzeitig wurden immer leistungsfähigere Algorithmen für die Berechnung spezifischer Strömungsprobleme entwickelt. In der Summe kam es zwischen 1965 und 1975 bei der Anwendung des Computers für die Berechnung von Strömungen, wie sie für die Flugzeugaerodynamik anfielen, beinahe zu einer hundertfachen Effektivitätssteigerung (Chapman 1979, Abb. 1 und 2). Damit stieg auch die Zahl von numerischen Strömungsberechnungen sowie von Forschern, die sich auf diesem Gebiet profilieren wollten. 1970 wurden bei der zweiten internationalen Konferenz über „Numerical Methods in Fluid Mechanics" bereits 65 Arbeiten vorgestellt. „The Conference was divided into seven sessions [...] Contributions from many countries were made, including important papers from the USA, the USSR, France, Germany, England, Holland, Canada and Australia." (Holt 1971).

9 Ausblick

Wählt man die ersten Berechnungen auf dem IAS-Computer Anfang der 1950er-Jahre als Ausgangspunkt, so dauerte es etwa zwei Jahrzehnte, bis sich die numerische Strömungsmechanik international unter dem Namen „Computational Fluid Dynamics" (CFD) als ein neues Fachgebiet mit einer breiten Anwendungspalette bemerkbar machte. Sowohl die zuerst für den Computer aufbereiteten Strömungsprobleme, als auch die damit verbundenen Personen und Schauplätze verweisen auf den Kalten Krieg als Treibsatz für ihre Entwicklung. Die Herausbildung als immer breiter verankertes Fach ging dabei Hand in Hand mit der rasant fortschreitenden Computerentwicklung. CFD war jedoch keine bloße Folge neuer Computertechnik, sie beschleunigte im Gegenzug auch deren Entwicklung. Die Forderung nach numerischen Strömungsberechnungen in den Atomwaffenlaboratorien und für die numerische Wettervorhersage bescherte der CFD eine Rolle als Schrittmacher für die Bereitstellung immer leistungsfähigerer Computer. Schon das von John von Neumann beschworene Desiderat des Computers als Ersatz für den Windkanal war nicht Ergebnis, sondern Anstoß für eine immer weiter forcierte Computerentwicklung bei den Einrichtungen des militärisch-industriell-akademischen Komplexes.

Dabei stellte die numerische Strömungsmechanik nicht einfach nur ein neues, auf Computeranwendungen spezialisiertes Ingenieurfach dar; sie bereitete auch für grundlegende physikalische Forschungen den Boden. Harvard Lomax (1922–1999), der im Ames Research Center der NASA die neue Computational Fluid Dynamics Branch leitete, wurde mit dem Projekt eines „numerischen Windkanals" auch zum Experten auf dem Gebiet der Turbulenzforschung (Lomax 1976). Mit der Modellierung turbulenter Strömungen erlebte das alte, schon um 1900 formulierte

"Turbulenzproblem" eine Renaissance. Daran wurde einmal mehr deutlich, wie vor dem Hintergrund anwendungsnaher Forschungen wissenschaftliche Grundlagenprobleme neue Aktualität erhielten.

Die immer leistungsfähigeren Computer, so prognostizierten die numerischen Strömungsforscher am Ames Research Center der NASA, führten auch zu einer neuen Rollenverteilung zwischen Experiment und Computer bei der Simulierung physikalischer Phänomene (Chapman et al. 1975, S. 23). Auch in der Astro- und Plasmaphysik wurde (und wird) mit numerischen Experimenten das Verhalten von Strömungen untersucht, die sich dem Realexperiment im Labor entziehen. Das Computerexperiment erlangte zwischen der Theorie und dem Experiment einen eigenen Stellenwert. Wie beim Turbulenzproblem sind auch bei irdischen und kosmischen Plasmaströmungen die Trennlinien zwischen Anwendungs- und Grundlagenforschung fließend.

Obwohl die numerische Strömungsmechanik im Kalten Krieg nur auf wenige Forschungszentren mit Supercomputern beschränkt war, wurde sie zu einer Universalwissenschaft. Sie überschreitet traditionelle Disziplingrenzen und lässt sich in keine der üblichen Forschungskategorien (experimentell, theoretisch, anwendungs- versus grundlagenorientiert etc.) einordnen. Wie es dazu kam, bedarf mit Blick auf die betroffenen Fachrichtungen weiterer wissenschaftshistorischer, -theoretischer und -soziologischer Untersuchungen.

Literatur

Alder, Berni; Fernbach, Sidney; Rotenberg, Manuel (Hrsg.): Methods in Computational Physics, Bd. 3: Hydrodynamics. New York: Academic Press 1964.

Amaya, Leland H.: The 701 Installation at Lockheed Aircraft. In: Annals of the History of Computing 5 (1983), S. 184–185.

Anderson, John D. J.: Computational Fluid Dynamics. New York: McGraw-Hill, Inc. 1995.

Anderson, John D. J.: A History of Aerodynamics. Cambridge, UK: Cambridge University Press 1997.

Aspray, William: John von Neumann and the Origins of Modern Computing. Cambridge, MA: MIT-Press 1990.

Baker, C. L.: The 701 at Douglas, Santa Monica. In: Annals of the History of Computing 5 (1983), S. 187–193.

Barber, Gordon: Ballisticians in War and Peace. A History of the United States Army Ballistic Research Laboratories, Bd. 1. 1914–1956. Aberdeen, MD: Aberdeen Proving Ground 1956.

Betchov, Robert; Criminale, William O. Jr.: Stability of Parallel Flows. New York, London: Academic Press 1967.

Bethe, Hans A.: Introduction. In: Fernbach, Sidney; Taub, A. H. (Hrsg.): Computers and Their Role in the Physical Sciences. New York: Gordon and Breach Science Publisher 1970, S. 1–9.

Booß-Bavnbek, Bernhelm; Høyrup, Jens (Hrsg.): Mathematics and War. Basel: Birkhäuser 2003.

Brennan, Jean F.: The IBM Watson Laboratory at Columbia University: A History. Armonk, NY: IBM 1971, http://www.columbia.edu/cu/computinghistory/brennan/ (Abruf: 26.11.2021).

Cairns, Stewart S.: Fluid Dynamics and Related Problems. In: Weaver, Warren; Bush, Vannevar; Conant, James B. (Hrsg.): Summary Technical Report of the Applied Mathematics Panel, NDRC, Bd. 1: Mathematical Studies Relating to Military Physical Research. Washington D.C.: NDRC 1946, S. 9–68.

Chapman, Dean R.: Computational Aerodynamics Development and Outlook. In: AIAA Journal 17 (1979), S. 1293–1313.
Chapman, Dean R.; Mark, Hans; Pirtle, Melvin W.: Computer Vs. Wind Tunnels for Aerodynamic Flow Simulations. In: Astronautics and Aeronautics 13 (1975), Nr. 4, S. 22–35.
Charney, Jule; Fjörtoft, Ragnar; Neumann, John von: Numerical Integration of the Barotropic Vorticity Equation. In: Tellus 2 (1950), S. 237–254.
Corrsin, Stanley: Turbulent Flow. In: American Scientist 49 (1961), S. 300–325.
Courant, Richard; Friedrichs, Kurt O.; Lewy, Hans: Über die partiellen Differenzengleichungen der mathematischen Physik. In: Mathematische Annalen 100 (1928), S. 32–74.
Cranfield University: History and Heritage, 2022, https://www.cranfield.ac.uk/about/history-and-heritage (Abruf: 5.10.2022).
Dahan Dalmedico, Amy: History and Epistemology of Models: Meteorology (1946–1963) as a Case Study. In: Archive for History of Exact Sciences 55 (2001), S. 395–422.
Eckert, Michael: The Troublesome Birth of Hydrodynamic Stability Theory: Sommerfeld and the Turbulence Problem. In: European Physical Journal History 35 (2010), S. 29–51.
Edwards, Paul N.: A Brief History of Atmospheric General Circulation Modeling. In: Randall, David A. (Hrsg.): General Circulation Model Development, Past Present and Future: The Proceedings of a Symposium in Honor of Akio Arakawa. New York: Academic Press 2000, S. 67–90.
Edwards, Paul N.: A Vast Machine: Computer Models, Climate Data, and the Politics of Global Warming. Cambridge, MA: MIT Press 2010.
Electronic Computer Project Staff: Final Report on Contract No. DA-36-034-ORD-1330. The Institute of Advanced Study, December 1954, S. II-1, https://archive.org/details/finalreportoncon1330inst (Abruf: 1.6.2019).
Emmons, Howard W.: Critique of Numerical Modeling of Fluid – Mechanical Phenomena. In: Annual Reviews of Fluid Mechanics 2 (1970), S. 15–36.
Fernbach, Sidney; Taub, Abraham H.: Computers and Their Role in the Physical Sciences. New York: Gordon and Breach Science Publisher 1970.
Feynman, Richard P.: Reminiscences of Los Alamos 1943–1945. In: Badash, Lawrence; Hirschfelder, Joseph O.; Broida, Herbert P. (Hrsg.): Los Alamos From Below. Dordrecht: D. Reidel Publishing Company 1980.
Fischer, Froese: Douglas Rayner Hartree. His Life in Science and Computing. Singapore: World Scientific 2003.
Fitzpatrick, Anne: Igniting the Light Elements: The Los Alamos Thermonuclear Weapon Project, 1942–1952. Diss. Virginia Polytechnic Institute and State University, 1998.
Fox, L. (Hrsg.): Numerical Solution of Ordinary and Partial Differential Equations. Based on a Summer School Held in Oxford, August–September 1961. Oxford: Pergamon Press 1962.
Fromm, Jacob E.: A Method for Computing Non-Steady, Incompressible Viscous Fluid Flows, Los Alamos Scientific Laboratory Report Number LA-2910, 1963, https://apps.dtic.mil/dtic/tr/fulltext/u2/a385038.pdf (Abruf: 2.6.2019).
Fromm, Jacob E.; Harlow, Francis H.: Numerical Solution of the Problem of Vortex Street Development. In: Physics of Fluids 6 (1963), S. 975–982.
Gleick, James: Chaos: Making a New Science. New York: Penguin 1987.
Goldstine, Herman H.: The Computer, From Pascal to von Neumann. Princeton: Princeton University Press 1972.
Goldstine, Herman H.: A History of Numerical Analysis From the 16th Through the 19th Century. New York, Heidelberg: Springer 1977.
Haigh, Thomas; Priestley, Mark; Rope, Crispin: ENIAC in Action: Making and Remaking the Modern Computer. Cambridge, MA: MIT-Press 2016.
Harlow, Francis H.: The Particle-in-Cell Computing Method for Fluid Dynamics. In: Methods of Computational Physics 3 (1964), S. 319–343.
Harlow, Francis H.; Fromm, Jacob E.: Computer Experiments in Fluid Dynamics. In: Scientific American (1965), S. 104–110.

Harlow, Francis H.; Shannon, John P.: The Splash of a Liquid Drop. In: Journal of Applied Physics 38 (1967), S. 3855–3866.
Harlow, Francis H.; Welch, J. Eddie: Numerical Calculation of Time-Dependent Viscous Incompressible Flow of Fluid with Free Surface. In: Physics of Fluids 8 (1965), S. 2182–2189.
Harper, Kristine C.: Research From the Boundary Layer: Civilian Leadership, Military Funding and the Development of Numerical Weather Prediction (1946–55). In: Social Studies of Science 33 (2003), S. 667–696.
Harper, Kristine C.: Weather by the Numbers: The Genesis of Modern Meteorology. Cambridge, MA: The MIT Press 2008.
Hencky, Heinrich: Die numerische Bearbeitung von partiellen Differenzialgleichungen in der Technik. In: ZAMM 2 (1922), S. 58–66.
Herring, Jackson R.: Subgrid Scale Modeling. An Introduction and Overview. In: Durst, F. et al. (Hrsg.): Turbulent Shear. Berlin: Springer (1979), S. 347–352.
Hoddeson, Lillian; Henriksen, Paul W.; Mead, Roger A.; Westfall, Catherine: Critical Assembly. A Technical History of Los Alamos During the Oppenheimer Years, 1943–1945. Cambridge: Cambridge University Press 1993.
Holt, Maurice (Hrsg.): Proceedings of the Second International Conference on Numerical Methods in Fluid Dynamics. September 15–19, 1970. Berkeley: University of California 1971.
Institute for Advanced Study, Electronic Computer Project: Final Report on Contract No. DA-36-034-ORD-1646. Part II (Computer Use) for the period from 1 July 1954 to 31 December 1956, https://archive.org/details/finalreportoncon02inst (Abruf: 1.6.2019).
IT History Society: Mr. Francis Harvey Harlow, http://www.ithistory.org/honor-roll/mr-francis-harvey-harlow (Abruf: 2.6.2019).
Kaisler, Stephen H.: Birthing the Computer. From Drums to Cores. Newcastle Upon Tyne: Cambridge Scholars Publishing 2017.
Kawaguti, Mitutosi: Numerical Solution of the Navier-Stokes Equations for the Flow Around a Circular Cylinder at Reynolds Number 40. In: Journal of the Physical Society of Japan 8 (1953), Nr. 6, S. 747–757.
Kishi, Tad: The 701 at Lawrence Livermore Laboratory. In: Annals of the History of Computing 5 (1983), S. 206-210.
Lanford, Oscar: Appendix to Lecture VII: Computer Pictures of the Lorenz Attractor. In: Bernard, Peter; Ratiu, Tudor (Hrsg.): Turbulence Seminar. Berkley 1976/77. Berlin, Heidelberg, New York: Springer-Verlag, 1977, S. 113–116.
Launder, Brian E.; Spalding, D. B.: The Numerical Computation of Turbulent Flows. In: Computer Methods in Applied Mechanics and Engineering 3 (1974), S. 269–289.
Lax, Peter D.: Hyperbolic Difference Equations: A Review of the Courant – Friedrichs-Lewy Paper in the Light of Recent Developments. In: IBM Journal of Research and Development 11 (1967), S. 235–238.
Lazarus, Roger B.; Voorhees, Edward A.; Wells, Mark B.; Worlton, W. J.: Computing at LASL in the 1940s and 1950s. Los Alamos National Laboratory 1978 – Forschungsbericht. LA-6943-H.
Lees, Lester; Reshotko, Eli: Stability of the Compressible Laminar Boundary Layer. Paper presented at Boundary Layer Research Meeting, AGARD, NATO, April 25–29, 1960, London, England.
Liebowitz, Ruth P.: Chronology. From the Cambridge Field Station to the Air Force Geophysics Laboratory. Bedford, MA: Air Force Geophysics Laboratory, Hanscom Air Force Base 1985, https://apps.dtic.mil/dtic/tr/fulltext/u2/a164501.pdf (Abruf: 2.6.2019).
Lomax, Harvard: Turbulence and Numerical Wind Tunnels. In: Ortega, James M. (Hrsg.): Computer Science and Scientific Computing. Proceedings of the Third ICASE Conference on Scientific Computing, Williamsburg, Virginia, April 1 and 2, 1976. Williamsburg, Virginia 1976, S. 127–153.
Lorenz, Edward N.: Deterministic Nonperiodic Flow. In: Journal of the Atmospheric Sciences 20 (1963), S. 130–141.
Lorenz, Edward N.: The Essence of Chaos. London: UCL Press 1995.

Lorenz, Edward N.: Reflections on the Conception, Birth, and Childhood of Numerical Weather Prediction. In: Annual Reviews of Earth and Planetary Sciences 34 (2006), S. 37–45.

Lynch, Peter: The Emergence of Numerical Weather Prediction: Richardson's Dream. Cambridge: Cambridge University Press 2006.

MacKenzie, Donald: The Influence of the Los Alamos and Livermore National Laboratories on the Development of Supercomputing. In: Annals of the History of Computing 13 (1991), S. 179–201.

McCool, Thomas E.: NSA's Defense Calculator, 1952–1953. In: Annals of the History of Computing 5 (1983), S. 186-187.

Mehmke, Rudolf: Numerisches Rechnen. In: Encyklopädie der mathematischen Wissenschaften I F (1902), S. 938–1079.

Mehrtens, Herbert: Angewandte Mathematik und Anwendungen der Mathematik im nationalsozialistischen Deutschland. In: Geschichte und Gesellschaft 12 (1986), S. 317–347.

Metropolis, Nicholas; Nelson, Eldred C.: Early Computing at Los Alamos. In: Annals of the History of Computing 4 (1982), S. 348–357.

Moin, Parviz; Mahesh, Krishnan: Direct Numerical Simulation: A Tool in Turbulence Research. In: Annual Review of Fluid Mechanics 30 (1998), S. 539–578.

National Intelligence University, Anthony G. Oettinger School of Science and Technology Intelligence, 2022, http://ni-u.edu/wp/academics/schools/college-of-science-and-technology-intelligence/ (Abruf: 5.10.2022).

Neumann, John von: The Principles of Large-Scale Computing Machines (Wiedergabe einer Rede vom 15. Mai 1946, eingeleitet und kommentiert von Nancy Stern). In: Annals of the History of Computing 3 (1981), S. 263–273.

Oettinger, Anthony G.: The Uses of Computers in Science. In: Scientific American (1966), S. 161–172.

Owens, Larry: Mathematicians at War: Warren Weaver and the Applied Mathematics Panel, 1942–1945. In: Rowe, David E.; McCleary, John (Hrsg.): The History of Modern Mathematics, Bd. 2. Boston: Academic Press 1989, S. 286–305.

Pasta, John R.; Ulam, Stanislaw: Heuristic Numerical Work in Some Problems of Hydrodynamics. In: Mathematical Tables and Other Aids to Computation 13 (1959), S. 1–12.

Platzman, George W.: The ENIAC Computations of 1950 – Gateway to Numerical Weather Prediction. In: Bulletin of the American Meteorological Society 60 (1979), S. 302–312.

Raetz, Gibbs, S.; Brown, Byron W.: Theoretical Investigations of Boundary Layer Stability. Air Force Flight Dynamics Laboratory, Report AFFDL TR 64-184, 1966, http: //contrails.iit.edu/reports/8133 (Abruf: 2.6.2019).

Reshotko, Eli: Boundary-Layer Stability and Transition. In: Annual Reviews of Fluid Mechanics 8 (1976), S. 311–349.

Rhodes, Richard: Dark Sun. The Making of the Hydrogen Bomb. New York: Simon and Schuster 1995.

Richtmyer, Robert D.; Morton, K. W.: Difference Methods for Initial-Value Problems. Hoboken, NJ: Interscience Publishers, Inc. 1957.

Roache, Patrick J.: Computational Fluid Dynamics. Albuquerque: Hermosa Publishers 1972.

Roache, Patrick J.: Recent Developments and Problem Areas in Computational Fluid Dynamics. In: Lecture Notes in Mathematics (Computational Mechanics) 461 (1974), S. 195–256.

Rojas, Raúl; Hashagen, Ulf: The First Computers. History and Architectures. Cambridge, MA: MIT Press 2000.

The Royal Society: Michael Gaster, 2022, https://royalsociety.org/people/michael-gaster-11483/ (Abruf: 25.10.2022).

Ruelle, David: Strange Attractors. In: The Mathematical Intelligencer 2 (1980), Nr. 3, S. 126–137.

Runge, Carl; Willers, Friedrich A.: Numerische und graphische Quadratur gewöhnlicher und partieller Differentialgleichungen. In: Encyklopädie der mathematischen Wissenschaften II C2 (1915), S. 47–176.

Ryckman, George F.: The IBM 701 Computer at the General Motors Research Laboratories. In: Annals of the History of Computing (5) 1983, S. 210–212.

Seidel, Robert W.: Science Policy and the Role of the National Laboratories. In: Los Alamos Science 21 (1993), S. 218–226.
Smagorinsky, Joseph: The Beginnings of Numerical Weather Prediction and General Circulation Modeling: Early Recollections. In: Advances in Geophysics 25 (1983), S. 3–37.
Tanner, Roger I.; Tanner Elizabeth: Heinrich Hencky: A Rheological Pioneer. In: Rheologica Acta 42 (2003), S. 93–101.
Thom, Alexander: The Flow Past Circular Cylinders at Low Speeds. In: Proceedings of the Royal Society of London A 141 (1933), S. 651–669.
Thom, Alexander; Apelt, Colin F.: Field Computations in Engineering and Physics. London: Van Nostrand Company 1961.
Thomas, Llewellyn H.: The Stability of Plane Poiseuille Flow. In: Physical Review 91 (1953), S. 780–783.
Thornton, James E.: The CDC 6600 Project. In: Annals of the History of Computing 2 (1980), S. 338–348.
Voorhees, Edward A.: Recollections of the 701 at Los Alamos. In: Annals of the History of Computing 5 (1983), S. 177–178.
Weart, Spencer: The Development of General Circulation Models of Climate. In: Studies in History and Philosophy of Modern Physics 41 (2010), S. 208–217.
Weiland, Claus; Hirschel, Ernst Heinrich: The Origin of the Series in the GAMM-Committee for Numerical Methods in Fluid Mechanics. In: Hirschel, Ernst Heinrich; Krause, Egon (Hrsg.): 100 Volumes of „Notes on Numerical Fluid Mechanics". 40 Years of Numerical Fluid Mechanics and Aerodynamics in Retrospect. Berlin, Heidelberg: Springer 2009, S. 19–28.

Algorithmen, Politik und wissenschaftliche Standards: Wie die Klimavorhersage die Kultur der Klimawissenschaft veränderte

Matthias Heymann

Zusammenfassung

In diesem Beitrag steht die Klimaprognostik, die der gesellschaftlichen und politischen Planung dienen soll, als spezielle und außerordentlich einflussreiche Ausprägung einer algorithmisch-numerischen Wissenskultur im Vordergrund. Die computergestützte Klimamodellierung hat die Klimaforschung tiefgreifend verändert und zu einer physikalischen Wissenschaft gemacht. Sie repräsentiert einen fundamentalen Kulturwandel in der Erforschung des Klimas. Es ist die These dieses Beitrags, dass die Entwicklung der Klimamodellierung von einer heuristischen Modellnutzung, die dem wissenschaftlichen Verständnis der Atmosphäre diente, zu einer prognostischen Nutzung der Klimamodelle – der Simulation möglicher zukünftiger Klimazustände – einen weiteren tiefgreifenden Kulturwandel repräsentierte. Der Beitrag möchte die Diskussion über algorithmisch-numerische Wissenskulturen im Hinblick auf folgende Aspekte weiterführen: Erstens handelt es sich bei der Klimamodellierung nicht um eine einheitliche und monolithische Wissenskultur. Zweitens spiegeln die Entwicklung und die verschiedenen Ausprägungen der Klimamodellierung die unterschiedlichen politischen und kulturellen Kontexte wider, in denen sie entstanden – dies zeigen die Beispiele der Klimaprognostik in den USA und in Großbritannien in den 1970er-Jahren. Drittens dominierten politische und kulturelle Faktoren die Veränderungsdynamik der (Wissenschafts-)Kultur, die allerdings angeheizt und beschleunigt wurde durch das Potenzial digitaler Computer und die Forschungsstrategie der Modellierung.

M. Heymann (✉)
Aarhus University, Aarhus, Dänemark
E-Mail: matthias.heymann@css.au.dk

1 Einleitung

Die Zukunft und ihre Planung sind zu einem viel beachteten Thema in der zeithistorischen Forschung geworden.[1] In diesem Beitrag steht die Klimaprognostik, die der gesellschaftlichen und politischen Planung dienen soll, als spezielle und außerordentlich einflussreiche Ausprägung einer algorithmisch-numerischen Wissenskultur im Vordergrund. Die computergestützte Klimamodellierung hat die Klimaforschung tiefgreifend verändert und zu einer physikalischen Wissenschaft gemacht (Heymann 2009; Heymann 2010, S. 590–92). Computermodelle der Atmosphäre, sogenannte General Circulation Models (GCMs), repräsentieren eine Forschungsstrategie, die das quantitative Verständnis von atmosphärischen Prozessen und deren komplexem Zusammenwirken dramatisch verbessert und ein neues Verständnis von Klima hervorgebracht hat. Klima wird mit der Durchsetzung der Klimamodellierung nicht mehr als lokale und regionale Charakteristik der Atmosphäre, sondern als ein komplexes globales System interpretiert (Heymann und Achermann 2018).

Es ist die These dieses Beitrags, dass die Entwicklung der Klimamodellierung von einer heuristischen Modellnutzung, die dem wissenschaftlichen Verständnis der Atmosphäre diente, zu einer prognostischen Nutzung der Klimamodelle – einer Simulation möglicher zukünftiger Klimazustände – einen weiteren tiefgreifenden Kulturwandel repräsentierte, der mit einer Verschiebung wissenschaftlicher Praktiken und epistemischer Normen einherging. Die Klimaprognostik ist ein Beispiel für weit verbreitete Praktiken in vielen wissenschaftlichen und gesellschaftlichen Sektoren, prognostisches Wissen mit Hilfe von Computersimulationen bereitzustellen. Es stellt sich dabei die allgemeinere Frage, inwieweit die Flexibilität, die einfache Anwendbarkeit und die gesellschaftliche Akzeptanz und Autorität von algorithmisch-numerischen Simulationsverfahren besondere Anreize darstellen oder sogar dazu verführen, diese Verfahren für prognostische Zwecke einzusetzen, und welche wissenschaftlichen (oder anderen) Qualitätsstandards dabei ggf. Anwendung finden (oder eben nicht angewendet werden).

Spielten Vorhersagen zu gesellschaftlichen Belangen in allen historischen Epochen eine bedeutende Rolle, scheinen sie seit dem 19. Jahrhundert in besonderem Maße Konjunktur gehabt zu haben (Minois 1998; Pietruska 2017; Heymann et al. 2017b). Im Zeitraum des frühen Kalten Kriegs in den 1950er und 1960er-Jahren war der Glaube an die Möglichkeiten für auf Wissenschaft gegründete Vorhersagen besonders ausgeprägt und dies führte zu einer Ausweitung und Professionalisierung prognostischer Techniken. Wissenschaftsgläubigkeit und Planungseuphorie prägten die Politik. In den 1970er-Jahren erfolgte in dieser Hinsicht eine tiefe Zäsur. Dem wirtschaftlichen Boom folgten Krisenerfahrungen, wirtschaftliche Stagnation, Vietnamkrieg, Ölpreiskrisen, Umweltverschmutzung und gesellschaftliche Konflikte, die Verunsicherung, Verlusterfahrungen und politische und kulturelle Umbrüche verursachten. Gemeinhin als „Epochenwende" oder gar „Strukturbruch" beschrieben, veränderte sich in dieser Dekade auch der Blick auf die Zukunft (Kaelble 2010; Doering-Manteuffel und Lutz 2008; Jarausch 2008; Ferguson et al. 2010).

---

[1] Z. B. (Graf und Herzog 2016; Radkau 2017; Seefried 2015; Heymann et al. 2017).

Zu den viel beschriebenen Umbrüchen zählt ein radikal neues Verständnis der natürlichen Umwelt, die als systemisch vernetzt, fragil und gefährdet beschrieben wurde. Grenzen von Ressourcenausbeutung und ökonomischem Wachstum gerieten in den Blick und ließen apokalyptische Zukunftsvisionen florieren (McCormick 1989; Hamblin 2013). Ein kleiner, aber sehr einflussreicher Kreis von WissenschaftlerInnen, Industriellen und PublizistInnen, wie z. B. die Mitglieder des sogenannten Club of Rome, sahen die Wissenschaft in der Pflicht, die gefährdete Zukunft systematisch zu untersuchen, um das Wissen, aber auch die politische Aufmerksamkeit für ein politisches Umsteuern zu erzeugen, mit dem Ziel, apokalyptische Krisen zu verhindern (Egan 2007; Sabin 2013; Elichirigoity 1999; Seefried 2015). Viele dieser Bemühungen liefen jedoch ins Leere. Konservative KritikerInnen zogen die epistemischen und ideologischen Grundlagen dieser „Krisenwissenschaft" (Egan 2017) in Zweifel und formulierten entgegengesetzte Positionen (Vieille Blanchard 2010), wissenschaftliche Uneinigkeiten beförderten einen Glaubwürdigkeitsverlust von Wissenschaft, die Planungseuphorie der 1960er-Jahre und die Zuversicht in die Handlungs- und Steuerungsfähigkeit des Staates wurden untergraben und beförderten die Wende zum Neoliberalismus (Weingart 2005; Herken 2000; Seefried 2015a; O'Hara 2015; Nützenadel 2005). In diesem Kontext scheint es nur zu verständlich, dass auch die Futurologie Ende der 1970er-Jahre ihren Höhepunkt überschritten hatte (Seefried 2015).

Die Entwicklung der Klimaforschung spiegelte die ideologischen Konflikte dieser Zeit. Sie zeigt insbesondere, dass das Interesse an der Zukunft, das zuvor die Futurologie demonstrierte, keineswegs an Bedeutung verlor, sondern dass in den 1970er-Jahren vielmehr die Basis für einen neuen Blick in die Zukunft geschaffen wurde. In eben diesem Jahrzehnt entstanden de facto die Grundlagen der Klimaprognostik, die am Ende des 20. Jahrhunderts Klimawissenschaft, Klimaverständnis und Klimapolitik maßgeblich prägten. Während umfassende futurologische Ansätze an Überzeugungskraft verloren, repräsentierte die Klimaprognostik eine professionelle, spezialisierte Futurologie. Die Voraussetzung dafür waren eine radikale Neuinterpretation der sogenannten CO_2-Frage, die Weiterentwicklung der wissenschaftlichen und technischen Grundlagen der computergestützten Klimasimulation und eine – z. T. stillschweigende – Verschiebung wissenschaftlicher und epistemischer Standards. Diese Entwicklungen waren umkämpft und umstritten und zunächst keineswegs mehrheitsfähig. Sie setzten sich aber innerhalb weniger Jahre aus politischen Gründen durch und legten die Basis für die Entstehung einer Kultur der Klimaprognostik.[2]

Dieser Beitrag möchte die Diskussion über algorithmisch-numerische Wissenskulturen im Hinblick auf folgende Aspekte weiterführen: Erstens handelte es sich bei der Klimamodellierung nicht um eine einheitliche und monolithische Wissenskultur. Sie entwickelte sich vielmehr in unterschiedlichen Ausprägungen, zunächst, in den 1950er- und 1960er-Jahren, als heuristische Forschungsstrategie, die dem besseren Verständnis der Atmosphäre diente, seit den 1970er-Jahren jedoch zunehmend als prognostische Technik, die sich der langfristigen Vorhersage von Klima-

---

[2] Zum Begriff der Voraussagekultur siehe (Heymann et al. 2017b).

veränderungen widmete. Zweitens spiegelten die Entwicklungen und verschiedenen Ausprägungen von Praktiken und Zielen der Klimamodellierung die unterschiedlichen politischen und kulturellen Kontexte wieder, in denen sie entstanden. So unterschieden sich wissenschaftliche und politische Auffassungen und Interessen in den USA und in Großbritannien in den 1970er-Jahren, was zu unterschiedlichen Prioritäten, Entwicklungen und Interpretation der Klimaprognostik in diesen Ländern führte. Drittens dominierten politische und kulturelle Faktoren die Veränderungsdynamik der Kultur der Klimamodellierung, z. B. durch unterschiedliche Werte und Einflussmöglichkeiten relevanter Akteure.

2 Klimamodellierung als algorithmisch-numerische Wissenskultur

Im 19. Jahrhundert bemühten sich VertreterInnen der dynamischen Meteorologie vergeblich darum, ein umfassendes physikalisches Verständnis von atmosphärischen Prozessen und Entwicklungen von Wetter und Klima hervorzubringen. Die Versuche, bekannte physikalische Gesetze der Hydrodynamik und Thermodynamik auf die Atmosphäre anzuwenden und meteorologische Prozesse zu berechnen, stießen wegen der Komplexität der Atmosphäre auf enge Grenzen (Kutzbach 1979). Meteorologie und Klimatologie blieben in großem Maße deskriptiven Methoden verhaftet und hatten deshalb einen niedrigeren Status als wissenschaftliche Disziplinen.

Einen wichtigen Meilenstein stellten die 1904 von dem norwegischen Physiker Vilhelm Bjerknes (1862–1951) formulierten, sogenannten „primitiven Gleichungen" dar, die im Prinzip den Zustand der Atmosphäre für jeden Punkt in Zeit und Raum beschrieben. Die „primitiven Gleichungen" repräsentieren die relevanten physikalischen Gesetzmäßigkeiten und beinhalten Bewegungsgleichungen für den horizontalen Wind, die hydrostatische Grundgleichung, die Massenerhaltungsgleichung, die Energieerhaltungsgleichung und das ideale Gasgesetz.[3] Der Ausdruck primitiv hat dabei die Bedeutung von grundlegend oder ursprünglich. Tatsächlich handelt sich um ein sehr komplexes System nicht-linearer partieller Differenzialgleichungen, die analytisch nicht lösbar sind. Die physikalische Theorie stieß deshalb bei komplexen Systemen wie Wetter und Klima an prinzipielle Grenzen der Anwendbarkeit.[4]

Nur numerische Näherungsverfahren erlaubten eine Lösung dieser oder abgeleiteter Differenzialgleichungssysteme, mit denen für Rasterelemente und Zeitintervalle (statt für alle Punkte in Raum und Zeit) näherungsweise Lösungswerte berechnet werden konnten (Richardson 1922; Lynch 2006). Eine numerische Lö-

---

[3] (Bjerknes 1904); siehe auch (Gramelsberger 2009).
[4] Umfassende Darstellungen der Geschichte der Wettermodellierung finden sich in Harper (Harper 2008) und Nebeker (1995). Die umfassendste Darstellung der Klimamodellierung bietet Edwards (2010).

sung der primitiven Gleichungen verursacht jedoch einen so immensen Rechenaufwand, dass sie erst mit Hilfe digitaler Computer und drastisch vereinfachter Versionen der primitiven Gleichungen nach dem Zweiten Weltkrieg realisierbar wurde. Numerische Lösungsverfahren ließen sich durch algorithmische, von Computern ausführbaren Programmen repräsentieren. Dies gelang für ein systematisch vereinfachtes Wettermodell erstmals 1950, ein damals revolutionärer, von den meisten MeteorologInnen nicht für möglich gehaltener Durchbruch.

Die Wettermodellierung berücksichtigte die für kurzfristige Wetteränderungen relevanten Prozesse und berechnete Wettervorhersagen für nur einen oder wenige Tage im Voraus. Längerfristige Vorhersagen waren wegen des chaotischen Charakters atmosphärischer Prozesse nicht möglich. 1955 diente eine vereinfachte Version des Wettermodells dennoch dem Experiment, die atmosphärische Zirkulation über einen Zeitraum von 30 Tagen zu simulieren. Die Simulation erwies sich als überraschend erfolgreich und reproduzierte wesentliche Muster der atmosphärischen Zirkulation (Phillips 1956; Lewis 1998). Das extrem vereinfachte Zirkulationsmodell diente als Basis für sogenannte General Circulation Models (GCMs), die wichtigste Art von Klimamodellen, die seit Anfang der 1960er-Jahre systematisch entwickelt wurden.

Klimamodelle (GCMs) basieren auf Wettermodellen, sind aber komplexer als diese, da eine große Zahl zusätzlicher Parameter wie z. B. das von CO_2 und anderen Substanzen abhängige Strahlungsverhalten der Atmosphäre und eine Vielzahl von Annahmen wie die Entwicklung von Konzentrationen strahlungsrelevanter Stoffe in der Atmosphäre und Rückkopplungsmechanismen bei Abkühlungs- oder Erwärmungsprozessen sowie die Entwicklung der zukünftigen Treibhausgasemissionen für die Simulation zukünftiger Klimaentwicklung berücksichtigt werden müssen. Gleichzeitig haben Klimamodelle eine deutlich geringere räumliche und zeitliche Auflösung als Wettermodelle, rechnen dafür aber über wesentlich größere Zeiträume. Diese Klimamodelle berechnen im Prinzip auch schrittweise die Wetterparameter für alle Rasterelemente, können aber das chaotische Verhalten der Atmosphäre ignorieren, da sie nicht die Aufgabe haben, exakt zu bestimmen, wann und wo ein bestimmtes Wetter auftritt. Als Ergebnis simulieren sie gemittelte Klimazustände und Klimatrends, d. h. für relativ große Raumeinheiten zeitlich und räumlich gemitteltes Wetter. Klimamodelle produzieren keine Vorhersagen, sondern von definierten Annahmen abhängige sogenannte Klimaprojektionen, also mögliche zukünftige Klimazustände.[5]

Die Klimamodellierung repräsentiert, ebenso wie die Wettermodellierung, eine algorithmisch-numerische Wissenschaftskultur. Mit der Wetter- und Klimamodellierung entstanden ein neues, enorm leistungsfähiges Forschungsinstrumentarium, neue Forschungsstrategien sowie neue wissenschaftliche Communities. Die Forschungsstrategie der Modellierung repräsentierte einen revolutionären Wandel und eine grundlegende epistemische Transformation in

---

[5] Eine gute Übersicht bietet (Gramelsberger und Feichter 2011).

Meteorologie und Klimawissenschaft. Das Modell (Wetter- oder Klimamodell) diente als Repräsentation relevanter atmosphärischer Prozesse und war prinzipiell beliebig ausbaubar durch Integration weiterer Prozesse. Es ersetzte in dieser Hinsicht die Theorie als Repräsentation des physikalischen Wissens zu Wetter und Klima – von einigen Wissenschaftlern wurden Klimamodelle noch Anfang der 1970er-Jahre als „Klimatheorie" bezeichnet (Kellogg und Schneider 1974; Heymann und Hundebøl 2017). Andererseits machten computerbasierte Modelle Wetter und Klima (bzw. ihre Modellrepräsentationen) der experimentellen Forschung auf dem Computer zugänglich. Diese Modelle verstanden die WissenschaftlerInnen nicht als realistische Modelle, sondern als praktisch nutzbare Annäherungen der realen Zusammenhänge. Sie beinhalteten notgedrungen zahlreiche Vereinfachungen und Annahmen. Der Näherungscharakter von Modellen und Simulationen warf von vornherein das Problem der Validierung von Modellen und der Simulationsunsicherheiten auf (Heymann 2019).

Es wäre zu einfach, die Entstehung der Klimamodellierung als einheitliche algorithmisch-numerische Wissenskultur zu beschreiben, die auf geteilten Praktiken und Normen gründete. Wie jede Wissenskultur erlebte die Klimamodellierung Veränderungen, spiegelte kulturelle und politische Strömungen ihrer Zeit, erfuhr unterschiedliche Aneignungen und beeinflusste ihrerseits politische und kulturelle Prozesse. Die Strategie der Modellierung diente als wissenschaftliche und kulturelle Ressource sowie als Wegbereiterin und Verstärkerin kultureller Interessen und Umbrüche. Im frühen Kalten Krieg weckte die Aussicht der Erfassbarkeit komplexer Systeme wie Wetter und Klima großen Enthusiasmus und trug zur Wissenschaftseuphorie dieser Zeit bei. Wetter- und Klimamodellierung weckten die Hoffnung nicht nur auf eine zunehmende Vorhersagbarkeit von Wetter- und Klimaereignissen, sondern insbesondere auch auf die aktive Wetter- und Klimabeeinflussung. Gleichzeitig festigte die Modellierung die Autorität der Computertechnik, und die Computertechnik festigte die Autorität der Modellierung.

Trotz der Klimavorhersage, die sich PolitikerInnen von der Klimamodellierung erhofften, diente diese zunächst als experimentelles Werkzeug, um atmosphärische Prozesse mit Hilfe des Computers zu untersuchen, mit mathematischen Mitteln zu beschreiben und besser zu verstehen. Sie war vor 1970 ein kleines, sehr überschaubares Feld, betrieben von lediglich vier Arbeitsgruppen in den USA sowie seit 1963 in sehr viel geringerem Umfang vom britischen Meteorological Office (kurz Met Office). WissenschaftlerInnen entwickelten und nutzten Klimamodelle somit für heuristische Zwecke, nämlich dem Ziel eines besseren Verständnisses der Atmosphäre. Erst seit den 1970er-Jahren vollzog sich ein weiterer tiefgreifender Wandel in der Kultur der Klimamodellierung in Form der Entwicklung prognostischer Klimasimulation. Dieser Umbruch hatte maßgeblich mit der Entstehung der Umweltbewegung und den zunehmenden Befürchtungen eines zukünftigen Klimawandels zu tun. Doch auch die Entwicklung der prognostischen Klimasimulation vollzog sich in unterschiedlichen kulturellen Kontexten in unterschiedlicher Form, wie die folgenden Abschnitte zeigen.

3 Klimamodelle als politisches Instrument: Beispiel USA

Die sogenannte CO_2-Frage spielte in der Klimamodellierung vor 1970 praktisch keine Rolle (Weart 2010; Edwards 2010). Zwar war der Treibhauseffekt bereits im 19. Jahrhundert bekannt und es war naheliegend, dass der CO_2 Gehalt der Atmosphäre durch den Verbrauch fossiler Energien anstieg, doch die globalen Temperaturen stagnierten oder waren seit den 1940er-Jahren sogar rückläufig. Der schwedische Physiker Svante Arrhenius (1859–1927) beschrieb bereits Ende des 19. Jahrhunderts die Aussicht einer Erwärmung durch den Treibhauseffekt, die er als „Klimaverbesserung" bezeichnete. Ende der 1950er-Jahre, als sich die Anzeichen einer Anreicherung von CO_2 in der Atmosphäre verdichteten, sprach der Ozeanograf Roger Revelle (1909–1991) von einem globalen geophysikalischen Experiment, das die Menschheit durchführe. Revelle brachte dieses Problem Mitte der 1960er-Jahre auch der amerikanischen Regierung nahe, was zunächst folgenlos blieb (Weart 2010a).

Erst um 1970, im Kontext der entstehenden Umweltbewegung und der Politisierung der Umweltproblematik, begannen einige WissenschaftlerInnen, die CO_2-Frage radikal als ein gravierendes Menschheitsproblem mit potenziell apokalyptischen Folgen umzudeuten (Heymann und Hundebøl 2017). Im Juli 1970 fand in Williamsburg, Massachusetts, eine über den gesamten Monat andauernde Arbeitskonferenz mit dem Titel „Study of Critical Environmental Problems" (SCEP) statt. Ziel dieser Konferenz war es, „to raise the level of informed public and scientific discussion and action on global environmental problems", wie es im Vorwort des einige Monate später veröffentlichten SCEP Reports hieß (Study of Critical Environmental Problems 1970, S. xiv). Ein Jahr später, im Juli 1971 fand in Stockholm die Folgekonferenz „Study of Man's Impact on Climate" (SMIC 1971) statt. Beide Konferenzen waren von WissenschaftlerInnen mit Blick auf die 1972 in Stockholm geplante Konferenz der Vereinten Nationen über die Umwelt des Menschen organisiert worden, dienten deren Vorbereitung und sollten die Klimaproblematik sichtbar machen.

Einer der Organisatoren der Konferenzen war der Atmosphärenwissenschaftler William Welch Kellogg (1917–2007), der auf Satellitenmeteorologie spezialisiert war, 17 Jahre bei der RAND Corporation gearbeitet hatte und seit 1964 das Laboratory of Atmospheric Science am National Center for Atmospheric Research (NCAR) in Boulder, Colorado, leitete. In einem Hintergrundpapier für die SCEP Konferenz beschrieb Kellogg mit großer Deutlichkeit das Risiko eines Klimawandels:

> „[…] there is the haunting realization that man may be able to change the climate of the planet Earth. This, I believe, is one of the most important questions of our time, and it must certainly rank near the top of the priority list in atmospheric science. (Kellogg 1971, S. 123)"

Ein erstes, vereinfachtes Simulationsexperiment der Pioniere Syokuro Manabe (*1931) und Richard T. Wetherald (1936–2011) Mitte der 1960er-Jahre in Princeton hatte darauf hingewiesen, dass mit steigenden CO_2-Konzentrationen eine Erwärmung zu erwarten sei (Manabe und Wetherald 1967). Kellogg und die TeilnehmerInnen an der SCEP Konferenz, nahmen diese Hinweise sehr ernst und maßen einer möglichen Klimaerwärmung große politische Bedeutung bei. Im SCEP Bericht lautete die Empfehlung:

> „Although we conclude that the probability of direct climate change in this century resulting from CO_2 is small, we stress that the long-term potential consequences of CO_2 effects on the climate or of social reaction to such threats are so serious that much more must be learned about future trends of climate change. Only through these measures can societies hope to have time to adjust to changes that may ultimately be necessary. (Study of Critical Environmental Problems 1970, S. 12)"

In den folgenden Jahren warnte Kellogg wiederholt und mit Dringlichkeit in Congress Hearings und zahlreichen Vorträgen und Zeitungsberichten vor dem Problem möglicher Klimaveränderungen. Dieses Problem hielt er für weitaus gravierender als die Gefahr einer zukünftigen Eiszeit oder die Auswirkung der Emissionen von Überschallflugzeugen, die Anfang der 1970er-Jahre die politische Öffentlichkeit in den USA viel mehr beschäftigten (Peterson et al. 2008; Conway 2005).

Besonders aktiv setzte sich Kelloggs Mitarbeiter Stephen H. Schneider (1945–2010) für die Untersuchung von Klimaveränderungen und die Nutzung von Klimamodellen für die Klimavoraussage ein, nutzte dabei aber viel offensiver öffentliche politische Botschaften und Medienpräsenz. Kellogg hatte Schneider bereits als Mithelfer für die Organisation der SMIC-Konferenz gewonnen und im Sommer 1973 als Mitarbeiter ans NCAR geholt (Schneider und Flannery 2009, S. 27). 1976 veröffentliche Schneider ein an die breite Öffentlichkeit gerichtetes Buch, „The Genesis Strategy", in dem er ausführlich die wissenschaftlichen Grundlagen von Klimaveränderungen und deren Folgen, von Hunger bis zu Naturkatastrophen, erörterte. Schneider erläuterte ausführlich die Grenzen des Wissens und die Unsicherheiten von Klimamodellen, setzte sich aber nachdrücklich für ihren Einsatz zur Klimavoraussage ein:

> „Unfortunately, for the task of estimating the potential impact of human activities on climate the models are just about the only tools we have. Should we ignore the predictions of uncertain models? […] I think not – a political judgment, of course. […] The real problem is: If we choose to wait for more certainty before actions are initiated, then can our models be improved in time to prevent an irreversible drift toward a future calamity? […] This dilemma rests, metaphorically, in our need to gaze into a very dirty crystal ball; but the tough judgment to be made here is precisely how long we should clean the glass before acting on what we believe we see inside. (Schneider 1976, S. 147–149)"

Schneider und Kellogg sahen jedenfalls keinen Anlass, länger zu warten. In einem offiziellen Bericht für die World Meteorological Organization setzte sich Kellogg 1977 mit der Kritik von Edward Lorenz (1917–2008) auseinander, dass die Ergebnisse der Klimamodelle viel zu deterministisch seien und dem chaotischen Charakter der Atmosphäre nicht hinreichend Rechnung trügen. Kellogg wies „the pessimistic view of Lorenz" zurück und forderte einen, wie er es nannte, „more pragmatic view" des Problems (Kellogg 1977, S. 4). Im Gegensatz zu Lorenz sah er die Stabilität der Modelle als Bestätigung für ihre Leistungsfähigkeit und ausreichende Zuverlässigkeit:

> „It can be seen, then, that there is an entire hierarchy of models of the climate system [...]. It is reassuring to see that, when we compare the results of experiments with the same perturbations [...] but using different models, the response is generally found to be either about the same or differs by an amount that can be rationalized in terms of recognized model differences or assumptions. Of course, it is possible that all our models could be utterly wrong in the same way, giving a false sense of confidence, but it seems highly unlikely that we would still be so completely ignorant about any dominant set of processes. (Kellogg 1977, S. 9)"

Kellogg veröffentlichte in diesem Bericht eine der ersten Langfristprognosen der Klimaveränderung, die auf Klimasimulationen beruhte, und betonte die Bedeutung der Klimaprognostik für die Politik:

> „This *should* be a useful piece of information [Hervorhebung im Original]. It may turn out that the extreme warming that could conceivably occur toward the latter part of the next century will be deemed „unacceptable" by the nations of the world and that strong international action will then be taken to drastically cut down the burning of fossil fuels or to institute countermeasures against the warming. (Kellogg 1977, S. 32–33)"

Während Kellogg und Schneider für Pragmatismus hinsichtlich der unbekannten Unsicherheiten von Klimamodellen plädierten und die Dringlichkeit des Problems der Klimaerwärmung ins Feld führten, setzte ein anderer junger und ehrgeiziger Wissenschaftler diesen Pragmatismus konsequent um. James E. Hansen (*1941) vom Goddard Institute of Space Studies (GISS) in New York entwickelte ein gezielt auf die Voraussage ausgerichtetes Modell und berechnete damit erstmals mit einem Klimamodell simulierte Klimaprojektionen für verschiedene Emissionsszenarien, die er mit seinem Team 1981 in der führenden Zeitschrift *Science* veröffentlichte (Hansen et al. 1981). Diese Projektionen sagten – je nach den Annahmen über die Entwicklung der Emissionen – eine globale Erwärmung von 1–4 Grad Celsius bis zum Jahr 2100 voraus.

Hansen stellte diesen Artikel überdies eine Woche vor dem Erscheinen dem Wissenschaftsjournalisten der New York Times, Walter Sullivan (1918–1996), zur Verfügung. Sullivan machte daraus einen Artikel auf der Titelseite der New York Times. Unter der Schlagzeile „Study finds warming trend that could raise sea levels" warnte dieser Artikel vor einer noch nie dagewesenen Erwärmung (Sullivan 1981). Hansens Arbeit und deren Vermarktung in einer der führenden Zeitungen des Landes brachte ihm eine Welle außerordentlich heftiger Kritik ein. Die Arbeit gründete auf einem sehr einfachen Modell und beinhaltete zahllose Unsicherheiten. Sie war eine mutige (oder dreiste?) Wette auf die Zukunft und wurde von der Mehrheit seiner Kollegen als voreilig oder sogar unwissenschaftlich angesehen. Die Ergebnisse dieser Arbeit vorab auch noch in die Öffentlichkeit zu tragen, widersprach überdies auf drastische Weise wissenschaftlicher Etikette (Heymann und Hundebøl 2017, S. 94).

Das Werben für eine Klimaprognostik durch Kellogg, Schneider und Hansen wurde keineswegs von der Mehrheit der Wissenschaftler mitgetragen. In höheren Kreisen von Wissenschaftsestablishment und Politik in den USA fand die Frage zukünftiger Klimaveränderungen wachsende politische Aufmerksamkeit, die sich in Congress Hearings und in Berichten hochrangiger Institutionen wie der CIA, der National Academy of Science und des Department of Energy spiegelten. Doch die Voraussage des zukünftigen Klimas mit Hilfe von Klimamodellen schien verfrüht und wurde nicht ernsthaft erwogen. Einigkeit bestand lediglich darin, dass weitere Forschung erforderlich war (Henderson 2016). Mit der konservativen Wende in den USA nach der Wahl von Ronald Reagan (1911–2004) zum Präsidenten gerieten die Ambitionen von Aktivisten und Warnern wie Kellogg, Schneider und Hansen zunächst ohnehin ins Abseits (Robertson 2012, S. 201–220; Edwards 2010, S. 388).

4 Klimamodelle als politisches Instrument: Beispiel Großbritannien

Im Vergleich zu den Arbeiten in den USA war die Klimasimulation in Großbritannien vor 1970 deutlich weniger entwickelt und lag weit zurück.[6] Allein das britische Met Office verfolgte seit 1963 in kleinem Maßstab die Entwicklung computergestützter Klimamodelle, die anfangs allerdings mangels geeigneter Computer nur bei Gastaufenthalten in den USA getestet werden konnten. Es dauerte bis 1971 bis ein geeigneter Computer für Simulationsexperimente zur Verfügung stand. Der 1965 neu berufene Direktor des Met Office, der Wolkenphysiker Basil John Mason (1923–2015) setzte massiv auf die computergestützte numerische Simulation zur verbesserten Vorhersage von Wetter und Klima. 1968 war ein erstes vollständiges Klimamodell fertiggestellt, das vier Jahre später veröffentlicht wurde. Weitere Publikationen über Simulationsexperimente folgten, z. B. über Anomalien der Wasseroberflächentemperatur in der Arktis und das damit verbundene Abschmelzen von Eis (Corby et al. 1972; Gilchrist et al. 1973).

Diese Veröffentlichungen, wie auch die internen Diskussionen im Met Office, fielen durch eine große Vorsicht in Hinsicht auf die ermittelten quantitativen Werte auf. Roger L. Newson (*1941), Wissenschaftler im Team der KlimamodelliererInnen schrieb z. B. 1972 in einer Technical Note des Met Office: „It is not appropriate to attach much weight to the results of such a coarse predictor of the Earth's climatology as the present Met O[ffice] […] general circulation model".[7] Diese Auffassung vertrat auch John Mason, der die Klimamodellierung als ein noch in Entwicklung begriffenes Forschungsfeld sah, in dem zunächst das Verständnis der Atmosphäre und die Entwicklung von Klimamodellen im Vordergrund standen, nicht aber die Anwendung dieser Methode für praktische Zwecke. 1975 gelang es, realistische Simulationen des saisonalen Klimaverlaufs über einen Zeitraum von 100 Tagen zu simulieren. Die Anwendung des Modells zur Voraussage des künftigen

---

[6] Dieser Abschnitt beruht auf der Forschungsarbeit und Manuskripten von Janet Martin Nielsen, vor allem (Martin-Nielsen 2018), sowie auf (Agar 2015).
[7] Zitiert nach (Martin-Nielsen 2018, S. 230).

Klimas war zunächst kein Thema. „Our understanding of the mechanisms and causes of climatic trends and fluctuations is inadequate to allow their prediction", schrieb Mason (1976, S. 51).

Während in den USA Kellogg und Schneider für die Klimavoraussage warben, war es in Großbritannien die britische Regierung, die politisch relevante Ergebnisse vom Met Office verlangte. Bereits von 1972 bis 1975 wurden die KlimamodelliererInnen gegen ihren Willen gedrängt, den Einfluss von Emissionen der neuentwickelten Concorde auf das Klima zu untersuchen (Martin-Nielsen 2018, S. 231–233). Mindestens seit 1974 waren die CO_2-Frage und die Risiken einer Klimaerwärmung, aber auch Diskussionen um eine Abkühlung und mögliche Eiszeit im Cabinet Office der britischen Regierung präsent. Ein Regierungsbeamter fasste die Erkenntnisse zusammen und schrieb: „in my view the UK should consider the extent and priority given to long-term forecasting of climatic change to see whether it would be wise to increase the amount of research undertaken".[8] Premier Minister Edward Heath (1916–2005) hatte nach seiner Wahl 1970 Regierungsabteilungen geschaffen, um Informationen zu langfristigeren Entwicklungen zusammenzutragen. Dazu zählte das einflussreiche Central Policy Review Staff (CPRS) und, nachdem der Bericht des Club of Rome 1972 erschienen war, das Official Committee on Future World Trends (Agar 2015, S. 605, 609).

Letzteres bat 1975 das Met Office um Stellungnahme zu möglichen Klimaveränderungen und ihrer Voraussage, die der Leiter der Forschungsabteilung, John Stanley Sawyer (1916–2000), verfasste: „fundamental understanding has not reached a stage which permits a reliable computation of future climate", hieß es in der Konklusion.[9] Das Met Office wiegelte ab und war in dieser Frage nicht von großer Hilfe. Das Interesse der britischen Regierung an Klimaveränderungen resultierte weniger aus der Sorge vor einem Klimawandel denn aus der Sorge um die britische Industrie, die Nachteile zu befürchten hatte, wenn die Klimafrage international zu einem Politikum würde und Forderungen nach Emissionsbegrenzungen nach sich zöge. Der politische Druck auf das Met Office wurde größer, als sich auch das Central Policy Review Staff seit 1976 mit der Klimafrage zu befassen begann. Mason schlug lediglich die Bildung eines weiteren Committees vor, um klimabezogene Fragen zu klären und darauf bezogene Regierungsaktivitäten zu koordinieren. Wenig später erhielt er im September 1977 prompt Besuch vom Cabinet Secretary John Hunt (1919–2008) persönlich. Mason blieb bei seiner skeptischen Haltung: „His reaction was very much to pour cold water on alarmist United States", hielt Hunt fest.

„Natural climatic change took place over very long periods indeed; and there was little reason to think that modern man's activities would lead to a significant rise in average temperatures or that such a rise as occurred through the use of fossile [sic] fuels, etc. would have a harmful effect".[10]

---

[8] Warren to Press, 14.October.1974, The National Archives, NA CAB 164/1379, zitiert nach (Agar 2015, S. 608–609).
[9] „The Weather", Ashworth to Berrill, 23.2.1977, The National Archives, CAB 184/567, zitiert nach (Agar 2015, S. 611).
[10] Hunt to Mountfield, Jones, Ashworth, Henderson, 8.9.1977, The National Archives, CAB 184/567, zitiert nach (Agar 2015, S. 616).

Hunt war nicht unbedingt uneins mit Masons Standpunkt, sah aber die Notwendigkeit, diesem Problem mehr Aufmerksamkeit zuzuwenden. Anfang 1978 charakterisierte das Cabinet Office die CO_2-Frage als „the most serious potential manmade threat to the global climate".[11] Der Chief Scientist des Central Policy Review Staff fasste den Kenntnisstand zusammen und schloss: „Clearly, therefore, there must be a global modelling capacity outside the US."[12] Hunt instruierte das Met Office, die Forschung mit Klimamodellen zu intensivieren und diese für die sachdienliche Beratung der britischen Regierung einzusetzen. Mason hatte mit seiner Zurückhaltung beträchtliche Kritik auf sich gezogen. Obwohl das Met Office 1978 insgesamt 17 Wissenschaftler, 9 Programmierer und 5 Assistenten für die Klimamodellierung beschäftigte, schien nur ein sehr kleiner Anteil dieser Arbeit der CO_2-Frage gewidmet zu sein (Martin-Nielsen 2018, S. 241).

Tatsächlich begannen die KlimamodelliererInnen des Met Office erst 1977, sich ernsthaft mit der CO_2-Frage zu beschäftigen und Simulationsexperimente mit der Annahme einer verdoppelten CO_2-Konzentration durchzuführen. Auch diese Arbeit kommentierten die ModelliererInnen mit großer Zurückhaltung: „the justification for the formulations used in these experiments is weak", schrieben sie in ihrem Artikel.[13] In einem internen Aktenvermerk wurde festgehalten: „there are notable errors, both systematic and random"; die Modelle seien „therefore not sufficiently advanced for their behaviour to be equated with that of the atmosphere".[14] 1978 reagierte Mason auf den Druck von oben und ordnete eine gründlichere Untersuchung der CO_2-Frage an. Die KlimamodelliererInnen wiederholten Simulationsexperimente mit der Annahme verdoppelter CO_2-Konzentration über ein komplettes Jahr und ermittelten je nach Annahme über die Oberflächentemperatur des Meereswassers eine Erwärmung von 0,4–2,7°C. Das Met Office verstand diese Berechnungen aber nicht als Voraussage, sondern als Sensitivitätsexperiment. In der internen Kommunikation sprach man nicht von einer Temperaturveränderung der Atmosphäre, sondern von einer Temperaturveränderung des Modells. In einer Stellungnahme für das Cabinet Office hieß es: „[...] the most likely trend in the future appears to [be] a gradual rise in mean global temperature owing to the increased concentration of carbon dioxide in the atmosphere".[15]

Mason teilte die Auffassung, dass numerische Modelle der beste Weg seien, um gesicherte Erkenntnisse über Klimaveränderungen zu ermitteln. Doch dies hielt er für eine schwierige und langfristige Aufgabe und eine Hoffnung für die fernere Zukunft, da die Wissenschaft dafür noch nicht weit genug sei. Der politische Druck auf

---

[11] Proposals for a National Climatology Research Programme, Annex 1 The National Archives, CAB 164/1423, S. 4–6.

[12] Ashworth to Berrill, 4.4.1978, The National Archives, CAB 184/567, zitiert nach (Agar 2015, S. 619).

[13] (Rowntree und Walker 1978, S. 189–190), zitiert nach (Martin-Nielsen 2018, S. 235).

[14] Notes on 1st Meeting, 14 November 1977, at Bracknell (W 1556, CAB 184/567, KEW), S. 4, zitiert nach (Martin-Nielsen 2018, S. 235).

[15] Climatology: Report on an Interdepartmental Group, Restricted (CAB 184/567, KEW), S. 4.

das Met Office verflüchtigte sich ohnehin alsbald, nachdem Margaret Thatcher (1925–2013) im Mai 1979 die Labour Regierung unter James Callaghan (1912–2005) als Premierminister abgelöst hatte. Thatcher war den SkeptikerInnen zuzurechnen und sah in der CO_2-Frage keine politische Priorität, bis sie 1988 – ähnlich wie Ronald Reagan in den USA – diese Position revidierte und 1990 mit dem Hadley Centre for Climate Prediction and Research ein nationales Zentrum für die Klimamodellierung gründete (Mahony und Hulme 2016).

5 Schluss

Nach dem Zweiten Weltkrieg etablierte sich die Klimamodellierung als eine neue algorithmisch-numerische Wissenskultur, die zunächst heuristischen Zielen, nämlich der Verbesserung des Verständnisses atmosphärischer Prozesse verpflichtet war. Diese Wissenskultur veränderte sich mit der Politisierung der Wissenschaft in den 1970er-Jahren, die auch die Klimaforschung erfasste und nachhaltig beeinflusste, womit sie die algorithmisch-numerische Untersuchung des Klimas in eine neue Richtung führte, die Klimaprognostik. Diesem sich bis zu den 1990er-Jahren durchsetzenden Wandel in der Kultur der Klimamodellierung lag kein Determinismus zugrunde, der in den Grundlagen und Eigenschaften dieser algorithmisch-numerischen Wissenskultur begründet war, sondern ihn bedingten politische und kulturelle Interessen, die aus einem Forschungsinstrumentarium ein in den folgenden Jahrzehnten nachhaltig wirksames politisches Instrument machten. Allerdings wirkte das Potenzial digitaler Computer und die durch diese begründete Modellierungsstrategie als ein beschleunigender und verstärkender Faktor. Drei Ebenen (wissenschafts-)kultureller Veränderung möchte ich abschließend hervorheben:

- Erstens wurde der Klimawandel ein wissenschaftliches und öffentliches Thema. In einer Zeit, in der die optimistische Grundstimmung in Teilen der westlichen Gesellschaften schwand und apokalyptische Visionen von der „Population Bomb" bis zum ökologischen Kollaps florierten, wandelte sich auch die Einschätzung von Klimaveränderungen. Die CO_2-Frage, die innerhalb der Wissenschaft lange bekannt war, wurde in der Wahrnehmung einiger WissenschaftlerInnen zu einem potenziell gravierenden Zukunftsproblem, das nicht nur intensivere Forschung, sondern auch Klimavoraussagen erforderlich machte. Diese Umdeutung verstärkte nicht nur die Aufmerksamkeit für die CO_2-Frage. Sie rückte die Klimasimulation zunehmend in den Mittelpunkt einer sich neuformierenden Klimaforschung und bereitete auch einer Umdeutung der Klimasimulation selbst den Weg, indem diese von einem reinen Forschungsinstrument zu einem Mittel der Klimaprognostik gemacht wurde. Die Anwendung dieses Instruments blieb freilich äußerst begrenzt: Ende der 1970er-Jahre waren es nur zwei Arbeitsgruppen, Manabes Gruppe in Princeton und das britische Met Office, die Experimente durchführten um die Klimaveränderungen bei verdoppelten

CO_2-Konzentrationen zu ermitteln,[16] und bis Anfang der 1980er-Jahre hatten nur Kellogg und Hansen konkrete, allerdings sehr umstrittene auf Modellsimulationen gegründete Klimaprojektionen erstellt.

- Zweitens warfen die mit der Computersimulation auf Basis drastisch vereinfachter Modelle verknüpften Unsicherheiten kontroverse Fragen nach der Glaubwürdigkeit und Zuverlässigkeit von Simulationsergebnissen auf. Das britische Met Office war einer Tradition hoher epistemischer Standards verpflichtet, die nicht zuletzt dazu diente, ihre wissenschaftliche Seriosität zu bewahren. Kellogg, Schneider und Hansen waren einer vollkommen anderen wissenschaftlichen Kultur zuzurechnen. Sie diskutierten ausführlich die Grenzen und Unsicherheiten der Klimasimulation, glaubten aber, sich wegen der von ihnen wahrgenommenen Bedeutung und Dringlichkeit der CO_2-Frage über Bedenken hinwegsetzen und für Kompromissbereitschaft und Pragmatismus plädieren zu müssen. Sie waren bereit, Methoden für Voraussagen zu nutzen, die sie selbst für unfertig, eine Mehrzahl von WissenschaftlerInnen aber für unseriös hielt. Damit trugen sie dazu bei, die Wissenschaft für epistemische Grauzonen zu öffnen und epistemische Grenzen neu auszuhandeln. Dass sie diesen Weg für notwendig und sinnvoll erachteten, begründeten sie nicht wissenschaftlich, sondern politisch.
- Drittens vertraten Kellogg, Schneider und Hansen einen Stil der Wissenschaft und eine wissenschaftliche Identität, die nicht nur keine Berührungsängste mit der Öffentlichkeit zeigte, sondern die öffentliche Kommunikation zu einem Bestandteil ihrer wissenschaftlichen Tätigkeit machte. Kellogg schätzte 1977, dass 50 % seiner Arbeitszeit „scientific communications and reviews" gewidmet war, während er je 25 % für Forschung und Beratertätigkeiten verwandte.[17] Besonders Schneider pflegte den Umgang mit den Medien und wurde nach Veröffentlichung seines populärwissenschaftlichen Buches 1976 ein häufig gesehener Gast in Fernsehstudios. Der Wissenschaftsjournalist Robert Pool (*1955) bezeichnete Schneider als einen „preacher", der nicht nur wahrgenommen werden, sondern die Welt verbessern wollte (Pool 1990). Die Politisierung der Wissenschaft und die Kommunikation mit der Öffentlichkeit, wie Schneider sie betrieb, zumal unter Voraussetzungen unsicheren Wissens, repräsentierte in den Augen vieler WissenschaftlerInnen einen gravierenden Normbruch und sei deshalb mit den Grundsätzen seriöser Wissenschaft unvereinbar. Die Vermengung von Wissenschaft und Politik, befürchteten konservativere Kollegen, öffne ScharlatanInnen Tür und Tor und drohe das Vertrauen in die Wissenschaft zu untergraben (Henderson 2014; Hundebøl 2014).

---

[16] (Charney et al. 1979). Weitere solche Experimente folgten in den 1980er-Jahren, z. B. (Washington und Meehl 1984; Wilson und Mitchell 1987).

[17] Activities of WWK, During 1976–77, Box 1, Memo to RED, 10.6.1977, Kellogg Papers, NCAR-Archive.

Die Klimawissenschaft, die Kellogg, Schneider und Hansen propagierten, insbesondere ihr Einsatz für die Klimaprognostik, ähnelte einer Form von Wissenschaft, die Silvio Funtowicz (*1946) und Jerome Ravetz (*1929) als postnormale Wissenschaft beschrieben, da sie unter Voraussetzungen unsicherer Fakten, umstrittener Werte, großen Risikos und dringlicher Entscheidungen betrieben wird (Funtowicz und Ravetz 1992). Diese Bemühungen blieben in den 1970er-Jahren sehr kontrovers. Sie fanden wenig Resonanz in höheren Ebenen des wissenschaftlichen Establishments und der Politik und verloren nach der konservativen Wende in Großbritannien und den USA zunächst an Boden. Wichtig waren diese Arbeiten dennoch, weil sie politische Aufmerksamkeit weckten, zukünftige Wege wiesen und intellektuelle und ideologische Voraussetzungen schufen, die wenige Jahre später wieder an Bedeutung gewannen. Unter der Ägide des 1988 gegründeten Intergovernmental Panel on Climate Change (IPCC) wurde eine Kultur der Klimaprognostik, wie sie Kellogg, Schneider und Hansen vorgedacht hatten, endgültig etabliert.[18] Kelloggs Ruf nach der Klimavorhersage war fast 20 Jahre später erhört worden. Hansen hatte seine Wette gewonnen. Hansens Klimaprojektionen aus dem Jahr 1981 glichen trotz drastischer Unterschiede in Methodik und Modellen fast exakt den im Bericht der IPCC von 2013 präsentierten Klimaprojektionen, die auf Simulationen von insgesamt 42 Klimamodellen gründeten.

Die am Ende des 20. Jahrhunderts etablierte Klimaprognostik stand repräsentativ für weit verbreitete Praktiken, prognostisches Wissen durch Computersimulationen und andere Verfahren in spezialisierten und abgegrenzten Wissensgebieten zu produzieren – wenngleich die meisten dieser Praktiken sich im Vergleich zur Klimaprognostik mehr im Verborgenen und nicht unter den Augen der Öffentlichkeit abspielten. Politische und gesellschaftliche Interessen erzeugten eine Art Anwendungssog, Forderungen nämlich, die computerbasierte Modellierung nicht nur als Forschungsinstrument zu nutzen, sondern mit ihr politisch nutzbares Wissen zu erzeugen. Der digitale Computer diente dabei gleichzeitig als Antriebs- und Autoritätsmaschine, die dazu verleitete, die Grenzen des Machbaren trotz großer Unsicherheiten auszutesten und für politische Ziele zu nutzen. Diese Entwicklung führte auf längere Sicht zu einer Aufweichung oder Verschiebung wissenschaftlicher Normen und einer Akzeptanz nicht quantifizierbarer Unsicherheiten. Sie half auf diese Weise, die Klimaprognostik (sowie zahlreiche prognostische Ansätze in anderen Feldern) als akzeptierte und gesellschaftlich relevante Forschungsfelder zu etablieren und somit spezialisierten Futurologien oder Vorhersagekulturen den Weg zu bereiten (Heymann et al. 2017).

Während die Futurologie als umfassende Zukunftswissenschaft an Glaubwürdigkeit massiv verloren hatte, entstanden spezialisierte Voraussagekulturen und eine Pluralisierung von Zukunftsvisionen und Zukunftswissen in Bereichen wie Wirtschaft, Energie, Demografie, Umwelt und anderen. Dieses Wissen nutzte eine Vielzahl von AkteurInnen, die häufig auch Auftraggeber waren. Es konnte je nach

---

[18] Zur Charakterisierung und Beschreibung dieser Kultur siehe (Heymann et al. 2017; Mahony et al. 2019; Heymann 2019).

Kontext der Unterstützung (Entscheidungshilfe), der Rechtfertigung (professionelle Autorität) oder der Vermeidung (unsicheres Wissen) von Politik dienen (Heymann et al. 2017a, b; Graf und Herzog 2016; Oreskes und Conway 2010).

Danksagung
Dieses Manuskript ist im Rahmen des Forschungsprojekts „Shaping Cultures of Predicion: Knowledge, Authority and the Construction of Climate Change" (2013–2017) entstanden. Mein Dank gilt dem ganzen Projektteam, Janet Martin-Nielsen, Gabriel Henderson und Dania Achermann, das diese Ergebnisse maßgeblich erarbeitet hat, sowie dem Independent Research Fund Denmark für die Förderung des Projekts.

Literatur

Agar, Jonathan: Future Forecast – Changeable and Probably Getting Worse: The UK Government's Early Response to Anthropogenic Climate Change. In: Twentieth Century British History 26 (2015), H. 4, S. 602–628.
Bjerknes, Vilhelm: Das Problem der Wettervorhersage, betrachtet vom Standpunkte der Mechanik und Physik. In: Meteorologische Zeitschrift 21 (1904), S. 1–7.
Charney, Jule G. et al.: Carbon Dioxide and Climate: A Scientific Assessment. Washington: National Academy of Sciences 1979.
Conway, Erik M.: High-Speed Dreams: NASA and the Technopolitics of Supersonic Transportation, 1945–1999. Baltimore: the Johns Hopkins University Press 2005.
Corby, Georg A.; Gilchrist, Andrew; Newson, Roger L.: A General Circulation Model of the Atmosphere Suitable for Long Period Integrations. In: Quarterly Journal of the Royal Meteorological Society 98 (1972), S. 809–832.
Doering-Manteuffel, Anselm; Lutz, Raphael: Nach dem Boom: Perspektiven auf die Zeitgeschichte seit 1970. Göttingen: Vandenhoeck & Ruprecht 2008.
Edwards, Paul N.: A Vast Machine: Computer Models, Climate Data, and the Politics of Global Warming. Cambridge, MA: Cambridge University Press 2010.
Egan, Michael: Barry Commoner and the Science of Survival: The Remaking of American Environmentalism. Cambridge, MA: Cambridge University Press 2007.
Egan, Michael: Survival Science: Crisis Disciplines and the Shock of the Environment in the 1970. In: Centaurus 59 (2017), H. 1–2, S. 26–39.
Elichirigoity, Fernando: Planet Management: Limits to Growth, Computer Simulation, and the Emergence of Global Spaces. Evanston: Northwestern University Press 1999.
Ferguson, Niall et al. (Hrsg.): The Shock of the Global: The 1970s in Perspective. Cambridge, MA: Cambridge University Press, 2010.
Funtowicz, Silvio O.; Ravetz, Jerome R.: Three Types of Risk Assessment and the Emergence of Post-Normal Science. In: Krimsky, S.; Golding, D. (Hrsg.): Social Theories of Risk. Westport: Praeger 1992, S. 251–274.
Gilchrist, Andrew; Corby, George A.; Newson, Roger L.: A Numerical Experiment Using a General Circulation Model of the Atmosphere. In: Quarterly Journal of the Royal Meteorological Society 99 (1973), S. 2–34.
Graf, Rüdiger; Herzog, Benjamin: Von der Geschichte der Zukunftsvorstellungen zur Geschichte ihrer Generierung. Probleme und Herausforderungen des Zukunftsbezugs im 20. Jahrhundert. In: Geschichte und Gesellschaft 42 (2016), H. 3, S. 497–515.
Gramelsberger, Gabriele: Conceiving Meteorology as the Exact Science of the Atmosphere: Vilhelm Bjerknes's Paper of 1904 as a Milestone. In: Meteorologische Zeitschrift 18 (2009), S. 669–673.

Gramelsberger, Gabriele, Feichter, Johann: Modelling the Climate System: An Overview. In: Gramelsberger, Gabriele, Feichter, Johann (Hrsg.): Climate Change and Policy: The Calculability of Climate Change and the Challenge of Uncertainty. Berlin, Heidelberg: Sprionger 2011, S. 9–90.

Hamblin, Jacob D.: Arming Mother Nature: The Birth of Catastrophic Environmentalism. Oxford: Oxford University Press 2013.

Hansen, James E. et al.: Climate Impact of Increasing Atmospheric Carbon Dioxide. In: Science, 213 (1981), H. 4511, S. 957–966.

Harper, Kristine C.: Weather by the Numbers: The Genesis of Modern Meteorology. Cambridge, MA: the MIT Press 2008.

Henderson, Gabriel: The Dilemma of Reticence: Helmut Landsberg, Stephen Schneider, and Public Communication of Climate Risk, 1971–1976. In: History of Meteorology 6 (2014), S. 53–78.

Henderson, Gabriel: Governing the Hazards of Climate: The Development of the National Climate Program Act, 1977–1981. In: Historical Studies in the Natural Sciences 46 (2016), H. 2, S. 207–242.

Herken, Gregg: Cardinal Choices: Presidential Science Advising From the Atomic Bomb to SDI. Stanford, CA: Stanford University Press 2000.

Heymann, Matthias: The Evolution of Climate Ideas and Knowledge. In: Wiley Interdisciplinary Reviews Climate Change 1 (2010), H. 3, S. 581–597.

Heymann, Matthias: Klimakonstruktionen. Von der klassischen Klimatologie zur Klimaforschung. In: NTM. Journal of the History of Science, Technology and Medicine 17 (2009), Nr. 2, S. 171–197.

Heymann, Matthias: Knowledge Production with Climate Models: On the Power of a „Weak" Type of Knowledge. In: Imhausen, Annette; Müller, Annette; Epple, Moritz (Hrsg.): Weak Knowledge: Forms, Functions, and Dynamics. Frankfurt am Main: Campus 2019, S. 321–350.

Heymann, Matthias; Achermann, Dania: From Climatology to Climate Science in the 20th Century. In: White, Sam; Pfister, Christian; Mauelshagen, Franz (Hrsg.): Palgrave Handbook of Climate History. New York: Palgrave Macmillan 2018, S. 605–632.

Heymann, Matthias; Gramelsberger, Gabriele; Mahony, Martin (Hrsg.): Cultures of Prediction in Atmospheric and Climate Science: Epistemic and Cultural Shifts in Computer-Based Modelling and Simulation. New York: Taylor and Francis 2017.

Heymann, Matthias; Gramelsberger, Gabriele; Mahony, Martin: Introduction. In: Heymann, Matthias; Gramelsberger, Gabriele; Mahony, Martin (Hrsg.): Cultures of Prediction in Atmospheric and Climate Science: Epistemic and Cultural Shifts in Computer-Based Modelling and Simulation. New York: Taylor and Francis 2017a, S. 1–17.

Heymann, Matthias; Gramelsberger, Gabriele; Mahony, Martin: Key Characteristics of Cultures of Predictions. In: Heymann, Matthias; Gramelsberger, Gabriele; Mahony, Martin (Hrsg.): Cultures of Prediction in Atmospheric and Climate Science: Epistemic and Cultural Shifts in Computer-Based Modelling and Simulation. New York: Taylor and Francis 2017b, S. 18–41.

Heymann, Matthias; Hundebøl, Nils R.: From Heuristic to Predictive: Making Climate Models Into Political Instruments. In: Heymann, Matthias; Gramelsberger, Gabriele; Mahony, Martin (Hrsg.): Cultures of Prediction in Atmospheric and Climate Science: Epistemic and Cultural Shifts in Computer-Based Modelling and Simulation. New York: Taylor and Francis 2017, S. 100–119.

Hundebøl, Nils R.: A ‚Manhattan Project' for Climate Change: Epistemic Lifestyles and Struggles Towards Earth System Modeling at the National Center for Atmospheric Research, NCAR. Dissertation Aarhus University, 2014, S. 96–127.

Jarausch, Konrad H. (Hrsg.): Das Ende der Zuversicht? Die siebziger Jahre als Geschichte. Göttingen: Vandenhoeck & Ruprecht 2008.

Kaelble, Hartmut: The 1970s in Europe: A Period of Disillusionment of Promise? London: The German Historical Institute 2010.

Kellogg, William W.: Predicting the Climate. In: Matthews, William H.; Kellogg, William W.; Robinson, G. D. (Hrsg.): Man's Impact on the Climate. Cambridge, MA: The MIT Press 1971, S. 123–132.

Kellogg, William W.: Effects of Human Activities on Global Climate. WMO Technical Note 156. Genf 1977.

Kellogg, William W.; Schneider, Stephen H.: Climate Stabilization: For Better or for Worse? In: Science 186 (1974), Nr. 4170, S. 1163–1172.

Kutzbach, Gisela: The Thermal Theory of Cyclones: A History of Meteorological Thought in the Nineteenth Century. Boston: American Meteorological Society 1979.

Lewis, John M.: Clarifying the Dynamics of the General Circulation, Phillips's 1956 Experiment. In: Bulletin of the American Meteorological Society 79 (1998), S. 39–60.

Lynch, Peter: The Emergence of Numerical Weather Prediction, Richardson's Dream. Cambridge, UK: Cambridge University Press, 2006.

Mahony, Martin; Hulme, Mike: Modelling and the Nation: Institutionalising Climate Prediction in the UK, 1988–1992. In: Minerva 54 (2016), H. 4, S. 445–470.

Mahony, Martin; Heymann, Matthias; Gramelsberger, Gabriele: Cultures of Prediction in Climate Change Science. In: Feola, Giuseppe (Hrsg.): Climate and Culture: Multi-Disciplinary Perspectives on Knowing, Being, and Doing in a Climate Change World. Cambridge, UK: Cambridge University Press, 2019, S. 21–45.

Manabe, Syukuro; Wetherald, Richard T.: Thermal Equilibrium of the Atmosphere with a Given Distribution of Relative Humidity. In: Journal of the Atmospheric Sciences 24 (1967), S. 241–259.

Martin-Nielsen, Janet: Computing the Climate: When Models Became Political. In: Historical Studies in the Natural Sciences 48 (2018), H. 2, S. 223–245.

Mason, B. John: The Nature and Prediction of Climatic Changes. In: Endeavour 35 (1976), S. 51.

McCormick, John: Reclaiming Paradise: The Global Environmental Movement. Bloomington: Indiana University Press 1989.

Minois, Georges: Geschichte der Zukunft. Orakel, Prophezeiungen, Utopien, Prognosen. Düsseldorf, Zürich: Artemis & Winkler 1998.

Nebeker, Frederic: Calculating the Weather: Meteorology in the 20th Century. San Diego: Academic Press 1995.

Nützenadel, Alexander: Stunde der Ökonomen: Wissenschaft, Politik und Expertenkultur in der Bundesrepublik 1949–1974. Göttingen: Vandenhoeck & Ruprecht 2005.

O'Hara, Glen: Time, Exhortation and Planning in British Government, c.1959–c.1979. In: Journal of Modern European History 13 (2015), H. 3, S. 338–354.

Oreskes, Naomi; Conway, Erik M.: Merchants of Doubt, How a Handful of Scientists Obscured the Truth on Issues From Tobacco Smoke to Global Warming. New York: Bloomsbury 2010.

Peterson, Thomas C.; Connolley, William M.; Fleck, John: The Myth of the 1970s Global Cooling Scientific Consensus. In: Bulletin of the American Meteorological Society 89 (2008), S. 1325–1337.

Phillips, Norman: The General Circulation of the Atmosphere: A Numerical Experiment. In: Quarterly Journal of the Royal Meteorological Society 82 (1956), S. 123–164.

Pietruska, Jamie: Looking Forward: Prediction and Uncertainty in Modern America. Chicago: The University of Chicago Press 2017.

Pool, Robert: Struggling to Do Science for Society. In: Science 248 (1990), H. 4956, S. 672.

Radkau, Joachim: Geschichte der Zukunft. München: Carl Hanser 2017.

Richardson, Lewis F.: Weather Prediction by Numerical Process. Cambridge, UK: Cambridge University Press 1922 (Neuherausgabe 2007).

Rowntree, Peter R.; Walker, Julia: The Effects of Doubling the CO_2 Concentration on Radiative-Convective Equilibrium. In: Williams, Jill (Hrsg.): Carbon Dioxide, Climate and Society. Oxford: Pergamon Press 1978, S. 189–190.

Sabin, Paul: The Bet: Paul Ehrlich, Julian Simon, and Our Gamble Over Earth's Future. New Haven: Yale University Press 2013.

Schneider, Stephen H.: The Genesis Strategy: Climate and Global Survival. New York: Springer 1976.
Schneider, Stephen H.; Flannery, Tim: Science as a Contact Sport: Inside the Battle to Save Earth's Climate. Washington: National Geographic 2009.
Seefried, Elke: Zukünfte: Aufstieg und Krise der Zukunftsforschung. Berlin: de Gruyter 2015.
Seefried, Elke: Introduction, Reconfiguring the Future? Politics and Time From the 1960s to the 1980s. In: Journal of Modern European History 13 (2015a), H. 3, S. 306–316.
Study of Critical Environmental Problems: Man's Impact on the Global Environment: Assessment and Recommendation for Action. Cambridge, MA: MIT Press 1970.
Study of Man's Impact on the Climate: Man's Impact on the Climate. Cambridge, MA: MIT Press 1971.
Sullivan, Walter: Study Finds Warming Trend that Could Raise Sea Levels. In: New York Times, 22.08.1981, S. 1.
Robertson, Thomas: The Malthusian Moment: Global Population Growth and the Birth of American Environmentalism. New Brunswick: Rutgers University Press 2012.
Vieille Blanchard, Elodie: Modelling the Future: an Overview of the 'Limits to Growth' Debate. In: Centaurus 52 (2010), H. 2, S. 91–116.
Washington, Warren M.; Meehl, Gerald A.: Seasonal Cycle Experiment on the Climate Sensitivity Due to a Doubling of CO_2 with an Atmospheric General Circulation Model Coupled to a Simple Mixed Layer Ocean Model. In: Journal of Geophysical Research 89 (1984), S. 9475–9503.
Weart, Spencer R.: The Development of General Circulation Models of Climate. In: Studies in History and Philosophy of Modern Physics 41 (2010), S. 208–217.
Weart, Spencer R.: The Idea of Anthropogenic Global Climate Change in the 20th Century. In: WIREs Climate Change 1 (2010a), S. 67–81.
Weingart, Peter: Die Stunde der Wahrheit? Zum Verhältnis der Wissenschaft zu Politik, Wirtschaft und Medien in der Wissensgesellschaft. Weilerswist: Vandhoeck & Ruprecht 2005.
Wilson, C.A.; Mitchell, John F. B.: A Doubled CO_2 Climate Sensitivity Experiment with a Global Climate Model Including a Simple Ocean. In: Journal of Geophysical Research 92 (1987), S. 13315–13343.

Vorhersage und Kontrolle: Die Beeinflussung der Atmosphäre und die Computertechnologie

Manuel Kaiser

Zusammenfassung

Der Beitrag „Vorhersage und Kontrolle" fragt nach dem Verhältnis von Computertechnologie und Wetter- und Klimamodifikationsdiskurs. Die aufkommende Computertechnologie – so das Argument – war in dreifacher Hinsicht mit diesem Diskurs verknüpft: Erstens befeuerten numerische Simulationen von Wetter- und Klimaprozessen die Vorstellung der Atmosphäre als letztlich prognostizier- und beherrschbares physikalisches System. Zweitens fand die Computertechnologie in den 1960er-Jahren Eingang in die experimentellen Settings zur Überprüfung der Wirksamkeit von wetterbeeinflussenden Maßnahmen und drittens ermöglichte nicht zuletzt die algorithmisch inspirierte Vorstellung berechenbarer Zukünfte das Sprechen im Futur, das den Diskurs auszeichnete.

1 Einleitung

„The Weather – Now Can We Do Something About It" (Armagnac 1965) – diesen optimistischen Titel setzte die Zeitschrift *Popular Science* im März 1965. Anlass des Artikels war der 1961 eingeführte Supercomputer IBM 7030 Stretch, der mit seiner Rechenleistung ein Modell der Erdatmosphäre produzieren und so als Grundlage für die Kontrolle von Wetter und Klima dienen sollte:

Der folgende Aufsatz beruht in Teilen auf der Dissertation des Autors. Kaiser, Manuel. Den Himmel zähmen: Wetter- und Klimabeeinflussung im 20. Jahrhundert. 1. Aufl. Bd. 2. Frankfurt am Main: Campus Verlag, 2024

M. Kaiser (✉)
Institut für Medizingeschichte, Universität Bern, Bern, Schweiz
E-Mail: manuel@kaiser.sg

„What's happening now, that makes U.S. scientists think so big, amounts to an exciting breakthrough: With supercomputers, our weather men are making a dream come true – to produce a model that will behave just like the earth's circulation atmosphere. It will enable them to predict the weather farther in advance than ever before. And, by simulating a major weather-making plan, it will foretell precisely what the effects will be, and where. (Armagnac 1965, S. 80)"

Der bemerkenswerte Optimismus des Artikels, der die Wetterkontrolle bereits als Tatsache beschrieb, mag nicht zuletzt der Kombination von Wissenschafts- und Technikgläubigkeit der 1960er-Jahre und populärwissenschaftlicher Verkürzung geschuldet sein. Doch bereits ein flüchtiger Blick auf die Quellen und die bestehende Literatur zeigt, dass der Wetter- und Klimamodifikationsdiskurs, wie er sich nach dem Zweiten Weltkrieg etablierte und Akteure aus unterschiedlichen Wissensfeldern über die gezielte Beeinflussung atmosphärischer Phänomene sprechen ließ, an die Computertechnologie gekoppelt war. Während die Geschichte der numerischen Wettervorhersage und der Klimamodelle aus wissenschaftshistorischer Perspektive bereits sehr gut bearbeitet ist (vgl. Nebeker 1995; Edwards 2000; Harper 2008), schließt die bestehende Literatur die Wetter- und Klimamodifikation meist kursorisch oder anekdotisch mit dem Aufkommen der Computertechnologie kurz (vgl. Edwards 2000; Fleming 2012; Schrickel 2012). Der folgende Beitrag versucht diese Verknüpfung genauer auszuleuchten. Im Zentrum steht deshalb die Frage, wie sich das Verhältnis von (aufkommender) Computertechnologie und Wetter- und Klimamodifikationsdiskurs gestaltete. An diese große Frage schließen drei Subfragen an. Ich frage erstens aus einer diskursanalytischen Perspektive, wann welche Akteure in welchem Kontext die Computertechnologie als zentrales Argument für die Beherrschbarkeit der Atmosphäre herbeizogen. In einem zweiten Schritt analysiere ich mit Blick auf die Wissensproduktion, wann und in welchem Kontext der Computer als Instrument Eingang in die entsprechenden experimentellen Settings fand und versuche schließlich drittens zu beantworten, ob und auf welche Weise ein durch die Computertechnologie inspiriertes Denken die Antizipation einer zukünftigen Wetter- und Klimakontrolle mitbegünstigte.

Ich werde argumentieren, dass die computerbasierte Simulation der Atmosphäre in dreifacher Hinsicht mit diesem Diskurs verknüpft war: Erstens stützten die numerischen Simulationen von Wetter- und Klimaprozessen die (älteren) Vorstellungen der Atmosphäre als zwar komplexes, aber letztlich prognostizier- und beherrschbares physikalisches System. Zweitens dienten sowohl die computergestützten Wettervorhersagen realer Wetterverhältnisse als auch deren Simulation als Werkzeug in den experimentellen Settings zur Überprüfung der Wirksamkeit von wetter- und klimaverändernden Maßnahmen. Und drittens ermöglichte nicht zuletzt die algorithmisch inspirierte Vorstellung berechenbarer Zukünfte das Sprechen im Futur, das den Diskurs auszeichnete.

2 Laplace's Demon in the Sky

Im Oktober 1945 ließ Vladimir K. Zworykin (1888–1982) dem Mathematiker John von Neumann (1903–1957) ein zwölfseitiges Papier mit dem Titel „Outline of a Weather Proposal" zukommen. Zworykin, nach der Oktoberrevolution aus Russland geflohen, hatte 1926 an der Universität in Pittsburgh als Elektroingenieur promoviert, bevor er in der Folge in den Forschungseinrichtungen des Elektronikherstellers Radio Corporation of America (RCA) in Camden, New Jersey, zu arbeiten begann (Nebeker 2002). Der Fernsehpionier wies mit seinem „Proposal" den einflussreichen Mathematiker und wissenschaftlichen Berater von Neumann auf die immense Bedeutung der Bearbeitung meteorologischer Fragen hin und forderte konsequenterweise „[a] long range, large scale program for weather and climatic prediction and control" (Zworykin 2008, S. 66). Angesichts der Bedeutung für Landwirtschaft und Flugverkehr – so Zworykin – könne die Bedeutung einer präzisen langfristigen Prognose nicht genügend betont werden. Diese präzise Wettervorhersage sah er jedoch nur als Ausgangspunkt für zukünftige, gezielte Eingriffe in atmosphärische Phänomene:

> „[W]eather prediction based on scientific knowledge of the factors influencing weather would be a first step in any attempt in the control of weather, a goal recognized as eventually possible by all foresighted men. (Zworykin 2008, S. 61)"

Er erweiterte also die Anwendungsmöglichkeiten der Meteorologie über die Vorhersage von atmosphärischen Phänomenen hinaus auf deren Kontrolle. Als meteorologischer Laie identifizierte er dabei drei Haupthindernisse. Das erste Hindernis – fehlende Kenntnisse der zugrundliegenden physikalischen Gesetzmäßigkeiten – hielt er bereits für beseitigt. Für die zwei weiteren, die mangelhafte Datenlage und Schwierigkeiten der komplexen Berechnungen, sah er in absehbarer Zukunft Lösungen: Radiosonden und Raketen würden die entsprechenden relevanten Daten liefern und „electric computing" die Verarbeitung gewährleisten (Zworykin 2008, S. 61–61). Ein Blick auf die mit sechs Titeln sehr übersichtlich gehaltene Bibliografie von Zworykins „Proposal" zeigt jedoch, dass die antizipierte Computertechnologie lediglich als Katalysator eines älteren Traums diente: des Traums der Mathematisierung des Wetters. Als zentrale Referenz für die Machbarkeit der langfristigen Wetterprognose führte Zworykin nämlich das 1922 publizierte Buch „Weather Prediction by Numerical Process" von Lewis Fry Richardson (1881–1953) an. Richardson beschrieb darin seinen letztlich gescheiterten Versuch, das Problem der Wettervorhersage numerisch zu berechnen. Die mathematisch-physikalischen Grundlagen einer numerischen Wettervorhersage hatten bereits der US-amerikanische Meteorologe Cleveland Abbe (1838–1916) und der norwegische Physiker und Meteorologe Vilhelm Bjerknes (1862–1951) formuliert. Abbe schlug 1901 eine mathematische Herangehensweise vor, und Bjerknes stellte 1904 in der *Meteorologischen Zeitschrift* ein Set von sieben Differenzialgleichungen bereit, die das Verhalten der Wärme, Luftbewegung und Feuchtigkeit bestimmten (Spänkuch 2002, S. 35; Weart 2010, S. 208–209). In einem ersten diagnostischen Schritt sollte gemäß Bjerknes der Anfangszustand der Atmosphäre bestimmt und in einem zweiten prognostischen Schritt unter Anwendung der Bewegungsgesetze berechnet werden, wie sich dieser Zustand im Verlauf der Zeit verändert (Lynch 2008, S. 3431–3444).

In Bjerknes wegweisendem Beitrag manifestierte sich deutlich der Traum der Meteorologie, bei ausreichender Kenntnis der Ursachen und Gesetzmäßigkeiten, eine „rationale" – gemeint war damit eine mathematische – Lösung des meteorologischen Vorhersageproblems zu etablieren (Gramelsberger 2017, S. 57). Auf diesem theoretischen Fundament versuchte Richardson einen Testlauf. Er benötigte ganze sechs Wochen, um eine rückwirkende Wetterprognose für eine Dauer von sechs Stunden am 20. Mai 1910 an zwei Orten zu berechnen und lag mit dieser zudem spektakulär falsch (Weart 2010, S. 4–5). Trotzdem beharrte er auf der Idee, dass es grundsätzlich möglich sei, die atmosphärischen Veränderungen numerisch zu handhaben. In der Einleitung seiner breit rezipierten Publikation machte er deutlich, woran er sich mit dieser (zukünftigen) Wettervorhersage orientierte: an der Astronomie. Als Richtwert seiner Überlegungen diente das 1767 erstmals aufgelegte astronomische Jahrbuch „Nautical Almanac" – „that marvel of accurate forecasting" (Richardson 1922, S. vii) –, das die Astronavigation auf See ermöglichte. Zunächst betonte er, dass die „astronomical history" nicht auf dem Prinzip der Wiederholbarkeit beruhe und schloss daran die Frage an: „Why then should we expect a present weather map to be exactly represented in a catalogue of past weather?" (Richardson 1922, S. viii) Mit der Feststellung, dass sich das Wetter nicht wiederhole, setzte er sich von der üblichen Praxis der synoptischen Wettervorhersage ab, die nicht zuletzt vergangene atmosphärische Zustände mit aktuellen abzugleichen und aus dem Vergleich auf der Grundlage von Erfahrungswissen eine Vorhersage abzuleiten versuchte. Richardson schwebte hingegen eine Wettervorhersage vor, die der Vorgehensweise der Astronavigation insofern entsprach, als sie auf „differential equations, and not upon the partial recurrence of phenomena in their ensemble" beruhen sollte. Einschränkend hielt er fest, dass dies ein kompliziertes Vorhaben sei – „because the atmosphere is [complicated]". Doch das eigentliche Problem stellte für ihn die Geschwindigkeit der Berechnung dar: „Perhaps some day in the dim future it will be possible to advance the computations faster than the weather advances and at a cost less than the saving due to information gained. But that is a dream." (Richardson 1922, S. vii)

Diesen Traum träumte Richardson keineswegs allein. Selbst als sich seit den 1920er-Jahren die Quantenmechanik etablierte, betrachteten viele zeitgenössische Meteorologen makroskopische Phänomene – und als ein solches wurde die Atmosphäre eingestuft – weiterhin als determiniert im Sinne von Pierre-Simon Laplace (1749–1827). Daraus folgte, dass sie bei Kenntnissen der entsprechenden Gesetzmäßigkeiten und zur Verfügung stehender Rechenleistung rechnerisch handhabbar waren (Nebeker 1995, S. 188–189). Doch genau die fehlende Rechenleistung galt als unhintergehbare Schwachstelle. Die Umsetzung in die Praxis und damit eine Annäherung an die Vorhersagemethoden der Astronomie war schlicht nicht absehbar. Gerade das Scheitern von Richardsons Praxisversuch galt seinen Kollegen als Beweis für die Impraktikabilität seines mathematischen Zugangs (Shaw 1922). Die Praxis der Wettervorhersage wurde somit auch nach Richardson von der synoptischen Wettervorhersage bestimmt, die jedoch verschiedene Optimierungs- und Ausbauversuche erfuhr.

Sechs Jahre nach Erscheinen von Richardsons Buch zog im September 1928 mit dem Okeechobee-Hurrikan einer der folgenschwersten Stürme über Puerto Rico, die Bahamas und Florida und forderte das Leben von mehr als 4000 Menschen (Neely 2014). William S. Franklin (1863–1930), Physiker am Massachusetts Institute of Technology, nahm die Naturkatastrophe zum Anlass, um die Idee von Richardson aufzugreifen. Wie die meisten Kollegen hielt er sie jedoch für mit den zu dieser Zeit existierenden Rechenmaschinen nicht realisierbar:

> „This solution would be utterly impracticable unless Lord Kelvin's machine for solving simultaneous linear equations could be to made practicable for 10,000 simultaneous equations, which is extremely doubtful. (Franklin 1928, S. 377)"

Als Alternative schlug er eine Ergänzung der synoptischen Wettervorhersage vor, die über Klassifizierung von mehreren tausend Großwetterlagen funktionierte. Franklin befand sich mit dem Vorschlag, historische Wetterdaten als Ergänzung zur üblichen synoptischen Vorhersagepraxis hinzuzuziehen, durchaus in guter Gesellschaft (Fleming 2004, S. 75–84), er führte jedoch in der Folge als einer der ersten überhaupt die potenzielle Bedeutung einer präzisen Wettervorhersage für die Wetterbeeinflussung aus. Zwar sei es unmöglich – so Franklin – dass Menschen je mit der Energie etwa eines Wirbelsturms konkurrieren könnten, doch durch eine Vorhersage der entscheidenden, ihm vorausgehenden instabilen Zustände der Atmosphäre wäre man in der Lage, diese mit verhältnismäßig geringem Energieaufwand frühzeitig aufzulösen und so den Sturm zu verhindern (Franklin 1928, S. 378). In der Vorstellung Franklins sollte eine Wettervorhersage, wie sie ihm vorschwebte, also zur punktgenauen Identifikation von Ort und Zeit eines Eingriffs dienen. Allerdings war selbst eine langfristige und präzise Wettervorhersage, die auf der etablierten synoptischen Praxis beruhte, in den 1920er-Jahren Zukunftsmusik.

3 Der Computer als Black Box

Mitte der 1940er-Jahre schien nun das Unwahrscheinliche einzutreffen und die Erfüllung von Richardsons Traum angesichts der ersten Computer – dieser Begriff ging just um 1945 von der rechnenden Person auf die Maschine über – in Reichweite zu rücken. Elektronische Rechner, wie der seit 1943 im Ballistic Research Laboratory der US-Armee von J. Presper Eckert (1919–1995) und John Mauchly (1907–1980) entwickelte ENIAC (Ceruzzi 2003, S. 1), könnten – so die Hoffnung – endlich die erforderliche Rechenleistung und -geschwindigkeit zur Verfügung stellen, um die Herangehensweise der Meteorologie an diejenige der Astronomie anzugleichen. Als Zworykin jedoch sein „Proposal" verfasste, waren weder technische Details geklärt und schon gar nicht war die Tragweite der Technologie absehbar. Sein Adressat, John von Neumann, hatte erst ein gutes Jahr zuvor vom ENIAC-Projekt erfahren sowie Eckert und Mauchly kennengelernt und seit seinem wegweisenden „First Draft of a Report on the EDVAC" waren gerade erst sechs Monate vergangen (Ceruzzi 2003, S. 21–22). Zworykins optimistische Einschätzung beruhte also lediglich auf der antizipierten Rechenleistung, doch diese sollte nun Richardsons Traum Realität werden lassen. John von Neumann zeigte sich dennoch grundsätzlich einverstanden mit Zworykins Ausführungen und fügte hinsichtlich der Funktion der Wettervorhersage für die zukünftige Kontrolle noch eine Präzisierung hinzu:

> „I agree with you completely that once the methods of prediction are sufficiently advanced the immediately following step should be prediction from hypothetical situations. In other words: exploring the consequences of various controllable changes in the absorption and reflection properties of the ground and of a number of suitable atmospheric phenomena which can be brought about artificially. (Zworykin 2008, S. 74)"

Während Zworykin in Form eines naturwissenschaftlichen Ideals die Diagnose der Atmosphäre um die Prognose und in letzter Konsequenz um die Kontrolle ergänzt hatte, nannte von Neumann also bereits konkreter die Vorhersage von „hypothetical situations" zur Folgenabschätzung als Grundvoraussetzung, um über bestimmte Eingriffe ins Erdsystem nachdenken zu können. Das Antwortschreiben von Neumanns war nicht bloß der Höflichkeit unter Kollegen geschuldet. Nach 1945 weckten meteorologische Fragestellungen tatsächlich sein Interesse und dafür, dass er in der Folge die Wettervorhersage als Anwendungsfeld für die Rechenmaschinen auserkor, war Zworykin gemeinsam mit dem Leiter des US-amerikanischen Wetterdienstes, Francis Reichelderfer, (1895–1983), mitverantwortlich (Gramelsberger 2009, S. 32). Von Neumann versammelte in der Folge eine Gruppe theoretischer Meteorologen am Institute for Advanced Study (IAS) in Princeton. Zum Leiter der Gruppe ernannte er Jule Charney (1917–1981), der vom Meteorologie-Department von Carl-Gustav Rossby (1898–1957) an der Universität Chicago zum IAS stieß (vgl. Weart 2010, S. 209). Noch bevor die Gruppe um Charney auf der Grundlage eines Sets vereinfachter Gleichungen 1949 erstmals annäherungsweise realistische Prognosen vorweisen konnte, trafen sich im Januar 1947 Zworykin und von Neumann an einer von der American Meteorological Society und dem Institute of Aeronautical Sciences organisierten Konferenz persönlich in New York. Während von Neumann zu „future uses of high speed computing in meteorology" (N. N. 1947, S. 102) sprach, ging Zworykin, wie bereits in seinem „Proposal", einen Schritt weiter und stellte nun öffentlich die Wetterkontrolle in Aussicht. Sein Hauptargument war wiederum, dass der Computer durch seine Geschwindigkeit alle relevanten Faktoren atmosphärischer Phänomene künstlich nachbilden und so die Grundlage für deren Kontrolle schaffen werde (Fleming 2011, S. 61). Als der „Science Newsletter" über Zworykins Vortrag berichtete, erschien die Kontrolle als folgerichtige Konsequenz der Vorhersage und damit grundsätzlich möglich:

> „It [weather control] would depend he [Zworykin] said, upon information derived from very rapid calculations made from weather reports from regular observatories, the calculations being now possible by an electronic computing device. The application of electrical and electronic devices specially designed for weather forecasting may yield predictions for days ahead in a matter of minutes. The device itself would not predict weather; neither would it be used in control steps taken. It would merely compute, in minutes instead of the hours now required, the probabilities from data collected from extended areas regarding pressure, temperature, humidity, wind velocity at different altitudes and other information used by the weather forecaster. The control steps would follow the prediction. (N. N. 1947, S. 102)"

Nicht alle Meteorologen und Mathematiker stimmten in Zworykins ungebrochene Euphorie ein. 1949 erschien im *Journal of Meteorology* ein erster ausführlicher Aufsatz von Charney zur computerbasierten numerischen Wettervorhersage, in dem er vorschlug, das Vorhersageproblem durch eine Reduktion von einem drei- auf ein zweidimensionales Modell zu lösen. Auch wenn Charney ebenfalls Hoffnungen in die „recent developments in the design of large-scale digital computing machines" setzte, warnte er angesichts der „serious obstacles" vor allzu großem Optimismus und stellte anders als der meteorologische Laie Zworykin sogar die zentrale Frage: „Do we actually know the laws governing the motion of the atmosphere?" (Charney 1949, S. 371) Nahezu zeitgleich zweifelte Norbert Wiener (1894–1964), wie von Neumann einer der bedeutenden US-amerikanischen Mathematiker, in seinem 1948 erschienenen Buch „Cybernetics or Communication and Control in the Animal or the Machine" noch grundlegender an der Möglichkeit einer Wettervorhersage, die über eine Wahrscheinlichkeitsverteilung hinausging. Wie Richardson griff er den Vergleich von Astronomie und Meteorologie auf, jedoch ausschließlich um den „extrem contrast" (Wiener 1985, S. 31) herauszustellen und zu betonen, dass die Anzahl der bei atmosphärischen Prozessen involvierten Partikel so enorm sei, dass eine Erfassung des Ausgangszustands auch unter Einbezug aller meteorologischen Stationen weltweit schlicht unmöglich bleibe (Wiener 1985, S. 33).

Fern dieser Diskussionen zu konkreten technischen und theoretischen, aber auch größeren wissenschaftsphilosophischen Fragen, gerann die Verlinkung von Wettervorhersage und Wetterkontrolle in Publikumsmedien zum Topos. Gerade durch die Ausblendung der komplexen Rechenoperationen und genauen Funktionsweisen, die sich nicht nur, aber besonders deutlich in Publikumsmedien manifestierte, wurde der Computer zur „Black Box" (Gugerli 2018, S. 19–20). Gerade diese abstrakte Referenz verstärkte die Vorstellung von der Atmosphäre als deterministischem System, das gemäß den Idealen neuzeitlicher Naturwissenschaft nicht nur berechnet und vorhergesagt, sondern letztlich auch kontrolliert werden konnte. So hatte der Brigadegeneral und Präsident der RCA, David Sarnoff (1891–1971), bereits im Oktober 1946 über Regen und Sonnenschein per Knopfdruck spekuliert (Fleming 2011, S. 60; Harper 2017, S. 49) und im Juli 1947 wiederholte er in der populärwissenschaftlichen Zeitschrift *Scientific American* seine Vision der zukünftigen Wetterkontrolle, die er angesichts der Fortschritte der computergestützten Wettervorhersage in Reichweite sah (Sarnoff 1947, S. 2). Im folgenden Jahrzehnt war es üblich, das Sprechen über die computerbasierte numerische Wettervorhersage mit der Anwendungsmöglichkeit der Wetterkontrolle zu ergänzen. So nahm etwa *Weather*, die Zeitschrift populärwissenschaftlichen Zuschnitts der Royal Meteorological Society, 1957 im Editorial fast wortwörtlich Richardsons Traum auf – ergänzt nun um den Aspekt der Kontrolle:

> „In the far distant future of this Electronic Age, long-range forecasts for the entire year may earn a new respectability, passing from astrology to meteorology, from Old Moore´s Almanack to the January issue of *Weather*. Or perhaps weather control will so far advance that our weather, like our summer daylight, will be decreed weeks in advance by Acts of Parliament. (N. N. 1957, S. 2)"

Die Verlinkung von Vorhersage und Kontrolle lässt sich nicht einfach als Phänomen einer populärwissenschaftlichen Vereinfachung oder boulevardesken Zuspitzung abtun. Spätestens ab Mitte der 1950er-Jahre verwendeten auch Fachleute die Argumentation in zwei Spielarten: Einerseits in Form eines wissenschaftstheoretischen Ideals, andererseits als antizipiertes Instrument zur Folgeabschätzung von Eingriffen in die Atmosphäre. Insbesondere die von Paul N. Edwards herausgearbeitete „mutual orientation" ermöglichte und begünstigte dieses Sprechen. Die Meteorologie profitierte wie andere (Geo-)Wissenschaften im Kontext des sich anbahnenden Kalten Krieges von der großzügigen Unterstützung militärischer Organisationen. Meteorologen priesen dabei ihren militärischen Sponsoren neue Technologien an, während die Sponsoren die Zuwendungsempfänger ihrerseits auf mögliche militärische Anwendungen hinwiesen (Edwards 2013, S. 112). Die Beeinflussung der Umwelt und insbesondere der Witterungsbedingungen war dabei für beide Seiten ein äußerst attraktives Projekt. Als etwa John von Neumann 1955 in der Wirtschaftszeitschrift *Fortune* unter dem dramatischen Titel „Can We Survive Technology?" über das Verhältnis Mensch und Technologie und dessen zukünftige Entwicklung nachdachte, behandelte er auf immerhin gut drei (von fünfzehn) Seiten die zukünftige Wetterkontrolle. Dabei dachte er an weit mehr als an die bisherigen lokalen Wetterbeeinflussungsversuche: „But weather control and climate control are really much broader than ‚rain making'." (von Neumann 1995, S. 112) Als Argument für die grundsätzliche Machbarkeit auch großräumiger und vor allem permanenter Klimabeeinflussung durch gezielte Veränderung der Strahlungsbilanz diente ihm bereits Mitte der 1950er-Jahre die unbeabsichtigte Beeinflussung, so zum Beispiel steigender Kohlendioxidgehalt durch die Verbrennung von Öl und Kohle oder reflektierende Partikel nach Vulkanexplosionen. Einschränkend hielt von Neumann jedoch fest, dass angesichts der letztlich globalen Tragweite eine detaillierte Abschätzung der Folgen erforderlich sei:

> „The mainly difficulty lies in predicting in detail the effects of any such drastic intervention. But our knowledge of the dynamics and the controlling processes in the atmosphere is rapidly approaching a level that would permit such prediction. (von Neumann 1995, S. 513)"

Ähnlich wie von Neumann dachte auch Harry Wexler (1911–1962) die computerbasierte Wettervorhersage als konkretes Instrument, um die Folgen großräumiger Beeinflussung abzuschätzen. Wexler, Leiter der Forschungsabteilung des US Weather Bureaus, war bereits 1945 erstmals mit der Computertechnologie in Berührung gekommen, als er Mauchly und Zworykin kennengelernt hatte. In der Folge fungierte er als offizielle Verbindungsperson zwischen dem IAS und dem US-Wetterdienst und beriet gemeinsam mit Rossby John von Neumann in meteorologischen Fragen (Fleming 2011, S. 51). In einem Artikel in *Science* skizzierte er 1958 verschiedene Möglichkeiten, ins Atmosphärensystem einzugreifen. Er betonte jedoch, dass ohne eine zuverlässige Folgenabschätzung die Gefahr bestehe "to produce cures worse than the ailment" (Wexler 1958, S. 1058). Auch wenn Wexlers Einschätzung der Wetter- und Klimabeeinflussung zurückhaltender und kritischer ausfiel, so schloss er sie zumindest nicht aus:

> "Recent advances in knowledge of the general circulation of the atmosphere should make it possible in a few years to achieve a more accurate quantitative estimate of the meteorological consequences [...]. (Wexler 1958, S. 1063)"

Neben dieser vergleichsweise präzis benannten Anwendungsmöglichkeit der numerischen Wettervorhersage, fand der Topos auch in seiner wissenschaftsphilosophischen Spielart weiter Verwendung, die auf einem physiko-mathematischen Wissenschaftsverständnis basierte. 1961 hielt beispielsweise der Präsident der American Meteorological Society, Thomas F. Malone (1917–2013), die Eröffnungsansprache der International Conference on Cloud Physics in Canberra, Australien. Darin referierte er die neusten Fortschritte und die zukünftigen Ziele der Wolkenphysik. Bei Malone zeigte sich besonders deutlich, dass die Beeinflussung, Modifikation oder sogar Kontrolle von Wetter und Klima in eine spezifisch naturwissenschaftliche Logik eingeschrieben war:

> "If we accept the postulate (...) that the acquisition of scientific knowledge, the utilization of that knowledge, and the consequences for mankind of that use are all inextricably linked, the meteorological problem can be analyzed as the fourfold of (1) describing this complex hydrodynamic system, (2) understanding the physical processes which are responsible for its behaviour, (3) predicting the future states of the system, and ultimately, (4) controlling such of those physical processes, as may be practicable, to influence future states in a beneficial manner. (Malone 1962, S. 6)"

Diese bei Malone erkennbare Vorstellung der Atmosphäre als ein zwar komplexes, aber erklär-, prognostizier- und letztlich kontrollierbares System gewann insbesondere in der Visualisierung und Schematisierung der für die atmosphärischen Prozesse relevanten Parameter weiter an Deutlichkeit. Als eine Forschergruppe der RAND Corporation 1962 ein „Rationale for Weather Control-Research" veröffentlichte, untermauerte sie die Plausibilität der vorgeschlagenen Pläne mit einer Illustration zur „[...] atmosphere, its interactions [...] and kinetic energy [...]" (Greenfield et al. 1962, S. 471). In der schaltkreisähnlichen Illustration erschien nun die Atmosphäre von einer übersichtlichen Zahl an Faktoren bestimmt, deren Kenntnis nicht nur die Vorhersage, sondern auch, über gezielte Eingriffe, ihre Kontrolle ermöglichen sollte.

4 Input und Messnetzwerk

Mitte der 1950er-Jahre wurde die numerische Wettervorhersage praktikabel: Der schwedische Wetterdienst stellte 1954 als erster weltweit auf computerbasierte Vorhersagen um, 1955 folgte das US-amerikanische Weather Bureau. Auch wenn es noch beinahe ein Jahrzehnt dauern sollte, bis die numerische Wettervorhersage, die auf Erfahrungen beruhenden Prognosen an Genauigkeit übertraf (Weart 2010, S. 209), so generierten sowohl die routinemäßige Erstellung als auch die Optimierungsversuche eine zusätzliche Nachfrage nach Daten. Dabei galten insbesondere Satelliten schon vor ihrer ersten Anwendung als eigentliche Hoffnungsträger der Meteorologie und der Wettervorhersage, da sie eine wichtige Lücke im Messnetzwerk zu schließen versprachen (Edwards 2006, S. 230, 245). Die nach dem Krieg neu gegründete World Meteorological Organization (WMO) arbeitete intensiv an der Integration nationaler Wetterbeobachtungen und Kommunikation in ein funktionierendes globales System. Bereits das Internationale Geophysikalische Jahr 1957/1958 war ein Versuch, die Erde als ein einziges physikalisches System zu untersuchen und in den frühen 1960er-Jahren begann die Planung an der globalen Informationsstruktur – der World Weather Watch (Edwards 2006, S. 239, 246). In diesem Kontext geriet verstärkt die Gewinnung der erforderlichen Daten – der Input – in den Fokus. Der in Aussicht gestellte und auch tatsächlich erfolgte Ausbau des Messnetzwerks veränderte das Argument nicht grundsätzlich, sondern verstärkte es: Technologien wie Satelliten versprachen nun die gewünschten Daten zur Verfügung zu stellen, der Computer würde Prognosen erstellen und damit die Grundlage für gezielte Eingriffe schaffen.

Auch außerhalb des esoterischen Kreises der Atmosphärenwissenschaft wurde nun die auf der Wettervorhersage basierende Wetterkontrolle zur beliebten Rechtfertigungsstrategie der Forschung. Nicht zuletzt die NASA sah ein zentrales Anwendungsfeld der Raumfahrttechnologie in der Bereitstellung von Daten, die zu einer Verbesserung der Wettervorhersage führen und so als Grundlage für die Wetter- und Klimabeeinflussung dienen sollte (Newell 1966). Wie sehr die Wetter- und Klimabeeinflussung auch während der 1960er-Jahre zum Repertoire der atmosphärenwissenschaftlichen Forschungsinteressen gehörte und als wie wirkmächtig sich die Koppelung von Vorhersage und Kontrolle erwies, zeigt sich auch im von der National Academy of Sciences in Auftrag gegebenen, mehr als 100 Seiten umfassenden „Outline of International Programs in Atmospheric Physics" aus dem Jahr 1963, an dem Schlüsselfiguren der *Scientific Community*, wie Sverre Pettersen (1898–1974), Professor für Meteorologie an der University of Chicago und Präsident der American Meteorological Society, Walter Orr Roberts (1915–1990), Direktor des National Center of Atmospheric Research in Boulder sowie der bereits erwähnte Jule Charney mitgewirkt hatten. In dieser Überblicksdarstellung wurde die „[m]odification of weather and climate" (National Research Council 1963, S. 62) nicht nur wie selbstverständlich als eigenständiges Kapitel behandelt, sondern auch bei der Besprechung etwa der Satelliten- und Computertechnologie als mögliche Weiterentwicklung genannt. Auf der Ebene der Fachdiskussion wurde hingegen deutlich, dass die atmosphärischen Bewegungen zwar weiterhin als deterministisch angenommen (National Research Council 1963, S. 11), dass gleichzeitig jedoch mehrere Probleme bei der Simulation mathematischer Modelle identifiziert wurden. Begrenzend schienen nicht mehr in erster Linie die Rechenleistung der Computer, sondern die zur Verfügung stehenden „numerical procedures" sowie die „specification of the physical ingredients of the mathematical models" (National Research Council 1963, S. 12). Ab 1960 lässt sich also auch ausgehend vom Wetter-

und Klimamodifikationsdiskurs beobachten, dass die Modelle in den Fokus rückten und damit eine Simulation der Atmosphäre thematisiert wurde, die über das im 19. Jahrhundert wurzelnde physikalisch-mathematische Verständnis hinausging.

5 Das Atmosphärenlabor

Maßgeblich gestützt wurde der Wetter- und Klimamodifikationsdiskurs durch die zunächst vielversprechenden Arbeiten zur lokalen Niederschlagsbeeinflussung. Ausgehend von einer Neuformulierung der Niederschlagstheorie im Verlaufe der 1930er- und 1940er-Jahre sowie von Experimenten unter der Leitung des Chemie-Nobelpreisträgers Irving Langmuir (1881–1957) bei General Electric, unmittelbar nach Kriegsende, etablierte sich eine Forschungsrichtung angewandter Meteorologie. Insbesondere die junge Subdisziplin der Wolkenphysik wurde ab den 1950er-Jahren zur führenden Akteurin dieser Forschung zur lokalen und zeitlich begrenzten Beeinflussung von Wetter. Um das Argument der Machbarkeit der Wetter- und Klimabeeinflussung zu stärken, hatten bereits frühe Fürsprecher der Wetterkontrolle wie Zworykin auf das militärisch gesponserte, von General Electric initiierte Projekt „Cirrus" hingewiesen, in dessen Rahmen zur künstlichen Auslösung von Regen gearbeitet wurde. Bei dieser wolkenphysikalischen Forschung war der Einsatz computergestützter Verfahren zunächst nicht vorgesehen. Als Vincent J. Schaefer (1903–1993), führender Mitarbeiter im Labor von General Electric, 1951 in einem von der US Air Force angeregten, umfangreichen Kompendium zur Meteorologie den Forschungsstand zum sogenannten „Cloud Seeding" vorstellte, fehlte jeglicher Verweis auf eine mögliche Anwendung computergestützter Verfahren. Im Gegenteil: Schaefer und seine Kollegen hofften auf die Verwirklichung einer experimentellen Meteorologie, die erstmals die reale Atmosphäre selbst als Labor nutzte (Schaefer 1951). Bereits 1921 in einem Vortrag über die „[a]rtificial control of weather" hatte der britische Meteorologie-Pionier Napier Shaw (1854–1945) festgehalten, dass der zukünftige Erfolg der Wetterbeeinflussungsversuche davon abhinge, ob die Laborexperimente auf die reale Atmosphäre übertragbar seien: „The important question is whether we can extend such operations [weather control] from the laboratory to the open air." (Shaw 1921, S. 245)

Die Feldexperimente nach 1945 schienen nun genau diese Forderung Shaws einzulösen und standen damit in epistemischer Konkurrenz zu den computerbasierten Simulationen. Die frühen Feld- und Laborexperimente zur Wetterbeeinflussung beruhten dann auch nicht in erster Linie auf einer physikalisch-mathematischen Epistemologie, sondern auf einer Epistemologie der fotografischen Objektivität. Die anfänglichen Laborversuche in einer handelsüblichen Kühltruhe, bei denen das „Einimpfen" von Trockeneis sichtbar und auf Filmmaterial fixierbar eine künstliche Miniaturwolke ausregnen liess, wurden auf die Atmosphäre übertragen (u. a. Harper 2017, S. 62–79; Taha 2017). Die ersten Feldversuche, bei denen Trockeneis aus einer einmotorigen Fairchild 24-Maschine in die Wolke geschüttet wurde, funktionierten über die Beobachtung und fotografische Fixierung, welche die durch das Injizieren von Trockeneis ausgelöste Modifikation der Wolken, die Geschwindigkeit der Ausbreitung sowie die Dauer der Effekte nachweisen sollten. Bereits Ende der 1940er-Jahre wurde angesichts der offensiven Kommunikation der (vermeintlichen) Erfolge des „Project Cirrus" durch Irving Langmuir Kritik von Seiten des US Weather Bureaus laut, welches statistische Analysen der Experimente forderte (Harper 2017, S. 72–73). Denn das zentrale Problem der Feldexperimente war ein altbekanntes: Bereits das sogenannte „Hagelschießen" um 1900 war nicht zuletzt an den Debatten über den schwer zu erbringenden Wirksamkeitsnachweis gescheitert. Schließlich reichte für einen solchen von der *Scientific Community* anerkannten Wirksamkeitsnachweis fotografisch nachgewiesener Niederschlag nicht aus, da hierbei nicht ausgeschlossen werden konnte, dass es sich um natürlichen Niederschlag handelte, der auch ohne Eingriffe gefallen wäre. Als sich in den 1950er-Jahren die Wolkenphysik intensiv mit der künstlichen Niederschlagsauslösung zu beschäftigen begann, gehörte die Verwendung statistischer Methoden bereits zum Standard.

Während der Diskurs zur Klimakontrolle sich insbesondere in den USA manifestierte, verbreitete sich das Wissen zur lokalen Wetterbeeinflussung bereits in den späten 1940er-Jahren zeitnah über Landesgrenzen hinweg – ab Mitte der 1960er-Jahre sogar über den Eisernen Vorhang – und damit mit entsprechenden Verschiebungen in andere gesellschaftliche und wissenschaftliche Kontexte. So lag der Fokus der Forschung in den mitteleuropäischen Ländern, aber auch in der Sowjetunion, im Folgenden nicht auf der künstlichen Niederschlagsauslösung, sondern auf der Hagelabwehr. Bei den europäischen Feldexperimenten griffen sie alle sowohl auf dieselben theoretischen (wolkenphysikalischen) Grundlagen als auch auf vergleichbare experimentelle Settings zurück. Das Labor der realen Atmosphäre erwies sich jedoch weiterhin als schwierig handhabbar, sodass die Feldexperimente verstärkt mit „analogen Simulationen" im Labor kombiniert wurden. In der Schweiz wurde beispielsweise 1959 in Davos ein „Hagelkanal" eingerichtet, um die Experimente in der freien Atmosphäre und deren statistische Evaluation zu ergänzen (List 1959, S. 381).

Erst in der zweiten Hälfte der 1960er-Jahre fand auch die Computertechnologie Eingang in die Experimentalsysteme der Wolkenphysik. Insbesondere im Rahmen des 1962 vom US Weather Bureau initiierten Projekts „Stormfury" zur Beeinflussung von Wirbelstürmen wurden numerische Modelle entwickelt. Erstens sollte im Vorfeld der Feldexperimente die erfolgversprechendste „Seeding"-Methode bestimmt werden, und zweitens sollten, über den Abgleich der Sturmentwicklung nach dem Eingriff mit dem simulierten Verlauf, Aussagen über ihre Wirksamkeit getroffen werden. Die Behandlung des Hurrikans Debbie im August 1969 galt beispielsweise deshalb als Erfolg, weil die Windgeschwindigkeit um 31 % abgenommen hatte – im Vergleich zur Vorhersage des unbehandelten Hurrikans durch das entwickelte Modell (Harper 2017, S. 195–199). Während spätestens ab 1970 im Anschluss an Edward Lorenz (1917–2008) verstärkt grundsätzliche Debatten über die Grenzen der Vorhersagbarkeit geführt wurden, die den großen Plänen einer langfristigen, präzisen Wettervorhersage die Plausibilität entzogen, fanden nun auch bei kleineren Projekten standardmäßig Computer und numerische Modelle Verwendung. In der Keynote für eine große internationale Wolkenphysik-Konferenz

1976 in Boulder, Colorado, wurde konstatiert, dass das numerische Modellieren und die Arbeit mit Computern nahezu alle Aspekte der Wolkenphysik – und damit auch der Wetterbeeinflussung – betreffen würde (Orville 1976). In einem Grundlagenpapier zum Design sowie zur Evaluation von Experimenten von Joanne Simpson (1923–2010), Leiterin des Labors für experimentelle Meteorologie der National Oceanic and Atmospheric Adiministration (NOAA) und zentrale Akteurin der Forschung zur Wetterbeeinflussung, wird jedoch deutlich, dass die Experimente weiterhin sehr hybrid funktionierten. Der Bezug von Modellen war zwar Mitte der 1970er-Jahre Standard – doch die statistische Auswertung der randomisierten Experimente blieb weiterhin der zentrale Pfeiler der Evaluation (Simpson et al. 1975). Theorie und Experiment wurden also auch in der Wolkenphysik um die Simulation als Instrument der Erkenntnisproduktion ergänzt, ohne jedoch eine grundlegende Veränderung des Erkenntnisinteresses oder der Fragestellung zu bewirken – und ohne letztlich das zugrunde liegende epistemologische Problem lösen zu können.

6 Die Vorhersage der Kontrolle

Abgesehen von den genannten Feldexperimenten zur Niederschlagsauslösung oder Hagelabwehr verwies der Wetter- und Klimamodifkationsdiskurs auf eine mehr oder weniger unbestimmte Zukunft. Wenn Meteorologen, Atmosphärenwissenschaftler, Militärs oder Journalisten über die Wetterkontrolle oder -beeinflussung sprachen, taten sie das, indem sie die gegenwärtige Situation und die Erfahrung der jüngsten Entwicklungen in die Zukunft extrapolierten. Diese Vorhersage der Kontrolle wurde also nicht zuletzt durch ein Planungs- und Prognosedenken ermöglicht, das sich seit den 1950er-Jahren „[e]ingebettet in den Rahmen eines deterministischen Systemdenkens" (Gramelsberger 2007, S. 28) etabliert hatte. Schließlich hatte die militärische Forschung des Zweiten Weltkrieges nicht nur die Computertechnologie hervorgebracht, sondern mit Kybernetik und Spieltheorie auch den „theoretischen und methodischen Grundstock der neuen Zukunftswissenschaft" (Hölscher 2016, S. 296). Angesichts des sich spätestens ab 1947 abzeichnenden Kalten Krieges und der damit zusammenhängenden „mutual orientation" zwischen (Geo-)Wissenschaft und Militär, Wissenschaftlern und Ingenieuren wurde insbesondere das *Science Forecasting* von militärischen Stellen stark gefördert. In diesem Kontext entstand unter anderem mit großzügiger Unterstützung der Air Force die RAND Corporation, die wissenschaftliche Expertise für die zukünftige Kriegsführung bereitstellen sollte (Hounshell 1997; Seefried 2015, S. 51–52). Eine Mischung von Methoden wie Spieltheorie oder *Systems Analysis* mit Technologien – insbesondere des Computers – beförderte das Sprechen über die Zukunft. Die von Herman Kahn (1922–1983) in den 1960er-Jahren entwickelte Form „experimentellen Erzählens" der Szenario-Technik war stark inspiriert von der Computersimulation (Pias 2009, S. 9–11). Die Beeinflussung von Wetter und Klima war sehr früh Teil dieser von der Computertechnologie inspirierten Zukunftsentwürfe.

Hatte Zworykin 1945 die Wetterkontrolle noch als Fortschrittsprojekt der gesamten Menschheit imaginiert, wurde die Beeinflussung atmosphärischer Phänomene seit den 1950er-Jahren in Form des *Science Forecasting* zum „Wetterkrieg" weitergedacht. 1953 warnte beispielsweise der erste Kommandant des Strategic Air Command, George C. Kenney (1889–1977), vor einem analog zur atomaren Aufrüstung verlaufenden Wettlauf um die Kontrolle der Atmosphäre und 1958 – kurz nach Sputnik – machte die *Newsweek* aus dem neuen Wettrüsten bezüglich der Wetter- und Klimakontrolle eine Tatsache (Edwards 2000, S. 10). Auch das Sprechen vom „Wetterkrieg" lässt sich nicht einfach monokausal auf die Aufmerksamkeitsökonomie der Populärwissenschaft zurückführen. Von Neumann selbst entwarf im bereits erwähnten Artikel in *Fortune* ein solches Schreckensszenario. In der Überzeugung, dass in absehbarer Zukunft Eingriffe in die Atmosphäre möglich seien, antizipierte er den Einsatz der Klimakontrolle als Kriegswaffe: „The most constructive schemes for climate control would have to be based on insights and techniques that would also lend themselves to forms of climatic warfare as yet unimagined." (von Neumann 1995, S. 511–512) Und als die NATO 1960 die Entwicklungen der Kriegsführung für die nächsten 15 Jahre abschätzte, betonte die Forschungsgruppe unter der Leitung des „grand old man of science forecasting" (Hamblin 2013, S. 135), Theodore von Kármán (1881–1963), nicht nur die Bedeutung einer zukünftigen präzisen Wettervorhersage, sondern schlug unter dem Stichwort „Environmental Warfare" auch die Beeinflussung von Wetter und Klima als Waffe der Zukunft vor (Hamblin 2013, S. 135–139). Auch in der optimistischen Variante, die seit der Rede von John F. Kennedy (1917–1963) vor der UN-Generalversammlung 1962 verstärkt als globales Friedensprojekt und damit als Gegenmodell zum Wettrüsten verhandelt wurde, gehörte die Wetter- und Klimakontrolle von Anfang an zum festen Repertoire der jungen Wissenschaft der Futurologie.

In den 1960er-Jahren schloss sich das Sprechen über die gezielte Veränderung von Wetter und Klima zudem mit weiteren Prognosen kurz. Der Futurologe Robert U. Ayres (*1932), Mitarbeiter des Hudson Institute, war nur einer unter vielen, der angesichts der prognostizierten „Überbevölkerung" die Wetterkontrolle als rettende Technologie in Aussicht stellte (Ayres 1966). Als sich die Forschung zur Wetterbeeinflussung während der 1970er-Jahre angesichts des ausbleibenden Durchbruchs verstärkt Widerstand gegenübersah, war der Verweis auf das Bevölkerungswachstum eine der Rechtfertigungsstrategien. In einem programmatischen Aufsatz von 1975 zur Zukunft der Wetterbeeinflussung argumentierten führende Akteure, dass die Wettermodifikation keineswegs von rein akademischem Interesse sei, da sie potenziell eine Lösung für die Lebensmittelknappheit sei (Sax et al. 1975, S. 653). In diesem Aufsatz zeigte sich jedoch auch, dass sich seit Mitte der 1960er-Jahre ein neuer Forschungsgegenstand am Problemhorizont der Atmosphärenphysiker abzeichnete: die unbeabsichtigte Beeinflussung von Wetter und Klima. Prominent an erster Stelle verhandelte Robert I. Sax vom US-amerikanischen Wetterdienst die unerwünschten Effekte des menschlichen Einflusses auf die Atmosphäre (Sax et al. 1975, S. 653–655). Die Vorhersage der unkontrollierten Beeinflussung war zunächst durchaus anschlussfähig an die gezielten Eingriffe, die als Technologie in Aussicht gestellt wurden, um den bereits bestehenden und zukünftigen negativen Effekten entgegenzuwirken. Bereits 1965 hatte das Science

Advisory Committee von Lyndon B. Johnson (1908–1973) eine Zunahme von Kohlendioxid in der Atmosphäre von 25 % und einen damit verbundenen Temperaturanstieg von bis zu 4 Grad Celsius bis zum Jahre 2000 prognostiziert und zugleich gezielte Eingriffe in die Strahlungsbilanz als mögliche Gegenmaßnahme vorgeschlagen (President's Science Advisory Committee 1965). Und ein vier Jahre später formulierter Vorschlag des Direktors der Forschungsabteilung der Environmental Science Services Administration, Joseph O. Fletcher (1920–2008), in der von der UNESCO herausgegebenen Zeitschrift *Impact of Science on Society*, dem Klimawandel gewissermaßen mit der vollständigen Übernahme des Erd-Atmosphäre-Systems zu begegnen, war nur ein weiteres, wenn auch besonders prägnantes Beispiel für die gezielte Korrektur des selbst induzierten Klimawandels:

> „Furthermore, the inadvertent consequences of human activity will increase manyfold in only a few decades, precisely at a time when rapidly growing pressures on world food production make the social consequences ever more serious. The inescapable conclusion is that purposeful management of global climatic resources will eventually become necessary to prevent undesirable changes. (Fletcher 1969, S. 151)"

Im Verlauf der 1970er-Jahre formierte sich die Umweltbewegung, die Politik begann sich verstärkt mit Umweltfragen auseinanderzusetzen und hinsichtlich des anthropogenen Klimawandels zeichnete sich ein wissenschaftlicher Konsens ab. In diesem Kontext verschob sich der Fokus der Forschung nun definitiv weg von der gezielten auf die unkontrollierte Beeinflussung der Atmosphäre. Technische Lösungen für dieses auch in der Öffentlichkeit verhandelte Problem wurden nun nur noch vereinzelt vorgeschlagen (Feichter und Quante 2017). Das war auch ein Ausdruck einer erodierenden Wissenschafts- und Technologiegläubigkeit, die nicht zuletzt von Abschätzungen zu Chancen und Risiken von Technologie und Wissenschaft angestoßen und begleitet wurde. Bereits 1952 hatte Robert Jungk (1913–1994) in seinem Buch „Die Zukunft hat schon begonnen" die Konsequenzen der gegenwärtigen und der zukünftigen Beeinflussung von Wetter äußerst ambivalent geschildert (Jungk 1954, S. 172–178). Auch die Akteure der Wetter- und Klimamodifikation selbst begannen in den 1960er-Jahren die möglichen Folgen der Wetter- und Klimafolgen abzuschätzen. 1964 hatte beispielsweise die National Science Foundation eine Special Commission on Weather Modification zusammengestellt, die ein gutes Jahr später ihren Report einreichte. Dieser fokussierte nun kaum auf die physikalischen Aspekte, sondern enthielt eine facettenreiche Abschätzung der physikalischen, biologischen, rechtlichen, sozialen und politischen Implikationen (Special Commission on Weather Modification 1965). Auch Thomas F. Malone verdeutlichte in einer 1967 in *Science* veröffentlichten Forschungsbilanz, dass sich die *Scientific Community* nicht nur mit Fragen der Machbarkeit und Wirksamkeit auseinanderzusetzen habe:

> „[T]here was forthright recognition that the implications and issues involved in weather modification transcend the boundaries of the physical sciences, in international relations, in law and governmental regulation, and in the decision-making structure of the federal government [...]. (Malone 1967, S. 897)"

Verstand Malone eine solche Technikfolgenabschätzung als notwendige Ergänzung der groß angelegten und interdisziplinären Forschung der Wetter- und Klimabeeinflussung, problematisierten solche Abschätzungen von unerwünschten Nebeneffekten in einer wissenschafts- und technologiekritischen Variante zunehmend die Wetter- und Klimamodifikation. Die Verschiebung von der Frage, ob die Technologie machbar sei, zur Frage, ob sie überhaupt erstrebenswert sei, zeigt sich beispielhaft 1969 in einem Beitrag des französisch-US-amerikanischen Mediziners und Umweltaktivisten René Dubos (1901–1982) an einem von der OECD ausgerichteten Symposium zu den Perspektiven der Planung. In einer „Social Merit Matrix" wurde die Wettermodifikation auf ihre ökonomischen, kulturellen und politischen Implikationen hin befragt (Dubos 1969). Auch in einer der letzten ausführlichen populärwissenschaftlichen Abhandlungen zur Wetterbeeinflussung mit dem Titel „Wetter nach Wunsch?" lässt sich die aufkommende Skepsis bereits am Untertitel – „Perspektiven und Gefahren der künstlichen Wetterbeeinflussung" sowie am Inhaltsverzeichnis ablesen. Der Wiener Wissenschaftsjournalist Georg Breuer (1919–2009) teilte nämlich sein Buch 1976 in drei Hauptkapitel: Neben den „Wissenschaftlichen und technischen Voraussetzungen" und den „Methoden und Anwendungsmöglichkeiten" mussten Mitte der 1970er-Jahre auch ausführlich die „Probleme und Gefahren" behandelt werden (Breuer 1976). Hatten unterschiedliche Zukunftsszenarien den Diskurs zur gezielten Beeinflussung von Wetter und Klima zunächst gestützt und plausibilisiert, unterliefen und delegitimierten sie ihn somit seit der zweiten Hälfte der 1960er-Jahre zunehmend.

7 Fazit

Wenn man nach dem Verhältnis von Computertechnologie sowie Wetter- und Klimamodifikationsdiskurs fragt, ergibt sich ein kompliziertes Bild. Zweifelsohne diente der Computer als Black Box von Anfang an als wichtiger Katalysator des Diskurses. Die tatsächliche und antizipierte Rechenleistung des Computers sowie der Ausbau des Messnetzwerks versprachen für die Zukunft nicht nur präzise und langfristige Vorhersagen atmosphärischer Phänomene, sondern in einem weiteren Schritt auch deren Kontrolle.

Als Instrument zur Wissensproduktion hielt die Computertechnologie hingegen verhältnismäßig spät Einzug. In der Wolkenphysik als der meteorologischen Subdisziplin, die konkret zur lokalen Beeinflussung der Atmosphäre forschte, fanden die computerbasierten Methoden zunächst kaum Verwendung, da die Feldexperimente in epistemischer Konkurrenz zu den computergenerierten Simulationen standen und zugleich versprachen, die reale Atmosphäre als Labor nutzen zu können.

Besonders ambivalent zeigen sich die Wechselwirkungen zwischen dem Wetter- und Klimamodifikationsdiskurs einerseits und weiteren Zukunftsszenarien und -entwürfen andererseits. Das von der Computertechnologie mitbedingte Planungs- und Prognosedenken, wie es sich etwa im *Science Forecasting* manifestierte, öffnete einen Denkraum für technologische Neuerungen, die die Kontrolle der Atmosphäre versprachen. Nachdem die in den 1960er-Jahren einsetzenden Debatten über den anthropogenen Klimawandel sowie die ebenfalls prognostizierten Ressourcenengpässe den Wetter- und Klimamodifikationsdiskurs zunächst stützten, verschob sich in den 1970er-Jahren der Fokus. Anhand der Technikfolgenabschätzungen lässt sich nachvollziehen, dass nicht allein der problembehaftete Wirksamkeitsnachweis hauptverantwortlich für die allmähliche Marginalisierung des Wetter- und Klimamodifikationsdiskurses im Verlaufe der 1970er-Jahre war. Vielmehr wurde die Technologie aufgrund der potenziell weitreichenden gesellschaftlichen, rechtlichen und ökologischen Konsequenzen jenseits von Fragen der Realisierbarkeit zunehmend problematisiert.

Literatur

Armagnac, Alden P.: The Weather: Now We Can Do Something About It. In: Popular Science 186 (1965), H. 3, S. 80–84/206.
Ayres, Robert U.: Technology and the Prospects for World Food Production. Harmon-on-Hudson N.Y: Hudson Institute 1966.
Breuer, Georg: Wetter nach Wunsch? Perspektiven und Gefahren der künstlichen Wetterbeeinflussung. Stuttgart: DVA 1976.
Ceruzzi, Paul E.: A History of Modern Computing. Cambridge: MIT Press 2003.
Charney, Jule: On a Physical Basis of Numerical Prediction of Large-Scale Motions in the Atmosphere. In: Journal of Meteorology 6 (1949), H. 6, S. 371–385.
Dubos, René: Future-Oriented Science. In: Jantsch, Erich (Hrsg.): Perspectives of Planning. Proceedings of the OECD Working Symposium on Long-Range Forecasting and Planning. Bellagio, Italy 27th October – 2nd November 1968. Paris: OECD 1969, S. 158–175.
Edwards, Paul N.: The World in a Machine. Origins and Impacts of Early Computerized Global Systems Models. In: Hughes, Thomas P.; Hughes, Agatha C. (Hrsg.): Systems, Experts, and Computers. The Systems Approach in Management and Engineering, World War II and After. Cambridge, Mass.: MIT Press 2000, S. 221–254.
Edwards, Paul N.: Meteorology as Infrastructural Globalism. In: Osiris 21 (2006), H. 1, S. 229–250.
Edwards, Paul N.: A Vast Machine. Computer Models, Climate Data, and the Politics of Global Warming. Cambridge, Mass., London: MIT Press 2013.
Feichter, Johann; Quante, Markus: From Predictive to Instructive. Using Models for Geoengineering. In: Heymann, Matthias; Gramelsberger, Gabriele; Mahony, Martin (Hrsg.): Cultures of Prediction in Atmospheric and Climate Science. Epistemic and Cultural Shifts in Computer-Based Modelling and Simulation. London, New York: Routledge 2017, S. 178–194.
Fleming, James R.: Beyond Prediction to Climate Modeling and Climate Control. New Perspectives from the Papers of Harry Wexler, 1945–1962. In: Donner, Leo (Hrsg.): The Development of Atmospheric General Circulation Models. Complexity, Synthesis, and Computation. Cambridge, UK: Cambridge University Press, 2011, S. 51–75.
Fleming, James R.: Sverre Petterssen, the Bergen School, and the Forecast for D-Day. In: Proceedings of the International Commission on History of Meteorology 1 (2004), H. 1, S. 75–84.
Fleming, James R.: Fixing the Sky. The Checkered History of Weather and Climate Control. New York: Columbia University Press 2012.
Fletcher, Joseph O.: Controlling the Planet's Climate. In: Impact of Science on Society XIX (1969), H. 2, S. 151–168.
Franklin, William S.: Weather Prediction and Weather Control. In: Science 68 (1928), H. 1764, S. 377–378.
Gramelsberger, Gabriele: Berechenbare Zukünfte. Computer, Katastrophen und Öffentlichkeit. Eine Inhaltsanalyse futurologischer und klimatologischer Artikel der Wochenzeitschrift „Der Spiegel". In: Communication Cooperation Participation 1 (2007), S. 28–51.

Gramelsberger, Gabriele: Simulation. Analyse der organisationellen Etablierungsbestrebungen der epistemischen Kultur des Simulierens am Beispiel der Klimamodellierung. In: Halfmann, Jost; Schützenmeister, Falk (Hrsg.): Organisationen der Forschung. Der Fall der Atmosphärenwissenschaft. Wiesbaden: VS Verlag für Sozialwissenschaften 2009, S. 30–52.

Gramelsberger, Gabriele: Calculating the Weather. Emerging Cultures of Prediction in Late Nineteenth- and Early Twentieth-Century Europe. In: Heymann, Matthias; Gramelsberger, Gabriele; Mahony, Martin (Hrsg.): Cultures of Prediction in Atmospheric and Climate Science. Epistemic and Cultural Shifts in Computer-Based Modelling and Simulation. London, New York: Routledge 2017, S. 45–67.

Greenfield, Stanley M. et al.: A Rationale for Weather-Control Research. In: Transactions American Geophysical Union 43 (1962), H. 4, S. 469–489.

Gugerli, David: Wie die Welt in den Computer kam. Zur Entstehung digitaler Wirklichkeit. Frankfurt am Main: S. Fischer 2018.

Hamblin, Jacob Darwin: Arming Mother Nature. The Birth of Catastrophic Environmentalism. New York: Oxford University Press 2013.

Harper, Kristine: Weather by the Numbers. The Genesis of Modern Meteorology. Cambridge, Mass: MIT Press 2008.

Harper, Kristine: Make It Rain. State Control of the Atmosphere in Twentieth-Century America. Chicago: University of Chicago Press 2017.

Hounshell, David: The Cold War, RAND, and the Generation of Knowledge, 1946–1962. In: Historical Studies in the Physical and Biological Sciences 27 (1997), H. 2, S. 237–267.

Hölscher, Lucian: Die Entdeckung der Zukunft. Göttingen: Wallstein 2016.

Jungk, Robert: Die Zukunft hat schon begonnen. Amerikas Allmacht und Ohnmacht. Stuttgart, Hamburg: Scherz & Goverts 1954.

List, Roland: Der Hagelversuchskanal. Zürich: ETH 1959.

Lynch, Peter: The Origins of Computer Weather Prediction and Climate Modeling. In: Journal of Computational Physics 227 (2008), H. 8, S. 3431–3444.

Malone, Thomas F.: Weather Modification. Implications of the New Horizons in Research. In: Science 156 (1967), H. 3777, S. 897–901.

Malone, Thomas F.: Some Implications of Progress in the Atmospheric Sciences. Opening Address International Conference on Cloud Physics, Canberra, Australia. In: Bulletin of the American Meteorological Society 43 (1962), H. 1, S. 1–7.

National Research Council (U.S.): An Outline of International Programs in the Atmospheric Sciences. A Report to the Geophysics Research Board, National Academy of Sciences-National Research Council. Washington: National Academy of Sciences – National Research Council 1963.

Nebeker, Frederik: Calculating the Weather. Meteorology in the 20th Century. San Diego: Academic Press 1995.

Nebeker, Frederik: In His Own Words. Vladimir Zworykin, Television Pioneer. In: Proceedings of the IEEE 90 (2002), H. 11, S. 1811–1814.

Neely, Wayne: The Great Okeechobee Hurricane of 1928. The Story of the Second Deadliest Hurricane in American History and the Deadliest Hurricane in Bahamian History. Bloomington, In: iUniverse 2014.

Neumann, John von: Can We Survive Technology? In: Bródy, F. (Hrsg.): The Neumann Compendium. Singapur: World Scientific 1995, S. 504–519.

Newell, Homer E.: A Recommended National Program in Weather Modification. A Report to the Interdepartmental Committee for Atmospheric Sciences. Washington D.C.: Federal Council for Science Technology 1966.

Orville, Harold D.: The Impact of Numerical Modeling on Cloud Physics Research. In: Weickmann, Helmut K. (Hrsg.): International Cloud Physics Conference: July 26–30, 1976, Boulder, Colorado, U.S.A. Boston, Mass.: American Meteorological Society, 1976, S. 1–2.

Pias, Claus: „One-Man Think Tank". Herman Kahn oder wie man das Undenkbare denkt. In: Zeitschrift für Ideengeschichte 3 (2009), H. 3, S. 5–17.

President's Science Advisory Committee: Restoring the Quality of Our Environment. Washington D.C.: White House 1965.

Richardson, Lewis Fry: Weather Prediction by Numerical Process. Cambridge, UK: Cambridge University Press 1922.

Sarnoff, David: Science Reaches Upward. In: Scientific American 177 (1947), H. 1, S. 6–9.

Sax, Robert I. et al.: Weather Modification. Where Are We Now and Where Should We Be Going? An Editorial Overview. In: Journal of Applied Meteorology 14 (1975), H. 5, S. 652–672.

Schaefer, Vincent J.: Snow and its Relationship to Experimental Meteorology. In: Compendium of Meteorology. Prepared Under the Direction of the Committee of the Compendium of Meteorology. Boston: American Meteorological Society 1951, S. 221–234.

Schrickel, Isabell: Von Cloud Seeding und Albedo Enhancement. Zur technischen Modifikation von Wetter und Klima. In: Zeitschrift für Medienwissenschaft 4 (2012), H. 1, S. 194–205.

Seefried, Elke: Zukünfte. Aufstieg und Krise der Zukunftsforschung 1945–1980, Berlin, Boston: De Gruyter Oldenbourg 2015.

Shaw, Napier: The Artificial Control of Weather. In: Monthly Weather Review 49 (1921), H. 4, S. 244–246.

Shaw, Napier: Meteorological Theory in Practice. In: Nature 110 (1922), H. 2771, S. 762–766.

Simpson, Joanne; Eden, Jane C.; Olsen, Anthony R.: On the Design and Evaluation of Cumulus Modification Experiments. In: Journal of Applied Meteorology 14 (1975), H. 5, S. 946–958.

Spänkuch, Dietrich: Zur Entwicklung der Meteorologie in der zweiten Hälfte des 20. Jahrhunderts. In: Beiträge zur Festsitzung der Klasse Naturwissenschaften zu Ehren des 75. Geburtstages von Wolfgang Böhme. Berlin: Trafo-Verlag Weist 2002, S. 11–60.

Special Commission on Weather Modification, National Science Foundation: Weather and Climate Modification. Report of the Special Commission on Weather Modification. Washington D.C.: National Science Foundation 1965.

Taha, Nadine: Die Wolkenphotographie in der Wettermanipulation. Zu Räumen militärisch-industrieller Unsicherheit. In: Nowak, Lars (Hrsg.): Medien – Krieg – Raum. Paderborn: Wilhelm Fink 2017, S. 327–356.

Weart, Spencer: The Development of General Circulation Models of Climate. In: Studies in History and Philosophy of Science Part B: Studies in History and Philosophy of Modern Physics 41 (2010), H. 3, S. 208–217.

Wexler, Harry: Modifying Weather on Large Scale. In: Science 128 (1958), H. 3331, S. 1058–1063.

Wiener, Norbert: Cybernetics or Communication and Control in the Animal and the Machine. Cambridge, Mass.: MIT Press 1985.

Zworykin, Vladimir K.: Outline of a Weather Proposal, October 1945 (Reprint). In: History of Meteorology 4 (2008), S. 57–79.

N. N.: Weather Control Predicted. In: The Science News-Letter 51 (1947), H. 7, S. 102–102.

N. N.: Editorial. Control. In: Weather 12 (1957), S. 2.

Die meteorologische Stadt: Stadtklimasimulationen und Umgebungskonzepte der frühen Stadtklimaforschung

Hannah Zindel

> **Zusammenfassung**
>
> Der Aufsatz beleuchtet Stadtklimamodelle aus medienwissenschaftlicher Perspektive. Im Fokus steht die Frage, wie der Einsatz von Computersimulationen das Wissen der Stadtklimaforschung konstituiert, stabilisiert und verändert hat. Der Aufsatz zeigt, dass Stadtklimasimulationen Medientechniken sind, die in der wechselseitigen Verschränkung von „realer" und „virtueller" Welt ein urbanes Umgebungswissen ausformen, dem immer auch ein regulierendes Regierungswissen eingeschrieben ist.

1 Einleitung

Städte gelten gleichermaßen als Verursacherinnen und Betroffene von Klimawandel. Sie sind für bis zu 70 % des menschlichen Treibhausgas-Ausstoßes verantwortlich und reagieren sensibel auf Veränderungen des Klimas wie Hitzeperioden, Unwetter und Hochwasser (WMO 2019, S. 1). Die World Meteorological Organization wirbt daher für die Entwicklung sogenannter „meteorological [...] services", welche Verantwortliche unterstützen sollen „safe, healthy and resilient cities" (WMO 2018) zu planen. Auch die Organisation für wirtschaftliche Zusammenarbeit und Entwicklung fordert entsprechende „tools for urban decision-makers" (OECD 2018).

Der vorliegende Aufsatz beleuchtet solche *services* und *tools* aus medienwissenschaftlicher Perspektive. Im Fokus steht die Frage, wie der Einsatz von Computer-

---

Der vorliegende Aufsatz wurde anlässlich eines Workshops am Deutschen Museum München 2017 verfasst. Er fasst den damaligen Stand der Forschung zusammen.

H. Zindel (✉)
Bremen, Deutschland
E-Mail: mail@hannahzindel.de

simulationen das Wissen der Stadtklimaforschung konstituiert, stabilisiert und verändert hat. Stadtklimasimulationen verbinden, so die Hypothese, Technik, Wissenschaft und Politik auf zweierlei Weise: Wenn numerische Stadtklimasimulationen als „meteorologische Dienstleistungen" und „Werkzeuge für städtische Entscheidungstragende" bezeichnet werden, sind Stadtklimasimulationen erstens nicht nur Medientechniken der *Erzeugung*, sondern auch der *Anwendung* von stadtklimatologischem Wissen. Bei der Modellierung urbaner Klimate geht es, mit Roland Barthes (1915–1980) gesprochen, nicht nur um die „wirkliche Erzeugung einer Welt, die der ersten ähnelt, sie aber nicht kopieren, sondern verständlich machen will" (Barthes 1966, S. 192), sondern auch darum, die in der erzeugten Welt gewonnenen Zukunftsszenarien wieder in diese „erste" Welt zu implementieren. Wenn sich sowohl in der Modellierung als auch in der Implementierung physikalische und virtuelle „Welten" miteinander verschränken, dann sind Stadtklimasimulationen zweitens Medientechniken eines, mit Christina Wessely und Benjamin Bühler formuliert, spezifischen „Umgebungswissen[s]" (Wessely 2013, S. 128), dem ein „Regierungswissen" eingeschrieben ist, das „Regieren als Regulieren" (Bühler 2018, S. 15) konzipiert.

Aktuelle Konzepte des „climate sensitive design" (Oke et al. 2017, S. 459) oder der „climate smart-city" (WMO 2018) offerieren mit den möglichen Zukünften von „sicheren, gesunden und widerstandsfähigen" Städten Szenarien politisch und ökonomisch stabiler Orte des Zusammenlebens. Statt solche Verbindungen mit Bezeichnungen wie algorithmisch, digital oder smart als vermeintlich intransparent einzuordnen, gilt es, ihre Geschichten nachzuzeichnen und jene Praktiken, Technologien und Wissensfelder aufzuschlüsseln, die ihre Begriffe und Konzepte geprägt haben. Während es seitens historischer und philosophischer Wissenschafts- und Technikforschung zahlreiche Studien zur Erforschung des *globalen* Wetters und Klimas gibt, wurde den Geschichten des *lokalen* Klimas bislang vergleichsweise wenig Aufmerksamkeit geschenkt.[1]

Insbesondere die Medientechniken der Stadtklimaforschung harren einer Untersuchung. Im Zentrum des vorliegenden Aufsatzes stehen daher das Stadtklimamodell PALM 4-U, das derzeit an der Leibniz Universität Hannover entwickelt wird, ebenso wie zwei frühe Monografien der Stadtklimaforschung aus Deutschland und den USA: Albert Kratzers „Das Stadtklima" (Kratzer 1937, 1956) und Helmut Landsbergs „The Urban Climate" (Landsberg 1981).

Vor dem Hintergrund der in diesem Band auszulotenden „algorithmischen Wissenskulturen" sei zudem vorausgeschickt, dass „Algorithmus" in dem vorliegenden Aufsatz als ein Begriff betrachtet wird, der je nach Kontext sehr unterschiedlich verwendet wird. Während Algorithmen für Software-IngenieurInnen eine recht simple Angelegenheit sind, werden sie alltagssprachlich und in anderen Wissenschaften für etwas undurchschaubar Komplexes eingesetzt (Gillespie 2015,

---

[1] Zur Geschichte von Wetter- und Klimaprognosen im meso- und makrometeorologischen Bereich vgl. (Nebeker 1995); (Edwards 2010); (Gramelsberger 2010); (Heymann et al. 2017). Zur Geschichte der Wettermodifikation vgl. (Fleming 2010); (Hulme 2014). Zu den raren Geschichten lokaler Stadtklimaforschung vgl. (Hebbert et al. 2011); (Hebbert und Jankovic 2013); (Hebbert und MacKillop 2013). Zu der regionalen Klimasimulation PRECIS vgl. (Mahoney und Hulme 2012).

S. 18). RechtswissenschaftlerInnen und AktivistInnen wiederum problematisieren die algorithmische Durchdringung zahlreicher Lebensbereiche und diskutieren deren Konsequenzen (Pasquale 2015). Aufgrund seiner vielgestaltigen Bedeutung ist der Begriff Algorithmus auch als gespenstischer Platzhalter bezeichnet worden, auf dem Computersysteme mittlerweile basieren – Algorithmen werden häufig mit Computern gleichgesetzt (Gillespie 2015, S. 19). Im Folgenden wird „Algorithmus" daher im Wesentlichen so verstanden, wie seine DesignerInnen ihn beschreiben: Als etwas, das einen Input in einer logischen Abfolge von Schritten in einen Output verwandelt; für seine MacherInnen folgt ein Algorithmus auf die Herstellung eines Modells, das ein Problem und ein Ziel in maschinengerechter Sprache formalisiert (Gillespie 2015, S. 19).

2 PALM-4U zwischen Meteorologie und Ingenieurwissenschaft

Hannover 2018. Im Dachgeschoss von Gebäude F der Leibniz Universität liegt das Büro von Siegfried Raasch. Er leitet am Institut für Meteorologie und Klimatologie die PALM-Arbeitsgruppe, die eine Computersimulation für ozeanische und atmosphärische Grenzschichtströmungen entwickelt. Das Programm soll in der Variante PALM-4U ein zuverlässiges Werkzeug für lokale Stadtklimaforschung bereitstellen und nachhaltige Stadtplanung unterstützen – 4U steht für *Urban Application*. Für Städte der Größe von Stuttgart bis Berlin sollen mikroklimatische Prozesse im Computer simuliert werden.

PALM, so erzählt mir Raasch bei einem Besuch des Instituts im Juli 2018, ging aus seiner Diplomarbeit hervor.[2] Er hatte Meteorologie studiert und interessierte sich für Programmierung. Seine Diplomarbeitszeit Mitte der 1980er-Jahre sei eine Zeit der Modelle gewesen, alle hätten damals Modelle geschrieben. Anfang der 1990er-Jahre setzte er selbst dann PALM neu auf: Für ihn war damals absehbar, dass die Rechner besser werden und somit künftig richtigere Modelle möglich und nötig würden. Zusammen mit einem Kollegen konzipierte Raasch 1991 eine frühe Version seines Modells als nicht-parallelisierte Large-Eddy-Simulation (Maronga et al. 2015, S. 2515).[3] Sechs Jahre später formulierte er es zusammen mit einem weiteren Institutskollegen neu als parallelisierte Version – der Vorteil lag in der besseren und schnelleren, da parallelen Nutzung von Rechnerkernen, wie sie heute in allen PCs Standard ist.

Ein Blick auf die Geschichte des Codes von PALM-4U zeigt, dass das Modell vor allem ein Skalierungsproblem umgeht. PALM – seit Version 4.0 in Referenz auf das Akronym mit einer kleinen Palme als Logo – gehörte zu den ersten sogenannten

---

[2] Vgl. Gesprächsnotizen der Verfasserin, Juli 2018. Soweit nicht anders angegeben gelten diese auch im Folgenden als Referenz.
[3] Der Code von PALM basiert auf der Programmiersprache Fortran 95, mit einigen Erweiterungen in Fortran 2003. Er ist für Parallelcomputerarchitekturen optimiert und wurde zur Allzweckberechnung auf Grafikprozessoreinheiten angepasst, bei der mittlerweile extrem leistungsfähige Grafikprozessoren für Berechnungen verwendet werden, die über ihre eigentlichen Aufgabenbereiche hinausgehen (Gesprächsnotizen der Verfasserin).

PArallelisierten Large-Eddy Simulation Models. Wie Raaschs Mitarbeiter Björn Maronga dargelegt hat, besteht der Unterschied von Large-Eddy-Simulationen (LES) gegenüber anderen Wetter- und Klimamodellen darin, dass sowohl Codes aus der Meteorologie als auch aus den Ingenieurwissenschaften zum Einsatz kommen (Maronga 2007, S. 3). Während erstere für großskalige Wettervorhersagen und Klimamodellierungen konzipiert wurden, dienten letztere zur Bearbeitung von in den Ingenieurwissenschaften typischen mikroskaligen Fragestellungen (Maronga 2007, S. 3). Zunehmende Rechenkraft hatte es erlaubt, die Makromodelle durch die Zunahme der Gitterauflösung auf kleinere Skalen zu erweitern und die Mikromodelle durch die Ausweitung des Rechengebietes auf größere Skalen auszudehnen (Maronga 2007, S. 3). Die Modelle aus der Meteorologie waren turbulenz*parametrisierende* Modelle, die auf Reynolds-Everage-Navier-Stokes-Gleichungen (RANS) basieren. Diese lösen Turbulenz nicht explizit auf, sondern parametrisieren das gesamte Turbulenzspektrum. Sie wurden häufig verwendet, wegen ihrer vergleichsweise geringen Kosten und ihrer, abgesehen von Strömungen um Hindernisse, relativ akzeptablen Genauigkeit (Maronga 2007, S. 4). In den Ingenieurwissenschaften kamen hingegen eher Direct Numerical Simulations (DNS) zum Einsatz. DNS sind turbulenz*auflösende* Modelle, bei denen alle turbulenten Skalen bis in den Millimeterbereich dargestellt werden. Aufgrund der hohen Rechenanforderung und da sie auf natürliche Skalen nicht mit realistischen Reynoldszahlen angewendet werden können, blieben DNS ein seltenes Forschungswerkzeug. Large-Eddy Simulationen wie PALM stehen zwischen diesen beiden Ansätzen; ihr Konzept ist es, große und kleine Skalen separat zu behandeln. Eine LES ist also „a compromise between RANS and DNS both in terms of computational cost and accuracy, and ideally, it should combine the strength of both." (Maronga 2007, S. 4–5).

PALM verbindet in diesem Kompromiss Meteorologie und Ingenieurwissenschaften, RANS und DNS, Parametrisierung und Auflösung. Das Stadtklimamodell stellt eine technische Lösung bereit, um Computersimulationen in der Stadtklimaforschung einzusetzen. Während im meso- und makrometeorologischen Bereich seit den 1950ern mit Computersimulationen gearbeitet wurde (Gramelsberger 2010, S. 128–129), entzog sich der mikrometeorologische Bereich, in dem die Stadtklimaforschung operiert, wegen seiner hohen Komplexität und Nichtlinearität lange der mathematischen Modellierung und der verfügbaren Rechenleistung. Über 60 Jahre bildete daher ein spezieller Typ Windkanal ein infrastrukturelles Rückgrat für Prozesse der Verarbeitung, Erzeugung und Validierung von Stadtklimadaten: der Grenzschichtwindkanal. In diesem wurden analoge Stadtklimasimulationen durchgeführt (Zindel 2018). 1963 entwickelte der Meteorologe Joseph Smagorinsky (1924–2005) zwar einen der ersten erfolgreichen Ansätze zu einer Large-Eddy-Simulation (LES), das sogenannte Smagorinsky-Lilly-Modell, das bis heute genutzt wird (Blocken 2014, S. 70). Allerdings sind Großrechner erst in den letzten Jahren stark genug geworden, um solche Modelle auch durchzurechnen.[4]

---

[4] Smagorinsky leitete damals das Geophysical Fluid Dynamics Laboratory, das sich der Weiterentwicklung erster numerischer Wettervorhersagen mit General Circulation Models widmete. Ebenfalls 1963 wurden in der Luft- und Raumfahrttechnik von der T3 Gruppe in Los Alamos erst-

PALMs Kompromiss ist auch einer, der verschiedene räumliche Skalen verbindet. So ist beispielsweise geplant, dass der Deutsche Wetterdienst das Modell zukünftig hostet und das Versionsmanagement übernimmt. PALM-4U soll zur lokalen Wettervorhersage „in einer Modellkette von groß zu klein" die Modelle des Wetterdienstes ergänzen: ICON global, ICON EU und COSMO.

Mit Katherine Hayles lässt sich die besondere Art der Räumlichkeit, welche PALM simuliert, jenseits einer binären Unterscheidung in einen Innen- und einen Außenraum als simulierte „cognitive assemblage" (Hayles 2016, S. 33) bezeichnen. Diese zeichnet sich, anders als Netzwerke, durch ein Operieren in wechselnden kontextuellen Beziehungen und fluktuierende Grenzen aus. Der Begriff *assemblage* erlaubt es daher, jene Interaktionen aufzugreifen, die über komplexen dreidimensionalen Oberflächen auftreten, eine *assemblage* beinhaltet „information transactions occurring across membranes, involuted and convoluted surfaces, and multiple volumetric entities interacting with many conspecifics simultaneously" (Hayles 2016, S. 33). Diesem Ineinandergreifen verschiedener Elemente jenseits binärer Zuschreibungen ist für das Stadtklima auch die Architekturtheorie nachgegangen. Sascha Roesler und Madlen Kobi haben festgehalten, dass in der Architektur klimatische Planung lange nur vom Gebäude und nicht von seiner Umgebung her gedacht wurde; gleichzeitig gelte es, gebaute Umgebungen als relevante Klimafaktoren zu betrachten. „Urban micrometeorology", so der Architekturtheoretiker und die Anthropologin, „will remain an applied science without application (that is, without relevance to architecture) as long as local climatic conditions are not attributed to their architectural origins" (Kobi und Roesler 2018, S. 12). Sie plädieren nicht nur für eine Verschränkung von Klimatologie und Architektur, sondern betonen, dass urbane Mikroklimate „are embedded in a scalar dynamic […] and […] transcend the conventional divide into inside and outside areas" (Kobi und Roesler 2018, S. 13).

PALM-4U erlaubt, in anderen Worten, das Unterlaufen von Unterscheidungen in Haus und Straße, Innen und Außen. Es bietet eine technische Lösung, um Wechselverhältnisse von „Umgebendem und Umgebenem" (Sprenger 2019, S. 10) in verschiedenen Skalen zu simulieren. Die Geschichte von PALMs Kompromiss ist daher auch eine Geschichte der Skalierungen, der Grenzziehungen zwischen Zentren und Rändern einzelner Umgebungen beziehungsweise ihrer Auflösungen. Als Referenzpunkte eines historisierenden Blickes auf das Verständnis dieser Relationen dienen im Folgenden zwei zentrale Monografien der Stadtklimaforschung, die in den 1930er bzw. 1950er- und 1980er-Jahren in Deutschland und den USA publiziert wurden. Sie zeigen einerseits die historische Wandelbarkeit der Definitionen dessen, was Stadtklima ist, wo es beginnt, wo es aufhört und was als Teil des urbanen klimatischen Gefüges gilt. Andererseits offenbaren sie an diese verschiedenen Definitionen gekoppelte Ideen, wie die meteorologische Stadt der Zukunft aussehen könnte.

---

malig Computer eingesetzt, um eine zweidimensionale verwirbelte Strömung um ein Objekt zu modellieren, gefolgt von einer dreidimensionalen Anwendung 1967 durch John L. Hess und Apollo Milton Olin Smith (1911–1997). Während Smagorinsky mit der „vorticity stream function method" arbeitete, setzen Smith und Hess die „panel-method" ein (Blocken 2014, S. 70).

3 Zwischenklima, Mesoklima, Piccoloklima

Die erste der beiden erwähnten stadtklimatologischen Monografien wurde von dem Benediktinermönch Albert Kratzer (1905–1975) verfasst. Dieser hatte 1934 im Rahmen seines Geografiestudiums an der Ludwig-Maximilians-Universität München ein Seminar besucht, in dem er sich dem von seinem Geografieprofessor gestellten Thema „Der Einfluss der Städte auf das Klima" widmete. Seinen Seminarvortrag arbeitet er zu einer Diplomarbeit aus, diese zu einem Aufsatz für die *Geographische Zeitschrift*, aus dem wiederum eine Doktorarbeit hervorging, die Kratzer schließlich als Monografie unter dem Titel „Das Stadtklima" (1937) veröffentlichte – ein Begriff, den er mit seiner Publikation geprägt haben soll (Hebbert und MacKillop 2013, S. 1543–1544). Im Vordergrund seiner Publikation stand der erste Teil seiner Doktorarbeit, welcher den „Einfluss der Städte auf das Klima" untersuchte. Den zweiten Teil seiner Arbeit publizierte er nur in Auszügen. Dieser widmete sich der „Rückwirkung des Stadtklimas auf den Menschen in seiner Gesundheit", war aber laut Kratzer in dem kurz vor „Das Stadtklima" erschienenen Buch „Das künstliche Klima" (1937) von Ernst Brezina und Wilhelm Schmidt bereits behandelt worden. In der ersten Auflage stellte Kratzer eine Bibliografie mit 250 Titeln aus Europa und den USA zusammen, die sich dezidiert der Untersuchung des Klimas in Städten widmete. In der überarbeiteten Auflage von 1956 waren es bereits 563 Titel. Seine Publikation bezeichnet Kratzer als Versuch, die vielen Einzeluntersuchungen zu einem einheitlichen Gesamtbild zusammenzufassen, bei dem es ihm weniger um eine Aneinanderreihung der Ergebnisse ging als vielmehr um ein Vergleichen und Gegeneinander-Abwägen, erweitert durch eigene Untersuchungen (Kratzer 1937, S. 1–2).

Albert Kratzer versteht in der ersten Ausgabe seines Buches von 1937 unter Stadtklima „das der Stadt eigentümliche Klima, wodurch es sich von dem der Umgebung unterscheidet" (Kratzer 1937, S. 123). Dieser Definition stellte Kratzer in der zweiten Auflage seines Buches 1956 eine, wie er sagt, „Klarstellung des Begriffs Stadtklima" voran (Kratzer 1956, S. IV).

> „Die Stadtklimaforschung befaßt sich nicht in erster Linie, sondern nur gelegentlich mit dem eigentlichen Mikroklima: dem Klima der bodennahen Luftschicht. So hat sie offenbar ihren Platz [...] als Mesoklima [...]. Im Deutschen könnte man gut Zwischenklima dazu sagen. Das Stadtklima ist ein typisches Mesoklima, Kleinraumklima, Menschenklima innerhalb eines begrenzten Raumes. (Kratzer 1956, S. 2)"

Die Abgeschlossenheit des Stadtklimas verdichtete Kratzer in der Figur der „Dunsthaube" (Kratzer 1937, S. 123)[5] – so genannt, weil sie dicht, dick und widerstandsfähig die darunter liegende Stadt fast vollständig einhüllt. Mit seinem Plädoyer, Stadtklima als Zwischenklima zu untersuchen, griff Kratzer auf einen Vorschlag aus einem bis heute neuaufgelegten Lehrwerk der Mikrometeorologie zu-

---

[5] Diese Figur findet sich auch in Howard, „The Climate of London" (Howard 1833). Howard verfasste mit dieser Publikation in drei Bänden ab 1807 eine der ersten dezidiert meteorologisch interessierten Beobachtungen von Stadtklima, die es ihm nach eigenen Worten in ihrer Systematik erlaubte „to compare Climates" (Howard 1833, S. 2).

rück, auf die zweite Auflage von Rudolf Geigers (1894–1981) „Das Klima der bodennahen Luftschicht" (1942). Geiger hatte darin eine Schärfung und Vereinheitlichung des Fachvokabulars gefordert, allerdings die Bezeichnungen Makro-, Meso- und Mikroklima verworfen, ebenso wie „Ortsklima, Sonderklima, Lokalklima, Piccoloklima und Miniaturklima", „Kleinklima" und „Kleinstklima". Stattdessen plädierte er für die Verwendung der Begriffe „Klima auf kleinstem Raum" und „Großklima" (Geiger 1942, S. 3–4).[6] Das Zusammentragen, Verwerfen und Auswählen dieser verschiedenen Begriffe bei Kratzer und Geiger verdeutlicht, dass das Wissen über Klima in Städten bis in die 1950er-Jahre hinein noch nicht stabilisiert und institutionell verankert war.

Kurz nach Erscheinen der zweiten Ausgabe von Kratzers „Das Stadtklima" brachten die US Air Force Cambridge Research Laboratories mit „The Climate of Cities" (1962) eine englische Übersetzung des Buches heraus. In den Forschungslaboren hatte zuvor der Klimatologe Helmut Landsberg (1906–1985) gearbeitet (Hebbert und MacKillop 2013, S. 1545), der 1981 eine weitere, rein stadtklimatologischen Fragen gewidmete, Monografie veröffentlichte. Titel und Kapitelstruktur von „The Urban Climate" (1981) orientieren sich fast eins zu eins an Landsbergs Vorbild Kratzer. Landsberg bezeichnet als Ziel seines Buchs die Zusammenfassung eines neuen „plateau of knowledge" (Landsberg 1981, S. ix), das sich seit der 1956 erschienenen zweiten Auflage von Kratzers Monografie etabliert habe. Außer im Titel spricht Landsberg meistens in der Pluralform von „urban climates". Der 1934 aus Deutschland in die USA emigrierte Landsberg war eine zentrale Figur der amerikanischen Meteorologie; er gab die ersten Kurse in Bioklimatologie, war von 1954 bis 1967 Direktor der klimatologischen Abteilung des US Weather Bureau und eine der Schlüsselfiguren bei der Errichtung der heutigen National Oceanic and Atmospheric Administration (NOAA). 1971 bis 1983 widmete sich Landsberg dem Commitee for Special Applications of Meteorology and Climatology der WMO (Hebbert und Jankovic 2013, S. 1335). Hebbert und MacKillop ordnen Landsberg als gut vernetzten Wissenszirkulator ein, dem ein wesentlicher Anteil an der disziplinären Institutionalisierung der Stadtklimaforschung zugeschrieben wird, insbesondere in Zusammenarbeit mit der 1950 gegründeten World Meteorological Organization und der 1953 gegründeten Confédération Internationale du Bâtiment sowie der seit 1913 bestehenden International Federation for Housing and Planning (Hebbert und MacKillop 2013, S. 1545).

1981 beschrieb Landsberg, anders als Kratzer, Stadtklima nicht als räumlich abgeschlossene Dunsthaube, sondern als „Seesaw", als Wippe.

„The urban climate cannot be viewed in isolation. […] The interaction between the synoptic scale and the local scale is a continuous seesaw. Sometimes the large-scale weather conditions are the dominant influences and at other the local conditions are prevalent, although both of them are always present (Landsberg 1981, S. 17)."

---

[6] Geigers Monografie „Das Klima der bodennahen Luftschichten" wird bis heute als Lehrwerk der Mikrometeorologie aufgelegt. Nach der ersten Auflage 1927 folgten weitere in den Jahren 1942, 1950, 1961 und 1995. Geiger liebäugelte in der Ausgabe von 1942 – wie Kratzer im Anschluss an Scaëtta – auch mit der Ergänzung um ein dazwischenliegendes Mesoklima (Geiger 1942, S. 3).

Das Stadtklima wippt in dieser Sichtweise kontinuierlich zwischen großskaligen und kleinskaligen Wetterereignissen. Nach Landsbergs Meinung sind zudem die Termini Meso- und Mikroklima zu vage. Um der Wippenfunktion Rechnung zu tragen, schlägt er vor, von lokalem Klima zu sprechen.

Während bei Kratzer in der Figur der Dunsthaube ein Innen ohne Außen sichtbar wird, weist das Sprachbild der Wippe bei Landsberg dem Stadtklima eine Schalterfunktion zwischen einem Innenraum und einem Außenraum zu.

4   Simulierter städtischer Stoffwechsel

Zur Demonstration einer konkreten Fallstudie mit PALM schließt Raasch seinen Laptop an einen großen Bildschirm an und zeigt mir eine PowerPoint-Präsentation. Die Folien fassen eine Simulation des Stadtklimas im Berliner Regierungsviertel vom Juni 2018 zusammen. Auf Folie Nummer 20 befindet sich unter der Überschrift „verfügbar für Berlin" eine Liste mit dreizehn Eingangsdaten, die für die Modellierung eingepflegt wurden: Höhenstrukturen der Erdoberfläche, Wasserflächen, Straßentyp, Straßenbelag, Gebäude-ID, Gebäudenutzung, Gebäudealter, Gebäudehöhe, Vegetationstyp, Belaubungsdichte der Pflanzendecke, Baumhöhe, Baumalter, Baumart und Kronendurchmesser. Raasch erläutert, dass auch die Schatten der Gebäude, die Wurzelstruktur der Bäume und mit ihnen Grundwasser und Verdunstung aufgenommen würden. Geplant ist zudem eine Verschaltung PALMs mit weiteren Modellen, die neben den statischen Elementen mobile wie FußgängerInnen, Aerosole und Rauch hinzufügen. In Zusammenarbeit mit der Universität Helsinki soll des Weiteren ein Modul zur Aerosolphysik implementiert werden sowie eines zu Emissionen aus Verkehr und Kleinfeuerungsanlagen von Haushalten und Industrie. So ließe sich beispielsweise Feinstaub (NOX) simulieren. Zur Verschaltung von PALM-4U mit anderen Modellen wiederum wurden bestehende Algorithmen in PALMs Sprache übersetzt. Um etwa zu simulieren, wohin einzelne Akteure gehen, wurden Bewegungs- und Wegfindungsalgorithmen noch einmal für PALM programmiert – die Akteure in PALM-4U gehen nun nur auf Bürgersteigen und überqueren auf Zebrastreifen die Straße.

Die Spannbreite verfügbarer Modelle in der Stadtklimatologie reicht von hoch abstrakten, die nur innerhalb der Forschung eingesetzt werden, bis zu solchen, die „real-world outcomes" vorhersagen oder „the climate under future urban development scenarios" simulieren (Oke et al. 2017, S. 69). PALM-4U lässt sich mit dem Klimatologen Timothy Oke als eines jener „sophisticated models" beschreiben, die Strömungssimulationen auf Städte anwenden, in dem sie nicht nur eine einzelne Variable extrahieren, sondern „fluxes of momentum (airflow), energy (SEB) or mass (water balance, air quality)" kombinieren, sodass Eigenschaften von Oberflächen und Atmosphäre innerhalb des Modells entstehen (Oke et al. 2017, S. 71). Nicht der Status der Atmosphäre ist hier die Randbedingung für ein Modell des Klimas urbaner Oberflächen, sondern die Eigenschaften urbaner Oberflächen sind die Randbedingungen für ein atmosphärisches Modell (Oke et al. 2017, S. 66). Während die städtischen Strukturen modelliert werden, wird das aus ihnen entstehende Stadtklima simuliert. Noch komplexere Modelle – und zu diesen kann PALM-4U gezählt werden – ergänzen die modellierten Flüsse von Energie und Masse zudem durch Aspekte eines „urban metabolism" (Oke et al. 2017, S. 71), der die Körperwärme der StadtbewohnerInnen, die Wasserverdunstung der Blätter eines Baums oder Abgase von Autos einbezieht.

Diese Wissensfigur des städtischen Stoffwechsels, deren historische Linien sich zu Hygiene- und Kreislaufmodellen im 19. Jahrhundert zurückverfolgen lassen (Swyngedouw 2006, S. 22) und die in den 1920ern von der Chicagoer Schule weiterentwickelt wurde (Wachsmuth 2012, S. 507), wurde in den 1960er-Jahren von dem Sanitätsingenieur Abel Wolman (1892–1989) als Input-Output-Schema interpretiert. Claus Pias spricht von einer „kybernetischen Reformulierung", die ein „Stabilitätsversprechen angesichts einer beängstigenden Instabilitätsdrohung" berge (Pias 2007, S. 48). Die drohende Krise besteht bei Wolman im Kollaps des städtischen Stoffwechsels aufgrund zu starker Luft- und Wasserverschmutzung. Wolman begann, gefolgt von Howard T. Odum und anderen, ganze Städte als „mass/energy flow systems" und „environmental models for the whole city" zu modellieren (Ernstson und Sörlin Ernstson und Sörlin 2019, S. 9). Die von ihnen entwickelten linearen Input-Output-Modelle wurden in der Forschung auch als „conceptual model of cities as urban ecosystems" (Ernstson, Sörlin Ernstson und Sörlin 2019, S. 9) oder Modelle einer „industrial ecology" (Wachsmuth 2012, S. 507) bezeichnet. Odum empfahl das Studium von Ökosystemen anhand von Rechnersimulationen (Kangas 2004, S. 101–106). Ökosysteme waren für Odum nicht nur im Computer modellierbar, sondern selbst auch programmierbar und konnten einem „Prozess des debugging" (Pias 2011, S. 50) unterzogen werden. In der strukturellen Analogie technischer und natürlicher Systeme erschienen laut Pias durch Menschen verursachte Probleme als reparierbar. Auch in Wolmans Schema werden die Zukünfte von Städten als reine Planungsfrage angesichts einer Krisensituation entworfen (Seefried 2015, S. 1).

Dem industriellen Metabolismusmodell folgend, böte es sich an, auch die den PALM-4U-Simulationen vorausgehende und folgende materielle Stadt als programmier- oder reparierbar zu betrachten. Friedrich Kittler (1943–2011) etwa hat die Stadt als Computer beschrieben. Ebenso wie Bücher oder Computer, so Kittler im Anschluss an Lewis Mumford, würden Städte Informationen speichern, übertragen und verarbeiten (Kittler 1995, S. 235), für ihn „Grund genug, auch das Funktionieren der Stadt auf Begriffe der allgemeinen Informatik zu bringen" (Kittler 1995, S. 236). Shannon Mattern proklamiert hingegen „the city is not a computer" (Mattern 2017). Die Moderne, so die Anthropologin, sei gut im Erneuern von Metaphern, „from the city as machine, to the city as organism or ecology, to the city as cyborgian merger of the technological and the organic" (Mattern 2017). Unser aktuelles Paradigma „the city as computer" (Mattern 2017) rührt ihres Erachtens daher, dass es die Unordnung urbanen Lebens als programmierbar und als Gegenstand rationaler Ordnung rahme. Dass die Stadt ein Computer ist, sehen ihrer Meinung nach nur TechnologInnen und PolitikerInnen so, die smarte Städte voller Sensoren, Kameras und autonomer Fahrzeuge imaginieren, also alle, die Stadtplanung auf Algorithmen reduzieren.

Gilt das Augenmerk allerdings den wenig untersuchten Publikationen der Stadtklimaforschung, finden sich kaum Vergleiche der Stadt mit Maschinen, und auch mechanistische Begriffe und Konzepte von städtischen Strukturen und Strömen werden wenig verwendet. Zwar hat Luke Howard (1772–1864) 1833 in seinen stadtklimatologischen Studien von einer „balance of the great machine", deren „parts move still in harmony" (Howard 1833, S. xxxv) gesprochen, im 20. Jahrhundert ist davon jedoch nicht mehr viel zu sehen.

5 Die Großstadt als Vulkan, Wüste oder Wald

Kratzer etwa beschreibt Großstädte in den 1930er-Jahren als „tote Ruine[n]", die von „der Wirtschaft und dem Verkehr des Menschen durchpulst [sind]" (Kratzer 1937, S. 11), als „eine Zusammenballung von Menschen", die auch „eine Zusammenballung von Energie zur Folge [hat], die sich auf das Klima auswirken muß", als „Zentren, die die Energie aus weitestem Umkreis ansaugen und im Vergleich zum flächenhaften Einzugsgebiet punkthaft zur Wirkung bringen" (Kratzer 1937, S. 12). Zur Veranschaulichung der Stadt als Ort der Energieumwandlung zieht der Geograf mehrere Vergleiche:

> „Ungeheure Mengen an Gasen, flüssigen und festen Stoffen werden Tag für Tag von der Großstadt, ihrer Industrie, dem Herdfeuer und dem Verkehr in den Luftraum befördert. Es ist nicht zu gewagt, sie mit einem Vulkan zu vergleichen, aus dem ständig Wolken von Gasen, Staub und Asche aufsteigen […]. So erscheint uns im Verlaufe unserer Ausführungen die Großstadt bald als ein Vulkan, bald als eine Wüste oder ein Waldgebiet im Kleinen und sie teilt mit diesen natürlichen Landschaftsformen auch die entsprechenden Einflüsse auf das Klima (Kratzer 1937, S. 121–123)."

Mit dem Vulkan beschreibt Kratzer die Stadt als eine eruptive geologische Struktur und ihre klimaverändernden mobilen Stoffe als vulkanistisch. Die Vergleiche mit Vulkanen, Wüsten und Wäldern zielen einerseits auf Analogien zwischen gewachsenen und gebauten Ökosystemen, andererseits auf den Inselcharakter dieser besonderen Klimate.

Landsberg wählt in seiner Beschreibung von Städten in den 1980ern gegenüber solchen Oberflächenanomalien Wortbilder dynamischer Gebilde wie Zentren, Anhäufungen, Ballungen, aber auch Knoten, Verteiler und Transiträume. Er bezeichnet urbane Regionen als wachsende „centers of communication, […] hubs and transit points of traffic, […]", als „agglomarations of sufficient population." (Landsberg 1937, S. 86). Stadtklima beschreibt er zudem als etwas, das bestimmt ist von „interactions between static and dynamic elements and numerous feedbacks" (Landsberg 1937, S. 17–18).

In den Figurationen der Stadt als Vulkan, Wüste oder Wald und Begriffen wie Wirkung, Folge, Beziehung, Einfluss und Rückwirkung tritt Stadtklimatologie als eine Lehre von Wechselverhältnissen lebendiger und nicht-lebendiger Akteure innerhalb eines begrenzten, von ihren Relationen definierten Raumes in den Blick.

Das Modell-Berlin von PALM-4U rückt vor dem Hintergrund dieser Ausführungen als eine Stadt in den Fokus, die weniger auf dem Bild der Stadt als Organismus oder Maschine basiert, als auf dem Bild der Stadt als Produkt menschengemachter und nicht-menschengemachter physikalischer, chemischer und sozialer Ströme. Diesen Modellierungen vor- und nachgängig sind Stadtmodelle, wie sie Kratzer und Landsberg beschreiben: Konzepte, die – wie Sprenger für die Wissenschaften des Lebens zu Beginn des 20. Jahrhunderts gezeigt hat – „das Lebendige nicht mehr in einem vitalen Impuls oder einer mechanischen Organisation des Organismus verorten, sondern in dessen reziproker Verschränkung mit der Umgebung" (Sprenger 2019, S. 10). Kratzers und Landsbergs Stadt formt ein Environment aus, das von einer Spannung aus Technizität und Natürlichkeit geprägt ist (Sprenger 2019, S. 11). Die frühe Stadtklimaforschung schrieb mit ihren Begriffen und Konzepten an der an das Environment gekoppelten Vorstellung einer natürlichen Harmonie mit (Sprenger 2019, S. 16), welche auch in einer sich zunehmend disziplinär ausdifferenzierenden Stadtklimaforschung nach und nach von Ideen der Stabilität und der Resilienz abgelöst wurde.

6 Klimatechniken und Zukunftsstädte

Mit der Leibniz Universität Hannover im Zentrum wird PALM-4U in insgesamt 30 Teilprojekten entwickelt, evaluiert und auf seine Praxis- und NutzerInnentauglichkeit getestet. PALM-4U gilt als eines der leistungsfähigsten Modelle seiner Art, wird von verschiedenen internationalen ForscherInnengruppen eingesetzt (IMUK 2018) und soll in den kommenden Jahren zum „weltweit führenden Stadtklimamodell" (BMBF 2020) ausgebaut werden. Es steht Open Source zur Verfügung, ist aber mit 200 bis 250 Steuerparametern und über 170.000 Zeilen Code ein sehr komplexes Modell, mit dem der Umgang gelernt sein muss. Damit es wie geplant für Kommunen anwendbar werden kann, sind die Entwicklung einer BenutzerInnenoberfläche, das Angebot von Schulungen und die Verbesserung des Trouble Ticket Systems geplant (Maronga et al. 2015, S. 2515).

Gefördert wird die Entwicklung von PALM-4U seit 2015 unter dem Förderkennzeichen MOSAIK im Rahmen des Programms Stadtklima im Wandel – Urban Climate Under Change (UC^2), das Teil der Leitinitiative Zukunftsstadt im Rahmen der Forschung für nachhaltige Entwicklung (FONA) des Bundesministeriums für Bildung und Forschung (BMBF) ist. Die Zukunftsstadt-Plattform bildet die deutsche Antwort auf Horizon 2020, das europäische Rahmenprogramm für Innovation und Forschung. Ziel der Missionen von Horizon 2020 ist unter anderem die Einhaltung internationaler Rahmenvereinbarungen, darunter das Pariser Klimaabkommen, die United Nations Sustainable Development Goals, die Urban Agenda der Europäischen Union und die Habitat III New Urban Agenda (European Commission 2020). Seit der ersten Förderphase besteht das Program aus drei Modulen. In der aktuell laufenden zweiten Förderphase widmet sich Modul A der Weiterentwicklung von PALM-4U, Modul B der Evaluierung und wissenschaftlichen Anwendung und Modul C der Operationalisierung des Modells ([UC]^2 2019). Hinter dem sperrigen

Begriff „Operationalisierung" verbirgt sich der Anspruch, das Wissen der Stadtklimatologie aus den Universitäten in die Städte zu tragen. 4U – gesprochen „for you" – steht schließlich für „urban application". Das Stadtklimamodell soll „zu einem Produkt weiterentwickelt werden, das sowohl den Bedürfnissen von Kommunen und anderen Praxisanwendern entspricht, als auch für die wissenschaftliche Forschung genutzt werden kann" ([UC]² 2019). Treibender Motor der Entwicklung von PALM-4U ist die Verbesserung des Klimas in Städten und des globalen Klimas durch regulierende Eingriffe.

Warum er stadtmeteorologische Untersuchungen relevant findet, erklärt auch Kratzer in den Vorworten zu den verschiedenen Ausgaben seines Buchs „Das Stadtklima". In der ersten Ausgabe von 1937 formuliert er seine Argumentation angelehnt an das Selbstverständnis der Mikrometeorologie. Kratzer verfasste seine Doktorarbeit in den Räumen des Klimadiensts München, geleitet von August Schmauß (1877–1954), der, eigentlich studierter Physiker, 1935 auf den neu eingerichteten Lehrstuhl für Meteorologie berufen wurde. Zurückgreifen durfte Kratzer dort auf „das gesammelte Schrifttum" von Rudolf Geiger. Die Mikrometeorologie setzte sich laut Geiger mit einer praktischen Anwendung klimatologischer Forschungsergebnisse in Forstwirtschaft, Moorwirtschaft und Landwirtschaft auseinander, zeigte die Unterschiede in den Klimawerten auf kleinem und kleinstem Raum auf und lenkte den Blick der Forschenden auf Klimaunterschiede innerhalb des Stadtgebiets (Kratzer 1937, S. 8). Die „Mikroklimatologie" als „Teil der Klimatologie" unterstand laut Geiger zwar dem „großen Fachgebiet der Meteorologie", war aber zugleich eng mit zahlreichen „Nachbarwissenschaften" verflochten: Botanik (hier insbesondere Ökologie), Forstwirtschaft, Landwirtschaft, Zoologie (hier insbesondere Entomologie), Medizin und Geografie (Geiger 1942, S. 5). Aber auch „Technik und Verkehr" rechnete Geiger zu den Bereichen, die mit dem Klima auf kleinstem Raum zu tun hatten: Straßenbau, Eisenbahnbau, Hausbau und Betrieb der Verkehrsstrecken. Rekurrierend auf die Professionen und Disziplinen, die sich ihr widmen, biete die Mikroklimatologie laut Geiger „ein selten schönes Beispiel einer wissenschaftlichen Gemeinschaftsarbeit" (Geiger 1942, S. 5). Kratzers Begründung im Vorwort zur zweiten Auflage 1956, weshalb sein Buch erneut aufgelegt wurde, verschob den Fokus weg von der Etablierung eines eigenen Forschungszweigs hin zur Stadtplanung: „[D]ie Notwendigkeit, die in Schutt und Asche gesunkenen Städte wieder aufzubauen", so Kratzer, biete die Gelegenheit „stadtklimatologische Erkenntnisse praktisch in der Planung des Wiederaufbaus der Stadt" einzusetzen (Kratzer 1956, S. IV). Nach Ansicht Kratzers sollten alle Vermessungs-, Bau- und Betriebsämter sowie StadtärztInnen, EinzelbeobachterInnen und PhysikerInnen der Schulen zusammenhelfen, um dem Wichtigsten im menschlichen Zusammenleben zu dienen: der Atemluft (Kratzer 1956, S. 141). Erst wenn das Stadtklima in allen Einzelheiten durchforscht und erkannt sei, so Kratzer, werde es möglich sein, seine günstigen Einflüsse auszunutzen und den ungünstigen wirksam zu begegnen. In der ersten Ausgabe seiner Monografie führt Kratzer vage aus, dass aufgrund genauerer Kenntnisse des Stadtklimas an die Beantwortung von Fragen über Stadtbaupläne mit einiger Aussicht auf Erfolg herangegangen werden könne – besonders über die Lage der Wohnviertel, Industrieviertel, Bahnhöfe, Flugplätze, Stadtrandsiedlungen und Gartenwirtschaften (Kratzer 1956, S. 126). In der zweiten überarbeiteten Auflage von 1956 wird er deutlich programmatischer:

> „Erst wenn wir ausreichende Kenntnisse über Licht- und Schattenseiten des Stadtklimas besitzen, sind wir auch im Stande, davon Gebrauch zu machen und eine „Klimatechnik des Städtebaus" zu gestalten. Wichtig ist ja schon die Erkenntnis, daß wir das Stadtklima nicht einfach als Faktum hinnehmen müssen, sondern daß wir es in gewissen Grenzen gestalten können (Kratzer 1956, S. 3)."[7]

„Klimatechniken" des Städtebaus rücken in dieser Formulierung als Techniken in den Blick, die das Stadtklima gezielt beeinflussen, indem sie die Stadt baulich gestalten.

Für die Meteorologie, so sieht es Landsberg knapp 50 Jahre später, ist es angesichts des zunehmenden ökologischen Einflusses von Städten nötig, der Frage nachzugehen, wie Städte aus meteorologischer Sicht gebaut werden sollten und welche Rolle die Meteorologie für die Stadtplanung spielen könnte. Den Grund dafür, dass Stadtklima zwischen 1956 und 1981 zu einem wachsenden Forschungsthema geworden ist und dass die stadtklimatischen Untersuchungen in den 1960er und 1970er-Jahren expandiert sind, sieht Landsberg zum einen darin, dass das Klima von Großstädten zu einem Problem geworden ist. „Urban climate," so Landsberg, „is just one small facet of a much larger problem facing mankind" (Landsberg 1981, S. 2). Zum anderen macht er deutlich, dass Stadtklimaforschung die Möglichkeit bietet, meteorologisches und klimatologisches Wissen zur Anwendung zu bringen. Er fasst zusammen, dass etwa „undesirable climatic modifications brought about by urbanization" wie Überflutungen, Luftverschmutzung, Stürme und Überhitzung durch die Einbeziehung von KlimatologInnen hätten verhindert werden können (Landsberg 1981, S. 255–257). Ziel von Stadtklimastudien nach dem Zweiten Weltkrieg – so Landsberg in fast wörtlicher Übersetzung seines Vorbilds Kratzer – ist nicht nur ein besseres Verständnis der lokalen Atmosphäre, sondern eine Rekonstruktion der vom Krieg zerstörten Städte und ein Abmildern von Missständen oder Verhindern von Gefahren (Landsberg 1981, S. ix). Landsberg vertritt den Ansatz, dass

> „the knowledge we have acquired about urban climates should not remain an academic exercise on an interesting aspect of the atmospheric boundary layer. It should be applied to the design of new towns or the reconstruction of old ones. (Landsberg 1981, S. 255)"

Eine klimatologisch informierte Stadtplanung bedeutet für ihn ein sogenanntes „incorporating" klimatischer Faktoren des „physical environment" (Landsberg 1981, S. 255) in den Bau von Städten. Die Aufgabe von StadtplanerInnen sieht er darin, das Wissen von jenen Disziplinen, die sich mit dem *physical environment* befassen – er nennt Hydrologie und Klimatologie – mit dem Wissen anderer Berufsgruppen zusammenzubringen, die in den Bau und die Modifikation von Städten in-

---

[7] Die Wendung „Klimatechnik des Städtebaus" entnimmt Kratzer explizit Hubert Emonds: „Das Bonner Stadtklima" (Emonds 1954, S. 55).

volviert sind – ArchitektInnen, IngenieurInnen, LandschaftsarchitektInnen, GärtnerInnen, Konstruktions- und BauunternehmerInnen sowie Gesundheitspersonal und -behörden. Deren diverse Fähigkeiten und Interessen zusammenzubringen und die verschiedenen Wünsche abzustimmen sowie ihre Arbeit zu koordinieren und zu einem optimalen Design zu kommen, sei die Herkulesaufgabe der StadtplanerInnen (Landsberg 1981, S. 255). Zusammen könnten sie eine „energy-efficient city of the future" errichten, die geplant ist „in harmony with what climate has to offer" (Landsberg 1981, S. 255).

Am 1. November 1972 hielt Landsberg auf der Konferenz „Urban Environment" der American Meteorological Society in Philadelphia eine Rede mit dem Titel „The meteorologically utopian city". Diese begann er mit der Frage nach der zukünftigen Rolle der Meteorologie für die Stadtplanung.

> „Thus the only major question remaining is, how should a town be built and function? This question will be answered quite differently by persons of different background and indeed, widely divergent views have been expressed by architects, traffic engineers, economists, political scientists, and real estate developers, with some attempts by planners […] to integrate all this into an optimal design. In this chorus of intellectual bricklayers, the meteorologist is a johnny-come-lately. We may ask ourselves: Do we have anything worthwhile to contribute? (Landsberg 1937, S. 86)"

Programmatisch folgen Landsbergs rhetorischer Frage Visionen, wie er sich die Rolle der MeteorologInnen und eine von ihnen mitgestaltete Stadt, die er Metutopia nennt, vorstellt. „The role of the meteorologist as a forecaster and controller of urban pollution will in Metutopia be a central one" (Landsberg 1937, S. 86), prophezeit Landsberg. Er verleiht der Hoffnung Ausdruck, dass „meteorologists will become prominently involved in the planning processes and will use their professional competence to build with other professions livable cities of the future" (Landsberg 1937, S. 89). Insbesondere wirkungsvoll zum Einsatz kommen, so Landsberg, könne die Arbeit der Meteorologie und Klimatologie zur Verhinderung von Überflutungen und Sturmschäden. Zudem könnte in Metutopia Hitzestaus vorgebeugt werden – durch mehr Bäume und Grünflächen, durch weniger Autos und Parkplätze, durch unterirdische Parkhäuser, höhere Gebäude und die Verlegung des FußgängerInnenverkehrs in Kolonaden oder Tunnel. Neben der Eindämmung des Hitzeinseleffekts wird in Metutopia zudem die Belüftung der Straßen verbessert. Rauch aus Fabrikschornsteinen und Dampf aus Kühltürmen könnten laut Landsberg einer sinnvolleren Nutzung zukommen. Statt die Hitze in die Atmosphäre zu verteilen, sollte sie besser durch Rauchkanäle unter Bürgersteigen, Straßen, Autobahnen und Brücken geleitet werden, um Schnee zu schmelzen (Landsberg 1937, S. 87). Im Sommer, so Landsbergs Vorschlag, soll die überschüssige Wärme dann dem Gartenbau, der Landwirtschaft und Open Air Swimming Pools zu Gute kommen. Gute Belüftung und weniger Wind sollen durch Pflanzen zwischen Gebäuden und unterschiedlich hohe Häuser gewährleistet werden. Weniger Emissionen aus stationären und mobilen Quellen sollen Luftverschmutzung vermindern. Auch für die Häuser in Metutopia hat Landsberg Vorschläge:

„A „chameleon" type of house for the mid-latitude dwellings with seasonally changeable absorption still has to be invented. In the development of a new style of housing adapted to climatological conditions, opportunities for wholly or partially using solar energy for space and water heating will have to be exploited. Cooling problems are more difficult to handle, but the soil heat pump may yet be improved to become practicable. Indeed, we should not entirely spurn the habits of the desert lizards that, in intense heat, find comfort a few decimeters below the surface. (Landsberg 1937, S. 88)"

Das noch zu erfindende Chamäleon-Haus kann sich an wechselnde klimatologische Bedingungen anpassen und ist mit Solarenergie zur Beheizung der Räume und der Erwärmung des Wassers ausgestattet. Auch Kühlung ist ein wichtiges Thema, damit Häuser keine Eidechsen-BewohnerInnen hervorbringen, die sich bei Hitze im Keller verkriechen.

Metutopia lässt sich vor diesem Hintergrund als eine Stadt verstehen, die durch regulierende Eingriffe klimatische Stabilität bringen soll und die kybernetische Imagination eines „environmental engineering" erfüllt, welche auf die Idee fokussiert ist, dass die Menschen Teil und nicht autonom innerhalb der planetaren Biosphäre sind und regulierend in diese eingreifen können (Munns 2017, S. xx). Anders als „Die kybernetische Stadt" (1970) des Künstlers Nicolas Schöffer ist Landsbergs „Metutopia" nicht selbstregulierend, sondern wird im Sinne einer kybernetischen Stadt zweiter Ordnung reguliert.

Dass sich die meteorologische Stadt bei Landsberg zwischen utopischen Idealvorstellungen und letztlich Theorie bleibenden Vorschlägen zur Klimagestaltung und Klimaplanung bewegt, dass also das Stadtklima zum Modell eines Denkens in Zukünften wird, liegt nicht zuletzt daran, dass Landsberg selbst kein Praktiker war. Der Wissenschaftshistoriker Gabriel Henderson hat festgehalten, dass Landsberg weniger hinsichtlich seiner klimawissenschaftlichen oder klimapolitischen Tätigkeit, als vielmehr in seiner Funktion als „organizer of inquiry" (Henderson 2017, S. 4) als Schlüsselfigur der Klimatologie gelten kann. So forderte Landsberg 1943 eine „climatological renaissance" (Henderson 2017, S. 5) im Sinne einer Stärkung der Rolle der Wissenschaften in der Amerikanischen Gesellschaft. Landsberg konzipierte die Klimatologie als eine Wissenschaft, die dem Wohl der BürgerInnen zu Gute zu kommen sollte (Henderson 2017, S. 8). Dem Klimatologen ging es mit seinen Ideen zur meteorologischen Stadt nicht nur um das Herstellen von klimatischer Harmonie, sondern auch von ökonomischer und politischer Stabilität. In den 1930er-Jahren wurde die nordamerikanische Wissenschaftslandschaft als Reaktion auf die Weltwirtschaftskrise und die unerwünschten Fluktuationen der nationalen Wirtschaft umstrukturiert und zur Risikovermeidung stärker an nationale Förderung gebunden; Wissenschaft sollte nützlich sein für die Gesellschaft. Eine Reflexion dieser wirtschaftlichen Situation Amerikas, Ende der 1930er-Jahre, findet sich auch in Landsbergs erstem Buch *„Physical Climatology"* (1964). Darin hielt er fest: „The present age, with an increasing world population, is interested in a stabilization of its economic state; fluctuations brought about by outsider factors are undesired and a control is attempted" (zit. n. Henderson 2017, S. 8).

Mit Michel Foucault (1926–1984) kann eine Klimatechnik des Städtebaus auch als „Auftreten […] einer politischen Technik, die sich an das Milieu richtet" (Foucault 2004, S. 43) verstanden werden. Das erste Beispiel seiner dreizehn Vorlesungen am Collège de France 1978, mit denen er seine „Geschichte der Sicherheitstechnologien" (Foucault 2004, S. 26) vorlegte, ist die Stadtplanung. Metutopia lässt sich mit Foucault als Utopie einer meteorologischen Stadt beschreiben, deren BewohnerInnen mittels einer Regulierung und Kontrolle des Stadtklimas biopolitisch regiert werden.[8] Stadtklimatologie verhandelt in diesem Sinne immer auch ein Verhältnis von Technik, Wissenschaften und Politik, von ExpertInnen und EntscheiderInnen (Bühler 2018, S. 13–14). Nicht zuletzt bildet Stadtluft ein Medium der Machtausübung, weil sie „mit dem Umgebenen verschränkt" ist und eine spezifische Form der Macht ermöglicht, „die im 20. Jahrhundert in unterschiedlichen Formen des *environmental designs*, des *environmental managements* und des *environmental engineerings* ihre mächtigsten Ausprägungen findet" (Sprenger 2019, S. 15, Hervorhebungen im Original).

7 Schlussbemerkungen

Neben der Berlin-Simulation hat PALM-4U bereits Staubteufel, Konvektionszellen und Wald simuliert. Im Vergleich zu solch kostenintensiver Grundlagenforschung, so Raasch, seien praktische Anwendungen günstiger. PALM-4U wurde bereits eingesetzt, um Bebauungspläne für Hong Kongs Insel Macau zu simulieren, die besten Standorte für Windräder zu finden oder die Turbulenz an Flughäfen zu erforschen und damit ggf. Flugsimulatoren zu verbessern.

Das Stadtklimamodell nimmt, sollte es so funktionieren wie geplant, mit der Anwendung eine historische Hürde der Stadtklimaforschung. Wie der Historiker Michael Hebbert und der Nachhaltigkeitsforscher Fionn MacKillop herausgearbeitet haben, kann das stadtklimatologische Wissen der auto- und hochhausaffinen Nachkriegszeit als „knowledge that failed to circulate" (Hebbert und MacKillop 2013, S. 1542) gelten. Darüber hinaus nahm mit der Zunahme der Bedeutung von Computersimulationen in der Stadtklimaforschung auch die Kritik an einer anwendungsfernen naturwissenschaftlichen Isolation des Faches zu (Hebbert und Jankovich Hebbert und Jankovic 2013, S. 9). Die Lücke zwischen Forschung und Anwendung scheint sich seit der Jahrtausendwende zu verkleinern. Während urbane Regionen 1997 im Kyotoprotokoll kaum Erwähnung fanden, hat die weltpolitische Aufmerksamkeit für Städte in Klimadebatten seit der Jahrtausendwende zugenommen (Hebbert und Jankovic 2013, S. 1332). Ein Grund für das steigende Interesse an stadtklimatologischen Fragen liegt in der Möglichkeit, numerische Wetter- und Klimamodelle auch für lokale Skalen zu entwickeln und Städte innerhalb der weltweiten Zirkulationssysteme überhaupt sichtbar zu machen (Hebbert und Jankovic 2013, S. 1333). Hebbert, Jankovich und Brian Webb diagnostizierten 2011 „a fresh phase in the relation between the science of urban weather and its applications

---

[8] Foucault entfaltet seine Überlegungen zum Verhältnis von Raum und Sicherheit dezidiert ausgehend von einer Quelle aus dem 18. Jahrhundert, in der nicht der Begriff Milieu, sondern der Begriff Klima verwendet wird. Foucault ersetzt diesen in seiner anschließenden Analyse mit dem Begriff Milieu, nur versehen mit dem kurzen Kommentar, dass Milieu gleichbedeutend sei mit Klima.

in everyday urban life" (Hebbert et al. 2011, S. 9). Den Grund für diesen Wandel sahen sie in der technischen Entwicklung von leichten Wetterstationen und automatischen Data-Loggern, welche die Kosten meteorologischer Beobachtung senken, sowie in der Zunahme von Rechenkraft für die Computational Fluid Dynamics (Hebbert et al. 2011, S. 9). Andererseits verwiesen sie auf die wachsende Rolle von Städten für Strategien der Anpassung und Minderung im globalen Klimawandel (Hebbert et al. 2011, S. 9). Doch nach wie vor, so halten die Klimatologen Timothy Oke, Gerald Mills und ihre Kollegen fest, besteht die vielleicht größte Herausforderung der Stadtklimaforschung in „the integration of this knowledge into climate-sensitive design and planning practice […]. A major challenge for urban climatology is how best to translate faithfully scientific evidence into tools that are readily usable by designers and urban and regional planners" (Oke et al. 2017, S. 453). Mills weist in seinem 2003 veröffentlichten Artikel *The meteorologically City revisited* darauf hin, dass die ideale moderne Stadtstruktur auch in der Meteorologie heute unter dem Begriff *sustainable* verhandelt werde. „One of the difficulties in designing the ideal city […]", so Mills, „is the lack of clear objectives and of design tools that connect planning decisions to (un)desirable outcomes" (Mills 2003, S. 228).

Während die Anwendung des aus Stadtklimasimulationen hervorgegangenen Wissens bis um die Jahrtausendwende überwiegend Theorie blieb, produzieren neuere Stadtklimasimulationen wie PALM anwendbare Outputs und Prognosen (Oke et al. 2017, S. 66–74). PALM lässt sich als eine metutopische Medientechnik beschreiben. Die zunehmende kommunalpolitische Anwendung von meteorologischem Wissen und der Umschlag von einer physikalischen Stadtklimatologie in eine vorhersagende Wissenschaft (Oke et al. 2017, S. 457) zeigt sich nicht nur in der Entwicklung PALMs, sondern auch in der Realisierung weiterer Beobachtungs- und Modellierungsprojekte.[9] Hinzu kommt, dass der zunehmende Einsatz von Computern die Arbeit mit großen Datenmengen erlaubt, inklusive Sensorsystemen und Crowdsourcing von Daten. Aktuelle Konzepte des „climate sensitive design" (Oke et al. 2017, S. 459) oder der „climate smart-city" (WMO 2018) offenbaren urbane Zukünfte von gleichermaßen klimatischer, ökonomischer und politischer Stabilität.

In der historischen Forschungsliteratur zum Climate Engineering ist festgehalten worden, dass Klimamodifikationen auf Makroebene Science Fiction und im Mikrobereich Alltagspraxis sind (Fleming 2010, S. 8–9). Die Spannweite reicht von Solarschilden im Orbit oder Algenwachstumsstimulation in den Meeren bis hin zum Tragen von Funktionskleidung oder dem Lüften und Heizen von Innenräumen.[10] Urbanes Umgebungswissen und lokale Klimatechniken operieren auf dem Weg von Metutopia zu Metopia irgendwo zwischen Science Fiction und Alltagspraxis.

---

[9] Dazu gehören u. a. ESCOMPTE in Marseille, Frankreich; BUBBLE in Basel, Schweiz; CAPITOUL in Toulouse, Frankreich; JOINT URBAN 2003 in Oklahoma City, USA, sowie EPiCC in Montreal und Vancouver, Kanada (Oke et al. 2017, S. 459).

[10] Auf globaler Ebene werden großskalige Manipulationen diskutiert. Darunter ein Solarschild im Orbit, Sulfate oder reflektierende Nanopartikel in der oberen Atmosphäre, Algenwachstumsstimulation in den Meeren, das Aufstellen tausender CO_2-saugender künstlicher Bäume, die Flutung der Sahara oder des australischen Outback sowie die Pflanzung gigantischer Eukalyptusbaumplantagen (Fleming 2010, S. 2).

Literatur

Barthes, Roland: Die strukturalistische Tätigkeit. In: Kursbuch 5. Berlin: Rotbuch Verlag 1966 (frz. Erstausg. 1963), S. 190–197.

Blocken, Bert: 50 Years of Computational Wind Engineering. Past, Present and Future. In: Journal of Wind Engineering and Industrial Aerodynamics 129 (2014), S. 69–102.

BMBF – Bundesministerium für Bildung und Forschung: Bekanntmachung des BMBF von Richtlinien zur Fördermaßnahme Stadtklima im Wandel. In: Bundesanzeiger B4 (4. März 2015).

BMBF – Bundesministerium für Bildung und Forschung: Modellbasierte Stadtplanung und Anwendung im Klimawandel 2 (MOSAIK-2), (2016–2022), https://www.fona.de/de/massnahmen/foerdermassnahmen/stadtklima-im-wandel/mosaik.php (Abruf: 16.9.2020).

Brezina, Ernst; Schmidt Wilhelm: Das künstliche Klima in der Umgebung des Menschen. Stuttgart: Enke 1937.

Bühler, Benjamin: Ökologische Gouvernementalität. Zur Geschichte einer Regierungsform. Bielefeld: Transcript 2018.

Edwards, Paul N.: A Vast Machine. Computer Models, Climate Data, and the Politics of Global Warming. Cambridge, MA: MIT Press 2010.

Emonds, Hubert: Das Bonner Stadtklima. Bonn: Geographisches Institut der Universität Bonn 1954.

Ernstson, Henrik; Sörlin Sverker: Toward Comparing Urban Environmentalism. In: Ernstson, Henrik; Sörlin Sverker: Grounding Urban Natures. Cambridge, MA: MIT Press 2019.

European Commission: EU Mission: Climate-Neutral and Smart Cities, 2020, https://ec.europa.eu/info/horizon-europe-next-research-and-innovation-framework-programme/mission-area-climate-neutral-and-smart-cities_en (Abruf: 17.9.2020).

Fleming, James: Fixing the Sky. The Checkered History of Weather and Climate Control. New York: Columbia University Press 2010.

Foucault, Michel: Sicherheit, Territorium, Bevölkerung. Geschichte der Gouvernementalität I. Frankfurt a. M.: Suhrkamp 2004.

Galison, Peter: Computer Simulations and the Trading Zone. In: Galison, Peter; Stump, David J. (Hrsg.): The Disunity of Science. Boundaries, Contexts, and Power. Stanford: Standford University Press 1996, S. 118–157.

Geiger, Rudolf: Das Klima der bodennahen Luftschicht. Braunschweig: Vieweg 1942.

Gillespie, Tarleton: Algorithm. In: Peters, Benjamin: Digital Keywords. A Vocabulary of Information Society and Culture. Princeton: Princeton University Press 2015, S. 18–30.

Goldstine Herman H.; von Neumann, John: On the Principles of Large Scale Computing Machines (1946). Zit. n. Winsberg, Eric: Science in the Age of Computer Simulation. Chicago: The University of Chicago Press 2010, S. 35.

Gramelsberger, Gabriele: Computerexperimente. Zum Wandel der Wissenschaft im Zeitalter des Computers. Bielefeld: Transcript 2010.

Hayles, Katherine: Cognitive Assemblage and Human Interaction. In: Critical Inquiry 43 (2016), H. 1, S. 32–55.

Hebbert, Michael; Jankovic, Vladimir; Webb, Brian (Hrsg.): *City Weathers. Meteorology and Urban Design 1950–2010*. Manchester: Manchester Architecture Research Centre. University of Manchester 2011.

Hebbert, Michael; Jankovic, Vladimir: Cities and Climate Change. The Precedents and Why They Matter. In: Urban Studies 50 (2013), H. 7, S. 1332–1347.

Hebbert, Michael; MacKillop, Flann: Urban Climatology Applied to Urban Planning. A Postwar Knowledge Circulation Failure. In: International Journal of Urban and Regional Research 37 (2013), S. 1542–1558

Henderson Gabriel D.: Helmut Landsberg and the Evolution of 20th Century American Climatology. Envisioning a Climatological Renaissance. In: WIREs Clim Change 8 (2017), DOI: 10.1002/wcc.442.

Matthias Heymann; Gramelsberger, Gabriele; Mahony, Martin (Hrsg.): Cultures of Prediction in Atmospheric and Climate Science. Epistemic and Cultural Shifts in Computer-Based Modeling and Simulation. New York: Routledge 2017.

Howard, Luke: The Climate of London. Deduced From Meteorological Observations Made in the Metropolis and the Various Places Around It. 2nd. Ed. London: Harvey and Darnton 1833.

Hulme, Mike: Can Science Fix Climate Change? A Case Against Climate Engineering. Cambridge, MA: Wiley 2014.

Humphreys, Paul: Computer Simulations. In: Proceedings of the Biennial Meeting of the Philosophy of Science Association II. Chicago: University of Chicago Press 1990, S. 497–506.

IMUK – Institut für Meteorologie und Klimatologie der Leibniz-Universität Hannover: Large-Eddy Simulation. PALM Arbeitsgruppe und Nachwuchsgruppe, muk.uni-hannover.de/243, 2018 (Abruf: 10.10.2018).

Kangas, Patrick: The Role of Passive Electrical Analogs in H.T. Odum's Systems Thinking. In: Ecological Modelling 178 (2004), H. 1, S. 101–106.

Kennedy, Christopher; Cuddihy, John; Engel-Yan, Joshua: The Changing Metabolism of Cities. In: Journal of Industrial Ecology 11 (2007), H. 2, S. 43–59.

Kittler, Friedrich: Die Stadt ist ein Medium. In: Fuchs, Gotthard; Moltmann, Bernhard; Prigge, Walter (Hrsg.): Mythos Metropole. Frankfurt a. M.: Suhrkamp 1995, S. 228–244.

Kobi, Madlen; Roesler Sascha: Microclimates and the City. Towards an Architectural Theory of Thermal Diversity. In: Kobi, Madlen; Roesler Sascha (Hrsg.): The Urban Microclimate as Artifact. Towards an Architectural Theory of Thermal Diversity. Basel: Birkhäuser 2018, S. 12–24.

Kratzer, Albert: Das Stadtklima. Braunschweig: Vieweg 1937.

Kratzer, Albert: Das Stadtklima. Braunschweig: Vieweg 1956.

Landsberg, Helmut: Physical Climatology. DuBois, PA: Gray Printing 1964.

Landsberg, Helmut: The Meteorologically Utopian City. In: Bulletin of the American Meteorological Society 54 (1937), H. 2, S. 86–89.

Landsberg, Helmut: The Urban Climate. New York, London, Toronto: Academic Press 1981.

Lenhard, Johannes; Küppers, Günter: Validation of Simulation. Patterns in the Social and Natural Sciences. In: Journal of Artificial Societies and Social Simulation 8 (2005), H. 4, S. 3.

Mahoney, Martin; Hulme, Mike: Model Migrations. Mobility and Boundary Crossings in Regional Climate Prediction. In: Transactions of the Institute of British Geographers 37 (2012), H. 2, S. 197–211.

Maronga, Björn: High Resolution Large-Eddy Simulation of Turbulent Flow Around Buildings. Diss. Gottfried Wilhelm Leibniz Universität Hannover 2007.

Maronga, Björn; Gryschka Micha; Heinze, Rieke: The Parallelized Large-Eddy Simulation Model (PALM) Version 4.0 for Atmospheric and Oceanic Flows. Model Formulation, Recent Developments, and Future Perspectives. In: Geoscientific Model Development 8 (2015), S. 2515–2551.

Mattern, Shannon: A City is Not a Computer. In: Places Journal 2 (2017), https://doi.org/10.22269/170207 (Abruf: 12.10.2020).

Mills, Gerald: The Meteorologically Utopian City Revisited. Proceedings of the 5th International Conference on Urban Climate (ICUC5) 2 (2003), S. 227–230.

Morrisson, Margaret: Models as Autonomous Agents. In: Morrisson, Margaret; Morgan, Mary S.: Models as Mediators. Cambridge: Cambridge University Press 1999, S. 35–65.

Munn, Luke: Ferocious Logics. Unmaking the Algorithm. Lüneburg: Meson Press 2018.

Munns, David P.: Engineering the Environment. Phytrons and the Quest for Climate Control in the Cold War. Pittsburgh: University of Pittsburgh Press 2017.

Nebeker, Frederik: Calculating the Weather. Meteorology in the 20th Century. San Diego: Academic Press 1995.

OECD: Climate Resilient Infrastructure. In: OECD Environment Paper (2018), Nr. 14, https://www.oecd.org/environment/cc/policy-perspectives-climate-resilient-infrastructure.pdf (Abruf: 24.3.2022).

Oke, Timothy R.; Mills, Gerald; Christen, Andreas et al.: Urban Climates. Cambridge: Cambridge University Press 2017.

Pasquale, Frank: The Black Box Society. The Secret Algorithms That Control Money and Information. Cambridge: Harvard University Press 2015.

Pias, Claus: Tümpel – Erde – Raumstation. In: Butis, Butis (Hrsg.): Stehende Gewässer. Medien der Stagnation. Berlin: Diaphanes Verlag 2007, S. 47–66.

Pias, Claus: Zur Epistemologie der Computersimulation. In: Berz, Peter et al. (Hrsg.): Spielregeln. 25 Aufstellungen. Berlin: Diaphanes Verlag 2011, S. 41–60.

Plate, Erich J.: Berufserinnerungen 1957–2014. Karlsruhe: Karlsruher Institut für Technologie 2018, https://hyd.iwg.kit.edu/downloads/Berufserinnerungen_E-Plate%2022-03-2018.pdf (Abruf: 5.10.2020).

Seefried, Elke: Zukünfte. Aufstieg und Krise der Zukunftsforschung 1945–1980. Berlin: De Gruyter 2015.

Sprenger, Florian: Epistemologien des Umgebens. Bielefeld: Transcript 2019.

Swyngedouw, Erik: Metabolic Urbanization. In: Heynen, Nik; Kaika, Maria; Swyngedouw, Erik (Hrsg.): In the Nature of Cities. Urban Political Ecology and the Politics of Urban Metabolism. London: Routledge 2006.

[UC]²-BMBF-Fördermaßnahme Stadtklima im Wandel: Dreidimensionale Observierung und Modellierung atmosphärischer Prozesse in Städten (3DO+M). Überblick. 2019, http://uc2-3do.org (Abruf: 17.9.2020).

Wachsmuth, David: Three Ecologies. Urban Metabolism and the Society-Nature Opposition. In: The Sociological Quarterly: Official Journal of the Midwest Sociological Society 54 (2012), H. 4, S. 506–524.

Wessely, Christina: Wässrige Milieus. Ökologische Perspektiven in Meeresbiologie und Aquarienkunde um 1900. In: Berichte zur Wissenschaftsgeschichte. Organ der Gesellschaft für Wissenschaftsgeschichte e.V. 26 (2013), H. 2, S. 128–147.

Winsberg, Eric: Science in the Age of Computer Simulation. Chicago: University of Chicago Press 2010.

Wolman, Abel: The Metabolism of Cities. In: Scientific American 213 (1965), S. 156–174.

WMO – World Meteorological Organization: Urban Cross-Cutting Focus, (2018), public.wmo.int/en/our-mandate/focus-areas/urban-development-megacities (Abruf: 30.11.2018).

WMO – World Meteorological Organization: Guidance on Integrated Urban Hydrometeorological, Climate and Environmental Services. Bd. 1. Concept and Methodology. WMO-Nr. 1234 (2019).

Zindel, Hannah: Werkzeug Windkanal. Simulationen in der Stadtklimaforschung. In: Zeitschrift für Medienwissenschaft 10 (2018), H. 9, S. 54–67, https://doi.org/10.25969/mediarep/1437 (Abruf: 17.3.2022).

Nichtnumerische algorithmische Wissenskulturen

Adas Traum, oder: Die Weberei als algorithmische Wissenskultur

Ellen Harlizius-Klück

> **Zusammenfassung**
>
> Ada Lovelace (1815–1852) hatte die Vision, den Jacquardwebstuhl zu einer universalen Musterrechenmaschine weiterzuentwickeln, indem die Möglichkeiten der Spiegelung und/oder Wiederholung von Lochkartensequenzen, die für die algebraischen Operationen der *Analytical Engine* entworfen wurden, auch in der Weberei eingesetzt werden sollten. Obwohl die Vergleiche von Jacquardwebstuhl und Computer aus der Geschichte der Informatik nicht mehr wegzudenken sind, ist der tatsächliche technisch-theoretische Zusammenhang von Weberei und binärer Technologie unklar. Dass es sich bei der Weberei um eine algorithmische Wissenskultur von sehr hohem Alter handelt, ist selten thematisiert worden. Hier setzt der vorliegende Beitrag ein und zeigt an ausgewählten Beispielen, wie WeberInnen *vor* Joseph-Marie Jacquard an ihren Handwebstühlen Muster „berechnen" indem sie Teilsequenzen binärer Daten auf genau die Weise kombinieren, von der Lovelace geträumt hat. Während die traditionelle Weberei tatsächlich eine algorithmische Wissenskultur war, hat Jacquard den Webstuhl auf eine Maschine reduziert, die keine Muster mehr berechnen kann, sondern lediglich ein mittels Lochkarten festgelegtes Ergebnis ausgibt.

1 Einleitung

Im Jahr 1840 stellt Charles Babbage (1791–1871) auf einem wissenschaftlichen Kongress in Turin seinen Entwurf für eine neuartige Rechenmaschine vor: die *Analytical Engine*. Sie soll in der Lage sein, Rechenoperationen zu verknüpfen und wird später von Alan Turing (1912–1954) als digitaler Universalrechner bezeichnet (Tu-

E. Harlizius-Klück (✉)
Deutsches Museum, München, Deutschland
E-Mail: e.harlizius-klueck@deutsches-museum.de

ring 2004, S. 455). Die geplante Maschine wird von Lochkarten gesteuert – eine Idee, die Babbage von einem Webstuhlmechanismus übernommen hat, der etwa 25 Jahre zuvor von Joseph-Marie Jacquard (1752–1834) erfunden worden war. Über die Präsentation des Entwurfs publiziert der ebenfalls auf dem Kongress anwesende Ingenieur und spätere General Federico Luigi Menabrea (1809–1896) einen Bericht auf Französisch für eine schweizerische Zeitschrift (Menabrea 1842). Babbage, der in seinem Heimatland England Schwierigkeiten hat, Geld für den Bau der Maschine aufzutreiben, bittet Lady Ada Lovelace (1815–1852), mit der er schon länger Einzelheiten des Entwurfs diskutierte, eine englische Übersetzung anzufertigen. Sie erledigt diese Aufgabe durch zusätzliche Fußnoten und längere Anmerkungen so gewissenhaft, dass sich der Umfang des Texts mehr als verdreifacht (Lovelace 1843). Dabei arbeitet sie insbesondere heraus, dass die Lochkarten den Ablauf der Rechenoperationen auf eine Weise programmierbar machen, die die Maschine befähigen, auch nicht-numerische Aufgaben zu erfüllen. In einem berühmt gewordenen Vergleich schreibt sie: „We may say most aptly that the Analytical Engine *weaves algebraical patterns* just as the Jacquard-loom weaves flowers and leaves." (Lovelace 1843, S. 696).[1]

Wenn Lovelace von algebraischen Mustern spricht, bezieht sie sich auf den erweiterten Begriff der Algebra, der seit dem Beginn des 19. Jahrhunderts in England diskutiert wurde und logische Strukturen behandelt, die durch Verknüpfungsregeln beschrieben werden können. Diese symbolische Algebra ließ sich nicht nur auf verallgemeinerte Zahlbeziehungen anwenden, sondern auch auf andere Arten von Symbolen. Laut Lovelace würde auch die *Analytical Engine* nicht nur mit Zahlen, sondern ebenso mit anderen symbolisierbaren Objekten rechnen können. Neben der Musik spielt sie in einer längeren Anmerkung wiederum auf die Weberei an und träumt davon, ausgehend von der skizzierten Rechenmaschine den Jacquardwebstuhl weiterzuentwickeln. Für Rechenabläufe der *Analytical Engine* mussten Mechanismen wie das umgekehrte bzw. gespiegelte Abarbeiten von Lochkarten entwickelt werden, um die notwendigen algebraischen Operationen ausführen zu können. Lovelace schlägt vor, diese Abläufe wiederum auf den Jacquardwebstuhl zu übertragen, um Muster umzukehren, zu spiegeln oder zu wiederholen, indem Teilsequenzen des Lochkartenbands kombiniert werden. Tatsächlich kann der Jacquardwebstuhl halb-automatisch[2] *Bilder* weben, also Motive, die normalerweise nicht aus Spiegelungen und Wiederholungen bestehen. Eine Zerlegung der zur Endlosschleife zusammengenähten Lochkarten in frei kombinierbare Teilsequenzen ist aber nicht möglich. Diese von Lovelace vorgeschlagene Veränderung des „Jacquard-

---

[1] Hervorhebung im Original. In der von Bernhard Dotzler herausgegebenen deutschen Übersetzung werden die „flowers and leaves" als „Blätter und Blüten" übersetzt. Außerdem schließt die Hervorhebung im englischen Original das Verb „weben" mit ein, in der Übersetzung aber nicht: „Am treffendsten können wir sagen, daß die Analytical Engine *algebraische Muster* webt, gerade so wie der Jacquard-Webstuhl Blätter und Blüten." (Lovelace 1996, S. 335, Hervorhebung im Original).

[2] An Webstühlen mit Jacquard-Mechanismen muss zunächst immer noch ein Weber arbeiten. Nur das Einlesen des Musters erfolgt automatisch, nicht das Weben selbst.

webstuhls",³ die sie als eine Weiterentwicklung auffasst, wird hier als „Adas Traum" bezeichnet.

Der vorliegende Beitrag wird stattdessen demonstrieren, dass der Jacquardwebstuhl einer solchen Berechnung von Mustern durch Spiegelung und/oder Wiederholung von Teilalgorithmen oder Unterroutinen in der Handweberei ein Ende gesetzt hat. *Vor* Jacquard war eine solche „algebraische" Kombination von Mustersequenzen die Regel. Sie stand aber niemals im Mittelpunkt des Interesses von Ingenieuren. Die übliche Entwicklungsgeschichte der Webereitechnik konzentriert sich auf die Erfindung von Maschinen, die Textilarbeiten schneller und billiger erledigen als Handweber.⁴ Es geht bei diesen Erfindungen nicht um eine Weiterentwicklung oder auch nur um ein Verständnis der Art und Weise wie Musterungen und ihre Kombinationen entstehen. Den Webern wird zwar manchmal Geschick, aber kein eigentliches Wissen zugestanden. Dass es sich hier um eine algorithmische Wissenskultur von sehr hohem Alter handelt, ist daher selten thematisiert worden. Obwohl die Vergleiche von Jacquardwebstuhl und Computer aus der Geschichte der Informatik nicht mehr wegzudenken sind,⁵ ist der tatsächliche technisch-theoretische Zusammenhang von Weberei und algorithmischer Kultur unklar.⁶ Hier setzt der vorliegende Beitrag ein und zeigt an ausgewählten Beispielen, wie Weber *vor* Jacquard an ihren Handwebstühlen Muster berechnen, indem sie Teilalgorithmen auf genau die Weise kombinieren, von der Ada Lovelace geträumt hat. Während die traditionelle Weberei tatsächlich eine algorithmische Wissenskultur war, hat spätestens Jacquard den Webstuhl auf eine Maschine reduziert, die keine Muster mehr berechnen kann, sondern lediglich ein mittels Lochkarten vorab festgelegtes Ergebnis ausgibt.⁷

2 Algorithmus und Algebra in der Weberei

Auch wenn die Begriffe Algorithmus und Algebra in der Antike noch nicht existieren, so kennen die Griechen doch bereits Methoden, die wir heute algebraisch nennen und Verfahren, die wir als algorithmisch bezeichnen. Algebraisch gehen zum Beispiel mehrere Beweise im Buch „Elemente" von Euklid (3. Jh. v. Chr.) vor, ins-

---

³ Es ist meist vom Jacquardwebstuhl die Rede, obwohl es sich zunächst nur um einen automatisierten Harnisch handelte, also ein Gerät zur Anhebung von einzelnen Kettfäden, das auf den normalen Handwebstuhl aufmontiert werden konnte. Der Webstuhl selbst blieb weitgehend unverändert.
⁴ Dieser Text vermeidet Formalismen einer geschlechtergerechten Sprache, wenn in der jeweiligen historischen Situation deutliche Geschlechtszuordnungen die Regel sind. Vgl. z. B. Fußnote 13.
⁵ Lovelaces Vergleich gehört inzwischen zur Standarderzählung der Computergeschichte (vgl. Essinger 2004, S. 87, 141, 263; Plant 1995, S. 50; Davis und Davis 2005, S. 86).
⁶ Eine Ausnahme bildet der Beitrag von Carrie Brezine zum „Oxford Handbook of the History of Mathematics" (Brezine 2009). Hier behauptet sie allerdings, nur die traditionelle Weberei Südamerikas gehe algorithmisch vor, nicht die westliche Weberei am horizontalen Webstuhl (S. 486).
⁷ Auch wenn im Zusammenhang mit den Lochkarten des Jacquardmechanismus oft von Programmsteuerung die Rede ist, so handelt es sich doch eher um eine Ablaufsteuerung, wie sie von Musikautomaten schon länger bekannt ist (Brennecke 2002, S. 61–62).

besondere der Beweis der Inkommensurabilität von Seite und Diagonale im Einheitsquadrat.[8] Als Algorithmus wird heute sowohl Euklids Methode zur Bestimmung kleinster gemeinsamer Teiler bezeichnet, als auch Eratosthenes' (zw. 276 u. 273 – um 194 v. Chr.) Bestimmung aller Primzahlen bis zu einer vorgegebenen Zahl. Fasst man Algebra als verallgemeinerte Arithmetik auf, so enthält Euklids Buch eine Menge algebraischen Wissens im arithmetischen Teil, der allerdings nicht im Sinne einer algebraischen Schreibweise formalisiert ist.

2.1 Was ist ein Algorithmus?

Für unsere Untersuchung folgen wir einer Definition von Donald Knuth. Demnach ist ein Algorithmus eine Menge von Regeln und Anweisungen, um einen bestimmten Output aus einem bestimmten Input zu erhalten. Außerdem darf der Algorithmus nicht vage sein.[9] Wird ein Algorithmus in einer wohldefinierten Sprache beschrieben, so erhält man ein Programm.[10] Im Unterschied zu einem Programm ist ein Algorithmus ein mentales Konzept, das unabhängig ist von der Art seiner Repräsentation (Knuth 1977, S. 63).

Traditionellerweise, schreibt Knuth, beträfen Algorithmen nur numerische Berechnungen und erst mit der Einführung der Computer würden sie für allgemeinere Aufgaben benutzt. Mit dem Universalcomputer verschiebe sich das Interesse an Algorithmen. Es gelte dann weniger der rein numerischen Kalkulation als der Untersuchung von verschiedenen Strukturen, in denen Information repräsentiert werden kann, wie etwa von Verzweigungsstrukturen oder Entscheidungsbäumen, also jenen Aspekten, die es ermöglichen, je nach Stand der Dinge eine andere Folge von Operationen auszuführen. Für Knuth sind es gerade diese Eigenschaften, die algorithmische Modelle besser zur Repräsentation von Wissen geeignet erscheinen lassen als die traditionellen mathematischen Modelle. Er verwendet in seinem Text dazu als Beispiel einen Suchalgorithmus. Im vorliegenden Beitrag wird vorgeschlagen, die Kombination von Sequenzen am traditionellen Webstuhl als Beispiele *avant la lettre* zu betrachten. Dabei übernehmen wir Knuths Definition und verstehen unter einem Algorithmus eine Menge von Regeln oder Anweisungen um aus einem spezifischen Input einen spezifischen Output zu erzeugen. Zwei weitere Punkte der Beschreibung durch Knuth sind für unsere Ausführungen wichtig: (1) der Output, also das Ergebnis, sollte vor der Ausführung des Algorithmus unbekannt sein, und (2) der Algorithmus kann prinzipiell von einer Maschine ausgeführt werden.

---

[8] Für eine Erörterung der Frage nach einer antiken Algebra vgl. (Krämer 1988, S. 25–36).

[9] „[…] an algorithm is a set of rules or directions for getting a specific output from a specific input. The distinguishing feature of an algorithm is that all vagueness must be eliminated: the rules must describe operations that are so simple and well defined they can be executed by a machine." (Knuth 1977, S. 63).

[10] „A program is the statement of an algorithm in some well-defined language." (Knuth 1977, S. 63). Als Beispiel gibt Knuth Keilschrifttexte mit Additionen aus dem 2. Jh. v. Chr. an. Insofern ist seine Beschreibung eines Programms nicht vereinbar mit der von Brennecke, die selbst die frühen Automaten des Heron von Alexandria (ca. 1. Jh. n. Chr.) ausschließt (Brennecke 2002, S. 60).

Zu den ältesten bekannten Algorithmen gehören der *euklidische Algorithmus*, mit dem man die Teiler von Zahlen bestimmt, und das *Sieb des Eratosthenes*, mit dem man die Primzahlen bis zu einer bestimmten gegebenen Zahl bestimmen kann. In den antiken griechischen Quellen werden diese Verfahren nicht als Algorithmen bezeichnet und auch nicht in einer Klasse zusammengefasst. Es sind Methoden, die zu einer Zahlentheorie gehören, die sich mit den Teilbarkeitseigenschaften von Zahlen befasst: der dyadischen Arithmetik. Sie basiert auf den entgegengesetzten Zahleigenschaften „gerade" und „ungerade", weshalb sie auch als „Lehre von Gerade und Ungerade" bezeichnet wird. Die Methode des Euklid zur Bestimmung von größten gemeinsamen Teilern zweier Zahlen, der euklidische Algorithmus, heißt im Griechischen *anthyphairesis*, wörtlich übersetzt „Wechselwegnahme";[11] Eratosthenes' Methode wird von Nikomachos von Gerasa (1. Jh. n. Chr.) als *kóskinon* bezeichnet, ein Wort, das in antiken Quellen ansonsten kaum vorkommt und das man mit „Sieb" übersetzt.

2.2 Algorithmen in der antiken Weberei

Die frühesten Algorithmen entstehen also im Umkreis dieser dyadischen Arithmetik, die auf einer binären Zahlordnung beruht (gerade – ungerade) und die Kompositionsmöglichkeiten von Zahlen untersucht (zusammengesetzte Zahlen – Primzahlen). Das Interesse der Griechen an der Faktorisierung von Zahlen und der Untersuchung von Primzahlen wird meist als Beginn abstrakten mathematischen Denkens verstanden. Eine praktische Herkunft dieser verallgemeinerten Zahleigenschaften scheint es nicht zu geben. Doch bereits lange vor der Entstehung einer solchen auf sich selbst reflektierenden Mathematik mussten sich Weberinnen[12] mit Fragen der Teilbarkeit, der Ordnung und den Eigenschaften von zusammengesetzten Zahlen und der Verortung von Primzahlen auseinandersetzen, wenn sie Muster weben wollten.[13] Muster, die durch das sukzessive Hervorheben der Vielfachen von kleineren Zahlen entstehen, sind ebenso das charakteristische Merkmal des Siebs des Eratosthenes (vgl. Harlizius-Klück 2019), auch wenn diese Eigenschaft in der modernen Fassung des Algorithmus nicht mehr im Mittelpunkt steht.

Heute ist es üblich, den Algorithmus folgendermaßen anzugeben: um mit der Methode des Eratosthenes Primzahlen bis zu einer gegebenen ganzen Zahl (sagen wir 24) zu finden, schreibt man die positiven ganzen Zahlen bis 24 auf. Nun streicht man alle Vielfachen von 2, die grösser als 2 sind. In der nächsten Runde streicht

---

[11] Euklid, Elemente VII, § 1–2; X, § 2–3 (Thaer 1980; Heiberg 1833, dort als Verb *anthyphairein*).

[12] Die Weberei wird in der Antike fast ausschließlich von Frauen und die Mathematik von Männern ausgeübt. Eine geschlechtergerechte Sprache würde diese wichtige historische Hintergrundinformation verwischen und der Absicht dieses Texts entgegenarbeiten, der gerade für die Frauen zentrales mathematisches Wissen außerhalb der männlich geprägten Philosophie reklamiert.

[13] Ausführlich zur Weberei als Wissen im archaischen Griechenland: (Fanfani und Harlizius-Klück). Dort wird auch der Zusammenhang von Regeln der Weberei mit dem ältesten Corpus der *Elemente* Euklids ausführlich diskutiert.

man alle Vielfachen von 3, die größer als 3 sind, dann alle Vielfachen der nächsten nicht durchgestrichenen Zahl und wiederholt diesen Vorgang, bis keine Zahl mehr übrig ist. Die verbleibenden Zahlen sind die Primzahlen bis 24, nämlich: 2, 3, 5, 7, 11, 13, 17, 19 und 23.

Die antike Beschreibung der Methode, des *kóskinon Eratosthénous* in der „Einführung in die Arithmetik" des Nikomachos wird selten zitiert, weil sie dem heute beschriebenen Verfahren wenig entspricht. Für Nikomachos gehört das Sieb des Eratosthenes zur dyadischen Zahlentheorie und dient der Klassifikation ungerader Zahlen nach deren Zusammensetzung.[14] Primzahlen stehen stets am Anfang solcher Kombinationen (deshalb heißen sie lat. *primos*, griech. *protoí*, also „erste" Zahlen):

> „Wenn sie mit sich selbst kombiniert werden, können zwar auch andere Zahlen entstehen, die aus ihnen wie aus einer Quelle oder Wurzel hervorgehen, weshalb sie als „prim" bezeichnet werden, weil sie vorher als Anfänge der anderen existieren. Denn jeder Ursprung ist elementar und unzusammengesetzt, in den alles aufgelöst wird und aus dem alles gemacht wird, aber der Ursprung selbst kann nicht in etwas aufgelöst oder aus etwas gebildet werden. (Nikomachos 1866, Kap. XI, 3; S. 26–27. Übersetzung durch die Autorin)."

Die Demonstration der Methode des Eratosthenes durch Nikomachos macht genau diese Eigenschaft der Primzahlen deutlich. Tatsächlich wird sie nur auf ungerade Zahlen, beginnend mit der Drei angewendet, und sie streicht nicht einfach Vielfache von Drei durch, sondern betrachtet jede folgende dritte Zahl und ihre ungeraden Teiler. Die Idee ist eher, rhythmische Muster anzuwenden, als Primzahlen aufzuspüren, auch wenn diese wiederholte Anwendung von Mustern nur zusammengesetzte Zahlen erreicht. Das Sieb, ein Medium das aufgrund des stets gleichen Fadenabstands Partikel bestimmter Größe zurückhält und andere hindurchfallen lässt, liefert die musternde Methode des Eratosthenes, die funktioniert wie ein moderner algorithmischer Filter (Harlizius-Klück 2019).

Man kann die Übereinstimmung der Interessen von antiken Arithmetikern und Weberinnen an Mustern, Teilbarkeiten, zusammengesetzten Zahlen und dyadischen Ordnungsprinzipien (gerade – ungerade) für Zufall halten, und es wäre schwierig, das Gegenteil zu belegen, weil die Weberinnen uns keine schriftlichen Quellen über ihre Methoden hinterlassen haben. Dennoch lohnt sich ein Blick auf die antike Technik der Weberei und ihre Ordnungsmethoden, die genau auf die Unterscheidung von zusammengesetzten und Primzahlen ausgerichtet sind.

2.3 Arithmetik in der antiken Weberei

Der von den Griechen verwendete Gewichtswebstuhl ist ein Rahmen, der in einem leichten Winkel fast senkrecht aufgestellt wird (siehe Abb. 1). Die Kettfäden werden durch ein Band gehalten, dessen Schussfäden auf einer Seite lang ausgezogen sind

---

[14] Die „Einführung in die Arithmetik" des Nikomachos von Gerasa, Kap. XII, 2 ist die einzige antike Quelle für den Algorithmus des Eratosthenes, das *kóskinon Eratosthénous* (Nikomachos von Gerasa 1866, S. 29–32).

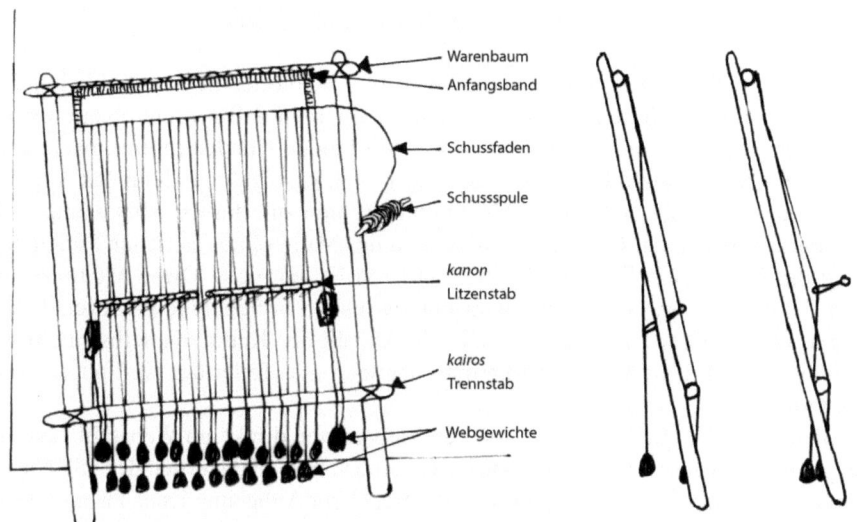

Abb. 1 Diagramm eines Gewichtswebstuhls mit Seitenansicht rechts. Abbildung durch die Autorin

und am Webstuhl durch angeknotete Gewichte gestreckt werden. Dieses Anfangsband läuft auch um den Rand des entstehenden Gewebes herum. Das bedeutet, dass die Weberin die Muster in eine begrenzte Fläche einpassen muss, die aus einer großen, aber unveränderlichen Anzahl von diskreten Elementen – den senkrechten Kettfäden – besteht. Diese Zahl ist in der Regel recht groß und nicht unbedingt bekannt. Aufgrund der Herstellungsmethode des Bandes weiß die Weberin aber, in welche Faktoren sich die Zahl der Fäden zerlegen lässt. Manche Methoden erfordern vier Schritte zur Vervollständigung eines Musters. Wird dabei ein Schussfaden als Schlaufe für die spätere Kette eingefügt, stellt das vollständige Musterelement $4 \times 2 = 8$ Fäden zur Verfügung. Umgekehrt gilt: Wenn die Gesamtzahl dieser Kettfäden eine Primzahl wäre, könnte kein Muster durch Wiederholung eingepasst werden, gleichgültig, wie klein sein Rapport ist (die Zahl, die man für ein Motiv benötigt) oder wie oft man es wiederholt. Denn Primzahlen lassen sich nicht aus anderen Zahlen durch Multiplikation erzeugen.[15] Weil es für die Weberin fundamental ist, zu wissen, welche Muster und Fadenzahlen sie in ihrem Gewebe zusammensetzen kann, ist die Kenntnis von Zahleigenschaften wie gerade, ungerade, prim usw. für sie so wichtig.

---

[15] Die Eins, die Zwei und die Zahl selbst sind alle keine Lösung für das Problem des Webenden.

2.4 Algorithmen und Programme in der Weberei

Noch heute verwenden WeberInnen eine ad-hoc Methode, um Möglichkeiten der Faktorisierung der Kette zu testen. Angenommen, man will wissen, ob ein Muster mit einem Rapport von vier Fäden passt:[16] Mit beiden Händen nimmt man wechselseitig von rechts und links vier Fäden weg – ohne zu zählen, denn das Auge ist in der Lage, ein Paar aus je zwei Fäden ohne Zählen zu erfassen – bis weniger als vier Fäden übrig sind. Geht dies am Ende in der Mitte ohne restlichen Faden auf, passt das Muster ins Gewebe. In allen anderen Fällen nicht. Diese Methode, die dem Euklidischen Algorithmus entspricht, lässt sich für beliebige Faktoren durchführen und zu ihrer Anwendung muss die Anzahl der Kettfäden selbst nicht bekannt sein. Auf diese Weise könnte man dennoch alle Teiler der Kettfadenanzahl bestimmen.

Die meisten Algorithmen, die von den Weberinnen direkt am Webstuhl verwendet werden, um das Gewebe zu produzieren, sind simpel und wurden deshalb bereits früh mechanisiert.[17] Zum Beispiel wird die Regel zur Anhebung jedes zweiten Kettfadens für den Eintrag des Schusses durch einen Litzenstab übernommen. Am senkrechten Gewichtswebstuhl der griechischen Antike heißt dieser Stab *kanon* und unterteilt in der einfachsten Version die Kettfäden in zwei Klassen: die mit gerader und die mit ungerader Ordnungszahl. Nur *eine* der Fadenklassen wird mittels einer Fadenschlaufe, die einen gleichmäßigen Abstand zum Stab erlaubt, an diesem befestigt. Die andere Hälfte der Kettfäden hängt über einem fest stehenden Querbalken. Zwischen den Fäden bildet sich wegen der Neigung des Webstuhls ein sogenanntes natürliches Fach (siehe Abb. 1, Mitte). Bei der Benutzung werden der Litzenstab und dadurch die an ihm befestigten Fäden gehoben (siehe Abb. 1, rechts) und der Schussfaden eingefügt. Für die einfache Leinwandbindung, bei der der Schuss über und unter jeweils einem Kettfaden läuft, ist der antike Gewichtswebstuhl damit vollständig eingerichtet. Der Litzenstab übernimmt den Algorithmus und die Weberin kann einen leinwandbindigen Stoff mechanisch herstellen, also ohne irgendeine Entscheidung über einen anzuhebenden Faden treffen zu müssen.[18] Der Algorithmus wird also direkt im Webstuhl codiert; jedenfalls kennen wir aus der Antike keine sprachliche, schriftliche oder symbolische Beschreibung der Regeln, nach denen die Fäden ausgewählt werden.

---

[16] Der Rapport gibt die kleinste Einheit eines sich wiederholenden Musters an. In Abb. 8 und Abb. 9 z. B. beträgt der Rapport, also die Zahl der Fäden nach der sich die Bindung wiederholt, in Kett- und Schussrichtung vier Fäden.

[17] Es wäre unredlich, hier eine Jahreszahl anzugeben. Mechanische Hilfsmittel dieser Art lassen sich kaum durch Funde nachweisen, da sie in der Regel aus Holz gefertigt waren. Frühe Belege finden sich eher in Form von Zeichnungen oder Malereien, etwa bei den in Stein geritzten Gewichtswebstühlen in Val Camonica in Norditalien aus der Mitte des zweiten Jahrtausends v. Chr. (Vgl. Zimmermann 1988, S. 28–31; Barber 1991, S. 91 und Abb. 3.11).

[18] Es ist dennoch möglich, den Mechanismus zu ignorieren und beliebige Fadengruppen mit den Händen oder temporären Hilfsmitteln (Stäben) auszuwählen.

2.5 Weberei als Algebra?

Wenn Ada Lovelace die Musterungsmöglichkeiten des Jacquardwebstuhls erweitern will, bezieht sie sich nicht auf die Idee eines implementierten Algorithmus, sondern auf den algebraischen Aspekt der *Analytical Engine*, den sie zusammen mit Babbage hervorhebt. Man kann sagen, dass Lovelace und Babbage den metaphorischen Vergleich, dass die Rechenmaschine algebraische Muster webt, nun übertragen auf einen Jacquardwebstuhl, der Muster algebraisch berechnet. Doch was genau haben sie unter einem algebraischen Muster verstanden?

Seit dem Sommer 1840 wurde Lovelace von Augustus De Morgan (1806–1871) in Mathematik unterrichtet. De Morgan bemühte sich zusammen mit einigen anderen britischen Mathematikern um einen neuen Zugang zur Algebra (Wußing 2009, S. 203). Bis dahin wurde Algebra als eine Verallgemeinerung der Arithmetik aufgefasst, in der Zahlen durch Buchstaben repräsentiert werden (Peacock 1834, S. 188, 189). Jetzt begann die Entwicklung hin zu einer symbolischen Algebra, in der die mathematischen Eigenschaften der Symbole durch die Regeln des Systems bestimmt wurden, die man vorher festlegte. Es war George Peacock (1791–1858), der diese Unterscheidung klar formulierte: „In arithmetical algebra, the definitions of the operations determine the rules; in symbolical algebra, the rules determine the meaning of the operations." (Peacock 1834, S. 200).

Die Debatte um die Algebra wurde ausgelöst durch die Verwendung negativer und imaginärer Zahlen. Peacock diskutiert das Problem in seinem Bericht für die Verwendung der Subtraktion, in Fällen, in denen der Subtrahend größer ist als der Minuend. Er kommt dabei zu folgendem Schluss:

> „It is more natural and philosophical, therefore, to assume such principles as independent and ultimate, as far as the science itself is concerned, in whatever manner they may have been suggested, so that it may thus become essentially a science of symbols and combinations, constructed upon its own rules, which may be applied to arithmetic and to all other sciences by interpretation. (Peacock 1834, S. 194–195)"

Durch Peacock wird die Algebra zu einer Wissenschaft des Denkens in einer symbolischen Sprache. George Boole (1815–1864) gibt 1854 seiner Arbeit über die mathematische Logik daher den Titel „An Investigation of the Laws of Thought". De Morgan sagt über dieses Buch: „That the symbolic processes of algebra, invented as tools of numerical calculation, should be competent to express every act of thought, and to furnish the grammar and dictionary of an all-containing system of logic, would not have been believed until it was proved." (De Morgan 1872, S. 301).

Dass Lovelace mit dieser Diskussion vertraut war, zeigen ihre Überlegungen in den Anmerkungen (Lovelace 1842, S. 693). In diesem Zusammenhang gibt sie auch eine Definition der Operation:

> „It may be desirable to explain, that by the word operation, we mean any process which alters the mutual relation of two or more things, be this relation of what kind it may. This is the most general definition, and would include all subjects in the universe. (Lovelace 1842, S. 693)"

Babbage selbst verwendet den Vergleich mit dem Jacquardwebstuhl, um die beiden prinzipiellen Teile seiner *Analytical Engine* zu erklären: der Webstuhl verkreuzt die Fäden immer auf die gleiche Weise, egal welche Farben die Fäden haben: „the *form* of the pattern will be precisely the same – the colours only will differ". Er fährt fort: „The analogy of the Analytical Engine with this well-known process is nearly perfect." (Morrison, Morrison 1961, S. 55, Hervorhebung im Original). Er bezieht die Lochkartensteuerung des Webstuhls, welche die Verkreuzung der Fäden zu bestimmten Formen kontrolliert, auf die Lochkarten seiner Maschine, die bestimmte algebraische Operationen ausführen. Eine zweite Gruppe von Lochkarten stellt die Variablen für diese Rechenoperationen zur Verfügung, die am Webstuhl den Farben der Fäden entsprechen (Morrison, Morrison 1961, S. 55–56).

Gerade an Farbeffektmustern kann man die algebraische Vorgehensweise, auf die sich Lovelace und Babbage beziehen, sehr gut verdeutlichen. Im Folgenden sind diese spezifischen Muster als Operation auf Variablen formalisiert, um den algebraischen Charakter deutlich zu machen. Diese Formalisierung bezieht sich nicht auf die Teile des Webstuhls, sondern auf die Eigenschaften des Gewebes. Bei der einfachsten Gewebebindung, der Leinwandbindung, lässt sich die Methode der Verkreuzung von Kette (senkrechte Fäden) und Schuss (waagerechte Fäden) durch schwarze und weiße Quadrate darstellen (siehe Abb. 2).[19]

Ein schwarzes Quadrat entspricht einer Hebung des entsprechenden Kettfadens, das heißt, der senkrechte Faden läuft über dem waagerechten, während ein weißes Quadrat bedeutet, dass der senkrechte Faden nicht gehoben (bzw. bei einem Kontermarschwebstuhl gesenkt) wird und unter dem Schussfaden verläuft. Diese Verkreu-

Abb. 2 Schematische Darstellung eines Gewebes und binäre Formalisierung. Abbildung durch die Autorin

---

[19] In der traditionellen Weberei wird dazu Patronenpapier verwendet, also Karopapier, das nicht wie bei Millimeterpapier in Fünfergruppen unterteilt ist, sondern in Vierergruppen. Die hier als schwarze Kästchen repräsentierten Hebungen werden dann nur mit einem Stift als schwarze Punkte in die Kästchen getupft (weshalb das Papier auch manchmal Tupfenpapier heißt).

zungsvorschrift (oder „Bindung" in der Fachsprache der Weberei) entspricht dem Operator. Sie ist eine binäre Operation im Sinne der Booleschen Algebra (Whitesitt 1962, S. 28). Die Farben der Fäden entsprechen den Variablen, auf denen diese Vorschrift operiert. Es handelt sich hier um eine Notation, die von der Autorin zum besseren Verständnis von Farbeffektmustern im Rahmen einer Ausstellung entwickelt wurde (Harlizius-Klück 2012; diese Notation wird nicht von Webern verwendet).

Sind alle Kettfäden grau und alle Schussfäden weiß, entsteht bei der oben beschriebenen Verkreuzung eine Art Schachbrettmuster. Das lässt sich schematisch folgendermaßen darstellen (siehe Abb. 3):

In der Terminologie der Algebra formuliert, gibt es hier zwei Variablenpaare (zwei graue Kett- und zwei weiße Schussfäden) auf die ein Operator angewandt wird: die Bindungsvorschrift aus schwarzen und weißen Kästchen. Unter algorithmischer Perspektive sind die Farben bzw. Variablen der Input, der Operator repräsentiert den Algorithmus und das fertige Gewebe den Output.

Der gleiche Operator (in der Terminologie der Weberei: die Leinwandbindung) kann auch auf andere Variablenpaare angewandt werden, z. B. auf alle restlichen Kombinationen von schwarzen und weißen Kett- bzw. Schussfäden (vgl. Abb. 4, Abb. 5, Abb. 6, Abb. 7).

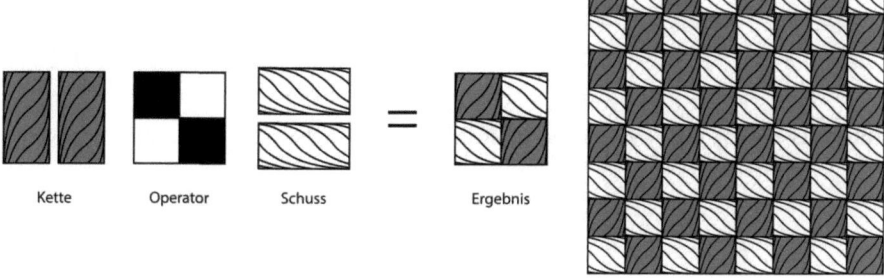

Abb. 3 Gleichung für eine Leinwandbindung links. Schematische Darstellung des Musters rechts. Abbildung durch die Autorin

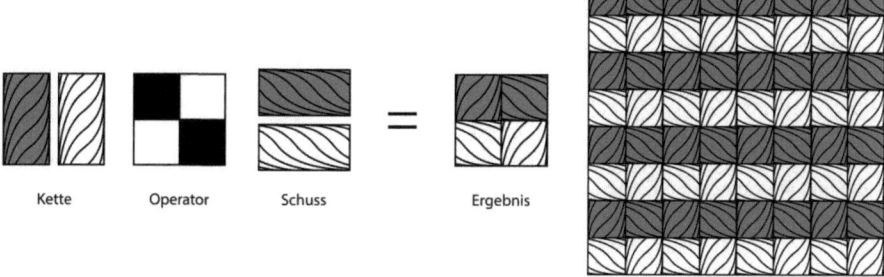

Abb. 4 Gleichung und schematische Darstellung eines Gewebes mit Leinwandbindung und alternierenden Farben in Kette und Schuss (Möglichkeit 1). Abbildung durch die Autorin

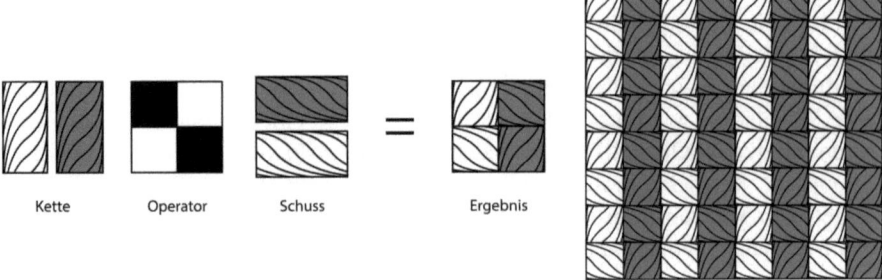

Abb. 5 Gleichung und schematische Darstellung eines Gewebes mit Leinwandbindung und alternierenden Farben in Kette und Schuss (Möglichkeit 2). Abbildung durch die Autorin

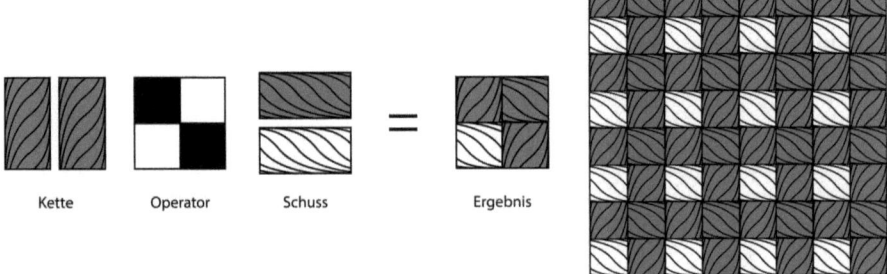

Abb. 6 Gleichung und schematische Darstellung eines Gewebes mit Leinwandbindung, grauer Kette und alternierenden Farben im Schuss. Abbildung durch die Autorin

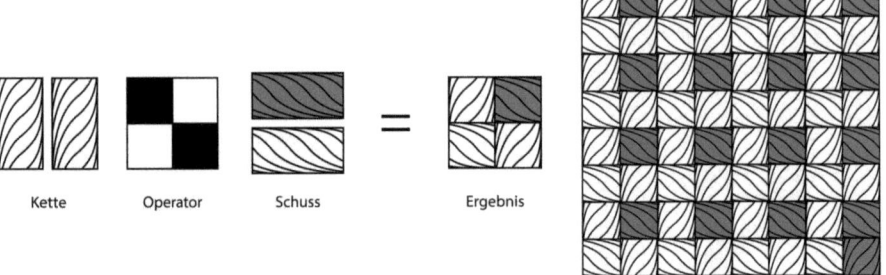

Abb. 7 Gleichung und schematische Darstellung eines Gewebes mit Leinwandbindung, weißer Kette und alternierenden Farben im Schuss. Abbildung durch die Autorin

Auf der linken Seite sieht man jeweils die ausgeführte Operation und das Ergebnis in Form einer Gleichung. Rechts wird gezeigt, wie der Stoff aussieht, der durch Wiederholung der Operation in beide Richtungen entsteht.

Ein weiteres Beispiel für eine fundamentale Bindung ist der Köper oder englisch „Twill". Der hier vorgestellte Fall wird im späteren Verlauf dieses Texts eine Rolle spielen. Bei dieser Bindung wird nicht jeder zweite, sondern z. B. jeder dritte oder vierte Kettfaden gehoben und diese Vorschrift in der nächsten Schussreihe um einen Faden versetzt. Die Abb. 8 zeigt den Fall, wenn jeder vierte Kettfaden gehoben wird. Der Operator umfasst entsprechend vier Fäden in Kette und Schuss. Charakteristisch für diese Bindung ist ein Gewebebild mit einem diagonalen Grat, der bei unterschiedlich gefärbten Kett- und Schussfäden gut sichtbar ist.

Die Variablen können in Zahl und Farbe verändert werden. Ein Klassiker der Weberei, nämlich der kleine Hahnentritt, entsteht durch Eingabe von alternierenden Farbenpaaren in Kett-und Schussrichtung bei Verwendung des Leinwandoperators (siehe Abb. 9).

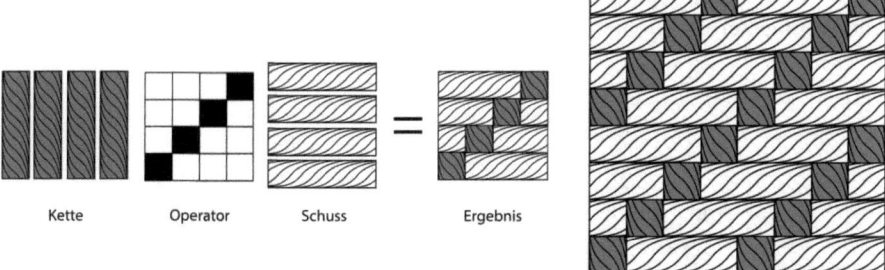

Abb. 8 Gleichung und schematische Darstellung des Gewebes für eine 1/3-Köperbindung mit grauer Kette und weißem Schuss. Abbildung durch die Autorin

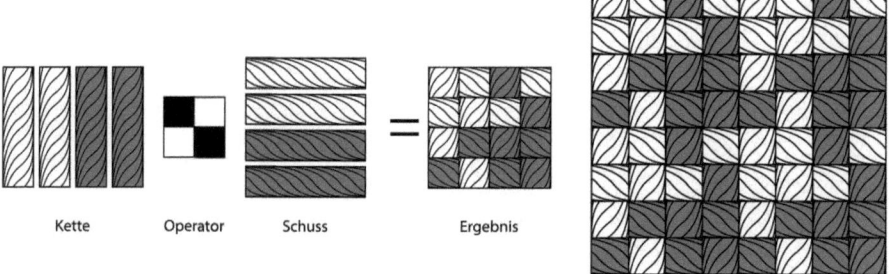

Abb. 9 Gleichung und schematische Darstellung für Hahnentritt (mit Leinwandbindung). Abbildung durch die Autorin

Ein etwas komplexeres Muster, der echte Hahnentritt, entsteht, wenn vier Fäden in Grau mit vier Fäden in Weiß in Kett- und Schussrichtung abwechseln und eine Köperbindung verwendet wird, bei der je zwei Kettfäden abwechselnd gehoben und gesenkt werden (in der nächsten Schussreihe dann um einen Faden versetzt). In dieser Kombination von Farbe und Struktur entsteht der klassische Hahnentritt, dessen Operatorgleichung in Abb. 10 angegeben ist.

Bei dieser Art der Repräsentation von Mustern muss der Operator nicht quadratisch sein, d. h. die Anzahl der Schussfäden kann von der Anzahl der Kettfäden im Rapport abweichen, wie in folgendem verwandten Beispiel (siehe Abb. 11): Die Variablen sind gleich, der Operator wird invertiert und gedreht wiederholt. In diesem Fall spricht man in der Weberei von gebrochenem Köper. Genau auf solche Kombinationsmöglichkeiten durch Wiederholung oder Umkehrung der Lochkarten am Jacquardwebstuhl bezieht sich der Traum von Lovelace.

Die Unterscheidung von Operationsanweisung (Vorschrift zur Verkreuzung der Fäden) und Variablen (Farbe der Fäden), die Babbage angesichts des Jacquardwebstuhls als Besonderheit hervorhebt, charakterisiert also bereits die klassische Tuchweberei am horizontalen Trittwebstuhl. Die Produktion von Mustern lässt sich auf diese Weise durch Operationen auf Variablen darstellen, was allerdings nicht für alle Webmuster funktioniert. Eine andere Möglichkeit der Formalisierung, die spä-

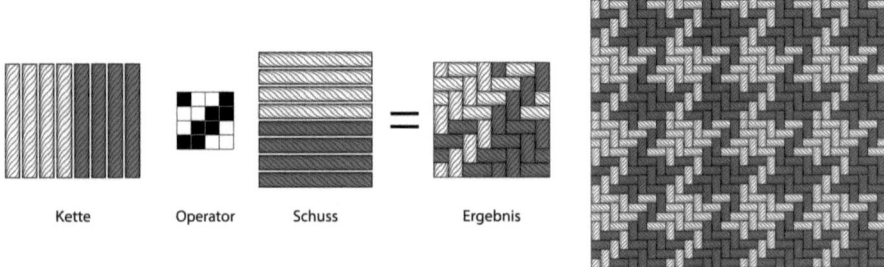

Abb. 10 Gleichung und schematische Darstellung für Hahnentritt (mit Köperbindung). Abbildung durch die Autorin

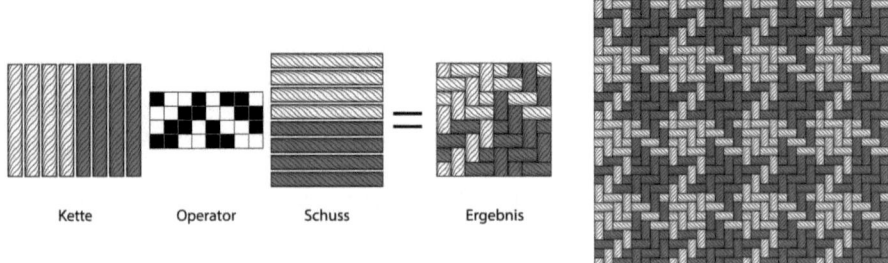

Abb. 11 Gleichung und schematische Darstellung für Pepita (mit gebrochenem Köper). Abbildung durch die Autorin

ter vorgestellt wird, aber auch nur einen Teil der webbaren Muster betrifft, arbeitet mit Matrizenmultiplikation. Im Sinne der symbolischen Algebra lassen sich die Muster also tatsächlich berechnen. Es ist diese Berechenbarkeit (also die Anwendung von Operatoren auf Variablen), die algebraischen Prinzipien folgt, welche wir in diesem Beitrag auf die Wendung von den „algebraischen Mustern" beziehen. Weber wenden aber solche symbolischen Rechnungen wie sie hier vorgeführt wurden, nicht an. Die hier gezeigten Beispiele gehören zum Einmaleins der Weberei und werden entsprechend auswendig hergestellt. Für den Fall komplexerer Muster ist diese Notation wiederum zu umständlich und würde außerdem viele Musterungsmöglichkeiten nicht erfassen können. Das erklärt, warum Notationen in der Weberei historisch erst sehr spät auftauchen.

3 Basisroutinen in der Weberei

Für die Einrichtung des Webstuhls existiert in der Antike keine wohldefinierte Sprache oder Schrift. Die Fäden werden direkt am Webstuhl mit Hilfe eines zunehmend komplexer werdenden Systems weiterer Fäden geordnet; der Litzenstab (vgl. Abb. 1) sowie die später verwendeten Schäfte (vgl. Abb. 12) wählen die geraden oder ungeraden Kettfäden mittels Fadenschlaufen aus.

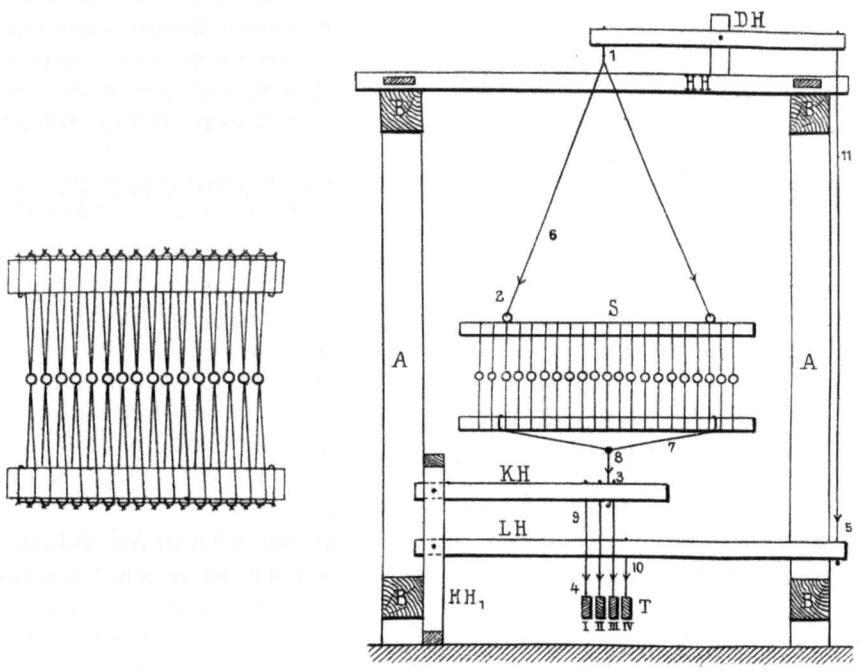

Abb. 12 Schema eines Schafts (links) und Positionierung im horizontalen Trittwebstuhl. (Donat 1908, Tafeln II und IV)

Für komplexere Gewebe mit Köperbindung kann man zusätzliche Schäfte verwenden und zum Beispiel den ersten, fünften, neunten usw. Faden mit dem ersten Stab oder Schaft erfassen; dann den zweiten, sechsten, zehnten usw. mit dem zweiten; entsprechend jeden vierten Faden ab dem dritten auf dem dritten und jeden vierten Faden ab dem vierten auf dem vierten Litzenstab/Schaft.

Man erkennt hier zwar das Siebprinzip des Eratosthenes wieder, aber eine solche sprachliche Repräsentation von Algorithmen ist für die Weberin keine Hilfe. Die Angabe der Ordnungszahl des Fadens macht die Sache eher komplizierter, weil die Regel in jeder neuen Schussreihe um einen oder zwei Fäden nach links oder rechts versetzt wird. Dies macht bei der Arbeit am Webstuhl kein Problem, weil man den Algorithmus optisch leicht an der vorhergehenden Reihe ausrichten kann. Carrie Brezine beschreibt, wie die Weberinnen in den Anden komplexe Muster aufbauen, indem sie auf die bereits gewebten Musteranteile mit Verschiebungen oder Spiegelungen in der folgenden Schussreihe reagieren und auf diese Weise Algorithmen kombinieren, um Muster von hoher Komplexität zu erzeugen (Brezine 2009). In Europa beginnen mit der Verbreitung und Verbilligung von Papier manche Weber ein eigenes grafisches Notationssystem mit Zahlen auf Linien zu entwickeln (Arrighi 1986). Da die erforderliche Information binär ist – der Kettfaden wird entweder gehoben oder nicht – werden oft auch nur Striche oder Punkte in einem Raster oder Liniensystem verwendet (vgl. Abb. 27 und Abb. 28).

Algebraische Beschreibungen der anzuhebenden Fäden werden mit zunehmender Rapportgröße viel zu komplex. Für unser Beispiel von oben, den 1/3-Köper mit diagonal verlaufenden Grat (siehe Abb. 8), der dadurch entsteht, dass der Schussfaden über drei Kettfäden flottiert und erst den vierten wieder bindet, müsste man zunächst eine Formel für jeden vierten Faden angeben und diese für jede nächste Zeile um eine Position verschieben. Heute sind für diesen Köperstoff zwei Schreibweisen üblich.

Die geläufigste notiert die Bindung als Formel $K\frac{1}{3}Z$ wobei K die Bindungsart „Köper" bezeichnet.[20]

Vorne auf dem Querstrich steht die Zahl der Hebungen, unter dem Strich die Zahl der gesenkten Fäden, und das Z gibt die Richtung an, in der diese Vorschrift beim nächsten Schusseintrag versetzt wird. Bei der anderen Schreibweise nach DIN 61 101 wird der gleiche Stoff durch die Ziffernfolge *20-0103-01-01 codiert, wobei die ersten beiden Ziffern die Bindungsart (Köper) angeben, die folgenden vier Ziffern die Hebungen und Senkungen beschreiben, die vorletzten Ziffern die Fädigkeit (unsere Beispiele beziehen sich alle auf einzelne Fäden, aber man kann Fäden auch doppelt oder dreifach etc. verwenden) und die letzte Ziffer den Versatz des nächsten Schussfadens.*[21] Solche Formeln haben sich zwar mit der Industrialisierung durchgesetzt, sind aber in der Handweberei kaum zu finden. Sie sind außerdem nicht algebraisch, da sie keine Regeln codieren und keine logische Beziehung von Variablen formalisieren.

---

[20] Die unterschiedliche Positionierung auf bzw. unter dem Querstrich hat sich historisch entwickelt und vermeidet Verwechslungen mit einem Bruchstrich.

[21] Formeln entwickelt nach (Kiessling und Matthes 1993, S. 43–44).

Am Webstuhl ist die Einrichtung der Schäfte und die Anwendung der Regeln leicht auszuführen und nachzuvollziehen. Vermutlich hat es deshalb auch bis in das späte Mittelalter gedauert, bis sich Notationen für die Einrichtung des Webstuhls eingebürgert hatten. Anfangs oft spezifisch für die jeweilige Region oder sogar für den jeweiligen Weber, setzt sich mit den ersten gedruckten Büchern zu technischen Fragen der Webkunst im 17. Jahrhundert eine Standardnotation durch. An dieser Notation kann man sehr gut sehen, dass der Webstuhl tatsächlich Unterprogramme bereitstellt, um aus einem Input (den Kett- und Schussfäden mit ihrer je spezifischen Farbe) mittels Regeln die zum Teil in die Mechanik des Webstuhls integriert, zum Teil aber auch vom Weber frei variiert werden, einen Output (das resultierende Muster) zu generieren. Dieser Output wird nämlich in den Büchern meistens gar nicht dargestellt. Während der Jacquardwebstuhl für die Lochkarten eine Vorlage benötigt, die exakt dem Output entspricht, also dem zu webenden Muster oder Bild, gibt Marx Ziegler in seinem ersten gedruckten Buch zur Weberei (1677) nur den Einzug und die Anschnürung (also die Vorschrift zur Verbindung von Schäften und Tritten) an, die in unserem Kontext als Unterprogramme bezeichnet werden können. Im Folgenden werden die nötigen Fachbegriffe und Basisroutinen der Weberei zunächst erklärt, damit diese algebraisch-algorithmische Vorgehensweise deutlich wird.

3.1 Der Einzug

Der Einzug gibt das System der Fadenordnung wieder, wie es zum Beispiel durch den einfachen Litzenstab erzeugt wird, den wir oben für den Gewichtswebstuhl der Antike beschrieben haben. Diese Litzenstäbe werden ab dem Mittelalter vor allem am horizontalen Webstuhl durch Schäfte ersetzt, also Rahmen, die ein Fadensystem mit Litzenaugen enthalten (siehe Abb. 12, links) und über Tritte ausgewählt werden (siehe Abb. 12, rechts; T = Tritte I bis IV).[22]

Die Abb. 13 zeigt für den Fall von acht Schäften schematisch mehrere Möglichkeiten, wie Kettfäden in Litzenaugen eingezogen werden. Die links dargestellte Art des Einzugs, bei dem der erste Kettfaden im ersten, der zweite im zweiten Schaft usw. gebunden wird, heißt „gerade" oder auch „gerade durch". Je nachdem, welches Muster gewebt werden soll, können andere Formen des Einzugs gewählt werden, die dann in der Klasse der ungeraden Einzüge zusammengefasst werden. Dazu gehören gesprungene Einzüge (siehe Abb. 13, Mitte), Spitzeinzüge (siehe Abb. 13, rechts) und viele andere Varianten.

Der Einzug legt also fest, welcher Schaft welche Kettfäden hebt. Er lässt sich nur vor Beginn der Arbeit variieren, wenn die Kette auf dem Webstuhl eingerichtet

---

[22] Die Litzen oder Helfen sind manchmal auch aus Metall, wie überhaupt an vielen Stellen dieser Beschreibung das verwendete Material variieren kann. In unserer Beschreibung geht es nicht um Vollständigkeit, sondern nur um eine Verdeutlichung eines Prinzips, das für die Schaftwebstühle vor Jacquard charakteristisch ist.

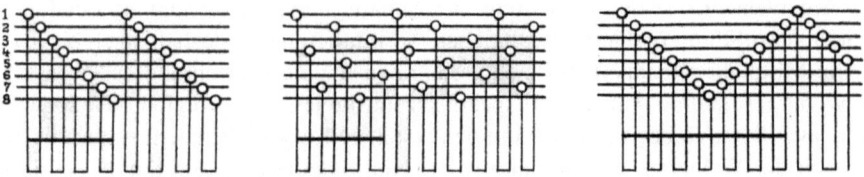

Abb. 13 Verschiedene Möglichkeiten von Einzügen für acht Schäfte. Links: gerader Einzug; Mitte: gesprungener Einzug; Rechts: Spitzeinzug. (Donat 1908, Tafel VII)

wird. Während der Arbeit an einem Gewebe wird der Einzug nicht geändert.[23] Damit ist ein Teilalgorithmus zur Musterherstellung in der Mechanik des Webstuhls programmiert.

3.2 Schnürung oder „Bild"

Damit die Schäfte durch die Tritte betätigt werden können, müssen beide miteinander verbunden werden. Das Schema dieser Verbindung wird Anschnürung oder kurz Schnürung genannt. In den ersten gedruckten Weberbüchern heißt diese Verknüpfungsvorschrift „Bild". Die einfachste Lösung ist, den ersten Tritt mit dem ersten Schaft, den zweiten Tritt mit dem zweiten Schaft usw. zu verknüpfen.

In Abb. 14 sehen wir einen geraden Einzug für vier Schäfte (1, 2, 3, 4) und vier Tritte (I, II, III, IV), die jeweils schematisch durch Linien notiert sind. Rechts oben, wo sich die Linien überkreuzen, ist die Verbindung von Schaft und Tritt jeweils durch ein X im Schema markiert. Damit ist eine weitere Unterroutine eingeführt (die ziemlich genau einer Schalttafel bei frühen Computern entspricht).

3.3 Die Tretfolge

Die Notation zeigt in Abb. 14 in der Anordnung von grauen Kästchen im karierten Bereich auch das gewünschte Ergebnis an, nämlich unseren 1/3-Köperstoff, der einen schrägen Grat von links unten nach rechts oben aufweist.[24] Was jetzt noch fehlt, ist die Angabe der Reihenfolge, in der die Tritte betätigt werden sollen. Unsere Notation ist dennoch theoretisch bereits vollständig: die Trittfolge ergibt sich notwendig aus den drei Angaben für die Stoffstruktur, den Einzug und die Schnürung. Liest man das Schema von unten links nach oben rechts, so wird der erste Kettfaden (zusammen mit dem fünften, neunten usw.) durch den ersten Schaft, also

---

[23] Diese Aussage bezieht sich auf jeden Webstuhl mit Schäften. Am antiken Gewichtswebstuhl dagegen können die Litzenstäbe jederzeit neu eingerichtet werden.

[24] Als Köper werden Bindungen bezeichnet, die eine charakteristische Diagonale aufweisen, die aus dem zeilen- und schrittweisen Versetzen der Bindungspunkte entsteht.

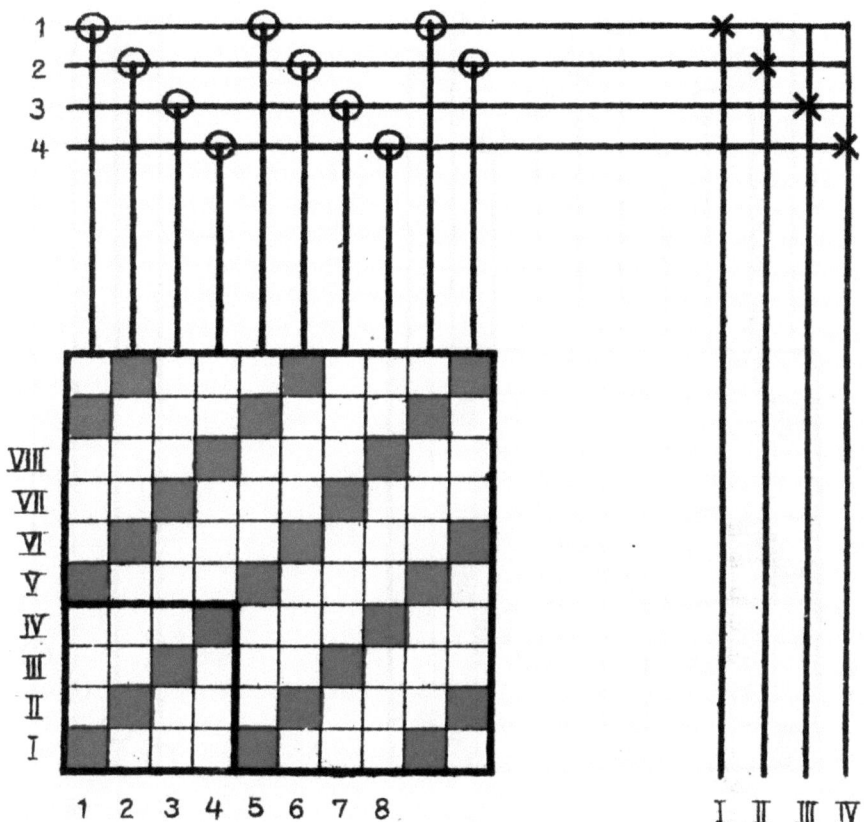

Abb. 14 Patrone für 1/3-Köper mit Einzug und Anschnürung. (Donat 1908, Tafel VIII)

durch das Betätigen von Tritt I, gehoben. Der zweite Schaft hebt mittels des zweiten Tritts den zweiten, sechsten, zehnten usw. Faden. Und so fort. Wir können also die Notation folgendermaßen vervollständigen (siehe die Kreise auf den entsprechenden Tritten in Abb. 15).

3.4 Die Patrone

Diese Art der Notation wird „Patrone" genannt und stellt zusammen mit dem gewünschten Ergebnis (dem Muster) drei programmierbare Teile eines Gesamtsystems dar (Einzug, Schnürung und Tretfolge), von dem eines stets durch die beiden anderen bestimmt wird. Dabei liegt der Einzug meist fest. Die Schnürung kann auch während der Arbeit variiert werden, was aber selten geschieht. Die Trittfolge wird vom Weber zur Herstellung des Gewebes abgearbeitet und entspricht dann

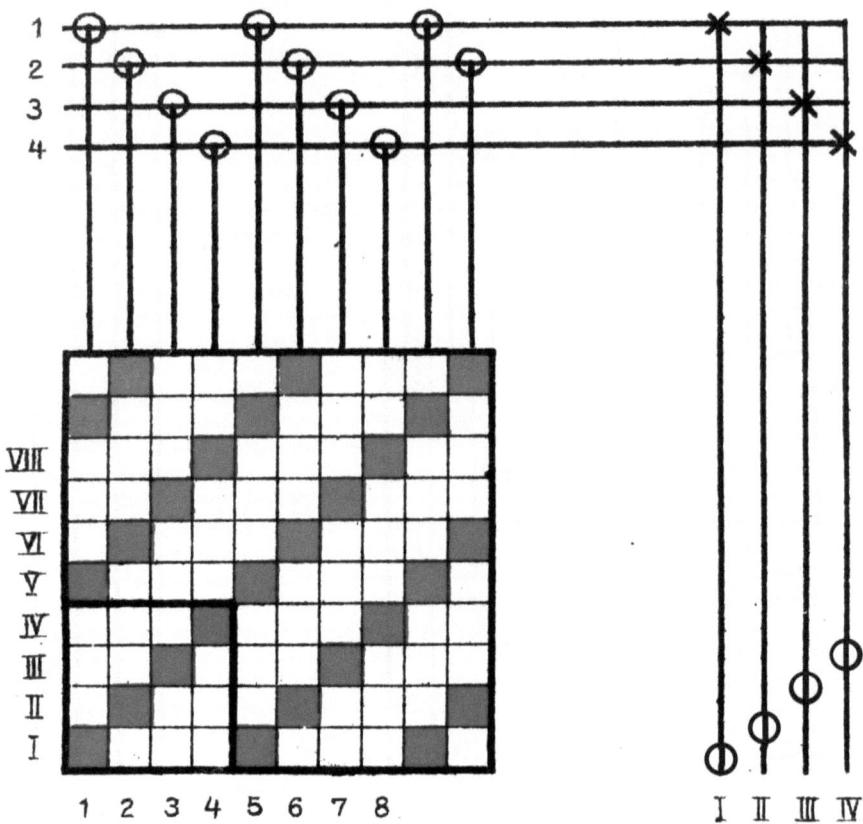

Abb. 15 Vollständige Patrone für 1/3-Köper mit Einzug, Anschnürung und Tretfolge. (Donat 1908, Tafel VII)

einer Programmvorschrift. Auch sie kann variiert werden, was dann aber ein anderes als das in der Patrone eingezeichnete Muster ergibt.

Die Abb. 16 zum Beispiel zeigt eine gespiegelte Tretfolge sowie als Resultat ein gespiegeltes Muster. Oben und rechts sind die Farben für Kette und Schuss angegeben, die in den bisherigen Diagrammen nicht verzeichnet waren. Sie machen deutlich, worin der Vorteil dieses Diagramms für die Anordnung von Einzug, Tretfolge und Schnürung besteht: Das entstehende Muster stimmt mit dem Schnürungsbild, also dem 4 × 4-Quadrat rechts oben überein, was in Abb. 15 nicht der Fall ist. Das moderne Diagramm von Abb. 16 zeigt auch, wie sich die „Leserichtung" der Information historisch verändert. Die Tritte werden immer noch von links nach rechts nummeriert, die Schäfte allerdings von vorne nach hinten und die Schusszeilen von oben nach unten.

Abb. 16 Moderne Patrone für 1/3-Köper. WIF Datei #8614, handweaving.net. Mit freundlicher Genehmigung von Kris Bruland

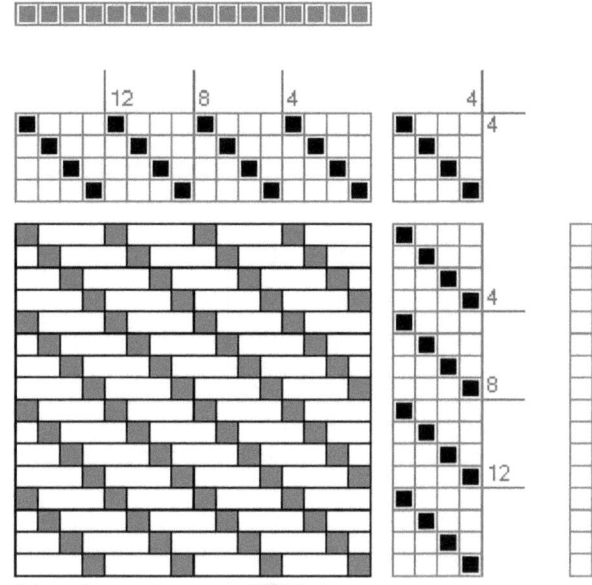

4 Zum Verhältnis von Notation und Praxis in der Weberei

Die Art der Notation oder formalen Repräsentation der Vorgänge beim Weben hat nicht nur Einfluss auf praktische Fragen der Einrichtung des Webstuhls, sondern bestimmt die Entwurfspraxis des Webenden entscheidend mit. Formeln wie die oben erwähnte DIN-Codierung sind für den Entwurfsprozess nicht hilfreich. Manche Notationen erlauben zwar die Untersuchung gewisser mathematischer Eigenschaften von Gewebestrukturen, aber nicht die Entwicklung von Musterungsmöglichkeiten, die sich den mathematischen Regeln nicht fügen. Wir haben in Abschn. 2.5 das Beispiel einer Musterungsnotation mit Operatoren kennengelernt. Hier folgt ein weiteres Beispiel für eine mathematische Formalisierung der Erzeugung einer Gewebestruktur.

4.1 Weberei als Matrizenmultiplikation

Die moderne Standardnotation mit der Bevorzugung der diagonalen Anordnung von Einzug oder Tretfolge erleichtert die Entdeckung gewisser mathematischer Eigenschaften der Weberei. Janet Hoskins zum Beispiel gibt in einem Beitrag zu einer Kombinatorik-Konferenz eine mathematische Formel zur Berechnung der Stoffstruktur an: „The drawdown is actually the product of three matrices, the threading, tie-up and shed sequence matrices." (Hoskins 1982, S. 302). Demnach wäre der Teil der Patrone, der das Arbeitsergebnis repräsentiert, nämlich in unseren Beispielen der Bereich unten links, das Produkt der drei Matrizen von Einzug, Anbindung und Tretfolge. Man muss dazu die schwarzen Quadrate der jeweiligen Rapporte als Einsen und die weißen als Nullen darstellen. Führt man dies am Beispiel der Patrone von Abb. 15 durch, so muss zunächst die Einzugsmatrix mit der Anbindungsmatrix multipliziert werden. Da es sich in beiden Fällen um die Identitätsmatrix handelt, ist das Ergebnis wiederum die Identitätsmatrix und daher wenig überraschend.

$$\begin{pmatrix} 1 & 0 & 0 & 0 \\ 0 & 1 & 0 & 0 \\ 0 & 0 & 1 & 0 \\ 0 & 0 & 0 & 1 \end{pmatrix} \times \begin{pmatrix} 1 & 0 & 0 & 0 \\ 0 & 1 & 0 & 0 \\ 0 & 0 & 1 & 0 \\ 0 & 0 & 0 & 1 \end{pmatrix} = \begin{pmatrix} 1 & 0 & 0 & 0 \\ 0 & 1 & 0 & 0 \\ 0 & 0 & 1 & 0 \\ 0 & 0 & 0 & 1 \end{pmatrix}$$

Dieses Ergebnis muss nun mit der Matrix der Tretfolge multipliziert werden. Das Ergebnis repräsentiert tatsächlich den diagonalen Grat der Köperbindung.

$$\begin{pmatrix} 1 & 0 & 0 & 0 \\ 0 & 1 & 0 & 0 \\ 0 & 0 & 1 & 0 \\ 0 & 0 & 0 & 1 \end{pmatrix} \times \begin{pmatrix} 0 & 0 & 0 & 1 \\ 0 & 0 & 1 & 0 \\ 0 & 1 & 0 & 0 \\ 1 & 0 & 0 & 0 \end{pmatrix} = \begin{pmatrix} 0 & 0 & 0 & 1 \\ 0 & 0 & 1 & 0 \\ 0 & 1 & 0 & 0 \\ 1 & 0 & 0 & 0 \end{pmatrix}$$

Aber die Vorschrift von Hoskins funktioniert nicht in allen Fällen, sondern nur für den Einzug „gerade durch". Würde man sie auf die klassische Darstellung der Webstuhleinrichtung für den 1/3-Köper in Abb. 17 anwenden, wäre das Ergebnis falsch. Um dies zu demonstrieren multiplizieren wir zunächst wieder Einzugs- und Anbindungsmatrix.

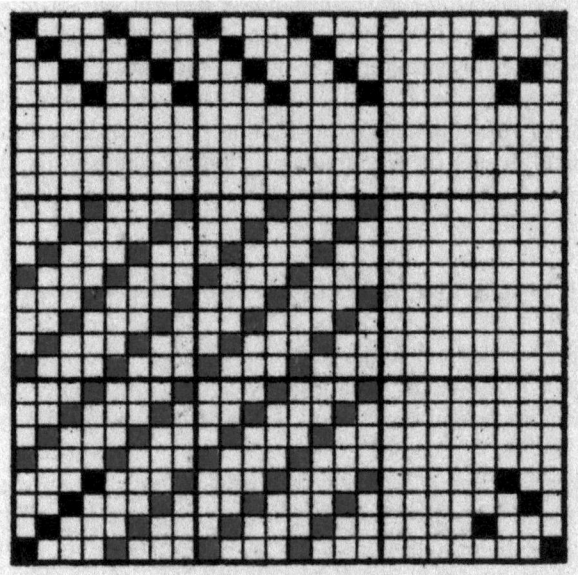

Abb. 17 Traditionelle Patrone für 1/3-Köper mit „musikalischer" Schnürung. (Gruner 1902, Tafel II)

$$\begin{pmatrix} 1 & 0 & 0 & 0 \\ 0 & 1 & 0 & 0 \\ 0 & 0 & 1 & 0 \\ 0 & 0 & 0 & 1 \end{pmatrix} \times \begin{pmatrix} 0 & 0 & 0 & 1 \\ 1 & 0 & 0 & 0 \\ 0 & 0 & 1 & 0 \\ 0 & 1 & 0 & 0 \end{pmatrix} = \begin{pmatrix} 0 & 0 & 0 & 1 \\ 1 & 0 & 0 & 0 \\ 0 & 0 & 1 & 0 \\ 0 & 1 & 0 & 0 \end{pmatrix}$$

Und nun multiplizieren wir das Resultat mit der Matrix der Tretfolge.

$$\begin{pmatrix} 0 & 0 & 0 & 1 \\ 1 & 0 & 0 & 0 \\ 0 & 0 & 1 & 0 \\ 0 & 1 & 0 & 0 \end{pmatrix} \times \begin{pmatrix} 0 & 1 & 0 & 0 \\ 0 & 0 & 1 & 0 \\ 1 & 0 & 0 & 0 \\ 0 & 0 & 0 & 1 \end{pmatrix} = \begin{pmatrix} 0 & 0 & 0 & 1 \\ 0 & 1 & 0 & 0 \\ 1 & 0 & 0 & 0 \\ 0 & 0 & 1 & 0 \end{pmatrix}$$

Die berechnete Matrix repräsentiert das Gewebe also nicht, der Köpergrat ist im Ergebnis nicht sichtbar. Hoskins Behauptung trifft nur auf die moderne standardisierte Notation zu. In einem Beitrag zur Geschichte der Mathematik hat Carrie Brezine eine abgewandelte Version der Rechenregel vorgestellt, die mehr Fälle erfasst und als Multiplikationsordnung die Reihenfolge Trittfolge-Anschnürung-Einzug vorschlägt (Brezine 2009, S. 476–477). Zusätzlich muss für die Allgemeingültigkeit die Anbindungsmatrix (Schnürung oder Bild) transponiert werden. Wir erhalten dann folgende Rechnung.

$$\begin{pmatrix} 0 & 1 & 0 & 0 \\ 0 & 0 & 1 & 0 \\ 1 & 0 & 0 & 0 \\ 0 & 0 & 0 & 1 \end{pmatrix} \times \begin{pmatrix} 0 & 1 & 0 & 0 \\ 0 & 0 & 0 & 1 \\ 0 & 0 & 1 & 0 \\ 1 & 0 & 0 & 0 \end{pmatrix} = \begin{pmatrix} 0 & 0 & 0 & 1 \\ 0 & 0 & 1 & 0 \\ 0 & 1 & 0 & 0 \\ 1 & 0 & 0 & 0 \end{pmatrix}$$

$$\begin{pmatrix} 0 & 0 & 0 & 1 \\ 0 & 0 & 1 & 0 \\ 0 & 1 & 0 & 0 \\ 1 & 0 & 0 & 0 \end{pmatrix} \times \begin{pmatrix} 1 & 0 & 0 & 0 \\ 0 & 1 & 0 & 0 \\ 0 & 0 & 1 & 0 \\ 0 & 0 & 0 & 1 \end{pmatrix} = \begin{pmatrix} 0 & 0 & 0 & 1 \\ 0 & 0 & 1 & 0 \\ 0 & 1 & 0 & 0 \\ 1 & 0 & 0 & 0 \end{pmatrix}$$

Das Resultat ist zwar korrekt, trotzdem erfasst diese Beschreibung der Weberei nur jene Fälle bei denen die Anzahl der Tritte (Anzahl der Spalten der ersten Matrix) mit der Anzahl der Schäfte (Anzahl der Zeilen der zweiten Matrix) übereinstimmt. Das ist aber nicht immer der Fall. Außerdem betrifft die gezeichnete Patrone nur die Struktur der gehobenen Fäden im Stoff und zeigt nur dann das Muster an, wenn jeweils alle Kettfäden und jeweils alle Schussfäden die gleiche Farbe haben. Für Farbeffektmuster sind solche Berechnungen nutzlos. Immerhin zeigen diese Beispiele, dass ein Teil der Musterung sich mir algebraischen Methoden berechnen lässt.

4.2 Die traditionelle Notation

Wir haben nun die wichtigsten Elemente kennengelernt aus denen nicht nur der Schaftwebstuhl, sondern auch die vollständige Patrone eines Gewebes in der heutigen standardisierten Version besteht. Eine solche Darstellung wie in Abb. 15 oder Abb. 16 wird man aber in älteren Handwebereibüchern kaum finden. Zunächst handelt es sich um eine der wichtigsten Bindungen in der Weberei, die WeberInnen im Schlaf beherrschen und für die sie keinen Entwurf benötigen. Nicht zufällig stammen die Abbildungen aus einem Lehrbuch der Weberei und erklären die grundsätzliche Funktionsweise des Webstuhls. Sie dienen also eher dazu, einem Neuling die Zusammenhänge am Webstuhl, also das Zusammenspiel der vorprogrammierten Teile, verständlich zu machen.

Es gibt aber noch einen anderen Grund, warum man diese Patrone in älteren Büchern nicht findet: für den Trittwebstuhl ist die Tretfolge in der Praxis zu unbequem. WeberInnen bevorzugen es, abwechselnd mit dem linken und rechten Fuß von außen nach innen und nicht von links nach rechts zu treten (vgl. Schams 1892, S. 80–81). Dies erfordert eine andere Form der Anschnürung von Tritt und Schaft, die oft als musikalische Schnürung bezeichnet wird. Die Abb. 17 zeigt eine solche auf die wichtigste binäre Information reduzierte Patrone für 1/3-Köper (der Schussfaden geht unter einem und über drei Kettfäden) mit der klassischen Einrichtung für den Handwebstuhl. Man sieht unten rechts die geänderte Trittfolge. Da der Einzug nicht verändert wird, muss die Schnürung entsprechend angepasst werden. Die Trittfolge ist also jetzt (von unten nach oben gelesen) IV, I, III, II und betätigt wie zuvor die Schäfte 1, 2, 3 und 4 (Schnürungsvorschrift von oben nach unten gelesen).[25]

Wenn man diese veränderte Tretfolge und Schnürung in die moderne Notation mit der Angabe der Farben einträgt, so ist das entstehende Muster am Schnürungsbild (vgl. Quadrat oben rechts in Abb. 18) nicht mehr zu erkennen.

Zum Verständnis der Notation ist zu beachten, dass diese zwar für alle Unterroutinen gleich aussieht (schwarz gefüllte Zellen in einem Raster) da immer nur binäre Entscheidungen zu fällen sind. Sie beziehen sich aber auf je verschiedene Instanzen: Kettfäden, Verschnürungen von Schäften und Tritten, oder Tretfolgen. Dabei haben die Notationen auf den Schäften für den Webprozess die Rolle einer Konstante, die Schnürung (Schalttafel) definiert die Operatoren, und die Tritte ermöglichen die Eingabe (sie wählen die Art der Fadenhebung aus und öffnen zugleich das Fach für den Eintrag des Schussfadens). Alle Notationen können vom Weber variiert werden – jedenfalls, wenn er nicht am Jacquardwebstuhl arbeitet.

---

[25] Die Leserichtung für die Teile der Patrone, also die Reihenfolge, in der die binäre Vorschrift abgearbeitet wird, ist für Laien nicht unmittelbar einsichtig. Sie ergibt sich daraus, dass die formalisierten Teile des Webstuhls eine standardisierte Ordnung haben, die der Weber kennt, der Beobachter aber nicht unmittelbar erfasst.

Abb. 18 Musikalische Schnürung in moderner Patrone: das Stoffmuster ist nicht mehr an der Schnürung ablesbar. Abbildung durch die Autorin

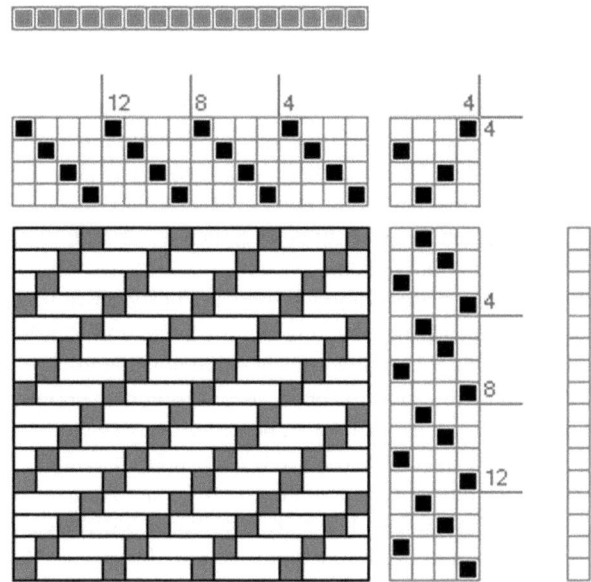

4.3 Die Entwicklung einer binären Musternotation und -kontrolle

Lange Zeit wurde ohne jede schriftliche Dokumentation von Mustern gewebt. Wie wir auch heute noch in den Webereitraditionen anderer Völker sehen können, machen geübte Weber keinen Plan für ihre Muster, schreiben sich die einzelnen Schritte zur Umsetzung nicht auf und dokumentieren den Prozess nicht in schriftlicher Form. Eher kommt es vor, dass Kulturen in denen die Handweberei einen hohen Standard erreicht, gar kein Schriftsystem entwickeln und stattdessen ihre Geschichte sowie notwendige organisatorische oder dokumentierende Informationen in Fadenstrukturen oder Stoffmustern speichern.[26] Beim horizontalen Schaftwebstuhl, dem lange vorherrschenden Webstuhl in Europa, speichert die Einrichtung des Webstuhls, also der Einzug und die Anschnürung der Tritte, den größten Teil der notwendigen Information temporär oder langfristig. Außerdem ist der Weber in der Lage, Bindungen und Muster direkt vom Gewebe zu lesen und ihre Konstruktion zu verstehen.

Im Süddeutschland und Oberösterreich des 17. Jahrhunderts begannen Weber, eigene Weiterentwicklungen, Verbesserungen und Veränderungen an Webstühlen, Mustern und Notationen vorzunehmen und dabei die Grenze der Möglichkeiten des klassischen Schaftwebstuhls zu verschieben. Die Weber waren in der Lage, Bilder zu weben, ohne dafür die großen Zugwebstühle anzuschaffen, die man in den italie-

---

[26] Der bekannteste Fall sind die Quecha-sprechenden Völker der Anden, die keine Schrift besitzen aber ihre Buchhaltung, sowie Geschichte und Tributpflichten über Textile Muster und Knotenschnüre organisieren (Vgl. Urton 1997; Brezine 2009, S. 480).

nischen und französischen Werkstätten verwendete.[27] Aus dieser Zeit stammen auch die ersten gedruckten Webmusterbücher, damals oft „Schnürbücher" oder „Bild-Bücher" genannt, weil sie in der Regel die Vorschrift für die Anschnürung der Tritte an die Schäfte wiedergeben, welche im deutschen „Bild" heißt. Das Resultat kann ein bildhaftes Muster sein, aber dies ist nicht die Regel. Eines dieser frühen Musterbücher enthält die erste publizierte technische Beschreibung eines Zugwebstuhls in Europa (Lumscher 1708; Hilts 1990b, S. 9).[28]

Die großen Zugwebstühle in Italien und Frankreich produzierten großflächige figurative und botanische Muster für Seidenstoffe, die eher den Luxusmarkt bedienten. Auf die Automatisierung solcher Webstühle konzentrieren sich die französischen Ingenieure, angeregt durch Preise und Wettbewerbe der französischen Regierung. Daneben hatte sich in Süddeutschland, Österreich und der Schweiz eine Tradition der Leinenweberei mit komplexen geometrischen Motiven entwickelt. Diese Stoffe trugen seltsame, heute vergessene Namen wie „Golsch" oder „Kölsch", „Ligethur", „gesteinter Zwilch", „gesteinter Damast" oder „Schachwitz". Kölsch oder Golsch ist ein Leinendamast mit blauer Kette und weißem Schuss (Hilts 1990a, S. 23, Fußnote 71). Diese Konstellation macht es einfach, das Muster zu kontrollieren, da bei einem Einzug gerade-durch das Muster exakt der Anschnürung, also dem „Bild" entspricht (vgl. Abb. 16) und durch Variationen der Trittfolge verändert werden kann (cf. Hilts 1990a, S. 30).

Im Jahr 1990 publizierte das Charles Babbage Research Centre in Winnipeg, Canada, zwei Faksimiles der ersten gedruckten Bücher zur Webereitechnologie, übersetzt und durch einen umfassenden Kommentar ergänzt von Patricia Hilts (Hilts 1990a; Hilts 1990b). Die beiden Original-Bücher wurden in Süddeutschland herausgegeben und gedruckt. Das ältere Buch stammt aus dem Jahr 1677, geschrieben und publiziert von Marx Ziegler, einem Kölschweber aus Ulm.[29] Das zweite Buch ist eine durch Nathanael Lumscher revidierte und ergänzte Version (Hilts 1990b),[30]

---

[27] Essinger nimmt fälschlicherweise an, dass der Zugwebstuhl es zum ersten Mal möglich machte, Muster zu erzeugen (vgl. Essinger 2004, S. 10). Offensichtlich unterscheidet er nicht zwischen Muster und Bild. Muster können selbstverständlich auf jedem Schaftwebstuhl und sogar auf einem Webstuhl ohne Schäfte hergestellt werden. Und auch stilisierte Bilder von Blättern oder Blüten sind auf dem Schaftwebstuhl möglich.

[28] Birgit Schneider fragt sich in ihrer Übersicht über die Entwicklung der technischen Bildverarbeitung, ob dieser Kontext entscheidend war für die Entwicklung einer standardisierten Webnotation, die direkt als Liste von Daten in einen sequenziellen Kontrollmechanismus wie die Jacquardmaschine eingegeben werden konnte (Schneider 2007, S. 121).

[29] Laut Hilts existieren von diesem Buch nur noch drei Exemplare in Ulm, Augsburg und Jerusalem (Hilts 1990a, S. 9). Der Ausstellungskatalog „Textiles Open Letter" behauptet, auf den Seiten 242 und 243 ein Exemplar von Zieglers Buch von 1677 zu präsentieren, das zur CSROT Bibliothek von Seth Siegelaub gehört. Stattdessen handelt es sich, wie das abgebildete Titelblatt klar zeigt, um eine spätere, überarbeitete Ausgabe von Lumschers Buch aus dem Jahr 1725 (vgl. Frank und Watson 2015, S. 242). Zieglers Buch enthält keine Darstellung eines Webstuhls wie sie auf Seite 243 des Katalogs gezeigt wird.

[30] Hilts schreibt den Vornamen des Autors durchgängig als „Nathaniel".

die 1708 erschien und in mehreren Auflagen bis mindestens 1736 gedruckt wurde. Lumscher war kein Weber, sondern Buchbinder und Verleger in Kulmbach.[31]

Beide Bücher reflektieren die Entwicklung der Webnotation für die spezifische Situation in Süddeutschland. Hilts schreibt, dass die Blockmuster der Köperstoffe und Damaste in den Kölsch und Schachwitz Stoffen ein ganz bestimmtes Ensemble von Konzepten und Techniken benötigten (1990a, S. 42) bei dem die Schäfte in Untergruppen aufgeteilt wurden die dann von bestimmten Einheiten der Webstruktur, die im Falle dieser Stoffe also identisch mit Einheiten der Anschnürungsvorschrift sind, kontrolliert werden – ein Konzept, das der Weberei am Zugwebstuhl fremd war (1990a, S. 44). Muster konnten also durch eine komplexe Interaktion von Anschnürung und Notation (vgl. Hilts 1990a, S. 32; Schneider 2007, S. 93) oder sogar durch Anschnürung und Trittfolge alleine (Hilts 1990a, S. 32) erzeugt werden. Dieses System verweist auf die Notationsmethode Zieglers, die es ermöglichte mit einer relativ kleinen Anzahl von Schäften am Webstuhl komplizierte großflächige Muster zu entwickeln (1990a, S. 36). Wie das funktioniert wird im Folgenden erläutert.

4.4 Algorithmisches Entwerfen

In der folgenden Diskussion von Beispielen zur Mustererzeugung am Webstuhl setzen wir voraus, dass alle Kettfäden blau (in den Abbildungen grau) sind und alle Schussfäden weiß, wie es bei den alten Stoffen namens Kölsch oder Golsch der Fall war.[32] Für die Standardnotation bedeutet dies, dass das sichtbare Muster genau der gezeichneten Struktur des Stoffes entspricht. Wenn Einzug und Tretfolge „gerade durch" erfolgen wie in Abb. 16 entspricht der Musterrapport genau dem Bild der Schnürung. Wir werden uns nun ansehen, wie die Weber mit Hilfe von Einzug, Schnürung und Tretfolge und mit nur zwei Farben komplexe Stoffe gestalten ohne jemals das Muster im Entwurf vollständig ausgearbeitet zu haben. Das fertige Muster wird erst im Zusammenspiel der einzelnen programmierten Vorrichtungen des Webstuhls berechnet und kann wesentlich größer sein als die üblichen Musterpatronen.

Wenn wir etwa von einem Webstuhl mit 8 Schäften und 8 Tritten ausgehen, besteht die Notation der Schnürung aus einem Raster mit 8×8 Feldern und es gibt $2^{8 \times 8}$, also 18 446 744 073 709 551 616 Möglichkeiten, diese Felder mit zwei Farben auszu-

---

[31] Von der ersten Auflage existieren laut Hilts weltweit nur noch zwei Exemplare: eines im Victoria & Albert Museum und eines in Deutschen Museum in München. Nach Recherchen der Autorin gibt es wenige weitere Exemplare in Deutschen Bibliotheken (Harlizius-Klück 2007).

[32] Die bisher vorgestellten Notationen sagen nur etwas über die Struktur des Stoffs aus, also über das binäre Drüber und Drunter der Fäden. Durch den Einsatz farbiger Fäden kann diese Struktur überlagert werden und ist dann kaum sichtbar. Diese Art von Stoffen haben wir in den ersten Beispielen als Farbeffektmuster behandelt, an denen sich das Zusammenspiel von Bindung/Operator und Farbe/Variable, auf das Babbage verweist, veranschaulichen ließ. Vgl. Abschn. 2.5.

füllen.[33] Doch was man auf einem Webstuhl mit acht Schäften weben kann, ist nicht auf diese Zahl beschränkt. Die Kombination mit verschiedenen Einzügen und Tretfolgen kann diese Möglichkeiten beträchtlich erweitern. Es ist diese Strategie der Kombination von Einzug und Tretfolge als Unterroutinen, in denen die algorithmische Kultur der Musterweberei deutlich wird. Dazu folgen nun ein paar Beispiele.

Wir beginnen mit einem einfachen Schnürungsbild für eine Köper-Bindung (engl. *twill*, alte deutsche Bezeichnung „Zwilch") auf 12 Schäften. Die Notation dazu ist in dem Quadrat oben rechts in Abb. 19 wiedergegeben und nimmt ein 10-schäftiges Bild aus dem Weberbuch von Marx Ziegler auf (vgl. Abb. 28, dritte Zeile, viertes Diagramm). Wenn wir Einzug und Tretfolge „gerade durch" verwenden, entsteht ein Muster wie in der Patrone von Abb. 19 unten links.

Kombiniert man das Schnürungsbild stattdessen mit einem Spitzeinzug, wird das Muster gespiegelt (siehe Abb. 20). Der Einzug bewirkt also zusammen mit der geraden Tretfolge eine Symmetrieoperation.

Spiegelt man zusätzlich die Sequenz der Tritte, ergibt sich eine horizontale Spiegelung des Musters (siehe Abb. 21). Der Musterrapport ist dann in Kett- und Schussrichtung doppelt so groß wie das Schnürungsbild.

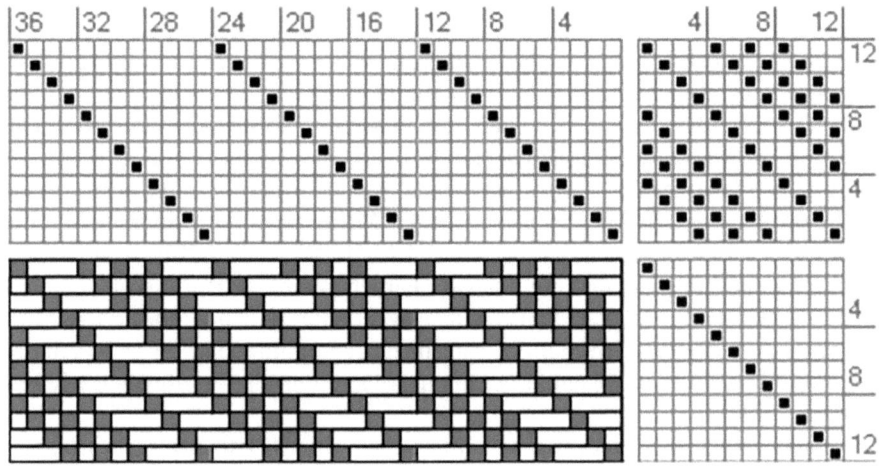

Abb. 19 Patrone für 12-schäftiges Köpergewebe mit geradem Einzug und gerader Tretfolge. Abbildung durch die Autorin

---

[33] Nicht jede Lösung, die man zeichnen kann, kann man auch weben. Wenn zum Beispiel eine Reihe oder Spalte nur schwarze oder weiße Kästchen enthält, wird der entsprechende Faden nicht gebunden und hängt lose herunter. Es gibt Versuche, die Anzahl webbarer Patronen mathematisch zu bestimmen (z. B. Clapham 1980), aber in der Praxis hängt viel von der Beschaffenheit des Materials, der Fadendichte oder auch von der Verwendung des Stoffs ab – Bedingungen, die sich mathematisch kaum berücksichtigen lassen. Zudem kann ein scheinbar unproblematischer Entwurf durch die Tretfolge ‚aufgehoben' werden. Vgl. dazu (Griswold 2004), der unter anderem das Farbeffektmuster von Abb. 10 als Operator verwendet, was dazu führen würde, dass das Gewebe auseinanderfällt.

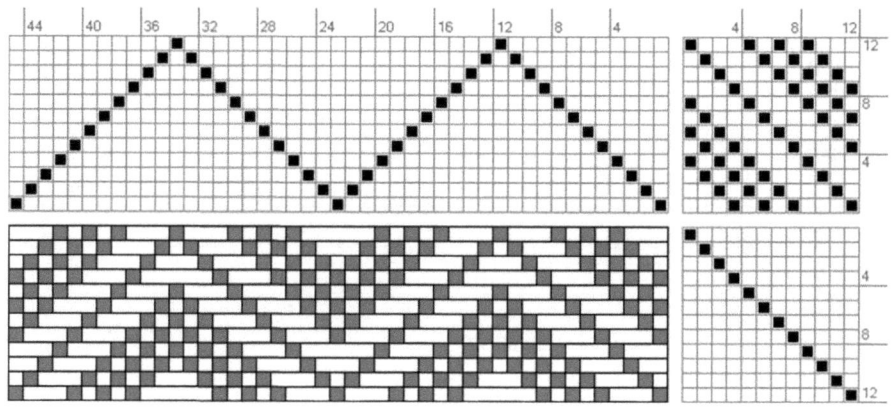

Abb. 20 Patrone von Abb. 19 mit Spitzeinzug. Abbildung durch die Autorin

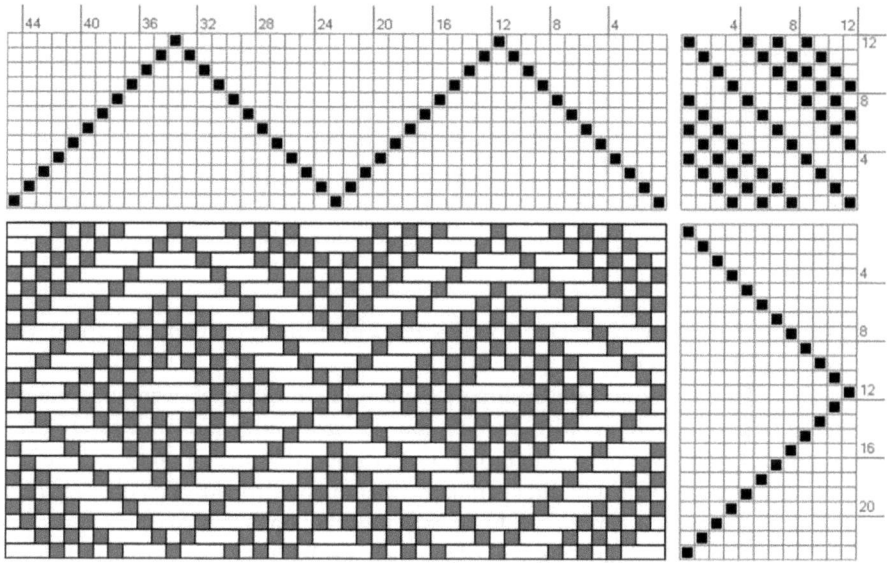

Abb. 21 Patrone von Abb. 19 mit Spitzeinzug und gespiegelter Tretfolge. Abbildung durch die Autorin

Der/die Webende kann also durch die Kombination von Teilen der jeweiligen binären Vorschriften oder Operationen (für Einzug oder/und Tretfolge) Muster generieren, deren Rapport wesentlich größer ist als der Entwurf für acht mal acht Fäden. Das folgende Beispiel zeigt, was passiert, wenn man die Spiegelung der Tretfolge unterbricht. Jetzt wird das Zickzackmuster von Abb. 20 mit den Rhomben von Abb. 21 kombiniert (siehe Abb. 22).

In gleicher Weise kann man nur Teile der Tretfolge verwenden und kombiniert dadurch Teile des Schussrapports. Dies ergibt noch komplexere Muster, deren

Abb. 22 Patrone von Abb. 19 mit Spitzeinzug und gespiegelter und unterbrochener Tretfolge. Abbildung durch die Autorin

Schussrapport rasch wächst. Die Abb. 23 zeigt eine entsprechende Tretfolge von insgesamt 210 Schritten.

Da für solche Fälle die Musterrapporte sehr schnell sehr groß werden, zeichnet der Weber das resultierende Muster nicht auf. Er versteht genau, welcher Teil der Trittfolge welchen Teil der Anschnürung wiederholt oder spiegelt und kann die Variation entweder am Webstuhl direkt steuern, oder er entwirft lediglich die Tretfolge als Strichzeichnung, die am Webstuhl befestigt wird (siehe Abb. 24).

Auf derartige Kombinationen von Elementen am Webstuhl lassen auch die Notationen von zwei handgezeichneten Webereibüchern aus Tirol schließen, datiert auf 1658 (Thoman Lins) und 1701 (Matheuiß Berger). Franz Donat (1863–19??) schreibt: „In den beiden Webereibüchern sind die Musterzeichnungen, die aus Zug, Tritt und Schnürung entstehen, nicht angeführt, was darauf schließen läßt, daß dies wegen der mühevollen Darstellung stets unterlassen wurde." (Donat 1914, S. 9).

Um dem Leser das Zusammenwirken der Webstuhlteile für solche komplexen Muster verständlich und deren Resultat anschaulich zu machen, hat Johann Michael Frickinger im Jahr 1740 eine Methode publiziert, die mit verkleinerten Raster-

Abb. 23 Patrone von Abb. 19 mit Spitzeinzug und mehrfach gespiegelter, unterbrochener und teilweise wiederholter Tretfolge. Abbildung durch die Autorin

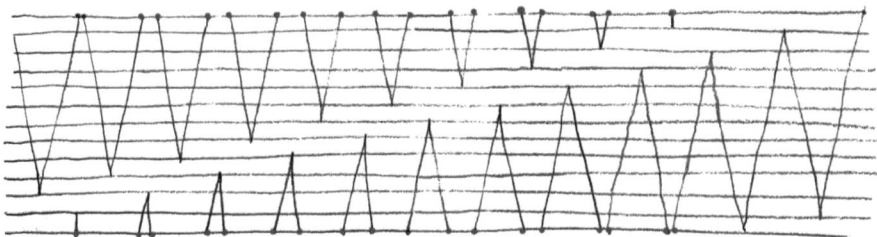

Abb. 24 Tretfolge von Abb. 23. Um die 210 Schritte des Musters in Abb. 23 zu weben, benötigt der Weber lediglich diese Information über die Aufteilung und Umkehrung der Schrittfolgen. Abbildung durch die Autorin

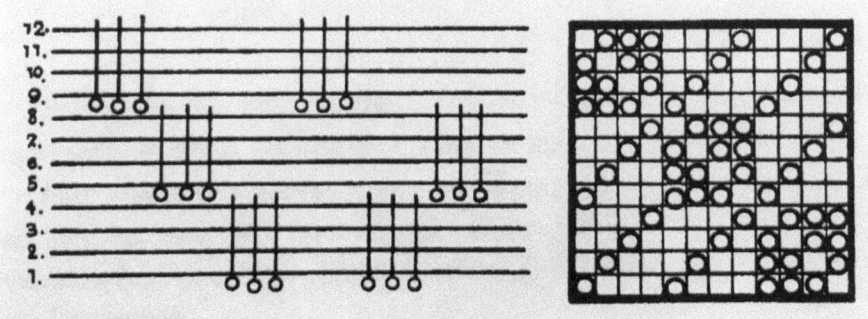

Abb. 25 Einzug/Tretfolge und Schnürung aus einem alten Webermanuskript. (Donat 1914, Fig. 90, S. 11)

zeichnungen arbeitet, die er „Modell" nennt. Wir geben ein recht einfaches Beispiel dafür wieder. Die folgende Abb. 25 zeigt die Information aus dem Webermanuskript, bestehend aus Zug/Tritt und Schnürung.

Die nächste Abb. 26 zeigt das „Modell" des Gewebes. Dabei entspricht ein weißes Quadrat des Modells vier Kett- und vier Schussfäden des Schnürungsbildes in 4-bindigem Schussköper, also der Untergruppe. Ein schwarzes Quadrat entspricht dagegen vier Kett- und vier Schussfäden des Schnürungsbildes in 4-bindigem Kettköper, nämlich dem Teil (vgl. Donat 1914, Fig. 91, S. 12).

Der vollständige Musterrapport würde also 288 × 288 Fäden betragen. Er wäre als Patrone im modernen Sinne nur sehr aufwändig darzustellen und würde diese Buchseite sprengen.

Das Weberbuch von Marx Ziegler zeigt eine ganze Auswahl von Tretfolgen (siehe Abb. 27) sowie seitenweise Anschnürungsbilder (siehe Abb. 28), die miteinander kombiniert werden konnten.

Eine Kombination aus der Tretfolge in der obersten Reihe, letzte Sektion in Abb. 27 mit dem vierten Schnürbild der dritten Reihe von Abb. 28, hier vertikal ge-

Abb. 26 Frickingers „Modell" des Gewebes nach den Informationen aus Abb. 25. (Donat 1914, Fig 91, S. 12)

Abb. 27 Tretfolgen aus Ziegler 1677. (Nach Lumscher 1708, Bibliothek Deutsches Museum)

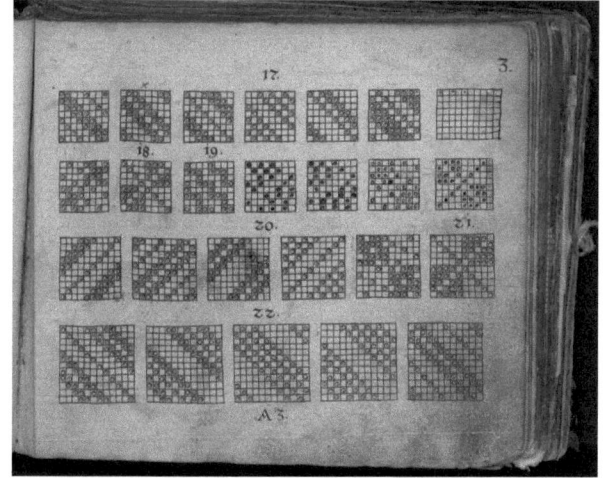

spiegelt und auf 12 Schäfte erweitert (wie wir es auch in den Beispielen Abb. 19 bis Abb. 23 verwendet haben), ergibt das Muster von Abb. 29 mit einem Rapport von 86 x 86 Fäden.

Gegen Ende des 17. Jahrhunderts wurde diese Methode der Kombination von Einzug, Schnürung und Tretfolge zur Entwicklung von komplexen Mustern benutzt, deren Rapport weit mehr als 300 Fäden umfassen konnte. Während für den

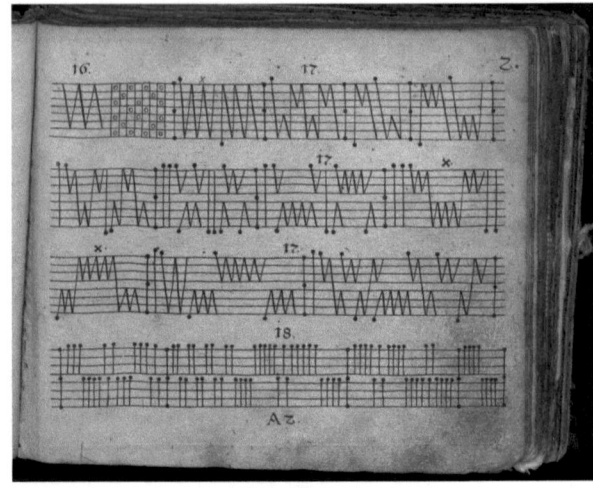

Abb. 28 Anschnürungsbilder aus Ziegler 1677. (Nach Lumscher 1708, Bibliothek Deutsches Museum)

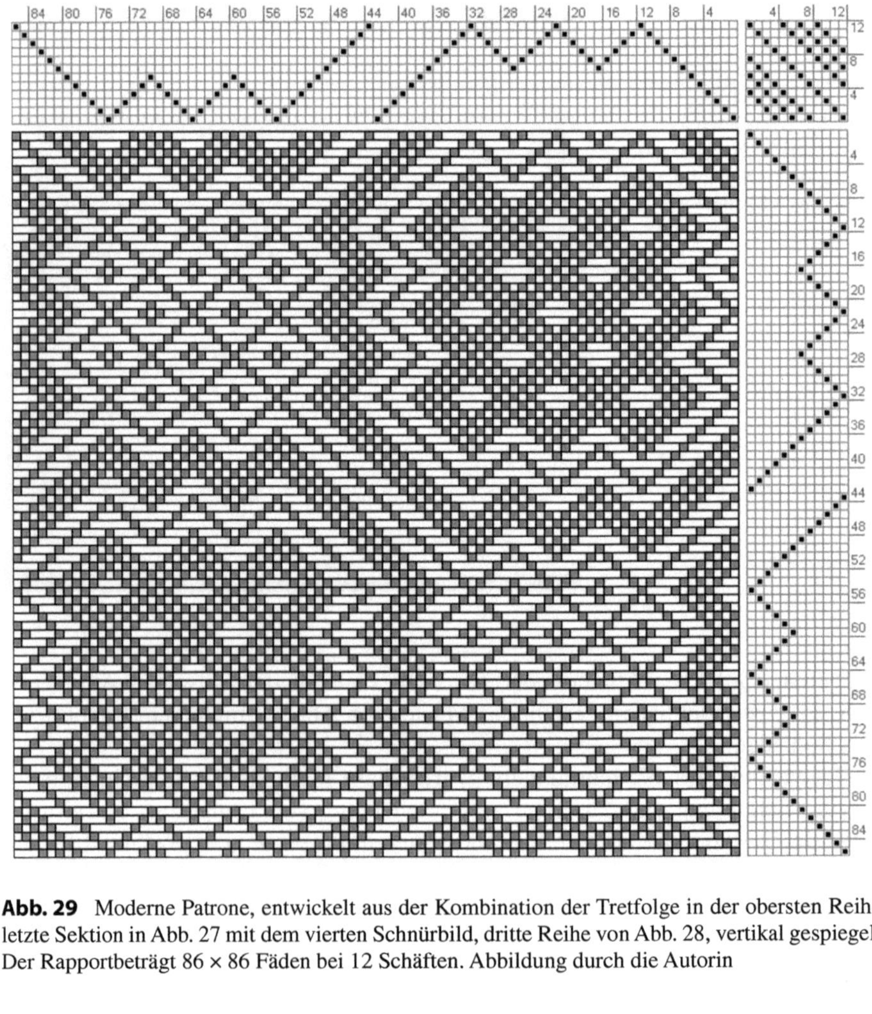

Abb. 29 Moderne Patrone, entwickelt aus der Kombination der Tretfolge in der obersten Reihe, letzte Sektion in Abb. 27 mit dem vierten Schnürbild, dritte Reihe von Abb. 28, vertikal gespiegelt. Der Rapportbeträgt 86 × 86 Fäden bei 12 Schäften. Abbildung durch die Autorin

Jacquardwebstuhl das Resultat dieser Kombination für jeden einzelnen Bindungspunkt festgelegt werden muss, bevor die Lochkarte geschlagen und der Mechanismus programmiert werden kann, ist dies für den Schaftwebstuhl nicht nötig: Die Binärdaten des Einzugs wählen während der schrittweisen Abarbeitung der Tretfolge Gruppen von Fäden aus. Durch Wiederholen von Teilen der Tretfolge oder durch gespiegeltes Abarbeiten kann das Muster wiederholt oder gespiegelt werden, sodass die Binärdaten der Anschnürung oder Untergruppen dieser Daten als Operatoren agieren. Während die Weber also bereits vor Jacquards Erfindung eine Methode der Kombination von programmierbaren Webstuhlteilen und variierbaren Algorithmen entwickelt hatten, die sie zur Herstellung, ja tatsächlich zur Berechnung ihrer Muster verwendeten, funktioniert der Jacquardmechanismus wie ein Automat, der ein vorher exakt festgelegtes Ergebnis reproduziert: Die Patrone auf der Lochkarte enthält bereits das vollständige, zu webende Ergebnis. Während der Weber mit seinen Unterprogrammen tatsächlich das Muster noch am Webstuhl berechnen kann, fungiert der Jacquardwebstuhl lediglich als eine Art von 3D-Drucker: er gibt die Patrone direkt als Gewebe aus.[34]

Die folgende Tabelle stellt abschließend die wichtigsten Merkmale einander gegenüber, die hier für die Vorbereitung, die Musterproduktion, und das Webverfahren für den Schaftwebstuhl und den Webstuhl mit Jacquardmaschine erarbeitet wurden.

	Schaftwebstuhl	Webstuhl mit Jacquardmaschine
Vorbereitung	Abgekürzte Notation für Tretfolge (Algorithmus) und Schnürung (keine Darstellung des resultierenden Musters; siehe Abb. 27 und Abb. 28)	Extensiver Entwurf des Musters für jede Fadenkreuzung (Patrone), die dann in den Lochkarten einzeln codiert wird.
Musterproduktion	Erfolgt durch Kombinationen und Spiegelungen von Mustereinheiten und Unterroutinen	Erfolgt durch das Abarbeiten der Lochkarten (1:1 für jede einzelne Fadenkreuzung)
Verfahren	Algorithmisch/algebraisch Die Binärdaten des Einzugs wählen während der schrittweisen Abarbeitung der Tretfolge Gruppen von Fäden aus. Durch Wiederholen von Teilen der Tretfolge oder durch gespiegeltes Abarbeiten kann das Muster wiederholt oder gespiegelt werden, sodass die Binärdaten der Trittfolge sich zu verschiedenen Operatoren kombinieren lassen, die aus dem Input der Fäden und ihrer Farben verschiedene Muster generieren.	Automatisch/deterministisch Die Lochkarten geben zeilenweise die anzuhebenden Kettfäden vor und enthalten eine vollständige Vorschrift, die während des Webprozesses nicht verändert werden kann. Weder Spiegelungen, noch ein Kombinieren von Karten ist während der Weberei möglich. Das Ergebnis ist vollständig vorherbestimmt: Der Output entspricht exakt dem Input.

---

[34] Dies ist auch der Grund, weshalb Brennecke den Jacquardwebstuhl nicht zu den programmgesteuerten, sondern zu den ablaufgesteuerten Maschinen zählt: „the loom weaves a pattern corresponding to the holes in the cards. The cards can be considered an analogy to the weaving pattern and not a program." (Brennecke 2002, S. 61).

5 Die Rhetorik des Jacquardwebstuhls

Birgit Schneider weist in ihrer Beschreibung der Idee hinter dem Lochkartenmechanismus darauf hin, dass die neuen Notationen (basierend auf dem Einzug „gerade-durch") einen nahtlosen Übergang vom Formalismus zum Mechanismus erlauben: die Ordnung der Löcher in den Lochkarten konnte direkt vom Muster auf dem Patronenpapier abgelesen werden. Dies bedeutet aber auch, dass die Möglichkeit zur Steuerung eines Webstuhls mittels Lochkarten von der standardisierten Notation abhängig war, die die Schaftweber entwickelt hatten. Man kann hier durchaus von einer Codierung sprechen. Diese Notationen dienten nicht einfach als Gedächtnisstütze für Muster, sondern auch, oder sogar mehr noch als Mittel zur Entwicklung zahlreicher Mustervarianten. Die Profile auf den Linien konnten benutzt werden, um Musterblöcke, also die Elemente der Notation, zu neuen größeren Einheiten zu kombinieren (Schneider 2007, S. 112). Man kann Sequenzen wiederholen, spiegeln und drehen, also gewissermaßen geometrische Bewegungen mit ihnen vornehmen, indem man Teile der Trittfolgen wiederholt oder spiegelt oder in neuen Reihenfolgen verwendet.[35] Auf diese Weise haben die Weber den algebraischen Aspekt dieses Systems zu ihrem Vorteil genutzt, um Muster zu erzeugen, deren Entwurf auf dem damals teuren Papier viel sinnlose Kosten und Mühe in Anspruch genommen hätte.

Wenn Lovelace einen solchen algebraischen Zugang zu Webmustern in ihren berühmten Anmerkungen zum Aufsatz von Menabrea erwähnt, bezieht sie sich allerdings nicht auf die Praxis der Weber, sondern schlägt eine Weiterentwicklung der Weberei vor, die durch eine Rückübertragung der Verbesserungen an der *Analytical Engine* möglich werde. Ihr war durchaus bewusst, dass der Jacquardwebstuhl keine Möglichkeit bot, umgekehrte oder gespiegelte Operationen durchzuführen. Deshalb empfiehlt sie die Neuerungen in der Lochkartenverwendung, also die Rückwärtsdrehung des Kartenprismas, die für die algebraischen Operationen der *Analytical Engine* notwendig sind, wieder in die Weiterentwicklung des Jacquardwebstuhls einzuspeisen. Wir zitieren den Abschnitt des Texts in voller Länge, weil er den rhetorischen Ton festlegt, in dem der Jacquardwebstuhl von nun an nicht nur zum Vorläufer der ersten Computer erhoben, sondern auch zum ersten digitalen Webstuhl erklärt wird.[36]

---

[35] Schneider 2007, S. 112–113. Diese enge Verzahnung von Notation, Design und Webstuhleinrichtung wird auch von Hilts betont: „Loom-controlled pattern weaving is a distinct branch of design in which art and technology are closely interrelated." (Hilts 1990a, S. 27).

[36] In einem kürzlich erschienenen Beitrag eines kunsthistorischen Forschungsprojektes wird ein *Virtual Loom* vorgestellt, der die Rhetorik von Babbage und Lovelace fortschreibt und die Spiegelung eingescannter Fotos von historischen Geweben, auf die eine spezifische Webstruktur appliziert wird, als Geweberekonstruktion anpreist. An keiner Stelle wird dabei auf die tatsächliche Struktur des Gewebes eingegangen, ja es wird sogar lobend hervorgehoben, dass für die Verwendung des *Virtual Loom* keinerlei Kenntnisse der Weberei nötig sind: https://silknow.eu/index.php/tag/virtual-loom/ (Abruf: 10.2.2022).

„Note C

The mode of application of the cards, as hitherto used in the art of weaving, was not found, however, to be sufficiently powerful for all the simplifications which it was desirable to attain in such varied and complicated processes as those required in order to fulfil the purposes of an Analytical Engine. A method was devised of what was technically designated *backing* the cards in certain groups according to certain laws. The object of this extension is to secure the possibility of bringing any particular card or set of cards into use *any number of times successively* in the solution of one problem. Whether this power shall be taken advantage of or not, in each particular instance, will depend on the nature of the operations which the problem under consideration may require. The process is alluded to by M. Menabrea in page 239, and it is a very important simplification. It has been proposed to use it for the reciprocal benefit of that art, which, while it has itself no apparent connexion with the domains of abstract science, has yet proved so valuable to the latter, in suggesting the principles which, in their new and singular field of application, seem likely to place *algebraical* combinations not less completely within the province of mechanism, than are all those varied intricacies of which *intersecting threads* are susceptible. By the introduction of the system of *backing* into the Jacquard-loom itself, patterns which should possess symmetry, and follow regular laws of any extent, might be woven by means of comparatively few cards. (Morrison, Morrison 1961, S. 264–165)"[37]

Wie wir nun wissen, hatten die Weber im deutschen Sprachraum genau diese Prinzipien – die Möglichkeit symmetrischer Muster und die Wiederholung von Regeln unterschiedlicher Länge – in ihrer Methode des Musterentwurfs implementiert. Eine explizite Darstellung der komplexen Resultate war weder nötig, um das Resultat zu visualisieren, noch um das Gewebe herzustellen. Der Jacquardwebstuhl benötigt aber genau diese explizite Patrone, die für jeden einzelnen Bindungspunkt eine Aussage darüber macht, ob der Kettfaden gehoben oder gesenkt wird. Die Explizitheit, die für ein Bildgewebe notwendig ist, ist für ein gemustertes Gewebe überflüssig. Hier ist der implizite Effekt der Kombination von programmierten Webstuhlteilen (Anschnürung und Einzug) und Algorithmen (Tretfolge) entscheidend. Das Muster wird erst auf dem Webstuhl berechnet.

---

[37] „Die Anwendungsweise der Lochkarten, wie sie bisher in der Webtechnik Verwendung fanden, stellte sich jedoch nicht als hinreichend tauglich für all die Vereinfachungen heraus, die in so vielfältigen und komplizierten Abläufen erreicht werden wollten, wie sie zur Erfüllung der Zwecke einer Analysis-Maschine [Analytical Engine] erforderlich sind. Es wurde eine Methode für das entwickelt, was technisch als Rücklauf [backing] der Karten in bestimmten Gruppen und nach bestimmten Gesetzen bezeichnet wurde. Ziel dieser Erweiterung ist, die Möglichkeit zu eröffnen, zur Lösung eines Problems jede spezielle Karte oder Menge von Karten beliebig oft hintereinander einzusetzen. Ob von dieser Möglichkeit im Einzelfall Gebrauch gemacht wird oder nicht, wird von der Art der Operationen abhängen, die für das in Betracht gezogene Problem erforderlich sind. Der Vorgang wird von Herrn Menabrea angedeutet und stellt eine wichtige Vereinfachung dar. Man hat vorgeschlagen, ihn umgekehrt auch gewinnbringend für jene Technik einzusetzen, die, während sie selbst keinen offensichtlichen Bezug zu den Domänen abstrakter Wissenschaft hat, sich gleichwohl als wertvoll für letztere erwies, indem sie die Prinzipien nahelegte, die – in ihrem neuen und einzigartigen Anwendungsbereich – dazu angetan scheinen, algebraischen Verknüpfungen nicht weniger vollständig ins Reich des Mechanismus einzugliedern, als bereits all jene vielfältigen Feinheiten, zu denen sich überkreuzende Fäden verknüpfen lassen. Würde man das Rücklaufsystem nun also seinerseits in den Jacquard-Webstuhl einführen, ließen sich Muster, sofern sie symmetrisch wären und regelmäßigen Gesetzen beliebigen Umfangs gehorchen würden, mittels relativ weniger Karten weben." (Lovelace 1996, S. 347–348).

Der sogenannte Jacquardwebstuhl ist Teil einer Rhetorik der Automaten, die den technikhistorischen Diskurs über die Weberei verzerrt. Es ist hier nicht der Ort und nicht der Raum, um diese Rhetorik einer tieferen Analyse zu unterziehen. Hans Dieter Hellige (Hellige 2003) hat am Beispiel des Programmbegriffs gezeigt, wie eine solche Untersuchung aussehen kann. In einem solchen Analysekontext erscheint die Bezugnahme auf den Jacquardwebstuhl weniger als technisches Vorbild, sondern eher als Metapher oder Modell, welche eine Gestaltanalogie oder eine professionelle Sichtweise transportieren (Hellige 2003, S. 4). Metaphern, Vergleiche und Modelle, so Hellige, sollten als wesentliche Bestandteile der Konstruktion von Artefakten angesehen werden. Sie ermöglichen den „Rückgriff auf vertraute Lösungsmuster" (Hellige 2003, S. 3). Der Jacquardwebstuhl scheint die Rolle einer solchen Metapher zu spielen, die den Lösungsraum für weit gespannte Probleme einengt: „Modell- und Gestalt-Übertragungen", so die These von Hellige, „sind in hohem Maße auch un- oder halbbewusste Momente des Vorverständnisses, also hermeneutischer Natur." (Hellige 2003, S. 3).

Das eigentlich Interessante an einer solchen hermeneutischen Inanspruchnahme der Musterweberei ist, dass sie, gerade wegen der Fixierung auf die Lochkartensteuerung Jacquards, den tatsächlichen algorithmischen Charakter der Weberei nie in den Blick nehmen konnte. Die Musterweberei vor Jacquard verwendete in der Tat zahlreiche Methoden und Konzepte, die später in der Entwicklung der Programmierung eine Rolle spielen werden und hätte ein viel umfassenderes Vorverständnis binärer algebraischer Prozesse und ihrer Steuerung liefern können. Aber weder Babbage noch Lovelace noch die zahlreichen Autoren, die den Jacquardwebstuhl als Vorläufer moderner Computer heranziehen, beziehen sich auf die professionelle Sichtweise der Weber – wodurch die algorithmische Wissenskultur der Weber niemals in den Blick gerät.

Dass dies kein zufälliges Manko ist, sondern Resultat einer rhetorischen Strategie, wird deutlich, wenn man auf den Erfinder des ersten automatischen Webstuhls schaut, auf dessen Analyse Jacquards Arbeit am Musterharnisch beruht: den Webstuhl von Jacques de Vaucanson (1709–1782). Aus „Holz, Wachs, indischem Gummi und Metall" (Schneider 2007, S. 139) baute dieser Automaten, die die Fähigkeiten des Menschen in Maschinen übersetzten. Seine Androiden machten ihn zum berühmtesten Automatenbauer Frankreichs. Als er 1740 zum Generalinspektor der Seidenmanufakturen Frankreichs berufen wurde, war es seine Aufgabe, das textile Handwerk neu zu ordnen und besser regulierbar zu machen. Frankreich hatte bereits die Führung in der europäischen Seidenproduktion von Italien übernommen und setzte auf technische Innovationen (Schneider 2007, S. 141). Vaucansons Webstuhl enthielt als Harnisch eine Musterwalze, die aber statt der Stifte, die er für seine Androiden verwendete, Löcher aufwies, die durch einen Mechanismus abgetastet wurden, der dann die entsprechenden Kettfäden hob. Das Weberschiffchen wurde automatisch mittels Greifern und Klemmen durch das Fach gereicht, wie es ein Weber getan hätte. Angetrieben wurde der Webstuhl durch eine Kurbel, die ein im Kreis trottendes Zugtier – also ein Pferd, Rind oder Esel – in Bewegung hielt (Schneider 2007, S. 142, S. 150). Entsprechend wird Vaucansons Erfindung angepriesen:

> „Der unter den Mechanikern so berühmte Monsieur de Vaucanson hat soeben ein wahres Wunderwerk der Kunst hervorgebracht, und zwar in einem Objekt von größtem Nutzen: Es handelt sich um eine Maschine, mit der ein Pferd, ein Ochse oder ein Esel Stoffe herstellen kann, die viel schöner und viel perfekter sind als die der geschicktesten Seidenarbeiter."[38]

Die Geschichte der Seidenweberei hat diesen Anspruch längst widerlegt. Vaucansons Webstuhl blieb ein Unikat und ging nie in Serie (Schneider 2007, S. 166). Auch der Mechanismus Jacquards brauchte lange um sich durchzusetzen, und als es ihm schließlich gelang, waren komplexe Seidendamaste aus der Mode. Man webte auf ihm eher Kaschmirschals, kleinteilige Muster oder sogar einfarbige Stoffe (Schneider 2007, S. 286). Erfolgreicher als Vaucansons Webstuhl war die Rhetorik, mit der er angepriesen wurde. Das von ihm lancierte Lob der Vollkommenheit seines Webstuhls macht deutlich, wie er das Weberhandwerk versteht: der Weber ist ein Arbeiter, der Handgriffe, Gesten, Bewegungen ausführt, die automatisiert werden können. Ansonsten ist er nicht klüger als ein Ochse.

Auch wenn Jacquards Mechanismus in Technologiegeschichten als Erfolgsstory verkauft wird, seine Einführung bedeutete langfristig „das Ende der Kunst in der Seiden- und Leinendamastweberei. Nie mehr wurden nach 1806 künstlerisch so hochwertige Motive gewebt wie zur Zeit der Handzugsweberei." (Bohnsack 1993, S. 39). Auf die kompositorischen und kompositionellen Entscheidungen am Webstuhl haben die Ingenieure nicht geschaut. Die komplexen Algorithmen der Musterweberei sind ihnen ebenso entgangen wie deren algebraische Prinzipien. Für das genuine technische Wissen der Weber ist in dieser Rhetorik kein Platz.

Der durch Babbage und Lovelace geprägte Bezug auf die Erfindung Jacquards macht die komplexe binäre Algebra der Muster und das algorithmische Wissen der Weber um deren Berechnung unsichtbar. Als Resultat wird der Jacquardwebstuhl zum Ursprung binärer Kontrolle und zur ersten Maschine, die algebraische Muster webt. Tatsächlich aber folgt der Jacquardwebstuhl keiner Algebra. Jedes Lochkartenband produziert genau *ein* Muster für *einen* Stoff. Es wird nichts verändert, nichts berechnet, nichts kombiniert. Es gibt keine Variablen, keine Operatoren, keine Unterroutinen mehr. Ada Lovelace träumt einen Traum, den der Jacquardwebstuhl beendet hat.

Dank
Dieser Beitrag beruht auf Ergebnissen mehrerer Forschungsprojekte. Ein Scholar-in-Residence Stipendium des Deutschen Museums im Jahr 2006 ermöglichte die Untersuchung eines der ersten gedruckten Musterbücher für Weberei, das zugleich

---

[38] Übersetzt nach *Mercure de France*, November 1745, S. 116–117: „Monsieur de Vaucanson, si célebre dans les Méchaniques, vient de mettre au jour une vraie merveille de l'Art, & cela dans un objet de la plus grande utilité: c'est une machine avec laquelle un cheval, un bœf ou un âne, font des Etoffes bien plus belles & bien plus parfaites que les plus habiles ouvriers en soye." Schneider hat das Zitat in deutscher Übersetzung auf S. 149, gibt aber in der Fußnote ein anderes Originalzitat, so wie eine falsche Jahreszahl für die Quelle an (Schneider 2007, S. 149). Der Artikel im Mercure de France ist möglicherweise von Vaucanson selbst verfasst worden, jedenfalls beziehen sich zahlreiche spätere Autoren auf das obige Zitat als Aussage von Vaucanson selbst.

als Werkstattjournal für zwei Generationen von Webern diente. Der britische *Arts and Humanities Research Council* (AHRC) förderte eine Kooperation mit Alex McLean und Dave Griffiths zur theoretischen und praktischen Untersuchung des Zusammenhangs von Weberei und Code (Fördernummer AH/M002403/1). Seit 2016 fördert der Europäische Forschungsrat das PENELOPE Projekt am Deutschen Museum, in dem untersucht wird, inwiefern die Weberei für eine Geschichte der Mathematik und der Digitalisierung von Bedeutung ist (Consolidator-Grant im Rahmen von Horizon 2020, Grant Agreement Nr. 682711). Ich danke außerdem Giovanni Fanfani für wertvolle Hinweise zu Nikomachos und Viktoria Lubomski für Unterstützung bei der Erstellung der Grafiken.

Literatur

Arrighi, Gino (Hrsg.): Un Manuale secentesco dei Testori Lucchesi (Ms. 3311/1 della Biblioteca Statale di Lucca). Lucca: Maria Pacini Fazzi 1986.
Barber, Elisabeth J. W.: Prehistoric Textiles. The Development of Cloth in the Neolithic and Bronze Ages. Princeton, NJ: Princeton University Press 1991.
Bohnsack, Almut: Der Jacquard-Webstuhl. München: Deutsches Museum 1993.
Boole, George: An Investigation of the Laws of Thought. London: Walton & Maberly 1854.
Brennecke, Andreas: A Classification Scheme for Program Controlled Calculators. In: Rojas, Raúl; Hashagen, Ulf (Hrsg.): The First Computers. History and Architectures. Cambridge, MA: MIT Press 2002, S. 53–68.
Brezine, Carrie: Algorithms and Automation. The Production of Mathematics and Textiles. In: Robson, Eleanor; Stedall, Jacqueline (Hrsg): The Oxford Handbook of the History of Mathematics. Oxford: Oxford University Press 2009, S. 468–492.
Clapham, Christopher Robert Jasper: When a Fabric Hangs Together. In: Bulletin of the London Mathematical Society, 12(1980), S. 161–164.
Davis, Martin; Davis, Virginia: Mistaken Ancestry. The Jacquard and the Computer. In: TEXTILE. The Journal of Cloth and Culture. Jg. 3, 1(2005), S. 76–78.
De Morgan, Augustus: Budget of Paradoxes. London: Longmans, Green, and Co 1872.
Donat, Franz: Methodik der Bindungslehre, Dekomposition und Kalkulation für Schaftweberei. Wien, Leipzig: Hartleben 1908.
Donat, Franz: Handgezeichnete Webereibücher aus Tirol. Sonderabdruck aus der Vierteljahresschrift Werke der Volkskunst. 1.4, Wien: Löwy 1914.
Dotzler, Bernhard (Hrsg.): Babbages Rechen-Automate. Ausgewählte Schriften. Wien u. a.: Springer 1996.
Essinger, James: Jacquard's Web. How a Hand Loom Led to the Birth of the Information Age. Oxford, New York: Oxford University Press 2004.
Frank, Rike; Watson, Grant (Hrsg.): Textiles Open Letter. Berlin: Sternberg Press 2015.
Griswold, Ralph E.: When A Fabric Hangs Together (Or Doesn't). 2004, Online: gre_hng1.pdf, auf https://www2.cs.arizona.edu/patterns/weaving/webdocs/ (Abruf: 10.3.2022).
Gruner, Anton: Theorie der Schaft- und Jacquardgewebe. Wien, Pest, Leipzig: Hartleben 1902.
Harlizius-Klück, Ellen: Leben und Weben im 18. Jahrhundert. Weberbuch und Manuskript aus der Bibliothek des Deutschen Museums. In: Kultur & Technik 3 (2007), S. 35–37. Online: http://www.deutsches-museum.de/fileadmin/Content/data/020_Dokumente/040_KuT_Artikel/2007/31-35.pdf (Abruf: 10.3.2022).
Harlizius-Klück, Ellen: Pepita oder Hahnentritt. Auf der Suche nach einer Definition. In: Das Pepita-Virus. Herstellung und Verbreitung eines Stoffmusters. Tuchmacher Museum Bramsche, 2012, S. 18–27.

Harlizius-Klück, Ellen: Digital Sieves. In: Baert, Barbara: About Sieves and Sieving. Motif, Symbol, Technique, Paradigm. Berlin, Boston: De Gruyter 2019, S. 95–103.
Heiberg, Johan Ludvig (Hrsg.): Euclidis Elementa, Leipzig: Teubner 1833.
Hellige, Hans Dieter: Zur Genese des informatischen Programmbegriffs: Begriffsbildung, metaphorische Prozesse, Leitbilder und professionelle Kulturen. artec-paper, 108 (2003). Bremen. https://nbn-resolving.org/urn:nbn:de:0168-ssoar-58695-3 (Abruf: 11.3.2022).
Hilts, Patricia: The Weavers Art Revealed. Facsimile, Translation and Study of the First Two Published Books on Weaving: Marx Ziegler's Weber Kunst und Bild Buch (1677) and Nathaniel Lumscher's Neu eingerichtetes Weber Kunst und Bild Buch (1708). Part I: Marx Ziegler's Weber Kunst und Bild Buch. Ars Textrina 13. Winnipeg 1990a.
Hilts, Patricia: The Weavers Art Revealed. Facsimile, Translation and Study of the First Two Published Books on Weaving: Marx Ziegler's Weber Kunst und Bild Buch (1677) and Nathaniel Lumscher's Neu eingerichtetes Weber Kunst und Bild Buch (1708). Part II: Nathaniel Lumscher's Neu eingerichtetes Weber Kunst und Bild Buch, Ars Textrina 14. Winnipeg 1990b.
Hoskins, Janet A.: Factoring Binary Matrices: A Weaver's Approach. In: Billington, Elizabeth J.; Oates-Williams, Sheila; Penfold Street, Anne (Hrsg.): Combinatorial Mathematics IX. Proceedings of the Ninth Australian Conference on Combinatorial Mathematics Held at the University of Queensland, Brisbane, Australia, August 24–28, 1981. Berlin u. a.: Springer 1982, S. 300–326.
Kiessling, Alois; Matthes, Max: Textil-Fachwörterbuch. Berlin: Schiele & Schön 1993.
Knuth, Donald E.: Algorithms. In: Scientific American, Jg. 236, 4(1977), S. 63–81.
Krämer, Sybille: Symbolische Maschinen. Die Idee der Formalisierung in geschichtlichem Abriß. Darmstadt: Wissenschaftliche Buchgesellschaft 1988.
Lovelace, Ada: Notes by the Translator. In: Scientific Memoirs III (1843), Artikel XXIX, S. 691–731.
Lovelace, Ada: Grundriß der von Charles Babbage erfundenen Analytical Engine. In: Dotzler, Bernhard (Hrsg.): Babbages Rechen-Automate. Ausgewählte Schriften. Wien u.a.: Springer 1996, S. 309-381.
Lumscher, Nathanael: Neu eingerichtetes Weber Kunst und Bild Buch Worinnen zu finden wie man künstlich weben (oder würcken) solle von den 2. schäfftigen an bis auf das 32. schäfftige … Bayreuth: Lumscher 1708. Exemplar des Deutschen Museums mit Manuskript des Johann Georg Thaller. http://digital.bib-bvb.de/webclient/DeliveryManager?custom_att_2=simple_viewer&pid=2398723 (Abruf: 10.3.2022).
Menabrea, Luigi Federico: Notions sur la machine analytique de M. Charles Babbage. In: Bibliothèque universelle de Genève, Neue Serie, 41(1842), S. 352–376.
Mercure de France: November 1745, S. 116–120.
Morrison, Philip, Morrison, Emily: Charles Babbage and his Calculating Engines. Selected Writings by Charles Babbage and Others. New York: Dover Publications 1961.
Nikomachos von Gerasa: ΑΡΙΘΜΗΤΙΚΗ ΕΙΣΑΓΩΓΗ. (Einführung in die Arithmetik, Griechisch). Hrsg. von Richard Hoche. Leipzig: Teubner 1866.
Peacock, George: Report on the recent progress and present state of certain branches of analysis. In: Report of the Third Meeting of the British Association for the Advancement of Science. London: Murray 1834, S. 185-352.
Plant, Sadie: The Future Looms. Weaving Women and Cybernetics. In: Body & Society 1.3-4(1995), S. 45–64.
Schams, Joseph: Handbuch der gesamten Weberei. Ein Lehr- und Hilfsbuch für Fabrikanten und Weber jeder Branche. Weimar: Voigt 1892.
Schneider, Birgit: Textiles Prozessieren. Eine Mediengeschichte der Lochkartenweberei. Zürich, Berlin: diaphanes 2007.
Thaer, Clemens: Euklid. Die Elemente Buch I-XII. Darmstadt: Wissenschaftliche Buchgesellschaft 1980.
Turing, Alan: Computing Machinery and Intelligence. In: Copeland, Jack B. (Hrsg.): The Essential Turing: The Ideas that gave Birth to the Computer Age. Oxford University Press 2004, S. 441–464.

Urton, Gary: The Social Life of Numbers. A Quechua Ontology of Numbers and Philosophy of Arithmetic. Austin: University of Texas Press 1997.

Whitesitt, John Eldon: Boolean Algebra and its Applications. Reading, Mass.: Addison-Wesley 1962.

Wußing, Hans: 6000 Jahre Mathematik. Eine kulturgeschichtliche Zeitreise. Band II: Von Euler bis zur Gegenwart. Berlin: Springer 2009.

Ziegler, Marx: Weber Kunst und Bild Buch. Das ist: Eine gründliche Beschreibung wie man künstlich unterrichten und weben (oder würcken) solle von dem 2. schäfftigen an biß auf das 32. schäfftige … Augsburg: Schultes 1677. Augsburger Exemplar: http://mdz-nbn-resolving.de/urn:nbn:de:bvb:12-bsb11283522-4 (Abruf: 10.3.2022).

Zimmermann, W. Haio: Frühe Darstellungen vom Gewichtswebstuhl auf Felszeichnungen in der Val Camonica, Lombardei. In: Archaeological Textiles, Report from the 2. NESAT symposium 1.–4. Mai 1984, 2(1988), S. 26–38.

Eine verschwindende Materialität? Die Algorithmisierung der Papierfaltung Ende des 20. Jahrhunderts

Michael Friedman

> **Zusammenfassung**
>
> Das Falten von Papier gilt zumindest seit der Verbreitung des Papiers in der westlichen Welt als eine der grundlegenden manuellen Tätigkeiten des Menschen. Da das Papierfalten automatisch eine Linie erzeugt, kann es als Grundlage für die ebene Geometrie dienen. Tatsächlich wurde Anfang des 20. Jahrhunderts entdeckt, dass die auf dem Papierfaltverfahren basierende Geometrie mächtiger ist als die auf Kompass und Lineal basierende – wenn man in Betracht zieht, welche Konstruktionen durchgeführt werden können. In Bezug auf die Durchführung dieser materiellen Geometrie kam es Ende des 20. Jahrhunderts zu einer grundlegenden Wende. Mit der Implementierung von in Computerprogrammen umgesetzten Algorithmen wurden neue mathematische und algorithmische Phänomene entdeckt, die nicht mit Hilfe rein manueller Verfahren hätten gefunden werden können: mathematische nicht-manuelle Konstruktionen, effiziente Faltmuster, an die vorher niemand gedacht hatte, oder das Phänomen, dass bestimmte Faltprobleme NP-schwer sind. Diese Forschungsergebnisse führten nicht nur zu einer fundamentalen Veränderung des Status der Materialität, sondern auch zu einer neuen Rolle des mit diesem Material arbeitenden Menschen.

1 Einleitung

Die Papierfaltung ist eine sehr alte manuelle und materielle Praktik. Sei es im Fernen Osten, im Rahmen zeremonieller Kontexte, oder formaler Papierfaltungen für Verpackungen und Dekorationen (Hatori 2011; Maekawa 2015; und siehe Abb. 1), oder sei es, in europäischer Tradition, die systematische Erforschung der Auffaltung

M. Friedman (✉)
Mathematical Institute, Bonn University, Bonn, Germany
E-Mail: friedman@math.uni-bonn.de

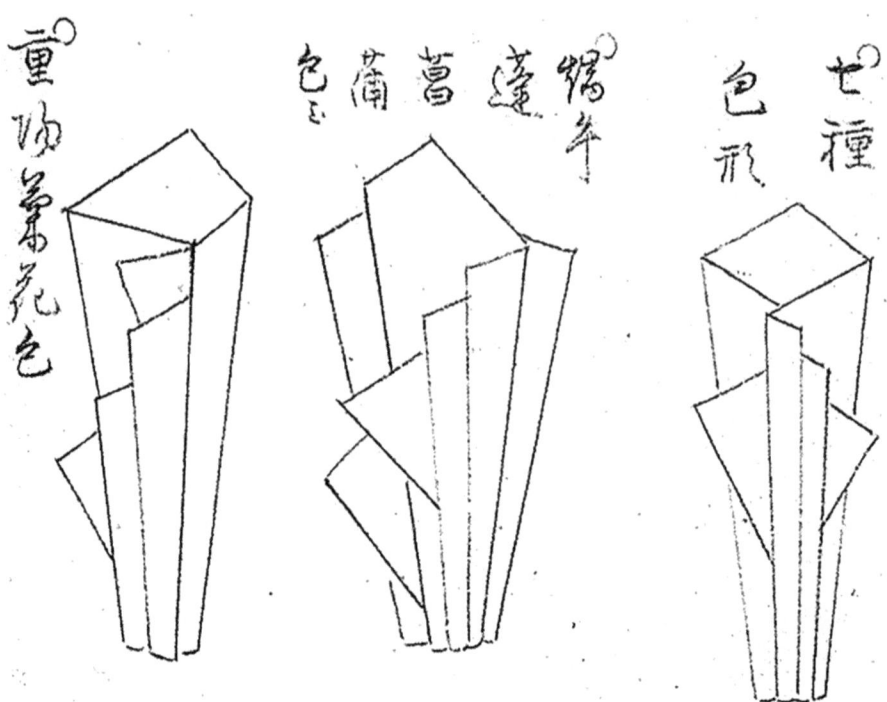

Abb. 1 Viele der japanischen gefalteten Objekte des 19. Jahrhunderts hatten nur dekorativen oder zeremoniellen Wert und stellten keinen mathematischen Gegenstand dar. Das Bild zeigt drei gefaltete Formen aus einem Manuskript von 1845, die für verschiedene japanische Feste verwendet wurden. (Vgl. auch Hatori 2015, S. 665; Brossman und Brossman 1961)

von Polyedern, eine Tradition, deren Anfangspunkt in Albrecht Dürers (1471–1528) „Underweysung der Messung" aus dem Jahr 1525 gesehen werden kann (Dürer 1977 [1525], S. 316–347; und siehe Abb. 2). Seit Jahrhunderten verkörpert und manifestiert sich die Papierfaltung als eine manuelle, materialbasierte Praxis. Es ist kein Wunder, dass der Materialität bei dieser Praxis ein hoher Stellenwert zukommt: Bereits der Name „Papierfaltung" deutet auf die Materialabhängigkeit hin. Diese Praxis wurde beispielsweise während der letzten Jahrhunderte verwendet, um Geometrie zu unterrichten, auch wenn dies – zumindest bis in die 1980er-Jahre – ständig marginalisiert wurde (vgl. Friedman 2018). Hierbei ist wichtig zu betonen, dass, obwohl man das Papier als bloße materielle Realisierung einer idealen zweidimensionalen (begrenzten) Ebene betrachten kann, und die gefalteten Falten als Realisierung eindimensionaler idealer Linien – wenn man also erwägt, eine Materialbasis für die Geometrie der Ebene anzubieten – Papier realiter nicht wirklich zweidimensional ist, selbst wenn es zur Herstellung dieser geraden Falten verwendet wird. Tatsächlich sind seine Dicke, Transluzenz und Textur nicht zu ignorieren, wenn versucht wird, das Papier präzise zu falten; Tiefe, Opazität und Textur sind Eigenschaften, die in der Praxis herausfordern können. Diese Eigenschaften

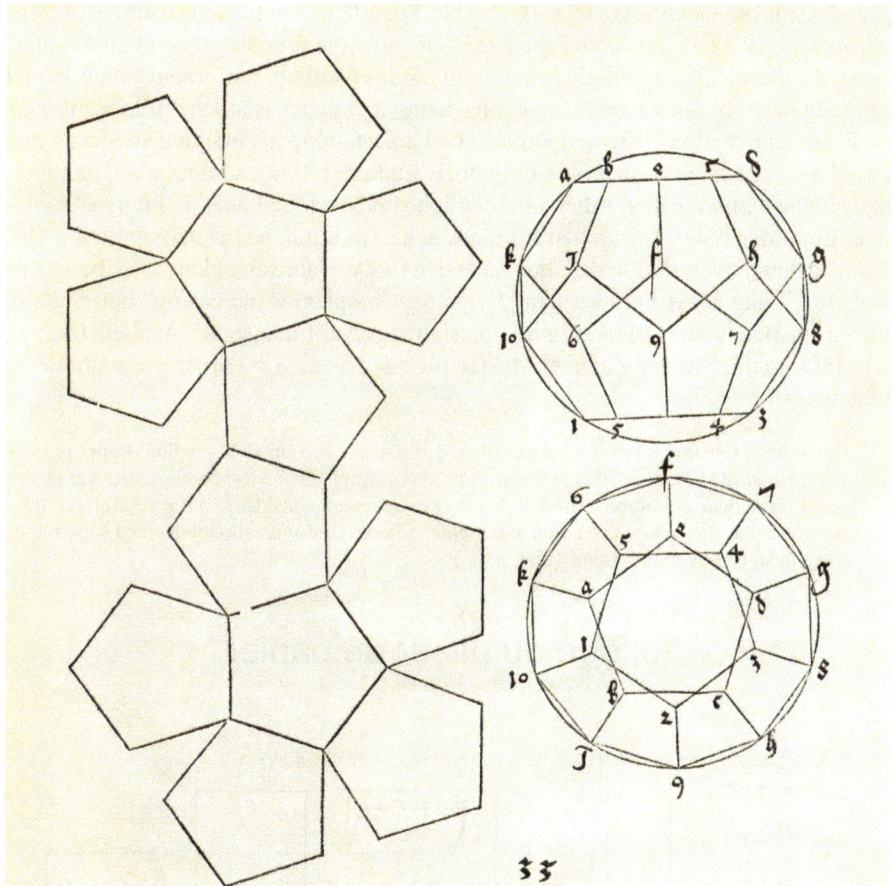

Abb. 2 Dürers Zeichnung des Dodekaeders und seiner Auffaltung von 1525. (Dürer 1525, S. 324; Scan: Deutsches Museum Archiv)

unterstreichen sicherlich, dass das Papierfalten zwar als eine mathematische Operation betrachtet werden kann, um Konstruktionen in (euklidischer) ebener Geometrie durchzuführen, dass aber gleichzeitig die Materialität dieser Operation in Betracht gezogen werden muss.

Bis in die 1980er-Jahre wurden geometrische Konstruktionen, die auf Papierfaltungen basierten, meist als eine manuelle Arbeit betrachtet; als eine Arbeit, die man mit den Händen durchführen sollte oder zumindest konnte. Offensichtlich kann man Anweisungen, wie man bestimmte Formen faltet, als einen Algorithmus auffassen – wenn man einen Algorithmus als eine eindeutige Vorschrift betrachtet, wie eine bestimmte Aktion ausgeführt wird oder ein Problem in einer endlichen Anzahl von Schritten gelöst wird. In diesem Sinne kann man in der Tat von einer algorithmischen Wissenskultur sprechen, die in der Papierfaltung materiell und manuell begründet war (und noch ist).[1] Dies ist in Abb. 3 deutlich zu sehen, die – einer Ausgabe der Zeitschrift *Le Pli* aus dem Jahr 1983 folgend – die grundlegenden Faltvorgänge vorstellt, die nicht alle lediglich materiell sind – nämlich, auf einem Stück Papier erfolgen müssen, sondern auch manuell – nämlich, mit den Händen erfolgen müssen.

Diese Konzeption – die mathematische Papierfaltung als manuell sowie als materiell zu betrachten – änderte sich jedoch Ende der 1980er-Jahre, als Computeralgorithmen entwickelt wurden, um mögliche und eventuell neue Faltmuster zu finden. Eines der ersten Anzeichen für diese neue Tradition, heute „Computation Origami" genannt, war ein Artikel, der Ende der 1980er-Jahre erschien. 1989 beschrieb Robert J. Lang (*1961) in seinem „Origami: Complexity Increasing" den State of the Art in Bezug auf Origami und Papierfaltung. Am Ende seines Artikels fragt er, wie Informatiker in der Zukunft Muster für das Falten von Papier programmieren könnten:

> „Computing succumbed to the appeal of folded paper when, in 1971, Arthur Appel programmed an IBM System 360 computer to print out simple geometric configurations at the rate of more than a hundred a minute. Ninety percent were considered unsuccessful, but it raises an interesting question: could a computer someday design a model deemed superior to that designed by man? (Lang 1989, S. 23)"

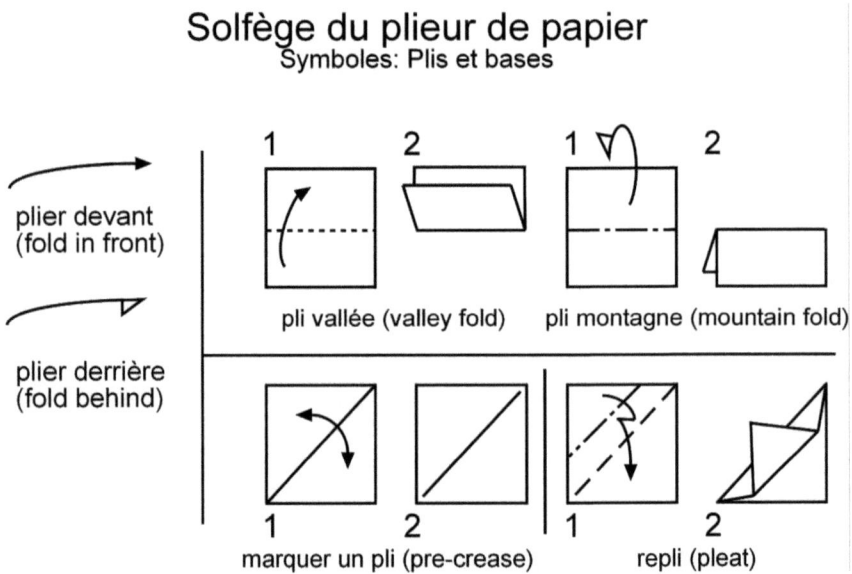

Abb. 3 Einige Faltvorgänge, vom Autor gezeichnet nach den Vorgängen, wie sie in der Zeitschrift *Le Pli* (1983, S. 6) veröffentlicht wurden

---

[1] In vielen der Origami-Bücher und -Zeitschriften wird nur eine geordnete Liste von Anweisungen angegeben, wenn das Wort „Algorithmus" nicht erwähnt wird. Doch seit der Einführung eines einheitlichen Notationssystems im 20. Jahrhundert (Rozenberg 2019) kann man, so meine These, von einer algorithmischen Wissenskultur sprechen.

Betrachtet man Langs Frage sechsunddreißig Jahre nachdem sie gestellt wurde, so erscheint diese immer noch gut begründet, wie ich in diesem Beitrag zu zeigen versuchen werde. In dieser Zeit entstanden nicht nur mehrere „Modelle" („models") – und hier meint Lang Faltmuster, die von Computerprogrammen und mathematischen Algorithmen entworfen wurden, sondern es wurden hinsichtlich der Möglichkeit, vorgegebene Faltmuster zu falten, auch neue Forschungshorizonte eröffnet. Die Forschung über diese Möglichkeit der Faltbarkeit konnte nur mit Werkzeugen der Komplexitätstheorie durchgeführt werden, die die Algorithmen selbst zum Gegenstand der Forschung macht. In diesem Sinne werden die Veränderungen in der mathematischen Praxis des Papierfaltens in diesem Aufsatz dazu dienen, die viel allgemeinere These zu untermauern, dass mit dem Erscheinen der in Computern umgesetzten Algorithmen materialbasierte Praktiken – und in diesem Fall das Falten – in solchem Ausmaße transformiert wurden, dass die Materialität (des Papiers) selbst entweder als Hindernis oder als das betrachtet wurde, was ignoriert werden konnte, weil eine neue Art von Materialität, die digitale Materialität, aufgetaucht war. Diese Tendenzen markieren einen Übergang von der manuellen und materialbasierten algorithmischen Wissenskultur des Faltens zu einer computerbasierten algorithmischen Wissenskultur, im Zuge derer neue Berechnungsverfahren entwickelt wurden.

Um zu zeigen, wie die Materialität mit der Veränderung der mathematischen Praxis neu in Betracht gezogen und konzipiert wurde, – man könnte fast von ihrem Verschwinden reden – werde ich mich in diesem Beitrag auf drei Aspekte dieses möglichen Verschwindens konzentrieren, nämlich 1) die Klassifizierung von nicht durchführbaren materiellen Faltoperationen mit Hilfe von Algorithmen, 2) das Erscheinen von fast unmöglich zu faltenden Faltmustern und von Bildern dieser Faltmuster aufgrund von Algorithmen und 3) die Betrachtung von Faltalgorithmen selbst als Forschungsobjekte. Um zu sehen, wie dieser Wandel vor sich ging, muss ein Umweg in Kauf genommen werden, um genauer zu verstehen, wie Faltpraktiken und -verfahren zu Beginn des 20. Jahrhunderts aus mathematischer Perspektive betrachtet wurden. Dazu werden weitaus ältere Probleme betrachtet, die bereits in der Antike aufgeworfen wurden: die Delischen Probleme.

2 Faltungsbasierte Mathematik am Anfang des 20. Jahrhunderts: die manuellen Wissensräume

Es ist bekannt, dass die Delischen Probleme unlösbar sind, wenn man nur mit Lineal und Zirkel arbeitet. Diese Probleme sind die folgenden: Erstens die Dreiteilung des Winkels, zweitens die Würfelverdoppelung (nämlich ein Segment zu konstruieren, dessen Länge $\sqrt[3]{2}$ ist, um das Volumen eines Würfels zu verdoppeln) und drittens die Quadratur des Kreises (nämlich, aus einem gegebenen Kreis ein Quadrat mit dem gleichen Flächeninhalt zu erstellen).

Mit allen zur Verfügung stehenden Instrumenten oder mechanischen Geräten, also ohne Einschränkungen, wurden diese Probleme schon während der Antike gelöst. Ich werde in diesem Beitrag nicht die Geschichte dieser Instrumente besprechen, sondern an dieser Stelle nur Platons (428/427–348/347 v. Chr.) Kritik an einem Bericht von Plutarch (um 350–432) zitieren. Plutarch betonte die Notwendigkeit der Verwendung von zusätzlichen, mechanischen Instrumenten außer dem Kompass und dem Lineal, die zum Verdoppeln des Würfels verwendet wurden:

> „Daher tadelte auch Plato [einige Mathematiker], daß sie die Verdoppelung des Kubus auf mechanische Instrumente und Vorrichtungen zurückzubringen suchten, und sich gleichsam bemühten [...]. Eben dadurch, sagte er, geht der Nutzen und Vorzug der Geometrie ganz verloren, indem sie zu den sinnlichen Dingen wieder zurückkehrt, anstatt daß sie sich emporschwingen, und nur mit den ewigen unkörperlichen Bildern beschäftigen sollte, deren stete Betrachtung aber macht, daß Gott immer Gott ist. (Plutarch 1795, S. 89 f.)"

Was in dieser Liste von Instrumenten fehlt, ist das Substrat selbst, auf dem mit den verschiedenen Instrumenten – einschließlich Lineal und Zirkel – gezeichnet wurde: d. h. Papier, Pergament oder Papyrus. Es muss aber betont werden, dass es im Kontext der antiken Wissenschaftskultur der Griechen nicht sinnvoll ist, von Papierfaltung zu sprechen – die Griechen verfügten nur über Papyrus und das lässt sich nur sehr schlecht falten. Spätestens seit dem 16. Jahrhundert könnte man Papier als mathematisches Instrument in der europäischen Wissenskultur betrachten. Ein Beispiel dafür sind Albrecht Dürer und seine Nachfolger (z. B. Wolfgang Schmid, Augustin Hirschvogel (1503–1553), Daniele Barbaro (1514–1570)). Der Ansatz von Dürer, der 1525 das Falten von Polyedernetzen systematisierte, deutet darauf hin, dass das Papier eine ausreichend gute Qualität hatte, um in alle Richtungen gefaltet werden zu können. Daher war die Methode nicht nur theoretisch, sondern auch in der Praxis manuell durchführbar. Anfang des 16. Jahrhunderts entstand in Europa zugleich eine Tradition von Papierinstrumenten, die bis in das 19. Jahrhundert nicht nur für die mathematische und wissenschaftliche Ausbildung, sondern auch für die Verbreitung mathematischen Wissens verwendet wurden; Diese Instrumente waren aber nicht dazu gedacht, die Delischen Probleme zu lösen.[2]

Dem Problem der Würfelverdoppelung entspricht die Konstruktion eines Segments mit der Länge $\sqrt[3]{2}$. Wenn man ausschließlich Lineal und Zirkel verwendet, ist es unmöglich dieses Segment zu konstruieren. Bewiesen wurde dieser Sachverhalt 1837 von Pierre Wantzel (1814–1848) (Wantzel 1837; vgl. Lützen 2009). Im Jahr 1934 veröffentlichte die Mathematikerin Margherita Piazzolla Beloch (1879–1976) den folgenden Artikel: „Alcune applicazioni del metodo del ripiegamento della carta di Sundara-Row" („Einige Anwendungen der Sundara Rows Methode der Faltung eines Papiers"), in dem sie bewies, dass ein Segment der Länge $\sqrt[3]{2}$ mit Hilfe nur einer einzigen Papierfaltung konstruiert werden kann (Beloch 1934).

Während Beloch im Titel ihres Artikels auf Tandalam Sundara Rows (1853– ca. 1920) Buch *Geometrical Exercises in Paper Folding* aus dem Jahre 1893 hin-

---

[2] Ich diskutiere die Tradition der Papierinstrumente in (Friedman 2018, S. 53–59). Ein bekanntes Beispiel, das Delische Problem zu lösen, kommt von René Descartes (1596–1650): im Jahre 1637 beschrieb dieser in seinem „La Géométrie" eine der geläufigsten Methoden, ein Segment zu konstruieren, dessen Länge $\sqrt[3]{2}$ ist, mit Hilfe eines Instruments, das Mesolabium heißt.

weist (Row 1893), verwendet sie in ihrem Artikel die „grafisch-mechanische Methode" von Eduard Lill (1830–1900) zur Lösung algebraischer Gleichungen aus dem Jahre 1876 (Lill 1867) und deutet damit auf eine andere mathematische Tradition hin, die nicht mit der geometrischen Papierfaltung zusammenhängt. Genauer gesagt, war Lills (und deshalb auch Belochs) Methode Teil der Tradition der klassischen geometrischen Konstruktionen, die im 19. Jahrhundert eine starke Wirkungsmacht hatte.[3] Damit ist die „Linealgeometrie"[4] bzw. das 1797 erschiene Werk *Geometria del compasso* von Lorenzo Mascheroni (1750–1800) gemeint. Letzterer bewies, dass alle geometrischen Konstruktionen mit Zirkel und Lineal auch mit dem Zirkel allein durchgeführt werden konnten. In dem 1914 erschienenen Artikel „Elementare Geometrie vom Standpunkte der neueren Analysis" von Julius Sommer (1871–1943) in der „Encyklopädie der mathematischen Wissenschaften" wurden die Konstruktionen zusammengefasst, die man mit den verschiedenen Instrumenten (d. h. Zirkel, Lineal, Streckenübertrager, Winkelhalbierer) durchführen kann. In einer Fußnote wird dabei bemerkt: „Dieselben Probleme, welche sich mit Lineal und Streckenübertrager lösen lassen, sind auch durch Papierfalten zu lösen", und dabei auf Rows Buch verwiesen (Sommer 1914, S. 795). Dabei war zu diesem Zeitpunkt noch nicht bekannt, dass auf Papierfalten basierende Konstruktionen Probleme lösen können, die mit den herkömmlichen Instrumenten nicht lösbar sind. Sommer schrieb dann:

> „Wenn eine Aufgabe vorliegt, wie […] die Verdoppelung des Würfels usw., deren Lösbarkeit von vornherein plausibel ist, wo aber die Lösung mit Zirkel und Lineal nicht gelingt, so wird man noch den strikten Nachweis verlangen, daß eine endliche Anzahl von Operationen mit den genannten Hilfsmitteln nicht zum Ziel führen kann. Die elementargeometrische Behandlung erfordert als Abschluss den *Unmöglichkeitsbeweis*. (Sommer 1914, S. 795, Hervorhebung im Original)"

Zwanzig Jahre später konnte Beloch jedoch zeigen, dass das Problem der Verdoppelung des Würfels mit einer endlichen Anzahl von Operationen gelöst werden kann und zwar durch Falten des Papiers.

Wie hat Beloch dieses Segment konstruiert? Wie schon bemerkt, erwähnt Beloch den indischen Mathematiker Tandalam Sundara Row im Titel ihrer Arbeit, der in seinem Buch „Geometrical Exercises in Paper Folding" einen Zusammenhang zwischen dem Falten und dem Skizzieren einer Parabel entdeckt hatte (siehe Abb. 4).[5] Dazu nehmen wir an, dass S ein bekannter Punkt auf einem Blatt Papier und L eine bekannte Gerade auf dem Papier sind. Faltet man das Papier so, dass der Punkt S auf einem Punkt von L zu liegen kommt, dann entsteht eine Sammlung von Linien als

---

[3] Lills entwickelte eine grafische Methode zur Bestimmung der Wurzeln von Polynomen (Friedman 2018, S. 330–333).

[4] „Poncelet, Möbius, Steiner und namentlich v. Staudt können als Hauptvertreter der L[iniengeometrie] betrachtet werden, erst sie haben gezeigt, wie ausgedehnt das Gebiet der Konstruktionen ist, bei denen man den Zirkel entbehren kann und mit dem Lineal allein auskommt." (Meyer 1905, S. 572).

[5] Für eine ausführliche Diskussion zu Belochs und Rows Entdeckungen vgl. (Friedman 2018, S. 255–265, 323–336).

Abb. 4 Rows Skizze der Tangente und der Parabel. (Row 1893, S. 88)

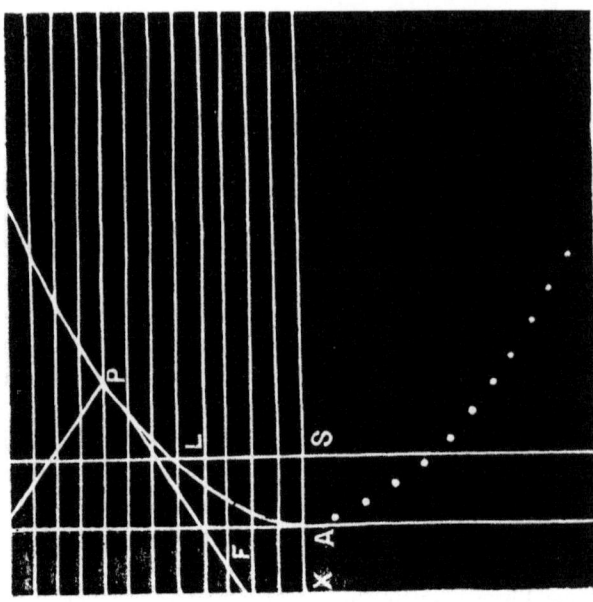

Faltkante. Row zeigt, dass jede Faltkante eine Tangente der Parabel mit Brennpunkt S und Leitlinie L ist; er beschreibt diesen Sachverhalt folgendermaßen:

> „The edge of the square XF is the directrix, A the vertex, and S the focus. Fold through XAS and obtain the axis. Divide the upper half of the square into a number of sections by lines parallel to the axis. These lines meet the directrix in a number of points. Fold by laying each of these points on the focus and mark the point where the corresponding [...] line is cut. The points thus obtained lie on a parabola. (Row 1893, S. 88)"

Es ist wichtig zu berücksichtigen, dass Row die manuelle Operation des Faltens betont: „Fold by laying each of these points on the focus". Dazu führt er ein Bild an (Abb. 4). Wenn man Rows Anweisungen folgt, gilt das Bild für ihn nicht als eine einfache Zeichnung, sondern als eine Repräsentation einer manuellen, materiellen Operation in der realen Welt, die vom Menschen durchgeführt wird.

In der zweiten Auflage von Rows Buch von 1901 haben die Herausgeber Wooster W. Beman (1850–1922) und David E. Smith (1860–1944) beschlossen, noch einen Schritt weiter mit der visuellen Darstellung zu gehen (siehe Abb. 5) und zwar mit Hilfe von Fotos der gefalteten Figuren. Das Fotografieren der gefalteten Formen unterstreicht die Tatsache, dass es sich bei den Fotos und Figuren um Abbildungen einer manuellen Operation handelt. Smith wollte mit den Fotos von gefaltetem Papier das Buch „attraktiver, realer" machen und war anscheinend „sehr zufrieden mit dem Ergebnis des Experiments".[6] Die Tatsache, dass Smith das Fotografieren

---

[6] Vgl.: Brief von David E. Smith an Thomas J. McCormack, 2.4.1900, und Brief von David E. Smith an Thomas J. McCormack, 11.12.1900. Beide in: Moris Library, Special Collections Research center, microfilm reel 38, Southern Illinois University, Carbondale, Illinois, USA.

Abb. 5 Ein Foto eines Faltenmusters (Row 1901, S. 13), das die Herausgeber Wooster W. Beman und David E. Smith für die 1901 erschienene Ausgabe von Rows Buch anfertigen ließen

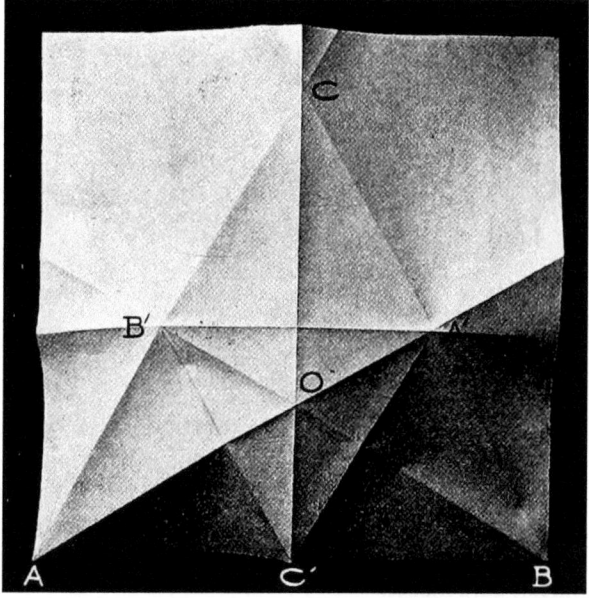

als ein „Experiment" bezeichnet, zeigt auch, wie wichtig es ihm war, das Bild als eine manuelle, von Menschenhand durchgeführte Operation zu präsentieren. Wie ich später erläutern werde, verändert sich die Rolle des Bildes in der Faltpraxis bei der Verwendung digitaler Bilder erheblich.

Um zum Beloch'schen Verfahren zurückzukehren sei noch einmal erwähnt, dass das Falten eines Punkts auf einer Linie äquivalent dazu ist, eine Tangente zu einer Parabel zu finden. Deshalb ist das Falten von zwei verschiedenen Punkten auf zwei verschiedenen Linien äquivalent zu der Suche nach einer gemeinsamen Tangente zu zwei Parabeln – eine gemeinsame Tangente, die zu konstruieren immer möglich ist.[7]

Beloch formulierte 1934 die einer neuen, fundamentalen Erkenntnis gleichkommende folgende Möglichkeit einer Faltung, die in der Folge allgemein als Belochs Faltung bekannt wurde: Man kann, wenn man zwei Punkte P_1 und P_2 und zwei Linien L_1 und L_2 gegeben hat, mit einer einzigen Falte simultan P_1 auf L_1 und P_2 auf L_2 legen.

Mit Hilfe dieser Faltung führte Beloch die in Abb. 6 gezeigte Konstruktion durch: Es wird der Punkt $A = (-1, 0)$ auf die Linie $x = 1$ und der Punkt $B = (0, -2)$ auf die Linie $y = 2$ gefaltet. Beloch beweist, dass der Schnittpunkt dieser Falte (die gestrichelte Linie in der Abbildung) mit der y-Achse der Punkt $C = (0, \sqrt[3]{2})$ ist. In ähnlicher Weise konnte Beloch mit ihrer Faltung auch Segmente für die reellen Lösungen von Gleichungen des dritten und vierten Grades konstruieren.

Dabei betonte sie den materiellen Aspekt ihrer Konstruktionen (Beloch 1936b, S. 93): Die Verwendung eines Bleistifts und eines transparenten Papiers sei ein

---

[7] Ein Existenzbeweis für die Existenz einer gemeinsamen Tangente lässt sich leicht mit den Methoden der analytischen Geometrie führen.

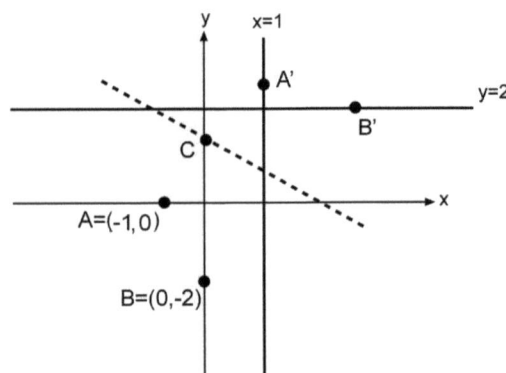

Abb. 6 Belochs Methode, um ein Segment, dessen Länge $\sqrt[3]{2}$ ist, zu konstruieren. Abbildung durch den Autor

Muss, da diese materiellen Instrumente als notwendige Medien funktionieren, durch die die mathematischen Ergebnisse vermittelt werden. Die Betonung der Materialität steht im Einklang mit der „grafisch-mechanischen" Methode von Lill (Beloch 1936a, S. 108). Durch Belochs Entdeckung wird die „Reinheit" der klassischen Methoden der Antike sowie der dabei verwendeten Instrumente (Zirkel und Lineal) aufgehoben.

Diese Entdeckungen hätten zu einer verstärkten Beforschung der faltungsbasierten Geometrie führen können, aber Belochs Ergebnisse gerieten lange in Vergessenheit.[8] Erst 1989 wurden sie der wissenschaftlichen Öffentlichkeit auf der Konferenz „The First International Meeting of Origami Science and Technology" in Ferrara, Italien, neu präsentiert. Im Folgenden werde ich in meinem Beitrag die ab den 1990er-Jahren entwickelte „neue" mathematische Praxis der Faltung, in welcher Belochs Ergebnisse nach ihrer Wiederentdeckung neu „platziert" wurden, behandeln. Meine These ist, dass in der Zeit, als die Papierfaltung wieder zu einem aktiven mathematischen Forschungsgebiet wurde, sich das Papierfalten wieder zu einer Praxis entwickelte, die mit den Instrumenten der Informatik und mit digitalen Visualisierungstechniken gedacht werden konnte und sollte. Zugleich wurde die Materialität des zu faltenden Papiers vernachlässigt – so, als ob das Papier, aus dem etwas gefaltet werden sollte, von der Bühne der Faltbarkeit verschwunden beziehungsweise ignoriert worden sei.

3 Die verschwindende Materialität I: Nicht-manuelle Operationen

Wie konnte im Bereich der Faltungsmathematik die Materialität des Papiers fast komplett verschwinden? Und welche Rolle hat die Entwicklung von Computerprogrammen, die Algorithmen umsetzen, bei diesem Verschwinden gespielt?

---

[8] Für die Gründe, warum die Entdeckungen von Beloch innerhalb und außerhalb Italiens kaum bekannt waren, vgl. (Friedman 2018, S. 336–340).

Als erste Art des Verschwindens zeige ich in diesem Abschnitt, dass Algorithmen dann verwendet wurden, wenn keine manuellen Faltoperationen durchgeführt werden konnten. Dabei ist meine These, dass sich Algorithmen und Computerprogramme anbieten, wenn keine manuellen Operationen von der Hand des Menschen durchgeführt werden können.

Die erste Art des Verschwindens lässt sich anhand der Quintisektion eines Winkels zeigen, sprich: der Teilung eines Winkels in fünf gleiche Winkel. Winkel-Multisektion ist im Allgemeinen leicht lösbar, wenn es – wie im obigen Beispiel – keine Einschränkung bezüglich der zu verwendenden Instrumente gibt. Zum Beispiel kann die Quadratrix von Dinostratus (390–320 v. Chr.), die im Grunde ursprünglich die Trisektrix von Hippias (400–460 v. Chr.) war, verwendet werden, um jeden Winkel in jede beliebige Anzahl von gleichen Winkeln zu unterteilen, obwohl diese Instrumente ursprünglich für die Trisektion des Winkels gedacht wurden (siehe Abb. 7). Wenn man Belochs Faltung verwendet, kann man einen Winkel in drei gleich große Winkel unterteilen. Belochs Faltung ermöglicht die Lösung von Gleichungen dritten und vierten Grades,[9] aber sie erlaubt nicht die Quintisektion eines Winkels, da diese äquivalent ist zur Lösung einer Gleichung fünften Grades. Im Jahr 2004 konnte Robert Lang aber zeigen, dass man einen Winkel in fünf gleich große Winkel unterteilen kann, wenn man zwei Falten gleichzeitig erlaubt – eine Operation, die manuell gar nicht möglich ist

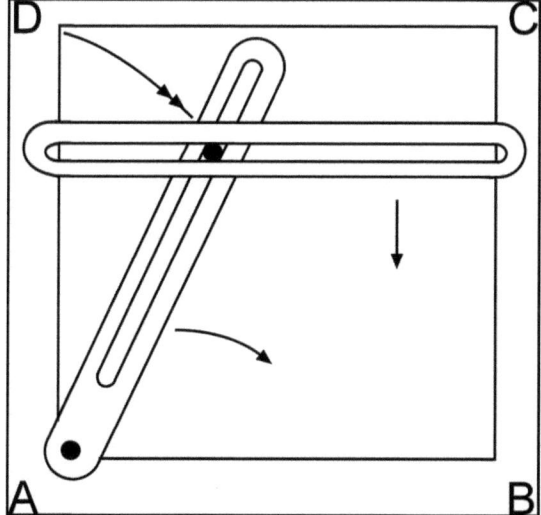

Abb. 7 Die Quadratrix von Dinostratus, ursprünglich die Trisektrix von Hippias. (Hischer 1994, S. 280): „Im Quadrat ABCD werde die Strecke DC parallel zu sich mit konstanter Geschwindigkeit bis in die Lage AB verschoben, und AD rotiere um A mit konstanter Winkelgeschwindigkeit ebenfalls bis in die Lage AB. [...] Der geometrische Ort der Schnittpunkte ist die zu definierende Trisectrix." Abbildung durch den Autor

---

[9] Ein Winkel θ in drei gleiche Winkel zu unterteilen ist äquivalent zur Lösung der Gleichung $4t^3 - 3t - \cos(\theta) = 0$.

(Lang 2004). Dieser Beweis war erst möglich, als die Operationen der Faltung in einer algorithmischen Weise betrachtet wurden.

Während der schon erwähnten Konferenz im Jahre 1989 betonten viele Mathematiker die Materialität des Papiers als essenziell und rieten zu Experimenten mit Papier, um die Faltoperationen sichtbar und anschaulich zu machen. Als Mathematiker darüber nachdachten, wie diese Geometrie weiterentwickelt werden könnte, wurde jedoch die Materialität des Papiers selbst als problematisch erkannt. Beispielsweise schlugen Emma Frigerio und Humiaki Huzita (1924–2005) vor, auf demselben Papier gleichzeitig zwei Falten zu falten und mussten dabei Folgendes feststellen: „[…] sometimes you cannot perform the action without cutting paper even partly (or just imagining it)." (Frigerio und Huzita 1989, S. 57). Sie betonen am Ende ihres Beitrags, auf demselben Papier zwei Falten zu falten „[…] is too complicated and anti-elegant, but *computer aided graphic development* could follow and reveal some interesting things in the future. In conclusion, origami geometry is a completely open *software system*. Therefore it can expand more (like this), by a new way of folding." (Ebd., S. 69, meine Hervorhebungen). Ich werde später die Rolle des produzierten digitalen Bildes ausführlich diskutieren, aber schon hier lässt sich bemerken, dass die neuen Techniken – nämlich auf Algorithmen basierende Visualisierungstechniken und in Software umgesetzte Algorithmen – im Hintergrund lauern und implizit auf neue Wege zu falten hinweisen. Diese neuen Wege und Möglichkeiten zu falten sind letztlich nicht vom Menschen realisierbar, weil es schlichtweg unmöglich ist, zwei Faltungen gleichzeitig durchzuführen.

Die explizite Diskussion über diese neuen Wege fand 2009 statt. In diesem Jahr diskutierten Roger Alperin (*1947) und Robert J. Lang in ähnlicher Weise wie Frigerio und Huzita den Versuch, gleichzeitig zwei Falten zu falten und bemerkten:

> „There are a few complications when we consider two (or more) fold lines. First is a practical matter; physically creating a two-fold alignment requires that one smoothly varies the position of both folds until the various alignments are satisfied. With two simultaneous folds, any two nonparallel folds will eventually intersect and in the real world, intersecting folds bind at their intersection and cannot be smoothly varied in both position and angle. *We will ignore this practical limitation for the moment.* (Alperin und Lang 2009, S. 379, meine Hervorhebung)"

Alperin und Lang ignorierten folglich diese Einschränkung, dieses materielle Hindernis, und stellten sich stattdessen unter anderem die Frage der Quintisektion in einem allgemeineren Rahmen: Welche geometrischen Konstruktionen kann man mithilfe von zwei gleichzeitigen Faltungen erstellen? Um diese Frage zu beantworten, fragten Alperin und Lang, wie viele grundlegende Faltungsoperationen man beim Falten von zwei gleichzeitigen Faltungen durchführen könne.

Zu Beginn des 20. Jahrhunderts lag der Schwerpunkt, als die Mathematikerinnen und Mathematiker sich auf der Suche nach fundamentalen Faltoperationen mit einer Falte beschäftigten, auf den materiellen Versuchen (Friedman 2018, S. 273–285). Sprich: Auf dem Versuch, die Operationen nicht nur zu visualisieren, sondern mit ihnen auch materiell zu experimentieren. Ein Beispiel für eine solche grundsätzliche Faltoperation ist die Beloch'sche Faltung. Im Jahre 1986 wurden sieben fundamentale Operationen formuliert (Justin 1989 [1986]):

1. Für zwei Punkte P_1 und P_2 kann eine Gerade gefaltet werden, die diese zwei Punkte verbindet.
2. Ein Punkt P_1 kann auf einen Punkt P_2 gefaltet werden.
3. Eine Gerade L_1 kann auf eine Gerade L_2 gefaltet werden.
4. Für einen Punkt P_1 und eine Gerade L_1 kann eine Gerade gefaltet werden, sodass diese orthogonal zu L_1 ist und den Punkt P_1 enthält.
5. Für zwei Punkte P_1 und P_2 und eine Gerade L_1 kann eine Gerade gefaltet werden, sodass diese P_2 enthält und P_1 auf L_1 gefaltet wird.
6. Für zwei gegebene Punkte P_1 und P_2 und zwei gegebene Geraden L_1 und L_2 kann eine Gerade gefaltet werden, sodass P_1 auf L_1 und P_2 auf L_2 gefaltet wird (Belochs Falte).
7. Für einen gegebenen Punkt P_1 und zwei gegebene Geraden L_1 und L_2 ist es möglich, eine Gerade zu falten, sodass diese orthogonal zu L_2 ist und P_1 auf L_1 gefaltet wird.

Es ist evident, dass mit diesen Operationen – auch wenn sie am Ende ohne Verweis auf die Materialität formuliert werden können – zuerst materiell und manuell experimentiert wurde. So finden wir bei dem Mathematiker Adolf Hurwitz (1859–1919), der schon im Jahre 1907 mit Papierfaltungen experimentierte und daraufhin vier von den sieben oben genannten Operationen formulierte, die folgende Aussage: „Bei praktischer Ausführung von Faltungen wird man bald beobachten, daß nur folgende Operationen mit Sicherheit auszuführen sind." (Hurwitz 1985, S. 173–174; Vgl. auch: Friedman 2018, S. 274–277). Row und Beloch präsentierten, wie wir oben gesehen haben, einen ähnlichen Ansatz. Im Jahre 1986 präsentierte Humiaki Huzita „sechs Operationen", die mit einer einzigen Falte gemacht werden können (1986, S. 433). Er betonte das Medium, d. h. die Instrumente (oder die „Apparate", wie er sie nannte) dieser faltungsbasierten Geometrie; und wies deutlich darauf hin, dass zusätzliche Operationen gefunden werden könnten. Im selben Jahr formulierte der Mathematiker Jacques Justin (*1926) eine siebte Grundoperation (zusammen mit den anderen sechs), die nicht in Huzitas Liste vorkam (1989 [1986], S. 254–255). Auch Justin, ein leidenschaftlicher Origami-Fan, betonte die Notwendigkeit, die Falten ganz materiell mit Papier zu falten.

In deutlichem Gegensatz zu Hurwitz, Row, Beloch, Justin und Huzita, steht der oben erwähnte Ansatz von Lang und Alperin. Bei der Betrachtung von zwei Faltungen gleichzeitig, fanden Alperin und Lang mit Hilfe kombinatorischer Argumente heraus, dass es 93636 mögliche Faltungen zu berücksichtigen gibt.[10] Weil einige dieser 93636 Faltungen von anderen Operationen abgeleitet werden können, versuchten sie diese Liste auf eine minimale Liste der grundlegenden Faltungsoperationen zu reduzieren. Dieser Versuch konnte von Alperin und Lang nicht manuell durchgeführt werden:

---

[10] Die kombinatorische Kalkulation konnte schon Anfang des 20. Jahrhunderts durchgeführt werden (Alperin und Lang 2009, S. 379–381).

> „We constructed a computer-assisted enumeration using Mathematica, following this [mathematical] procedure [...] [whose key step was to] [c]onstruct the Jacobian for each set of four equations at a solution; eliminate combinations that did not have four singular values (indicating an inconsistent or under-determined set of equations) [...] [this] gave 489 distinct combinations. (Ebd., S. 381)"

Dabei unterscheiden sich die sieben grundlegenden Faltungsoperationen für Einzelfalten von den im Jahr 2009 entdeckten 489 Operationen für zwei gleichzeitige Faltungen. Während die sieben Operationen für Einzelfalten in der Regel auf materielle Weise gesucht und ausprobiert worden waren, hatten Justin und Huzita nicht die Werkzeuge, um die Anzahl der grundlegenden Faltungsoperationen für zwei gleichzeitige Faltungen zu zählen. Tatsächlich überlegten beide diese Operationen durchzuführen, aber sie betrachteten sie als nicht praktikabel (wie wir oben gesehen haben) oder fanden es schlichtweg unnötig, sie mathematisch zu behandeln (Justin 1984, S. 3).

In diesem Sinne lässt sich eine epistemologische Verschiebung bezüglich der Betrachtung von Materialität feststellen. Mit der Frage, wie zwei gleichzeitige Faltungsoperationen durchzuführen seien wird die Materialität seit den 1990er-Jahren als sekundär betrachtet und zur Seite geschoben. Die haptische Materialität ist nicht mehr für Entdeckungen und Berechnungen geeignet. Sie wird stattdessen in verschiedene Algorithmen und mathematische Verfahren verwandelt, die neue mathematische Grenzen und neue Unmöglichkeiten aufwerfen.[11] Diese Algorithmen klassifizieren die unabhängigen Operationen im Fall von zwei gleichzeitigen Faltungsoperationen, und zwar mithilfe von Praktiken, die nicht manuell oder haptisch sind (und überhaupt sein können) sondern rein mathematisch-algorithmisch.

4 Die verschwindende Materialität II

4.1 Hier kommen die Algorithmen …

Im vorherigen Teil wurde festgestellt, dass das Papier als Material ungeeignet war, bestimmte Operationen – zum Beispiel zwei gleichzeitige Faltungen – durchzuführen. Die Lösung, diese mangelnde Tauglichkeit des Papiers zu umgehen, bestand darin, Algorithmen zu verwenden. In diesem Abschnitt zeige ich, dass die materiellen Aspekte bei einigen Verfahren – zum Beispiel zum Finden oder Entwickeln neuer Faltmuster – wegen der in Computern umgesetzten Algorithmen marginalisiert wurden.

Einige Jahre nachdem Lang 1989 die Frage gestellt hatte, „could a computer someday design a model deemed superior to that designed by man?", konnte er eine bejahende Antwort darauf liefern und dabei auch die Unterschiede zwischen der menschlich-haptischen und der algorithmischen Praxis augenfälliger und deutlicher machen.

---

[11] Alperin und Lang betonen, dass sie noch keine Lösung für die allgemeine quintische Gleichung mit zwei gleichzeitigen Falten gefunden haben: „While selected quintics [quintic equations] can be solved by 2FAS [i. e. by two folds simultaneously], we have not yet found a solution to the general quintic. However, the general solution is possible using three simultaneous folds." (Alperin und Lang 2009, S. 389).

Was mit Algorithmen möglich ist, habe ich schon vorher mit den zwei gleichzeitigen Faltungsoperationen gezeigt – hier versagt das Menschlich-Haptische, weil diese Operation niemals manuell und materiell durchgeführt werden kann.

Langs Computerprogramm TreeMaker hebt einen anderen Unterschied hervor, bei dem der Mensch allein mit seinen Händen und manuellen Operationen kaum in der Lage ist, die Resultate der algorithmischen Praxis umzusetzen. Dieses seit den 1990er-Jahren entwickelte Computerprogramm lässt die Benutzerin oder den Benutzer eine Figur zeichnen, die eine Basis darstellt: eine geometrische, dreidimensionale Form, die dem zu Faltenden ähnelt. Obwohl die Benutzung der Algorithmen, die so genannte „tree method", keine Informatikkenntnisse erforderte, bemerkte Lang folgendes:

> „The tree method of design is based on equations and […] solving the equations can be quite difficult to do by hand. Such computationally intensive problems are best handled by computer and, indeed, […] I have written a computer program, TreeMaker, which implements these algorithms. (Lang 2012, S. 431)"

Und obwohl Lang betont, dass „[e]ven if one is working computationally, it is still a useful aid to one's intuition when working with crease patterns", so fügt er ein, dass „equations have their own value; they can be manipulated, rigorously proven, and turned into algorithms. The first computer algorithm for sophisticated origami design and the proof of its sufficiency were based on […] [these] equations" (ebd., S. 414); Dies bedeutet, dass diese Algorithmen nicht auf anschaulichen, materiellen Methoden basieren.

Was erzeugt das Computerprogramm TreeMaker? Der Output dieses Programms ist ein Faltmuster[12] für eine Basis. Dennoch bemerkt Lang:

> „[…] version 4 of TreeMaker could solve for crease patterns that I couldn't construct by any other way – by which I mean, using pencil and paper […] these complex crease patterns are extremely difficult to fold. Since all you're given is the crease pattern, it's up to you to devise a step-by-step folding sequence for all the creases. But the value of TreeMaker is that it combines novelty with efficiency: the patterns constructed are commonly the most efficient solutions possible for a given stick figure, and they are just as often totally new structures in the world of origami. (Lang 2015)"

Das Zitat wirft bereits einige Fragen bezüglich des produzierten Wissens auf. Wenn dieses algorithmische Verfahren Faltmuster erzeugt, die nicht nur ganz neuartig, sondern auch fast unmöglich zu falten sind, wie ist dann der Wandel von der haptischen Praxis des Faltens zu digitalen Faltmustern zu verstehen? Meine These ist, dass die Materialität der Operation und des Papiers aufgrund des umgesetzten Algorithmus verschwunden ist. Die Hand, das Papier und der Bleistift vermitteln nicht mehr die notwendigen Ideen, um eine Form zu falten. Stattdessen steht das Faltmuster im Endeffekt nach der Umsetzung des Algorithmus zur Verfügung. Die Materialität verschwindet, weil es nicht möglich ist, jedes beliebige algorithmisch

---

[12] Ein Faltmuster zeigt lediglich alle Falten als Faltlinien, nachdem die gefaltete Form aufgefaltet wurde.

errechenbare Muster durch haptische, manuelle Operationen zu falten. Das bedeutet nicht, dass es in jedem Fall unmöglich ist, ein solches de facto fast manuell nicht faltbares Muster mittels der traditionellen manuellen Methode zu suchen. Wir haben es hier mit einer anderen Art des Verschwindens zu tun, als mit der, die bei den zwei gleichzeitig durchzuführenden Faltungsoperationen auftrat. Der im Computer umgesetzte Algorithmus findet neue effiziente Strukturen, die vorher kaum denkbar waren. Der springende Punkt in Langs Zitat ist seine Bemerkung, dass die Faltmuster extrem schwer zu falten sind. Er schreibt, dass „a significant drawback of computed crease patterns is that it can be quite difficult to construct a linear folding sequence. In fact, not only is it hard to break the base down into a series of steps; it can be difficult simply to locate all of the major creases!" (Lang 2012, S. 435). Hier ist nicht nur fraglich, ob die Reihenfolge der Schritte nicht leicht herauszufinden ist, sondern auch, ob das Papier selbst und dessen Materialität (z. B. seine Dicke) bei dem Versuch kompliziertere Faltenmuster zu falten hinderlich ist.

Man könnte annehmen, dass die Algorithmen des Papierfaltens einer (fehlerhaften) physikalischen Modellbildung mit der Papierdicke „0" entsprechen, was einige der Probleme erklären könnte, die hier behandelt werden. Dies kann sogar helfen, das Problem des Faltens von Mustern, die zu kompliziert sind, um von Menschenhand gefaltet zu werden, zu verstehen. Berücksichtigt man die Geschichte der mathematischen Papierfaltung, so ignoriert bereits Row (und damit auch Beloch) die Dicke des Papiers, wenn er bestimmte Aufgaben löst. Ein Beispiel dafür ist Rows Kalkulation der Summe einer geometrischen Reihe mit Hilfe von „unendlichen" Falten (Row 1893, S. 4–5).[13]

Dies zeigt, dass die Materialität des mathematischen Faltens von den Mathematikerinnen und Mathematikern selbst ignoriert wird; andererseits sind die Faltmuster von TreeMaker kaum faltbar, weil die Dicke des Papiers nicht „0" ist, aber vom Computerprogramm so behandelt wird. Damit rückt die folgende Frage ins Zentrum: Wer kann dann die Muster, die von TreeMaker erzeugt werden, falten? Sind diese Muster überhaupt vom Menschen faltbar, oder verschwindet langsam auch das Subjekt, zumindest als homo faber, von der Bühne des Handelns? Vielleicht können wir diese Frage beantworten, indem wir näher betrachten, was genau mit TreeMaker produziert wird.

4.2 ... und die digitalen Bilder

„Computervisualisierungen ermöglichen in den Wissenschaften Bilder von zuvor nicht bildhaften Phänomenen, denn die visuelle Kultur einer Disziplin ist immer gekoppelt an die visuellen Medien, derer sie sich bedienen kann." (Rottmann 2008,

---

[13] Vgl. (Friedman und Ritterberg 2019, S. 14): „When reasoning by folding, sheets of paper are always sufficiently large, the folding diagram is always suitably arranged, the paper can be folded multiple times and so on. Looking at the history of the practice, the limitations that arise from the physical realities of a particular sheet of paper were ignored by the mathematicians."

Abb. 8 Ein Faltmuster eines Skorpions. Das Muster ist von TreeMaker 4 erzeugt (Lang 2015). Mit freundlicher Genehmigung von Robert Lang

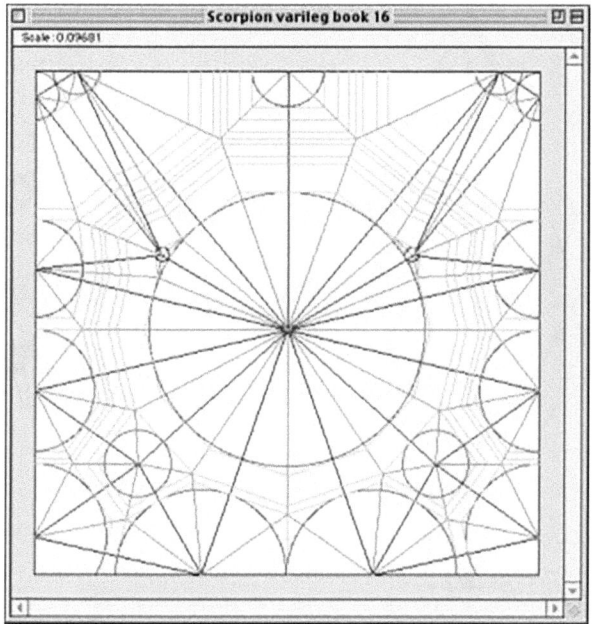

S. 296). Ein Beispiel für den Output von TreeMaker wird in Abb. 8 gezeigt; die endgültige Form ist in Abb. 9 zu sehen.

Es ist klar, dass dieses von TreeMaker erzeugte digitale Faltmuster (Abb. 8) extrem schwer zu falten ist – selbst wenn es auf ein Papier gedruckt würde. Aber könnte und sollte dieses Bild überhaupt vom Menschen gefaltet werden? Langs Kommentar dazu ist:

> „[I]f you are an origami composer (or wish to be), do you need to use TreeMaker? The answer is: absolutely not. The vast majority of the world's composers of technical origami don't use it; in fact, I don't use it for the majority of my own designs. What I do use it for […] quickly examining 3 or 4 […] different general arrangements of flaps […] before settling on one particular configuration as the focus of my design. (Lang 2015)"

Laut Lang gibt das algorithmisch erzeugte Bild nur Inspiration, aber der Mensch ist nicht in der Lage, den auf dem Schirm gezeigten Mustern zu folgen. Dementsprechend stellt das algorithmisch erzeugte Bild kaum noch ein materielles Objekt dar, das manuell gefaltet werden kann.

Während Lang die Versuche diskutiert, die Faltmuster materiell zu realisieren (nachdem man sie auf ein Blatt Papier gedruckt hat), geht er im obigen Zitat nicht auf die Tatsache ein, dass die „computer crease patterns" nicht nur erstellt, sondern vor allem von einem Algorithmus gezeichnet werden. Dies ist hier von wesentlicher Bedeutung, da die Zeichnung des Bildes zu einer nicht-manuellen Operation wird. Im Vergleich zu Rows Zeichnungen von 1893 oder zu den Fotos von Rows Faltmustern von 1901 unterscheidet sich die Art und Weise, wie das Bild mit TreeMaker erzeugt wird, völlig von der Produktion der analogen Bilder. Dies hat zur Folge,

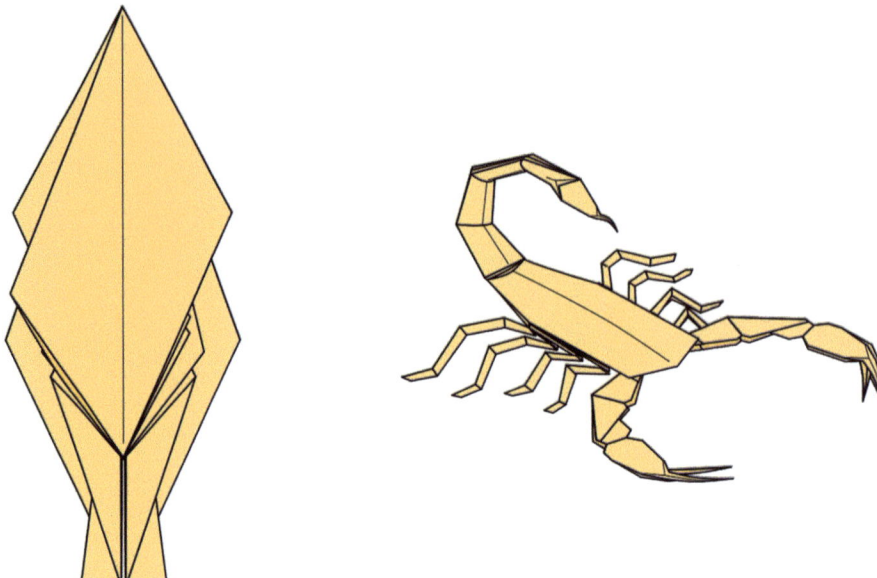

Abb. 9 Der nach dem Faltmuster gefaltete Skorpion (Lang 2015). Mit freundlicher Genehmigung von Robert Lang

dass sich der Status des Bildes selbst ändert. Zur Betrachtung eines einfacheren Beispiels für das Schreiben des Codes zum Zeichnen des digitalen Bildes, und zwar einer Berg- oder Talfalte innerhalb eines Quadrats, schreibt Jeanine Meyer das Folgende:

> „A valley fold is indicated by a line made up of dashes. A mountain fold is indicated by a line made up of dots and dashes. […] [In order to draw them] I need to set up variables for the basics: dash length, dot length, the gap between two dashes, the gap between the dots, and the gap between the last dot and a dash. It is easiest to understand what is needed by looking at the functions first and then defining the necessary values. The valley function is defined as follows:
> *function valley (x1,y1,x2,y2,color) {*
> *var px = x2-x1;*
> *var py = y2-y1;*
> *var len = dist(x1,y1,x2,y2);*
> *var nd = Math.floor(len/(dashlen+dgap));*
> *var xs = px/nd;*
> *var ys = py/nd;*
> *if (color) ctx.strokeStyle = color;*
> *ctx.beginPath();*
> *for (var n=0;n<nd;n++) {*
> *ctx.moveTo(x1+n*xs,y1+n*ys); ctx.lineTo(x1+n*xs+dratio*xs,y1+n*ys+dratio*ys); }*
> *ctx.closePath();*
> *ctx.stroke();*
> *ctx.strokeStyle = origstyle; }*" (Meyer 2011, S. 237)

Make valley fold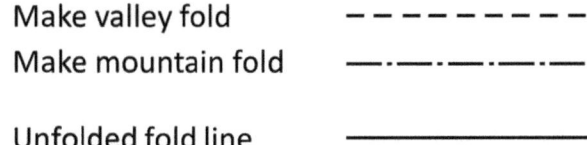

Make mountain fold

Unfolded fold line

Abb. 10 Ein Diagramm einer gezeichneten gestrichelten Linie; gezeichnet nach (Meyer 2011, S. 226). Laut Meyer „[t]he screen shows the standard conventions for origami diagrams, modified by me to include color." (ibid.) Abbildung durch den Autor

Das Diagramm der gezeichneten gestrichelten Linie ist auf der rechten Seite der ersten Linie von Abb. 10 zu sehen. Was sofort auffällt, ist, dass diese Figur den Code versteckt, d. h. sie versteckt den Algorithmus, der benötigt wird, um sie zu zeichnen. Ebenso bedeutsam ist, dass das Diagramm, welches durch einen in ein Computerprogramm umgesetzten Algorithmus erzeugt wird, nicht durch eine manuelle Aktion entsteht, bei der ein quadratisches Blatt Papier gefaltet wird oder bei der auf ein solches gezeichnet wird, sondern durch das Einsetzen von Variablen – das heißt, es findet keine Nachahmung einer realen Situation in der Welt statt. Wie Meyer andeutete, ist es für die Zeichnung der Operation „make valley fold" nicht notwendig, ein Blatt Papier zu falten, sondern man muss nur die umgesetzten Algorithmen betrachten. Die neuen, von den Algorithmen erzeugten Bilder verbergen nicht nur den zugrunde gelegten Algorithmus, sondern auch jede Möglichkeit einer materiell-manuellen Aktion des Faltens.

Mit der Diskussion über diese neuen Bilder, den Algorithmus von Meyer und die Aussage von Lang, dass es von TreeMaker erzeugte Faltmuster gibt, die auf keine andere Weise konstruiert werden können, stellt sich die Frage, mit welcher Art von Materialität hier operiert wird. Es ist klar, dass die von TreeMaker erzeugten Faltmuster kaum von Menschen gefaltet werden können. Außerdem taucht eine andere Art von Materialität auf, eine digitale Materialität, die die menschlich-haptische Aktivität des Faltens als nebensächlich erscheinen lässt. Dabei verschwindet die haptische, manuelle Materialität nicht notwendigerweise, sondern es findet eine Veränderung ihres Status statt. Während die haptische Materialität zu Beginn des 20. Jahrhunderts als restriktiv und gleichzeitig als essenziell angesehen wurde, ist die digitale Materialität nicht notwendigerweise bzw. kaum mit einer menschlich-haptischen Aktivität verbunden. Digitale Faltmuster haben keine Breite und besitzen nur zwei Dimensionen auf dem Bildschirm – sie werden von Algorithmen erzeugt. Diese Algorithmen, deren Resultate und auch die anderen oben erwähnten Algorithmen – die Reduzierung der Anzahl der Faltungsoperationen, die Erzeugung der neuen unerwarteten Faltmuster sowie das Auflösen von Gleichungen – sind kaum vom Menschen zu bewältigen.

In diesem Sinne ist die Materialisierung der obigen digitalen Modelle eher eine Folge der Digitalisierung und Algorithmisierung des Faltverfahrens, wohingegen zu Beginn des 20. Jahrhunderts die materielle Praxis als die Grundtätigkeit betrachtet wurde, von der das mathematische Wissen und die haptische-algorithmische Praxis abgeleitet werden konnten. Aber wenn die Algorithmen selbst ins Zentrum der Forschung rücken, können sie dann auch als Forschungsobjekt betrachtet werden, und nicht nur als Mittel, Muster zu erzeugen?

5 Die neuen algorithmischen und die alten haptischen Wissensräume

Die epistemologische Verschiebung des Status der Algorithmen sowie der Materialität kann – wie oben schon diskutiert – anhand der Betrachtung von Fragestellungen zu Computerprogrammen, welche Faltenmuster automatisch gezeichnet werden können oder bei der Betrachtung von Fragen zu Faltungsmöglichkeiten, charakterisiert werden. Die Schwerpunkte der mathematischen Forschung in diesem Bereich liegen seit Ende des 20. Jahrhunderts nicht nur auf den neuen materiellen Falttätigkeiten, sondern auch auf Aspekten der Berechenbarkeit und Programmierbarkeit. Fragen, wie zum Beispiel „Kann man für jeden (ungerichteten, in einem Quadrat begrenzten) Graphen eine gefaltete Form finden, sodass man beim Auffalten dieser Form den Graphen als Faltenmuster erhält?", wurden mit computerbasierten Methoden untersucht, die noch zu Beginn des 20. Jahrhunderts nicht verfügbar waren. So bemerkten Erik Demaine (*1981) und Martin Demaine (*1942) im Jahr 2002: „[c]omputational origami is a recent branch of computer science studying efficient algorithms for solving paper-folding problems. This field essentially began with Robert Lang's work […] starting around 1993" (Demaine und Demaine 2002, S. 3). Der Ausdruck „efficient algorithms" weist schon darauf hin, dass die Algorithmen inzwischen das eigentliche Forschungsobjekt sind, und nicht unbedingt die neuen Faltmuster. Diese Forschungsrichtung beschäftigt sich mit Fragestellungen aus dem Bereich der Komplexitäts- und Berechenbarkeitstheorie.

Um ein letztes Beispiel zu geben: Gehen wir davon aus, dass ein globales Faltmuster (ohne Angabe, wie es gefaltet werden soll) zur Verfügung steht, so können wir fragen, ob eine gefaltete Figur gefunden werden kann, bei welcher beim Auffalten das gegebene Faltmuster enthalten ist. Es wurde 1996 bewiesen, dass das Problem auf eine Variation des 3-SAT-Problems reduzierbar ist (explizit auf das Not-All-Equal-3-SAT-Problem) und daher haben Marshall Bern und Barry Hayes gezeigt, dass das Problem der „global flat-foldability" NP-schwer ist (Bern, Hayes 1996).[14] Darüber hinaus haben sie auch bewiesen, dass auch bei Tal- und Berg-

---

[14] Als SAT Problem wird die Frage danach bezeichnet, ob eine Formel der Aussagenlogik unter einer frei wählbaren Belegung der Variablen wahr (d. h. erfüllbar) ist. Die Formeln in dem 3-SAT Problem, die berücksichtigt sind, enthalten höchstens drei Variablen pro Klausel. Bei dem Not-All-Equal-3-SAT Problem, das eine Variation des 3-SAT Problems ist, wird nur eine Belegung akzeptiert, die in jeder Klausel mindestens eine falsche und eine wahre Variable bewirkt. Berücksichtigt man nur Entscheidungsprobleme, d. h. Probleme, bei denen entweder mit „Ja" oder „Nein" geantwortet wird, besteht die Klasse NP (für nichtdeterministisch polynomielle Zeit) aus Problemen, bei denen es für „Ja"-Antworten Beweise gibt, die effizient in Polynomialzeit verifiziert werden können. Polynomialzeit bedeutet, dass die benötigte Rechenzeit der Rechenmaschine mit der Problemgröße nicht stärker als mit einer Polynomfunktion wächst. Ein NP-schweres Problem ist mindestens so „schwer" wie alle Probleme in NP. Das bedeutet, dass ein Algorithmus, der ein NP-schweres Problem löst, mithilfe einer (polynomiellen) Reduktion benutzt werden kann, um alle Probleme in NP zu lösen (ein Problem A heißt reduzierbar auf ein anderes Problem B, wenn jeder Algorithmus, der B löst, auch verwendet werden kann, um A zu lösen). Ein Problem ist NP-vollständig, wenn es sowohl in NP liegt als auch in NP-schwer. Das 3-SAT-Problem und das Not-All-Equal-3-SAT Problem sind NP-vollständig.

faltungen, nämlich, wenn angegeben ist, wie man jede einzelne Falte falten soll, diese Informationen nicht ausreichend sind, um genau festzulegen, in welcher Reihenfolge die ganze Form zu falten ist. Das heißt, das Problem, eine gefaltete Figur zu konstruieren, die mit einem gegebenen Berg-Tal-Muster übereinstimmt, ist ebenfalls NP-schwer.[15] Die Werkzeuge der Komplexitätstheorie zeigen daher die möglichen Einschränkungen der manuellen Praxis. In anderen Worten: Es wird vermutet, dass keine Algorithmen existierten, die dieses Problem in Polynomialzeit lösen können. In diesem Kontext betonen Eric Demaine und Joseph O'Rourke Folgendes:

> „While a reasonable origamist can fold a reasonable mountain-valley pattern, it poses an intimidating challenge to a novice folder or when the pattern is extremely intricate. Bern and Hayes's NP-hardness result shows that this practical difficulty is also a computational difficulty. Effectively, a mountain-valley pattern does not give enough information to specify exactly how to fold. From a theoretical point of view, such origami diagrams should also specify the entire folded state. Unfortunately, we lack a good notation for such a specification (Demaine und O'Rourke 2007, S. 223)."

Während die haptische Aktivität des Faltens einen mathematisch-materiellen Wissensraum geschaffen hat, in dem zum Beispiel gezeigt wird, welche Segmente gefaltet werden können, weist der obige Beweis für die NP-Schwere des Problems der „global-flat-foldability" auf völlig andere Wissensräume hin: Wissen über die theoretische Möglichkeit des Faltens selbst, und nicht über mögliche materielle Konstruktionen. Was erforscht wird, sind die Algorithmen selbst und wie man die Probleme mit den Werkzeugen der Komplexitätstheorie klassifizieren kann. So entstehen diese neuen Wissensräume, die wiederum den alten Wissensraum des materiellen Faltens beeinflussen – nicht nur, indem sie zeigen, dass in der Notation etwas fehlt, sondern auch indem sie zeigen, dass das manuelle Falten eines bestimmten Berg- und Talmusters nicht so einfach ist, wie es aussehen mag.

6 Resümee

Es liegt nahe, die Algorithmisierung von Faltmustern, deren Umsetzung im Computer, und die Digitalisierung des Bildes unter dem Titel „Verschwinden der Materialität" zusammenzufassen, weil die haptische Qualität des Papiers nicht vorhanden ist. Dabei verschwindet nicht nur die Materialität des Papiers: „Im Unterschied zu materiellen Bildern, die Tiefe und damit eine dritte Dimension besitzen, handelt es sich [bei dem digitalen Bild] um eine Fläche, also einen idealen zweidimensionalen Raum, eine nicht körperliche Entität" (Rottmann 2008, S. 282). Die Algorithmisierung der Faltvorgänge hat nicht nur den Verlust einer Dimension, sondern einen Verlust der Körperlichkeit, nämlich der Materialität des zu faltenden Papiers, zur Folge.

---

[15] Hierbei muss betont werden, dass bei der Betrachtung der Eigenschaft NP-schwer der Faltungsmöglichkeiten die Papierdicke keine Rolle spielt.

Dies zieht eine Änderung der mathematischen Praktiken nach sich. Noch einmal zur Erinnerung: Zu Beginn des 20. Jahrhunderts falteten Row, Hurwitz und Beloch normalerweise mit den Händen, um Segmente zu konstruieren, deren Länge die Lösungen einer Gleichung sind. Diese Praxis betonte die Bedeutung der Materialität der Operation und resultierte in materiellen Objekten. Ende des 20. Jahrhunderts, mit dem Übergang zu in Computerprogrammen umgesetzten Algorithmen für Falten und Faltmuster, entstand das digitale Falten als neue Art des Faltens. Zum einen entdeckt man mit Hilfe von Algorithmen geometrische Konstruktionen, die sich materiell nicht durchführen lassen, zum anderen erhält man Faltmuster, die sich manuell kaum falten lassen. In beiden Fällen wird die manuelle Tätigkeit des Faltens durchgeführt, wenn sie überhaupt durchgeführt werden kann, nachdem der Algorithmus des Faltens vom Computer berechnet wurde. Zwei Falten gleichzeitig zu falten ist manuell unmöglich, und die von TreeMaker erhaltenen Muster sind nicht von einer manuellen Tätigkeit abhängig. Genauer gesagt, sind sie nach ihrer Erzeugung durch die Algorithmen zu falten, und nicht vorher, wie bei den Zeichnungen und Fotos, die zu Beginn des 20. Jahrhunderts von Faltmustern aufgenommen wurden. Diese mathematischen Verfahren und Algorithmen verändern nicht nur die Art und Weise, wie wir Materialität betrachten und in welchem Sinne der faltende Agent überhaupt noch faltet, sondern sie zeigen auch die Grenzen dessen auf, was mithilfe eines Algorithmus tatsächlich gefaltet werden kann.

Die Algorithmisierung – wie in Langs Computerprogramm TreeMaker – bedeutet deshalb einen Verzicht auf die Durchführung der manuellen Operation der Faltung. Um das Faltmuster zeichnen zu lassen, ist es hier nicht notwendig, etwas zu falten. Dieses Muster existiert nur als eine Möglichkeit, gefaltet zu werden, und es existiert schon bevor eine einzige Faltung durchgeführt wird. Was sich hier nämlich ereignet, ist Friedrich Adolf Kittler (1943–2011) zufolge ein Verzicht auf die Notwendigkeit des faltenden, zeichnenden Subjekts: „In Heideggers etymologischer Kurzsichtigkeit hieß Phänomenologie […] das Erscheinende sammeln. In computergrafischer Weitsichtigkeit braucht solches Sammeln keinerlei Dasein mehr […]". (Kittler 2002, S. 193). Das materielle Faltmuster, das sich als ein Resultat einer menschlichen Konstruktion eines dreidimensionalen Objekts betrachten lässt, wird durch ein digitales Faltmuster, das aus einem Algorithmus resultiert, ersetzt.

Mit dem Kittler'schen Verschwinden des Daseins, das nicht mehr faltet oder zeichnet, möchte ich zum Schluss kommen. Es ist nicht nur wichtig zu betonen, wie die Algorithmen zur Erzeugung der Faltmuster unsere Betrachtungsweise der Materialität verändert haben, sondern auch, die Art und Weise wie die Grafik dieser Muster erzeugt wird. Zu Beginn des 20. Jahrhunderts wurden handgefaltete Muster fotografiert, was darauf hindeutet, dass das Dargestellte das Ergebnis einer menschlichen Tätigkeit war. Zu Beginn des 21. Jahrhunderts kam es zu einer Wende: „Weil [die] […] optische Hardware [von Fotografie] einfach tat, was sie unter den gegebenen physikalischen Bedingungen tun mußte, stellte sich niemals die Frage nach einem Algorithmus, der für Bilder optimal wäre. Computergrafik, weil sie Software ist, besteht dagegen aus Algorithmen und sonst gar nichts." (Ebd., S. 183). Mit diesem Zitat betont Kittler, dass die Algorithmen zur Erzeugung der Grafik betrachtet werden müssen, weil sie und nicht die Grafik oder das Dargestellte im Zentrum stehen.

Der Unterschied zwischen dem digitalen Bild (entsprechend einer Oberfläche) und dem, was es verbirgt (der Algorithmus, entsprechend einer Unterfläche), wird von Frieder Nake (*1938) festgestellt:

> „Das Bild als digitales Bild ist zuvorderst algorithmisch geworden: Es besitzt nun auch eine unterflächliche Innerlichkeit bzw. ist Oberfläche und Unterfläche zugleich. Beide – das ist entscheidend – sind objektiv vorhanden. Die Oberfläche des digitalen Bildes ist sichtbar, während die Unterfläche bearbeitbar ist. Die Oberfläche besteht für den Benutzer, die Unterfläche für den Prozessor (mit Programm). Zur Unterfläche gehört das und nur das, was als Datenstruktur und Algorithmus vorhanden ist. (Nake 2005, S. 47)"

Der Verzicht auf die manuellen Operationen ist implizit in Nakes Aussage, wenn er schreibt, dass die Oberfläche auch „objektiv vorhanden" ist. Genauer gesagt impliziert Nakes Doppelbeschreibung von Oberfläche und Unterfläche das Verschwinden von Zeichnen und Falten als menschliche Aktivitäten – und dies letztlich mit dem Argument, dass diese Aktivitäten nur subjektiv gegeben seien. Die Computergrafik ist nicht mehr eine Darstellung von etwas Menschlichem in der Welt, oder von einer menschlichen Aktivität. Wenn man Michel Serres (1930–2019) folgt, ist es so, dass sowohl die Computergrafik als auch die computerumgesetzten Algorithmen eine (mathematische) Praxis ohne Subjekt beinhalten. Dieses Verschwinden wird von Serres kommentiert, indem er ein anderes Instrument in Betracht zieht – den Gnomon:[16] „[Mit dem Gnomon taucht eine] Wissenschaft ohne Subjekt [auf], Wissenschaft, die ohne Sinnliches auskommt oder ihren Weg nicht über das Sinnliche nimmt. Man ersetzt das Subjekt durch einen Stock, und nichts verändert sich; […] das Wissen bleibt, unveränderlich." (Serres 1995, S. 125). Im Gegensatz aber zu Serres' Gnomon, der das menschliche Auge und die menschliche Hand ersetzt, wobei das Wissen unverändert bleibt, offenbaren die zwei im Feld der Faltung neuauftretenden, zuletzt beschriebenen Arten von Wissen – das mit dem im Computer umgesetzten Algorithmus erzeugte Wissen und das mit der Computergrafik erzeugte Wissen – neue Wissensräume, die für die faltende Hand kaum oder gar nicht zugänglich sind.

Literatur

Alperin, Roger C.; Robert J. Lang: One-, Two-, and Multi-Fold Origami Axioms. In: Lang, Robert J.: Origami 4: 4th International Meeting of Origami Science, Mathematics, and Education. Natick: A K Peters 2009, S. 371–393.
Beloch, Margherita Piazzolla: Alcune applicazioni del metodo del ripiegamento della carta di Sundara-Row. In: Atti dell'Accademia delle scienze mediche, naturali e fisico-matematiche di Ferrara 11 (1934), Serie II, S. 186–189.
Beloch, Margherita Piazzolla: Sul metodo del ripiegamento della carta per la risoluzione dei problemi geometrici. In: Periodico di Matematiche, 16 (1936a), Serie IV, S. 104–108.

---

[16] Der Gnomon ist der Teil einer Sonnenuhr, die einen Schatten wirft; d. h. er ist ein Instrument in der Form eines senkrecht in den Boden gesteckten Stabes. Der Begriff wurde in anderen Gebieten der Mathematik verwendet, z. B. um ein L-förmiges Instrument zu bezeichnen, mit dem rechte Winkel gezeichnet werden können.

Beloch, Margherita Piazzolla: Sulla risoluzione dei problemi di terzo e quarto grado col metodo del ripiegamento della carta. In: Brusotti, Luigi: Scritti matematici offerti a Luigi Berzolari. Pavia: Istituto matematico della R. Università di Pavia 1936b, S. 93–95.

Bern, Marshall; Hayes, Barry: The Complexity of Flat Origami. In: SODA'96. Proceedings of the Seventh Annual ACM-SIAM Symposium on Discrete Algorithms. Philadelphia: SIAM 1996, S. 175–183.

Brossman, Julia; Brossman, Martin: A Japanese Paper-Folding Classic: Excerpt From the „Lost" Kan no Mado. Santa Ana, CA: The Pinecone Press 1961.

Demaine, Erik D.; Demaine, Martin L.: Recent Results in Computational Origami. In: Hull, Thomas (Hg.): Origami 3: Proceedings of the 3rd International Meeting of Origami Science, Mathematics, and Education (OSME 2001). Natick: A K Peters 2002, S. 3–16.

Demaine, Erik D.; O'Rourke, Joseph: Geometric Folding Algorithms: Linkages, Origami, Polyhedra. Cambridge, UK: Cambridge University Press 2007.

Dürer, Albrecht: The Painter's manual (trans. with comments: Strauss WL). Abaris Books, New York 1977 [1525].

Friedman, Michael: A History of Folding in Mathematics. Mathematizing the Margins. Basel: Birkhäuser 2018.

Friedman, Michael; Rittberg, Colin J.: The Material Reasoning of Folding Paper. In: Synthese 2019, S. 1–35, https://doi.org/10.1007/s11229-019-02131-x (Abruf: 8.5.2019).

Frigerio, Emma; Huzita, Humiaki: A Possible Example of System Expansion in Origami Geometry. In: Huzita, Humiaki (Hrsg.): Origami 1: Proceedings of the 1st International Meeting of Origami, Science and Technology. Ferrara: Comune di Ferrara and Centro Origami Diffusion 1989, S. 53–69.

Hatori, Koshiro: History of Origami in the East and the West Before Interfusion. In: Wang-Iverson, Patsy; Lang, Robert J.; Yim, Mark (Hg.): Origami 5: Proceedings of the 5th International Meeting of Origami Science, Mathematics, and Education. Boca Raton: A K Peters/CRC Press 2011, S. 3–11.

Hatori, Koshiro: Mitate and Origami. In: Miura, Koryo et al. (Hrsg.): Origami 6: Proceedings of the 6th International Meeting of Origami Science, Mathematics, and Education, Bd. 2. Providence, RI: American Mathematical Society 2015, S. 657–666.

Hischer, Horst: Geschichte der Mathematik als didaktischer Aspekt: Lösung klassischer Probleme. Mathematik in der Schule 32 (1994), H. 5, S. 279–291.

Hurwitz, Adolf: Die mathematischen Tagebücher und der übrige handschriftliche Nachlass von Adolf Hurwitz (1859–1919) Katalog. In: Handschriften und Autographen der ETH-Bibliothek, Bd. 53. Zürich: Wissenschaftshistorische Sammlungen der ETH-Bibliothek 1985, S. 1–30, https://doi.org/10.3929/ethz-a-000408316 (Abruf: 4.10.2022).

Huzita, Humiaki: La recente concezione matematica dell' „origami – trisezione dell'angolo". In: Izzo, Sebastiano (Hrsg.): Scienza e gioco. Florenz: Sansoni 1986, S. 433–441.

Justin, Jacques: Pliage et mathématiques (6e partie). In: Le Pli 19 (1984), S. 2–3.

Justin, Jacques: Résolution par le pliage de l'équation du troisième degré et applications géométriques. In: L'Ouvert: Journal of the APMEP of Alsace and the IREM of Strasbourg 42 (1986), S. 9–19; reprinted in: Huzita, Humiaki (Hrsg.): Origami 1: Proceedings of the 1st International Meeting of Origami, Science and Technology, S. 251–261.

Kittler, Friedrich A.: Computergrafik. Eine halbtechnische Einführung. In: Wolf, Herta (Hrsg.): Paradigma Fotografie. Fotokritik am Ende des fotografischen Zeitalters. Frankfurt am Main: Suhrkamp 2002, S. 178–194.

Lang, Robert J.: Origami: Complexity Increasing. In: Engineering and Science 52 (1989), H. 2, S. 16–23.

Lang, Robert J.: Angle Quintisection. Robert J. Lang Origami 2004, http://www.langorigami.com/article/angle-quintisection (Abruf: 21.9.2018).

Lang, Robert J.: Origami Design Secrets, 2. Aufl. Boca Raton: CRC Press 2012.

Lang, Robert J.: TreeMaker. Robert J Lang Origami 2015, http://www.langorigami.com/article/treemaker (Abruf: 1.9.2018).

Le Pli. La revue du mouvement français des plieurs de papier 16 (1983).

Lill, Eduard: Résolution graphique des équations numériques d'un degré quelconque à une inconnue. In: C R Séances Acad Sci 65, 1867, S.854–857.

Lützen, Jesper: Why Was Wantzel Overlooked for a Century? The Changing Importance of an Impossibility Result. In: Historia Mathematica 36 (2009), H. 4, S. 374–394.

Maekawa, Jun: Computational Problems Related to Paper Cranes in the Edo Period. In: Miura, Koryo et al. (Hrsg.): Origami 6: Proceedings of the 6th International Meeting of Origami Science, Mathematics, and Education, Bd. 2. Providence, RI: American Mathematical Society 2015, S. 647–656.

Meyers Großes Konversations-Lexikon, Band 12. 1905. Leipzig, Wien: Bibliographisches Institut.

Meyer, Jeanine: HTML5 and Java Scripts Projects. New York: Apress 2011.

Nake, Frieder: Das doppelte Bild. In: Pratschke, Margarete (Hrsg.): Digitale Form 3.2: Bildwelten des Wissens. Berlin: Akademie Verlag 2005, S. 40–50.

Plutarch: Moralische Abhandlungen (Moralia). Band 6: Tischreden. Achtes Buch. Frankfurt am Main: Hermann 1795.

Rottmann, Michael: Das digitale Bild als Visualisierungsstrategie der Mathematik. In: Reichle, Ingeborg; Siegel, Steffen; Spelten, Achim: Verwandte Bilder: Die Fragen der Bildwissenschaft, 2. Aufl. Berlin: Kadmos 2008 S. 281–296.

Row, Tandalam Sundara: Geometrical Exercises in Paper Folding. Madras: Addison 1893.

Row, Tandalam Sundara: Geometrical Exercises in Paper Folding. Beman, Wooster W.; Smith, David E. (Hrsg.). Chicago: The Open Court 1901.

Rozenberg, Laura: On the Evolution of the Notation System. In: The Fold, H. 50, Jan.–Feb. (2019), https://origamiusa.org/thefold/article/evolution-notation-system (Abruf: 22.3.2019).

Serres, Michel: Gnomon: Die Anfänge der Geometrie in Griechenland. In: Serres, Michel et al. (Hrsg.): Elemente einer Geschichte der Wissenschaften. Frankfurt am Main: Suhrkamp 1995, S. 108–175.

Sommer, Julius: Elementare Geometrie vom Standpunkte der neueren Analysis. Enzyklopädie der mathematischen Wissenschaften, Bd. 3.1.2. Leipzig: Teubner 1914, S. 771–858.

Wantzel, Pierre: Recherches sur les moyens de reconnaître si un problème de géométrie peut se résoudre avec la règle et le compas. In: Journal de mathématiques pures et appliquées, 1. Serie, Bd. 2, 1837, S. 366–372.

Algorithmische Wissenskulturen in den Geisteswissenschaften und ihr Vorlauf im 19. Jahrhundert

Toni Bernhart

Zusammenfassung

Algorithmische Wissenskulturen sind auch in den Geisteswissenschaften von Bedeutung, wenngleich sie hier weniger Prominenz entfalten als etwa in den Naturwissenschaften. Exemplarische Pioniere geisteswissenschaftlicher algorithmischer Wissenskulturen im 19. Jahrhundert sind Thomas Young, Thomas C. Mendenhall, Friedrich W. Kaeding und Karl Groos. Young untersucht Sprachverwandtschaften und will Hieroglyphen entschlüsseln, Mendenhall versucht sich an der Klärung strittiger Texturheberschaften Shakespeares, Kaeding will die deutsche Stenografie optimieren, Groos Psychogramme von Dichtern erstellen. Kennzeichnend für ihre Arbeitsweise sind elaborierte Operationalisierungen mithilfe unterschiedlicher Methoden und Techniken (z. B. Wahrscheinlichkeitsrechnung, Einsatz von menschlichen Computern oder Zählmaschinen). Aus epistemischer Perspektive bilden ihre Experimente einen wichtigen Vorlauf für die Digital Humanities.

1 Ansätze und Entwicklungen

Algorithmische Wissenskulturen entwickelten sich im Zuge der Herausbildung des modernen Wissenschaftssystems im 19. Jahrhundert nicht allein in den Naturwissenschaften, sondern ebenso in den Geisteswissenschaften. Allerdings wurden sie von einflussreichen Vertreterinnen und Vertretern geisteswissenschaftlicher Disziplinen im 19. und 20. Jahrhundert oft in ein Schattendasein gedrängt oder sie standen im Verruf, die Komplexität von Werken aus Literatur, Musik und bildender Kunst unzulässig zu verkürzen oder schlichtweg zu verkennen. Phasenweise wur-

T. Bernhart (✉)
Universität Stuttgart, Stuttgart, Deutschland
E-Mail: toni.bernhart@ilw.uni-stuttgart.de

den mechanisierende oder quantifizierende Verfahren in den Geisteswissenschaften geradezu tabuisiert. Bestenfalls – und nur in kurzen Phasen wie etwa den unter dem Einfluss des Positivismus stehenden Dekaden um 1900 oder in der Zeit breiter Fortschrittsgläubigkeit zwischen etwa 1950 und 1970 – galten sie als experimentelle Avantgarde. Erst im Zuge der Bewegung, die in den Geisteswissenschaften unter dem Schlagwort der „Digital Humanities" firmiert und seit etwa der Jahrtausendwende sehr erfolgreich ist, hat sich das Bild gewandelt: Computergestützte algorithmische und quantitative Verfahren gelten als ernst zu nehmende, fachwissenschaftlich relevante und legitime Methoden, um Literatur, Musik und Kunst zu erforschen.

Grob lassen sich die Naturwissenschaften (Sciences) von den Geisteswissenschaften (Humanities) dadurch unterscheiden, dass wissenschaftliche Forschungsergebnisse durch unterschiedliche Verfahrensweisen generiert werden (Tab. 1).

In den Naturwissenschaften, die oft auch als exakte Wissenschaften bezeichnet werden, ist es üblich, Versuchsanordnungen und Hypothesenprüfung zu standardisieren und zu operationalisieren. Messbarkeit und Zählbarkeit spielen dabei eine wichtige Rolle, ebenso die vom forschenden Individuum möglichst unabhängige Wiederholbarkeit des Experiments. Als Konzept für die Wissens- und Erkenntnisbildung eignet sich der Algorithmus. In den Geisteswissenschaften dagegen erfolgt die Hypothesenprüfung in der Regel durch sukzessive Anreicherung der Kontexte, in den textbasierten Wissenschaften etwa durch die Rezeption problembezogener Texte. Im Vordergrund stehen dabei qualitative Merkmale des zu analysierenden und interpretierenden Gegenstands. Als Konzept für die Wissens- und Erkenntnisbildung in den Geisteswissenschaften eignet sich die Hermeneutik. Beschreibende oder verstehende Hermeneutik ist ein anderes Näherungsverfahren als ein erklärender oder steuernder Algorithmus. Je unterschiedliche Wissenschafts- und Wissenskulturen liegen ihnen zugrunde.

Die in Tab. 1 skizzierten algorithmischen Analyseverfahren der Naturwissenschaften können auch den Geisteswissenschaften unterlegt werden (Tab. 2). Dies ist dann der Fall, wenn für die Analyse und Interpretation von Literatur, Musik und Werken bildender Kunst zählende, messende, mathematische, statistische, geometrische, computergestützte oder informatische Verfahren Verwendung finden.

Tab. 1 Modell zur methodischen Charakterisierung von Sciences und Humanities

Naturwissenschaften	Geisteswissenschaften
Operationalisierung	Lesen
Quantität	Qualität
Algorithmus	Hermeneutik

Tab. 2 Methoden der Sciences in den Humanities

Naturwissenschaften	Geisteswissenschaften
	Operationalisierung
	Quantität
	Algorithmus

Solche Methoden sind in den Geisteswissenschaften sehr viel seltener anzutreffen als in den Naturwissenschaften, trotzdem aber spätestens seit dem frühen 19. Jahrhundert sichtbar. Vier Beispiele aus dem 19. Jahrhundert, die in einem weit gefassten Sinn der Literatur- und Sprachwissenschaft entstammen, werden in diesem Beitrag ausführlich dargestellt. Sie demonstrieren exemplarisch die Verwendung quantifizierender bzw. algorithmischer Verfahren in den Geisteswissenschaften: der Mediziner Thomas Young (1773–1829), der Meteorologe Thomas Corwin Mendenhall (1841–1924), der Finanzmathematiker Friedrich Wilhelm Kaeding (1843–1928) und der Psychologe Karl Groos (1861–1946).

Es ist charakteristisch für das 19. Jahrhundert, dass diejenigen, die quantifizierende und algorithmische Verfahren für die Analyse von Sprache und Literatur verwendeten, meist keine Philologen waren. Sie vertraten andere Disziplinen wie etwa Medizin, Physik, Mathematik oder Philosophie. Sie beschäftigten sich sozusagen im Nebenberuf mit Schöner Literatur oder Sprache, wobei sie sich allerdings Fragen widmeten, die in philologischen Fachdebatten der Zeit sehr wohl als relevant und drängend erachtet wurden.

Es fällt schwer, „Algorithmus" einigermaßen scharf zu definieren. Denn der Begriff blickt mittlerweile auf eine lange Verwendungsgeschichte zurück, die unterschiedliche fachwissenschaftliche, aber auch feuilletonistische Verständnisweisen einschließt. Algorithmen können als Handlungsanweisungen oder Problemlösungsmuster verstanden werden oder im Sinne von Robert Kowalski (*1941) die Koppelung von Logik und Steuerung intendieren (Kowalski 1979). Aus geisteswissenschaftlicher Perspektive zeigt der Begriff eine gewisse Nähe zu dem von Norbert Wiener (1894–1964) geprägten Konzept der Kybernetik, das nicht nur in den Technikwissenschaften lange Zeit von programmatischer Bedeutung war, sondern von den 1950er-Jahren bis in die 1970er-Jahre auch zu einem Leitbegriff avantgardistischer Geisteswissenschaften avancierte (Wiener 1948; Klaus 1961; Frank 1964; Cube 1965; Schmidt 1965; Klaus und Liebscher 1966; Singh 1966; Lohberg und Lutz 1968; Steinbuch 1972; Bruderer 1978; Dittmann und Seising 2007). Beispielhaft dafür ist die Zeitschrift „Grundlagenstudien aus Kybernetik und Geisteswissenschaft", die Max Bense (1910–1990) im Jahr 1960 gründete und gemeinsam mit Felix von Cube (*1927), Gerhard Eichhorn (1927–2015), Helmar Frank (1933–2013), Gotthard Günther (1900–1984), Abraham André Moles (1920–1992) und seiner späteren Ehefrau Elisabeth Walther (1922–2018) herausgab.

Algorithmen lassen sich als kaskadenartige Wenn-Dann-Logiken verstehen, im weitesten Sinn als Operationalisierungsmuster und -strategien, die sich standardisieren, automatisieren, programmieren und reproduzieren lassen und unterschiedlichen Zwecken dienen (Seyfert und Roberge 2016). Aufgrund seiner Verwendung im Bereich der Datenverarbeitung kann der Begriff des Algorithmus als Synonym für maschinen- bzw. programmgestützte Analyse- oder Modellierungsverfahren gelten. In den Geisteswissenschaften ist bislang vergleichsweise selten von algorithmischen Verfahren die Rede, viel gebräuchlicher sind die Begriffe des Quantitativen oder des Digitalen. Neben der sehr verbreiteten Domänenbezeichnung der Digitalen Geisteswissenschaften finden beispielsweise auch die Begriffe der

Quantitativen Linguistik und der Quantitativen Literaturwissenschaft Verwendung (Köhler et al. 2005; Bernhart 2018).

Algorithmische und quantitative Verfahren sind nicht dasselbe, doch weisen sie deutliche funktionale und strukturelle Ähnlichkeiten auf. Diese bestehen darin, dass bei der Quantifizierung standardisierte Verfahren regelhaft zur Anwendung kommen, die Dokumentierbarkeit der Ergebnisse, Wiederholbarkeit der Experimente und intersubjektive Überprüfbarkeit der Interpretationen intendieren. Intrikat ist die Frage, wo die Schwelle zwischen quantitativen und algorithmischen Verfahren liegt. Sind das einfache Auszählen von Merkmalen, das Auflisten von Häufigkeiten und die daran anschließende Diskussion von Gewichtungen bereits ein algorithmisches Verfahren? Man kann davon ausgehen, dass bereits einfache Quantifizierungen dann Wesenszüge eines Algorithmus tragen, wenn sie der Wissensgenerierung dienen, wenn sie einem auf Erprobung oder Erfahrung beruhenden Verfahrensmuster folgen, also in gewisser Weise regelhaft angewendet werden, und wenn gleiche oder ähnliche Verfahren von unterschiedlichen forschenden Personen zur Lösung unterschiedlicher Fragestellungen verwendet werden. Denn Quantifizierung trifft dann das, was merkmalhaft für einen Algorithmus gilt, nämlich Handlungsanweisung, Operationalisierungsstrategie oder Problemlösungsmuster zu sein.

Eine gewisse Unschärfe muss in Kauf genommen werden, wenn im geisteswissenschaftlichen Kontext über algorithmische Wissenskulturen gesprochen werden soll. Denn Quantifizierung und Algorithmus lassen sich nicht immer klar voneinander unterscheiden und noch viel weniger lassen sie sich scharf voneinander abgrenzen. Manche der zu analysierenden Beispiele, etwa Young, repräsentieren das Quantitative, andere wie Kaeding tendieren deutlich zum Algorithmus. Es wird folglich wechselweise von quantitativen, quantitativ-algorithmischen oder algorithmischen Verfahren zu sprechen sein, um den Schattierungen der verschiedenen Ansätze gerecht zu werden.

2 Thomas Young

Ein sehr frühes Beispiel für die Anwendung quantitativer Verfahren auf Sprache ist Thomas Young. Er wurde in Milverton (England) geboren und studierte Medizin in London und später in Göttingen, wo er 1796 zum Doktor der Medizin promoviert wurde. In London ließ er sich 1799 als Arzt nieder, 1801 wurde er zum Professor für Naturphilosophie an die Royal Institution berufen. Diese Professur legte er jedoch 1803 wieder nieder, um sich verstärkt der Medizin zu widmen. Hier etablierte er sich auf dem Gebiet der Ophthalmologie.

Seine vielseitigen Interessen führten ihn weit über das Gebiet der Medizin hinaus. Bedeutsam im Zusammenhang des Themas dieses Beitrags ist Youngs Abhandlung mit dem Titel „Remarks on the probabilities of error in physical observations, and on the density of the earth, considered, especially with regard to the reduction of experiments on the pendulum" (Young 1819). Es geht darin in der Hauptsache um Fragen der physikalischen Dichte der Erde, die Young mit den Methoden der Wahrscheinlichkeitsrechnung behandelt. Doch auch Fragen zur Sprachenverwandtschaft und zur Entschlüsselung der Hieroglyphenschrift greift er auf, für die er ebenfalls Lösungen mithilfe der Wahrscheinlichkeitsrechnung findet. Sowohl die Frage der Ähnlichkeit von Sprachen als auch die noch nicht entschlüsselten Hieroglyphen waren drängende wissenschaftliche Fragen der Zeit.

Eine Hypothese der Sprachgeschichte besagt, dass strukturelle Ähnlichkeit von Sprachen darauf hinweist, dass diese einen gemeinsamen Ursprung haben. Young stellte hierzu mathematische Berechnungen an: Je mehr ähnliche einsilbige Wörter zwei Sprachen haben, umso größer ist die Wahrscheinlichkeit, dass sie miteinander verwandt sind (Young 1819, S. 79–83). Wenn Berechnungen von Wahrscheinlichkeiten dafür geeignet sind, Sprachenverwandtschaften zu plausibilisieren, so könnte, folgert Young mit einiger Vorsicht weiter, es auch möglich sein, über Textträgervergleiche die historische Zuverlässigkeit von Quellen zu bestimmen oder Schriftbedeutungen zu dechiffrieren. Als Beispiel nennt er den Abschnitt zur Geschichte Ägyptens in der „Bibliothéke Historiké" des griechischen Geschichtsschreibers Diódoros ho Sikeliótes (1. Jh. v. Chr.). Durch kontextualisierende Vergleiche mit anderen Quellen könne die Zuverlässigkeit darin genannter Zahlen und Namen mithilfe der Wahrscheinlichkeitsrechnung bestimmt werden. Auch vereinzelte Zeichen der ägyptischen Hieroglyphenschrift ließen sich dadurch entziffern (Young 1819, S. 83).

Der während des Napoleonischen Ägyptenfeldzugs 1799 im Nildelta aufgefundene Stein von Rosetta beflügelte weltweit Gelehrte zur Entschlüsselung der ägyptischen Hieroglyphenschrift. Der Durchbruch gelang 1822 dem französischen Sprachwissenschaftler Jean-François Champollion (1790–1832). Auch Young beteiligte sich intensiv an den Debatten um die Bedeutung der Hieroglyphen. In seiner Monografie (Young 1823) und seinen zahlreichen Beiträgen über Hieroglyphen, die posthum in einem Band versammelt wurden (Young 1855), orientierte er sich allerdings an den geschichtswissenschaftlichen und sprachhistorischen hermeneutischen Standards seiner Zeit und nicht an seiner 1819 formulierten Erwägung, für die Entschlüsselung der Hieroglyphen die Methoden der Wahrscheinlichkeitsrechnung heranzuziehen. Auch wenn Young diese nicht in der Praxis anwendet, weil sie ihm wohl als nicht zielführend erscheinen, ist seine Überlegung bemerkenswert, für die Entschlüsselung der Hieroglyphen diese Verfahren theoretisch in Betracht zu ziehen.

3 Thomas Corwin Mendenhall

Thomas Corwin Mendenhall wird in Einführungen zu den Digital Humanities immer wieder als wichtiger Vorläufer genannt und auch einzelne Forschungsarbeiten beschäftigen sich mit ihm (Wagner 1990; Hockey 2004, S. 5; Lauer 2013, S. 102; Jannidis und Lauer 2014, S. 31). Neben Augustus De Morgan (1806–1871) und Wincenty Lutosławski (1863–1954) gilt Mendenhall als ein Begründer der Stilometrie, die Stil mit messenden Verfahren zu bestimmen sucht (De Morgan 1872; Lutosławski 1897; Lutosławski 1898). Es ist festzuhalten, dass sich der Begriff „Stil" in diesem Sinne deutlich von geisteswissenschaftlichen Verständnisweisen unterscheiden kann. Stil – im Sinne der Stilometrie – meint vergleichsweise einfache Merkmalmuster wie etwa durchschnittliche Buchstabenzahl der Wörter eines Textes oder durchschnittliche Satzlänge, gemessen anhand der Anzahl der Wörter, während beispielsweise in den Literaturwissenschaften komplexere rhetorische, formale, semantische oder ästhetische Merkmalgruppen als Stil bezeichnet werden (Krautter 2018).

Mendenhall wurde 1841 in Hanoverton im US-amerikanischen Bundesstaat Ohio geboren. Er absolvierte eine Ausbildung zum Grundschullehrer, als Autodidakt bildete er sich in Meteorologie und Physik fort, 1873 wurde er zum Professor für Physik am Ohio Agricultural and Mechanical College berufen. Mendenhall reiste sehr viel, unter anderem nach Europa und Japan. In den USA wurde er mit leitenden Positionen in den Bereichen der Physik und Meteorologie betraut. Mendenhall scheint ein charismatischer Kommunikator gewesen zu sein, davon zeugen seine sehr zahlreichen Veröffentlichungen in sehr unterschiedlichen Magazinen und Zeitschriften sowie seine zahllosen Vorträge vor sehr unterschiedlichem Publikum an verschiedenen Orten der Welt. Er verstarb 1924 in Ravenna (Ohio).

Zwei Beiträge sind im vorliegenden Zusammenhang von Interesse, die im zeitlichen Abstand von etwas mehr als zehn Jahren erschienen: „The Characteristic Curves of Composition" (1887) und „A Mechanical Solution of a Literary Problem" (1901). Der erste Beitrag erschien in der renommierten Wissenschaftszeitschrift *Science*, der zweite im populärwissenschaftlichen Magazin *Popular Science Monthly*.

Anschlusspunkte für Mendenhall 1887 waren die Arbeiten des englischen Mathematikers Augustus De Morgan und die Spektralanalyse in der Chemie. De Morgan befasste sich anhand der Statistik von Wortlängen mit der strittigen Urheberschaft von Briefen, die dem Apostel Paulus (10 v. Chr. – 60 n. Chr.) zugeschrieben wurden. Über mathematische Fachkreise hinaus wurden seine Schriften vor allem durch seine posthum erschienene Sammlung „A Budget of Paradoxes" bekannt, die seine Frau Sophia Elizabeth De Morgan (1809–1898) ein Jahr nach seinem Tod herausgab (De Morgan 1872). Sophia De Morgan war Frauen- und Bürgerrechtlerin und Spiritistin und veröffentlichte unter dem abgekürzten Pseudonym C. D. eine Anleitung zur Abhaltung spiritistischer Sitzungen. Das Vorwort zu diesem Buch schrieb – ebenfalls unter Pseudonym – ihr Mann Augustus De Morgan (C. D. 1863). Das Paar darf als ein Beispiel dafür gelten, wie Mathematik, statistische Kulturanalysen und Spiritismus parallel wirksam sein können.

In Anlehnung an De Morgan verglich Mendenhall Autoren anhand von Wortlängen. Hierbei wird die empirische Verteilung der Längen von Wörtern anhand ihrer Anzahl der Buchstaben gemessen. Diese Methode bezeichnet Mendenhall als Materialanalyse („material analysis"), auch von Wellenlänge („wave-length") ist die Rede und vom ermittelten „word-spectrum" zur Charakterisierung des Autorstils (Mendenhall 1887, S. 238). Mendenhalls Begrifflichkeit orientiert sich an der Sprache der Technik und ist inspiriert von der Spektralanalyse, einem optischen Verfahren zur Bestimmung chemischer Elemente in einem Stoff, das 1859 von Gustav Robert Kirchhoff (1824–1887) und Robert Wilhelm Bunsen (1811–1899) in Heidelberg entwickelt wurde.

Mendenhall untersuchte und verglich die Verteilung von Wortlängen in „Oliver Twist" und „A Christmas Carol" von Charles Dickens (1812–1870), „Vanity Fair" von William Makepeace Thackeray (1811–1863), „Principles of Political Economy" und „Essay on Liberty" von John Stuart Mill (1806–1873) sowie in Reden des Ökonomen Edward Atkinson (1827–1905). Als Vergleichstexte aus einer anderen Sprache wurden „De Bello Gallico" und „De Bello Civile" von Gaius Iulius Caesar (100 – 44 v. Chr.) untersucht. Mendenhalls Beitrag „The Characteristic Curves of Composition" ist auch hinsichtlich seines grafischen Druckbilds bemerkenswert. Auf jeder Seite ist genau in der Mitte ein immer gleich großes und seitenbreites Diagramm abgebildet, das die empirische Verteilung der Wortlängen in den untersuchten Texten visualisiert. Die Kurven in den ausdrucksstark platzierten Diagrammen sind einander sehr ähnlich, was Mendenhalls Aussagen über charakteristische Kurven der Textgestaltung suggestiv unterstreicht.

Während er in seinem Beitrag „The Characteristic Curves of Composition" noch seine Methode zur Analyse der Wörterspektren entwickelte und als Instrumentarium zur Beschreibung sowohl überindividueller Textgestaltungsmuster als auch individueller Autorstile diskutierte, wandte sich Mendenhall in seinem späteren Beitrag „A Mechanical Solution of a Literary Problem" (1901) einem virulenten literaturgeschichtlichen Problem zu. Lebhaft debattiert wurde zu dieser Zeit die Frage, ob William Shakespeare (1564–1616) der Urheber aller ihm zugeschriebenen Werke sei. Als Alternativen wurden Christopher Marlowe (1564–1593) und Francis Bacon (1561–1626) gehandelt.

An seine früheren quantitativen Textanalysen anknüpfend, stellte Mendenhall fest:

> „Nearly twenty years ago I devised a method for exhibiting graphically such peculiarities of style in composition as seemed to be almost purely mechanical and of which an author would usually be absolutely unconscious. The chief merit of the method consisted in the fact that its application required no exercise of judgment, accurate enumeration being all that was necessary, and by displaying one or more phases of the mere mechanism of composition characteristics might be revealed which the author could make no attempt to conceal, being himself unaware of their existence." (Mendenhall 1901, S. 97)

Als charakteristisch für die von Mendenhall entwickelte algorithmische Methode gilt der Weg der Wissensgenerierung: Stilistische Besonderheiten werden „rein mechanisch" („purely mechanical") sichtbar und ein Autor ist sich der in seinem Text wirksamen Mechanismen „absolut nicht bewusst" („absolutely unconscious"). Bezeichnenderweise werden die Ergebnisse grafisch dargestellt, durch die Visualisierung werden sie augenscheinlich. Die Hauptleistung der Methode bestehe darin, dass ein Forscher über keinerlei fachwissenschaftlich geschultes Urteilsvermögen verfügen müsse, allein die akkurate Darstellung der Messwerte genüge, um die Kompositionsmechanismen offenzulegen, die ein Autor nicht verbergen könne, ja, deren Existenz ihm weder bewusst noch bekannt sei. Die hier sehr früh formulierte Vorstellung einer mechanischen, unbewussten oder verborgenen Poetik ist kennzeichnend für zahlreiche quantitative und algorithmische Analyseverfahren und findet sich in Abwandlungen auch in den modernen Digital Humanities wieder

(Burrows 1987, S. 2; Moretti 2005, S. 54; Jockers 2013, S. 106–108; Jannidis 2014, S. 169).

Das Textkorpus, mit dem Mendenhall mittlerweile operierte, war seit seinen ersten Versuchen sehr stark angewachsen und umfasste nun etwa zwei Millionen Wörter (Mendenhall 1901, S. 101). Interessanterweise dokumentiert Mendenhall auch praktische Aspekte der Arbeit: Ein so großes Korpus wollte Mendenhall nicht allein durch ehrenamtliche Arbeit analysieren lassen und es gelang ihm, einen Geldgeber zu gewinnen. Diesen nennt er mit Namen: Augustus Heminway [sic] aus Boston. Sehr wahrscheinlich handelt es sich dabei um den Beamten, Politiker und Philanthropen Augustus Hemenway (1853–1931), der unter anderem an der Harvard University das Hemenway Gymnasium stiftete (Augustus Hemenway Dead Near Boston 1931, S. 33). Hemenway steuerte Mendenhalls Projekt die finanziellen Mittel bei, um die zwei Damen, welche die Buchstaben der Wörter im Korpus zählten, für ihre Arbeit zu entlohnen. Auch diese beiden werden mit Namen genannt (die verheiratete Frau allerdings nur mit dem Namen ihres Ehemanns, ihr eigener Name wird nicht überliefert): „Mrs. Richard Mitchell and Miss Amy C. Whitman, of Worcester, Massachusetts" (Mendenhall 1901, S. 102). Dass es sich bei den zählenden und rechnenden Mitarbeiterinnen um Frauen handelt, ist bezeichnend, denn die mit der Durchführung von Zählungen und Berechnungen Betrauten (im Englischen auch als „Computer" bezeichnet) waren meist Frauen (Hayles 2005; Grier 2007; Wolverton 2011). Mendenhall betont, dass Mitchell und Whitman (beider Lebensdaten nicht ermittelt) die mühsame Zählarbeit („the heavy task of counting") zu seiner vollen Zufriedenheit erledigt haben, und lobt das persönliche Interesse seiner Mitarbeiterinnen am Untersuchungsgegenstand und ihre literaturgeschichtliche Expertise (Mendenhall 1901, S. 102).

Aus wissenschaftshistorischer Perspektive aufschlussreich ist Mendenhalls ausführliche Darstellung der Arbeitspraxis bei der Datenerhebung. Um das Wörterzählen zu erleichtern, wurde eine mechanische Zählmaschine verwendet. Während die eine Mitarbeiterin fortlaufend die Anzahl der Buchstaben der Wörter nannte, drückte die andere die Tasten auf der Zählmaschine:

> „The operation of counting was greatly facilitated by the construction of a simple counting machine by which a registration of a word of any given number of letters was made by touching a button marked with that number. One of the counters, with book in hand, called off „five," „two," „three," etc., as rapidly as possible, counting the letters in each word carefully and taking the words in their consecutive order, the other registering, as called, by pressing the proper buttons. (Mendenhall 1901, S. 102)"

Buchstaben zu zählen, so Mendenhall, sei eine sehr anstrengende Arbeit („very exhausting") und länger als drei bis fünf Stunden am Tag nicht zu schaffen. Für die Bearbeitung des gesamten Korpus aus rund zwei Millionen Wörtern benötigten seine Mitarbeiterinnen mehrere Monate. Doch dank der Zählmaschine war dies lediglich ein Viertel der ursprünglich für die Arbeit veranschlagten Zeit (Mendenhall 1901, S. 102). Dieser Effizienzaspekt ist kennzeichnend für automatisierte Analysen: Ersparnis von Arbeitszeit und Ressourcen gilt als eines der schlagenden Argumente, um quantifizierende und algorithmische, später auch maschinen- oder rechnergestützte Verfahren in die (geistes-)wissenschaftliche Arbeitspraxis zu implementieren. Ein prominentes Beispiel dafür ist der katholische Theologe Roberto Busa (1913–2011), der 1946 für die Erstellung des „Index Thomisticus" ein rechnergestütztes Verfahren forderte, weil die Arbeit dadurch deutlich schneller zu erledigen war als mit Zettelkästen. Der ab 1949 mithilfe von Lochkartentechnik erstellte „Index Thomisticus" wurde ab 1974 in 56 gedruckten Bänden publiziert (Busa 1974–1980), 1989 war das Werk als CD-Rom erhältlich, später wurde es für die Veröffentlichung im Internet aufbereitet, wo es seit 2005 frei zugänglich ist (Busa 2005). Aufgrund seines visionären Lebenswerks gilt Busa international als einer der bedeutendsten Pioniere der Digital Humanities.

In Mendenhalls Augen war das Ergebnis seiner Forschungen überraschend („the result [...] was a decided surprise") und gleichermaßen überzeugend, denn Shakespeares Stilkurve erwies sich als sehr stabil („His [Shakespeare's] ‚characteristic curve' is most persistent [...]") (Mendenhall 1901, S. 102). Die Besonderheit in Shakespeares Stil bestehe darin, dass die durchschnittliche Wortlänge etwas weniger als vier Buchstaben betrage und dass Wörter, die aus vier Buchstaben bestehen, bei Shakespeare am häufigsten seien, während bei den meisten anderen untersuchten englischsprachigen Autoren Wörter, die aus drei Buchstaben bestehen, die häufigsten seien.

> „Shakespeare's vocabulary consisted of words whose average length was a trifle below four letters, less than that of any writer of English before studied; and his word of greatest frequency was the *four-letter* word, a thing never met with before. His preference for the four-letter word may be said, indeed, to constitute the striking characteristic of his composition." (Mendenhall 1901, S. 102, Hervorhebung im Original)

Mendenhall kann nachweisen, dass im Vergleichskorpus aus Texten von Bacon Wörter, die aus drei Buchstaben bestehen, die häufigsten sind. Daraus schließt er, „that Bacon could not have written the things ordinarily attributed to Shakespeare" (Mendenhall 1901, S. 104). Marlowe dagegen zeige eine Verteilung der Wortlängen, die jener von Shakespeare in frappierender Weise gleicht. Dies plausibilisiere die Hypothese, dass Marlowe der Urheber von Dramen sein *könnte*, die Shakespeare zugeschrieben werden (Mendenhall 1901, S. 105).

Mendenhall und vor ihm schon De Morgan machen deutlich, dass der Versuch der Klärung strittiger Autorschaftszuschreibungen einer der frühesten Anwendungsbereiche stilometrischer Untersuchungen war. Dieser Zweck blieb prominent auch in den darauffolgenden anderthalb Jahrhunderten bis in die Gegenwart. Ein jüngstes, immer wieder referiertes Beispiel ist der Kriminalroman „The Cuckoo's Calling" (2013), der von einem Autor namens Robert Galbraith geschrieben wurde. Nach einem anonymen Hinweis, dass es sich dabei um ein Pseudonym für Joanne K. Rowling (*1965) handle, konnten stilometrische Analysen diese Hypothese plausibilisieren, was Rowling kurz darauf auch bestätigte (Jannidis 2014, S. 169–170).

Im Vergleich zu modernen leistungsstarken und computergestützten Autorschaftsattributionsalgorithmen, die meist auf der Analyse multivariater Verteilungen beruhen, etwa durch Faktorenanalyse oder die von dem Anglisten John Burrows

(1928–2019) entwickelte und nach diesem benannte „Burrows' Delta Method", wirkt Mendenhalls Methode rudimentär. Doch blieben Wortlängen, gemessen nach der Anzahl der Buchstaben, bis etwa in die 1980er-Jahre eine stilometrische Referenzgröße, die erst im Zuge der Entwicklung preisgünstiger Personal Computer von diffizileren Instrumentarien verdrängt wurde.

Mendenhalls Forschungen sind ein exemplarisches Fallbeispiel auch für die Anverwandlung exaktwissenschaftlicher Verfahren und Konzepte im Kontext der Analyse geisteswissenschaftlicher Gegenstände. Sie zeigen, wie szientistische Verfahren in den Geisteswissenschaften oft von den Naturwissenschaften inspiriert sind und wie Geisteswissenschaften – meist mit einiger zeitlicher Verzögerung – auf Naturwissenschaften reagieren. Zur Erinnerung: Mendenhall nahm in seinem Aufsatz von 1887 Bezug auf die Spektralanalyse der Chemie und sprach demgemäß von „word-spectrum", „material analysis" und „wave-length". Die Spektralanalyse wurde von Kirchhoff und Bunsen 1859 in Heidelberg entwickelt, also rund dreißig Jahre zuvor. Diese Beobachtung lässt an die Emergenz des Genom-Begriffs denken, die ab etwa 2010 für wenige Jahre in den Digital Humanities zu beobachten war (Kaplan 2017). Als Beispiel einer solchen Begriffsübertragung von der Genetik in die Literaturwissenschaft kann der Beitrag „Computing and Visualising the 19th-Century Literary Genome" von Matthew L. Jockers (*1966) gelten (Jockers 2012), der von einem „literarischen Genom" spricht. Belegt ist auch der Begriff „culturomics", der ein Kunstwort in Analogie zum Begriff „genomics" ist. In einem vielbeachteten Beitrag zum Abschluss des Buchdigitalisierungsprojekts von Google definierten die Autorinnen und Autoren „culturomics" wie folgt: „Culturomics is the application of high-throughput data collection and analysis to the study of human culture. Books are a beginning […]" (Michel et al. 2011, S. 181).

Als Beginn der Genomik kann die DNA-Sequenzierung von Frederick Sanger (1918–2013) um 1975 gelten. Von den Anfängen der biologischen Genanalyse bis zu deren Rezeption in Form und Gestalt der „culturomics" vergingen etwas mehr als dreißig Jahre; zwischen der Erfindung der physikalischen Spektralanalyse bis zu Mendenhalls Applikation auf Sprachdaten in der Form des „word-spectrum" liegen ebenfalls etwa dreißig Jahre. Numerische und algorithmische Geisteswissenschaften lassen sich folglich auch als Teil einer szientistischen Imaginationsgeschichte verstehen, die auf die Naturwissenschaften bezogen ist.

4   Friedrich Wilhelm Kaeding

Als ein Beispiel für die Verwendung eines komplexen und in hohem Maße organisierten algorithmischen Verfahrens kann die Erstellung des ersten Häufigkeitswörterbuchs der deutschen Sprache von Friedrich Wilhelm Kaeding gelten. Der volle Werktitel lautet: „Häufigkeitswörterbuch der deutschen Sprache. Festgestellt durch einen Arbeitsausschuß der deutschen Stenographiesysteme" (1898). Der Zweck des Frequenzwörterbuchs, der bereits im Untertitel anklingt, gilt der Optimierung und Standardisierung von Stenografie. Bis zur Erfindung zuverlässiger und leicht handhabbarer Geräte für die elektroakustische Sprachaufzeichnung war Stenografie eine alternativ- und konkurrenzlose Kulturtechnik.

Stenografische Schreibsysteme sind jeweils nur für natürliche Einzelsprachen verwendbar. Sie operieren nach den Prinzipien der Kürzung und Zusammenziehung wiederkehrender sprachspezifischer Buchstaben-, Silben- und Wörterfolgen. Stenografie zielt darauf ab, häufige Wörter und häufige Buchstabenfolgen durch möglichst kurze, eindeutige und einfache Schriftzeichen abzubilden, um möglichst schnell schreiben zu können. Stenografinnen und Stenografen, die die deutsche Kurzschrift in ihrer höchsten Geschwindigkeitsstufe, der sogenannten Redeschrift, beherrschen, sind in der Lage, schneller zu schreiben, als eine Person spricht. Gegen Ende des 19. Jahrhunderts gab es, allein für die deutsche Sprache, viele hundert stenografische Schriftsysteme. Namhafte Pioniere der deutschsprachigen Kurzschrift waren der bayerische Ministerialbeamte Franz Xaver Gabelsberger (1789–1849), der Berliner Versicherungsbeamte und Privatgelehrte Heinrich August Wilhelm Stolze (1798–1867) und der Berliner Knopffabrikant und Schreibmaschinenhändler Ferdinand Schrey (1850–1938). Im Jahr 1897 wurde die „Systemurkunde der vereinfachten deutschen Stenographie" verabschiedet, die die Schreibsysteme von Stolze und Schrey vereinheitlichte. In der Schweiz ist das Stolze-Schrey-System bis heute Standard. Deutschland und Österreich ersetzten es 1924 durch die Deutsche Einheitskurzschrift (DEK), die nach einer Reformierung 1968 in die „Wiener Urkunde" umgewandelt wurde, die bis heute gültig ist. Die DDR trat 1970 diesem Regelwerk bei (Bernhart 2015, S. 168; vgl. auch Hesse 2008).

Kaeding wurde 1843 in Rathenow geboren, besuchte dort das Gymnasium bis zur Sekunda und zog 1868 nach Berlin. Ab 1873 war er bei der Reichsbank tätig: ab 1882 als Kalkulator, ab 1895 als Oberkalkulator, ab 1899 als Rechnungsrat und ab 1910 als Geheimer Rechnungsrat. Zusammen mit dem Stenografen Adolf Dreinhöfer (1852–1896) gründete er 1874 den Verband Stolze'scher Stenografenvereine. Er schrieb zahlreiche Fachbeiträge zur Stenografie, war nacheinander Mitglied verschiedener Stenografenorganisationen, „an der Entwicklung des Stolze-Schrey-Systems beteiligt und um Vermittlung zwischen den verschiedenen Stenografie-Schulen bemüht" (Best 2009, S. 81). Kaeding starb 1928, vermutlich in Berlin.

Im September 1891 beschloss der Stolzetag, die jährliche Hauptversammlung des Verbandes Stolze'scher Stenografenvereine, die Durchführung von „Untersuchungen zur Feststellung der Häufigkeit der Wörter, Silben und Laute in der deutschen Sprache" und beauftragte Kaeding mit deren Planung und Leitung. Der Verband steuerte „an Geldmitteln mehr als die Hälfte des ganzen Bedarfes" bei. Durch wen die andere Hälfte bestritten wurde und wie hoch der gesamte Mittelbedarf war, teilt Kaeding nicht mit (Kaeding 1898, S. 7). Der Arbeitsaufwand war gewaltig: Zwischen 1891 und 1897 waren insgesamt über 1000 Personen beschäftigt, um Wörter, Silben und Buchstaben zu zählen und diverse Berechnungen zu erstellen. Diese Arbeitsleistung erfolgte unentgeltlich. Unterstützt wurde das Vorhaben durch zahlreiche Aufrufe in stenografischen Fachzeitschriften und der Tagespresse, um möglichst viele stenografiebegeisterte Menschen für die Mitarbeit zu gewinnen (Kaeding 1898, S. 8).

Das Korpus, das bewältigt wurde, war enorm. Es bestand aus annähernd elf Millionen Wörtern (genau 10.906.325 Wörter im Sinne von Types, 258.173 Wörter im Sinne von Tokens)[1] bzw. 60,5 Mio. (genau 60.558.018) Buchstaben (Kaeding 1898, S. 25, 43, 513). Zum Vergleich: Unter den deutschsprachigen Häufigkeitswörterbuchprojekten wird erst Inger Rosengrens „Frequenzwörterbuch der deutschen Zeitungssprache" (1972–1977), das am Rechenzentrum der Universität Hamburg erstellt wurde, mit rund 12,4 Mio. ausgewerteten Wörtern Kaedings Korpusumfang, wenn auch nur geringfügig, übertreffen (Rosengren 1972, Bd. 1, S. XXIII). Kaeding war daran gelegen, dass das auszuwertende Korpus (Kaeding spricht von „Zählstoff") möglichst unterschiedliche Wissensgebiete und Textsorten umfasst. So berücksichtigte er juristische, ökonomische, theologische, medizinische, geschichtswissenschaftliche, militärische und andere Fachtexte, Bücher, Zeitungsartikel, Briefe, belletristische Texte und die Bibel (Kaeding 1898, S. 11).

Der Algorithmus des Großunternehmens wurde in den sogenannten „Arbeitsanweisungen" festgehalten. An deren Entwicklung war „der Leiter des Königlich Preußischen Statistischen Büreaus, Herr Geheimer Oberregierungsrat Blenck in Berlin" beratend beteiligt (Kaeding 1898, S. 22). Kaeding bezieht sich hier auf Emil Blenck (1832–1911), den Präsidenten des Preußischen Statistischen Bureaus. Die „Arbeitsanweisungen" gliederten sich in zwölf „Abteilungen". Diese waren dezentrale Organisationseinheiten, die über mehrere räumliche Standorte verteilt waren.

In der „Abteilung 1", die die „Anfangsarbeit" leistete, waren 665 Mitarbeiter tätig. Sie hatten

> „die Aufgabe, die sämtlichen zur Zählung bestimmten Wörter auf einzelne Zählzettel auszuschreiben und dadurch die Grundlage für die weitere Verarbeitung zu bilden. Von den beiden Möglichkeiten „Strichelung" und „Zählzettel" wählte der Arbeitsausschuß den sichersten Weg, das Ausschreiben *jedes Wortes* der zu untersuchenden Druckbogen auf einen besonderen Zählzettel von 3 cm Höhe und 7 cm Länge." (Kaeding 1898, S. 22, Hervorhebung im Original)

Die „Abteilung 2", in der 167 Mitarbeiter tätig waren, bestand aus den „Sammelstellen":

> „Je 100.000 Wörter bildeten einen größeren Arbeitsteil, „Sammelstelle" genannt, und solcher Arbeitsteile waren 100 nötig, um die als zweckmäßig erkannte Zahl von 10 Millionen Wörtern unterzubringen." (Kaeding 1898, S. 23)

In den Sammelstellen wurden die Zählungen aus den „Anfangsarbeiten" zu Teilkorpora von jeweils 100.000 Wörtern zusammengeführt:

---

[1] „Type" und „Token" sind linguistische Fachtermini. „Type" meint einen Begriff in normalisierter sprachlicher Form, wie er als Lemma Eingang in ein Wörterbuch finden kann. Als „Tokens" werden Wörter in ihrem konkreten Gebrauch einschließlich Numerus-, Kasus-, Tempus- und weiterer Markierungen bezeichnet. „Hundes" und „Hunde" beispielsweise sind Tokens zum Type „Hund", „fährst", „gefahren" oder „fahre" Tokens zum Type „fahren", „kleiner", „kleines" oder „kleinstem" Tokens zum Type „klein". Das Verhältnis zwischen Types und zugeordneten Tokens („Type-Token-Relation", TTR) gilt als wichtige Kennzahl in der Stilometrie.

„Die Inhaber der Sammelstellen hatten die Pflicht, die ihnen von den „Anfangsstellen" zugehenden alphabetisch vorgeordneten Zettel in eine einzige alphabetische Ordnung zu bringen, [...] das Ganze doppelt zu prüfen und Einheitszettel für jedes Wort ihrer Stelle zu schreiben." (Kaeding 1898, S. 24)

In der „Abteilung 3" führten 106 Mitarbeiter die „Buchungen" durch: Anhand der „Einheitszettel" aus der Abteilung 2 und der „Zählzettel" aus der Abteilung 1 wurden hier „Buchungspäckchen" gebildet und für jedes einzelne Wort ein „Buchungsblatt" erstellt. Darin wurden die Häufigkeiten nach ihrer Verteilung über die „Wissensgebiete" (juristisch, kaufmännisch, theologisch etc.) untergliedert. Es gab 84 Buchungsstellen (Kaeding 1898, S. 25–31).

In der „Abteilung 4" erfolgte die „Anlegung der alphabetischen Nachweisung". 94 Mitarbeiter wirkten hier mit. Es wurde „*eine einzige* alphabetische Liste des ganzen Stoffes aufgestellt"; sie „umfaßt[e] 817 Hefte von je 5 Bogen, also 4085 Bogen". „Jedes Heft wurde für sich doppelt aufgerechnet, nachdem die Eintragungen doppelt geprüft worden waren." Die dabei ermittelte Fehlerquote beträgt „0,00019 % der Wörter": „eine Zahl, die für die peinliche Sorgfalt bei der Arbeit spricht", wie Kaeding kommentiert (Kaeding 1898, S. 31–32, Hervorhebung im Original).

Die „Abteilung 5" hatte 148 Mitarbeiter und zerlegte zusammengesetzte Wörter in ihre alphabetisch geordneten Glieder, die „Abteilung 6" (72 Mitarbeiter) war für die „Zerlegung der einfachen Wörter und der nach der Abtrennung der Vorsilben übrig gebliebenen Wörter und Wortstümpfe" zuständig, in der „Abteilung 7" zerlegten 68 Mitarbeiter die „Wörter in die Unterbestandteile: Konsonanten und Vokale", in den Abteilungen 8 bis 11 schließlich wurden Überblickslisten aller Vor-, End- und Nebensilben sowie aller Vokale und Konsonanten erstellt. Die „Abteilung 12a und b" erbrachte „die Schlußarbeitsanweisungen für die Nachprüfung der alphabetischen Liste und der Liste der nackten Stämme", 50 Mitarbeiter und „Herr Pastor Koch in Tröchtelborn" waren damit betraut (Kaeding 1898, S. 32–37). Gemeint ist Otto Gustav Koch (1849–1919), der von 1877 bis zu seinem Tod 1919 evangelischer Pfarrer in Tröchtelborn, einem kleinen Ort im Landkreis Gotha, war (Pfarrerbuch der Kirchenprovinz Sachsen 2007, S. 48).

Bemerkenswert ist das Vokabular, das Kaeding für die Beschreibung der „Abteilungen" wählt: Von Buchungen, Buchungsblättern, Büchern, doppelter Aufrechnung und doppelter Prüfung ist die Rede, was erkennen lässt, dass hier ein Finanzbuchhalter am Werk war. Begriffe wie „Verarbeitung", „Zerlegung", „Abtrennung" und „Wortstümpfe" lassen an eine Fabrik denken, in der Bestandteile und Materialien zu einem neuen Produkt verarbeitet oder veredelt werden.

Im Jahre 1896 war die Arbeit abgeschlossen. Eine Kurzfassung der Forschungsergebnisse erschien noch im selben Jahr in der *Zeitschrift des Königlich Preussischen Statistischen Bureaus* (Kaeding und Amsel 1896). 1897, ein Jahr später, wurden ein erster und ein zweiter Teil des Häufigkeitswörterbuchs, vermutlich als Vorabdrucke, veröffentlicht. Diese beiden Teile tragen 1897 als Erscheinungsjahr im Titel. Sie wurden 1898 zusammengeführt und um ein zusätzliches Titelblatt, datiert mit 1898, ein Inhaltsverzeichnis und ein Vorwort erweitert (Bernhart 2015, S. 166). Nicht ohne Stolz und Pathos schrieb Kaeding im ersten Absatz seines Vorworts:

„Mit dem vorliegenden Werke übergebe ich dem deutschen Volke die Ergebnisse einer mehr als fünfjährigen angestrengten Arbeit vieler Personen mit dem Wunsche, daß die erreichten Feststellungen brauchbare Unterlagen für weitere wissenschaftliche Forschungen bieten mögen. Ich bin überzeugt, daß trotz der aufgewendeten Mühe, nicht alle von den verschiedenen Kreisen zu stellenden Fragen ihre Beantwortung finden werden, man erhält aber überall die Grundlage für die zu bestimmten Zwecken erforderlichen Anschlußarbeiten und Ergänzungen, da der Stoff bis in die kleinsten Einzelheiten zergliedert und übersichtlich zusammengestellt worden ist." (Kaeding 1898, S. 1)

Kaedings Wunsch, dass das Häufigkeitswörterbuch eifrig genutzt und als Grundlage zahlreicher Anschlussforschungen dienen möge, wurde enttäuscht. Ob und inwiefern die ab 1896 vorliegenden Ergebnisse aus Kaedings Projekt tatsächlich in die Optimierung der deutschen Stenografie bzw. unmittelbar in die Formulierung der „Systemurkunde der vereinfachten deutschen Stenographie" von 1897 eingeflossen sind, lässt sich nicht genau sagen. Denn die Geschichte der deutschen Stenografie ist bislang nur fragmentarisch und wenig systematisch erforscht (zuletzt Hesse 2008). Verdächtig jedenfalls erscheint, dass im zeitgenössischen Kontext der „Systemurkunde" kaum von Kaeding die Rede ist. Im Vorwort bedauerte Kaeding das Desinteresse der akademischen Sprachwissenschaft an der Entwicklung des Häufigkeitswörterbuchs und auch am Ergebnis selbst. Sogar Stenografenkollegen, klagte er, hätten ihre Anregungen und Vorschläge oft zu spät oder nur widerwillig eingebracht (Kaeding 1898, S. 10).

Kaedings Häufigkeitswörterbuch fügt sich in die Tradition umfangreicher zettelkasten- und papierbasierter Datenbanken des 19. und 20. Jahrhunderts ein. Für den Bereich der Paläontologie sind solche von David Sepkoski exemplarisch untersucht worden (Sepkoski 2017). Das Häufigkeitswörterbuch enthält nur einen Teil der Forschungsdaten, die im Zuge des Unternehmens ermittelt und berechnet wurden. Daher übergab Kaeding das vollständige Datenmaterial nach Abschluss der Arbeit der Königlichen Bibliothek in Berlin, denn es sollte für Nachnutzungen und spätere Forschungen zugänglich bleiben (Kaeding 1898, S. 31). So liegt heute das vollständige Archiv von Kaedings Wörterbuchprojekt in der Handschriftenabteilung der Staatsbibliothek zu Berlin. Es trägt die Signatur „Nachlass 394" und umfasst 153 Archivkästen.

Erst in der zweiten Hälfte des 20. Jahrhunderts rückt Kaedings Leistung nach und nach in das wissenschaftliche und gesellschaftliche Bewusstsein. Beispiele seiner späten Rezeption sind der Nachdruck (in Auszügen) des Häufigkeitswörterbuchs als vierter Band der von Bense herausgegebenen „Grundlagenstudien aus Kybernetik und Geisteswissenschaft" (Kaeding 1963), die Nutzung des Datenmaterials für sprachdidaktische Zwecke durch Wolf Dieter Ortmann (Ortmann 1975–1979), die wörterbuchgeschichtliche Kontextualisierung von Willy Martin (Martin 1990) oder der Nachdruck des ersten Ergebnisberichts von 1896 in der vom Deutschen Bundesamt für Statistik herausgegebenen Zeitschrift „Wirtschaft und Statistik" (Kaeding und Amsel 2007).

5 Karl Groos

Karl Groos, der ins 20. Jahrhundert überleitet, wird in der Forschung kontrovers bewertet: Den einen gilt er als ein „Pionier [...] der Farbwortforschung" (Bernhart 2008, S. 74), andere sehen in seinen Arbeiten „frappierende [...] Ergebnislosigkeit" und „Sinnlosigkeit" (Müller-Tamm 2016, S. 316 und 319). Groos, gebürtig aus Heidelberg, war Professor für Psychologie in Gießen, Tübingen und Basel. Seine Arbeitsschwerpunkte waren die Kinder- und Entwicklungspsychologie, Theorien des Spiels und die Erforschung von Darstellungen visueller und auditiver Sinneswahrnehmungen in Literatur. In diesem zuletzt genannten Themenbereich lag sein Erkenntnisinteresse auf dem Gebiet der „objektiven Psychologie". Diese diene nicht nur „der Erforschung einer Individualität und ihrer Entwicklung", sondern auch der „Typenpsychologie", weil ihre Beobachtungen und Erkenntnisse „nicht für diesen oder jenen, sondern für jeden Menschen gelten" (Groos und Groos 1909, S. 559). Der erste Arbeitsschritt gelte der Erforschung der „psychologische[n] Eigenart des Künstlers" (Groos et al. 1912, S. 411), also der Ableitung eines individuellen Psychogramms, von dem in weiteren Schritten überindividuelle psychische Verhaltensmuster abstrahierbar seien. Mithilfe numerischer Erhebungen und statistischer Methoden versuchte Groos „die literarische Produktion hervorragender Persönlichkeiten" zu ergründen (Groos und Groos 1909, S. 559), namentlich von Shakespeare, Friedrich Schiller (1759–1805), Johann Wolfgang Goethe (1749–1832) und Richard Wagner (1813–1883).

Seine Ideen zur Erforschung der „psychologischen Eigenart" von Künstlerpersönlichkeiten auf empirischem Wege ließ Groos zunächst von seinen Schülern Ludwig Franck (1882–1973) und Moritz Katz (*1881) in deren Dissertationen modellieren und erproben. Franck untersuchte die Farbwortverwendung in Werken von Goethe (Franck 1909), Katz die Schilderung synästhetischer Wahrnehmung im Wortschatz von Ludwig Tieck (1773–1853), E. T. A. Hoffmann (1776–1822) und Robert Schumann (1810–1856) (Katz 1910). Gleichzeitig extrahierte er selbst aus Texten Shakespeares, Schillers, Goethes und Wagners sehr umfangreiches Datenmaterial. Tatkräftig unterstützt wurde er dabei von seiner Tochter Marie und von Ilse Netto, einer Freundin der Familie. Bezeichnenderweise kommen auch hier wieder weibliche menschliche „Computer" zum Einsatz, die hier allerdings nicht bloß – wie bei Mendenhall – im Beitrag als Mitarbeiterinnen erwähnt werden, sondern mit ihren Namen auch als Mitautorinnen der Aufsätze auftreten (Groos und Groos 1909, 1910; Groos und Netto 1910; Groos et al. 1912). Ihre deklarierte Mitautorschaft lässt ein Verständnis kollaborativer Forschungspraxis erkennen, die im 20. Jahrhundert, zunächst in naturwissenschaftlichen Disziplinen, zunehmend üblich sein wird. Bei Ilse Netto handelt es sich um die Tochter von Eugen Netto (1846–1919), der ab 1888 an der Universität Gießen als Professor für Mathematik tätig war und unter dessen Schriften im thematischen Zusammenhang dieses Beitrags der Aufsatz

„Ueber einen Algorithmus zur Auflösung numerischer algebraischer Gleichungen" Erwähnung verdient (Netto 1887).[2]

Groos ging davon aus, dass „hervorragende [...]" Dichter wie Goethe oder Schiller eine ausgesprochen elaborierte Verwendung von Farbbegriffen zeigten, die sich auch in der quantitativ gehäuften Verwendung von Farbbegriffen niederschlage. Er erfasste dazu Begriffe aus den Wortfeldern der Farben, die er nach „Bunte[n] Farben" und „Andere[n] Qualitäten" unterschied. Zu den bunten Farben zählte Groos die Fokalfarben Rot, Grün, Blau und Gelb und die Begriffe „bunt" und „farbig", zu den „Andere[n] Qualitäten" zählte er „Neutrale Farben" wie Schwarz, Weiß und Grau, „Hell" und „Dunkel". Die Abb. 1 zeigt Groos' Einteilung der Farben nach Gruppen und die relative Verteilung von Farbenbezeichnungen in Goethes und Schillers Lyrik.

Schwierigkeiten bereitete jedoch die Interpretation der empirisch ermittelten Daten. Karl und Marie Groos verglichen Schillers Jugendlyrik mit Goethes „Urfaust" und stellten fest:

> „Man bedenke, daß Schillers Jugendlyrik in über 18.000 Worten 68 bunte Farben aufweist und daß in dem „Urfaust" Goethes [...] nur sechsmal bunte Farben genannt sind, fünfmal rot und einmal grün. Wir konstatieren den ungeheuren Unterschied; ein Werturteil soll damit nicht ausgesprochen sein." (Groos und Groos 1909, S. 565–566)

Vor einem „Werturteil" schreckten Karl und Marie Groos zurück. Denn gemäß ihrer Hypothese würde der „ungeheure [...] Unterschied" nahelegen, dass entweder Goethe ein weniger talentierter Dichter als Schiller oder der „Urfaust" eine geringerwertige literarische Schöpfung wäre als Schillers frühe Lyrik. Indem sich Groos darauf verlegte, aus dem Datenmaterial die „psychologische Eigenart des Künstlers" zu erforschen, blieb ihm eine plausible Interpretation verwehrt: Er konnte in den Daten lediglich autorspezifische Information erkennen und war nicht in der Lage, seine Beobachtungen dahingehend zu deuten, dass er nicht einem autor- oder textspezifischen Muster auf der Spur war, sondern einem solchen, das spezifisch für unterschiedliche literarische Gattungen sein könnte.[3] Denn Lyrik ver-

---

[2] Der Verfasser dankt Ulf Hashagen für den Hinweis auf dieses Verwandtschaftsverhältnis und Eva-Marie Felschow vom Universitätsarchiv der Justus-Liebig-Universität Gießen für den Hinweis auf die Todesanzeige für Eugen Netto, die belegt, dass Ilse Netto dessen Tochter war. Zu Eugen Netto vgl. Beutelspacher 1999 und Hashagen 2003, S. 132–134. Zu Ilse Netto vgl. die Todesanzeige für Eugen Netto im Gießener Anzeiger vom 14. Mai 1919, die ferner nachweist, dass Ilse Netto nach ihrer Heirat den Nachnamen Laqueur führte. Dies wiederum gibt einen Hinweis auf ihre Ehe mit dem Berliner Arzt August Laqueur (1875–1954), der um 1935 als vom Nationalsozialismus verfolgter Jude mit seiner Familie ins Exil in die Türkei ging. Kinder von Ilse und August Laqueur waren der deutsche Diplomat Kurt Laqueur (1914–1997) und Marianne Laqueur (1918–2006), die bis zum Tod ihrer Mutter Ilse (vermutlich um 1960) in der Türkei lebte, sodann an unterschiedlichen Orten auf der Welt als Informatikerin tätig war und in den 1980er-Jahren nach Wiesbaden zog und als Kommunalpolitikerin für Bündnis 90/Die Grünen tätig war (Kreiner 2005).

[3] In den Details ist Groos' Analyse komplexer. Er vergleicht in der zitierten Textpassage Goethes „Urfaust" und Schillers Jugendlyrik auch mit einem Gedicht aus der Sammlung „Der Traum der Treue" (1907) von Albert H. Rausch (1882–1949). Im Sinne der hier interessierenden Argumente darf dieser Aspekt ausgeklammert bleiben.

Tabelle III.
Verhältnis der optischen Qualitäten untereinander in Prozenten.

	Goethes Lyrik (nach Franck)[1]			Schillers Lyrik	
	1. Periode	2. Periode	3. Periode	1. Periode	3. Periode
Bunte Farben . .	22,3	24,1	22	24,64 (23,03)[2]	22,95 (20,18)
Rot (u.Verwandtes)	7,3	6,3	3,6	15,94 (15,73)	7,94 (6,95)
Grün „ „	5,8	6,8	5,6	1,81 (1,4)	7,08 (6,5)
Blau „ „	3,3	4,3	2,8	3,26 (2,53)	4,25 (3,37)
Gelb „ „	0	0,9	0,4	1,45 (1,12)	0 (0)
Bunt, farbig . . .	5,8	5,8	9,6	2,18 (2,25)	3,68 (3,36)
Andere Qualitäten.	77,7	75,9	78	75,36 (76,97)	77,05 (79,82)
Neutrale Farben	43	35,3	31	27,17 (26,41)	32,58 (34,98)
Hell	10	13,5	14	7,97 (7,3)	13,6 (13,9)
Dunkel	30	17,8	14	15,94 (16,57)	16,71 (19,06)
Stumpfe Farben	0,8	1,9	4	1,81 (1,4)	1,42 (1,12)
Glanz,Glut,Schein	20	26,6	27	31,89 (33,43)	30,59 (32,51)
Durchsichtigkeit. .	0,8	6,3	8,8	—	—
Golden u. Silbern	13,1	5,8	7,2	14,49 (15,73)	12,46 (11,21)
Golden	9	4,35	5,6	9,78 (11,8)	9,63 (8,97)
Silbern	4,1	1,45	1,6	4,71 (3,93)	2,83 (2,24)

Abb. 1 Verhältnis der optischen Qualitäten untereinander in Prozenten in der Lyrik Schillers (Groos und Groos 1909, S. 571). Mit freundlicher Genehmigung der Universitätsbibliothek Heidelberg und des Meiner Verlags

wendet – bezogen auf die Gesamtzahl der Wörter eines Textes – am meisten Farbwörter, gefolgt von erzählenden Texten an zweiter und dramatischen Texten an dritter Stelle. Groos konnte dies jedoch in solcher Deutlichkeit schwerlich erkennen, weil vergleichende Forschungen noch nicht vorhanden waren (vgl. dazu ausführlich Bernhart 2003, S. 61–70; Bernhart 2008, S. 72–77). Ähnlich ratlos stand Groos auch vor der empirisch gewonnenen Erkenntnis, dass Goethe von allen untersuchten Dichtern im Verhältnis zur Wörtermenge der Untersuchungstexte am wenigsten Bezeichnungen für bunte Farben verwendet:

> „Ich habe schon wiederholt [...] darauf hingewiesen, daß unsere Methode nur über die tatsächliche Verwertung der Sinnesdaten sichere Aufschlüsse geben kann. Sie ist exakt, soweit sie Feststellungen über den „ästhetischen Gegenstand", also über das literarische *Kunstwerk* gibt. Jeder Schluß, der von hier aus auf die psychologische Eigenart des *Künstlers* gezogen wird, darf nur noch größere oder geringere Wahrscheinlichkeit für sich in Anspruch nehmen. Wie leicht man sich dabei irren kann, zeigt unsere Reihenfolge. Es liegt so nahe,

an die visuelle *Veranlagung* der verschiedenen Dichter zu denken [...] Aber es bedarf dabei großer Vorsicht. Denn *Goethe* steht ja an der *untersten Stelle* der Reihe! Daß er eine schwache visuelle Phantasie besaß, wird darum niemand glauben. Er ist nur äußerst sparsam in der künstlerischen Verwertung der Sinnesqualitäten [...] Die ästhetische Bedeutung unseres Materials liegt wohl überwiegend in dem Schmuckwert und dem Stimmungswert, der mit einem beträchtlichen Teil der Ausdrücke verbunden ist. Suchen wir von den errechneten Resultaten aus in die künstlerische Eigenart des Dichters einzudringen, so werden wir gut tun, gerade diesen Gesichtspunkt zu wählen." (Groos et al. 1912, S. 411–412, Hervorhebungen im Original)

Die Hypothese, dass sich spezifische Dichterqualitäten oder eben die „visuelle Phantasie" eines Dichters in hochfrequenten Farbwortverwendungen ausdrücken würden, lässt sich laut Groos nicht bestätigen. Eher lasse sich in den Häufigkeitsverteilungen ein ästhetischer „Schmuckwert" und „Stimmungswert" der Farben erkennen. Nach jahrelanger aufwändiger Arbeit verabschiedet sich Groos mit diesem Aufsatz von 1912 von der statistischen Methode der „objektiven" Psychologie und wird den Ansatz auch zeit seines Lebens nie mehr aufgreifen.

Groos' Forschungen bewegen sich im Kontext der empirischen Ästhetik der Zeit (Bernhart 2010; Müller-Tamm et al. 2014). Doch Groos hat etwas gesucht („die psychologische Eigenart des Künstlers") – und etwas anderes gefunden, dessen er sich nicht bewusst war. An mehreren Stellen in seinen zahlreichen Abhandlungen (so auch in der Übersicht in Abb. 1) macht Groos explizit oder implizit darauf aufmerksam, dass die von ihm so bezeichneten neutralen Farben Schwarz und Weiß in allen untersuchten Texten häufiger verwendet werden als alle bunten Farben zusammen. Unter diesen wiederum rangieren meist Rot, Grün, Blau und Gelb in ebendieser Reihenfolge ihrer Ränge. Diese Beobachtungen – vor allem im Bereich der insgesamt häufigsten Farben Schwarz, Weiß und Rot – zeigen eine frappierende Ähnlichkeit zu dem universalsprachlichen Modell der Grundfarbkategorien, das rund sechzig Jahre später Brent Berlin (*1936) und Paul Kay (*1934) erstmals formulieren werden (Berlin und Kay [1969] 1991, S. 1–14).

Auch wenn Groos nach seinem Aufsatz von 1912 nie wieder statistische Verfahren für Textanalysen verwendet, reflektiert er in einer rückblickenden Erinnerung von 1921 seine quantitativen Ansätze wie folgt:

„Aber das Arbeiten mit der Zahl scheint doch auch Unersetzliches zu bieten. Ich denke da hauptsächlich an zwei Vorteile. Erstens können wir auf Grund von zahlenmäßigen Feststellungen in einer objektiveren Weise vergleichen, sei es nun, daß es sich um die Eigenart verschiedener Individuen, sei es, daß es sich um verschiedene Perioden in der Entwicklung derselben Persönlichkeit handelt. Und zweitens treibt das Fixieren von Zahlen sozusagen automatisch neue Fragestellungen aus sich heraus, auf die eine andere Methode gar nicht verfallen würde." (Groos 1921, S. 109–110)

Anders als Mendenhall, der bei der Verwendung menschlicher „Computer" und einer Zählmaschine den Aspekt der Effizienz im Sinne schnellerer Arbeit in den Vordergrund stellt, weist Groos mit seinem zweiten Punkt auf die Möglichkeit hin, dass quantifizierende Verfahren „sozusagen automatisch" neue Forschungsfragen generierten. Andere Methoden, er meint damit wohl die traditionellen hermeneutischen Methoden seines Faches, würden zu solchen neuen Fragen gar nicht erst führen. Eine vergleichbare Argumentation spielt in den Digital Humanities eine wichtige Rolle, wenn darauf verwiesen wird, dass Algorithmen in nicht unwesentlichem Maße dazu beitrügen, weiterführende und erweiternde Fragen aufzuwerfen. Die Methoden und Werkzeuge der Digital Humanities lieferten demnach weniger ein Ergebnis im Sinne einer Erkenntnis, sondern dienten wesentlich der Heuristik auf dem Weg zur Interpretation. Was Franco Moretti (*1950) über abstrakte Literaturlandkarten als Methode schreibt, kann in gleichem Maße auch für die Methode des „Distant Reading" gelten:

> „[…] you *reduce* the text to a few elements, and *abstract* them from the narrative flow, and construct a new, *artificial* object like the maps that I have been discussing. And with a little luck, these maps will be *more than the sum of their parts:* they will possess „emerging" qualities, which were not visible at the lower level. […] Not that the map is itself an explanation, of course: but at least, it offers a model of the narrative universe which rearranges its components in a non-trivial way, and may bring some hidden patterns to the surface." (Moretti 2005, S. 53–54, Hervorhebungen im Original)

In den Digital Humanities spielen sowohl der Aspekt der Effizienz als auch der Effekt der intellektuellen Bewusstseins- und Horizonterweiterung eine große Rolle. Der Effizienzaspekt ist wichtig, wenn es darum geht, sehr große Datenmengen („Big Data") zu bewältigen. Der Inspirationseffekt ist wichtig, wenn die Bedeutung quantitativ-algorithmischer Verfahren für die Hervorbringung neuer Forschungsfragen betont werden soll. Angelegt finden sich die beiden Aspekte bereits bei Mendenhall und Groos.

6 Fazit und Ausblick

Die Wissenschaftler, die im 19. Jahrhundert mit quantitativ-algorithmischen Verfahren an die Gegenstände der Geisteswissenschaften herangehen, sind in erster Linie Vertreter der Naturwissenschaften und der Mathematik. Dagegen verwenden Forscher, die mit solchen Gegenständen professionell betraut sind, quantitative und algorithmische Verfahren noch kaum. Algorithmische Verfahren werden in der frühesten Geschichte der Digital Humanities also eher von den Naturwissenschaften an die Geisteswissenschaften herangetragen, als dass sie dort aus eigener Initiative gesucht, entwickelt und angewendet würden.

Bezeichnend ist ferner, dass sich Naturwissenschaftler oft scheinbar spontan und sozusagen im Nebenberuf mittels quantitativ-algorithmischer Verfahren geisteswissenschaftlichen Forschungsgegenständen und -fragen nähern. Oft befassen sie sich dabei mit Problemen, die in den eigentlich dafür zuständigen Disziplinen als hoch virulent gelten (etwa die Frage der Verwandtschaft von Sprachen und der Entschlüsselung von Hieroglyphen bei Young oder die Frage der unklaren Texturheberschaft Shakespeares bei Mendenhall). Weil sich in solchen Fällen allerdings „fremde" Disziplinen mit den „eigenen" Fragen befassen, kommt es kaum zu einem Transfer der gewonnenen Daten und Erkenntnisse in die zuständigen geisteswissenschaftlichen Disziplinen. Dies hat aus wissenschaftssoziologischer Perspektive zur Folge, dass durch Quantifizierung und Algorithmen gewonnenes Wissen in den Geisteswissenschaften bis weit ins 20. Jahrhundert isoliert und ungenutzt bleibt und nicht als anschlussfähig gilt.

Im 20. Jahrhundert werden vermehrt quantitativ-operationalisierende und algorithmische Verfahren verwendet, um geisteswissenschaftliche Fragestellungen und Probleme zu bearbeiten. Wichtige Zentren in der zweiten Hälfte des 20. Jahrhunderts bilden in Deutschland die Gruppen um den Physiker Wilhelm Fucks (1902–1990) in Aachen (Fucks 1968) und um den Philosophen Max Bense mit seinen Schülern Rul Gunzenhäuser (1933–2018) und Theo Lutz (1932–2010) in Stuttgart (Bense 1962; Kreuzer und Gunzenhäuser 1965). Ihren vorläufigen Höhepunkt finden algorithmische Verfahren in den Digital Humanities des 21. Jahrhunderts.

Die Geschichte quantitativer und algorithmischer Verfahren in den Geisteswissenschaften ist erst in Ansätzen erforscht (Hoover 2007; Kelih 2008; Twellmann 2015; Bernhart et al. 2018), auch eine Wissenschaftsgeschichte digitaler Kulturen konstituiert sich erst zaghaft (Daston und Lunbeck 2011; Aronova et al. 2017). Vergleiche der Entwicklungen in den Geisteswissenschaften mit jenen in den Naturwissenschaften können dementsprechend nur mit Vorsicht und unter Vorbehalt gezogen werden. Während epistemische Transformationen und ein verändertes Agenda-Setting durch algorithmische Wissenskulturen in den Naturwissenschaften bereits in den 1960er-Jahren zu beobachten sind, ist eine annähernd vergleichbare Entwicklung in den Geisteswissenschaften erst im Zuge der Etablierung der Digital Humanities zu Beginn des 21. Jahrhunderts erkennbar. Lediglich die exakte Ästhetik um 1900 und die geisteswissenschaftliche Kybernetik der 1950er- und 1960er-Jahre waren frühe Phasen, während welcher man eine gewisse, wenn auch nur sehr partielle Akzeptanz quantitativ-algorithmischer Wissensgenerierung in den Geisteswissenschaften annehmen kann.

Möglicherweise sind sich Naturwissenschaften auf der einen und Geisteswissenschaften auf der anderen Seite darin ähnlich, dass sowohl der Effizienzaspekt als auch der Inspirationseffekt ausschlaggebend für die Implementierung algorithmischer Verfahren in die Forschungsroutinen sind. Denn algorithmische Verfahren können in zweierlei Richtung hilfreich sein: um Wissenschaft zu betreiben und um Wissenschaft lebendig zu erhalten.

Literatur

(Ohne Autor): Augustus Hemenway Dead Near Boston. Helped Start the Metropolitan Park System, Served as a Harvard Overseer. In: The New York Times, 26. Mai 1931, S. 33.
Aronova, Elena; Oertzen, Christine von; Sepkoski, David: Introduction – Historicizing Big Data. In: Osiris 32 (2017), H. 1, S. 1–17.
Bense, Max: Theorie der Texte. Eine Einführung in neuere Auffassungen und Methoden. Köln, Berlin: Kiepenheuer & Witsch 1962.
Berlin, Brent; Kay, Paul: Basic Color Terms. Their Universality and Evolution. Berkeley, Los Angeles, Oxford [1969] 1991.

Bernhart, Toni: „Adfection derer Cörper". Empirische Studie zu den Farben in der Prosa von Hans Henny Jahnn. Wiesbaden: Deutscher Universitätsverlag 2003.
Bernhart, Toni: Die Vermessung der Farben in der Sprache. Zur Berlin-Kay-Hypothese in der Literaturwissenschaft. In: Zeitschrift für Literaturwissenschaft und Linguistik (LiLi) (2008), H. 150, S. 56–78.
Bernhart, Toni: Dialog und Konkurrenz. Die Berliner „Vereinigung für ästhetische Forschung" 1908–1914. In: Scholl, Christian; Richter, Sandra; Huck, Oliver (Hrsg.): Konzert und Konkurrenz. Die Künste und ihre Wissenschaften im 19. Jahrhundert. Göttingen: Universitätsverlag Göttingen 2010, S. 253–276.
Bernhart, Toni: „Von Aalschwanzspekulanten bis Abendrotlicht". Buchstäbliche Materialität und Pathos im „Häufigkeitswörterbuch der deutschen Sprache" von Friedrich Wilhelm Kaeding. In: Klausnitzer, Ralf; Spoerhase, Carlos; Werle, Dirk (Hrsg.): Ethos und Pathos der Geisteswissenschaften. Konfigurationen der wissenschaftlichen Persona seit 1750. Berlin, Boston 2015, S. 165–189.
Bernhart, Toni: Quantitative Literaturwissenschaft. Ein Fach mit langer Tradition? In: Bernhart, Toni et al. (Hrsg.): Quantitative Ansätze in den Literatur- und Geisteswissenschaften. Systematische und historische Perspektiven. Berlin, Boston: De Gruyter 2018, S. 207–219.
Bernhart, Toni et al. (Hrsg.): Quantitative Ansätze in den Literatur- und Geisteswissenschaften. Systematische und historische Perspektiven. Berlin, Boston: De Gruyter 2018.
Best, Karl-Heinz: Friedrich Wilhelm Kaeding (1843–1928). In: Glottometrics 18 (2009), S. 81–87.
Beutelspacher, Albrecht: Netto, Eugen. In: Neue Deutsche Biographie 19 (1999), S. 89–90 [Online-Version]. https://www.deutsche-biographie.de/pnd116944684.html (Abruf: 20.2.2020).
Bruderer, Herbert E.: Sprache, Technik, Kybernetik. Aufsätze zur Sprachwissenschaft, maschinellen Sprachverarbeitung, künstlichen Intelligenz und Computerkunst. Münsingen bei Bern: Verlag Linguistik 1978.
Burrows, J. F.: Computation Into Criticism. A Study of Jane Austen's Novels and an Experiment in Method. Oxford: Clarendon Press 1987.
Busa, Roberto: Index Thomisticus. Sancti Thomae Aquinatis operum omnium indices et concordantiae, in quibus verborum omnium et singulorum formae et lemmata cum suis frequentiis et contextibus variis modis referuntur. 56 Bände. Stuttgart-Bad Cannstatt: Frommann 1974–1980.
Busa, Roberto: Index Thomisticus, 2005, http://www.corpusthomisticum.org/it/index.age (Abruf: 20.2.2020).
C. D. [Pseudonym für Sophia Elizabeth De Morgan]: From Matter to Spirit. The Result of Ten Years' Experience in Spirit Manifestations. Intended as a Guide to Enquirers. With a Preface by A. B. [Pseudonym für Augustus De Morgan]. London: Longman, Green, Longman, Roberts and Green 1863.
Cube, Felix von: Kybernetische Grundlagen des Lernens und Lehrens. Stuttgart: Klett-Cotta 1965.
Daston, Lorraine; Lunbeck, Elizabeth (Hrsg.): Histories of Scientific Observation. Chicago: University of Chicago Press 2011.
De Morgan, Augustus: A Budget of Paradoxes. Reprinted, with the Autor's Additions, From the Athenaeum. Hrsg. von Sophia De Morgan. London: Longmans, Green 1872.
Dittmann, Frank; Seising, Rudolf (Hrsg.): Kybernetik steckt den Osten an. Aufstieg und Schwierigkeiten einer interdisziplinären Wissenschaft in der DDR. Berlin: Trafo Verlag Weist 2007.
Franck, Ludwig: Statistische Untersuchungen über die Verwendung der Farben in den Dichtungen Goethe's. Gießen: von Münchow 1909.
Frank, Helmar (Hrsg.): Kybernetik – Brücke zwischen den Wissenschaften. Frankfurt am Main: Umschau Verlag 1964.
Fucks, Wilhelm: Nach allen Regeln der Kunst. Diagnosen über Literatur, Musik, bildende Kunst – Die Werke, ihre Autoren und Schöpfer. Stuttgart: Deutsche Verlags-Anstalt 1968.
Grier, David Alan: When Computers Were Human. Princeton: Princeton University Press 2007.
Groos, Karl: [Ohne Titel]. In: Schmidt, Raymund (Hrsg.): Die Philosophie der Gegenwart in Selbstdarstellungen, 2. Bd. Leipzig: Meiner 1921, S. 101–115.

Groos, Karl; Groos, Marie: Die optischen Qualitäten in der Lyrik Schillers. In: Zeitschrift für Ästhetik und allgemeine Kunstwissenschaft 4 (1909), S. 559–571, https://doi.org/10.11588/diglit.3531.22 (Abruf: 20.2.2020).

Groos, Karl; Groos, Marie: Die akustischen Phänomene in der Lyrik Schillers. In: Zeitschrift für Ästhetik und allgemeine Kunstwissenschaft 5 (1910), S. 545–570.

Groos, Karl; Netto, Ilse: Psychologisch-statistische Untersuchungen über die visuellen Sinneseindrücke in Shakespeares lyrischen und epischen Dichtungen. In: Englische Studien 43 (1910) H. 1, S. 27–51.

Groos, Karl; Netto, Ilse; Groos, Marie: Die Sinnesdaten im „Ring des Nibelungen". Optisches und akustisches Material. In: Archiv für die gesamte Psychologie 22 (1912), S. 401–422.

Hashagen, Ulf: Walther von Dyck (1856–1934). Mathematik, Technik und Wissenschaftsorganisation an der TH München. Stuttgart: Steiner 2003.

Hayles, Nancy K.: My Mother Was a Computer. Digital Subjects and Literary Texts. Chicago, London: University of Chicago Press 2005.

Hesse, M. Gisela: Deutsche Stenographie. Aufstieg, Blütezeit, Niedergang? Diss. Universität Düsseldorf, 2008.

Hockey, Susan: The History of Humanities Computing. In: Schreibman, Susan; Siemens, Raymond George; Unsworth, John (Hrsg.): A Companion to Digital Humanities. Oxford: Blackwell 2004, S. 3–19.

Hoover, David L.: Quantitative Analysis and Literary Studies. In: Siemens, Ray; Schreibman, Susan (Hrsg.): A Companion to Digital Literary Studies. Malden, MA: Wiley-Blackwell 2007, S. 517–533.

Jannidis, Fotis: Der Autor ganz nah. Autorstil in Stilistik und Stilometrie. In: Schaffrick, Matthias; Willand, Marcus (Hrsg.): Theorien und Praktiken der Autorschaft. Berlin, Boston: de Gruyter 2014, S. 169–195.

Jannidis, Fotis; Lauer, Gerhard: Burrows Delta and its Use in German Literary History. In: Erlin, Matt; Tatlock, Lynne (Hrsg.): Distant Readings. Topologies of German Culture in the Long Nineteenth Century. Rochester, NY: Camden House 2014, S. 29–54.

Jockers, Matthew: Computing and Visualising the 19th-Century Literary Genome. In: Meister, Jan Christoph (Hrsg.): Digital Humanities 2012. Conference Abstract, University of Hamburg, Germany. July 16–22, 2012. Hamburg: Hamburg University Press 2012, S. 242–244.

Jockers, Matthew L.: Macroanalysis. Digital Methods and Literary History. Urbana, Chicago: University of Illinois Press 2013.

Kaeding, F[riedrich] W[ilhelm]: Häufigkeitswörterbuch der deutschen Sprache. Festgestellt durch einen Arbeitsausschuß der deutschen Stenographiesysteme. Steglitz bei Berlin: Selbstverlag des Hrsg. 1898.

Kaeding, F[riedrich] W[ilhelm]: Häufigkeitswörterbuch der deutschen Sprache. 1. Teil: Wort- und Silbenzählungen (auszugsweise Reproduktion). 2. Teil: Buchstabenzählungen (Auszug aus dem Nachtrag). Festgestellt durch einen Arbeitsausschuß der deutschen Stenographie-Systeme. Quickborn bei Hamburg: Schnelle 1963.

Kaeding, F[riedrich] W[ilhelm]; Amsel, [Georg]: Zur Statistik des deutschen Wortschatzes. In: Zeitschrift des Königlich Preussischen Statistischen Bureaus 36 (1896), S. 239–264.

Kaeding, F[riedrich] W[ilhelm]; Amsel, [Georg]: Zur Statistik des deutschen Wortschatzes [1896]. In: Wirtschaft und Statistik (2007), H. 8, S. 797–814.

Kaplan, Judith: From Lexicostatistics to Lexomics. Basic Vocabulary and the Study of Language Prehistory. In: Osiris 32 (2017), H. 1, S. 202–223.

Katz, Moritz: Die Schilderung des musikalischen Eindrucks bei Schumann, Hoffmann und Tieck. Leipzig: Barth 1910.

Kelih, Emmerich: Geschichte der Anwendung quantitativer Verfahren in der russischen Sprach- und Literaturwissenschaft. Hamburg: Kovač 2008.

Klaus, Georg: Kybernetik in philosophischer Sicht. Berlin: Dietz 1961.

Klaus, Georg; Liebscher, Heinz: Was ist, was soll Kybernetik? Leipzig, Jena, Berlin: Urania-Verlag 1966.

Köhler, Reinhard; Altmann, Gabriel; Piotrowski, Rajmund G. (Hrsg.): Quantitative Linguistik. Quantitative Linguistics. Ein internationales Handbuch. An International Handbook. Berlin, New York: de Gruyter 2005.

Kowalski, Robert: Algorithm = logic + control. In: Communications of the ACM 22 (1979), H. 7, S. 424–436.

Krautter, Benjamin: Über die Attribution hinaus. Forschungsperspektiven der Stilometrie als Anwendungsfeld in der Literaturwissenschaft. In: Bernhart, Toni et al. (Hrsg.): Quantitative Ansätze in den Literatur- und Geisteswissenschaften. Systematische und historische Perspektiven. Berlin, Boston: De Gruyter 2018, S. 289–314.

Kreiner, Christiane: Exil in Ankara. Wie die Familie Laqueur Zuflucht im Staat Atatürks fand. Radiosendung vom 31.3.2005, Hessischer Rundfunk, https://mp3.bildung.hessen.de/hr2/2006/0068749d_06_043.mp3 (Abruf: 20.2.2020).

Kreuzer, Helmut; Gunzenhäuser, Rul (Hrsg.): Mathematik und Dichtung. Versuche zur Frage einer exakten Literaturwissenschaft. München: Nymphenburger Verlagshandlung 1965.

Lauer, Gerhard: Die digitale Vermessung der Kultur. Geisteswissenschaften als Digital Humanities. In: Geiselberger, Heinrich; Moorstedt, Tobias (Hrsg.): Big Data. Das neue Versprechen der Allwissenheit. Berlin: Suhrkamp 2013, S. 99–116.

Lohberg, Rolf; Lutz, Theo: Keiner weiß was Kybernetik ist. Eine verständliche Einführung in eine moderne Wissenschaft. Mit 70 Zeichnungen von Fidel Nebehosteny. Stuttgart: Franckh 1968.

Lutosławski, Wincenty: La loi stylométrique. In: Comptes rendus des séances de l'Académie des Inscriptions et Belles-Lettres 41 (1897), H. 3, S. 311–314.

Lutosławski, Wincenty: Principes de stylométrie appliqués à la chronologie des œuvres de Platon. In: Revue des études grecques 11 (1898), H. 41, S. 61–81.

Martin, Willy: The Frequency Dictionary. In: Hausmann, Franz Josef et al. (Hrsg.): Wörterbücher. Ein internationales Handbuch zur Lexikographie, 2. Bd. Berlin: de Gruyter 1990, S. 1314–1322.

Mendenhall, T[homas] C[orwin]: The Characteristic Curves of Composition. In: Science Supplement 9 (1887), H. 214, S. 237–249.

Mendenhall, Thomas Corwin: A Mechanical Solution of a Literary Problem. In: Popular Science Monthly 60 (1901), S. 97–105.

Michel, Jean-Baptiste et al.: Quantitative Analysis of Culture Using Millions of Digitized Books. In: Science (2011), H. 331, S. 176–182.

Moretti, Franco: Graphs, Maps, Trees. Abstract Models for a Literary History. London, New York: Verso 2005.

Müller-Tamm, Jutta: Goethe und Schiller ausgezählt. Farbstatistik in der Philologie um 1900. In: Dönike, Martin; Müller-Tamm, Jutta; Steinle, Friedrich (Hrsg.): Die Farben der Klassik. Wissenschaft – Ästhetik – Literatur. Göttingen: Wallstein Verlag 2016, S. 313–324.

Müller-Tamm, Jutta; Schmidgen, Henning; Wilke, Tobias (Hrsg.): Gefühl und Genauigkeit. Empirische Ästhetik um 1900. München, Paderborn: Wilhelm Fink 2014.

Netto, Eugen: Ueber einen Algorithmus zur Auflösung numerischer algebraischer Gleichungen. In: Mathematische Annalen 29 (1887), H. 1, S. 141–147.

Ortmann, Wolf Dieter: Hochfrequente deutsche Wortformen, 4 Teile. München: Goethe-Institut 1975–1979.

Pfarrerbuch der Kirchenprovinz Sachsen. Bd. 5: Biogramme Kn–Ma. Hg. vom Verein für Pfarrerinnen und Pfarrer in der Evangelischen Kirche der Kirchenprovinz Sachsen e.V. in Zusammenarbeit mit dem Interdiziplinären Zentrum für Pietismusforschung der Martin-Luther-Universität Halle-Wittenberg in Verbindung mit den Franckeschen Stiftungen zu Halle (Saale) und der Evangelischen Kirche der Kirchenprovinz Sachsen. Leipzig: Evangelische Verlagsanstalt 2007.

Rosengren, Inger: Ein Frequenzwörterbuch der deutschen Zeitungssprache. Die Welt, Süddeutsche Zeitung. 2 Bände. Lund: Gleerup 1972–1977.

Schmidt, Hermann: Die anthropologische Bedeutung der Kybernetik. Reproduktion dreier Texte aus den Jahren 1941, 1953 und 1954. Quickborn: Schnelle 1965.

Sepkoski, David: The Database Before the Computer? In: Osiris 32 (2017), H. 1, S. 175–201.

Seyfert, Robert; Roberge, Jonathan (Hrsg.): Algorithmic Cultures. Essays on Meaning, Performance and New Technologies. London, New York: Routledge 2016.

Singh, Jagjit: Great Ideas in Information Theory, Language and Cybernetics. New York: Dover Publications 1966.

Steinbuch, Karl: Ansätze zu einer kybernetischen Anthropologie. In: Gadamer, Hans-Georg; Vogler, Paul (Hrsg.): Neue Anthropologie. Band 1: Biologische Anthropologie, Erster Teil. Stuttgart: Thieme 1972, S. 59–107.

Twellmann, Marcus: „Gedankenstatistik". Vorschlag zur Archäologie der Digital Humanities. In: Merkur 69 (2015), H. 797, S. 19–30.

Wagner, Joanne: Characteristic Curves and Counting Machines. Assessing Style at the Turn of the Century. In: Rhetoric Society Quarterly 20 (1990), H. 1, S. 39–48.

Wiener, Norbert: Cybernetics or Control and Communication in the Animal and the Machine. New York, Paris: Technology Press 1948.

Wolverton, Mark: Girl Computers. In: American Heritage 61 (2011), http://www.americanheritage.com/content/girl-computers (Abruf: 20.2.2020).

Young, Thomas: Remarks on the Probabilities of Error in Physical Observations, and on the Density of the Earth, Considered, Especially with Regard to the Reduction of Experiments on the Pendulum. In: Philosophical Transactions of the Royal Society of London 109 (1819), S. 70–95.

Young, Thomas: An Account of Some Recent Discoveries in Hieroglyphical Literature, and Egyptian Antiquities. Including the Author's Original Alphabet, as Extended by Mr. Champollion. With a Translation of Five Unpublished Greek and Egyptian Manuscripts. London 1823.

Young, Thomas: Miscellaneous Works. Bd. 3: Hieroglyphical Essays and Correspondence. Hrsg. von John Leitch. London: Murray 1855.

Algorithmische Wissenskulturen: Daten

Algorithmische Kulturen des Pflanzensammelns? Das Beispiel der Computerisierung des Botanischen Gartens und Botanischen Museums Berlin

Suzana Alpsancar

> **Zusammenfassung**
>
> Dieser Beitrag geht am Beispiel der Sammlungen des Botanischen Gartens und Botanischen Museums Berlin (BGBM) den Transformationen nach, die Computer in der Dokumentation von Pflanzensammlungen herbeiführen. Dieses Fallbeispiel lenkt den Blick von algorithmisch-numerischen Wissenskulturen auf die Naturgeschichte und deren konstitutive Praxis des Sammelns. Computer dienen den PflanzensammlerInnen als Werkzeug der Datenerfassung und -verarbeitung, als Verwaltungs-, Buchhaltungs- sowie als Forschungsinstrument. Am Botanischen Garten Berlin kommen sie Ende der 1970er-Jahre langsam zum Einsatz, in den 1990er-Jahren wurde die gesamte Dokumentation mit dem Einzug der Biodiversitätsinformatik auf digitale Datenbanken umgestellt. Computer wurden Teil der botanischen Infrastruktur. Mein Beitrag zeichnet diese Entwicklung nach, diskutiert allgemeiner, inwiefern von einer Algorithmisierung der Wissenskultur des Pflanzensammelns gesprochen werden könnte und zeigt weiteren Forschungsbedarf auf.

1 Algorithmisierung des Pflanzensammelns?

Die Computerisierung der Dokumentation von Pflanzensammlungen in botanischen Gärten unterscheidet sich in mehrfacher Hinsicht von den Geschichten der Astronomie und der Geodäsie, an denen Ulf Hashagen exemplarisch seine Thesen zu „algorithmisch-numerischen Wissenskulturen" gewinnt (Hashagen 2017). In Hashagens Beispielen zieht das Algorithmische mit der Etablierung des wissenschaftlichen Rechnens (s. a. Hashagen 2013) in die astronomischen und geodätischen

---

S. Alpsancar (✉)
Universität Paderborn, Paderborn, Deutschland
E-Mail: suzana.alpsancar@upb.de

© Springer Fachmedien Wiesbaden GmbH, ein Teil von Springer Nature 2025
U. Hashagen, R. Seising (Hrsg.), *Algorithmische Wissenskulturen*, Die blaue Stunde der Informatik, https://doi.org/10.1007/978-3-658-35560-9_14

Wissensfelder ein und ist im Gebrauch numerischer Methoden zu verorten. Computer kommen hier entsprechend als Rechenmittel zur Geltung. Es wäre allerdings ein Missverständnis, algorithmische Wissenskulturen auf den Gebrauch numerisch-experimenteller Methoden engzuführen, auch wenn prominente Diskussionen, etwa um den Status von Computersimulationen, am Beispiel solcher Wissensfelder geführt werden (z. B. Galison 1996; Humphrey 2004). Folgt man der Definition aus dem Informatik-Handbuch von Peter Rechenberg und Gustav Pomberger, erhält man einen hinreichend weiten Algorithmusbegriff:

> „Ein Algorithmus ist eine präzise, d. h. in einer festgelegten Sprache abgefasste, endliche Beschreibung eines schrittweisen Problemlösungsverfahrens zur Ermittlung gesuchter Größen aus gegebenen Größen, in dem jeder Schritt aus einer Anzahl ausführbarer eindeutiger Aktionen und einer Angabe über den nächsten Schritt besteht. Ein Algorithmus heißt *abbrechend*, wenn er die gesuchten Größen nach endlich vielen Schritten liefert, andernfalls heißt der Algorithmus *nicht abbrechend*." (Pomberger 2002, S. 518, Hervorhebung im Original)

Algorithmen werden hier als in bestimmter Weise formulierte Lösungsverfahren angesehen, wobei die Kodierung des Verfahrens weder zwangsläufig numerischer Art sein muss, noch die Abarbeitung der Elementaranweisung die Form einer Rechenoperation aufweisen muss. Dennoch ist die Algorithmisierung an bestimmte Voraussetzungen gebunden; Algorithmen müssen zum einen in einer definiten Sprache formulierbar sein und sie können zum anderen nur für solche Probleme verwendet werden, die erstens als Zusammenhang von gegebenen und gesuchten Größen, das heißt als Relation von Daten modellierbar sind (Gillespie 2016, S. 19). Die Lösung muss zweitens schrittweise erfolgen können. Algorithmische Lösungsverfahren haben sich historisch im Zusammenhang mit arithmetischen und algebraischen Kalkülen entwickelt, die, wie Sybille Krämer gezeigt hat, eng mit der Idee der Formalisierung zusammenhängen (Krämer 1988, S. 1–3). Ein Vorgang lässt sich Krämer zufolge nur dann formalisieren, wenn drei Bedingungen erfüllt sind: der Vorgang muss sich in einem typografischen Medium beschreiben lassen, also mit schriftlichen Symbolen; er muss außerdem schematisierbar sein, d. h. er darf als Geschehen keinen Ereignis-Charakter aufweisen, sondern was an ihm interessiert, muss unter dem Gesichtspunkt eines repetierbaren Vorgangs erfasst werden können. Außerdem müssen die symbolischen Ausdrücke, die hierbei verwendet werden, interpretationsfrei sein; d. h. dass man über „Richtigkeit und Falschheit eines Ausdrucks innerhalb einer formalen Sprache" (Krämer 1988, S. 2) entscheiden können muss, ohne die Bedeutung des Ausdrucks berücksichtigen zu müssen. Insofern Algorithmen in rechenintensiven Bereichen verwendet werden, bauen sie auf mathematischen Modellen und damit auf Formalisierungen auf. Da die Botanik traditionell eher rechenarm, dafür aber datenintensiv ist (Sepkoski 2017, S. 177), scheint sie mir als Kandidat für die Überlegung geeignet, ob das Algorithmische an arithmetisch-algebraische Formalisierungen gebunden ist, oder ob man auch in weniger oder anders formalisierten Wissenskulturen algorithmische Lösungsverfahren vorfinden kann.

Für naturhistorische Wissenskulturen, so meine These, kann der Blick auf das Algorithmische dann interessant werden, wenn man nicht nur die schematischen Verfahren (Algorithmen im engeren Sinne) betrachtet, sondern das Gefüge aus „algorithm, model, target goal, data, training data, application, hardware" für das, wie Tarleton Gillespie (Gillespie 2016, S. 22) bemerkt, der Begriff Algorithmus häufig insgesamt steht. Insbesondere die Frage nach der *Datafizierung*, also danach, welche AkteurInnen, wann, wie, welche Beobachtungen oder Befunde in Form von Daten referenzieren, die archiviert werden, scheint mir zentral.

Hashagen vermutet ausgehend von seinen Beispielen der Astronomie und Geodäsie weiter, dass sich in mehreren Wissensfeldern bereits vor dem Einzug elektronischer Computertechnik von einer Algorithmisierung sprechen lässt, sodass Algorithmisierung als Verfahrenstyp unabhängig von der Frage der jeweiligen materiellen, technologischen Realisierung angesehen wird und das Verhältnis von Algorithmisierung und Computerisierung fraglich wird. Hierbei gilt es, zwei systematische Gesichtspunkte zu unterscheiden: Insofern die internen Arbeitsprozesse programmgesteuert sind und diese algorithmisch aufgebaut sind, lässt sich bei einer Computerisierung immer auch von einer Algorithmisierung sprechen. Dieses technische Charakteristikum kann gegenüber anderen Technologien interessant werden, z. B. in Diskussionen um eine Automatisierung von Prozessen. Computer können aber auch in dem Sinne mit einer Algorithmisierung zusammengehen, dass sie als Mittel für Prozesse eingesetzt werden, die algorithmisierbar sind. Dieser Aspekt betrifft dann nicht (oder nur indirekt) ihre interne Arbeitsweise, sondern ihre Zweckdienlichkeit.

Mit Bezug auf die Zweckdienlichkeit hat David Sepkoski den Gebrauch von „paper data practices" mit dem von elektronischen Datenbanken in der Paläontologie verglichen (Sepkoski 2017, S. 177). Hierbei versteht er den Begriff der Datenbank als ein Organisationskonzept, das nicht an eine bestimmte Technologie oder mediale Realisierung gebunden ist, auch wenn der Begriff erst im Zuge des computerbasierten Databankings in den 1950er-Jahren üblich geworden ist (Sepkoski 2017, S. 176). Konzeptuell gesehen bestehe jede Datenbank aus vier konstitutiven Momenten: den Daten, einer Datenstruktur (die den Rahmen vorgibt, nachdem die Daten in Relation zueinander verwaltet werden können), ein Medium, in dem die Datenbank realisiert wird (oder auch mehrere Medien, die ineinandergreifen), sowie Sortier- und Zugriffsroutinen im Umgang mit Daten (Sepkoski 2017, S. 178). Sepkoski fragt, ob der Einzug der elektronischen Computer gegen Ende der 1960er-Jahre das Kompilieren, das Analysieren und das Darstellen der Daten in epistemischer oder methodischer Hinsicht entscheidend verändert habe. Am Beispiel von Heinrich Georg Bronns' (1800–1862) Arbeiten in der Mitte des 19. Jahrhunderts zur globalen Verbreitung von Pflanzen, Tieren und Fossilien zeigt er, dass dem nicht so ist. Computer veränderten die Forschungspraxis, aber nicht auf eine radikale Weise:

> „What computers did allow in paleontology was to make many of those existing practices easier or more accessible, enormously increasing their popularity and eventually greatly expanding the analytical power and epistemic authority of data-driven practices in the discipline." (Sepkoski 2017, S. 178)

Sepkoski schließt sich mit seinem Beispiel der Kritik Jon Agars (Agar 2006) an solchen Darstellungen an, die suggerieren, die Computerisierung würde ganze Wissensfelder auf revolutionäre Art verändern. Entsprechende Erzählungen setzen auf diskontinuierliche Entwicklungen und sind häufig in Selbsthistorisierungen von ComputerentwicklerInnen zu finden, die ihre Arbeit als „durch große Erfahrungsdefizite und massive Erwartungsüberschüsse" geprägt beschreiben (Gugerli und Zetti 2019, S. 193). Die eigene Entwicklungsleistung fügt sich in ein Fortschrittsnarrativ, das generell durch wenig „Geschichte" und viel „Zukunft" ausgezeichnet ist. Diese Suggestionen „präzedenzloser" Entwicklungen konfrontiert Agar (Agar 2006, S. 872) mit seiner These, dass eine Computerisierung nur dort stattfinden konnte, „where there *already existed* [Kursive im Original] material and theoretical computational practices and technologies". Die Veränderungen, die die Computerisierung mit sich bringt, geschehen nicht aus dem Nichts, sondern wandeln Bestehendes um. Mein Beispiel einer Computerisierung der Dokumentation von Pflanzensammlungen fügt sich in diese Perspektive ein.

Gefragt nach der Dokumentationspraxis am Botanischen Garten und Botanischen Museum (BGBM) Berlin, haben der Abteilungsleiter der Biologischen Sammlungen Albert-Dieter Stevens sowie der langjährige Kustos des Herbars Robert Vogt (*1957) systematisch drei Gegenstände unterschieden: Man dokumentiere (a) botanische Objekte, (b) den Umgang mit den Objekten, sprich ihre lokale Verwaltung sowie (c) die eigenen Forschungsergebnisse.[1] Diesem Verständnis nach bezieht sich Sepkoskis Beispiel auf die Dokumentation von Forschungsergebnissen. Ich hingegen beziehe mich auf die ersten beiden Dokumentationstypen. Im Abschn. 2 gehe ich der Dokumentation botanischer Objekte nach, um hieran einige allgemeine Überlegungen zur Frage nach der Algorithmisierung von Pflanzensammlungen aufzustellen. Im Abschn. 3 rekonstruiere ich anhand der Jahresbücher des BGBM den Einzug elektronischer Computer ebendort und zeichne mit Hilfe der 1996 von Santhirasegaram Elankovan und Holger Meyer eingereichten Diplomarbeit „Analyse, Modellierung und Design einer taxonomischen und sammlungsbezogenen relationalen Datenbasis zur Verwaltung von Akzessionsdaten im Bereich der Botanik" die Umstellung der Verwaltung der Lebendsammlungen auf eine elektronische Datenbank nach. Da Computer hierbei weniger als Rechenmittel denn als Informationsmanagementsystem genutzt werden (Aspray 1994), ist mein Beispiel nicht nur ein Kandidat für die These einer Pluralität von algorithmischen Wissenskulturen, sondern auch für die These einer Pluralität von computerisierten Wissenskulturen.

---

[1] Auskunft von Albert-Dieter Stevens während unseres Gesprächs vom 25.9.2018 im BGBM Berlin.

2 Die Dokumentation botanischer Objekte

Um den Untersuchungsgegenstand der Botanik einzuordnen und seinen Formalisierungsgrad abzuwägen folge ich jüngeren Diskussionen der Wissenschaftsgeschichte, speziell Lorraine Dastons Überlegungen zur Geschichtlichkeit der Naturgeschichte. Die Wissenschaftsgeschichte der Naturgeschichte hat in den letzten Jahren den kollektiven Charakter dieser Forschungsrichtung sowie das inkrementelle Wachstum des naturhistorischen Wissens hervorgehoben. Ihr *kollektiver Empirismus* biete sich besonders an, so Paula Findlen, um gegenüber dem Muster einer wissenschaftlichen Revolution ein anderes Modell der Transformation des Wissens zu gewinnen: Während das Stereotyp der wissenschaftlichen Revolution (etwa für die Neuzeit) einzelne Entdeckungen und Erfindungen (wie Teleskop und Kompass) hervorhebe und glorreiche Persönlichkeiten (wie Francis Bacon (1561–1626), Galileo Galilei (1564–1642), René Descartes (1596–1650) oder Isaac Newton (1643–1727)) herausstelle, wird die Transformation des naturhistorischen Wissens als ein genuin langsamer, aufwendiger und arbeitsteiliger Prozess beschrieben (Findlen 2006b). Weil die Natur reichhaltig ist und ihre Phänomene mannigfaltig sind, kann es eine einzelne Person per se nicht bewältigen, diese in ihrer Gesamtheit zu erfassen. Da es letztlich unzählige BeobachterInnen braucht, um die Natur in ihrer Vielfalt zu beschreiben, ist die Naturgeschichte notwendigerweise ein kollektives und kollaboratives Unterfangen. Dieser kollektive Empirismus führt Daston zufolge zur Vorstellung einer (virtuellen) *Community*, die weder disziplinär noch institutionell organisiert sein muss (Daston 2012, S. 161), und sowohl in die Vergangenheit als auch (seit dem 19. Jahrhundert) in die Zukunft reicht (Daston 2012, S. 184). Die NaturalistInnen imaginieren eine Gemeinschaft von BeobachterInnen der Natur, in der kein prinzipieller Unterschied zwischen vergangenen, gegenwärtigen und künftigen Beobachtungen besteht:

> „To describe a plant properly involved looking (as well as tasting and smelling), drawing, and also reading all previous published descriptions, textual and visual. In contrast to the humanist techniques for managing texts (excerpting, compiling, glossing), the Parisian academicians sought a hybrid hermeneutics that merged the testimony of botanists since Theophrastus and Dioscorides with that of their own senses." (Daston 2012, S. 178)

Zwar gab es für BotanikerInnen immer schon bessere und schlechtere Beobachtungen (diese können mehr oder weniger genau und vollständig sein, anerkannte Standards erfüllen oder nicht) aber es spielt keine Rolle, aus welcher historischen Epoche oder Konstellation die Beschreibungen oder Bestimmungen einer Pflanze stammen (Daston 2012, S. 186). Mit dem historischen Index einer Beobachtung wird höchstens erklärt, warum eine Beschreibung unvollständig ist; die historischen Umstände werden aber nicht als etwas erachtet, das den Gehalt der Beobachtung betrifft. Genau mit diesem Punkt unterscheidet Daston naturhistorische von historischer Forschung, da für letztere der kritische Umgang mit ihren *Quellen* das A und O ist. Für die NaturhistorikerInnen hingegen erscheint das Archivierte nicht als auszulegende und zu interpretierende Quelle, sondern als *Datum* – sie lesen es wie etwas historisch Unbedingtes. Was interessiert, ist nicht das Ereignishafte, sondern das Feststellbare, das Repetierbare. Gegen Dastons scharfe Gegenüberstellung könnten BotanikerInnen zwei Punkte einwenden. Erstens ist ihnen die Unterscheidung „zwischen Objekt und Etikett mit Daten, die Personen historisch dem Objekt zugeordnet haben" zentral.[2] Die Beschreibungen und Bestimmungen schwanken in ihrer Güte, gemessen an der Richtigkeit im Sinne einer Übereinstimmung der Signifikanten mit dem eigentlichen Signifikat – dem naturhistorischen Objekt (z. B. einer Pflanzenart). Deswegen werden ältere Bestimmungen überprüft. Hiermit geht eine zweite Unterscheidung einher, nämlich die solcher Beschreibungen und Bestimmungen, die sich auf das Objekt als solches beziehen und solcher Beschreibungen und Bestimmungen, die sich auf den ursprünglich vorgefundenen Kontext der Pflanzen beim Einsammeln beziehen. Nur letztere Daten können für die NaturhistorikerInnen nicht überschrieben werden, weil die Situation des Einsammelns einmalig ist und sich schon allein aufgrund der ökologischen Dynamik des pflanzlichen Habitats nicht wiederherstellen lässt. Doch genau weil diese Unterscheidungen als grundlegend für die botanische Praxis erachtet werden, erscheint das Untersuchungsobjekt als ein dekontextualisierbares, als etwas, dessen wesentliche Eigenschaften kontextunabhängig bestimmt werden können. Es ist genau genommen die erste Beschreibung, nicht die Situation des ersten Einsammelns, die für die Idealisierbarkeit des Objektes Gewähr bietet. In diesem Sinne erachtet man die Geltung der Bestimmung als unabhängig von ihrer Genese – wäre sie es nicht, hätte man es bei den verschiedenen Exemplaren, an denen die jeweilige Beschreibung/Bestimmung vorgenommen wird, nicht mit ein und demselben Objekt zu tun. Es geht folglich, um Dastons Unterschied im historischen Bewusstsein genauer zu fassen, um verschiedene Konzeptionen des je genuinen Untersuchungsgegenstandes.[3] Das heißt, die Daten der naturhistorischen Sammlungen werden mit Blick auf ihre historische Genese als Daten sehr wohl historisch betrachtet und eingeordnet, denn sonst müsste man die vorliegenden Bestimmungen, Beschreibungen und ggf. Benennungen nicht prüfen und zuweilen verbessern. Das eigentliche Objekt, auf das sich diese aber beziehen, wird indes als etwas trans-kontextuelles und damit auch trans-historisches gedacht. Genau in diesem Punkt repräsentieren die gesammelten Daten etwas Unhistorisches und sind darin als Zeugnisse von anderer Art, als es Quellen für die Geschichtswissenschaft sind, deren Untersuchungsgegenstand eben als Ineinandergreifen von Kontexten gegeben ist. In dieser Hinsicht bezeichnet Daston (Daston 2012, S. 186) die Praxis des kollektiven Empirismus als anachronistisch. Während die Geisteswissenschaften über Kommentare und Exegesen immer wieder aufs Neue Quellenkritik üben, behandeln die NaturalistInnen ihre über die jeweili-

---

[2] Schriftlicher Kommentar von Albert-Dieter Stevens zu meinem Manuskript vom 12.2.2020, per E-Mail vom 26.2.2020, 10:15 Uhr übermittelt.

[3] In dem Vorstellen der Natur und der Naturdinge als etwas Dekontextualisierbarem zeigt sich für die Phänomenologie der neuzeitlich-technische Charakter dieses Naturverständnisses, vgl. hierzu etwa Martin Heideggers (1889–1976) Ausführungen zur neuzeitlichen Dingbestimmung (Heidegger 1984). Für Heidegger (Heidegger 1954, S. 14) entspricht dieser Konzeption des Untersuchungsbereichs ein Verständnis von Wahrheit als Richtigkeit, eben als Korrespondenz zwischen Beschreibung/Bestimmung und eigentlichem Objekt.

gen Daten erkennbaren Objekte als schlicht Gegebenes – ihre Archive sind positivistisch aufgestellt.

Durch die Dokumentation werden die Beobachtungen als Daten archiviert, wodurch zugleich festgelegt wird, was das Gesammelte ist. Dabei sind diese Dokumentationen territorial gebunden, weil erst das Versammeln an einem Ort die „Praktiken des Vergleichs, Nachvollzugs und der synoptischen Synthese" (Klemun 2017, S. 235) möglich macht. Die Sammlungen der Herbarien, naturkundliche Museen (und ihre Vorläufer, die Naturalien- und Kuriositätenkabinette) sowie botanische Gärten lassen sich in dem Sinne als Archive verstehen, als sie für den forschenden, lesenden Blick ihrer Community das bisherige Wissen in einer bestimmten Ordnung zu Über- und Einblicken zur Verfügung halten. Für Marianne Klemun (Klemun 2000, S. 335) bilden sie entsprechend „Räume des Wissens", in denen die auf Reisen und im Feld gemachten Erfahrungen zusammengebracht, fixiert, professionalisiert und für die weitere Forschung gesichert werden. Hierfür muss das Beobachtete dokumentiert werden, wobei man zur Bestimmung des botanischen Objektes die als wichtig erachteten Merkmale als Primärdaten extrapoliert und diese gegebenenfalls um Funddaten (Stützel 2015, S. 15) und bibliografische Angaben (als Hinweis zu wichtigen Publikationen, etwa der Erstbestimmung) ergänzt. Ohne diese Datafizierung wäre ein kollaborativer Austausch der Beobachtungen nicht praktikabel, weil erst durch die Normierung zum Datum ein Pflanzenbeleg seine wissenschaftliche Funktion durch unterschiedliche Räume und Zeiten hinweg erfüllen kann. Dabei geht es nicht nur um symbolische Daten. Zwar verstehen die Berliner BotanikerInnen unter Dokumentation im engeren Sinne die symbolischen (An-) Notationen der gesammelten Objekte, mit denen etikettiert, katalogisiert oder in anderer Form erfasst wird, was gesammelt und getauscht wurde, doch darüber hinaus beschreiben sie ganze Sammlungen als Dokumentation ihrer Forschung: „Das Herbarium mit den 3,8 Mio. Herbarbelegen ist eigentlich an sich eine Dokumentation wiss. Arbeit und andererseits auch selbst Forschungsgegenstand."[4] Ein Herbar ist in der Tat mit der Absicht gepflegt, das Gesammelte zu dokumentieren und bildet darin zugleich die Forschungsergebnisse ab. Ähnlich lassen sich auch die Gärten selbst als Dokumentation der Forschung ansehen. Wichtig ist, Dinge und Worte, Pflanzen und Symbole stehen in komplexen materiell-semantischen Repräsentationsbeziehungen zueinander, durch die das je Gesammelte sowie die Gesamtschau des Versammelten die eigentlichen Untersuchungsobjekte der Botanik erst vergegenständlichen – sowohl die je einzelnen botanischen Objekte (Pflanzenarten) als auch die Mannigfaltigkeit der Pflanzenwelt insgesamt. Je nach vergleichendem Zusammenhang, in den die versammelten Dinge gestellt werden, erfüllen sie verschiedene Repräsentationsfunktionen. Der Akt des Einsammelns dekontextualisiert das Gesammelte, entnimmt die Pflanze aus ihrem (natürlichen) Habitat, die mit der Übertragung in den botanischen Garten in neue Relationen gestellt wird (Rekontextualisierung). Die pflanzlichen Repräsentanten verkörpern den Untersuchungsgegenstand exemplarisch oder instanziieren ihn und weisen damit gegenüber den schriftlichen Bezügen in den zugehörigen Publikationen, Etiketten oder Kartei-

---

[4] Schriftliche Mitteilung von Albert-Dieter Stevens per E-Mail vom 5.9.2017 um 15:23 Uhr.

karten etc. nicht symbolische, sondern ikonische Ähnlichkeitsbeziehungen sowie materiell-indexikalische Beziehungen zu den von ihnen bezeichneten Objekten auf (Klemun 2000; Karafyllis 2018, insbes. S. 43–51).

Unter *Datafizierung* verstehe ich den Aspekt des Dokumentierens, der durch Abstraktion, Standardisierung und De- wie Rekontextualisierung aus den komplexen Repräsentationsbeziehungen *festschreibt, was das Gesammelte ist*. Zwar ist diese Praxis des Festschreibens eine iterative in dem Sinne, dass Bestimmung, Beschreibung und Benennung fehlbar sind, dass sie immer wieder überprüft und verbessert werden (können). Aber dennoch konstruieren praktisch die verschiedenen Ebenen der Dokumentation als etwas je (vorläufig) Bestimmtes überhaupt erst die Untersuchungsobjekte. Erst mit dieser Datafizierung werden Sammlungen zu Forschungsinstrumenten, stehen als Signifikanten für Teil und Ganzes des naturhistorischen Untersuchungsgegenstandes (Daston 2012, S. 164; Sepkoski 2017, S. 180). Dabei lässt das synoptische Nebeneinander des Gesammelten ihre zeitliche Entstehung und deren historische Bedingungen un-thematisch werden. Eben hierin besteht der Formalisierungsgrad botanischer Objekte. Der kollektive Empirismus des Pflanzensammelns ist in diesem Sinne nicht nur datenintensiv, vielmehr ist er seit der Neuzeit und der Entstehung der modernen botanischen Gärten ebenfalls durch ein ständiges Wachstum der Daten (und damit der Dokumentationsarbeit) gekennzeichnet – „There is nothing new about data mining per se" (Daston 2012, S. 164). Die Praxis des Datafizierens (und damit die des Dokumentierens) ist dabei selbst historisch bedingt, auch wenn das Resultat, die Daten, das von ihnen Bezeichnete als historisch Unbedingtes archivieren.

2.1 Wachsen und Schrumpfen – zur Geschichte der Sammlungen des BGBM

Derzeit pflegt und hegt der BGBM vier verschiedene Sammlungstypen, die unter der Bezeichnung *biologische Sammlungen* zusammengefasst werden (Borsch et al. 2016): die Lebendsammlungen, das Herbarium, die Dahlemer Saatgutbank sowie die DNA-Bank. Die Lebendsammlungen „umfassen kultivierte Pflanzen im Garten (im öffentlichen Bereich und im nichtöffentlichen Anzuchtbereich) und die Saatgutsammlungen in der DSB [Dahlemer Saatgutbank, S. A.]",[5] wobei zum Garten auch die Gewächshäuser gehören. Die Dahlemer Saatgutbank wurde 1994 als „Samenbank zur Langzeitlagerung von Sämereien […] eingerichtet", nachdem man zwei „Laborgefriertruhen" anschaffen konnte, in denen das Saatgut bei etwa −20 °C aufbewahrt wird (Greuter und Vogt 1995, S. 9). Die DNA-Bank entstand um das Jahr 2003 mit dem Einkauf eines Sequenzierers, mit dem der „Aufbau der Labore für molekulare systematische Untersuchungen" (Grotz 2010, S. 83) begann und ein neues Experimentalsystem in Berlin entstand.[6] Auf die Besonderheiten des Sam-

---

[5] Schriftliche Mitteilung von Albert-Dieter Stevens per E-Mail am 5.9.2017 um 15:23 Uhr.
[6] Neben diesen Sammlungen und der Bibliothek finden sich dort teilweise Berichte über Zu- und Abgänge zu anderen Sammlungen, wie „Autographen, Porträts, Diapositive" (Greuter und Lack 1985, S. 533).

melns von Saatgut oder DNA gehe ich im Folgenden nicht ein. Im Verlauf der jahrhundertealten Geschichte des Gartens sind Lebendsammlungen und Herbar gewachsen, aber auch geschrumpft. Die Anfänge der Berliner Institution gehen bis ins 16. Jahrhundert zurück, als in den medizinischen Zentren Europas die ersten universitär-botanischen Gärten entstanden, wie 1545 in Padua, Pisa und Florenz, 1563 in Rom, 1568 in Bologna und Kassel sowie 1577 in Leiden (Findlen 2006a, S. 282). Der Kurfürst Johann Georg von Brandenburg (1571–1598) ließ am Berliner Schloss einen Lustgarten anlegen, der außerdem die höfische Küche beliefern sollte.[7] Weil in diesem Garten ein Inventar geführt wurde und der spätere Hof-Medicus Johann Sigismund Elßholz (1623–1688) „ein Herbar der ausländischen Gewächse" anlegte,[8] sehen Friedrich Karl Timler (1914–1995) und Bernhard Zepernick (1926–2019) (Timler und Zepernick 1978, S. 5) in diesem Schlossgarten einen Vorläufer des Botanischen Gartens Berlin. Dessen eigentliche Gründung fällt in das Jahr 1679 als der Große Kurfürst Friedrich Wilhelm von Brandenburg (1620–1688) in Schöneberg (damals noch nicht zu Berlin gehörig) einen Hof- und Küchengarten anlegen ließ, um die Landwirtschaft der durch den Dreißigjährigen Krieg geschwächten Region wieder zu beleben (Timler und Zepernick 1978, S. 7–8). Einige Gewächse des Schlossgartens wurden in den Schöneberger Garten übertragen, bevor dieser wiederum von Wilhelms Enkel in „einen Paradeplatz für […] Soldaten" (Timler und Zepernick 1978, S. 12) umgewandelt wurde Abb. 1.

Während bedeutsame Gärten des 16. und frühen 17. Jahrhunderts, wie etwa die in Padua und Leiden, im Verbund mit anatomischen Theatern und Kuriositätenkabinetten an Universitäten entstanden (Findlen 2006a, S. 273), geriet der Berliner Garten erst 1718 in Berührung mit einer akademischen Institution, als er vom Soldatenkönig Friedrich Wilhelm I. (1688–1740) der 1700 gegründeten Societät der Wissenschaften unterstellt wurde (Timler und Zepernick 1978, S. 12–13). Hiermit folgte Berlin einem allgemeineren Trend. Zum Ende des 17. Jahrhunderts hatte sich die Botanik als enzyklopädisches, kollaboratives Unterfangen infrastrukturell und finanziell etabliert und wurde, etwa in Rom, London und Paris von den dortigen wissenschaftlichen Akademien gefördert (Findlen 2006b, S. 467). Speziell die imperialen Strukturen Frankreichs, dann Englands beflügelten den globalen Austausch (Drayton 2000), wodurch in den europäischen Zentren eine nie zuvor bekannte Menge an Details mit einer nie dagewesenen Präzision beschrieben werden konnte.

Das naturhistorische Wissen war nicht nur in Auseinandersetzung mit antiken Quellen, sondern ebenso vor dem Hintergrund biblischer Motive gewachsen, die John Prest (1929–2018) in Plänen und Entwürfen der neugegründeten botanischen Gärten nachweisen konnte (Prest 1981, S. 44). Den Anlass zu diesen Gründungen gab aus europäischer Sicht die Entdeckung der sogenannten „neuen Welt", deren Menschen, Tiere und Pflanzen weder bei Aristoteles (384–322 v. Chr.), Theophrast (374/369–288/285 v. Chr.), Virgil (70–21 v. Chr.), Ovid (43 v. Chr.–17/18 n. Chr.), Plinius (23/24–79) oder Galen (128/131–199/216), noch in der Schöpfungs-

---

[7] Dort wurden im Jahre 1649 die ersten, aus Holland eingeführten Kartoffeln – damals „Tartuffeln" genannt – angebaut (Timler und Zepernick 1978, S. 4–5).

[8] Dieses Herbar existiert heute nicht mehr (Hiepko 1987, S. 220).

Abb. 1 Besucher vor dem großen Palmenhaus in Schöneberg. Postkarte, Museen Tempelhof-Schöneberg. (Quelle: Wissenschaftshistorische Sammlung des Botanischen Garten Berlin. Mit freundlicher Genehmigung des BGBM)

geschichte der Bibel beschrieben waren. Nun galt es, ihre Existenz in die bestehenden Narrative zur Entstehung der Welt einzuordnen. Im Zuge dieser neuen Ordnung der göttlichen Schöpfungen brachte man die bisherigen Autoritäten mit der Evidenz der Sinneswahrnehmung in eine Art kritischen Dialog. Man begann, die Natur selbst als Offenbarung von Gottes Schöpfung und seinem Willen zu betrachten (Prest 1981, S. 38). Wie Prest (Prest 1981, S. 42–47) gezeigt hat, wurden die neuen Gärten (sowohl die universitären als auch die adligen) als modern im Vergleich zu antiken Gärten wie dem Theophrasts verstanden, weil sie erst jetzt, durch die Entdeckung der „neuen" Welt die gesamte Schöpfung Gottes an einem Ort versammeln konnten. Durch eine Reihe von allegorischen Gleichsetzungen dachte man, auf diese Weise ein zweites Paradies auf Erden kreieren zu können (Prest 1981, S. 21–23). Dieser schöpfungsgeschichtliche Konnex verlor im 18. Jahrhundert langsam an Plausibilität. Einer der Gründe hierfür lag im Nachweis der zweigeschlechtlichen Sexualität der Pflanzen, wonach diese, etwa die Lilie, nicht länger Unschuld und Reinheit der Jungfrau Maria verkörpern konnten. Hierzu hatte Johann Gottlieb Gleditsch (1714–1786), Professor am Collegium medico-chirurgicum und Direktor des Botanischen Gartens in Schöneberg, beigetragen, indem er die weibliche Dattelpalme des Gartens mit einem Zweig einer männlichen Dattelpalme aus Leipzig bestäubte, worauf diese zum ersten Mal Früchte trug. Über dieses *Experimentum Berolinense* hinaus geschah in Berlin im 18. Jahrhundert relativ wenig, sodass die hauseigenen Historiker den Aufstieg des Berliner Gartens zu einem europäischen Forschungszentrum mit dem Wirken Carl Ludwig Willdenows (1765–1812) beginnen lassen.

Willdenow, der 1801 zum Direktor des Gartens ernannt wurde, versechsfachte die Anzahl der Arten des Gartens, legte den Grundstock für das heutige wissenschaftliche Herbar und wurde 1810 als erster Professor für Botanik an die 1809 gegründete Friedrich-Wilhelms-Universität zu Berlin berufen (Timler und Zepernick 1978, S. 25–26). Mit Willdenows zahlreichen Kontakten zu anderen Botanikern und Reisenden kam eine Funktionsveränderung, von höfischen und medizinischen Diensten des Gartens zur botanischen Forschungsstätte. 1805 schrieb Alexander von Humboldt (1769–1859) an König Friedrich Wilhelm III. (1770–1840) von Preußen: „Dem Professor Willdenow habe ich eine Kiste der auf meinen Wanderungen gesammelten Sämereien für den, durch Ew. Königl[iche] Majestät so unendlich verschönerten botanischen Garten übersandt" (zitiert nach Schwarz 2015, S. 8). Auch weil Willdenow als botanischer Mentor des in Berlin geborenen Universalgelehrten gilt, kommt es nicht von ungefähr, dass der BGBM die Sonderausstellung zu seinem hundertjährigen Jubiläum mit der Überschrift „Humboldts Grüne Erben" bewirbt (Lack 2010c). Dennoch hatte Humboldt den Großteil seiner „botanischen Ausbeute" (Lack 2010c, S. 15) der „Amerika-Reise" mit Aimé Bonpland (1773–1858) dem Pariser Muséum national d'Histoire naturelle übergeben, weil in Berlin noch „kein Herbarium von nennenswerter Größe" zu finden gewesen war (Lack 1990, S. 270).

Dies änderte sich im 19. Jahrhundert, als die Botanik im modernen Universitätssystem zu einer Disziplin professionalisiert wurde, zahlreiche Lehrstühle gegründet und Forschungsinstitutionen eingerichtet wurden. Die großen Zentren der Pflanzensystematik waren nun Paris und London, dann Berlin und New York, weil diese Städte am meisten von den Kolonien ihrer Staaten profitierten (Cittadino 2009, S. 227). Seit Beginn des 19. Jahrhunderts hielten koloniale Pflanzen über Hamburg und Bremen Einzug in die deutschen Lande. Um 1850 waren dies im Besonderen Pflanzen aus Westafrika. Mit der Gründung des Deutschen Reichs 1871 intensivierte man Handel und Import und damit auch die Erforschung tropischer Pflanzen in den deutschen botanischen Gärten (Lack 1990, S. 270). Dem Berliner Garten kam hierbei eine Sonderstellung zu, da hier 1891 das Auswärtige Amt mit dem damaligen Direktor Heinrich Gustav Adolf Engler (1844–1930) die Botanische Zentralstelle für die deutschen Kolonien gründete, als eine Forschungsstelle für die Pflanzen, die aus den Kolonien ins Deutsche Reich kamen (Timler und Zepernick 1987, S. 147). Im Verlauf des weiteren Wachstums sowohl des Gartens als auch der Stadt, wurden die etwa sieben Hektar in Schöneberg zu eng. 1899 begann die Umsiedlung des Gartens auf die 42 ha große Fläche in Dahlem, wo er sich bis heute befindet. Der Botanische Garten Berlin konnte auf diese Weise seine tropischen Sammlungen im großen Umfang ausbauen und galt zu Beginn des 20. Jahrhunderts als „Mekka für Botaniker" (Lack 1990, S. 268) Abb. 2.

Sammlungen wachsen nicht nur, sie schrumpfen auch – durch Aussonderung, Entwesung nach Schädlingsbefall oder durch von außen bewirkte Zerstörungen (Lack 2010d, S. 99). Mit dem Ersten Weltkrieg versiegte der Austausch mit den gegnerischen Mächten und den Kolonien. Wie in den Jahrhunderten davor litt der Garten unter dem Krieg, Personal wurde eingezogen, Heizmaterial fehlte, Kriegsnöte förderten die Nachfrage nach Pilzberatungen (Timler und Zepernick 1978,

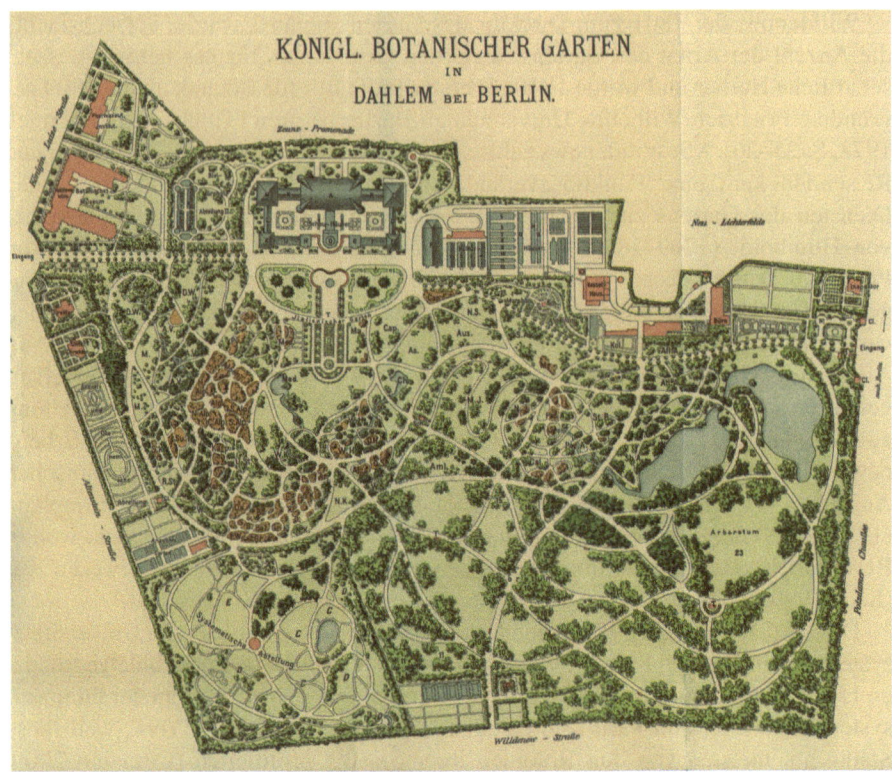

Abb. 2 Plan des Botanischen Gartens von 1905. (Quelle: Wissenschaftshistorische Sammlung des Botanischen Garten Berlin. Mit freundlicher Genehmigung des BGBM)

S. 60–61). Mit Gründung der deutschen Republik im Jahr 1918 waren Garten und Museum nicht mehr königlich (Timler und Zepernick 1978, S. 61). Der heimische Raum wurde neuer Forschungsschwerpunkt. Im Zweiten Weltkrieg setzten Phosphorbomben das Botanische Museum in Brand, was zu einer fast vollständigen Zerstörung einer der besten botanischen Sammlungen und Bibliotheken der Welt führte. Später wurden die Gewächshäuser zerstört, und wenige Tage vor der bedingungslosen Kapitulation der Deutschen Wehrmacht wurde der Botanische Garten selbst zum Schlachtfeld: Panzer wälzten sich durch Beete, Schützengräben wurden ausgehoben, Dutzende deutsche und sowjetische Soldaten fielen im Kampf (Lack 1990, S. 271).

Angesichts dieser „Dahlemer Katastrophe" spricht Hans Walter Lack (*1949) mit Bezug auf die Nachkriegszeit von einem „Neubeginn", der im instabilen politischen Kontext Berlins „relativ langsam" vonstattenging (Lack 2010e, S. 94). Der Wiederaufbau des Botanischen Gartens erfolgt nach „Ende des offiziell angeordneten Gemüsebaus" durch Finanzmittel des Marshall-Plans 1949 (Grotz 2010, S. 69). Der erste Samenkatalog (Index seminum) der Nachkriegszeit wurde schon 1947 herausgegeben (Grotz 2010, S. 68), doch erst in den 1960er-Jahren stellte sich die Botanik mit den zwei neuen Instituten an der Freien Universität in West-Berlin und der Humboldt-Universität in Ost-Berlin neu auf (Lack 1990, S. 272).

Die Lebendsammlung und das Herbar des BGBM sind folglich mehrfach in sich verschachtelte Konglomerate diverser Sammlungen mit ihren eigenen Geschichten und Ordnungen, die teilweise verschiedene Dokumentationsstile und -umfänge aufweisen. Sammeln die Berliner Pflanzen ein, dokumentieren sie diese in Berlin selbst. Tausch, Schenkungen oder seltener Ankäufe bringen Objekte jedoch bereits als Sammlung*en* mit (je) eigener Ordnungslogik ins Haus, deren Dokumentationen durchaus von den in Berlin benutzten Standards abweichen kann.[9] Dabei zeigt die Geschichte, dass das Bestimmen und Benennen von Pflanzen weder eine leichte noch eine definitiv abschließbare Aufgabe ist.

2.2 Bestimmen und Benennen

Gegen Ende des 17. Jahrhunderts zirkulierten Informationen und Belegexemplare über und von Pflanzen bereits auf globaler Ebene und in so erheblichem Umfang, dass es zu einem drängenden Problem wurde, eine allgemeine, verbindliche Nomenklatur zu etablieren, anhand derer jeder mit den gleichen Worten über das Gleiche sprechen können sollte. Das „System naturae" von 1735 des Schweden Carolus Linnaeus (1707–1778), welches die Grundlage der binominalen Nomenklatur darstellt, gilt der Fachgemeinschaft als frühestes Referenzwerk einer solchen Standardisierung. Die Nomenklatur stellt eine Konvention dar, über die sich die BotanikerInnen auf ihren internationalen Kongressen fortwährend verständigen.[10] Linnés System, „based, in essence, on the number and arrangement of reproductive structures" (Cittadino 2009, S. 227), ordnet jeder Art einen Namen, bestehend aus Gattungsnamen und einem Epitheton, zu, das sie unverwechselbar kennzeichnet. Linnés Nomenklatur entspricht seiner damaligen Systematik der Pflanzen, mit der der Artbegriff als Bestimmungseinheit festgelegt wurde. Er ging von einer Konstanz der Arten aus und verstand den Artbegriff essenzialistisch, was mit der Evolutionstheorie nach Charles Robert Darwin (1809–1882) im 19. Jahrhundert an Plausibilität verlor. Arten wurden fortan als etwas sich evolutiv Veränderndes begriffen und der Artbegriff wurde meist nominalistisch aufgefasst. Beobachtbare Ähnlichkeiten bildeten folgend den Maßstab der taxonomischen Gruppierung (Lecointre et al. 2001, S. 3). Mitte des 20. Jahrhunderts setzte sich die phylogenetische Systematik

---

[9] So „etwa [die] von dem Privatgelehrten Joseph Rock, gesammelten Samen, Stecklinge und dauerhaft konservierte Pflanzen aus damals gänzlich unbekannten Gebieten wie Osttibet, Szechuach und Yünnan" (Lack 2010e, S. 90). Die neu hinzukommenden Sammlungen können umfangreiches Material bieten. Vom Naturhistorischen Verein für die preußischen Rheinlande und Westfalen stammt die 1936 „größte jemals erworbene Sammlung im Haus" (Lack 2010e, S. 90), die etwa 200.000 außerrheinische Herbar-Belege umfasst.

[10] Derzeit gilt der „Shenzhen Code", der beim neunzehnten internationalen botanischen Kongress in Shenzhen, China, im Juli 2017 von der dort repräsentierten botanischen Fachgemeinschaft angenommen wurde. Werner Greuter (*1938), leitender Direktor des BGBM von 1978 bis 2008, ist noch heute Mitglied im Editorial Comitee des Codes (Turland et al. 2018).

(Kladistik) durch, mit der die Einsichten der Evolutionstheorie konsequent in der Beschreibung der Vielgestaltigkeit und Vergleichbarkeit der Organismen angewandt werden (Lecointre et al. 2001, S. 5). Doch obwohl die moderne Systematik entscheidend von Linnés System abweicht und zahlreiche Alternativen diskutiert wurden (Cittadino 2009, S. 228), hat sich Linnés binäre Nomenklatur bis heute aus verschiedenen Gründen gehalten: Sie ist praktisch im Feldgebrauch und unter AmateurInnen und LiebhaberInnen sehr verbreitet. Außerdem hat die Fachgemeinschaft der BotanikerInnen mit dem „Internationalen Code der Nomenklatur für Algen, Pilze und Pflanzen" Linnés Werk „Specius Plantarium" von 1753 zur ersten gültigen Erstbeschreibung von Pflanzen ernannt. Alles, was davor veröffentlicht wurde, zählt nicht als wissenschaftliche Namensgebung.[11] Dies liegt auch daran, dass Linnés Typus-Belege seiner Erstbestimmung (wie auch die vieler seiner Schüler) noch heute erhalten sind, wodurch deren „ursprüngliche" Namensgebung nachvollziehbar bleibt (Sengbusch 1989, S. 593).

Die an Linnés Arbeiten angelehnte „Typus-Methode" (Sengbusch 1989, S. 593) dient noch heute als Standard der wissenschaftlichen Reproduzierbarkeit. Zur Erstbestimmung gehören mehrere Arbeitsschritte: die Vergabe eines wissenschaftlichen Namens, die ausführliche Beschreibung der als wesentlich erachteten Merkmale (z. B. morphologische, phylogenetische) sowie die materielle Fixierung eines als Typus erachteten Pflanzenexemplars. Hierzu dient in der Regel ein Herbarbeleg, falls sich die Pflanze nicht trocknen lässt, ist auch die Fixierung als Präparat denkbar. Mit diesem Arbeitsprozess entsteht der *nomenklatorische Typus*. Der archivierte Beleg ist das konkrete Objekt, auf das sich Namensgabe, Erstbeschreibung und damit auch die Erstveröffentlichung beziehen, und an dem sich alle weiteren Beschreibungen und ggf. Änderungen in der Bestimmung orientieren und messen lassen müssen. Der nomenklatorische Typus muss als Individuum dabei keineswegs besonders typisch für die Art sein, die an ihm bestimmt wird (Turland et al. 2018, Art. 7.2). Vogt betont, dass Typus-Belege das Wertvollste sind, was Herbarien zu bieten haben, da ihre methodische Funktion von rein symbolischen Daten, wie der Dokumentation in digitalen Datenbanken oder virtuellen Herbarien niemals erfüllt werden könnte.[12]

Da der wissenschaftliche Name der Ankerpunkt jeder Dokumentation einer wissenschaftlichen Pflanzensammlung ist, hängt die Modellierung jeder Datenbank der Dokumentation entscheidend von der Beschaffenheit des wissenschaftlichen Namens und damit von den nomenklatorischen Standards und den klassifikatorischen Diskussionen ab. Dass die Vergabe von Namen selbst eine historisch sich wandelnde und gewachsene Praxis darstellt, wird besonders an den breit diskutierten Problemen der Synonyme und Homonyme in Dokumentationen deut-

---

[11] Die historische Entwicklung zeichnet Rudolf Albert Otto Mansfeld (1901–1960) nach (Mansfeld 1949).
[12] Auskunft von Robert Vogt vom 25.9.2018 während unseres Gesprächs im BGBM Berlin.

lich.¹³ Nomenklatur und Klassifikation können zudem trotz besseren Wissens voneinander abweichen: Neue Erkenntnisse in der klassifikatorischen Theoriebildung können eine Um-Klassifizierung einer Pflanze in eine andere Gattung oder Familie erforderlich machen, wodurch sich auch ein Teil ihres wissenschaftlichen Namens nach Linnés Syntax ändern müsste. Doch aus praktischen Gründen werden die bisherigen Namen häufig beibehalten, weil sie schlicht zu gebräuchlich sind oder weil die Kosten einer Umbenennung zu hoch wären.¹⁴ Des Weiteren befinden sich Namen im Umlauf, die keinen klassifikatorischen Standards entsprechen, aber so etabliert sind, dass es wenig sinnvoll erscheint, sie zu ändern (Bowker 1999, S. 74). Gegenüber dieser wissenshistorischen Dynamik der Benennung und Bestimmung von Arten ist jede Dokumentation per se eine Fixierung der jeweils aktuell anerkannten Kategorien, da diese über die Datenfelder im Organisationssystem festgeschrieben sind: „[…] when a given database of plants, of the ecology of a given area, of paleontology, and so forth is designed, it necessarily draws on a contemporary classification and will rarely be updated (and will be difficult to update) should the classification change" (Bowker 1999, S. 74) – und dies gilt sowohl für computergestützte Informationssysteme als auch papierene.

An der wissenshistorischen Dynamik des Verhältnisses von Nomenklatur und Pflanzensystematik zeigt sich, dass das Bestimmen und Benennen der Pflanzen kein formales System darstellt, weil ihre Ausdrücke (z. B. die taxonomischen Gruppen) nicht interpretationsfrei sind – jedenfalls solange der Pflanzenname etwas über die Bestimmung der Pflanze aussagen soll. Namen können richtig gebildet und doch in systematischer Hinsicht unpassend sein, oder sie können systematisch stimmig sein, aber nicht in Gebrauch. Da die Systematik etwas in der Welt abbilden soll (also nicht nur als Modell für natürliche Phänomene in der Forschung dient, sondern Modell von der Mannigfaltigkeit der Natur sein soll), sind die Ausdrücke materiell gebunden, etwa an die Typus-Belege der Erstbestimmung. Hierin besteht ein Unterschied zu den typischen Algorithmen, die auf mathematisch-physikalischer Modellbildung basieren und keine vergleichbare Interpretationsgebundenheit aufweisen. Dennoch könnte man geläufige Verfahren der Artdiagnostik, etwa durch dichotome Bestimmungsschlüssel als algorithmische verstehen. Mit einem solchen Schlüssel lässt sich eine Pflanze bestimmen, indem man in einer vorgegebenen Reihenfolge schrittweise alternative Merkmalsausprägungen durchgeht, bis eine Zuordnung festgelegt ist. Diese Bestimmungsschlüssel funktionieren im Feld ungeachtet theoretischer Diskussionen über die Gewichtung von Merkmalen.¹⁵ Bemerkenswert ist, dass gerade die Einschränkung auf eine handliche Anzahl von Bestimmungskriterien ausschlaggebend für das Gelingen der praktischen Bestimmung ist (Seng-

---

¹³ In der Zeitschrift *Taxon*, herausgegeben von der International Association for Plant Taxonomy, werden regelmäßig Anträge zur Beibehaltung von Namen oder zur Umbenennung von Pflanzen zur Diskussion gestellt.
¹⁴ Die „Tomate" stellt hierfür ein bekanntes Beispiel dar (vgl. Bowker 1999, S. 75).
¹⁵ In der phylogenetischen Forschung kommt es nicht immer zu eindeutigen Zuordnungen; morphologische, anatomische und molekulare Daten können in einzelnen Fällen verschiedene Stammbäume derselben Art liefern (Lecointre et al. 2001, S. VII).

busch 1989, S. 593; Stützel 2015, S. 8). In der Forschung zur phylogenetischen Stellung einer Art hingegen, dem Verwandtschaftsverhältnis zu anderen Arten, müssen alle Merkmale berücksichtigt werden, die bekannt sind, denn hier geht man davon aus, dass die Bestimmung umso genauer wird, je mehr Daten im Sinne von Merkmalsbeschreibungen vorliegen.[16] Geläufige Bestimmungsschlüssel können entsprechend zu anderen Ergebnissen als denen des neuesten Forschungsstandes führen. Veralten sie in diesem Sinne, erweisen sich quasi die „Test-Daten", mit denen der Schüssel erstellt wurde, als unpassend – nicht aber das Verfahren selbst. Die Frage nach der Angemessenheit des Algorithmus hängt von den verwendeten Daten ab.

3   Dokumentation des Gesammelten vor Ort

Als man den Botanischen Garten Berlin in den 1950er- und 1960er-Jahren langsam wieder aufbaute,[17] erlebte die Computertechnik einen ersten großen Aufschwung. In der BRD gelangten die ersten elektronischen Digitalrechner über das Feld des wissenschaftlichen Rechnens in die Wissenschaften, Forscher aus dem Bereich der kristallinen Strukturen, der Meteorologie, der Atom- und Nuklearphysik, der Luftfahrt und Ozeanografie drängten auf die Etablierung überregionaler Rechenzentren (Hashagen 2013, S. 147–148). Die Botanik war kein früher Abnehmer der neuen Elektronenrechner, wohl aber setzten einige Institute auf Lochkartenverfahren (Agar 2006; Scheele 1954). Die Berliner kamen Ende der 1970er-Jahre in Kontakt mit den neuen Möglichkeiten der Informationstechnik.

Auch wenn man bereits 1981 das nicht-kommerzielle „Mehrbenutzerbetriebssystem EUMEL […] für die elektronische Datenverarbeitung" eingeführt hatte (Grotz 2010, S. 77), sollte es noch gut zehn Jahre dauern, bis der BGBM grundlegend mit Computertechnik ausgestattet wurde. 1985 startete man mit der TU Berlin (TUB) ein EDV-Projekt, bei dem eine „detaillierte Ist-Analyse der Gartenkarteien und der Revier- und Bereichslisten" (Elankovan und Meyer 1996, S. 22) erstellt werden sollte, um den weiteren Bedarf an Hard- und Software zu ermitteln, das jedoch schon bald aufgrund fehlender Finanzierung eingestellt wurde (Elankovan und

---

[16] Entsprechend hilfreich kann es sein, durch moderne Datenverarbeitungssysteme Mittel an der Hand zu haben, die die wachsende Anzahl der Daten praktisch verarbeitbar machen. Martin Scheele (1920–1983) ging deswegen von einer tiefgreifenden Umgestaltung der phylogenetischen Forschung durch Lochkarten und Elektronenrechner aus (Scheele 1961, S. 66), er sprach bereits in den 1950er-Jahren von einer Revolution für die gesamte Biologie (Scheele 1954). Man könnte Scheeles Argumente und die Entwicklung der phylogenetischen Forschung wie auch den Einsatz von Computern weiterverfolgen und mit Sepkoski abwägen, wie radikal diese Erleichterung der Datenverarbeitung einzuschätzen ist. Da die schiere Anzahl von Merkmalen/Daten an sich jedoch nicht aussagekräftig ist und die Frage ihrer Gewichtung nur mit Hilfe von Theorien zu beantworten ist, scheint die Bilanz dieser „Revolution" recht durchwachsen auszufallen (Sengbusch 1989, S. 595–596). Die Hoffnungen, die Scheele in die Lochkarten setzte, ähneln denen, die man heute mit der Bioinformatik verbindet (vgl. Wen et al. 2015).

[17] Der Wiederaufbau zog sich noch lange hin: Herbar- und Bibliotheksflügel des Botanischen Museums wurden z. B. erst ab 1984 wiedererrichtet und 1987 wiedereröffnet (Grotz 2010, S. 77–78).

Meyer 1996, S. 22).[18] 1989 kam Walter G. Berendsohn (*1956), der eine zentrale Figur für die Einführung der Biodiversitätsinformatik werden sollte und die Abteilung heute leitet, als Promotions-Stipendiat an den BGBM. Mit seiner Promotion 1990 wurde er zunächst wissenschaftlicher Angestellter in der Abteilung „Lebendsammlung, Naturschutz und Öffentlichkeitsarbeit" (Greuter und Vogt 1991, S. 8) und übernahm 1992 die Leitung des neu eingerichteten Referates „EDV und Dokumentation".[19] 1993 installierte man einen „Fileserver für den hausinternen Mailverkehr. Ebenfalls in Betrieb genommen [wurde] ein selbst entwickeltes Computer-Programm zur elektronischen Bearbeitung von Herbarausleihen" (Grotz 2010, S. 79). 1994 erfolgte eine BGBM-weite Ausstattung aller wissenschaftlichen Arbeitsplätze mit modernen Personalcomputern („Windows-fähige PCs"), die an das interne EDV-Netzwerk über ein 2400-Baud-Modem angeschlossen waren (Grotz 2010, S. 80). Ab 1997 führt man die erstellten Webseiten unter den Publikationsleistungen in den Jahresberichten auf (Greuter und Vogt 1998, S. 13), die man nun als Tor zur Öffentlichkeit verstand (Greuter und Vogt 1996, S. 6). Ein Jahr später überführte man vermutlich Berendsohns Referat „EDV und Dokumentation" in die Abteilung für Biodiversitätsinformatik.

Das erste Forschungsprojekt, bei dem es zu einer computergestützten Datenerfassung und -verarbeitung am BGBM kam, scheint das Med-Checklist Projekt gewesen zu sein, dessen Konzeption auf das Jahr 1979 zurückgeht und dessen Förderung die DFG 1984 übernahm. Heute wird es im Euro+Med Projekt fortgesetzt. Das Med-Checklist Projekt stellt die „Diversität der Gefäßpflanzen des Mittelmeerraums bis zur Unterartebene als annotierte Liste ohne Beschreibung dar" (Lack 2010b, S. 116). Hierfür wurden in den 1980er-Jahren Datenblätter erstellt, nach denen bestimmte Eigenschaften gemäß der Logik einer Checkliste eingetragen werden konnten und die „mit dem Computer so weiterverarbeitet [wurden], dass daraus eine Druckvorlage erstellt werden konnte" (Lack 2010b, S. 117). Diese EDV-basierte Studie steht exemplarisch für einen forschungslogischen Umbruch in der Berliner Botanik. Schufen früher Direktoren große Werke (wie Willdenows „Species planetarium"), wird eine vergleichbare Forschungsleistung nun von einem projektförmig organisierten, häufig international kooperierenden Forschungsteam erbracht: „Der einzige mögliche Nachkriegskandidat für die opera magna der systematischen Botanik ist das derzeit laufende Med-Checklist Projekt mit drei Forschungsteams in Berlin, Genf und Montpellier" (Lack 1990, S. 295). Dieser Umbruch geht bis in die 1970er-Jahre zurück, die für den Botanischen Garten insgesamt eine politisch und ökonomisch vergleichsweise stabile Phase darstellten, in der man wieder auf größere Expeditionen gehen konnte. Allerdings hatten sich nicht

---

[18] Die Sorge um eine ausreichende Finanzierung scheint den BGBM prinzipiell zu begleiten, man findet in vielen Jahrbüchern entsprechende Hinweise und Formulierungen. Im April 2003 wurde z. B. eine Debatte darüber geführt, ob die FU Berlin den Garten überhaupt weiter bewirtschaften könne. Auch dank der 105.000 Unterschriften von Berlinern konnte eine Schließung verhindert werden, man musste jedoch eine Einsparung der Mittel um jährlich 16 % hinnehmen (Grotz 2010, S. 83).

[19] „[D]ie weltweit erste solide Organisationsstruktur einer naturkundlichen Institution für den Bereich der Biodiversitätsinformatik" (Grotz 2010, S. 79).

nur die Forschungsorganisation, sondern ebenso die „politischen, ökologischen und wissenschaftlichen Rahmenbedingungen des Sammelns grundlegend geändert: viele weiße Flecken auf der botanischen Landkarte waren inzwischen verschwunden, internationale Abkommen sicherten zunehmend die Ansprüche der Herkunftsländer." (Lack 2010e, S. 94).[20]

Die Washingtoner „Convention on International Trade in Endangered Species of Wild Fauna and Flora" (CITES) von 1973 reguliert „Export, Transit und Import von seltenen oder bedrohten wildlebenden Tier- und Pflanzenarten oder ihrer Häute und Trophäen" (Niekisch 2016, S. 354). Anders als beim Tierschutz geht es bei Pflanzen nicht um das Wohlergehen von Individuen, sondern um abstrakte Größen – *Arten* (Niekisch 2016, S. 354). CITES hebt bestimmte Arten gegenüber anderen hervor, wodurch die Kategorie der *Wildherkunft* für die Pflanzensammler besonders wichtig wurde.[21] Es gilt bis heute als eines der erfolgreichsten Abkommen im Bereich des Naturschutzes, weil es zwei wirkungsvolle Instrumente bietet: Erstens kann man nach dem Abkommen nur dann mit einem CITES-Vertragsstaat die geschützten Arten handeln, wenn man selbst Vertragsstaat des Abkommens wird.[22] Dabei unterliegt dieser Handel für die betroffenen Arten einem „Genehmigungszwang auf Grundlage von Bescheinigungen („Reisepässen" sozusagen) […], die von den Ausfuhrländern nach den gemeinsamen Kriterien […] auszustellen sind" (Sand 1997, S. 168). Zweitens definiert das Abkommen über die Listen in seinen Anhängen klar, welche Arten in welchem Umfang geschützt werden sollen (Sand 1997, S. 168–169). Das Abkommen zwingt die Vertragsstaaten, die Bestimmungen des Artenschutzes in nationale Gesetze und Verwaltungsakte zu übersetzen und den Handel zu dokumentieren. Hieraus ergibt sich auf Seiten der Tausch- und Handelspartner, wie des BGBM, eine *Dokumentationspflicht*, die der Logik dieser „Reisepässe" und der Listen bedrohter Arten folgt.

Das Abkommen ist Ergebnis eines sich im Kontext des Kalten Krieges internationalisierenden Naturschutzes (Niekisch 2016) und eines neuen Umweltbewusstseins (Engels 2006, insbes. S. 275–293). Die sich hier konstituierende Umweltpolitik setzt auf ein *Management* der menschlichen Umwelt, das eine umfassende Bestandsaufnahme verlangt und dem die informatische Aufrüstung der beteiligten Akteure (Verwaltungsbehörden, Ministerien, Gremien, Forschungseinrichtungen, Museen, Vereine, Unternehmen wie Privatpersonen) in den kommenden Jahrzehnten in die Hände spielen sollte.

---

[20] Noch 1972 hatte der BGBM Mitarbeiter nach Togo auf „Erkundungs- und Sammelreise" geschickt; dies war vielleicht die letzte Reise, bei der Ansprüche der Herkunftsländer noch nicht berücksichtigt werden mussten (Grotz 2010, S. 74).

[21] Lack (Lack 2010e, S. 90) berichtet, bereits in den Zwischenkriegsjahren sei das „Interesse an Nutzpflanzen" zurückgegangen, dasjenige an „wild vorkommenden Pflanzen" in den Fokus geraten und gemäß der veränderten politischen Rahmenbedingungen unternahm man Sammelreisen in den Mittelmeerraum (Albanien, Makedonien, Türkei), also in Gebiete, die botanisch vergleichsweise unerforscht waren.

[22] „Der gewünschte Zugang zu den Absatzmärkten ist also sicher mit verantwortlich dafür, dass dem Abkommen heute (Stand: Februar 2016) 181 Staaten beigetreten sind und es folglich als wirklich weltumspannend gelten kann." (Niekisch 2016, S. 356).

3.1 Herkünfte und Akzessionsnummer

Für die Dokumentationspraxis machte das Washingtoner Abkommen einen entscheidenden Unterschied, wurde es doch zur rechtlichen Pflicht, die *Herkünfte* der Pflanzen anzugeben. In Dahlem reagierte man auf diese neue Anforderung mit der Einführung einer Akzessionsnummer und des Datenfelds der Herkunft. Im Hause spricht man auch von der ersten umfangreichen Standardisierung der Dokumentation der Lebendsammlung. Hiernach sollte:

- zu jeder Pflanze der lokale Standort angegeben werden und
- mindestens ein Beleg im Herbarium geführt werden.[23]

1979 wurde außerdem die „Akzessionsnummer eingeführt, um Pflanzen einwandfreier Herkünfte zu kennzeichnen" (Grotz 2010, S. 77).

Vor den 1970er-Jahren hatte man bereits mit Karteikarten und Listen gearbeitet, über Tausch und Zugänge Buch geführt und in Teilen auch die eigenen Sammlungen inventarisiert. Der „Index Seminum" erscheint etwa seit 1895. Allerdings führt er nur die zum Tausch geeigneten Pflanzen auf, und von diesen auch nur solche, deren Bestimmung vor Ort überprüft wurde[24] und verzeichnet „immer nur eine z. T. wesentlich reduzierte Anzahl von Akzessionen und Arten des jeweiligen Gartens".[25] Eine Besonderheit stellt die 1938 herausgegebene „Dahlemer Handliste" dar, das erste Gesamtverzeichnis „der im Botanischen Garten zu Berlin-Dahlem kultivierten Pflanzen" (Lack 2010a, S. 110) Abb. 3. Bei dieser ersten Gesamtinventarisierung hatte man die Sammlungsobjekte der Lebendsammlung noch nicht als Akzession verstanden, und sie über die Angabe ihres wissenschaftlichen Namens, „zunehmend ergänzt durch einen deutschen Namen und einer Angabe über das natürliche Verbreitungsgebiet" identifiziert (Lack 2010a, S. 108). Wegen der Verluste im Zweiten Weltkrieg konnte diese Inventarisierung nicht als Grundstock späterer Gesamtverzeichnisse übernommen werden.

Die Umstellung auf eine elektronische Dokumentation geschah schrittweise. Anfang der 1990er-Jahre erstellte die EDV-Abteilung zunächst für verschiedene Fachabteilungen je eigene Single-User-Programme „u. a. zu Akzessionen geschützter Pflanzen, Gehölzinventar, Index Seminum, und Herbaretiketten" (BGBM 2007). Diese wurden 1994 zu einer ersten Version der Akzessionsdatenbank – dem späteren BoGart – zusammengefasst. Als Elankovan und Meyer dieses Datenbanksystem im Rahmen ihrer Diplomarbeit weiterentwickelten, konnten sie neben dem informatisch bedeutsamen IPOI-Datenmodell (Berendsohn 1997) sowie dem mittlerweile abgeschlossenen CDEFD-Projekt (Berendsohn et al. 1999) auch auf eine umfassende Workflow-Analyse der Verwaltung und Dokumentation der Sammlungen am BGBM zurückgreifen – Praktiken, die sich vermutlich als Ergebnis der Standardisierungsbemühungen der 1970er-Jahre eingespielt hatten. Aus ihrer

---

[23] Auskunft von Albert-Dieter Stevens, Gespräch vom 25.9.2018 im BGBM Berlin.
[24] Auskunft von Albert-Dieter Stevens, Gespräch vom 25.9.2018 am BGBM Berlin.
[25] Schriftliche Mitteilung von Albert-Dieter Stevens per E-Mail am 5.8.2017 um 15:23 Uhr.

Abb. 3 Dahlemer Handliste von 1938. (Quelle: Bibliothek des Botanischen Garten Berlin. Mit freundlicher Genehmigung des BGBM)

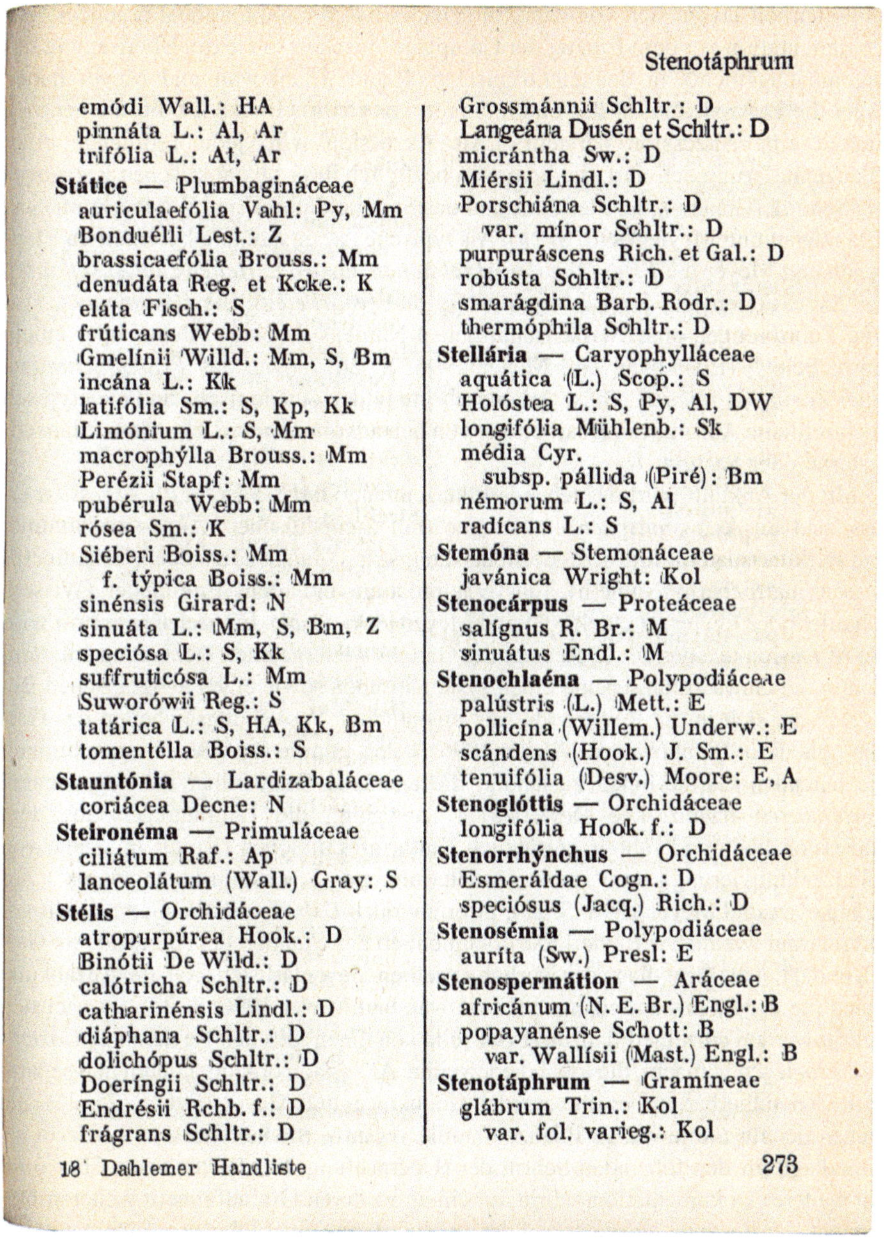

emódi Wall.: HA
pinnáta L.: Al, Ar
trifólia L.: At, Ar
Státice — Plumbagináceae
auriculaefólia Vahl: Py, Mm
Bonduélli Lest.: Z
brassicaefólia Brouss.: Mm
denudáta Reg. et Kcke.: K
eláta Fisch.: S
fruticans Webb: Mm
Gmelínii Willd.: Mm, S, Bm
incána L.: Kk
latifólia Sm.: S, Kp, Kk
Limónium L.: S, Mm
macrophýlla Brouss.: Mm
Perézii Stapf: Mm
pubérula Webb: Mm
rósea Sm.: K
Siéberi Boiss.: Mm
 f. týpica Boiss.: Mm
sinénsis Girard: N
sinuáta L.: Mm, S, Bm, Z
speciósa L.: S, Kk
suffruticósa L.: Mm
Suworówii Reg.: S
tatárica L.: S, HA, Kk, Bm
tomentélla Boiss.: S
Stauntónia — Lardizabaláceae
coriácea Decne: N
Steironéma — Primuláceae
ciliátum Raf.: Ap
lanceolátum (Wall.) Gray: S
Stélis — Orchidáceae
atropurpúrea Hook.: D
Binótii De Wild.: D
calótricha Schltr.: D
catharinénsis Lindl.: D
diáphana Schltr.: D
dolichópus Schltr.: D
Doeríngii Schltr.: D
Endrésii Rchb. f.: D
frágrans Schltr.: D

Grossmánnii Schltr.: D
Langeána Dusén et Schltr.: D
micrántha Sw.: D
Miérsii Lindl.: D
Porschiána Schltr.: D
 var. mínor Schltr.: D
purpuráscens Rich. et Gal.: D
robústa Schltr.: D
smarágdina Barb. Rodr.: D
thermóphila Schltr.: D
Stellária — Caryophylláceae
aquática (L.) Scop.: S
Holóstea L.: S, Py, Al, DW
longifólia Mühlenb.: Sk
média Cyr.
 subsp. pállida (Piré): Bm
némorum L.: S, Al
radícans L.: S
Stemóna — Stemonáceae
javánica Wright: Kol
Stenocárpus — Proteáceae
salígnus R. Br.: M
sinuátus Endl.: M
Stenochlaéna — Polypodiáceae
palústris (L.) Mett.: E
pollicína (Willem.) Underw.: E
scándens (Hook.) J. Sm.: E
tenuifólia (Desv.) Moore: E, A
Stenoglóttis — Orchidáceae
longifólia Hook. f.: D
Stenorrhýnchus — Orchidáceae
Esmeráldae Cogn.: D
speciósus (Jacq.) Rich.: D
Stenosémia — Polypodiáceae
auríta (Sw.) Presl: E
Stenospermátion — Aráceae
africánum (N. E. Br.) Engl.: B
popayanénse Schott: B
 var. Wallísii (Mast.) Engl.: B
Stenotáphrum — Gramíneae
glábrum Trin.: Kol
 var. fol. varieg.: Kol

18 Dahlemer Handliste   273

Abb. 3 (Fortsetzung)

Diplomarbeit lassen sich von daher die „paper-based computational practices" der Dokumentation vor dem Einzug der Computer einsehen sowie die Übertragung des Datenmanagements in den elektronischen Raum. Elankovan und Meyer haben dabei die Dokumentation der Sammlungen vor Ort im Blick, für die die zentrale Einheit eine Akzession darstellt: „Als Akzession wird jede Teilmenge einer Pflanzenlieferung definiert, die homogen bezüglich ihrer taxonomischen Kategorie, des Sammler(-teams), der Herkunft und des Sammeldatums (bei Wildherkunft) ist" (Elankovan und Meyer 1996, S. 24). Als typische Arbeitsabläufe beschreiben Elankovan und Meyer die *Erfassung der Akzessionen*, das *Weiterleiten zum Auspflanzen* der Akzessionen, die *Entnahme eines Gartenherbarbelegs*, die *Bestimmung*, also „die Zuordnungen eines wissenschaftlichen Namens zu einer Pflanze oder einem Herbarbeleg" (Elankovan und Meyer 1996, S. 26), sowie das *Prüfen/Schreiben einer Zentralkarteikarte*. Diese Arbeitsschritte bilden eine logische und idealtypisch auch zeitliche Abfolge der Bearbeitung von neu ankommendem lebendem Pflanzenmaterial oder Saatgut.

Mit der Ankunft wird das lebende Pflanzenmaterial/das Saatgut als *Akzession* erfasst und im *Akzessionsbuch* eingetragen (mit „semantischer" Akzessionsnummer und Herkunftsdaten): Im Akzessionsbuch „registriert" man zudem den „vorläufige[n] wissenschaftliche[n] Name[n], [das] Lieferdatum und [den] Empfänger (Wissenschaftler oder Revier)" (Elankovan und Meyer 1996, S. 24). Im nächsten Schritt wird die Akzession in eines der 23 Reviere des Gartens weitergeleitet. Der Garten unterteilt sich in die Gewächshäuser und einen systematischen sowie einen geografischen Bereich,[26] die sich in die Reviere als „die eigentlichen Verwaltungseinheiten des Gartens" gliedern (Elankovan und Meyer 1996, S. 25). Für die Reviere waren traditionell die leitenden GärtnerInnen zuständig, die auch die Obhut über die sogenannten *Revierkarten* hatten. Die Revierkarten „spiegeln" die Eintragungen aus dem Akzessionsbuch und führen „zusätzlich Kulturinformationen (Kultur im Sinne von Pflanzenkultivierung) und herkunftsdeterminierte Wachstumsbedingungen" auf (Elankovan und Meyer 1996, S. 25), Informationen also, die für die Gartenarbeit vor Ort relevant waren. Die Revierkarte dokumentiert den Standort der Akzession im Garten und dient als Grundlage der jährlich erstellten „Inventarlisten [...], die Anzahl und Standorte der Pflanzen enthalten" (Elankovan und Meyer 1996, S. 25). Im nächsten Schritt werden einzelne Pflanzen (bzw. Teile von ihnen) aus den Revieren zu *Gartenherbarbelegen* gemacht, die lokal die jeweilige Akzession dokumentieren und separat vom Generalherbar aufbewahrt werden (Elankovan und Meyer 1996, S. 25–26). Sie dienen der für die jeweilige Pflanzenfamilie verantwortlichen WissenschaftlerIn als Grundlage für den folgenden Schritt der (Überprüfung der) *Bestimmung*. Hier folgt ein weiterer Dokumentationsschritt, an einem weiteren Ort, auf einem weiteren Dokument: der *Bestimmungskarte*, auf der die Zuordnung einer Pflanze zu einem wissenschaftlichen Namen und zu einem Herbarbeleg erfolgt. Die Bestimmungskarte „dient

---

[26] Im systematischen Bereich soll die räumliche Nähe der Pflanzen ihre Verwandtschaftsbeziehungen anzeigen; im geografischen Bereich interessieren die Verwandtschaftsverhältnisse nicht, hier will man nachbilden, in welchen Gemeinschaften die Pflanzen in ihren Herkunftsgebieten blühen und gedeihen.

zur späteren Aktualisierung des Akzessionsbuchs und der Revierkarteikarten. Erst nach der Bestimmung durch einen Wissenschaftler (und ggf. der Überprüfung der Nomenklatur) erfolgt die Anfertigung eines permanenten Namensschildes" (Elankovan und Meyer 1996, S. 26). Hinter diesen auch der Öffentlichkeit bekannten Namensschildern, die die Pflanzen im Garten wie Exponate im Museum ausweisen, steht folglich eine Kette von Dokumentations- und Bearbeitungsschritten des Pflanzenmaterials. Hierbei haben wir es medial mit einem Misch-System aus Büchern, Karteikarten und konserviertem Pflanzenmaterial zu tun, wobei die Karteikarten und Bücher den gleichen Code nutzen (die Schrift), während die Herbarbelege eine andere Semantik aufweisen. Dabei werden Herbarbeleg, Revierkarte und Bestimmungskarte dezentral gehandhabt, die Akzessionsbücher stellen eine zentrale Form der Dokumentation dar. Die einzelnen Dokumentationsschritte sind medial und örtlich auf buchhalterische, gärtnerische und botanische Expertise verteilt.

Es folgt ein letzter Schritt der typischen Tätigkeiten am BGBM in der Workflow-Analyse, der eine weitere Karteikarte ins Spiel bringt, die für eine zweite zentrale Dokumentation der Akzessionen steht: das Schreiben/Prüfen der Zentralkarteikarte. Auch diese erfüllt dokumentarisch noch einmal andere Funktionen und enthält andere Informationen:

> „In der Zentralkartei wird für jeden auftretenden wissenschaftlichen Namen eine Karteikarte angelegt, auf der auch die betreffenden Akzessionen notiert werden. Nach der Anlage einer Zentralkarteikarte oder in Fällen zweifelhafter oder unvollständig vorhandener Information wird die Karte zur Nomenklaturüberprüfung an den zuständigen Wissenschaftler gegeben. Dabei werden von diesem auch die (für die Beschilderung wichtigen) Angaben zu deutschem Namen, Verbreitung und ggf. Giftigkeit eingetragen sowie wichtige Synonyme angegeben." (Elankovan und Meyer 1996, S. 26)

Die Angabe der Herkünfte fehlt häufig bei Pflanzen, die vor 1974 nach Berlin kamen Abb. 4. Da sie für viele Pflanzen vor Ort nachträglich nicht zu bestimmen sind, arbeitet man daran, die entsprechenden Objekte durch gleiche Pflanzen mit bekannten Herkünften zu ersetzen (Greuter und Vogt 1996, S. 10). Auch wenn man 1983 bereits den ersten Index Seminum herausgeben konnte, der „ausschließlich Samen von wissenschaftlich nachbestimmten Pflanzen, überwiegend Wildsämereien bzw. Samen von Pflanzen bekannter Wildherkunft" enthielt (Grotz 2010, S. 77), bleibt die Standardisierung der Dokumentation und die Integration der Daten in einen Gesamtkatalog, der alle historisch verschachtelten Sammlungen des Berliner Gartens inventarisiert, eine fortlaufende und kleinteilige Arbeit, sodass es nicht verwundert, wenn Lack noch im Jahr 2010 resümiert, der Garten stelle ein „Amalgam von Pflanzen unbekannter und voll dokumentierter Herkunft" (Lack 2010a, S. 108) dar.[27]

---

[27] Solange der Garten wächst, wird diese Arbeit nicht abgeschlossen sein. 1993 hat der BGBM beispielsweise das Herbarium der Humboldt-Universität Berlin im Zuge der Wiedervereinigung Deutschlands übernommen, die „ca. 270.000 Belege" mussten jedoch zunächst „in das Eigentum des BGBM" übertragen werden, was „am 1.1.1995" geschah. Als der Bericht für 1995 erstellt wurde, hatte man weniger als ein Fünftel der Belege, nämlich „ca. 50.000 [...] etikettiert, nomenklatorisch überarbeitet und montiert", was über „Werkvertragsmittel" finanziert wurde (Greuter und Vogt 1996, S. 10).

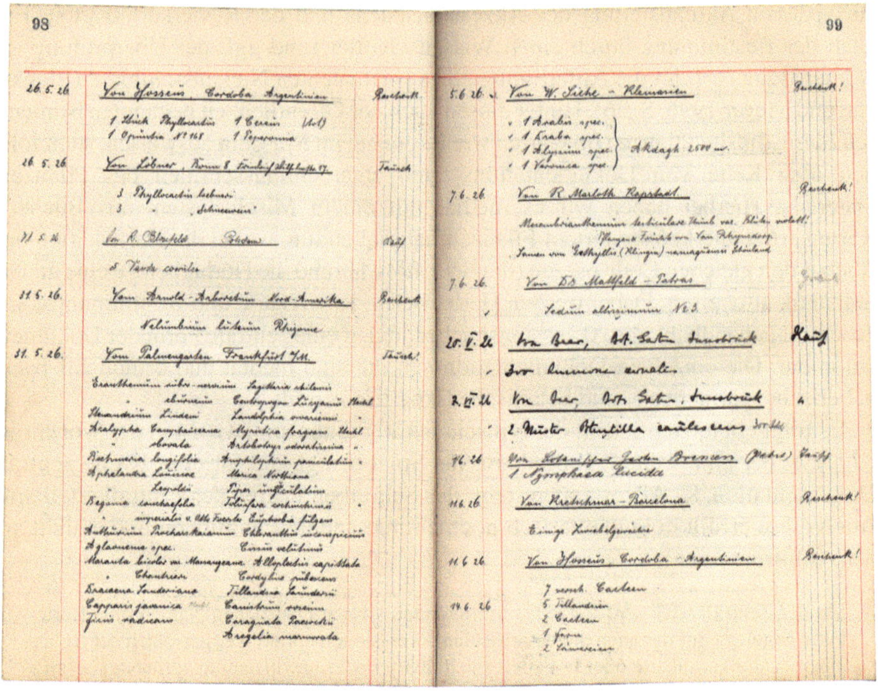

Abb. 4 Verzeichnis von Pflanzeneingängen in den Garten 1921–1930, die aufgeschlagenen Einträge vom Mai/Juni 1926 liefern relativ wenige Informationen zu den Herkünften der Pflanzen. (Quelle: Wissenschaftshistorische Sammlung des Botanischen Garten Berlin. Mit freundlicher Genehmigung des BGBM)

Wie an der Workflow-Analyse Elankovans und Meyers sowie den Angaben Lacks gut ersichtlich ist, weist sowohl die ältere Mischform des Dokumentierens, als auch die standardisierte Variante über die Akzessionsnummer eine Reihe unterschiedlicher Relationen zwischen den dokumentierten Angaben und den lebenden Pflanzen auf. Interessant hierbei ist, dass die verschiedenen Ordnungskategorien verschiedene Objektbezüge konstruieren. Der Typus-Beleg zur Bestimmung des wissenschaftlichen Namens repräsentiert genau ein Individuum, nämlich die Pflanze, an der die Erstbestimmung vollzogen wurde. Der wissenschaftliche Name wiederum benennt alle Pflanzen, die ihm zugeordnet werden (wobei der Typus-Beleg der Maßstab dieser Zuordnung ist). Die Kategorie der Verbreitung ist eine geografische Angabe und bezieht sich auf die abstrakte Größe der Art (als reproduktive Einheit oder als Abstammungseinheit) und ist nicht an ein Individuum gebunden. Die Herkunftskategorie ist eine genealogische Angabe einer Akzession, also einer bestimmten Menge an lebendem Pflanzenmaterial oder regenerativem Saatgut, das in einer Sammlungsinstitution als Sammlungseinheit verbucht wurde. Zur Akzession werden gesammelte Pflanzen, indem sie bei ihrer Ankunft im Garten qua Registrierung in die bestehende Sammlungsordnung buchhalterisch aufgenommen werden. Dabei meint die Herkunftskategorie sowohl die aktuelle Herkunft der Sammlungseinheit (Sammelreise, anderer Garten, Baumschule etc.) als auch eine Herkunftschronologie, die sich letztlich auf den ursprünglichen Akt des Einsammelns bezieht und damit auf eine individuelle Abstammungsreihe der jeweiligen Akzession.[28]

Pflanzen werden auch mit weniger definiten Kategorien adressiert, wie „Sämereien", „Kisten", „Schiffsladungen", „Saatgut", „Pflanzenmaterial" und Ähnlichem. Je nach praktischem Zusammenhang steht dieselbe Pflanze somit für verschiedene Forschungs- und Dokumentationskategorien mit ihren verschiedenen Repräsentations-Beziehungen. Für die Erstellung von digitalen Datenbankmanagementsystemen scheint es deswegen spielentscheidend, diese Flexibilität der praktischen Objektkonstruktion in ihr Datenmodell und ihre Architektur aufzunehmen, um generische Abfragen zu ermöglichen. Was zuvor von verschiedenen Karteikartensystemen an verschiedenen Orten von verschiedenen Professionen dokumentiert wurde, wird nun durch die recht flexible Zuordenbarkeit einzelner Datenfelder zueinander in einer Datenbank integriert.

3.2 BoGart

Elankovan und Meyer sahen sich vor für InformatikerInnen eher ungewöhnliche Herausforderungen gestellt, als sie 1996 für ihre Diplomarbeit, die am BGBM von Berendsohn und an der TU Berlin von Babette Lehmann betreut wurde, das Datenmodell der *Akzessionsdatenbank* für den Botanischen Garten in Berlin überarbeiten sollten. Zum einen erschien ihnen der Bereich der Botanik als „etwas exotisch", zum anderen lag die Komplexität ihrer Aufgabe nicht in der Programmierung, sondern im Vorfeld der „Analyse des Problembereichs und dem Systemdesign, insbesondere der Datenmodellierung" (Elankovan und Meyer 1996, S. 7). Obige Workflow-Analyse (Ist) ist diesem Umstand geschuldet, dem die Autoren eine Beschreibung der Zielstellung (Soll) beiseitegestellt haben. Die Diplomanden sollten ein Datenbankmanagementsystem entwickeln, das die bestehenden Datensätze integriert, von mehreren BenutzerInnen verwendet werden kann und hierbei eine größtmögliche Benutzerfreundlichkeit aufweist „bei gleichzeitiger strikter Eingabekontrolle zur Wahrung der Datenqualität" (Elankovan und Meyer 1996, S. 26).

Die Diplomarbeit fügt sich in die etwa zehn Jahre dauernden Bemühungen, die Dokumentation zu digitalisieren Abb. 5. 1994 wurde mit der „Verkabelung der z. T. weit verteilt liegenden Arbeitsplätze" (BGBM 2007) die technische Voraussetzung geschaffen, 2004 wurde der BoGart als zentrales Dokumentationssystem in

---

[28] Die Verpflichtung zur Herkunftsangabe kann theoretisch zu einer Dilemma-Situation führen: Einerseits ist man dem Artenschutz verpflichtet und demnach angehalten, bedrohte Arten einzusammeln, um sie qua Verpflanzung zu schützen. Andererseits darf man dies nicht tun, wenn „keine Papiere" vorliegen, wenn die Abstammung der Pflanze ungeklärt ist; dies kann auch solche Objekte betreffen, die lange vor der Verpflichtung zur Angabe von Herkünften in den Garten gekommen sind.

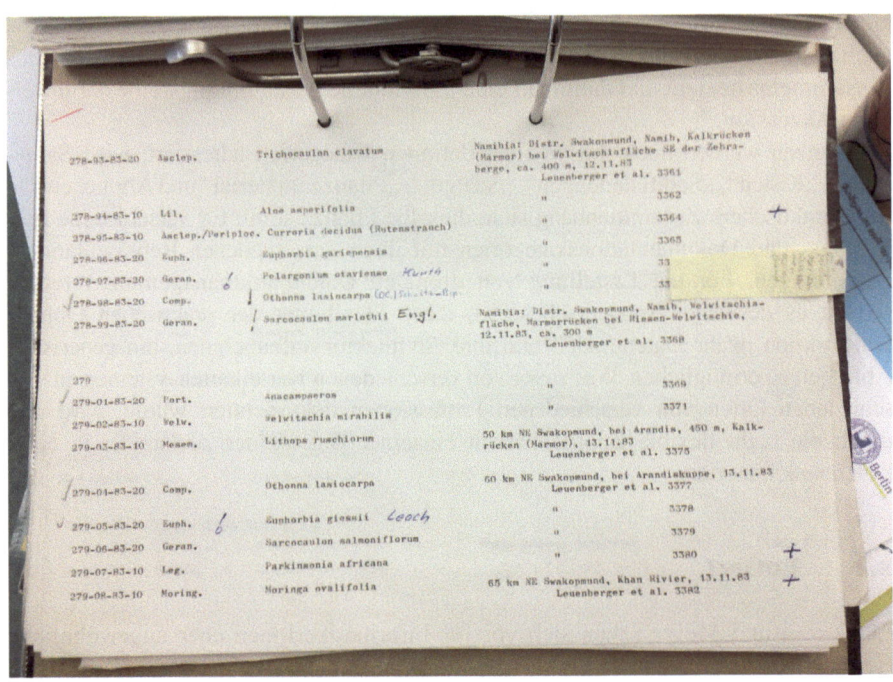

Abb. 5 Einblick in das alte „analoge" Verzeichnis der Lebendsammlungen, das mit einem Textverarbeitungsprogramm erstellt wurde, aber ausgedruckt abgeheftet und händisch annotiert wurde. (Quelle: Wissenschaftshistorische Sammlung des Botanischen Garten Berlin. Aufnahme: Suzana Alpsancar, September 2017. Mit freundlicher Genehmigung des BGBM)

Normalbetrieb genommen.[29] Technisch lag eine Umsetzung als relationale Datenbank nahe, weil diese Daten als Entitäten modelliert, die durch vorgegebene Relationsmöglichkeiten miteinander verknüpft werden können. Die Relationen werden als Tabellen beschrieben, deren Zeilen die Datensätze darstellen (die über sogenannte Schlüssel eindeutig identifizierbar sein müssen). Die Spalten geben die Attribute vor, wobei für jede Relation vorab Anzahl und Typen der Attribute festgelegt werden müssen. Die Tabellen lassen sich dann miteinander verknüpfen, wodurch komplexe Beziehungen zwischen den Daten darstellbar und abrufbar sind. Beispielsweise müssen die Entitäten *Akzession* und *Einzelpflanze* unabhängig voneinander modelliert werden, weil zu einer Akzession mehrere Einzelpflanzen gehören können. Die Herkunftsbeziehung lässt sich allein über die Akzession modellieren. Der Einzelpflanze kann wiederum ein Standort im Garten zugeordnet werden. Für beide Kategorien müssen folglich unterschiedliche Relationen modelliert werden. Die Zuordnung zwischen Akzession und Einzelpflanzen muss außer-

---

[29] Schriftliche Mitteilung von Walter G. Berendsohn in einer E-Mail von Albert-Dieter Stevens vom 12.3.2020 um 14:03 Uhr.

dem umgeordnet werden können, wenn eine neue Bestimmung dies erfordert. Elankovan und Meyer haben entsprechend der historischen Entwicklung von Standards am BGBM zwei systematische Teil-Modellierungslogiken angewandt, eine nach der Logik der Akzessionen, also der eher buchhalterischen Verwaltung von Sammlungseinheiten, und eine nach der Logik der nomenklatorischen Namen von Pflanzen (Elankovan und Meyer 1996, S. 42). Die Tätigkeit der Bestimmung dient dabei als die Relation, die beide Teil-Modellierungen einander zuordnet (oder umordnet). Hierfür muss auch die „Bestimmungschronologie" bei Bedarf sichtbar gemacht werden können (Elankovan und Meyer 1996, S. 36) – ein Stück Geschichte wurde so in die Datenbank aufgenommen Abb. 6.

Um das neue System zu implementieren wurden zunächst die bestehenden Datenbestände konvertiert, dann die Formulare für Ein- und Ausgaben erstellt, der Programmcode für ihre Ereignisprozeduren erstellt, die Datenbank vor unberechtigten Zugriffen geschützt und verschiedene Benutzerprofile mit verschiede-

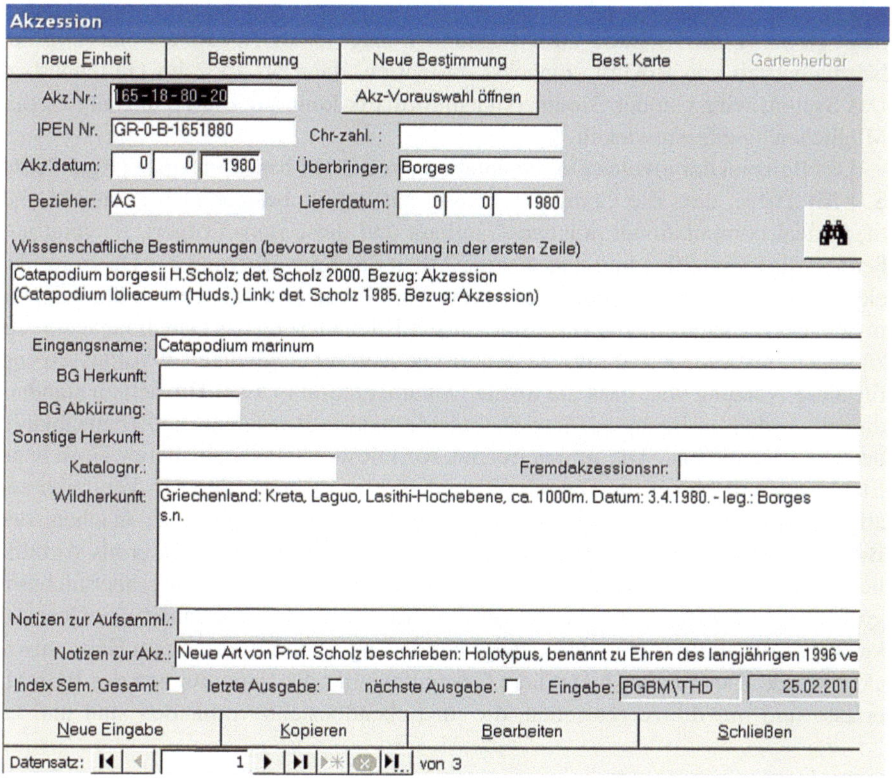

Abb. 6 Eingabemaske der internen Datenbank BoGart, mit der heute die Pflanzeneingänge des Gartens akzessioniert werden. Zu sehen ist das Beispiel einer Pflanze, die nach der Bestimmung einer neuen Art zugeordnet werden konnte. (Quelle: Botanischer Garten Berlin, Screenshot, Februar 2010. Mit freundlicher Genehmigung des BGBM)

nen Zugriffsrechten (je nach Tätigkeitsbeschreibung) eingerichtet.[30] Die größte Herausforderung lag den Diplomanden zufolge in der Konvertierung der bestehenden Daten, auf der syntaktischen und semantischen Ebene (Elankovan und Meyer 1996, S. 64). Technisch gesehen wurden die Daten von den Katalogkarten und den Büchern zunächst manuell, dann per OCR- Scanner eingelesen. Bei der Konvertierung mussten die Datensätze normalisiert, also in die gleiche syntaktische und semantische Struktur gebracht werden, wobei Rechtschreibfehler und fehlende Stringenz im Einzelfall händisch korrigiert werden mussten. Hierfür waren die beiden Informatiker auf die Mitarbeit der FachkollegInnen angewiesen, um nicht nur einfache „Fehler" zu beheben, sondern auch Datenbestände für die richtige Zuordnung miteinander abzugleichen (Elankovan und Meyer 1996, S. 65). Einige „Alteinträge" konnten in der neuen Datenstruktur nicht abgebildet werden (Elankovan und Meyer 1996, S. 65). Die Lebendsammlung wurde bis 1997 über Karteikarten und ausgedruckte Gesamtverzeichnisse verwaltet. Erst nach Abschluss der Diplomarbeit fing man an, auch diese nach und nach in den elektronischen Raum zu überführen. Auch die Benutzeroberfläche wurde nach einem Testlauf noch einmal angepasst (BGBM 2007). Ende 2001 begann im Zuge einer Neuakzessionierung der Normalbetrieb von BoGart, zunächst im Garten, dann ab 2002 im Gartenherbar. Das System wird von der Biodiversitätsinformatik kontinuierlich „im Rahmen des Möglichen" weiterentwickelt.[31]

Das Beispiel der lokalen Dokumentation am BGBM bestätigt Agars (Agar 2006, S. 872) These, dass die Computerisierung auf bereits bestehenden „material and theoretical computational practices" aufbaut und diese transformiert. Es zeigt außerdem die kleinteilige und langwierige Arbeit der Konvertierung der Daten für die elektronische Dokumentation. Der größte Vorteil von BoGart scheint, ähnlich wie in Sepkoskis (Sepkoski 2017) Beispiel, in der Erleichterung des Datenmanagements zu liegen; insbesondere durch die generische Abfragemöglichkeit.[32] Voraussetzung für diese Nutzung war, dass die lokale Dokumentation in zwei Hinsichten standardisiert wurde – in Bezug auf ihre Datenfelder und in Bezug auf die Arbeitsabläufe des Dokumentierens. Die umfangreiche Workflow-Analyse, auf deren Grundlage Elankovan und Meyer die Datenbank modellierten, scheint diese im Vergleich zur allgemeinen Schnelllebigkeit von digitalen Tools relativ robust zu machen, der BoGart-Katalog wird seit 1998 unverändert genutzt. In Dahlem gilt er als vorbildlich. Das Datenmodell wurde anderen Botanischen Gärten angeboten, aber nicht im großen Stil übernommen, was Stevens auf die lokale Gebundenheit des Gesamtkataloges zurückführt, der, wie gezeigt wurde, eng an den Routinen im Haus entwickelt wurde. Der BoGart bietet kein Gesamtinventar der Sammlungen des BGBM; erfasst sind nur die Akzessionen, die im Lebendbestand vorhanden sind und zu

---

[30] Die zuvor arbeitsteilige Dokumentationspraxis wurde in die Architektur der Datenbank insofern abgebildet, dass verschiedene Benutzergruppen (WissenschaftlerInnen, GärtnerInnen, Außenstehende) verschiedene Zugriffsrechte bekommen haben.
[31] Schriftliche Mitteilung von Walter G. Berendsohn über eine E-Mail von Albert-Dieter Stevens vom 12.3.2020 um 14:03.
[32] Auskunft beim Gespräch vom 25.9.2017 am BGBM Berlin.

denen eine wissenschaftlich dokumentierte Bestimmung über einen Herbarbeleg vorhanden ist.[33] Außerdem ist nur erfasst, was eine Akzessionsnummer hat – hier sind alle Neuankömmlinge seit 1974 in Berlin im Vorteil; die älteren Bestände der Sammlungen müssen nach und nach aufgenommen werden, wobei, wie beschrieben, nicht für alle Exemplare die Herkünfte rekonstruierbar sind. Die Auflage von CITES ist für diesen Katalog also maßgebend.

Dass Standards aufeinander aufbauen, sich überschreiben oder ineinander integriert werden, haben ausführlich Geoffry Bowker und Susan L. Star (1954–2010) behandelt (Bowker und Star 2000).[34] Für die Datenmodellierung im BoGart übernahm man bereits etablierte Standards aus verschiedenen Quellen wie dem International Code for Botanical Nomenclature für Taxonnamen, die Ländercodes nach ISO oder Empfehlungen der Taxonomic Database Working Group (TDWG) für Angaben zum Akzessionsstatus. Wie beim Code der Nomenklatur sollen diese Standards dem leichteren Austausch zwischen den WissenschaftlerInnen dienen, doch häufig mischen sich auch hier politische Vorgaben ein. In den 1990er-Jahren kommt es etwa mit der Ratifizierung der *Convention on Biological Diversity* (CBD) von 1992 (UN 1992) durch das wiedervereinigte Deutschland zu einer weiteren politisch angestoßenen Entwicklung. In Übereinstimmung mit der CBD wurde im Jahr 2002 das International Plant Exchange Network (IPEN) eingerichtet, das als Netzwerk zum Transfer von lebendem Pflanzenmaterial für nicht-kommerzielle Zwecke fungiert. Wer Mitglied im Netzwerk werden will (wozu allein Botanische Gärten zugelassen sind), verpflichtet sich, den vom Netzwerk erstellten „Code of Conduct" (BGCI 2018) anzuerkennen. Dieser regelt die Zirkulation von Pflanzenmaterial unter den Mitgliedern sowie mit nicht-Mitgliedern. Zentrale Bezugsgröße hierfür ist die IPEN-Nummer:

> „The first garden supplying a specific plant sample (accession) within IPEN has to provide the material with an „IPEN Number". This number serves as a unique identifier which must not be altered. It ensures that all important information (like IPEN-garden which introduces material first, country of origin) stays connected with the material and all of its progeny.
> Furthermore, the first garden supplying a specific plant sample has to keep all documents and permits related to the origin and acquisition of this material including the terms under which it was acquired" (BGCI 2018, S. 3)

Die IPEN-Nummer besteht aus vier Elementen: dem Herkunftsland („country of origin"), einer Angabe zu Restriktionen (eine „1", wenn solche bestehen, sonst eine „0"), die Nummer des Botanischen Gartens, der die Akzession in das IPEN-Netzwerk einbringt (jeder Garten bekommt diese, wenn er sich im Netzwerk registriert) sowie der Identifikationsnummer der Akzession des jeweiligen Gartens (BGCI o.A.). Insofern ruht der IPEN-Standard auf der früheren Kategorisierung als Akzession auf, denn getauscht werden kann nur, was bereits per Akzessionsnummer

---

[33] Vgl. die Hinweise zur Suchmaske des BoGarts auf den Webseiten des BGBM, unter: http://ww2.bgbm.org/bogartdb/BogartPublic.asp (Abruf: 2.2.2020).

[34] Ähnliches habe ich für die informatorischen Infrastrukturen im Bereich der Sammlung von Kulturpflanzen am Beispiel des Svalbard Global Seed Vaults gezeigt (Alpsancar 2016).

in einem Garten verbucht ist. In der deutschen Version aus dem Jahr 2004 empfahl der Code of Conduct bestimmte Standards zum Datenaustausch, exemplarisch den der TDWG, in der Berendsohn viele Jahre tätig war (BGCI 2004, S. 6).[35]

IPEN ist ein Beispiel dafür, wie internationale Policys, die Ausweitung informatischer Infrastrukturen von Datenbanken und bestimmte Dokumentationsstandards ineinanderspielen, denn das Netzwerk schreibt bei der Dokumentationsarbeit mit der IPEN-Nummer ein weiteres Datenfeld vor. Was von einem IPEN-Mitglied transferiert werden soll, braucht eine IPEN-Nummer, die logisch in einer ähnlichen Relation zur Art/zum Pflanzenmaterial steht wie die Akzessionsnummer, wenn sie „mit der Pflanze und ihren Abkömmlingen durch sämtliche Generationen hindurch verbunden" bleibt (BGCI 2004, S. 12). Dabei ist die Vergabe der IPEN-Nummer nicht an den Ort der ersten Aufsammlung gebunden, wie bei der Herkunftsangabe, sondern an die Institution, über die die Akzession ins Netzwerk eingebracht wird. Diese Logik – wer die Pflanze zuerst *ins Netzwerk* einbringt, muss die Nummer vergeben – erfordert praktisch, alle in dem Netzwerk bereits eingebrachten Akzessionen überblicken zu können. Es erfordert eine Infrastruktur vernetzter digitaler Datenbanken.

4 Biodiversitätsinformatische Netzwerke

Neben Standardisierungsbemühungen, die den Austausch von Pflanzenmaterial erleichtern sollen, arbeitet die Biodiversitätsinformatik etwa seit den 1990er-Jahren daran, den *Austausch von Daten* zu erleichtern. Dabei geht es nicht nur um den Transfer von Daten zwischen Sammlungsinstitutionen, sondern ein neuer Typ von Überblick soll erreicht werden. Die Vision ist, über die historisch gewachsene Eigenlogik verschiedener Sammlungsinstitutionen wie botanische Gärten, naturkundliche Museen, Herbarien und andere Forschungseinrichtungen, alles Gesammelte, ähnlich einem Verbund-Katalog von Bibliotheken, zu verzeichnen und frei einsichtig zu machen. Ein solches Projekt stellt die Datenbank der sogenannten Global Biodiversity Information Facility dar:

> „GBIF – the Global Biodiversity Information Facility – is an international network and research infrastructure funded by the world's governments and aimed at providing anyone, anywhere, open access to data about all types of life on Earth." (GBIF o.A.)

Die GBIF-Initiative entstand abermals auf den Bühnen der Weltpolitik, nach einer Empfehlung des Biodiversity Informatics Subgroup of the Organization for Economic Cooperation and Development's Megascience Forum, die 2001 von den WissenschaftsministerInnen der OECD befürwortet wurde (GBIF o.A.) und steht

---

[35] Die TDWG nennt sich heute Biodiversity Information Standards (TDWG); einer ihrer verbreitetsten Standards ist der sogenannte Darwin-Code (Greuter und Vogt 1996, S. 7). Der IPEN Code of Conduct wurde nach dem Inkrafttreten des Nagoya-Protokolls am 12.10.2014 überarbeitet. In der aktuellen Version 5-2018 findet sich kein Verweis mehr auf die TDWG.

im Kontext des politischen Biodiversitätsschutzes. Da man sich am Konzept der Biodiversität orientiert, werden historisch ausdifferenzierte Wissensbereiche verschiedener Disziplinen wie Botanik, Zoologie, Molekulargenetik mit ihren eigenen Objekt-Logiken auf der Datenebene „integriert". Man strebt danach „all types of life" (GBIF o.A.) zu kartieren.

Grundlage für diesen neuen Überblick bildet eine Idee, die sich im Zuge verschiedener EDV-basierter Forschungsprojekte, an denen auch die Berliner beteiligt waren, herausgestellt hat.[36] Wichtig war das ab 1993 von der Europäischen Kommission geförderte Projekt „A common datastructure for European floristic databases" (CDEFD) (Greuter et al. 1994, S. 6). Ziel war es, zusammen mit KollegInnen aus Griechenland, Italien, Spanien und Deutschland an einem „umfassenden Datenmodell für biologische Sammlungen" zu arbeiten (Grotz 2010, S. 80). Aus diesen Arbeitszusammenhängen ging die wegweisende Einsicht hervor – *jede biologische Sammlungseinheit weise im Kern eine gleiche Datenstruktur auf*:[37]

> „At the outset of the project, the objective of CDEFD was to develop project-independent structures to be used in the design of floristic databases and databases including floristic data. In the course of the project, this was extended to include biological collections in general, because it was realized that all objects or samples obtained from organisms share the same core data structure." (Europäische Kommission 1995)

Idealerweise lässt sich aufbauend auf einen solchen allgemeinen Rahmen für die Modellierung der Datenstruktur die technische, syntaktische und semantische Interoperabilität aller Datenbanken für Biodiversität einrichten (bzw. über den Bereich der Biodiversität hinaus). Dabei ist die Frage, welchen Rahmen man für die Kerndaten setzt, freilich Gegenstand von Aushandlungen. 2009 ratifizierte die TDWG den Darwin Core Standard, der wiederum entscheidend vom Dublin Core Standard beeinflusst wurde (Wieczorek et al. 2012) und neuerdings bei GBIF durch einen noch offeneren Rahmen ersetzt werden kann.[38] Diese Allgemeinheit der Datenstruktur erlaubt eine neue Form des Kollaborierens – einen kollektiven Empirismus des Datensammelns. Dieser überschreitet nicht bloß institutionelle Grenzen, sondern dank Open Access und der geläufigen Einladung internetbasierter Datenbanken zum Mitmachen ebenfalls die zwischen Professionellen, LiebhaberInnen und jedermann (Lievrouw 2010). Wie Anton Güntsch berichtete, stellt es für die Betreiber der Datenbank auch einen wertvollen Zuwachs dar, wenn jemand Daten in die globale Infrastruktur einspeist, ohne das referenzierte Objekt dabei einzusammeln – z. B. einen seltenen Schmetterling, der beobachtet oder vielleicht mit

---

[36] Der BGBM ist noch aktuell (Stand September 2021) für das GBIF-Netzwerk der administrative und technische Ansprechpartner in Deutschland (zentrale Koordination).

[37] Diesen Hinweis verdanke ich Anton Güntsch, Gespräch vom 7.8.2018 am BGBM Berlin; vgl. auch (Berendsohn et al. 1999).

[38] Der Vorteil von „frictionless data tools" ist ihre Ignoranz gegenüber Wissensdomänen, vgl. den „data- blog" des GBIF-Projektes (GBIF o.A.).

dem Handy fotografiert wurde.[39] Hier scheint der methodische Standard der Belegbarkeit, der die Arbeit in botanischen Gärten seit Linné geprägt hat, aufgebrochen zu werden.[40]

Ein entscheidender Unterschied zwischen den lokalen Katalogen, etwa in Berlin, und dem GBIF-Projekt liegt darin, dass bei ersteren die Bestimmung von Pflanzen ein zentraler Aspekt ist, beim zweiteren die Bestimmungen implizit vorausgesetzt werden, da man sich für das Vorkommen bzw. Auftreten (occurence) interessiert: Der Meta-Katalog soll angeben, wo und wann ein Organismus in der Welt vorkam, und, falls eingesammelt, wo welches specimen hinterlegt ist (Wieczorek et al. 2012, S. 4). Insofern das Biodiversitäts-Regime *eine Sichtbarkeit des bloßen Auftretens*, unabhängig von der Reproduzierbarkeit des so erfassten Phänomens relevant werden lässt, weicht das so Verzeichnete im Objektbezug grundlegend von dem in den Sammlungsinstitutionen Geleisteten ab, wo durch Konservierung und Dokumentation des Versammelten die Stabilität der botanischen Objekte gewährleistet wird (Daston 2012, S. 160). GBIF ist logisch nicht an die Kategorie des Gesammelten (und damit die Praxis, die die botanischen Objekte konstruiert) gebunden, sondern an das Beobachtbare schlechthin. Der sich hier auftuende systematische Unterschied zwischen dem verorteten Blick des Sammelns und Konservierens und dem zeitlich bestimmten Blick des bloßen Erfassens könnte möglicherweise auf eine Verschiebung von einem räumlichen Dispositiv des Wissens zu einer temporalen Rationale hinauslaufen oder auch ihrem künftigen Ineinandergreifen. Vorerst scheinen beide Formen des Wissens nebeneinander zu bestehen.

Welche die Wissenskulturen transformierenden Effekte mit dieser neuen Vergleichbarkeit von Daten bzw. Katalogen einhergehen, ist noch auszumachen. Interessant wäre, die biodiversitätsinformatische Vision einer Total-Erfassung des *Lebens* (im Zweifel als flüchtiges Auftreten) mit der neuzeitlichen Idee der Re-*Kreation* eines zweiten Paradieses auf Erden oder der enzyklopädischen Repräsentation der Mannigfaltigkeit der *Natur* zu vergleichen. Auffällig ist, dass der vergleichende Blick, sofern er sich nur auf symbolische Daten und nicht auf materiell-semantische Repräsentationsbeziehungen verlässt, nicht an einen Ort gebunden ist, sondern gerade mit der Ortsunabhängigkeit des Internets bzw. der informatischen Infrastruktur effektiv werden kann.

Die Herausforderung für weitere Forschung bestünde darin, das Spezifische an der Transformation botanischer Sammlungen im Zuge ihrer Digitalisierung ernst zu nehmen. Aufschlussreich könnte ein Vergleich mit den Entwicklungen bei humanen Biobanken sein, die ungleich breiter erforscht sind (vgl. stellv. Strasser 2011). Vielleicht spielen „data centric approaches" (Leonelli 2016, S. 1) in der Beantwortung

---

[39] Hiervon berichten die Biologin Agnes Kirchhoff, die im Bereich Projektunterstützung der Abteilung 4 tätig ist, und der Informatiker Anton Güntsch, der für den Bereich Forschung und Entwicklung in der Abteilung 1 der Biodiversitätsinformatik zuständig ist; Gespräch vom 7.8.2018 am BGBM Berlin.

[40] Der Dokumentation von seltenen Beobachtungen sprach man auch in der Neuzeit einen hohen Wert zu, insbesondere dann, wenn die Beobachtung nicht (so schnell) wiederholbar war und dies auch dann, wenn die gemachten Notizen unvollständig waren (Daston 2012, S. 172).

von Forschungsfragen künftig eine größere Rolle, – etwa über die Möglichkeiten des *niche-modelling* (Maia et al. 2017). Möglicherweise lohnt ein Blick auf die Frage, welche Tätigkeiten durch die Biodiversitätsinformatik reputationsfähig werden, angesichts der Tatsache, dass „data-handling practices" doch lange Zeit im Schatten eines klassischen Wissenschaftsbildes verblieben waren, das die Forschungsleistung vor allem auf der Ebene von Theorien und Erklärungen sah (Leonelli 2016, S. 2). Werden Forschungsdesigns umjustiert und arbeitsteilige Projekte umorganisiert, können Kompetenzen und Zuständigkeiten und mit ihnen auch die wissenschaftliche und soziale Anerkennung der „Datenarbeit" verschoben werden. Dies zeigt sich auch in der Geschichte des BGBM, in der einmal die Feldbucheinträge der großen Expeditionen, dann die Dokumentationsarbeit von GärtnerInnen, HerbarkleberInnen und BuchhalterInnen sowie BiologInnen ausschlaggebend waren. Mit den 1990er-Jahren trat die Biodiversitätsinformatik mit ihren neuen medial-technologischen Realisierungen für die Dokumentationspraxis hinzu und es ist gut denkbar, dass sich im Zuge dessen auf lange Sicht Zuständigkeiten, Hierarchien und Anerkennung verschiedener Forschungspraktiken anders justieren.[41]

5 Fazit

Abschließend möchte ich auf die beiden eingangs gestellten Fragen zurückkommen: erstens, ob eine Algorithmisierung der Wissenskulturen des Pflanzensammelns (bereits vor dem Einzug von modernen Computern) zu beobachten ist und zweitens, welche Veränderungen die Computerisierung in diesem Wissensfeld mit sich brachte. Die erste Frage habe ich in zwei Hinsichten heruntergebrochen. Zum einen habe ich mich auf die Dokumentationspraxis beschränkt, welche in den modernen botanischen Gärten seit der Neuzeit das dort Versammelte katalogisiert, etikettiert, annotiert. Hier bilden die vielseitigen materiell-semantischen Bezüge zwischen wachsenden und präparierten Pflanzen, Sämereien und den diversen Daten zuallererst die Objekte der botanischen Forschung. Je nach kategorialer Ordnung wird dabei Verschiedenes hervorgehoben, etwa die Herkünfte über die Kategorie der Akzession oder die Reproduzierbarkeit der Erstbestimmung über den Typus-Beleg im Herbar. Zum anderen habe ich nicht nach einer Algorithmisierung gefragt, sondern mit dem Beispiel der Artdiagnostik einen Vorgang benannt, der sich als ein algorithmisches Verfahren verstehen lässt. Mitunter könnte ebenso die Routine, neu ankommend Gesammeltes als Akzession zu registrieren, algorithmisch genannt werden. Ich habe argumentiert, dass das Algorithmische dann für die Wissenschafts- und Technikforschung interessant werden kann, wenn man es nicht nur auf die Verfahren an sich, sondern auf das Gefüge aus Verfahren, Modell, Daten, Test-Daten, Anwendung und medial-technologischer Realisierung bezieht, wie es Gillespie (Gillespie 2016, S. 22) vorschlägt. Für die Botanik scheint insbesondere die Datafizierung aufschlussreich, weil hiermit das Gesammelte erstens bestimmt und

---

[41] Auch wenn er seine eigene Tätigkeit durchaus als Forschung beschreibt, versteht Anton Güntsch seine Arbeit doch als Dienstleistung für die KollegInnen, Gespräch vom 7.8.2018 am BGBM Berlin.

benannt wird und dabei zweitens Merkmale selektiert und gewichtet werden. Dieser Vorgang ist in mehrfacher Hinsicht wissenshistorisch bedingt, z. B. durch den Stand der Systematik. Doch einmal über Daten festgelegt, erscheinen Bestimmung und Benennung in den Katalogen als schlicht Gegebenes. Die Skizze der ereignisreichen jahrhundertealten Geschichte des BGBM als Institution zeigt, dass die Arbeit vor Ort in hohem Grad von äußeren Bedingungen beeinflusst wird, was sich z. B. durch Schenkungen, Zerstörungen, institutionelle Integration in den Sammlungen und ihren Dokumentationen niederschlägt. Die Leistung der Datafizierung liegt jedoch darin, das Gesammelte losgelöst von seinen Ursprungskontexten in ein System einzuordnen und damit vergleichbar zu machen. Die verschiedenen Dokumentationsregime weisen dabei unterschiedliche Repräsentationsbeziehungen auf, etwa hinsichtlich ihrer Rekontextualisierbarkeit. Während das Dokumentierte in botanischen Gärten und ähnlichen Sammlungsinstitutionen lokal durch Bezug auf wachsende Pflanzen im Garten, getrocknete Herbarbelege im Museum oder anders konservierte Akzessionen rekontextualisiert werden kann, bildet GBIF eine Datenbank des Auftretens/Vorkommens: Ihre Einträge verweisen auf andere Sammlungsinstitutionen oder auf vergangene Beobachtungsakte eines biologischen Objektes. Anders als bei lokal verankerten Sammlungen werden die biologischen Objekte durch die GBIF-Dokumentation nicht stabilisiert. Was GBIF fixiert, ist der Akt des Beobachtens als solcher, wobei die Referenz auf das Beobachtete in den Hintergrund rückt.

Das Beispiel des BGBM zeigt ebenso, dass die verwendeten Kataloge nicht alles verzeichnen, was in den Institutionen vorhanden ist, sondern dass eine Auswahl getroffen wird; etwa beim Index Seminum für die Zwecke des Tauschs, beim BoGart Katalog aufgrund der Anforderung an eine wissenschaftlich geprüfte Bestimmung und der politischen Forderung der Angabe von Herkünften. Zudem wird mit dem Beispiel eindrücklich, dass die Dokumentationsarbeit ein kleinteiliger und langwieriger Prozess ist. Der Einzug von Computertechnik erfolgt am BGBM im Vergleich zu rechenintensiven Wissensgebieten relativ spät und langsam. Wie die Übertragung der lokalen Misch-Dokumentation in den Gesamtkatalog BoGart zeigt, verändern sich mit dieser Computerisierung eine ganze Reihe von Praktiken und arbeitsorganisatorische Kompetenzen, ohne dass ich diesbezüglich von einer revolutionären oder tiefgreifenden Transformation der Wissenskultur sprechen würde. Der BoGart bringt „data" und „disciplinary friction" wie es Sepkoski (Sepkoski 2017, S. 178) beschreibt: „making it much easier to collect, store, rearrange, share and analyze data than had been the case in the era of paper databases and hand calculations". Das Dokumentieren und Verwalten wird arbeitsteilig umorganisiert, weg von den vielen einzelnen Stationen an den jeweiligen Arbeitsstätten hin zu einer Zentralisierung in den Händen der Biodiversitätsinformatik. Im Ergebnis scheint vor allem der Abruf und Zugriff auf die Daten leichter, ortsunabhängiger. Für das Sammeln und Speichern der Daten scheint mir dieser Erleichterungseffekt weniger ins Auge zu springen, im Gegenteil bringt etwa das CITES-Abkommen mit dem Nachweis über die Herkünfte der Akzessionen zusätzliche Arbeit. Die Standardisierung der Daten erleichtert letztlich vor allem ihren Austausch und damit die institutionenübergreifende Analyse.

Etwas tatsächlich Neues, so mein Fazit, ermöglicht die biodiversitätsinformatische Infrastruktur, nicht die Computerisierung vor Ort (die aber ihrerseits Voraussetzung für die informatische Infrastruktur ist). Meta-Kataloge wie GBIF ermöglichen einen Blick, der vorher so nicht möglich war; sie bieten eine Synopse lokaler Dokumentationen und flüchtiger Erfassungen. Zwar wäre eine Standardisierung der Datensätze und Kataloge auch ohne Computer denkbar, es ist aber ihre genuine Medialität, die nicht nur eine ortsunabhängige Abfrage der versammelten Datensätze, sondern auch eine ortsunabhängige Eingabe und eine ortsunabhängige Katalogisierung der Daten ermöglicht. Wie dieser Medienwechsel die Forschungspraxis oder die Wissenskulturen des Pflanzensammelns nachhaltig prägt, wird noch zu beobachten sein. Deutlich wurde am Beispiel von GBIF aber bereits jetzt schon zweierlei. Der Wille, die Biodiversität der Welt zu erfassen ist politisch geformt. In dem hier imaginierten kollektiven Empirismus zählt primär, zu erfassen, was wo wann vorkommt, nicht, wer was gesammelt hat oder die Schöpfung Gottes an einem Ort zu repräsentieren. Von der Idee her strebt diese Community der Meta-Kataloge des Lebens danach, fachliche, politisch-ökonomische wie professionelle Grenzen zu überwinden. Die biodiversitätsinformatische Infrastruktur verstärkt so den egalitären Zug, den Daston (Daston 2012, S. 187) bereits für den kollektiven Empirismus der Neuzeit diagnostizierte. Hierzu trägt zum einen das Versprechen bei, durch den Datenstandard eine Vergleichbarkeit aller Datensätze erreichen zu können; zum anderen dürfte die geläufige Suggestion des Internets eine Wirkung entfalten, mit wenigen Klicks zu erfassen, was da ist. Doch wie die Karte des GBIF-Netzwerks (GBIF) zeigt, wird Biodiversität über den Meta-Katalog nicht weltweit im gleichen Umfang erfasst; einige Zonen sind vergleichsweise gut dokumentiert, andere kaum. In kritischer Hinsicht dürften deswegen auch hier Fragen nach der Genese der Daten entscheidend sein.

Danksagung Herzlich möchte ich dem Botanischen Garten und Botanischen Museum Berlin danken, wo ich in mehreren Gesprächen mit verschiedenen MitarbeiterInnen Auskunft zur Dokumentationspraxis und dem Einzug von Computern erhalten konnte. Im Einzelnen danke ich Prof. Dr. Albert-Dieter Stevens (Abteilungsleiter Biologische Sammlungen), Prof. Dr. Walter G. Berendsohn (Abteilungsleiter Biodiversitätsinformatik), Dr. Robert Vogt (Kustos des Herbariums), Anton Güntsch (verantwortlich für die F&E-Gruppe Biodiversitätsinformatik und wissenschaftliche Informationssysteme) und Agnes Kirchhoff (Biologin und Mitarbeiterin in der Abteilung Administration und wissenschaftliche Services im Bereich Projektunterstützung) sowie den stets freundlichen und hilfsbereiten Mitarbeiterinnen der Bibliothek des BGBM. Mein Dank gilt außerdem der/dem anonymen Gutachter/in sowie den beiden Herausgebern des Bandes für ihre hilfreichen Anmerkungen.

Literatur

Agar, Jon: What Difference Did Computers Make? In: Social Studies of Science 36 (2006), H. 6, S. 869–907.
Alpsancar, Suzana: Plants as Digital Things. The Global Circulation of Future Breeding Options and Their Storage in Gene Banks. In: Tecnoscienza. Italian Journal of Science & Technology Studies. Special Issue Digital Circulation: The Digital Life of Things and Media Technologies 7 (2016), H. 1, S. 45–66., http://www.tecnoscienza.net/index.php/tsj/issue/view/35 (Abruf: 30.09.2017).

Aspray, William: The History of Computing Within the History of Information Technology. In: History and Technology 1 (1994), S. 7–19.

Berendsohn, Walter G.: A Taxonomic Information Model for Botanical Databases: The IOPI Model. In: Taxon 46 (1997), S. 283–309.

Berendsohn, Walter G. et al.: A Comprehensive Reference Model for Biological Collections and Surveys. In: Taxon 48 (1999), S. 511–562.

BGBM, Botanischer Garten Botanisches Museum B.: BoGart – Akzessionsdatenbank des Botanischen Gartens Berlin-Dahlem. Vorarbeiten. 2007, https://archive.bgbm.org/biodivinf/Projects/bogart/Vorarbeiten.htm (Abruf: 8.4.2020).

BGCI (Botanic Gardens Conservation International): International Plant Exchange Network (IPEN): Code of Conduct. Deutsche Version Januar 2004. 2004, Verfügbar online über das Bundesamt für Naturschutz, http://natgesis.de/fileadmin/ABS/documents/IPEN_Oktober05_deutsch.pdf (Abruf: 30.12.2021).

BGCI (Botanic Gardens Conservation International): IPEN Code of Conduct (new version, 5-2018). In: BGCI. Resource. 2018, https://www.bgci.org/?s=IPEN (Abruf 30.12.2021).

BGCI (Botanic Gardens Conservation International): Home. Our Work. Policy and Advocacy. Access and Benefit-Sharing. The International Plant Exchange Network. o.A., https://www.bgci.org/our-work/policy-and-advocacy/access-and-benefit-sharing/the-international-plant-exchange-network/#ipen-code-of-conduct (Abruf: 30.12.2021).

Borsch, Thomas; Kampener, Lena; Löhne, Conny; Rahemipour, Patricia: The World in a Garden. BGBM Annual Report 2012–2014. Berlin: BGBM Press 2016.

Bowker, Geoffry: The Game of the Name: Nomenclatural Instability in the History of Botanical Informatics. In: Bowden, Mary E.; Hahn, Trudi B.; Williams, Robert V. (Hrsg.): Proceedings of the 1998 Conference on the History and Heritage of Science Information Systems. Information Today, Inc., 1999, S. 74–83.

Bowker, Geoffry; Star, Susan L.: Sorting Things Out: Classification and Its Consequences. Cambridge, MA, MIT Press 2000.

Cittadino, Eugene: Botany. In: Bowler, Peter J.; Pickstone, John V.: The Cambridge History of Science, Bd. 6. Cambridge, UK: Cambridge University Press 2009, S. 225–242.

Daston, Lorraine: The Sciences of the Archive. In: Osiris 27 (2012), S. 156–187.

Drayton, Richard: Nature's Government. Science, Imperial Britain, and the „Improvement" of the World. New Haven, London: Yale Univ. Press 2000.

Elankovan, Santhirasegaram; Meyer, Holger: Analyse, Modellierung und Design einer taxonomischen und sammlungsbezogenen relationalen Datenbasis zur Verwaltung von Akzessionsdaten im Bereich der Botanik 1996. In: BGBM. Examensarbeiten, https://www.bgbm.org/projects/examensarbeiten/elankovanMeyer/ (Abruf: 10.10.2017).

Engels, Jens I.: Naturpolitik in der Bundesrepublik. Ideenwelt und politische Verhaltensstile in Naturschutz und Umweltbewegung 1950–1980. Paderborn: Ferdinand Schöningh 2006.

Europäische Kommission: A Unified Datastructure for Floristic Databases in Europe. 1995, https://cordis.europa.eu/project/rcn/28944_de.html (Abruf: 10.10.2018).

Findlen, Paula: Anatomy Theaters, Botanical Gardens, and Natural History Collections. In: Park, Katharine; Daston, Lorraine: The Cambridge History of Science, Bd. 3: Early Modern Science. Cambridge, UK: Cambridge Univ. Press 2006a, S. 272–289.

Findlen, Paula: Natural History. In: Park, Katharine; Daston, Lorraine: The Cambridge History of Science, Bd. 3: Early Modern Science. Cambridge, UK: Cambridge Univ. Press 2006b, S. 435–468.

Greuter, Werner; Vogt, Robert: Bericht über den Botanischen Garten und das Botanische Museum Berlin-Dahlem (BGBM) für das Jahr 1997. In: Willdenowia 28 (1998), H. 1/2, S. 5–25.

Galison, Peter: Computer Simulation and the Trading Zone. In: Galison, Peter; Stump, David J. (Hrsg.): The Disunity of Science: Boundaries, Context, and Power. Stanford: Stanford Univ. Press 1996, S. 118–157.

GBIF o.A., The Global Biodiversity Information Facility: What is GBIF?, https://www.gbif.org/what-is-gbif (Abruf: 13.8.2018).

Gillespie, Tarleton: Algorithm. In: Peters, Benjamin (Hrsg.): Digital Keywords: A Vocabulary of Information Society and Culture. Princeton: Princeton Univ. Press 2016, S. 18–30.

Greuter, Werner; Breitwieser, Ilse; Vogt, Robert: Bericht über den Botanischen Garten und das Botanische Museum Berlin-Dahlem (BGBM) für das Jahr 1993. In: Willdenowia 24 (1994), H. 1/2, S. 5–31.

Greuter, Werner; Lack, H. W.: Bericht über den Botanischen Garten und das Botanische Museum Berlin-Dahlem für die Jahre 1982 und 1983. In: Willdenowia 14 (1985), H. 2, S. 525–547.

Greuter, Werner; Vogt, Robert: Bericht über den Botanischen Garten und das Botanische Museum Berlin-Dahlem (BGBM) für die Jahre 1988–1990. In: Willdenowia 21 (1991), H. 1/2, S. 5–33.

Greuter, Werner; Vogt, Robert: Bericht über den Botanischen Garten und das Botanische Museum Berlin-Dahlem (BGBM) für das Jahr 1994. In: Willdenowia 25 (1995), H. 1, S. 5–18.

Greuter, Werner; Vogt, Robert: Bericht über den Botanischen Garten und das Botanische Museum Berlin-Dahlem (BGBM) für das Jahr 1995. In: Willdenowia 26 (1996), H. 1/2, S. 5–21.

Grotz, Kathrin: Chronik 1910–2010. In: Lack, Hans W. (Hrsg.): Humboldts Grüne Erben. Der Botanische Garten und das Botanische Museum in Dahlem 1910–2010. Sonderausstellung im Botanischen Museum Berlin-Dahlem. Berlin: BGBM Press 2010, S. 56–85.

Gugerli, David; Zetti, Daniela: Computergeschichte als Irritationsquelle. In: Heßler, Martina; Weber, Heike (Hrsg.): Provokationen der Technikgeschichte. Zum Reflexionszwang historischer Forschung. Paderborn: Ferdinand Schöningh 2019.

Hashagen, Ulf: Computers for Science – Scientific Computing and Computer Science in the German Scientific System 1870–1970. In: Walker, Mark; Orth, Karin; Herbert, Ulrich; vom Bruch, Rüdiger (Hrsg.): The German Research Foundation 1920–1970. Funding Poised Between Science and Politics. Stuttgart: Franz Steiner 2013, S. 135–150.

Hashagen, Ulf: Algorithmische Wissenskulturen? Acht Fragen zum Einfluss des Computers auf die Wissenschaften. Manuskript eines Vortrags, gehalten am 11.10.2017 auf dem Workshop „Algorithmische Wissenskulturen? Der Einfluss des Computers auf die Wissenschaftsentwicklung", München, Deutsches Museum 2017.

Heidegger, Martin: Was heißt denken? Tübingen: Max Niemeyer 1954.

Heidegger, Martin: Die Frage nach dem Ding. Zu Kants Lehre von den transzendentalen Grundsätzen. Gesamtausgabe II. Abteilung: Vorlesungen 1923–1944, Band 41. Hrsg. Von Petra Jaeger. Frankfurt am Main: Vittorio Klostermann 1984.

Hiepko, Paul: The Collections of the Botanical Museum Berlin-Dahlem (B) and Their History. In: Scholz, Hildemar (Hrsg.): Botany in Berlin. Berlin: Botanischer Garten und Botanisches Museum 1987, S. 219–252.

Humphrey, Paul: Extending Ourselves. Computational Science, Empiricism, and Scientific Method. Oxford: University Press 2004.

Karafyllis, Nicole C.: Die Samenbank als Paradigma einer Theorie der modernen Lebendsammlung. In: Dies. (Hrsg.): Theorien der Lebendsammlung. Pflanzen, Mikrobe und Tiere als Biofakte in Genbanken. Freiburg/München: Karl Alber, S. 39–136.

Klemun, Marianne: Botanische Gärten und Pflanzengeographie als Herrschaftsrepräsentationen. In: Berichte zur Wissenschaftsgeschichte 23 (2000), H. 3, S. 330–346.

Klemun, Marianne: Gärten und Sammlungen. In: Sommer, Marianne; Müller-Wille, Staffan; Reinhardt, Carsten (Hrsg.): Handbuch Wissenschaftsgeschichte. Stuttgart: J. B. Metzler 2017, S. 235–244.

Krämer, Sybille: Symbolische Maschinen. Die Idee der Formalisierung in geschichtlichem Abriß. Darmstadt: WBG 1988.

Lack, Hans W.: Opera magna der Berliner Systematischen Botanik. In: Schnarrenberger, Claus; Scholz, Hildemar (Hrsg.): Geschichte der Botanik in Berlin. Berlin: Colloquium Verlag Berlin 1990, S. 265–296.

Lack, Hans W.: Dokumentieren und Erschließen 1910–2010. In: Lack, Hans W. (Hrsg.): Humboldts Grüne Erben. Der Botanische Garten und das Botanische Museum in Dahlem 1910–2010. Sonderausstellung im Botanischen Museum Berlin-Dahlem. Berlin: BGBM Press 2010a, S. 107–111.

Lack, Hans W.: Forschen 1910–2010. In: Lack, Hans W. (Hrsg.): Humboldts Grüne Erben. Der Botanische Garten und das Botanische Museum in Dahlem 1910–2010. Sonderausstellung im Botanischen Museum Berlin-Dahlem. Berlin: BGBM Press 2010b, S. 113–119.

Lack, Hans W.: Humboldts Grüne Erben. In: Lack, Hans W. (Hrsg.): Humboldts Grüne Erben. Der Botanische Garten und das Botanische Museum in Dahlem 1910–2010. Sonderausstellung im Botanischen Museum Berlin-Dahlem. Berlin: BGBM Press 2010c, S. 11–39.

Lack, Hans W.: Pflegen und Erhalten 1910–2010. In: Lack, Hans W. (Hrsg.): Humboldts Grüne Erben. Der Botanische Garten und das Botanische Museum in Dahlem 1910–2010. Sonderausstellung im Botanischen Museum Berlin-Dahlem. Berlin: BGBM Press 2010d, S. 97–105.

Lack, Hans W.: Sammeln 1910–2010. In: Lack, Hans W. (Hrsg.): Humboldts Grüne Erben. Der Botanische Garten und das Botanische Museum in Dahlem 1910–2010. Sonderausstellung im Botanischen Museum Berlin-Dahlem. Berlin: BGBM Press 2010e, S. 87–95.

Lecointre, Guillaume; Guyader, Hervé Le; Kremer, Bruno P. (Hrsg.): Biosystematik. Alle Organismen im Überblick. Berlin, Heidelberg, New York Springer 2006. Aus dem Französischen übersetzt von Claudia Schön und überarbeitet von Bruno P. Kremer, Original Paris 2001: Classification phylogénétique du vivant.

Leonelli, Sabrina: Data-Centric Biology: A Philosophical Study. Chicago: The University of Chicago Press 2016.

Lievrouw, Leah A.: Social Media and the Production of Knowledge: A Return to Little Science? In: Social Epistemology 24 (2010), H. 3, S. 219–237.

Maia, Fabiano R. et al.: Phylogeography and Ecological Niche Modelling Uncover the Evolutionary History of Tibouchina Hatschbachii (Melastomataceae), a Taxon Restricted to the Subtropical Grasslands of South America. In: Botanical Journal of the Linnean Society 183 (2017), H. 3, S. 616–632.

Mansfeld, Rudolf: Die Technik der wissenschaftlichen Pflanzenbenennung. Berlin: Akademie-Verlag 1949.

Niekisch, Manfred: Internationale Abkommen zum Natur- und Artenschutz. In: Ott, Konrad; Dierks, Jan; Voget-Kleschin, Lieske (Hrsg.): Handbuch Umweltethik. Stuttgart: J. B. Metzler 2016, S. 353–360.

Pomberger, Gustav: Prozedurorientierte Programmierung. In: Rechenberg, Peter; Pomberger, Gustav (Hrsg.): Informatik-Handbuch. 3. aktual. und erw. Aufl. München [u. a.]: Hanser 2002, S. 517–528.

Prest, John: The Garden of Eden. The Botanic Garden and the Re-Creation of Paradise. New Haven, CT: Yale Univ. Press 1981.

Sand, Peter-Hans: Das Washingtoner Artenschutzabkommen (CITES) von 1973. In: Gehring, Thomas; Oberthür, Sebastian (Hrsg.): Internationale Umweltregime. Opladen: Leske + Budric 1997, S. 165–184.

Scheele, Martin: Die Lochkartenverfahren in Forschung und Dokumentation mit besonderer Berücksichtigung der Biologie. Stuttgart: Schweizerbart 1954.

Scheele, Martin: Die Anwendung moderner Lochkartenverfahren für den Aufbau von Pflanzen-Bestimmungsschlüsseln. In: Acta Biotheoretica 14 (1961), H. 1, S. 61–98.

Schwarz, Ingo: „Etwas hervorzubringen, was meines Königs und meines Vaterlandes werth sein kann" – Briefe von Alexander von Humboldt an Friedrich Wilhelm III., 1805. In: HiN – Alexander von Humboldt im Netz. Internationale Zeitschrift für Humboldt-Studien 16 (2015), H. 31, S. 3–18, http://www.hin-online.de/index.php/hin/article/view/218 (Abruf: 3.9.2020)

Sengbusch, Peter v.: Botanik. Hamburg u. a.: McGraw-Hill 1989.

Sepkoski, David: The Database Before the Computer? In: Osiris 32 (2017), S. 175–201.

Strasser, Bruno J.: The Experimenter's Museum: GenBank, Natural History, and the Moral Economies of Biomedicine. In: Isis 102 (2011), H. 1, S. 60–96.

Stützel, Thomas: Botanische Bestimmungsübungen: Praktische Einführung in die Pflanzenbestimmung. 3. aktual. Aufl. Stuttgart: Eugen Ulmer 2015.

Timler, Friedrich K.; Zepernick, Bernhard: Berliner Forum, Bd. 7: Der Berliner Botanische Garten: Seine 300jährige Geschichte vom Hof- und Küchengarten des Großen Kurfürsten zur wissenschaftlichen Forschungsstätte. Berlin: Presse- und Informationsamt des Landes Berlin 1978.

Timler, Friedrich K.; Zepernick, Bernhard: German Colonial Botany. In: Berichte der Deutschen Botanischen Gesellschaft 100 (1987), H. 1, S. 143–168.

Turland, Nicholas J. et al. (Hrsg.): International Code of Nomenclature for Algae, Fungi, and Plants (Shenzhen Code) Adopted by the Nineteenth International Botanical Congress Shenzhen, China, July 2017 (Regnum vegetabile; 159) (2018).

UN.: Convention on Biological Diversity 1992, www.cbd.int (Abruf: 3.9.2018).

Wen, Jun et al.: Collections-Based Systematics: Opportunities and Outlook for 2050. In: Journal of Systematics and Evolution 53 (2015), H. 6, S. 477–488.

Wieczorek, John et al.: An Evolving Community-Developed Biodiversity Data Standard. In: PLOS ONE 7 (2012), H. 1, S. 1–8.

Die soziale Genese kollaborativer e-Science-Plattformen ab 1990 am Beispiel von „Big Data in Astronomy"

Hans Dieter Hellige

Zusammenfassung

Big Data ist ein in den letzten Jahrzehnten entstandenes Technologie- und Methodenensemble und darüber hinaus ein epistemisches Konzept für eine algorithmenbasierte Wissensgewinnung. Die „data-intensive e-Science" ist durch ihre Genese in spezifischer Weise gesellschaftlich geprägt und kann beim Transfer in andere Wissenschaften deren Forschungsperspektiven, Episteme und Agenda sowie die sozialen Architekturen ihrer Infrastrukturen beeinflussen. Der Beitrag belegt dies am Beispiel der ab 1990 entstandenen kollaborativen e-Science-Wissenschaftsplattform der Astronomie, die mit ihren föderativen Strukturen noch unter dem Einfluss der sozialen Architekturen und disziplinären Kulturen des dezentralen PC-, Internet- und Grid-Computing stand. Dies zeigt, dass eine allein an den Charakteristiken „Volume, Velocity, Variety" orientierte Betrachtung von Big-Data-Wissenschaftskulturen nicht ausreicht und dass soziale Architekturen und historische Entwicklungsmuster integraler Bestandteil der Analyse von e-Sciences werden müssen.

1 Einleitung

Bei der wissenschaftshistorischen Einordnung wird Big Data vielfach als eine epochenübergreifende Metapher für diverse Formen der Massendatenerhebung und -verarbeitung verwendet. Dadurch verschwindet die historische Besonderheit als erst in den letzten Jahrzehnten entstandenes Technologie- und Methodenbündel und als neuartiges epistemisches Konzept einer durchgängig datengetriebenen und algorithmenbasierten Informations- und Erkenntnisgewinnung. Die Informatik be-

---

H. D. Hellige (✉)
Universität Bremen, Bremen, Deutschland
E-Mail: hellige@uni-bremen.de

ansprucht hierbei die Rolle einer Leitwissenschaft und hat sogar den maßgeblich von ihr begründeten Wissenschaftstyp zum „Fourth Paradigm" erhoben. Gestützt auf das scheinbar voranalytische, interpretationsfreie, objektive und dadurch ideologiefreie Rohmaterial der „Daten", die mannigfachen Korrelations- und Wahrscheinlichkeitsberechnungen sowie Such-, Sortier- und Musterfindungsprozessen unterzogen werden, soll die „Big Data Science" die früheren jeweils von der Empirie, Theorie, und Computersimulation bestimmten Wissenschaftsparadigmen nach und nach ablösen bzw. integrieren. Die normative Verortung in einem scheinbar von logischer Stringenz getriebenen Entwicklungsstufenmodell verdeckt dabei, dass die „data-intensive e-Science" keineswegs ein neutrales Wissenschaftskonzept und -instrumentarium darstellt. Ihre spezifischen informatischen Denkmuster und Methodiken sind vielmehr durch ihre soziale Genese in besonderer Weise gesellschaftlich geprägt, sie übertragen diese beim Transfer in andere Wissenschaften und beeinflussen so deren Episteme und Agenda. Derartige Prägungs- und Übertragungsprozesse, die sich in Natur-, Technik-, Sozial- und Geisteswissenschaften jeweils höchst unterschiedlich auswirken und sehr verschiedene soziale Modelle der „data governance" hervorbringen (Micheli et al. 2020), sollen im vorliegenden und im folgenden Beitrag (Hellige 2023) anhand von zwei Pionierbereichen der „e-Science" dargelegt werden, die zugleich unterschiedliche Etappen der sozialen Technik- und Wissenschaftsgenese des Big-Data-Komplexes repräsentieren. Dieser Beitrag skizziert zunächst als Annäherung an den Entstehungskontext des Technologie- und Methodenbündels Big Data seine Begriffsgeschichte und rekonstruiert dann die soziale Genese der „Big Data Computational Science" der Astronomie als herausragendes Beispiel der ab 1990 entstandenen kollaborativen e-Science-Plattformen. Die erste Etappe der Herausbildung des „big-data club" (Marx 2013, S. 355) in Natur-, Lebens- und Geowissenschaften stand noch unter dem Einfluss der sozialen Architekturen und disziplinären Kulturen des dezentralen PC-, Internet- und Grid-Computing, deren Idealvorstellungen selbstorganisierter Kooperation und Föderation so weit wie möglich auch noch in der Forschungsorganisation und den Webdiensten der datenreichen „Big Sciences" bewahrt werden sollten.[1]

2 Die Begriffsgeschichte von Big Data als Annäherung an den Entstehungskontext

Die Geschichte des wissenschaftshistorisch recht ungewöhnlichen Begriffs Big Data liefert bereits erste vage Hinweise auf den sozialen Entstehungskontext dieser sich von der Verwendung des Computers als Rechen-, Modellierungs- und Simulationsinstrument unterscheidenden, datengetriebenen Form der Informations- und Wissensgewinnung (Lohr 2013; Marr 2015; Diebold 2020). Die früheste über die generischen Bezeichnungen „huge", „large" oder „big data" hinausgehende Ver-

---

[1] Wichtige Hinweise und Druckgenehmigungen für Abbildungen verdanke ich Alex Szalay und George Djorgovski.

wendung des Begriffes findet sich bereits in den Anfängen des E-Commerce.[2] Der konsumkritische US-Autor Erik Larson (*1954) wandte sich 1989 in einer Reihe von Zeitschriftenartikeln und 1992 in dem Bestseller „The Naked Comsumer: How Our Private Lives Become Public Commodities" gegen die Datensammelwut von Big-Data-Firmen wie Nielsen, Arbitron und CityComp. Die spätere Kritik an der kommerziellen „Big Data Surveillance" (Ball und Webster 2020) vorwegnehmend, beklagte er, dass diese regelrechte „intelligence networks" aufbauten, die alle über EDV erreichbaren persönlichen Daten der Verbraucher erfassen und mit den Daten des Bureau of Census verknüpfen würden. Insbesondere griff Larson das Datenanalyse-Programm PRIZM an, das durch die Kombination von demografischen und geografischen Daten mit dem Kaufverhalten „behaviorally distinct types or segments" ermittle und die Resultate an Wirtschaftsunternehmen verkaufe:[3]

> „The biggest companies know a lot about us, and they're getting to know us even better. Lists are the raw materials. [...] The data on these lists, if merged, would form a kind of „me," a character with opinions, traits and an entire personality defined by what I've registered, signed – and what I've purchased." (Larson 1989b, S. 64)

Seine Kritik an den „big-data companies" kam insbesondere in den beiden Covers seines Bestsellers zum Ausdruck, deren Ikonografie in der Big-Data-Welt weiterwirken sollte Abb. 1 und 2. Für die Taschenbuchausgabe Abb. 2 wählte er das Bild des Verbrauchers unter dem Mikroskop der Companies. Beim Hardcover griff er aber auf das „Eye of Providence"-Emblem des US-Siegels zurück, das auch die Ein-Dollar-Note ziert Abb. 1. Genau dieses erscheint 2002 wieder im Logo des Information Awareness Office der Defense Advanced Research Projects Agency (DARPA), während das Prisma im Jahr 2005 wieder für „Social Scoring and Filtering" im internetbasierten Data-Mining-Programm PRISM der NSA auftaucht.

Während die ersten Belege des Big-Data-Begriffs im frühen E-Commerce bereits die massenhafte Aneignung persönlicher Daten durch zentrale Beobachtungs- und Analyse-Plattformen vorwegnahmen und sich an den „Big Business"-Begriff anlehnten, zielten die ersten Begriffsverwendungen der IT-Community vor allem auf die Probleme der Bewältigung des explodierenden Datenvolumens, aber bald auch auf die sich daraus ergebenden Nutzungschancen. Frühe Belege zu Big Data finden sich Mitte der 1990er-Jahre noch recht verstreut, so im Kontext der avancierten grafischen Datenverarbeitung und der „Data Mining Community". In den „Computer Graphics" veranlasste das zunehmende Problem der die Kapazität eines Rechners sprengenden Datenmenge Michael Cox und David Ellsworth vom NASA Ames Research Center 1997 zu dem Statement: „We call this the problem of big data." (Cox und Ellsworth 1997, S. 235). Im folgenden Jahr prognostizierte der „Chief Scientist" von Silicon Graphics, John R. Mashey (*1946), dass durch „Big

---

[2] Bereits 1980 hatte der Wirtschaftshistoriker Charles Tilly in einem Vergleich alter und neuer Methoden der Sozialgeschichte im Zusammenhang mit cliometrischen Forschungsansätzen von „big data people" und „Big Data and bigger research teams" gesprochen, ohne dabei allerdings eine datenanalytische Methode im Blick zu haben (Tilly 1980, S. 8, 21).
[3] Siehe (Larson 1989a, 1992, S. 5–8, 14, 46–49, 136, 236).

Abb. 1 „Eye of Providence"-Emblem des US-Siegels auf der Ein-Dollar-Note, das als Bilduntergrund des Hardcovers von Larsons Buch „The Naked Consumer" dient. (Quelle: https://de.wikipedia.org/wiki/Datei:Dollarnote_siegel_hq.jpg (Abruf: 23.10.2023))

Data", „Big Memory" und „Big Net" große Leistungsengpässe und „Infrastructure Stress" in Computing-Systemen entstünden (Mashey 1998). Noch im selben Jahr erfolgte die erste Verwendung von „Big Data" in einem wissenschaftlichen Fachbuch, in „The Predictive Data Mining" von Sholom M. Weiss und Nitin Indurkhya. Hier erfuhr der durchgängig im Buch verwendete Begriff eine deutliche Ausweitung und Vertiefung. Die Autoren sprachen bereits von der „era of big data", in der die massenhaft gespeicherten elektronischen Datenbestände in „Data Warehouses" geordnet und mithilfe probabilistischer Methoden analysiert werden (Weiss und Indurkhya 1998, S. 2, 49, 118). Big Data wird hier als ein Methoden- und Technologie-Komplex verstanden, der das Ziel eines umfassenden „Predictive Data Mining" verfolgt und damit eine neue Epoche der Datenverarbeitung einleitet. Dabei sahen sie bereits das Problem der „poor quality" der akkumulierten Daten und auch die Grenzen der Data-Mining-Methoden und forderten deshalb die Anwesenheit von „human

Abb. 2 Cover des Buchs von Erik Larson über die „big-data companies" von 1992 (Paperback Edition). (Mit freundlicher Genehmigung von Penguin Random House LLC)

experts" für die kritische Begleitung von „Predictive Data Mining"-Prozessen (Weiss und Indurkhya 1998, S. 14, 30, 40, 49, 118). Doch solche frühen Bedenken gerieten beim Aufstieg von Big Data ab 2000 sehr bald aus dem Blick.

Im Jahr 2000 wurde von dem Professor für Statistik, Ökonometrie und Finanzwissenschaft an der University of Pennsylvania Francis X. Diebold (*1959) erstmals die umwälzende Bedeutung von Big Data für die künftige Wissenschaftsmethodik konstatiert, insbesondere für die Wirtschafts- und Technologieprognostik. In einem Überblick über die Nutzung von „Big Data Dynamic Factor Models" für makroökomische Messungen und Prognosen bezeichnete er das „Big Data Phenomenon" bereits als generellen Wissenschaftstrend:

> „Recently much good science, whether physical biological, or social, has been forced to confront – and has often benefited from – the „Big Data" phenomenon. Big Data refers to the explosion in the quantity (and sometimes, quality) of available and potentially relevant data, largely the result of recent and unprecedented advancements in data recording and storage technology. In this new and exciting world, sample sizes are no longer fruitfully measured in „number of observations" but rather in, say, megabytes." (Diebold 2000, S. 1)

Diebold prognostizierte, dass sich auf Data Mining und probabilistische Berechnungsmethoden gestützte Big-Data-Prognosen aufgrund der Überlegenheit gegenüber „Small Data"-basierten Analysen sehr bald allgemein durchsetzen würden (Diebold 2003, S. 115, 117; Diebold 2020). Der Big-Data-Begriff rückte damit in das Umfeld des „Big Science Concept" und der großskaligen Forschungsinfrastrukuren (Cramer et al. 2020, S. 8–12).

Obwohl die im Folgenden behandelten Big-Data-Pioniere selbst den Begriff Big Data lange Zeit vermieden, setzte er sich aufgrund der schnellen Akzeptanz in der Öffentlichkeit schon sehr bald im wissenschaftlichen Diskurs als „umbrella term" durch. Auch in den betroffenen Fachdisziplinen dominierte die am Anfang der 1990er-Jahre aufgekommene bildhafte Metapher des Data Mining die 1989 von Gregory Piatetsky-Shapiro (*1958) eingeführte sachliche Bezeichnung „Knowledge Discovery in Databases" (KDD) wie auch das noch ältere „Data Analytics", dessen Ursprünge auf den von John W. Tukey (1915–2010) eingeführten Begriff „Data Analysis" zurückgehen (Tukey 1962, S. 62; Tukey und Wilk 1966, S. 696, 708).[4] Der 1974 von Peter Naur (1928–2016) noch sehr allgemein verwendete Begriff „Data Science" setzte sich erst sehr allmählich ab 1996 als reine Disziplinbezeichnung durch (Naur 1974, Teil 1, Kap. 1.1). Obwohl Data Mining in den Vorgehensmodellen lediglich den wichtigen Teilschritt der Musterfindung und Datenanalytik benennt, steht es in der Fachcommunity ab 2000 zunehmend für den gesamten KDD-Prozess. Die Metapher entwickelte bald ein Eigenleben, sie machte aus den eigentlichen Datenproduzenten „claims" der kommerziellen Datenschürfer, die sich die „Rohdaten" wie Roherze aneignen und daraus ihren digitalen Mehrwert

---

[4] Tukey forderte bereits die Entwicklung von „specific data-analytic techniques" und „data-analytic software".

beziehen.⁵ Folge der Begriffswahl Big Data war von Beginn an eine starke Fokussierung auf die Volumensteigerung der Datenbestände als Entstehungsursache für das neue Fachgebiet. Erst durch einen „Gartner Special Report" vom Juni 2011 wurde mit dem „3 V Model" (Volume, Velocity, Variety) die Aufmerksamkeit der sich seit 2008 etablierenden Big-Data-Community auf weitere Dimensionen des „Big Data Paradigm" gelenkt. Gartner griff dabei auf einen bereits 2001 von dem Analysten Douglas Laney aufgestellten Kriterienkatalog der META Group zurück, mit dessen Hilfe die Entwicklung von Datenströmen und -volumina im E-Commerce beschrieben werden sollte, um so rechtzeitig den Bedarf an „centralized warehouses" zu prognostizieren (Laney 2001; Gartner 2011). Erstaunlicherweise entwickelte sich dieses in der Folgezeit durch immer mehr mit „V" beginnende Parameter oder sonstige „ontologic characteristics" erweiterte Merkmalraster, das im Grunde nur zur Abgrenzung von der „normalen" Datenverarbeitung dient, zum Kern der Big-Data-Definition und Big-Data-Theoriebildung, die bis heute kaum über eine phänomenologische Typenbildung hinausgelangt sind (Kitchin und McArdle 2016; Patgiri und Ahmed 2016). Wegen der nach wie vor dominanten Volumen-Fixierung und der „V confusion" (Grimes 2013), bei der interpretierte Eigenschaften gleich zu wesentlichen Attributen erhoben wurden, gerieten der mit Big Data einhergehende Wandel der sozialen Architektur des Computing und das neuartige epistemische Konzept einer durchgängig datengetriebenen und algorithmenbasierten Informations- und Erkenntnisgewinnung in den Hintergrund.

3 Die Genese des ersten informatischen Big-Data-Technologie- und Methoden-Ensembles und der kollaborativen Wissenschaftsplattform in der Astronomie

Mit der starken Betonung des exponentiellen Mengenwachstums eng verbunden ist auch die gängige Ursprungslegende für die „Data-Rich Sciences", wonach die Astronomie mit ihrer von neuen Detektoren und der Digitalisierung erzeugten Datenflut seit Anfang der 1990er-Jahre der Auslöser und Haupttreiber war. Die genauere Analyse der Genese zeigt indessen, dass es auch in anderen Wissenschaften vergleichbare Ansätze gab und dass sich astronomische Großforschung und informatisches Big-Data-Konzept zunächst unabhängig voneinander entwickelten. Die Astronomie reagierte auf das infolge der Digitalisierung der Detektoren deutlich vermehrte Datenaufkommen zunächst mit internen wissenschaftsorganisatorischen Anstrengungen wie der digitalen Bibliothek des „Astrophysics Data System" und der Systematisierung von Sky Surveys als „celestial census" der verschiedenen Sternarten (Djorgovski 2012; McCray 2014, 2017; Sands 2017). Die disziplinären Organisationsplattformen und die separat entstandenen informatischen Big-Data-

---

⁵Zur Debatte über die Entstehung und den ideologischen Charakter der Fachbegriffe siehe u. a. (Coenen 2011, S. 25–26, 29; Carr 2018); zum menschlichen „Rohstoff" vor allem (Zuboff 2018, S. 123–126).

Plattformen kamen erst ab 1997/1998 im berühmten „Sloan Digital Sky Survey"-Projekt und den sich daraus um 2000 entwickelnden nationalen und internationalen „Virtual Observatory"-Konzepten zusammen.

Das Ensemble aus Big-Data-Technologien und -Methoden entstand in den 1990er-Jahren als Technology-Push-Innovation von Computerindustrie und Computer Science in den USA. Den Auslöser bildeten starke, aber ungleichmäßige Steigerungen von Prozessor-, Speicher- und Übertragungsleistungen mit entsprechenden relativen Kostenverschiebungen. Hinzu kam der Aufstieg von massiv-parallelen Rechner- und Datenbank-Architekturen, der in Teilen des Scientific Computing den Übergang von rechen- zu datenintensiven Verarbeitungsprozessen ermöglichte. Diese technologischen Innovationen und die offensichtlichen Defizite von „Distributed Computing" und Client-Server-Architekturen zogen eine fortschreitende Rezentralisierung der sozialen Architektur des Internet-Computing nach sich, die in der ersten, etwa bis 2005 reichenden Phase aber noch von konföderativen Zusammenschlüssen, Netzarchitekturen des Grid Computing sowie kollaborativen Governance-Formen bestimmt war.

Das Leitbild des ersten Big-Data-Plattformkonzepts ging zwischen 1992 und 1997 aus der Kooperation des führenden Computerarchitekten und VAX-Designers C. Gordon Bell (1934–2024) mit dem ehemaligen IBM-Spezialisten für relationale Datenbanken und Parallelrechner Jim Gray (*1944, verschollen 2007) hervor. Für Bell gehörte bereits zu Beginn der 1980er-Jahre die Zukunft dem „massive parallelism", und er war ab 1985 davon überzeugt, dass das auf multiplen Vektormaschinen beruhende Supercomputing (Cray-Typ) durch massiv parallel verkoppelte Minirechner bzw. ab 1991/1992 durch hochskalierbare „shared memory multiprocessors" abgelöst würde (Bell 1988, 1992b). Grundlage seiner architektonischen Überlegungen bildeten das Moore'sche Gesetz und andere IT-Exponentialgesetze, aus deren „imbalances" er auf einen künftigen Vorrang der Speichertechniken gegenüber dem „data processing" schloss. Ausgehend von „Bell's Law of Computer Classes" (Bell et al. 1972, S. 29), nach dem die Miniaturisierung alle zehn Jahre eine kleinere Computergeneration hervorbringt, leitete er sowohl einen fortschreitenden Trend zum verteilten Computing als auch zu einer neuen Generation von „scalable parallel systems" ab. In ihnen sah er den Kern eines die IT-Welt umwälzenden soziotechnischen Ensembles aus Multiprozessorsystemen, Speicherclustern und dem Internet. Mit dieser neuen Systemarchitektur sollten anstelle der bisherigen „Supercomputer für wenige" künftig „Parallelcomputer für die Massen" bereitgestellt werden (Bell 1992a). Hierdurch würde die Lösung alter Massenverarbeitungsprobleme und vor allem die Erschließung einer Vielzahl neuer Anwendungsbereiche ermöglicht und daraus eine sich selbst tragende Wachstumsspirale hervorgehen. Als generelle Vision schwebte ihm schon um 1990 vor, dass ab dem Jahr 2000 die gesamte Information online sein würde, dass Milliarden von Clients alles speichern, was man liest, hört und sieht und dass sie diese Informationen aus zentralen „future super servers" abrufen (Bell 1992b, 1996; Bell und Gray 2002).

Bell fand in Jim Gray einen Mitstreiter, der auf dem Datenbanksystemsektor eine vergleichbare hochskalierbare massiv-parallele Systemarchitektur entwickelt und plastisch als „Brick Architecture" bezeichnet hatte.[6] Als erste Anwendungsmöglichkeit dachte Gray bereits um 1990 an einen Bilddienst im Internet und entwarf zusammen mit dem Umweltwissenschaftler Jeff Dozier (*1944) im Rahmen des Akademieprogramms „Computing the Future" das Konzept eines „geospatial image server", der Vorbild für den Microsoft-TerraServer wurde (Barclay 2008, S. 59; Hartmanis, Lin 1992, S. 108–110, 187, 196). Bell, der ebenfalls an „Computing the Future" teilgenommen hatte, und Gray vereinigten 1994/1995 ihre Vorstellungen am Microsoft Research Silicon Valley Laboratory im „Scalable Networks and Platforms"-Project (SNAP), das auf wenigen Standardkomponenten basierte und aufgrund seiner nun unbegrenzten Skalierungsmöglichkeiten zur Musterarchitektur für einen „world-scale computer" und eine National Information Infrastructure werden sollte. In der Zukunft würden SNAP-Systeme die ganze Spannweite von „Global Area" und „Local Area Networks" bis zu „Home- and Bodynets" abdecken und um 2000 dem einzelnen Desktopbesitzer die Rechenpower eines Mainframes bieten können (Bell und Gray 1994; Bell 1995; Bell und Gray 1997). SNAP war das wohl erste Konzept eines integrierten Plattform-Computing-Systems, das bereits wesentliche Komponenten des späteren Cloud Computing vorwegnahm, sich in der sozialen Architektur aber von ihm unterschied. Denn beide folgten noch weitgehend den Prinzipien des „Distributed Computing" und dem Modell des selbstverwalteten, konföderativen Grid Computing. Erst um 2005 entschieden Gray und Bell sich mit Blick auf eine konsistente Datenhaltung und ein umfassendes Data Mining für ein zentrales Management der föderierten Plattformen.

Das aus den IT-Exponentialgesetzen abgeleitete neue Systemarchitektur-Szenario motivierte Bell und Gray seit Mitte der 1990er-Jahre zu einer ganzen Reihe von datenintensiven, zunächst eher wissenschaftsfernen Anwendungsleitbildern. So erhofften sie sich von den rapide sinkenden Speicherkosten die Verwirklichung von Vannevar Bushs (1890–1974) Memex-Vision aus dem Jahre 1945 in Form einer „fully cyberized world", in der jeder über Webserver mit möglichst allen Sinnen mit anderen kommuniziert (Bell und Gray 1997, S. 7–8; Hanwahr 2017, S. 522–525). Hochgeschwindigkeits- und Videonetze könnten so Telepräsenz und Telecomputing ermöglichen und dadurch physikalischen Transport reduzieren, ebenso würden die Onlineversion der Library of Congress und das „Papierlose Büro" realisiert (Gray 1997, Folie 26). Dank der Fortschritte in der Speichertechnologie sind PCs dann so mächtig, dass sie auch alle persönlichen und professionellen Informationen einer Person in einem „Personal Memex" speichern können. Als Prototyp entwickelte Bell ab 1997/1998 das „CyberAll-System", ein digitales Archiv aller seiner Publikationen, Talks, E-Mails, mit dem er seine gesamte Forschung „open access" stellte. Ab 2000 baute er dieses zu der multimedialen „Personal Database for Everything" „MyLifeBits" aus, die sich sukzessive zu einem kompletten „Life-Logging"- und „Quantified-Health"-System entwickelte. Das Fernziel war die Verwirklichung von Bells und Grays Vision der „Digital Immortality", der vom Transhumanismus beeinflussten Vorstellung einer Digitalisierung und Archivierung aller Lebensspuren der Menschen (Bell und Gray 2001; Bell und

---
[6] Zur Entstehung von Grays Datenbankkonzept siehe vor allem (Hanwahr 2017).

Gemmell 2007). Mit Blick auf ihr SNAP-Konzept sahen beide für die Zukunft aber den eigentlichen Schwerpunkt nicht in PC-basierten Memexes, sondern in einer „Server-Centric Version" des „Data-Driven Computing", d. h. in der Föderation aller persönlichen und institutionellen Datenarchive zu einem „World Memex" (Gray 1999, S. 14, 16–17).

Der Übergang zum Scientific Computing und insbesondere zur Astronomie kam dabei eher zufällig über Grays Beteiligung am TerraServer-Projekt von Microsoft zustande. Er entwickelte hierfür 1996 bis 1998 ein „Multimedia Data Warehouse"- und Data-Mining-Konzept sowie eine drei Terabyte massiv-parallele Datenbank, die mit ihrer objektorientierten relationalen Architektur die umfangreichen Bestände von Luftaufnahmen, Satellitenbildern und topografischen Karten des US Geological Survey (USGS) speicherte. Diese wurden mit dem Webdienst TerraService.NET und dem von Tom Barclay (*1955) entwickelten Interface-Design über Webbrowser weltweit zugänglich gemacht (Barclay et al. 2000b). Diese Vorform von Google Maps war seinerzeit „the world's largest online atlas", auf den die User über das Web zugreifen und sich in verschiedene Ansichten einzoomen konnten (Barclay et al. 1998, 2000a; Hanwahr 2017, S. 531–537). Von der sozialen Architektur her handelte es sich beim TerraServer-System um ein föderatives Datenbanksystem in einer Grid-Netzarchitektur, mit dem wissenschaftliche und kommerzielle Contentanbieter ihre Datenbestände über standardisierte Bedienschnittstellen, Metadaten und Ontologien in der zentralen Interaktions- und Vertriebsplattform von Microsoft zusammenführten („Monadic Topology-Data Grid"). Fixiert auf das Kerngeschäft, den Verkauf von Standardsoftware, scheute Microsoft trotz lebhafter Nachfrage vor einer Weiterentwicklung der kooperativen Datenbankplattform zurück und verpasste so, wie mit Dot.NET beim Cloud Computing, einen frühen Einstieg in das Web 2.0 (Koebler 2015; Hellige 2012, S. 48–51).

Die TerraServer-Systemarchitektur erhielt umgehend Vorbildfunktion für Digitalisierungs-Projekte in der Astronomie, denn Charles Simonyi (*1948), einer der führenden Softwarearchitekten von Microsoft, hatte die Strukturgemeinsamkeiten mit dem bereits seit 1992 laufenden „Sloan Digital Sky Survey"-Projekt (SDSS) erkannt und Mitte der 1990er-Jahre Jim Gray den Kontakt zu dessen leitenden Forschern Alex S. Szalay (*1949) und S. George Djorgovski (*1956) vermittelt (Szalay 2008a, S. 61). Auch Gray betonte später immer wieder die konzeptionellen Übereinstimmungen und brachte sie auf die Kurzformel „SDSS is TerraServer with the camera pointing the other way."[7] Durch die Kooperation mit ihnen kam es ab 1997 zur Integration des informatischen Plattformkonzepts, des „scalable archive design", und des Methodeninstrumentariums der „Data-Driven Computational Science" in die astronomische Wissenschaftsorganisation (Szalay et al. 2000, S. 413). Der Sloan Digital Sky Survey entwickelte sich hierdurch zu einer Pionierplattform für eine kollaborative Big-Data-Wissenschaftskonzeption und wurde der erfolgreichste Sky Survey in der Geschichte der Astronomie Abb. 3 (Zhang und Zhao 2015, S. 1, 8).

---

[7] Mitteilung Tom Barclays in einer E-Mail an den Autor, 17.9.2020.

Abb. 3 Jim Gray vor dem Sloan Digital Sky Survey in Apache Point, New Mexico (Association for Computing Machinery 2019). (Mit freundlicher Genehmigung von Donna Carnes und Alex Szalay)

4 Das Zusammenspiel von Akteurskonstellation, technischer und sozialer Systemarchitektur in der Big-Data-Plattform „Sloan Digital Sky Survey"

Dass die Astronomie als Testfeld für das „Data-Driven Computing" und die e-Science geradezu prädestiniert war, erkannte Gray erst im Laufe der Arbeiten am Sloan Digital Sky Survey (SDSS). Er fand besonders sympathisch, dass ihr Gegenstand keinen kommerziellen Interessen und gesetzlichen Zwängen unterliegt, ihre Daten daher großenteils frei verfügbar sind (Szalay 2008a, S. 62). Als Wissenschaft schien ihm die Astronomie einzigartig, da sie seit jeher aufgrund der Instrumentenentwicklung datengetrieben und ihre Scientific Community schon immer national und international besonders gut vernetzt war. Daher sind in der Astronomie Begriffe, Taxonomien und Metriken von einer großen Einheitlichkeit, und ihre weltweit verteilten Datenbestände bilden in ihrer Gesamtheit „a fairly uniform corpus". Da die Daten nach rigorosen wissenschaftlichen Standards gesammelt werden, haben sie nicht die übliche Heterogenität von Big-Data-Repositorien. In dieser Wissenschaft bestand mithin nach Grays Eindruck seit langem eine relativ stabile „knowledge infrastructure", d. h. „robust networks of people, artifacts, and institutions for producing, exchanging, and sustaining knowledge". (Szalay und Gray 2003, S. 95, 105; Borgman et al. 2016, S. 2, 4–8). Vor allem aber korrelierte die Astronomie durch die Fortschritte der verschiedenen Teleskoptechnologien in der Reichweite und Bildauflösung der digitalen Detektoren auf CCD-Basis hochgradig mit der exponentiellen IT-Welt (Gray und Szalay 2002, S. 51–52).[8] Die „new astronomy" wurde für ihn damit zum Prototyp einer vom Moore'schen Gesetz getriebenen Disziplin, deren Datenbestände sich alle 20 Monate verdoppeln und so eine Datenflut erzeugen, die die Sammlung, Aufbereitung, Auswertung und Kommunikation der Daten nur noch durch ständige Innovationen der „Computational Science" bewerkstelligen kann. Deshalb erschien ihm die „biggest kind of Big Science" (Smith 1992, S. 184) geradezu als „archetype of data-driven science" und als ideales „testbed" bzw. „playpen" für die „Computational Science" (Gray 2000, S. 3, 10).

Neben den spezifischen Charakteristika der Disziplin harmonierte auch die Akteurskonstellation in der Astronomie mit der von Gray und Bell präferierten Systemarchitektur einer kollaborativen Internetplattform, wie sie sie im SNAP-Projekt als Prototyp entwickelt hatten. Die massiv-parallelen Prozessoren Bells und Grays „Cyber-Brick"-Speichersysteme, die beliebig skalierbar waren und zu lokalen oder verteilten sogenannten Beowulf-Clustern verkoppelt und über „Computer Grids" vernetzt werden konnten, erwiesen sich als die geeignete verteilte Computing-Infrastruktur für den SDSS und ähnliche in den 1980er- und 1990er-Jahren grassrootartig entstandene Initiativen für integrierte Sternenkataloge und Himmelskarten (Brunner et al. 2001a, Kap. 2; Djorgovski et al. 2013, S. 232–234). Diesem Hardwaresystem entsprach das Softwaredesign des von Gray, Szalay und anderen in Anlehnung an den TerraServer entwickelten SkyServer. Dieses integrierte Data-Mining-, Database- und Web-Interface-Konzept extrahiert mit einer Analysesoftware-Pipeline aus den Teleskoprohdaten für jedes erfasste Himmelsobjekt bis zu 400 verschiedene Attribute, die dann mit dem SkyServer Data Mining ausgewertet werden. Beim Datenbankdesign passte Gray die bisherige hierarchische an die objektrelationale Datenbankarchitektur an, die für Abfragen viele Einstiegspunkte bietet und über das Web-Interface und die Standardsprache SQL bequemer zugänglich ist (Szalay et al. 2001a; Djorgovski et al. 2013, S. 229–230).

Die frei kombinierbare technische Grundstruktur des SkyServer Database and Web Design und dessen „community nature" als inhärenter „sociology" entsprach auch ganz der von Alex Szalay propagierten sozialen Systemarchitektur der „Federation", d. h. der stufenweisen Föderation von astronomischen Forscherdaten zu „Federated Databases", die dann zu überregionalen „Federated Archives" zusammengefasst werden sollten (Szalay und Gray 2003, S. 95; Bell und Gray 2002, S. 91; Gray 2001a, Folie 13). Die „Federated Database Management Architecture" war 1979/1980 von Dennis Heimbigner und Dennis McLeod mit einer wissenschaftspolitischen Intention entwickelt worden, um mit dem Prinzip einer lose gekoppelten Föderation die Probleme zentraler Datenbanken bei der Zusammenführung und beim offenen Austausch global verteilter Datenbestände zu überwinden. Alle Komponenten einer „federation" werden darin verknüpft durch „federal sche-

---

[8] Die SDSS-Kamera verfügte über 30 CCDs (charge-coupled devices) mit je 2048 x 2048 Pixel.

mas", „that express the commonality of data throughout the federation." (McLeod und Heimbigner 1980, S. 283–288). Auch in Szalays und Grays Konzept bleiben die Daten im Besitz der Urheber, doch über einheitliche Datenformate, Metadaten und Interfaces sowie durch eine standardisierte Virtualisierungssoftware (Virtual Observatory Framework) und ein „federation service" entsteht ein „common global schema", das einen einheitlichen Zugang zu den „federated multiple archives" bietet, ohne dass es hierbei zu Datenschutzproblemen kommt (Szalay und Gray 2001, S. 2038–2039). Ergänzt wird der „Open Access" zu dem gemeinschaftlichen Datenraum noch durch einen Austausch der Auswertungsalgorithmen und der Erfahrungen beim Datenmanagement. Szalay verallgemeinerte sein Föderationskonzept in einer Erweiterung von „Metcalfe's Law": So wie nach Robert Metcalfe (*1946) der Wert eines Netzwerks exponentiell zur Anzahl der angeschlossenen Netzknoten steigt, so wachsen nach Szalays „Data Federation Law" der Wert von Datenarchiven und die Wahrscheinlichkeit von neuen Entdeckungen exponentiell mit der Menge der vereinigten Archivbestände (Szalay und Gray 2002, Folie 5). Mit seinem genossenschaftlichen Vergesellschaftungsmodell trug der SDSS in der Folgezeit besonders zu einer Standardisierung des Datenmanagements und der Wissensinfrastruktur der Astronomie bei, er wurde der „gold standard for data sharing and reuse in astronomy" (Borgman et al. 2016, S. 7; Sands 2017, S. 7). Das soziale Modell der „data governance" im SDSS unterschied sich damit von den in kommerziellen und staatlichen Plattformen üblichen zentral organisierten Formen.[9]

Die anvisierte kollaborative „knowledge infrastructure" fand ihre adäquate Netzwerkarchitektur in dem besonders von Gray und Bell propagierten Grid-Konzept Abb. 4. Das Grid- bzw. Meta-Computing war Anfang der 1990er-Jahre in der US-amerikanischen Parallelrechner- und Supercomputing-Community entstanden. Es diente anfangs vor allem der Verteilung von rechenintensiven Simulationen der Großforschung auf „Load Sharing Cluster". Doch bereits 1993 entwarf der Grid-Pionier Andrew S. Grimshaw die Vision eines Worldwide Virtual Computer als Hardwareentsprechung zum World Wide Web. Ausschlaggebend für die soziale Architektur des Grid bzw. von Zusammenschlüssen mehrerer Grids zu einer Grid Family bzw. einem Intergrid ist die föderative kollaborative Governance. Seinem Wesen nach ist das Grid somit ein „ressource pool for some purpose, that are not subject for centralized control." (Foster 2002, S. 2; Hellige 2012, S. 28–32). Gray folgte in seiner Big-Data-Gesamtkonzeption dieser Vision, doch gehörte seiner Meinung nach aufgrund der Leistungs- und Kostenverschiebungen beim Processing und Speichern die Zukunft den Daten-Grids und Datenplattformen. Die offene verteilte Grid-Struktur erschien ihm und Alex Szalay als Gegnern zentralistischer Systemarchitekturen am besten geeignet für die unterschiedlichen, sich ständig wandelnden Interessen einer Scientific Community: „There is synergy between us and the Grid crowd." (Szalay, zit. bei Feder 2002, S. 20; Gray 1995, S. 2–3). Gray legte sich nicht einmal auf eine bestimmte Data-Grid-Struktur fest, sondern trat für

---

[9] Zu Formen demokratischer „data governance" im Unterschied zu den bisher dominierenden Business- und Management-bezogenen Governance-Betrachtungen siehe die soziologische Modelltypologie der „data governance" bei (Micheli et al. 2020).

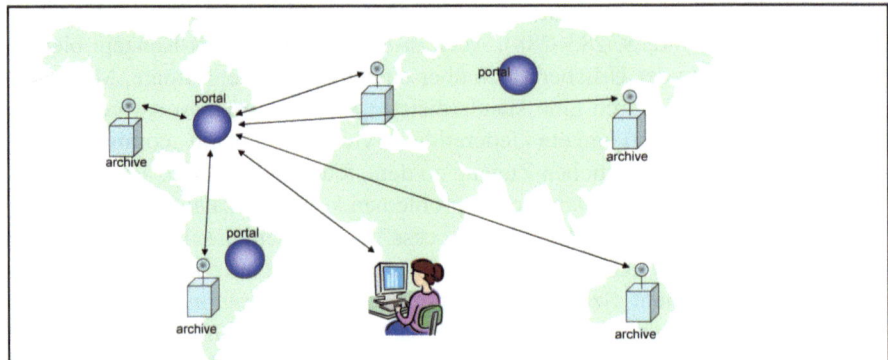

Abb. 4 Verteilte Systemarchitektur des National Virtual Observatory (Szalay und Gray 2005, S. 7). (Mit freundlicher Genehmigung von Donna Carnes und Alex Szalay)

eine „multiple grid architecture" ein, die verschiedene Organisationsformen zulässt: also reine „resource sharing grids", „peer-to-peer-communities", „outsourcing service centers" und die von ihm bevorzugte „data-centric subculture" von föderativen Datenpools („Federation Topology"). Sein netzarchitektonisches Credo lautete daher: „Many grids fit many tastes and requirements." (Szalay und Gray 2001, S. 2039; vgl. auch Gray 2001b, Folie 25, 49; Gray 2003). Mit den Schlüsselkonzepten des Digital Sky Survey, der Datenbankföderation und dem Data-Grid-Computing waren die zentralen Komponenten für die „New Astronomy" des Internetzeitalters vorhanden. Die amerikanischen Millenniums-Planungen für die Wissenschaft des 21. Jahrhunderts wurden dann der Anlass für die Verdichtung der Überlegungen und Konzepte in visionären Leitbildern und konkreten Planungen für eine Neuorganisation der wissenschaftlichen Infrastruktur und des Forschungsprozesses.

5 Der Wandel von Forschungsinfrastruktur und Wissenschaftskonzept: Vom „Virtual Observatory Concept" zur e-Science und zum „Fourth Paradigm"

Statt der frühen Überlegungen zu „information superhighways" und „digital roadmaps" (1994) entschied sich die American Astronomical Society in dem Millenniumsprogramm von 1998/1999 für das Leitbild eines „National Virtual Observatory" für die Daten- und Kommunikationsinfrastruktur der astrophysikalischen Forschung. Angelehnt an die Debatten über virtuelle Organisationen und Laboratorien zielte das „Virtual Observatory Concept" (VO) auf eine integrierte Technologie-

und Wissenschaftsplattform als kollaborativem Mittelpunkt der gesamten Disziplin (Brunner et al. 2001a, S. 354–356, S. 369; National Research Council 2001, S. 14, 88, 132–133; National Virtual Observatory Science Definition Team 2002; Djorgovski und Willems 2005). Im öffentlichen Diskurs setzte sich aber nicht der zunftinterne Begriff durch, sondern das 2001 von Gray und Szalay in Anlehnung an das World Wide Web vorgeschlagene „World-Wide Telescope" (WWT), das noch heute als Bezeichnung der jedermann zugänglichen Zugangsplattform zum globalen Virtual Observatory dient. Ziel des in den Folgejahren mit NSF- und NASA-Unterstützung errichteten National Virtual Observatory war es, bisher in sich abgeschlossene Archive der großen Teleskope sowie die übrigen Daten- und Literaturbestände zu einem virtuellen Gesamtkorpus zu integrieren und über Webservices der Fachöffentlichkeit zu erschließen: „Our goal is to make the Internet act as the world's best telescope". (Szalay und Gray 2001, S. 2038).[10] Die Organisationsmodelle der Astronomie-Infrastrukturen folgten damit der Leitbildentwicklung der IT-Welt.

Die irreversible Entwicklung zur „data-rich astronomy" und zu deren Institutionalisierung in einem National Virtual Observatory sollte nach den Visionen der SDSS-Pioniere auch die „sociology of astronomy" grundlegend verändern (Brunner et al. 2001a, S. 353; Feder 2002, S. 21). Zum einen würde dies die bisher relativ eigenständigen Wissenschaftskulturen der Optik-, Radio-, Röntgen- und Gammastrahlenastronomie zusammenführen und so über die Datenverknüpfung multispektrale und multitemporale Analysen erleichtern. Zum anderen sah man im VO-Konzept generell „a powerful engine for the democratization of science", was besonders in der Astronomie, in der die professionellen Wissenschaftler und die Amateure technologiebedingt besonders streng getrennt waren, einen durchgreifenden demokratisierenden Effekt hätte (Djorgovski 2002, S. 3; Gray und Szalay 2002, S. 53; Djorgovski 2005b, Folie 32). Denn durch die Kultur des „data sharing" erhielten auch schlechter ausgestattete Forschungsstätten, Studenten und sogar Hobby-Astronomen in aller Welt Zugang zu den aktuellen Observationen der Riesenteleskope, und allen Wissenschaftlern stand jederzeit ein detaillierter Himmelsatlas zum Durchscrollen zur Verfügung Abb. 5:

> „This new data-mining astronomy will also enable and empower scientists and students anywhere, without an access to large telescopes, to do first-rate science." (Szalay et al. 1999, S. 2, 8; Djorgovski et al. 2001, S. 305; McCray 2017, S. 259–260)

Vor allem sollte die alle Akteure der Disziplin verbindende virtuelle Plattform die interorganisatorische Kooperation verstärken und neue offene Kollaborationsformen der „network discovery" ermöglichen. Das „integrated framework" des WWT schaffe so ein übergreifendes „ecosystem of authors, curators, publishers, archivars, readers", das über die Nutzung und Vermehrung des gemeinsamen Datenarchivs der gesamten Scientific Community einen ungeahnten Anstieg der Effizienz des Wissenschaftsprozesses der Disziplin bewirke:

---

[10] Zu den institutionellen Hemmnissen für das NVO-Vorhaben siehe (Djorgovski 2012).

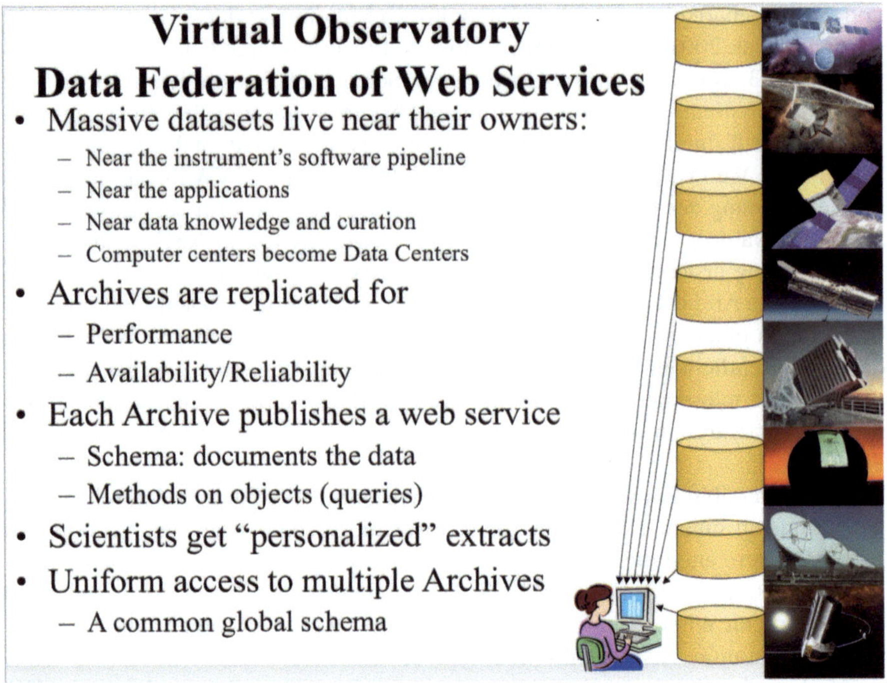

> **Virtual Observatory**
> **Data Federation of Web Services**
> - Massive datasets live near their owners:
>   - Near the instrument's software pipeline
>   - Near the applications
>   - Near data knowledge and curation
>   - Computer centers become Data Centers
> - Archives are replicated for
>   - Performance
>   - Availability/Reliability
> - Each Archive publishes a web service
>   - Schema: documents the data
>   - Methods on objects (queries)
> - Scientists get "personalized" extracts
> - Uniform access to multiple Archives
>   - A common global schema

Abb. 5 „Virtual Observatory Concept" mit einer föderativen Datenplattform (Gray 2002, Folie 14). (Mit freundlicher Genehmigung von Donna Carnes und Alex Szalay)

„The NVO will make these numerical simulations available to all users, which will result in the rapid refinement and verification of theoretical modeling, which, in turn, will lead to rapid advances in our understanding of complex astrophysical processes." (National Virtual Observatory Science Definition Team 2002, S. 24; Gray et al. 2002, S. 1–2, 5–6)

Mit der bereits im Jahr 2002 beginnenden Institutionalisierung des National und des Global Virtual Observatory wurde dann tatsächlich eine durchgreifende Neuordnung von Organisationsstruktur, Arbeitsteilung und Forschungsabläufen in der Astronomie in Gang gesetzt. Die von der traditionellen astronomischen Datenanalyse nicht mehr zu bewältigende Menge und Komplexität der Daten erforderte eine enge Partnerschaft mit der Computer Science und Anpassung an die Organisation der datenanalytischen Arbeitsprozesse (Djorgovski et al. 2001, S. 306). Dadurch wurde in der Folgezeit die anfängliche Demokratisierungseuphorie etwas gedämpft, da sich die föderative Governance des „Distributed Processing" im Grid Computing als zunehmend hinderlich für die immer anspruchsvollere Handhabung und das Management der „federated data archives" herausstellte. Vor allem die durch den Übergang von „tera-scale datasets" zum „peta-scale regime" immer anspruchsvolleren Data-Mining- und Analyseprozesse waren nur dadurch zu bewältigen, dass „Processing", „Analytics" und Grid-Organisation zu den Datenarchiven wanderten („inmemory computing"). Die Folge war ein weiterer Zentralisierungsschub im „Scientific Computing" und die teilweise Adaptation von Instrumenten und Strukturen der sich nach dem Jahr 2000 konstituierenden zentralistischen Cloud-Computing-Architektur.

Gray betonte nun stärker die Nachteile der Grid-Netzwerkarchitektur bei Trendanalysen, statistischem Clustering und für die Entdeckung von „global patterns in the data" (Gray 2007, S. XXIII). Er und Szalay favorisierten ab 2005/2006 auch die Zusammenlegung von „Data Handling" und „Data Processing" in „Science Centers" als neuer Musterarchitektur: „Science centers that curate and serve science data are emerging around next-generation science instruments." (Gray et al. 2005, S. 18–19, 26). In „Data Centers" integrierte „Data Archives" würden dann die gesamten Datenbestände einer disziplinären Domäne archivieren, aufbereiten und verarbeiten und als Service-Stationen für die Nutzer dienen. Für die nächste Dekade rechneten Szalay und Gray bereits mit einer hierarchischen Organisation der „world-wide federation" nach dem Vorbild des CERN (Conseil européen pour la recherche nucléaire): Danach würden die dann bestehenden ca. zehn „peta-scale sites" in der Größenordnung des Large Synoptic Survey Telescope (LSST) den durch Highspeedleitungen verbundenen zentralen „Tier-1" als Großforschungskern des WWT bilden, wobei sie ähnlich wie in der Hochenergiephysik eine Tendenz zur „committee-designed science" für möglich hielten. Alle kleineren, oft sehr kreativen Observatorien sollten dagegen im untergeordneten „Tier-2" zusammengefasst werden (Szalay et al. 2005; Djorgovski et al. 2013, S. 273).

Doch auch in diesem veränderten Zweiklassen-Plattformkonzept mit monadischer Grid-Topologie und teilweiser Verlegung des Computing in kommerzielle Clouds hielten Szalay und Gray am föderativen Charakter des Gesamtsystems und am Grundprinzip der Selbstorganisation sowie am Verbund der Datenarchive als gemeinsamer Ressource der gesamten Scientific Community fest. Sie behielten damit recht, denn bis heute ist die Astronomie im Vergleich zu anderen Big-Data-Kulturen sehr demokratisch, da die Archive der Observatorien allen Astronomen zugänglich sind und so auch Forschern außerhalb der elitären Zirkel der „state-of-the-art new telescopes" bedeutende Entdeckungen durch Vergleiche von neuesten Observationen mit früheren in Archivmaterialien ermöglichen (Borgman et al. 2016, S. 2–3, S. 7–8; Meyer 2018). Das exponentiell anwachsende Datenaufkommen der Großteleskope überforderte deren Personal und bewirkte so eine Verschiebung großer Teile der Datenauswertung auf kleinere Institute, Projektgruppen und sogar, wie in dem SDSS-basierten Crowdsourcing-Projekt „Galaxy Zoo", auf eine Vielzahl von Hobby-Astronomen:

„Big Data, because it is often too big to be fully exploited by those who have produced it, is increasingly made publicly available, opening the possibility of a new kind of citizen science in which lay people act not merely as observers or sensors, but also as analysts." (Sands 2017, S. 48; Raddick et al. 2010; Strasser und Edwards 2017, S. 344–345)

Im Rückblick resümiert Djorgovski sogar, dass der „strong grassroots support" genau so wichtig für den Erfolg des „Virtual Observatory Concept" wurde wie die Unterstützung durch NSF und NASA.[11]

Allerdings wurden durch die Verlagerung großer Teile des Wissenschaftsprozesses in die „Science Centers" die Arbeitsabläufe stark verändert, man sprach ausdrücklich von dem „new work style". Denn die User greifen nun von PCs oder zukünftigen „smart notebooks" auf die zentralen Ressourcen des Virtual Observatory zu, d. h. auf ein „ecosystem" von Datenbeständen, Software-Tools und Anwendungsprogrammen und erhalten von dort Antworten auf ihre Forschungsfragen. Die Forschungsergebnisse bleiben dann großenteils in „personal workspaces" im „data center", das auch als „vehicle for data publication" dient (Gray et al. 2005, S. 36–41). Durch das kollaborative Teilen der Daten wird das „common archive" in diesem neuen Archetyp der Wissenschaft zur „data gold-mine" (Szalay, Gray 2006, S. 414). Forschung und Lehre spielen sich nun vorrangig am Bildschirm ab, die Astronomie wird damit wesentlich zu einer über eine komplexe „Cyber-Infrastructure" organisierten „Online Science" Abb. 6. Der Eintritt der „big data era in astronomy" bewirkte so einerseits einen Interdisziplinarisierungsschub und „collaboration boom" zwischen Astronomen, Statistikern, Computerwissenschaftlern und „Data Scientists" (Gray und Szalay 2002, S. 51–52).[12] Andererseits werden durch die Informatisierung die bisherigen direkten Eindrücke der optischen Teleskopie und die raffinierten astrofotografischen Aufbereitungstechniken, wie sie David F. Malin (*1941) zur Meisterschaft entwickelt hatte, weitgehend von virtuellen Umgebungen, algorithmischen Instrumentarien und computergrafischen Visualisierungstechniken abgelöst. Diese traten zum Bedauern mancher Astronomen zwischen den Wissenschaftler und seine Untersuchungsobjekte und machten die Disziplin zu einer „Virtual Astronomy" (Djorgovski 2005a). In einer derartigen digitalen „archive science" könnte, so wurde befürchtet, womöglich eine ganze Generation von Forschern

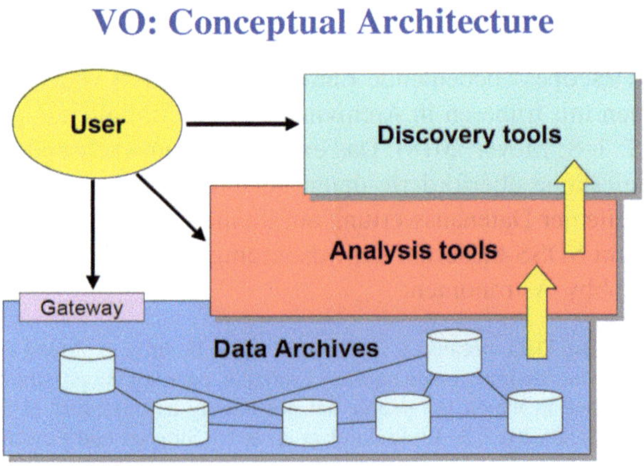

Abb. 6 Veränderte Arbeitsteilung in der Virtual Astronomy (Djorgovski 2009, Folie 5, Ausschnitt). (Mit freundlicher Genehmigung von S. George Djorgovski)

---

[11] Mitteilung S. George Djorgovskis in einer Email an den Autor, 10.2.2020.
[12] Vgl. zur Arbeitsweise der „big science astronomy" auch (Borne 2013; Zhang, Zhao 2015, S. 6).

heranwachsen, „who shift through data without knowing about instruments".[13] Mit der Digitalisierung und Virtualisierung setzte eine zweite Welle der „de-astronomization of astronomy" (Jesse L. Greenstein) (1909–2002) ein, nachdem schon der Aufstieg von Radio-, Infrarot-Astronomie und kosmischer Strahlenforschung wesentlich eine Physikalisierung der optischen Disziplin zur „Astrophysik" bewirkt hatte.[14]

Nicht nur die Arbeitsformen und -abläufe wandelten sich, die sprunghaft ansteigende Datenproduktion veränderte auch die wissenschaftlichen Methoden und die zentrale Agenda der Disziplin. Der Fokus der Forschung verschob sich durch die digitalen Sky Surveys von der Untersuchung punktueller Zielobjekte in „investigator-led inquiries", die oft von a-priori-Annahmen geleitet wurden, zu „more objective approaches", die auf der großskaligen 3D-Erkundung und systematischen Indexierung ganzer Himmelsregionen und Galaxien beruhen. Dadurch wurde die Astronomie zu einer „different kind of science", zu einer „pure survey science" bzw. zu einer „multi-survey-based science", die über das gesamte elektromagnetische Spektrum alle Observationstechniken kombiniert (Djorgovski 2001, Folie 2, 4; National Virtual Observatory Science Definition Team 2002, S. 156; Djorgovski et al. 2013, S. 229–235; Borgman et al. 2016, S. 7). Die täglich von digitalen Detektoren erfasste Menge astronomischer Objekte und Phänomene stieg dabei von 1998 (VLT) bis 2000 (SDSS) von 10 auf 200 GByte, 2009 auf 300 GByte (VISTA) und von derzeit 10 TByte werden bis 2022 sogar 30 (LSST) bzw. 90 TByte (TMT) erwartet (Kremer et al. 2017).[15] Da diese Informationsmenge für die Forscher nicht mehr unmittelbar begreifbar ist und auch nicht mehr mit den herkömmlichen topografischen und statistischen Methoden bewältigt werden kann, muss der eigentlichen wissenschaftlichen Analyse und Modellbildung zunächst ein mehrstufiger Prozess der Erfassung, Orchestrierung, Auswahl, Bereinigung und Vorverarbeitung der Daten vorgeschaltet werden, für den sich bald die „data pipeline" als Metapher einbürgerte. In diese Softwaresysteme sind bereits große Teile des astronomischen Wissens eingegangen – es handelt sich also nicht um voraussetzungslose Instrumentarien, vielmehr beruhen die automatisierten Datenanalyseprozesse auf impliziten theoretischen Annahmen.

Da im Forschungsprozess nicht direkt auf die umfangreichen und hochkomplexen Datasets zugegriffen werden kann, werden diese gleich an die Analysetools weitergeleitet (Szalay et al. 1999, S. 5, 7; Szalay et al. 2001a, S. 1–3). Es schließen sich die entscheidenden Prozesse der Informationsextraktion an: diverse Methoden des Data Mining, der Mustererkennung und Wissensfindung (Knowledge Discovery in Databases). Sie dienen der automatischen Klassifikation von Objekten nach Spektren, Lichtmenge und Gestalt, der Clusteranalyse von Sternenhaufen und Galaxien, der Suche nach Anomalien, Ausreißern – d. h. nach unbekannten Himmelsobjekten –

---

[13] Bob Fosbury von der ESA, zit. nach (Feder 2002, S. 21).
[14] (Greenstein 1982) zit. nach (McCray 2014, S. 915).
[15] VLT = Very Large Telescope, SDSS = Sloan Digital Sky Survey, VISTA = Visible and Infrared Survey Telescope for Astronomy, LSST = Large Synoptic Survey Telescope, TMT = Thirty Meter Telescope.

sowie der Zeitreihenanalyse für die Langzeitmodellierung des Universums. Somit wird die „Computation Science" nicht mehr wie bisher nur für gezielte numerische Berechnungen und Simulationen herangezogen, vielmehr wird sie, als Workflowprozess organisiert, zu einem integralen Bestandteil der datenbasierten Wissensgenerierung (McCray 2014, S. 936). Nach Ansicht der amerikanischen Astrophysiker übernimmt die „new data-mining astronomy" die bisher führende Rolle der Mathematik in der Astronomie und wird von ihnen auch als „new mathematics" bezeichnet (Djorgovski 2001, Folie 16; Djorgovski 2005a, S. 131; Djorgovski 2005b, Folie 11). Die Arbeit des Astronomen wird dadurch stark rationalisiert und große Teile des Wissenschaftsprozesses werden in das „Science Center" ausgelagert.

Der Astronom gerät infolge der Transformation seiner Disziplin zu einer „data-rich science" in eine zunehmende Abhängigkeit von der „Cyber-Infrastructure" und immer komplexeren Algorithmensystemen und damit in ein kognitives Dilemma. Denn den größten Teil der Daten bekommt er nie zu Gesicht, und die meisten Datenkonstrukte und errechneten Muster kann er wegen ihrer Anzahl, Heterogenität und Komplexität nicht mehr unmittelbar begreifen, sondern muss sich ihnen über Mustererkennungs- und Visualisierungstools nähern (Djorgovski und Williams 2005, S. 521). Stellte der Forscher früher Hypothesen auf, die mit Computerberechnungen und -simulationen überprüft wurden, so liefert die Datenanalytik jetzt teilweise selber Hypothesen, die der Forscher dann evaluieren muss: „[...] these software tools may become capable of *independent or cooperative discoveries,* and their application may greatly enhance the productivity of practicing scientists." (Brunner et al. 2001b, S. 36).[16] Die Astronomie wird damit zu einer vorwiegend datenanalytischen Wissenskultur, für die Gray, Szalay und Djorgovski ab 2004/2005 den Begriff „e-Science" verwendeten. Der eigentliche kreative Auswertungs- und Erkenntnisprozess wird so immer weiter hinausgeschoben, und selbst hierbei ist der Astronom auf unterstützende „Data Understanding Technologies" angewiesen, damit er die richtigen Fragen stellt und die angemessenen Data-Mining-Modelle und -Instrumente auswählt. Djorgovski und Gray setzten sogar schon auf Künstliche Intelligenz und Machine Learning als kommende „standard scientific practices", um der zukünftigen Objektmengenexpansion zu begegnen.

Da die Dateninfrastrukturen und Softwaresysteme ein so wesentlicher Bestandteil des „path from bits to knowledge" werden, erwartet man vom Forscher jetzt von vornherein eine „algorithmic perspective", ein datenanalytisches Methodenbewusstsein und eine kritische Bewertung der Datenqualität (Szalay 2008b, S. 63). Dabei musste man bald erkennen, dass selbst die als objektiv angesehenen „Rohdaten" der beobachteten astronomischen Objekte der Interpretation bedürfen und dass beim Weiterreichen von Astrodaten der lokale Kontext ihrer Ermittlung zu beachten ist. Wegen der Abhängigkeit der Beobachtungsdaten von der jeweils verwendeten Technik, Wellenlänge und dem Zeitpunkt der (Re-)Observation stoßen die Identifikation von Himmelsobjekten mit unterschiedlichen Wellenlängen sowie der Vergleich älterer und neuerer Beobachtungen auf Probleme, die sich nur approximativ lösen las-

---

[16] Hervorhebung im Original; siehe auch (Gray, Szalay 2002, S. 53–54).

sen. (Hoeppe 2020, S. 177–180; Budavari und Szalay 2008, S 1–2).[17] Deshalb soll der Forscher mögliche kognitive Wahrnehmungsfilter des Forschungsinstruments Software durchschauen und statistische Artefakte von neuen phänomenologischen Entdeckungen unterscheiden können. Denn die „unsupervised classification" und die blinde Anwendung der gängigen Clustering-Algorithmen führt nicht selten zu völlig falschen Ergebnissen. Da auch die reinen „Data-Driven Machine Learning Models" teilweise physikalischen Gesetzen widersprechen können, muss der Astronom zudem den Konflikt zwischen physikalischer und algorithmischer Modellbildung klären: Handelt es sich tatsächlich um einen neuen Typ von Objekten oder Strukturen, die die bisherige Theorie nicht erfasst, oder nur um das Resultat unzureichender, aus anderen Verwendungskontexten übernommener Algorithmensysteme (Djorgovski et al. 2001, S. 315–317)? Die Lösung dieser Probleme erwartete man erst aus einer engeren Kooperation von Astronomen und Computerwissenschaftlern bzw. von künftigen Forschern einer integrierten Wissenschaft, für die ab 2008 der Begriff „astroinformatics" aufkam (McCray 2017, S. 261–263).

Auch über den epistemischen Charakter der „computational data models" herrschte in dieser Pioniergruppe der Big-Data-Naturwissenschaft noch Unklarheit: Führen die steigenden Mengen an Informationen zu einer „qualitatively new science" oder stellen sie nur eine Erweiterung der traditionellen beobachtenden, experimentellen, analytischen und simulationsbasierten Wissenschaft dar? (Djorgovski et al. 2001, S. 305). Äußerst ambitioniert erwartete man in theoretischer Hinsicht, dass mit den exponentiell wachsenden Rechenkapazitäten der Supercomputing-Zentren und verteilten Rechner-Grids erstmals eine symbiotische Kombination und schließlich Synthese aus allgemeiner Relativitätstheorie, Kosmologie, nichtlinearer Gravitationstheorie, Gasdynamik und Sternentwicklungsmodellen möglich werde. In dem von Djorgovski geleiteten National Virtual Observatory Science Definition Team hoffte man, wie vielfach in der Frühzeit der „Big Data Sciences", dass durch die Datenzusammenführung, Datenanalytik und Mustererkennung ein direkter Weg von der Beobachtung zur Theoriebildung entstehe, eine „Marriage of Theory and Observation" (National Virtual Observatory Science Definition Team 2002, S. 23–24).[18] Die in den Datensätzen enthaltenen grundlegenden physikalischen Größen sollten dabei über die Visualisierungswerkzeuge unmittelbar in direkt beobachtbare Größen umgewandelt werden:

> „Perhaps one of the most exciting syntheses of these remarkable advances in computational astrophysics is the ability to follow the evolution of the entire universe from the original primeval density fluctuations through the formation and evolution of galaxies and clusters of galaxies. [...]
> Thus the NVO will make possible for the first time an interplay between theoretical models and observational data on a truly meaningful scale." (National Virtual Observatory Science Definition Team 2002, S. 23–24)

---

[17] Zum Stand der Debatte über interpretationsfreie „objektive" Daten siehe (Longino 2020) und (Nerurkar, Gärtner 2020).
[18] Dies zeigte auch die Debatte um den – eigentlich als Provokation gemeinten – Aufsatz (Anderson 2008).

Diese Erwartung bestimmte auch noch die weiteren Ausbaustufen des Sloan Digital Sky Survey und wird derzeit mit dem Abschluss des durchscrollbaren dreidimensionalen Atlas des Universums noch einmal bekräftigt. Der Atlas reicht elf Milliarden Jahre in die kosmische Geschichte zurück und bietet der Forschung nun mit neuen Messergebnissen für die Hubble-Konstante theoretisch bedeutsame, detailliertere Ergebnisse der Veränderungen der Expansion des Universums und womöglich Einsichten in die Natur der Dunklen Energie (Sloan Digital Sky Survey 2020). Doch es blieb und bleibt noch immer die Unsicherheit, welchen Stellenwert „Big Data Science" und Datenanalytik für das Verständnis komplexer astrophysikalischer Prozesse haben, ob sie die Computersimulationen ersetzen oder nur ergänzen. Da die Methoden der „Data-Driven Science" noch zu neu waren, wagte man in der Pionierphase noch keine Antwort auf die Frage, ob bzw. ab wann der quantitative Wandel in einen qualitativen umschlägt (Djorgovski 2001, Folie 4; Djorgovski 2005a, S. 131–132).

Aber noch ehe diese Grundsatzfragen geklärt waren, wurde unter dem Einfluss des zur Millenniumswende eskalierenden Paradigmenwechselbooms eine an Thomas S. Kuhns Modell orientierte „wissenschaftliche Revolution" verkündet, zunächst noch ganz bezogen auf die Astronomie als „New Astronomy" und das „VO-Paradigm", ab 2002 als „Archetype of a New Science" und „Online Science". In diesem Kontext entstand 2001 das Dreiphasenmodell der astronomischen Wissenschaftsentwicklung: empirische, theoretische und computerwissenschaftliche Wissenschaftsrichtung, wobei Simulation und Data Analysis noch einen gemeinsamen Zweig bildeten (Gray 2001a, Folie 3–4; Gray 2001b, Folie 52–53; Gray, Szalay 2002, S. 51–52; Szalay, Gray 2002, Folie 2). Ab Mai 2003 sahen Gray und Szalay ihren in der Astronomie entwickelten Ansatz der „Data Exploration Science" aber auch als Prototypen für die „New Computational Science" sowie als Leitbild für andere Natur- und Lebenswissenschaften an, insbesondere für die Hochenergieteilchenphysik, die Genom- und Biowissenschaften, die Ozeanografie und die Klimaforschung.[19] Diese Wissenschaften signalisierten ihrer Meinung nach einen „major paradigm shift" für die *gesamte* Wissenschaft als allgemeinen Übergang zu einer „information-driven scientific landscape of the new century" (Brunner et al. 2001b, S. 44; Gray, Szalay 2003, Folie 3: „The Evolution of Science"; Djorgovski und Williams 2005, S. 529; Szalay 2008b, S. 63–64). Es war dann Jim Gray, der nach einem Vergleich mit ähnlichen Entwicklungen in Natur- und Lebenswissenschaften im Jahr 2006 das „Data-Driven Computing" zum „Fourth Paradigm", zum generellen Modell der Wissenschaftstransformation erhob (Gray 2009; Bell et al. 2009, S. 1297). Anfangs war das vielzitierte Vierphasenmodell als Kette von aufeinanderfolgenden Paradigmen gedacht, des empirisch-deskriptiven, des analytisch-theoriegetriebenen, des auf Computersimulationen beruhenden und des datenreichen Wissenschaftsparadigmas. Doch bald setzte sich infolge der Debatten über die Grenzen eines rein datenbasierten Ansatzes die kumulative Sichtweise durch, nach der das „Fourth Paradigm" die früheren Paradigmen in der „Data-Driven Synthesis" integriert. Denn die Bedeutung des analytischen Ansatzes bleibe, wie Djor-

---

[19] (Hanwahr 2018) ist in Chapter 3 und 4 dieser Anregung anhand von Big Data-Projekten in der Ozeanografie und der Klimaforschung nachgegangen.

govski später betonte, so wichtig wie eh und je; die aus den Daten gewonnenen theoretischen Aussagen seien das Ergebnis von Simulationen und ihre Analysen wie ihr Verständnis implizierten ähnliche methodische Erfordernisse wie die im experimentellen Bereich Abb. 7[20] (Gray 2006a, Folie 3; Szalay 2012, Folie 4; Djorgovski 2012, S. 612). Damit nahm man in der Astronomie schon bald Abschied von der Erwartung, dass sich allein aus Daten neues Wissen gewinnen ließe und dass, wie es ein teleologisches Verständnis des „Fourth Paradigm" suggeriert, die Wissenschaftsentwicklung auf die Schaffung von autonomen Systemen der automatischen Wissensentdeckung hinausliefe (Kitchin 2014).

Andererseits ging man davon aus, dass das datenbasierte Paradigma nach den naturwissenschaftlichen „Big Data Sciences" sehr bald auch die „Small Data Sciences" durchdringen würde. Gray versprach sich von der Verdatung und Informatisierung eine Objektivierung des Wissens in standardisierten Semantiken und Ontologien sowie eine Vergesellschaftung des Wissenschaftsbetriebes über globale Kollaborationsplattformen, in denen Grassrootinitiativen und Datenzentralisierung zusammen umwälzend wirken (Gray 2007, S. XXIX; Bell et al. 2009, S. 1298). Das

Science Paradigms

- **Thousand years ago:**
  science was **empirical**
     describing natural phenomena
- **Last few hundred years:**
  theoretical branch
     using models, generalizations
- **Last few decades:**
  a **computational** branch
     simulating complex phenomena
- **Today:**
  data exploration (eScience)
  unify theory, experiment, and simulation
  – Data captured by instruments
     Or generated by simulator
  – Processed by software
  – Information/Knowledge stored in computer
  – Scientist analyzes database / files
     using data management and statistics

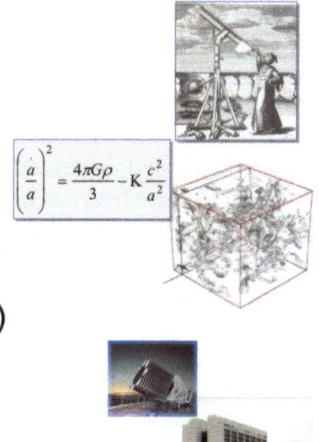

Abb. 7 Jim Grays und Alex Szalays „Fourth Paradigm"-Schema der Wissenschaftsentwicklung (Gray 2006b, Folie 11). (Mit freundlicher Genehmigung von Donna Carnes und Alex Szalay)

---

[20] Die erstmals 2003 von Gray und Szalay geschaffene berühmte Folie des Vierphasenmodells verwendet eine Einsteinformel, den Kubus einer Turbulenzsimulation von Szalay, das SDSS-Teleskop und die Wilson Hall vom Fermilab, Mitteilung von Alex Szalay an den Autor, Februar 2020.

datengetriebene Wissenschaftskonzept und die „Platformization of Science" wurden damit zu einem normativen epistemischen und wissenschaftsorganisatorischen Programm, das tendenziell Wissenskulturen anderer Disziplinen kolonisierte. Es kam noch hinzu, dass das „Fourth Paradigm" in den Sog der Cloud-Computing-Diffusion geriet und Firmen wie Microsoft damit Werbung für ihre Clouds als neue Infrastruktur des wissenschaftlichen Computing machten (Hey et al. 2009; Hey 2010). Indem das „Fourth Paradigm" nun die Form eines zwingenden, von logischer Stringenz getriebenen Entwicklungsstufenmodells annahm und der Anschein erweckt wurde, dass die „data-intensive e-Science" ein neutrales Wissenschaftskonzept darstellt, verdrängte es seinen eigenen historischen Entstehungskontext. In der Astronomie in der Phase kollaborativer Wissenschaftsplattformen entstanden, gerieten die von dieser sozialen Architektur ausgehenden Prägewirkungen auf das Wissenschaftskonzept der „Big Data Computational Science" der Astronomie zunehmend aus dem Blick. Das „Fourth Paradigm" abstrahiert damit von den divergierenden sozialen Architekturen und gesellschaftlichen Kontexten der einzelnen Disziplinen und damit auch von dem in ihnen stark variierenden Verhältnis von empirischen, analytisch-theoriegeleiteten, simulationsgestützten und datengetriebenen Methoden (Djorgovski 2012, S. 612; Borgmann 2015, S. 4).

6 Fazit und Ausblick

Unter den in der zweiten Hälfte der 1990er-Jahre entstandenen kollaborativen e-Science-Plattformen zeichnete sich die Astronomie durch besonders günstige Entstehungsbedingungen aus, die Jim Gray bewogen, von einem idealen „testbed" für das neue Wissenschaftsparadigma zu sprechen (Gray 2000, S. 10). Denn Astrophysik, Kosmologie und insbesondere Sky Surveys waren relativ frei von kommerziellen und politischen Interessen, die Big-Data-Archive hatten hier zudem nicht mit Datenschutzproblemen zu kämpfen. Die Astronomie war zudem bereits seit langem eine national und international gut vernetzte Disziplin, die dadurch über eine relativ stabile „knowledge infrastructure" mit weitgehend einheitlichen Begriffen, Taxonomien, und Metriken verfügte. Ihre Datenrepositorien, seit jeher „peer-reviewed", zeichneten sich durch eine hohe Homogenität aus und bildeten infolgedessen eine gute Grundlage für die Big Data Analytics. Wegen der Koevolution der vom Moore'schen Gesetz getriebenen digitalen Aufzeichnungs-, Rechen-, Speicher- und Auswertungstechnologien wurde sie zu einem Paradebeispiel für den neuen datenreichen Wissenschaftstyp. Die Bildung einer e-Science-Plattform als Mittelpunkt der Disziplin konnte in der Astronomie auf eine bereits vorhandene soziale Systemarchitektur von „federated archives" aufbauen und gelang so ohne größere Probleme. Die soziale Architektur föderativer Datenpools fand hier in den massiv-parallelen Computer- und Speicherarchitekturen sowie in der „Federated Database Management Architecture" und der dezentralen Netzarchitektur des Grid eine adäquate technische Grundlage. Mit diesem Faktorenbündel unterschied sich die Astronomie aber mehr oder weniger deutlich von anderen frühen e-Science-Plattformen.

Am ehesten entsprach dem Muster der Astronomie wohl noch die Genese der Big-Data-Wissenschaftsinfrastruktur der Teilchenphysik in dem bereits 1954 von der UNESCO gegründeten Großforschungszentrum CERN. Da es in ihm um physikalische Grundlagenforschung zur Untersuchung des Aufbaus der Materie ging, spielten hier ebenfalls unmittelbare kommerzielle oder politische Interessen keine Rolle. Auch im CERN gab es aufgrund der Teilchenbeschleunigerentwicklung und der durch die mikroelektronischen Fortschritte verbesserten digitalen Partikeldetektion und -selektion ein permanent steigendes Datenaufkommen. Als Folge davon wurde mit der Inbetriebnahme des Large Electron-Positron Collider (LEP) im Jahr 1989 der Übergang von der bis dahin in einem Großrechenzentrum abgewickelten Datenauswertung und -speicherung zu einem weiträumig verteilten Datenverarbeitungsbetrieb und Speichermanagement erzwungen. Die informationelle Infrastruktur der „global participatory platform" des CERN bestand seitdem aus einem hierarchisch organisierten „cluster computing" und einem weltweit vernetzten „data grid" (Hemmer und Innocenti 2017, S. 333–340). Im Unterschied zu der verteilten astronomischen Forschungsinfrastruktur der Teleskope und Institute ist beim CERN die Forschercommunity seit jeher auf ein zentrales Instrumentarium fokussiert, den LEP bzw. den ihm nach 2000 folgenden Large Hadron Collider (LHC), die größten je gebauten wissenschaftlichen Apparaturen. Das Datenaufkommen von den 300 Mio. produzierten Kollisionen eines einzigen Großexperiments ist derart umfangreich, dass die dauerhafte Speicherung und die erste Datenanalyse nicht im Zentrum selber (Tier-0), sondern nur über einen über das Worldwide LHC Computing Grid vernetzten Verbund von zwölf Supercomputing-Zentren (Tier-1) möglich ist (Coarasa 2012). Die Datenreduktion erfolgt auch hier über eine verteilte massiv-parallele Computing-Infrastruktur und „automated data processing systems", in deren Konstruktion experimentelle Vorentscheidungen und theoretische Modelle der Hochenergiephysik eingegangen sind: „Modelle sind unverzichtbar. Nur so bekommen wir eine Ahnung davon, wie die Nadel aussehen könnte, bevor wir den Heuhaufen durchsuchen." (Mnich 2017, S. 3; Karaca 2020, S. 46). Für die Selektion theoretisch relevanter *neuer* Partikel und Simulationen der ablaufenden physikalischen Vorgänge ist darüber hinaus ein weltweites Netz von Hochenergiewissenschaftlern und Softwareexperten in 68 „Federations" und 140 Forschungszentren (Tier-2) und Einzelwissenschaftlern (Tier-3) tätig. Für diese zugleich zentrale und föderative soziale Systemarchitektur wurde schon 1977 bis 1986 das internetartige CERNET eingesetzt, das dann 1989 Tim Berners-Lee (*1955) zusammen mit Robert Cailliau (*1947) durch die Verknüpfung mit dem Hypertextkonzept zu einem vorbildhaften System der verteilten Dokumentenverwaltung erweiterte (Berners-Lee und Fischetti 1999, S. 27–35; Gillies und Cailliau 2002, Kap. 4). Die föderative Systemarchitektur einer offenen Kommunikationsplattform für die verteilte Big-Data-Analytik und den Forschungsbetrieb entwickelte sich umgehend zur Musterarchitektur für den offenen, selbstorganisierten weltweiten Informationsaustausch und ab 1991/1992 zum World Wide Web, dem krönenden Abschluss und zugleich Wendepunkt der in den späten 1960er-Jahren begonnenen Ära des „Distributed Computing". Denn parallel zur globalen Ausbreitung dezentraler Informationsprozesse erfolgte eine Rezentralisierung des Computing und die Herausbildung von zentralen Beobachterposten, die das Webgeschehen erfassten, auswerteten und für kommerzielle und politische Interessen nutzten.

Diese Entwicklung zeigte sich bei einer weiteren physikalischen Big-Data-Pionierwissenschaft, der „Geoscience" oder „Earth Science", deren Technologie zwar noch weitaus mehr der der Astronomie entsprach, die sich aber in der Datenvielfalt, Interessenabhängigkeit und sozialen Architektur deutlich von dieser unterschied. Auch bei ihr bildete das Instrumentarium den entscheidenden Treiber des exponentiellen Datenwachstums, denn die immer höher auflösenden Aufzeichnungstechnologien der digitalen Satellitenkameras führten zu einem weitgehend dem Moore'schen Gesetz folgenden Anstieg der Datenvolumina. Die Folge war auch hier der Übergang zu hochparallelen Verarbeitungs-, Analytik- und Speichersystemen, zu Ansätzen von globalen Grid- und Cloud-Architekturen sowie zur Entstehung einer theoretisch fundierten „Geographic Information Science" und einer speziellen Geoinformatik (Goodchild 2010; Waters 2018, S. 8–11). Die Erwartung einer automatischen Wissensgenerierung aus den Daten in einer „Fourth Paradigm GIScience" erfüllte sich aber auch in dieser Disziplin nicht (Gahegan 2020, S. 7–8). Im Unterschied zur Astronomie und zur Teilchenphysik weist die „Big Data Geoscience" mit ihren stark multidisziplinär ausgerichteten Teilbereichen Erdobservation, Ozeanografie, Klimaforschung und Humangeografie (Siedlungs-, Wirtschafts- und Sozialgeografie) ein viel stärker ausdifferenziertes Domänenwissen und wesentlich höhere Diversität der Datenstrukturen auf, bei der hierarchische und selbst relationale Datenbankmanagementsysteme an ihre Grenzen stoßen. Neben der hohen Datendiversität behinderten die unterschiedlichen Interessenlagen der heterogenen Akteurslandschaft lange die Standardisierung von Geografischen Informationssystemen (GIS) und dadurch die Entstehung eines einheitlichen Korpus der Datenbestände sowie die Bildung einer weltweiten Plattform der geografischen Forschung. Denn die frühen umwelt- und ressourcenpolitisch motivierten akademischen Ansätze für kollaborative GIS-Plattformen wurden unter dem Einfluss des Kalten Krieges sehr bald von militärischen und geopolitischen Informationssystemen verdrängt. Deren Träger waren vor allem die US-Departments für Verteidigung, Inneres und Energie (DoD, DoI, DoE) sowie NASA, NSA und die National Geospatial-Intelligence Agency (NGA) sowie außerhalb der USA die chinesische Akademie der Wissenschaften und nationale Forschungsinstitutionen in Japan und Europa. Neben geostrategischen und politischen Zielsetzungen spielten auch ökonomische Interessen der Öl-, Gas- und Rohstoffexploration sowie im E-Commerce eine zunehmende Rolle bei der Entstehung immer weiterer GIS-Systeme (Foresman 1998, bes. Kap. 1, 3, 11 und 13).

Es war dann der amerikanische Vizepräsident Al Gore (*1948), der 1998 mit seiner auf dem Web aufbauenden Vision einer „Digital Earth"-Visualisierungsplattform den entscheidenden Anstoß zur Vereinigung der abgeschotteten Wissensbereiche und Datenarchive sowie zur Überwindung des Nebeneinanders heterogener sozialer Modelle der „data governance" gab. Eine mehrfach aufgelöste 3D-Repräsentation des Planeten baute er zu einem Megaleitbild aus, das er als Generallösung für viele Probleme der Weltgesellschaft empfahl. „Digital Earth" sollte als globales „collaboratory", d. h. „laboratory without walls", alle bisherigen fragmentierten politischen, ökonomischen und Grassroot-GIS-Initiativen in einem der Umweltbewahrung und der weltpolitischen Aufklärung und Verständigung dienenden Geoskop-Supermedium vereinigen und damit auch die Barrieren zwischen Experten und Amateuren überwinden (Gore 1998; Grossner et al. 2008, S. 145–147). Die Vision von „global map collaborations" über ein die Welt vereinigendes Universalmedium stieß auch auf große Resonanz bei all den Gruppen, die an einem kooperativen Studium des Planeten und seiner Ressourcen interessiert waren. In der Folge entstanden eine ganze Reihe von virtuellen Maps und Globen, Software-Frameworks und Diskursplattformen, zudem wurde eine „Society for Digital Earth" mit jährlichen Konferenzen gegründet.[21] Doch im Unterschied zum World-Wide Telescope der Astronomie kam es bei der „Big Data Geoscience" lediglich zu der vor allem von den Militärs betriebenen Gründung des „Open Geospatial Consortium" (OGC), mit dem die technischen Barrieren für einen Daten- und Informationsaustausch überwunden werden sollten, nicht aber zu einer „world-wide federation" der Geodaten als gemeinsamer Ressource der gesamten Scientific Community und der Weltgemeinschaft (Foresman 2008, S. 13–15). Dadurch gelang es der Firma Google, die virtuelle Globus-Vision Al Gores zu annektieren und 2005 in ein mit seiner Suchmaschine und seinen Web-Services verbundenes universelles Geschäftsmodell umzuwandeln: Google Earth, Google Maps und die daran anknüpfenden „Location-Based Services" wurden so ein wesentlicher Bestandteil des „infrastructural imperialism" der Firma, der „Googlization of the world" (Vaidhyanathan 2011, S. 107, 120–130). Die soziale Architektur des Web-based GIS hatte sich damit grundlegend geändert, anstelle einer kollaborativen Föderation war es nun ein zentralistisches Cloudsystem, das die geografischen Daten und die raumbezogenen Nutzungsdaten ohne große Rücksicht auf den Schutz der Privatsphäre als unternehmenseigene Ressourcen annektiert und ausbeutet: „At this point in time, the design and refinement of geobrowser interface tools appears to be more market driven than academic-scientific driven." (Foresman 2008, S. 13). Als Gegenbewegung gegen die Privatisierung der Geodaten sowie zur Überwindung der heterogenen Plattformen und isolierten Datensilos formierte sich innerhalb eines EU-Rahmenprogramms 2007 bis 2013 die Earth Server Federation. Ihr Ziel ist es, mithilfe einer wieder verteilten, auf ein kollaboratives Modell der „data governance" zielenden Peer-Netzinfrastruktur, der Kompatibilität von Metadatenformaten, des multidimensionalen Array-Datenbanksystems und der disziplinübergreifende Sichten unterstützenden „Datacube Platform" für Datenmodellierung und Datenanalytik endlich die Grundlagen zur Realisierung der ursprünglichen Vision eines einheitlichen raumzeitlichen Datenpools als Mittelpunkt der „Big Data Earth Science" zu schaffen (Baumann et al. 2016, 2018, 2021).[22]

---

[21] Andrea Ballatore hat eindringlich die Entstehung und Wirkungsmacht des „Digital Earth"-Mythos im Spannungsfeld zwischen Fragmentierungserfahrungen und Ganze-Welt-Hoffnungen dargestellt (Ballatore 2014).
[22] Peter Baumann, der bereits um 1990 die Entwicklung des Array Database System angestoßen hat, verdanke ich wichtige Hinweise für diesen Abschnitt.

Allein schon der Vergleich der unterschiedlichen physikalischen Big-Data-Pionierwissenschaften hat gezeigt, dass das aus der Astronomie abgeleitete „Fourth Paradigm" als allgemeines Modell der Wissenschaftsentwicklung nicht geeignet ist, denn es abstrahiert von der großen Datendiversität, den divergierenden sozialen Architekturen und gesellschaftlichen Kontexten sowie nicht zuletzt den gegenstandsabhängigen Prägungen der Wissenschaftskulturen in den einzelnen Disziplinen. Diese Unterschiede sind sogar noch weitaus markanter in anderen Wissenschaftsbereichen wie der „Big Data in Biology" und den besonders kontextsensitiven „Big Social Data" bzw. „Big Data in Social Sciences". Schon in ihrem bahnbrechenden Artikel „Data Analysis and Statistics" von 1966 hatten Tukey und Wilk dieses Problem erkannt:

> „[…] data analysis is a very difficult field. It must adapt itself to what people can and need to do with data. In the sense that biology is more complex than physics, and the behavioral sciences are more complex than either, it is likely that the general problems of data analysis are more complex than those of all three." (Tukey, Wilk 1966, S. 696)

Außer in der Datendiversität und Datenkomplexität gibt es große Divergenzen in den sozialen Architekturen und der „data governance" der e-Science-Plattformen. Im Unterschied zu den ausgeprägt föderativen Wissenschaftskulturen der Astronomie und Teilchenphysik gewinnen in den Geo- und Biowissenschaften und noch mehr in den Sozialwissenschaften zentral organisierte Big-Data-Infrastrukturen zunehmend die Oberhand. Das vor allem in der Computational Social Science vorherrschende Modell von Plattformen mit zentralen Beobachterinstanzen zur Erfassung, Wissensextraktion und Beeinflussung gesellschaftlicher Zustände und Verhaltensweisen war dabei das Ergebnis des grundlegenden Wandels der Big-Data-Forschungslandschaft nach 2000.[23] Damit aber reicht eine allein an den zentralen V-Charakteristiken „Volume, Velocity, Variety" orientierte Betrachtung von Big-Data-Wissenschaftskulturen nicht aus – soziale Architekturen, soziologische Modelle der „data governance" und historische Entwicklungsmuster müssen integraler Bestandteil der Analyse von e-Sciences werden.

Literatur

Anderson, Chris: The End of Theory: The Data Deluge Makes the Scientific Method Obsolete. In: Wired Magazine 23.6.2008, https://www.wired.com/2008/06/pb-theory/ (Abruf: 1.10.2018).
Association for Computing Machinery (ACM). James („Jim") Nicholas Gray, Photo Essay compiled by Paul McJones. 2019. https://amturing.acm.org/photo/gray_3649936.cfm (Abruf: 16.05.2023).
Ball, Kirstie; Webster, William: Big Data and Surveillance: Hype, Commercial Logics and New Intimate Spheres. In: Big Data and Society 7 (2020), S. 1–5.
Ballatore, Andrea: The Myth of the Digital Earth Between Fragmentation and Wholeness. In: WI: Journal of Mobile Media 8 (2014), Nr. 2, http://wi.mobilities.ca/myth-of-the-digital-earth/ (Abruf: 15.3.2020).

---

[23] Vgl. auch in diesem Band (Hellige 2025).

Barclay, Tom: TerraServer and the Russia Adventure… In: SIGMOD Record 37 (2008), H. 2, S. 59–60.

Barclay, Tom et al.: The Microsoft TerraServer™, Microsoft Technical Report MS-TR-98-17. 1998, http://jimgray.azurewebsites.net/papers/msr_tr_98_17_terraserver.pdf (Abruf: 1.10.2018).

Barclay, Tom; Gray, Jim; Slutz, Don: Microsoft TerraServer: A Spatial Data Warehouse, Microsoft Technical Report MS-TR-99-29. 1999, Revised 2000a, https://www.microsoft.com/en-us/research/wp-content/uploads/2016/02/msr_tr_99_29_terraserver.pdf (Abruf: 1.10.2018).

Barclay, Tom et al.: TerraService.NET: An Introduction to Web, Microsoft Technical Report Services MSR-TR-2002-53. 2000b, https://www.microsoft.com/en-us/research/wp-content/uploads/2016/02/tr-2002-53.pdf (Abruf: 15.3.2020).

Baumann, Peter et al.: Big Data Analytics for Earth Sciences: The EarthServer Approach. In: International Journal of Digital Earth 9 (2016), H. 1, S. 3–29.

Baumann, Peter et al.: Fostering Cross-Disciplinary Earth Science Through Datacube Analytics. In: Mathieu, Pierre-Philippe; Aubrecht, Christoph (Hrsg.): Earth Observation Open Science and Innovation. Cham: Springer Nature 2018, S. 91–120.

Baumann, Peter et al.: Array Databases: Concepts, Standards, Implementations. In: Journal of Big Data 8 (2021). Article Nr. 28

Bell, Gordon: Future High Performance Computers. Parallelism is Now Creating Greater Potential Power. Are Users and Computer Specialists Ready? In: Proceedings of the 2nd International Conference on Supercomputing, Saint Malo, France, July 4–8. New York: ACM 1988, S. 525–526.

Bell, Gordon: Massively Parallel Computers: Why Not Parallel Computers for the Masses? In: The Fourth Symposium on the Frontiers of Massively Parallel Computers, Oct. 19–21. McLean, VA, Los Alamitos: IEEE Press 1992a, S. 292–297.

Bell, Gordon: Ultracomputers: A Teraflop Before Its Time. In: Communications of the ACM 35 (1992b), H. 8, S. 27–47.

Bell, Gordon: The View From Here. In: Computerworld, 20.3.1995, S. 88–92.

Bell, Gordon: Many New Applications Will Emerge. In: Microprocessors Report, August 5, 1996, S. 16–19.

Bell, Gordon; Chen, Robert; Rege, Satish: Effect of Technology on Near Term Computer Structures. In: IEEE Computer 5 (1972), H. 2, S. 29–38.

Bell, Gordon; Gray, Jim: SNAP – Scalable Networks and Platforms [PPT anlässlich der Vorstellung des unveröffentlichten Projektreports]. 1994, http://jimgray.azurewebsites.net/jimgraytalks.htm (Abruf: 1.10.2018).

Bell, Gordon; Gray, Jim: The Revolution Yet to Happen. In: Denning, Peter J.; Metcalf, Robert M. (Hrsg.): Beyond Calculation. The Next Fifty Years of Computing. New York: Springer 1997, S. 5–32.

Bell, Gordon; Gray, Jim: Digital Immortality. In: Communications of the ACM 44 (2001), H. 3, S. 29–31.

Bell, Gordon; Gray, Jim: What's Next in High-Performance Computing? In: Communications of the ACM 45 (2002), H. 2, S. 91–95.

Bell, Gordon; Gemmell, Jim: Digitales Gedächtnis. Erinnerung total. In: Spektrum der Wissenschaft, Mai 2007, S. 84–92.

Bell, Gordon; Hey, Tony; Szalay, Alex: Beyond the Data Deluge. In: Science 323 (2009), Nr. 5919, S. 1297–1308.

Berners-Lee, Tim; Fischetti, Mark: Der Web-Report. München: Econ 1999.

Borgmann, Christine L.: Big Data, Little Data, No Data: Scholarship in the Networked World. Cambridge, MA: MIT Press, 2015.

Borgman, Christine L. et al.: Durability and Fragility of Knowledge Infrastructures: Lessons Learned From Astronomy. In: Proceedings of the Association for Information Science and Technology 53 (2016), Nr. 1, S. 1–10.

Borne, Kirk D.: Virtual Observatories, Data Mining, and Astroinformatics. In: Oswalt, Terry D.; Bond, Howard E. (Hrsg.): Planets, Stars and Stellar Systems. Bd. 2: Astronomical Techniques, Software, and Data. Dordrecht, Heidelberg, New York: Springer 2013, S. 403–443.

Brunner, Robert J.; Djorgovski, S. George; Szalay, Alexander S.: Toward a National Virtual Observatory: Science Goals, Technical Challenges, and Implementation Plan. In: Brunner, Robert J.; Djorgovski, S. George; Szalay, Alexander S. (Hrsg.): Virtual Observatories of the Future, ASP Conference Series, Bd. 225, 2001a, S. 353–372.

Brunner, Robert J. et al.: Massive Data Sets in Astronomy. 2001b, https://arxiv.org/pdf/astro-ph/0106481.pdf (Abruf: 1.10.2018).

Budavari, Tamas; Szalay, Alexander S.: Probabilistic Cross-Identification of Astronomical Sources. 2008, Preprint unter https://arxiv.org/pdf/0707.1611.pdf (Abruf: 10.2.2020).

Carr, Nicholas: I am a Data Factory (and So Are You). In: Rough Type, Nicolas Carr's Blog, 7.5.2018, http://www.roughtype.com/?p=8394 (Abruf: 1.10.2018).

Coarasa, Jose Antonio: Big Data Management at CERN. In: DBTA Workshop on Big Data, Cloud Data Management and NoSQL, October 10th 2012, Bern, Switzerland. 2012, https://de.slideshare.net/coarasa/big-dataatcerncms-jacoarasa (Abruf: 18.3.2020).

Coenen, Frans: Data Mining: Past, Present and Future. In: The Knowledge Engineering Review 26 (2011), H. 1, S. 25–29.

Cox, Michael; Ellsworth, David: Application-Controlled Demand Paging for Out-of-Core Visualization. In: 8th IEEE Visualization Conference, IEEE Vis 1997, Phoenix, AZ, USA, October 19–24, 1997, Proceedings. IEEE Computer Society and ACM 1997, S. 235–244.

Cramer, Katharina C. et al.: Big Science and Research Infrastructures in Europe: History and Current Trends. In: Cramer, Katharina; Hallosten, Olof (Hrsg.): Big Science and Research Infrastructures in Europe. Cheltenham, Northampton: Edward Elgar Publishing 2020, S. 1–26.

Diebold, Francis X.: „Big Data" Dynamic Factor Models for Macroeconomic Measurement and Forecasting. First Version July 2000, https://www.sas.upenn.edu/~fdiebold/papers/paper40/temp-wc.PDF (Abruf: 1.10.2018).

Diebold, Francis X.: „Big Data" Dynamic Factor Models for Macroeconomic Measurement and Forecasting. In: Dewatripont, Mathias; Hansen, Lars Peter; Turnovsky, Stephen J.: Advances in Economics and Econometrics, Eighth World Congress of the Econometric Society, Bd. 1. Cambridge: Cambridge University Press 2003, S. 115–122.

Diebold, Francis X.: On the Origin(s) and Development of the Term „Big Data". September 21, 2012, Update September 8, 2020, https://arxiv.org/pdf/2008.05835.pdf (Abruf: 5.10. 2020).

Djorgovski, S. George: The Roles of Small Telescopes in a Virtual Observatory Environment. In : Oswalt, Terry D. (Hg.): The Future of Small Telescopes in the New Millenium. 3 Bde., Bd. I : Perceptions, Productivities, and Policies. (Astrophysics and Space Science Library, Bd. 287), Dordrecht 2003: Springer, S. 85–95 (Preprint 2002 https://arxiv.org/pdf/astro-ph/0208170 Abruf 2.12.2025).

Djorgovski, S. George: Cyber-Infrastructure for Astronomy. In: NSF Advisory Committee on Cyber-Infrastructure. November 30, 2001, http://www.astro.caltech.edu/~george/vo/nsfcyber.pdf (Abruf: 1.10.2018).

Djorgovski, S. George: Virtual Astronomy, Information Technology, and the New Scientific Methodology. In: Seventh International Workshop on Computer Architectures for Machine Perception (CAMP 2005), 4–6 July 2005, Palermo, Italy. IEEE Computer Society 2005a, S. 125–132, doi: https://doi.org/10.1109/CAMP.2005.53.

Djorgovski, S. George: Virtual Astronomy, Information Technology, and the New Scientific Methodology. ECURE '05 Conference, ASU, 1.3.2005. 2005b, S. 125–132, http://www.astro.caltech.edu/~george/vo/ECURE05.pdf (Abruf: 1.10.2018).

Djorgovski, S. George: Virtual Observatory. A Quick Overview, and Some Lessons Learned, ESIP Workshop, UCSB, July 2009, https://slideplayer.com/slide/6503901 (Abruf: 1.10.2018).

Djorgovski, S. George: Data-Intensive Astronomy. In: Bainbridge, William S. (Hrsg.): Leadership in Science and Technology, Bd. 2. Los Angeles, London: SAGE Publications 2012, S. 611–618.

Djorgovski, S. George: The Roles of Small Telescopes in a Virtual Observatory Environment, 2018, https://arxiv.org/pdf/astro-ph/0208170.pdf (Abruf: 1.10.2018).

Djorgovski, S. George et al.: Exploration of Large Digital Sky Surveys. In: Anthony J. Banday et al. (Hrsg.): Mining the Sky, ESO Astrophysics Symposia. Berlin: Springer 2001, S. 305–322.

Djorgovski, S. George et al.: Sky Surveys. In: Oswalt, Terry; Bond, Howard, E. (Hrsg): Planets, Stars and Stellar Systems, Bd. 2: Astronomical Techniques, Software, and Data. Dordrecht, Heidelberg, New York: Springer Nature 2013, S. 223–281.

Djorgovski, S. George; Williams, Roy D.: Virtual Observatory: From Concept to Implementation. In: Kassim, Namir E. (Hrsg.): From Clark Lake to the Long Wavelength Array. Bill Erickson's Radio Science. San Francisco: Astronomical Society of the Pacific 2005, S. 517–530.

Feder, Toni: Astronomers Envision Linking World Data Archives. In: Physics Today 55 (2002), H. 2, S. 20–22.

Foresman, Timothy W. (Hrsg.): The History of Geographic Information Systems: Perspectives From the Pioneers. Upper Saddle River: Prentice Hall 1998.

Foresman, Timothy W.: Evolution and Implementation of the Digital Earth Vision, Technology and Society. In: International Journal of Digital Earth 1 (2008), H. 1, S. 4–16.

Foster, Ian: What is the Grid? A Three Point Checklist. In: Daily News and Information for the Global Grid Community 1 (2002), Nr. 6, https://www.scpe.org/index.php/scpe/article/view/262 (Abruf 6.8.2022).

Gahegan, Mark: Fourth Paradigm GIScience? Prospects for Automated Discovery and Explanation From Data. In: International Journal of Geographical Information Science 34 (2020), H. 1, S. 1–21.

Gartner Inc.: Gartner Says Solving „Big Data" Challenge Involves More Than Just Managing Volumes of Data. Gartner Special Report Examines How to Leverage Pattern-Based Strategy to Gain Value in Big Data, 27.6.2011. 2011, https://www.businesswire.com/news/home/20110627005655/en/Gartner-Says-Solving-Big-Data-Challenge-Involves-More-Than-Just-Managing-Volumes-of-Data (Abruf: 1.10.2018).

Gillies, James; Cailliau, Robert: Die Wiege des Web. Die spannende Geschichte des WWW. Heidelberg: Dpunkt Verlag 2002.

Goodchild, Michael F.: Twenty Years of Progress: GIScience in 2010. In: Journal of Spatial Information Science 1 (2010), S. 3–20.

Gore, Al: The Digital Earth: Understanding Our Planet in the 21st Century. Open Geospatial Consortium. 1998, http://portal.opengeospatial.org/files/?artifact_id=6210 (Abruf: 15.3.2020).

Gray, Jim: Locally Served Network Computers, Technical Report MSR-TR-95-55, Microsoft Febr. 1995, https://www.microsoft.com/en-us/research/wp-content/uploads/2016/02/tr-95-55.pdf (Abruf: 1.10.2018).

Gray, Jim: Building PetaByte Servers. Talk at International Conference on Very Large Data Bases Summit, 5.1.1997. 1997, https://jimgray.azurewebsites.net/talks/Petabyte-VLDB.ppt (Abruf: 1.10.2018).

Gray, Jim: What Next? A Dozen Information-Technology Research Goals (Turing Talk 1998), Microsoft Technical Report MS-TR-99-50. 1999, https://dl.acm.org/citation.cfm?id=2159561 (Abruf: 1.10.2018).

Gray, Jim: Computer Technology Forecast for Virtual Observatories: Extended Abstract of Talk at Astronomy Virtual Observatories of the Future at California Institute of Technology, Pasadena, July 2000. Microsoft Technical Report MS-TR-2000-102, 2000, http://jimgray.azurewebsites.net/papers/msr_tr_102_vof_technology_forecast.pdf (Abruf: 1.10.2018).

Gray, Jim: Mining the Sky: Building the World Wide Telescope, Talk at Johns Hopkins University, 14.11.2001a [Collaborating with: Alex Szalay, Peter Kunszt, Ani Thakar, Robert Brunner, Roy Williams, George Djorgovski, Julian Bunn], http://jimgray.azurewebsites.net/jimgraytalks.htm (Abruf: 1.10.2018).

Gray, Jim: Store Everything Online in a Database, CERN-Talk 29.8.2001b, http://research.microsoft.com/~gray/talks/cern_2001.ppt (Abruf: 1.10.2018).

Gray, Jim: Computer Science Challenges in the VO, 2002, https://slideplayer.com/slide/7598226/.

Gray, Jim: Many Grids, to Fit Many Tastes. In: Grid Middleware Spectrum VI, 1 June 2003, S. 20–27.

Gray, Jim: e-Science. Presentation at 21st Century Computing Conference, Peking, Okt. 2006. 2006a, https://jimgray.azurewebsites.net (Abruf: 1.10.2018).

Gray, Jim: Computer Science and e-Science, and eJournals, Talk at Stanford Symbolic Systems Seminar, 7.12.2006. 2006b, http://jimgray.azurewebsites.net/jimgraytalks.htm (Abruf: 1.10.2018).

Gray, Jim: Jim Gray on eScience: A Transformed Scientific Method. Based on the Transcript of a Talk Given by Jim Gray to the NRC-CSTB1 in Mountain View, CA, on January 11, 2007. In: Hey, Tony; Tansley, Stewart; Tolle, Kristin (Hrsg.): The Fourth Paradigm: Data-Intensive Scientific Discovery. Redmond: Microsoft Research, 2009, S. XVIII–XXXI.

Gray, Jim; Szalay, Alexander S.: The World Wide Telescope: An Archetype for Online Science. In: Communications of the ACM 45 (11) 2002, S. 50–54.

Gray, Jim; Szalay, Alexander S.: Online Science. The World-Wide Telescope as a Prototype for the New Computational Science. Talk at the National Center for Biological Information (NCBI) in Bethesda, May 2003. 2003, https://arxiv.org/pdf/cs/0403018.pdf (Abruf: 1.10.2018).

Gray, Jim et al.: Online Scientific Data Curation, Publication, and Archiving. Technical Report MSR-TR-2002-74, July, Microsoft Research. 2002, https://arxiv.org/pdf/cs/0208012.pdf (Abruf: 1.10.2018).

Gray, Jim et al.: Scientific Data Management in the Coming Decade. In: SIGMOD Rec. 34 (2005), Nr. 4, S. 34–41.

Greenstein, Jesse L.: Interviewed by Rachel Prud'homme, Febr./März 1982. In: Archives California Institute of Technology. Pasadena, California. 1982, http://oralhistories.library.caltech.edu/51/1/OH_Greenstein_J.pdf (Abruf: 1.10.2018).

Grimes, Seth: Big Data: Avoid „Wanna V" Confusion. In: Information Week 7.8.2013, https://www.informationweek.com/big-data/big-data-analytics/big-data-avoid-wanna-v-confusion/d/d-id/1111077 (Abruf: 1.10.2018).

Grossner, Karl E.; Goodchild, Michael F.; Clarke, Keith C.: Defining a Digital Earth System. In: Transactions in GIS 12 (2008), S. 145–160.

Hanwahr, Nils C.: „Mr. Database". Jim Gray and the History of Database Technologies. In: NTM Zeitschrift für Geschichte der Wissenschaften, Technik und Medizin 25 (2017), S. 519–542.

Hanwahr, Nils C.: Environmental Research Infrastructures in the Command and Control Anthropocene. Phil. Diss. Ludwig-Maximilians-Universität München 2018, https://edoc.ub.uni--muenchen.de/26713/ (Abruf: 3.10.1922).

Hartmanis, Juris; Lin, Herbert (Hrsg.): Computing the Future. A Broader Agenda for Computer Science and Engineering. Washington, D.C.: National Academy Press 1992.

Hellige, Hans Dieter: Cloud Computing versus Crowd Computing: Die Gegenrevolution in der IT-Welt und ihre Mystifikation in der Cloud. artec-Paper 184, November 2012, https://www.uni-bremen.de/fileadmin/user_upload/sites/artec/Publikationen/artec_Paper/184_paper.pdf (Abruf: 1.10.2018).

Hellige, Hans Dieter: Die soziale Genese von „Big Data in Social Sciences" in der Entstehungsphase zentraler Beobachtungs- und Analyse-Plattformen ab 2000. In: Hashagen, Ulf; Seising, Rudolf (Hrsg.): Algorithmische Wissenskulturen: Der Einfluss des Computers auf die Wissenschaftsentwicklung. Wiesbaden: Springer 2025.

Hemmer, Frédéric; Innocenti, Pier Giorgio: Data Handling and Communication. In: Fabian et al. (Hrsg.): Technology Meets Research – 60 Years of Cern Technology: Selected Highlights. New Jersey, London: World Scientific 2017, S. 327–363.

Hey, Tony: The Fourth Paradigm: Data-Intensive Scientific Discovery. Microsoft Research, Redmond, Talk bei der e-Science, März 2010 in Potsdam. 2010, http://fiz1.fh-potsdam.de/volltext/fhpotsdam/10445.pdf (Abruf: 1.10.2018).

Hey, Tony; Tansley, Stewart; Tolle, Kristin: The Fourth Paradigm. Data-Intensive Scientific Discovery. Redmond: Microsoft Research 2009.

Hoeppe, Götz: Sharing Data, Repairing Practices: On the Reflexivity of Astronomical Data Journeys. In: Leonelli, Sabina; Tempini, Nicolò (Hrsg.): Data Journeys in the Sciences. Cham: Springer Open 2020, S. 171–190.

Karaca, Koray: What Data Get to Travel in High Energy Physics? The Construction of Data at the Large Hadron Collider. In: Leonelli, Sabina; Tempini, Nicolò (Hrsg.): Data Journeys in the Sciences. Cham: Springer Open 2020, S. 45–58.

Kitchin, Rob: Big Data, New Epistemologies and Paradigm Shifts. In: Big Data & Society 1 (2014), H. 1, S. 1–12.

Kitchin, Rob; McArdle, Gavin: What Makes Big Data, Big Data? Exploring the Ontological Characteristics of 26 Datasets. In: Big Data & Society 3 (2016), H. 1, S. 1–10.

Koebler, Jason: Microsoft Invented Google Earth in the 90s. Then Totally Blew It. 13.11.2015, https://www.vice.com/en_us/article/8q89q4/microsofts-terraserver-was-google-earth-before-there-was-google-earth (Abruf: 1.10.2018).

Kremer, Jan et al.: Big Universe, Big Data: Machine Learning and Image Analysis for Astronomy. 2017, https://arxiv.org/pdf/1704.04650.pdf; http://fiz1.fh-potsdam.de/volltext/fhpotsdam/10445.pdf (Abruf: 1.10.2018).

Laney, Douglas: 3D Data Management: Controlling Data Volume, Velocity, and Variety, Group Research Note, February 6, Application Delivery Strategies Published by META Group Inc. 2001, https://studylib.net/download/8647594 (Abruf: 11.08.2022).

Larson, Erik: They're Making a List. In: The Washington Post, 27.7.1989. 1989a, https://www.washingtonpost.com/archive/lifestyle/1989/07/27/theyre-making-a-list/dcbc7370-e3d0-489a-9848-3ebb7e6e4b79/ (Abruf: 5.10.2018).

Larson, Erik: What Sort of CAR-RT-Sort am I? Junk Mail and the Search for Self. In: Harper's Magazine, Juli 1989b, S. 64–69.

Larson, Erik: The Naked Consumer: How Our Private Lives Become Public Commodities. New York: Henry Holt 1992.

Lohr, Steve: The Origins of „Big Data": An Etymological Detective Story. In: The New York Times, 1.2.2013. 2013, http://bits.blogs.nytimes.com/2013/02/01/the-origins-of-big-data-an-etymological-detective-story/?_r=0 (Abruf: 1.10.2018).

Longino, Helen E.: Afterword: Data in Transit. In: Leonelli, Sabina, Tempini, Nicolò: Data Journeys in the Sciences. Cham: Springer Open 2020, S. 391–399.

Marr, Bernhard: A Brief History of Big Data Everyone Should Read. Linked_in 24.2.2015, https://www.linkedin.com/pulse/brief-history-big-data-everyone-should-read-bernard-marr (Abruf: 1.10.2018).

Marx, Vivian: The Big Challenges of Big Data. In: Nature 498 (2013), S. 255–260.

Mashey, John R.: Big Data and the Next Wave of Infrastress, Slides From Talk, 25.4.1998, Usenix. 1998, http://static.usenix.org/event/usenix99/invited_talks/mashey.pdf (Abruf: 1.10.2018).

McCray, Patrick W.: How Astronomers Digitized the Sky. In: Technology and Culture 55 (2014), H. 4, S. 908–944.

McCray, Patrick W.: The Biggest Data of All: Making and Sharing a Digital Universe. In: OSIRIS 32 (2017), S. 243–263.

McLeod, Dennis; Heimbigner, Dennis M.: A Federated Architecture for Database Systems. In: Proceedings of the AFIPS '80 National Computer Conference, May 19–22, 1980, S. 283–289.

Meyer, Eileen: Big Data is Transforming How Astronomers Make Discoveries. In: Smithsonian Magazine 15.5.2018. 2018, https://www.smithsonianmag.com/science-nature/next-big-discovery-astronomy-scientists-probably-found-it-years-ago-they-dont-know-it-yet-180969073/ (Abruf: 1.10.2018).

Micheli, Marina et al.: Emerging Models of Data Governance in the Age of Datafication. In: Big Data and Society 7 (2020), H. 2, S. 1–15.

Mnich, Joachim: Big Data am CERN. „So viele Daten wie Facebook". In: Helmholtz Gemeinschaft 28.8.2017. 2017, https://www.helmholtz.de/materie/so-viele-daten-wie-facebook/ (Abruf: 10.2.2020).

National Research Council (Hrsg.): Astronomy and Astrophysics in the New Millennium, Panel Reports. Washington, D.C.: Academy Press 2001.

National Virtual Observatory Science Definition Team: Towards the National Virtual Observatory, Report Caltech Astronomy, April 2002. 2002, http://www.astro.caltech.edu/~george/sdt/sdt-final.pdf (Abruf: 10.2.2020).

Naur, Peter: Concise Survey of Computer Methods. New York, Lund: Petrocelli Books 1974.

Nerurkar, Michael; Gärtner, Timon: Datenhermeneutik: Überlegungen zur Interpretierbarkeit von Daten. In: Wiegerling, Klaus; Nerurkar, Michael; Wadepuhl, Christian (Hrsg.): Datafizierung und Big Data. Ethische, anthropologische und wissenschaftstheoretische Perspektiven. Wiesbaden: Springer VS 2020, S. 195–209.

Patgiri, Ripon; Ahmed; Arif: Big Data: The V's of the Game Changer Paradigm. In: 18th IEEE International Conference on High Performance Computing and Communications; 14th IEEE International Conference on Smart City; 2nd IEEE International Conference on Data Science and Systems, HPCC/SmartCity/DSS 2016, Sydney, Australia, December 12–14, 2016. Piscataway: IEEE Computer Society 2016, S. 17–24.

Raddick, M. Jordan et al.: Galaxy Zoo: Exploring the Motivations of Citizen Science Volunteers. Astronomy Education Review 9 (2010), H. 1.

Sands, Ashley E.: Managing Astronomy Research Data: Data Practices in the Sloan Digital Sky Survey and Large Synoptic Survey Telescope Projects. Phil. Diss. University of California, Los Angeles 2017, https://escholarship.org/uc/item/80p1w0pm (Abruf: 1.10 2018).

Sloan Digital Sky Survey, Press Releases: No Need to Mind the Gap: Astrophysicists Fill in 11 Billion Years of Our Universe's Expansion History, 19.7.2020. 2020, https://www.sdss.org/press-releases/no-need-to-mind-the-gap/ (Abruf: 24.7.2020).

Smith, Robert W.: The Biggest Kind of Big Science: Astronomers and the Space Telescope. In: Galison, Peter; Hevly, Bruce W.: Big Science: The Growth of Large-Scale Research. Stanford: Stanford University Press 1992.

Strasser, Bruno; Edwards, Paul N.: Big Data Is the Answer… But What Is the Question? In: Osiris 32 (2017), Nr. 1, S. 328–345.

Szalay, Alex S.: The Sloan Digital Sky Survey and Beyond. In: SIGMOD Record 37 2008a, Nr. 2, S. 61–66.

Szalay, Alex S.: Jim Gray – Astronomer. In: Communications of the ACM 51 (11) 2008b, S. 59–65.

Szalay, Alex S.: Data Driven Discovery in Science: The Fourth Paradigm. Presentation at the Symposium of The Networking and Information Technology Research and Development (NITRD), Washington, Febr. 16. 2012, http://archive2.cra.org/ccc/files/docs/nitrdsymposium/pdfs/szalay.pdf (Abruf: 1.10.2018).

Szalay, Alex S.; Gray, Jim: The World-Wide Telescope. Science, New Series, 293 (5537) 2001, S. 2037–2040.

Szalay, Alex S.; Gray, Jim: Analyzing Large Data Sets in Astronomy, Presentation. 2002, https://slideplayer.com/slide/7233414/ (Abruf: 1.10.2018).

Szalay, Alex S.; Gray, Jim: Scientific Data Federation: The World-Wide Telescope. In: Foster, Ian T.; Kesselman, Carl (Hrsg.): The Grid 2: Blueprint for a New Computing Infrastructure. 2. Auflage Amsterdam, Boston: Elsevier, Morgan Kaufmann 2003, S. 95–108.

Szalay, Alex S.; Gray, Jim: Chapter 1, The World Wide Telescope. 2005, Preprintversion eines geplanten Buchkapitels, https://pdfs.semanticscholar.org/eb8b/4d0f41ca07b67058bbae90b70b514fe89da2.pdf (Abruf: 1.10.2018).

Szalay, Alex S.; Gray, Jim: Science in an Exponential World. In: Nature 440 (2006), S. 413–414.

Szalay, Alex S. et al.: Designing and Mining Multi-Terabyte Astronomy Archives: The Sloan Digital Sky Survey. Microsoft Research Technical Report MS-TR-99-30, June 1999. 1999, https://arxiv.org/pdf/cs/9907009.pdf (Abruf: 1.10.2018).

Szalay, Alex S. et al.: The Sloan Digital Sky Survey and Its Archive. In: Manset, Nadine; Veillet, Chistian; Crabtree Dennis (Hrsg.): Astronomical Data Analysis Software and Systems IX, San Francisco: ASP 2000, S. 405–414.

Szalay, Alex S. et al.: The SDSS SkyServer – Public Access to the Sloan Digital Sky Server Data. Microsoft Research Technical Report MSR-TR-2001-104, 2001a, https://www.microsoft.com/en-us/research/wp-content/uploads/2016/02/tr-2001-104.pdf (Abruf: 1.10.2018).

Szalay, Alex S. et al.: Designing and Mining Multi-Terabyte Astronomy Archives: The Sloan Digital Sky Survey, Technical Report MS-TR-99-30, Microsoft June 2001b, https://arxiv.org/pdf/cs/9907009.pdf (Abruf: 1.10.2018).

Szalay, Alex S. et al.: LSST and Astronomy Data in 2020. Presentation at the 205th Meeting of the American Astronomical Society 9–13 January 2005. San Diego 2005, https://www.lsst.org/sites/default/files/docs/aas/2005/posters/SZALAY.pdf (Abruf: 1.10.2018).

Tilly, Charles: The Old New Social History and the New Old Social History. Center for Research on Social Organization, CRSO Working Paper Nr. 218, October 1980, https://deepblue.lib.umich.edu/bitstream/handle/2027.42/50992/218.pdf (Abruf: 22.11.2022).

Tukey, John W.: The Future of Data Analysis. In: The Annals of Mathematical Statistics 33 (1962), Nr. 1, S. 1–67.

Tukey, John W.; Wilk, Martin B.: Data Analysis and Statistics: An Expository Overview. In: Proceedings of the AFIPS '66 Fall Joint Computer Conference, November 7–10, 1966, S. 695–709.

Vaidhyanathan, Siva: The Googlization of Everything (And Why We Should Worry). Berkeley, Los Angeles: University of California Press 2011.

Waters, Nigel: GIS: History. In: Wiley Online Library, 29.3.2018. 2018, https://onlinelibrary.wiley.com/doi/abs/10.1002/9781118786352.wbieg0841.pub2 (Abruf: 15.3.2020).

Weiss, Sholom M.; Indurkhya, Nitin: Predictive Data Mining: A Practical Guide. San Francisco: Morgan Kaufmann 1998.

Zhang, Yanxia; Yongheng Zhao: Astronomy in the Big Data Era. In: Data Science Journal 14 (2015), Nr. 11, S. 1–9.

Zuboff, Shoshana: Das Zeitalter des Überwachungskapitalismus. Frankfurt am Main, New York: Campus 2018.

Die soziale Genese von „Big Data in Social Sciences" in der Entstehungsphase zentraler Beobachtungs- und Analyse-Plattformen ab 2000

Hans Dieter Hellige

Zusammenfassung

Der Beitrag rekonstruiert am Beispiel der Genese der Computational Social Science den Wandel der sozialen „eScience"-Architekturen und -Wissenschaftskulturen unter dem Einfluss der Rezentralisierung des Computing und der Herausbildung zentraler Beobachtungs- und Analyse-Plattformen nach 2000. Er zeigt, wie sehr die Agenda der soziometrischen Verhaltensforschung mit ihrem Ziel einer durchgängigen Erfassung des Alltagsverhaltens von Gruppen und sozialen Netzwerken von dem durch die militärische Förderung nach 9/11 und der „Platform Economy" ausgelösten Data-Analytics-Boom geprägt wurde. Entstehungsbedingt und gegenstandsspezifisch entfalten Big-Data-Konzepte in den einzelnen Wissenschaften eine unterschiedliche Wirkmächtigkeit, sie sollten deshalb wie auch wegen der großen Datendiversität nicht unter ein einheitliches quantitätsbetontes normatives „Fourth Paradigm" subsumiert werden, das die epistemischen Divergenzen zwischen Sozial- und Naturwissenschaften von vornherein einebnet.

1 Einleitung

Aus technik- und wissenschaftshistorischer Sicht lassen sich in der Genese von Big-Data-Wissenschaftskulturen und von Modellen der „data governance" deutlich zwei Etappen unterscheiden, die wesentlich auf dem Wandel der sozialen Architekturen im Computing und in den informationellen Infrastrukturen beruhen. Die ersten Big-Data-Pionierbereiche waren mit ihren charakteristischen kollaborativen Wissenschaftsplattformen und föderativen Grid-Architekturen noch stark beein-

---

H. D. Hellige (✉)
Universität Bremen, Bremen, Deutschland
E-Mail: hellige@uni-bremen.de

flusst von der Endphase der in den 1960er/1970er-Jahren entstandenen Ära des „Distributed Computing". In ihr hatte sich der entscheidende Wandel des Architekturkonzepts der computerbasierten Wissensorganisation vom zentralistischen Versorgungsmodell der Mainframe-Ära und vom „public utility"-Konzept der frühen Time-Sharing-Ära zum PC-basierten dezentralen Kommunikationsmodell einer sich selbst organisierenden kooperativen Wissensproduktion vollzogen. Die vom Leitkonzept zentraler Beobachtungs- und Analyse-Plattformen und von Cloud-Systemen geprägte zweite Etappe der sozialen Architektur und epistemischen Kultur der „data-rich eSciences" war das Ergebnis der in den 1990er-Jahren einsetzenden Rezentralisierung im Computing und der Rückverlagerung eines Großteils der Datenverarbeitung und -speicherung von den dezentralen Endsystemen in zentrale Serverfarmen. Treiber der Entwicklung waren die großen Hardware-, Software- und Content-Anbieter, die unter der Devise des Endes des PC-Zeitalters einen grundlegenden Wandel in der Governance und in der Arbeitsteilung zwischen verschiedenen Computing-Ressourcen anstrebten, um den durch die PC-Revolution verlorenen Einfluss auf die Computernutzung wieder zurückzugewinnen. Ein Vorbild hierfür bildete die Zukunftsvision der Designer der ersten Version der TCP/IP-Protokolle Robert Kahn (*1938) und Vinton G. Cerf (*1943) für den Aufbau einer „Digital Library System" genannten „National Information Infrastructure", die wieder an die „Big Library"-Metapher und die soziale Systemarchitektur klassischer Infrastrukturversorgungsnetze anknüpfte (Kahn und Cerf 1988; Hellige 2012, S. 24–27). Inspiriert hiervon entwickelten die IT-Firmen Oracle, IBM, Sun Microsystems, Hewlett-Packard und Microsoft zentral organisierte Systemarchitekturen und Geschäftsmodelle für das „Post-PC-Era Paradigm", die sie unter den Leitmetaphern „Service Grid", „On Demand Computing", „Utility Computing" und 1996 erstmals auch „Cloud Computing" medienwirksam inszenierten (Hellige 2012, S. 33–51). Die IT-Giganten schufen damit zwar wesentliche Ideenkonzepte und Technologien für die Renaissance der Datacenter und die Entstehung von Service-Plattformen, doch wegen der Fixierung auf ihre angestammten Geschäftsfelder übernahmen nicht sie die Führung bei der Web-Zentralisierung und beim Aufbau von Big-Data-Infrastrukturen, sondern überließen dies zwei anderen Akteursgruppen, staatlich-militärischen Instanzen und den großen Internet-Service-Providern. Diese waren es auch, die das zentrale Datenbank- und Plattform-Konzept und das zentral organisierte Modell der „data governance" (Micheli et al. 2020) mit den Technologien zur automatischen Datenanalyse, Webfilterung und Wissensextraktion zusammenbrachten, die sich in der „customer-centric economy" bereits seit den 1980er-Jahren für die Personen- bzw. Kundenbeobachtung in der Entwicklung befanden. Welche wesentlichen Anstöße die Big-Data-Kulturen und insbesondere die Computational Social Science durch diese beiden Akteursgruppen erhielt, soll im folgenden Kapitel skizziert werden.[1]

---

[1] Wichtige Hinweise und Druckgenehmigungen für Abbildungen in diesem Beitrag verdanke ich Alex Pentland und Dirk Helbing.

2 Der Wandel der sozialen Big-Data-Kulturen durch den militärisch-geheimdienstlichen Data-Analytics-Boom und die Platform Economy der Internet-Service-Provider

Um 2000 waren wichtige Bausteine für eine Realisierung des Big-Data-Wissenschaftsleitbildes vorhanden, doch für den Transfer in andere Disziplinen, vor allem in die Sozialwissenschaften, fehlten noch wesentliche Voraussetzungen. Im E-Commerce und E-Banking wurden zwar in den 1990er-Jahren die Beobachtungs- und Analysemethoden der Usability-Forschung sowie die frühen Data- und Pattern-Mining-Techniken für die Auskundschaftung der Einstellungen, Präferenzen und Verhaltensmuster von Benutzerpopulationen entwickelt (Hofstetter 2014, S. 165–169,175–180). Der E-Commerce wurde so der Haupttreiber und erstes Erprobungsfeld von Data Warehouses und verfeinerten Data-Mining-Methoden auf der Grundlage statistikbasierter Verfahren. Hier entstanden durch ein immer mehr ausferndes „User-Tracking" und Techniken der Individualisierung und Personalisierung allmählich „kontinuierlich laufende Internet-Überwachungssysteme" (Kreutzer und Land 2013, S. 89). Aber wegen der Zersplitterung der gewerblichen Akteure waren die Möglichkeiten für eine umfassende Datenfusion noch sehr begrenzt, das Wissen über die User daher äußerst lückenhaft (Kohavi 2001). Weder das Methodenspektrum für ein „data-driven computing" noch die Datacenter- und Database-Architekturen entsprachen Big-Data-Anforderungen, für die erst großskalige massiv-parallele Speicher- und Rechnercluster sowie Data-Mining- und Data-Analytics-Technologien zur Datenaufbereitung und Datenanalyse ganzer Populationen geschaffen werden mussten. Diese Lücke wurde vom Jahr 2000 an von zwei neuen Akteursgruppen gefüllt: zum einen durch die Big-Data-Aktivitäten von Staat, Militär und Geheimdiensten, vor allem in den USA, und zum anderen durch die großen Internet-Provider der sich ab 2000 um das Web 2.0 herausbildenden cloudbasierten Platform-Economy.

2.1 Die Big-Data-Mining- und Big-Data-Analytics-Forschungsförderung von Staat, Militär und Geheimdiensten nach 9/11

Militär und Geheimdienste hatten vor dem September 2001 vom kommerziellen Web Mining und der Kundenausforschung profitiert; dabei war ihnen aber entgangen, wie es der Chef der Defense Advanced Research Projects Agency (DARPA) Robert Pop ausdrückte, dass die „information technology a huge unexploited weapon for analysts" darstellt.[2] Der durch asymmetrische Kriege ausgelöste Wechsel der offiziellen amerikanischen „Surveillance"-Politik von gezielten Suchstrategien nach militanten Personen und Aufständischen zum „Full-Take"- und „God's Eye View"-Ansatz einer „population-centric, cultural intelligence" hatte auch die

---
[2] Robert Pop, zitiert bei (Jacobsen 2015, Kap. 20).

DARPA und National Science Foundation (NSF)-Forschungsprogramme umgehend zu einem Kurswechsel in Richtung Big Data Analytics veranlasst. Der DARPA wurde durch 9/11 schlagartig klar, dass die bis 2000 entwickelten Methoden des Data Mining und der Data Integration für das Zusammenführen von Daten aus *heterogenen* Kontexten und für die Personen- und Ereignis-Filterung völlig unzureichend waren (Chen 2006, S. 555–558).[3] Gesucht wurde nun ein umfassendes Statistik- und KI-Instrumentarium, das es ermöglichte, jegliche relevante Information über Verbindungen zwischen Leuten, Orten, Dingen und Ereignissen zu finden, daraus Muster abzuleiten, um so zwischen legitimem und verdächtigem Verhalten unterscheiden zu können (Senator 2002, S. 2; Jacobsen 2015, Kap. 20). Noch im September 2001 wurde deshalb ein „Manhattan Project on Counterterrorism" gefordert und Anfang Oktober ließ sich Präsident George W. Bush (*1946) sogar persönlich vom Leiter des NASA´s Space Science Data Operations Office Kirk D. Borne über Stand und Potenziale der Data-Mining-Technologien für die Terrorismusbekämpfung instruieren.[4]

Bereits im Oktober wurde dann das „Total Information Awareness Office" (TIA) gegründet, das eine große Zahl von aus dem Boden gestampften Data-Mining- und Data-Analytics-Projekten koordinierte und die Planung einer Datenbank mit Dossiers aller 300 Mio. US-Amerikaner vorantrieb. Dazu sollte unter Rückgriff auf die Data-Mining-Ressourcen der Tech Companies und des E-Commerce eine „family of data mining tools and analysis aids" für die Personen- und Mustererkennung geschaffen werden, die sehr schnell mehrere Petabyte durchforschen kann und dabei den gesamten „transaction space" erfasst (Gandy 2002, S. 10; Webb 2007, S. 149–150). Schon 2004 liefen insgesamt 199 Data-Mining-Projekte mit mehr als 120 Programmen, „designed to collect and analyze large amounts of personal data on individuals to predict their behavior": (DeRosa 2004, S. 1–8, 12–16; Pontin 2006, History Commons Timeline).[5] Doch als das Ausmaß des staatlichen Überwachungsprogramms öffentlich bekannt wurde, wobei vor allem das TIA-Logo mit dem „Eye of Providence" Orwell-Ängste schürte, musste das TIA-Programm 2003 offiziell gestoppt werden Abb. 1 und 2 (Kessler 2015). Die Data-Mining- und Data-Analytics-Projekte liefen aber in dem in „Terrorist Information Awareness" umbenannten Programm weiter oder wurden einfach in die NSA verlagert (Auster 2003; Pontin 2006; Webb 2007, S 150–153; Seifert 2007, S. 5–8, 18–20).

Die NSA und das Department of Homeland Security finanzierten ab 2001 auch die Ausweitung des von Alok R. Chaturvedi (Purdue University) für Großunternehmen

---

[3] Zum Stand vgl. (Chen 1996, S. 867; Seifert 2007, S. 3–4).
[4] Kirk D. Borne hatte zuvor schon das NASA's Data Archive Project für das Hubble Space Telescope geleitet und war um 2000 auch führend bei der Entwicklung des „Virtual Observatory" der NASA im Rahmen der nationalen VO-Initiative der USA, siehe (Borne 2000a, b, 2015). Borne wurde 2015 der führende Data Scientist bei Booz Allen Hamilton, der Technologieberatungsfirma des Pentagon, und ist damit ein Beispiel für den Erfahrungstransfer von der astronomischen zur militärisch-geheimdienstlichen Datenanalytik.
[5] Siehe auch die Auszüge der offiziellen Web-Darstellung über das TIA System und die Teilprogramme in: https://web.archive.org/web/20020802012150/http://www.darpa.mil/iao/ (Abruf: 30.5.2022).

Abb. 1 Logo des „Total Information Awareness Office" der DARPA von 2002. (Quelle: https://commons.wikimedia.org/wiki/File:IAO-logo.png (Abruf: 23.10.2023))

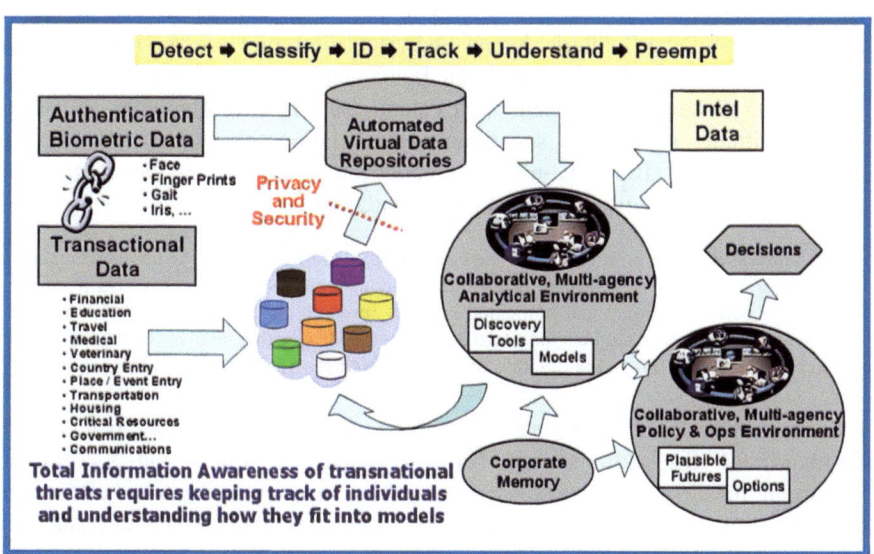

Abb. 2 Data-Mining-Konzeption des „Total Information Awareness Office" der DARPA von 2002. (Quelle: https://commons.wikimedia.org/wiki/File:Total_Information_Awareness_%2D%2D_system_diagram.gif (Abruf: 23.10.2023))

entwickelten Simulationssystems zu einem Planungsinstrument für „Heimatschutz" und psychologische Kriegsführung. Als eine Übergangsform von der agentenbasierten Simulation zur datenanalytischen Realwelterfassung sollte die dabei entstandene „Sentient World Simulation" alle erreichbaren Daten von Individuen, Institutionen, politischen Ereignissen und sozialpsychologischen Verhaltensweisen in Agentenmodellen abbilden und so einen stets aktualisierten „synthetic mirror of the world" liefern. Chaturvedi arbeitete zwar mit anonymisierten Personendaten, die sich aber aufgrund ihrer hohen Granularität durch die staatlichen Auftraggeber nachträglich deanonymisieren und beliebig anreichern ließen. Um verschiedene Datenbanken und Modellwelten zusammenzuführen, wurde vom Purdue Homeland Security Institute der „Society of Simulation"-Ansatz entwickelt, über den NSA, CIA, DoD (Department of Defense) usw. auch in einer „Shared Reality" kooperieren konnten, ohne den eigenen Datenbestand offenzulegen (Cerri, Chaturvedi 2006, S. 2–8; Chaturvedi 2006, S. 2125–2126; Baard 2007, S. 3). Ein ähnliches Virtualisierungskonzept verfolgte das 2003/2004 gegründete und weitgehend von der CIA sowie später auch von der NSA finanzierte Big-Data-Unternehmen „Palantir Technologies" von Alex Karp (*1967) und dem PayPal-Gründer und Facebook-Sponsor Peter Thiel (*1967). Unter Karps Leitung entwickelte die Firma aus dem „PayPal's fraud-detection system" speziell für Militär, Geheimdienste und Polizei die Software-Plattform „Gotham" für die Beobachtung von Sozialbeziehungen zur Terrorismus- und Verbrechensbekämpfung.[6] Diese zentralisiert unstrukturierte Daten aus Hunderten von Datenbanken unterschiedlicher Institutionen sowie aus Web-Seiten und sozialen Netzwerken, filtert per Data Mining mögliche Gefährder heraus und visualisiert mit Hilfe von Karten, Histogrammen und Linien-Diagrammen deren Beziehungs- und Aktivitätsnetze (Biddle 2017). In der Folgezeit entwickelte sich Palantir zu einer der führenden aber auch meist umstrittenen Firmen im „surveillance-industrial complex" (Hardy 2014). Insgesamt zielten diese „Big Data in Government"-Initiativen auf eine dauerhafte Neuausrichtung der informatischen Forschungsagenda:

> „The international and political landscape has been altered forever since the tragic events of September 11, 2001. Researchers have much to contribute to making the world a safer place. We believe national and homeland security research cannot take a short-term, reactive approach. It needs to be a long-term, concerted endeavor that involves committed researchers, practitioners, and policy makers." (Chen 2006, S. 558)

Schwerpunkte der Data-Mining-Forschung wurden die Verknüpfung heterogener, unstrukturierter Transaktions- und Biometriedaten, die Link- und Webspuren-Auswertung für die „human network analysis" und für „behavior model building engines" sowie die Ereignisextraktion und -prognose im „Evidence Extraction and Link Discovery (EELD) Program". In diesem gehe es weniger um die Suche einer Nadel im Heuhaufen als vielmehr um das viel schwierigere Problem, verdächtige Gruppen von Nadeln in riesigen Nadelhaufen herauszufiltern. Die in EELD verwendeten Daten

---

[6] Ähnlich wie Alex Pentland ist Alex Karp ein Quereinsteiger, der von der Philosophie her kam. Ausgehend von Adornos Jargonbegriff analysierte er rhetorische Muster, verborgene Identitäten und Affinitäten zum aggressiven Verhalten, Ideen, die später in die datenbasierten Verhaltensprognosen einflossen, siehe dazu (Weigel 2020).

und Muster enthielten daher Repräsentationen von Leuten, Organisationen, Objekten und Aktionen sowie diverse Typen von Relationen zwischen diesen (DARPA Information Awareness Office (IAO) 2002; Mooney et al. 2002, S. 1–2). Das Ziel bildete die Methodenintegration für systematische Gruppenstruktur- und Bewegungsmuster-Analysen sowie für umfassendes „Social Scoring, Behavioral Profiling and Predicting". Eine herausragende Rolle für das Verständnis der Sozialdynamik sowie für die Ausspähung von Zielgruppen und riskanten Organisationen („Targeting") spielten dabei quantitative und topologische Modelle („Meta-Matrix") von sozialen Netzwerken, ebenso neue grafische Visualisierungstools für Social-Media- und Clusteranalysen (Carley, Reminga 2004). Für die Personenidentifikation wurde neben biometrischen Verfahren die Bild-, Gesichts- und Stimmerkennung massiv gefördert und seit 2003 staatlich koordiniert (Rosenzweig et al. 2004; National Science and Technology Council 2008). Die militärische Forschungsförderung, speziell der DARPA, brachte damit bisher getrennt verlaufene Technologieentwicklungen von Ubiquitous Computing, Überwachungskameras, Gesichtserkennung, „Affective Computing" und „Emotional State Recognition" zusammen in einem Zukunftsprogramm der „Biometric Surveillance". Die Kombination von verbesserten Überwachungskameras mit umfassenden Bilddatenbanken und Gesichtserkennungs-Software auf der Basis von Biometrie und „Emotional Artificial Intelligence" sollte jederzeit die Fernidentifikation gesuchter Personen sowie eine Verhaltensprognose und Identifikation krimineller Absichten erlauben (Busso et al. 2004; Bullington 2005, S. 95–98). Ultimatives Ziel war und blieb auch in der Folgezeit ein Bestandsinventar der US-Bevölkerung und schließlich der Weltbevölkerung, wie es der jüngst bekannt gewordene Auftrag von US-Geheimdiensten, Militär und Polizei an die 2017 gegründete Firma „Clearview AI" für eine Gesichtsdatenbank von drei Milliarden Menschen belegt.[7]

Um ungewöhnliche bzw. gefährliche Verhaltensmuster und „out-of-the-ordinary or atypical signals" effizient herauszufiltern, wurden als Schlüsseltechniken die KI-Methoden „Pattern Mining" und „Machine Learning" besonders gefördert (Hollywood et al. 2004). Daneben wurde aber auch die Grundlagenforschung auf dem Gebiet des „basic human behavior research" unterstützt, und zwar ab 2001 durch die Förderinstitution der Geheimdienste Advanced Research and Development Activity (ARDA) bzw. Intelligence Advanced Research Projects Activity (IARPA) und seit 2003 verstärkt durch die NSF. Denn man hatte erkannt, dass es der „methodologists" bedurfte, um die sozialwissenschaftliche Modellierung in den täglichen Geheimdienstbetrieb zu überführen (Allwein 2008, S. 13). Durch den Aufbau einer „Social Intelligence" nach 9/11 erhielt so speziell die Computational Social Science wesentliche Anstöße Abb. 3 (Weinberger 2011; National Science Foundation 2003; Sinai 2004). Die für die „Homeland Security" relevanten informatischen Forschungsrichtungen sollten schließlich in der neuen Grundlagendisziplin „Intelligence and Security Informatics" theoretisch gebündelt werden (Chen et al. 2004, S. V–VI).

---

[7] Aufgedeckt durch die New York Times, siehe (Hill 2020).

Abb. 3 Akteure, die die Genese der datengetriebenen Computational Social Science beeinflussten, nach Brio (2009)

Organizations making an impact

- Academic & Research
    - Santa Fe Institute
    - Harvard Institute for Quantitative Social Science
    - MIT Human Dynamics Group
    - UCI Institute für Mathematical Behavioral Science
    - Michigan Institute für Social Research
- Commercial & Industry
    - Hi-tech: Google, Amazon, Apple, Facebook
    - Defense: Booz Allen Hamilton, SAIC
    - Ford Motors
    - ExxonMobil
- Government & Non-Profit
    - MITRE
    - RAND
    - DoD, CIA, NSA, FBI

Die staatlich-geheimdienstliche „Surveillance"-Offensive führte durch all diese Bestrebungen zu großen Technologiesprüngen, einerseits durch Fördersummen in bislang unbekanntem Ausmaß, andererseits durch eine Welle der Mobilisierung und Selbstmobilisierung von Computer Scientists für den Kampf gegen den Terror. Das Gesamtresultat waren große Fortschritte auf den Gebieten der biometrischen Identifikation, der automatischen Fotoauswertung, der systematischen Sozialstruktur- und Bewegungsmusteranalysen, des „Next Generations Data Mining", des „Sentiment-" und „Opinion-Mining" sowie des „Behavioral Profiling" und der Anomalieerkennung. Von ihnen gingen in der Folgezeit zwar wichtige Impulse für die Sozioinformatik und datenintensive Richtungen der Sozialwissenschaften aus, doch für eine tiefere datenbasierte Durchleuchtung der Lebenswelt fehlten noch immer wesentliche hardware- und softwaretechnische Voraussetzungen. Erst den sich ebenfalls nach 2000 etablierenden Internet-Providern der „Platform Economy" gelang es, die Lücke zu füllen.

2.2 Die Vollendung des cloudbasierten Big-Data-Technologiekomplexes durch den „Surveillance Capitalism" der großen Internet-Service-Provider

Google, Amazon, Facebook und andere Diensteanbieter schufen mit der Entwicklung und Errichtung von massivparallelen Rechner- und Datenbank-Architekturen sowie Cloud-Computing-Konglomeraten die für globale Verdatungsprojekte erforderlichen Hardware-Infrastrukturen. Hinzu kamen mit den Big-Data-Werkzeugen „MapReduce" für die Verschlagwortung und Zielsuche in unstrukturierten Webdaten und „Cloud Bigtable" für die Speicherorganisation diverser Datenspuren die entsprechenden hochskalierbaren massivparallelen Softwaresysteme. Mit ihrem „ecosystem" für Big-Data-Anwendungsplattformen vollendeten sie dann den

Big-Data-Technologiekomplex und bauten ihn zu einem umfassenden „algorithmischen Regime" und „Überwachungs-Kapitalismus" aus (Hofstetter 2014, S. 91–95; Zuboff 2016; Zuboff 2018). Mit dem stets erweiterten System von Personenerfassungs- und Identifizierungsmedien, Raum- und Aktivitätserfassungsmedien sowie einem massiven Ausbau von Suchwerkzeugen und „Personal Data Mining"-Methoden legten sie auch das Fundament für eine großflächige Filterung des Web Contents und dessen Verwertung in datengetriebenen Geschäftsmodellen.[8] Dabei liefern sie mit ihren kommerziell geprägten Plattformstrukturen, „Life Log"-Sammel- und Auswertungs-Strategien keinesfalls eine über allem stehende panoptische „God's Eye View", sondern „oligoptic views of the world". (Kitchin 2014, S. 4).[9]

Vor allem Googles „mindset" war von Beginn an auf maximale Datenakquisition und „User-Surveillance" ausgerichtet. Die Unternehmensgründung durch Sergey Brin (*1973) und Larry Page (*1973) ging unmittelbar aus von der NSF, der DARPA und der NASA finanzierten Data-Mining-Projekten in Stanford hervor. Das „Large-Scale Data Mining" wurde in der Folgezeit ein F&E-Schwerpunkt bei Google, die Firma kaufte zwischen 2001 und 2014 insgesamt 171 Unternehmen mit Data-Mining- und Machine-Learning-Kapazitäten auf und wurde führend auf diesen Gebieten (Carr 2008, S. 112; Weinstein 2014). Die Gründer wurden von der Vision geleitet, die gesamte Information der Welt in einer einzigen, an das Web angeschlossenen Datenbank „einzusacken" und das gesammelte Weltwissen dann in Form einer „information prostethic" bzw. eines „brain appendage" weltweit verfügbar zu machen, ein Ziel, das sie mit dem zunächst groß angelegten, aber 2015 eingestellten und noch immer nur im kleinen Maßstab realisierten Google-Glas-Projekt sowie anderen Wearables ansteuerten (Levy 2011, S. 232, 347; Brin et al. 1998). Mit seiner Webdienste-Palette nahm Google auf neuer technologischer Grundlage das enzyklopädische Programm einer Katalogisierung, logischen Beschreibung und Organisierung des Wissens der Welt wieder auf, freilich nicht als ein gesamtgesellschaftliches, aufklärerisches Projekt, sondern in Form der privatwirtschaftlichen Aneignung und kommerziellen Verwertung des Digitalmodells der Welt (Hellige 2014, S. 41–44).[10]

Mit einem ähnlichen Totalitätsanspruch verfolgt die 2004 gegründete Firma Facebook das Ziel, möglichst alle privaten Lebensereignisse und Beziehungen sozialer Netzwerke in Gestalt von Aktivitätsprotokollen („Newsfeed") kontinuierlich aufzuzeichnen, dauerhaft zu speichern, sie weltweit transparent und kommerziell verwertbar zu machen. Dafür werden über die Sammlung und Auswertung der „digital footprints" der User mit Hilfe von semantischen Suchmaschinen, Data-Mining- und KI-Methoden differenzierte Persönlichkeitsprofile und Verhaltensmuster extrahiert und zu Megaprofilen bzw. zu Dossiers zusammengefasst. Facebook stützt sich dabei auch auf ein reichhaltiges informatisches Instrumentarium zur Analyse informeller Gruppenbeziehungen und sozialer Netzwerke, die in dem 2007 für externe Dienstleister geöffneten „Social Graph" abgebildet und im „Open Graph" mit

---

[8] Vgl. hierzu (Hellige 2012, Kap. 8; Hellige 2015, Kap. 5).
[9] Mit Bezug zu Bruno Latours Begriff der „oligoptic surveillance".
[10] Siehe besonders (Rolf und Sagawe 2015, S. 71–84; Zuboff 2018, Kap. 3–6).

Objektbeziehungsnetzen der Dinge, Konsumgegenstände, Orte usw. verknüpft werden. Mit den Interessen und Mustern des Verbraucherverhaltens will die Firma am Ende ein globales Soziogramm mit detaillierter Nachfragestruktur schaffen und bietet sich damit als eine umfassende Kundendatenbank und Lifestyle-Wissensbasis für die gesamte Wirtschaft an. Auch Sozialwissenschaftler nutzen in den letzten Jahren die von Facebook akkumulierten „Graph Databases" als vermeintlich repräsentative Modelle für die Erforschung von sozialen Netzwerkbeziehungen und insbesondere für die Verhaltensanalyse und „Sentiment Detection" (Gallagher 2013; Weber 2013; Cannataro et al. 2015). Dabei stellen die Dienste der Plattformen bereits Implementierungen soziologischer und psychologischer Ideenkonzepte und Anreize zur Verhaltenssteuerung der User dar, die die Datensammlung im Sinne der firmenspezifischen „behavioral economics" beeinflussen und die bei der Wiederverwendung von Forschern erst einmal metatheoretisch herausgefiltert werden müssen (Törnberg und Törnberg 2018, S. 8–10).

Google, Facebook und die anderen großen Plattformbetreiber beschleunigten über den von ihnen betriebenen „Infrastructural Imperialism" (Vaidhyanathan 2011, S. 107–111) die Tendenz der IT-Branche, die bisherigen User-Aktivitäten und -Ressourcen auf im Hintergrund agierende Computer zu verlagern. Hierdurch soll die Informatisierung und „Platformisation" der Alltagswelt alle Personen, Gegenstände und Prozesse des täglichen Lebens miteinander vernetzen, über IP-Protokolle operativ koppeln und dann zu einem programmierbaren Medien-, Interface- und Sensorikverbund integrieren. In diesem werden „Smart Objects" bzw. „Cyberphysical Systems" als „heimliche Intelligenz" tätig, wobei sie aus der Nutzerbeobachtung und Handlungserkennung selber proaktiv Aktivitäten ableiten. In diesen von Daten getriebenen Computing-Bestrebungen schiebt sich ein neues Informatikkonzept in den Vordergrund, bei dem die Modellierung des Benutzers und seiner Aktivitäten nicht mehr in einem bewusst durchgeführten Entwicklungs- oder Simulationsprozess auf mathematisch-logische, konstruktiv-ingenieurmäßige oder hermeneutisch-gestalterische Weise erfolgt. Nicht mehr die PC- und medienvermittelte Subjektbefreiung steht nun im Vordergrund, sondern die Daten-, Algorithmen- und KI-gesteuerte Subjekterfassung und -betreuung (Hellige 2014, S. 33–41).

Die Internet-Service-Provider beschränken sich jedoch nicht darauf, sich über diverse Erfassungsmedien Web-Content- und User-Daten anzueignen, sondern bemühen sich zusätzlich darum, die Benutzer vor allem über die Social-Media-Plattformen aktiv zur Selbsterfassung, Selbstbeobachtung und Selbstprotokollierung ihrer Internet- und Alltagsaktivitäten sowie ihrer Sozialbeziehungen zu motivieren. Sie bedienen sich dabei einer breiten Skala von Konditionierungsmedien sowie Selbstaufschreibe- und Selbstaufzeichnungs-Medien, die, wie es C. Gordon Bell (1934–2024) in den Anfängen von Big Data propagiert hatte, die User veranlassen sollen, ihre persönlichen Daten und ihr „digitales Langzeitgedächtnis" den Cloud-Plattform-Providern anzuvertrauen (Hellige 2015, S. 40–47). Es ist sogar eine ganze Gruppe von Personenerfassungs- und Identifizierungsmedien entstanden, die für die Individualisierung, Personalisierung und Authentifizierung möglichst umfassende biometrische und verhaltenstypische Daten sammeln. Die Firmen greifen hierbei auf „Physiological" und „Behavioral Biometrics" sowie „Unique User Pattern"- Erkennungsmethoden der von der DARPA nach 9/11 besonders geförderten Biometrie-, Human-ID- und Honest-Signals-Forschung zurück, ein deutliches Zeichen für die Annäherung von kommerziellen und polizeilich-geheimdienstlichen Erfassungstechniken (Hellige 2014, S. 42–44; Meyer 2014).[11]

Durch die institutionelle Datenzentralisierung sowie durch Medienfusion und „Multi-Sensor-Datenfusion" auf der Basis eines integrierten Systems von Medien für die Ortung, Zeiterfassung, Ereignisprotokollierung, Identifikation sowie von Analytiksystemen für das Social Scoring und Profiling haben die Cloud-Mediabetreiber eine globale Sozialdatenbank und eine Sozialkompetenz erlangt, die sie bereits für die Politikberatung und teilweise sogar zur Beeinflussung von Stadt- und Regionalplanungen nutzen. Beispiele für Datenanalyseplattformen sind „IBM's Cognitive Government Industry"-Programm und „IBM's Smart City consultancy" in Philadelphia Abb. 4 sowie „Google Urbanism" mit dem oligoptischen Metropolenkonzept von 2018 für Toronto (IBM 2016; Wiig 2015; Morozov 2017; Wood und Mackkinnon 2019). Sie treten damit in Konkurrenz zu Politik und Sozialwissenschaften und drängen diese nun ebenfalls in Richtung Big Data, Social Computing und Sozioinformatik. Dabei werden sie bereits von datengetriebenen sozialtechnokratischen Social-Engineering-Konzepten herausgefordert, die sich aus der Informatik entwickelt haben und sogar schon in den politischen Raum hineinzu-

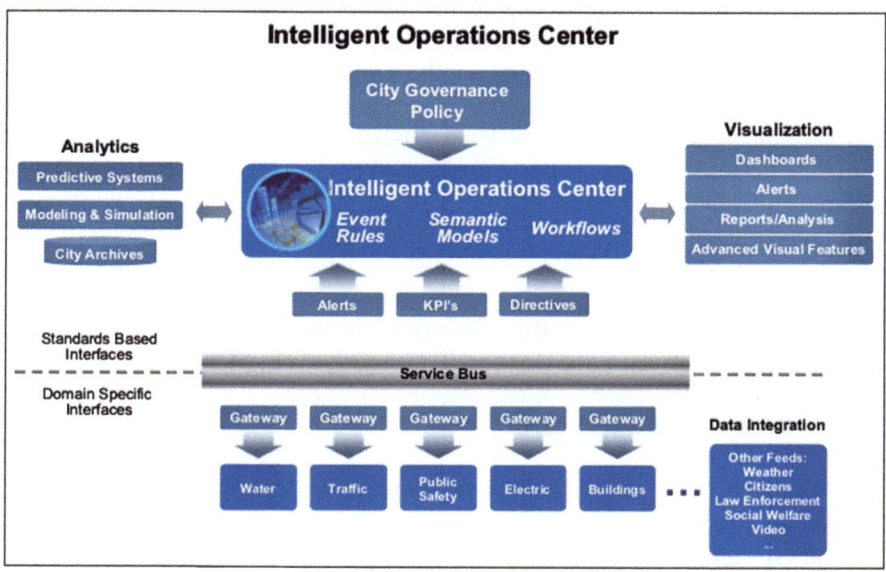

Abb. 4 Das „Intelligent Operations Center" im datenanalytischen Big Data-Konzept der IBM für eine „Smarter City" in klassischer Central Command and Control System-Architektur (Nesbitt 2012, S. 15; http://www.redbooks.ibm.com/redpapers/pdfs/redp4939.pdf). Mit freundlicher Genehmigung von IBM

---

[11] Zur zeitweisen Kooperation von Google mit US-Nachrichtendiensten siehe die Belege bei (Zuboff 2018, S. 142–147; Nesbit 2017).

wirken beginnen. Dies wird besonders deutlich sichtbar in der Entstehung der Wissenschaftskonzepte des Reality Mining, der Computational Social Science und der Social Physics von einem der wichtigsten Big-Data-Pioniere, Alex „Sandy" Pentland (*1951) vom MIT Media Lab.

3   Das Big-Data-Konzept der Computational Social Science auf der Basis zentraler Beobachtungs- und Analyse-Plattformen mit Cloud-Architektur

Die Sozialwissenschaften und auch die Geisteswissenschaften waren Nachzügler in den sich seit den 1990er-Jahren herausbildenden Big-Data-Wissenschaftskulturen. Die Technisierung, Quantifizierung und Algorithmisierung verlief hier trotz zunehmender Nutzung des Computers in der Forschung nur sehr zögerlich. Obwohl Jim Gray (*1944, verschollen 2007) prognostiziert hatte, dass auch Sozial- und Geisteswissenschaften dem Sog der „data-driven sciences" folgen werden, wurden sie im „Fourth Paradigm"-Szenario lediglich marginal berücksichtigt (Hey et al. 2009, S. 40, 142, 178, Anm. 1). Die Initiative für eine datenintensive Computational Social Science ging auch nicht von den Sozialwissenschaften selbst aus, sondern von der Computer Science und hier vor allem von der Human-Computer Interaction (HCI). Das von Alex Pentland stammende Pionierkonzept entstand um das Jahr 2000 am MIT MediaLab in einer von der Astronomie stark abweichenden soziotechnischen und wissenschaftssoziologischen Konstellation. Dessen Genese wird im Folgenden anhand einer Interpretation der technisch-wissenschaftlichen und sozioinformatischen Schriften des Pentland-Teams dargestellt. Damit soll auch Shoshana Zuboffs (*1951) philosophische und sozialökonomische Interpretation im Pentland-Kapitel ihres grundlegenden Werkes „The Age of Surveillance Capitalism" konkretisiert und teilweise korrigiert werden (Zuboff 2018, S. 481–510).[12]

3.1   Ausgangskonzept der „Behavior Metrics" am MIT MediaLab: Lokale Unterstützungssysteme in einer autonomen Medienkonstellation von Wearable Computern

Alex Pentlands Forschungen lagen von Beginn an im Grenzbereich von Computer Science (insbesondere Artificial Intelligence), Psychologie, Wahrnehmungs- und Verhaltensforschung. Nach seiner Berufung an das MIT Media Lab im Jahre 1986 arbeitete er zunächst in der „Perceptual Computing Section" vor allem an Proble-

---

[12] Zuboff stützt ihre Darstellung der Auffassungen von Pentland vor allem auf dessen Hauptwerk „Social Physics" und vertritt ohne Rezeptionsanalyse die These, dass Pentlands Theorie auf den moralischen Überlegungen der behavioristischen Lehren und der Erkenntnislehre von Burhuss Frederic Skinner (1904–1990) gründet (Zuboff 2018, S. 483), obwohl sich in den Schriften Pentlands keinerlei Bezug zu Skinner finden lässt.

men der Bild- und Gesichtserkennung durch Computer. Er erreichte 1991 zusammen mit Matthew Turk den entscheidenden Durchbruch bei der „Eigenface Recognition", der ersten voll automatisierten Technologie zur Gesichtserkennung und -klassifizierung. Er kam dadurch 1993 zu dem vom US-Militär und der DARPA finanzierten „Face Recognition Technology Program" (FERET), für das er algorithmische Auswertungsmethoden entwickelte (Turk und Pentland 1991; Phillips et al. 1999, S. 18–19). In der Folgezeit weitete er zusammen mit Doktoranden die biometrischen Studien auch in den Audiobereich aus, um die Gesichts- und Sprechererkennung auch bei fließenden Bewegungen in der Alltagskommunikation zu ermöglichen. Computer sollten so die Wahrnehmungswelt des Menschen teilen, seinen Gesichtsausdruck, seine Gesten sowie Ton und Emphase seiner Stimme verstehen können, um mit ihm einen „full, natural dialogue" zu führen (Pentland 1995, S. 2). Pentland wollte darüber hinaus auch bereits die Emotionen des Users ermitteln, er wurde so zu einem Pionier des „Affective Computing" und der „Emotional AI". Seit 1997 dehnte er seine Forschungen auf das gesamte Man-Computer Interface aus und wurde zu einem der führenden Pioniere des Wearable Computing und erster Ubiquitous-Computing-Anwendungen. Durch die Zusammenführung von Bild-, Sprach-, Gesten- und Gesichtserkennung entwickelte er sein „Perceptual User Interface"-Konzept, mit dem er die blinden und tauben Computer mit „Wahrnehmungsintelligenz" ausstatten wollte, um sie so in die Lage zu versetzen, Personen und ihre Alltagshandlungen zu erkennen, den Benutzern durch „Wearable Intelligence" lästige Computerdialoge zu ersparen, ihr Gedächtnis zu unterstützen und ihrem Privatleben aktive Impulse zu geben. Parallel dazu wurden von seinen Schülern bereits Wearable-Systeme mit GPS-Anbindung für die US Army konfiguriert (Pentland 1999, S. 174, 178–180; Pentland 2000a, S. 35–37).

Pentland lehnte sich dabei zunächst eng an die Wearable-Entwicklungen von Steve Mann (*1962) an, der sich mit seinen autonomen Wearables und Smart Clothes als dem „truly personal computing" den zentralistischen Überwachungsbürokratien entgegenstellen wollte (Mann 1996). Zusammen mit seinem Schüler Thad Starner (*1970), der ab 2010 das Google-Glass-Projekt leitete, entwarf Pentland für die ersten Datenbrillen und Datenhelme („Eye Displays", „Head-Mounted Displays") Anwendungskonzepte wie den „Communicator", der jederzeit Webinhalte zugänglich machte und mit Kopfkameras als „private eyes" auch aktuelles Geschehen aufzeichnete:

> „Wearable computers are transforming our technological landscape by reshaping the heavy, bulky desktop computer into a lightweight, portable device that is accessible to the user at any time." (Sparacino et al. 1997, S. 181–182)

Anknüpfend an Mark Weisers (1952–1999) Ubiquitous-Computing-Visionen weitete Pentland sein „Perceptual Computing" durch die Verbindung von „wearable" und „environmental sensors" auf die unmittelbare Umgebung des Benutzers aus. Ende der 1990er-Jahre enthielt die MediaLab-Wearable-Toolbox „belt worn computers", Brillen mit hochauflöslichen Displays, ansteckbare Kameras und Mikrofone sowie Touchpads, in Jacken eingenähte Tastaturen und sogar einen

„health monitor in a wristwatch", der Temperatur, Puls und Blutdruck messen konnte. Daraus kombinierten er und sein Team neue Medien wie „Smart Clothes", „Smart Desks", „Smart Rooms" und „Smart Cars" (Pentland 1996, S. 68; Pentland 1998a; Konnikova 2014). Pentlands Intention war es, mit einem Set von tragbaren IT-Geräten, die nach dem Muster unseres Lebens organisiert sind, die menschliche Intelligenz auf nahtlose und angenehme Weise zu unterstützen und anzureichern (Abb. 5) (Pentland 1998b, S. 94–95).

Die „Wearable"-Konfiguration diente außer der individuellen Informationsversorgung auch der Eigenbeobachtung des Benutzers. Über eine fortlaufende Registrierung von „behavioral patterns", „context sensing" und „machine learning" sollten dessen Zustände, komplexe Verhaltensmuster und Absichten erkannt werden (Clarkson und Pentland 2001). Dabei bediente Pentland sich statistischer KI-Methoden und Data-Mining-Technologien und entwickelte daraus eine noch auf

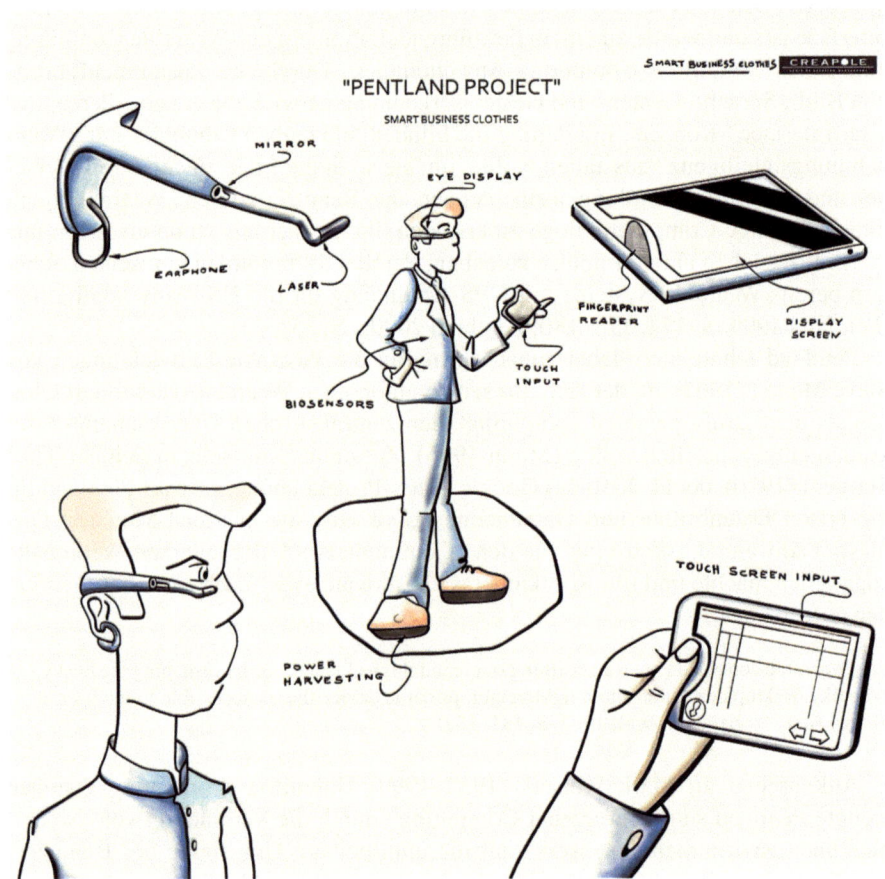

Abb. 5 Wearable-Interface-Visionen im Smart-Business-Clothes-Projekt in Kooperation mit der Creapôle Ecole de Création (Paris) von 1997 (Pentland 2019, S. 87). Mit freundlicher Genehmigung von Alex Pentland und der Creapôle Ecole de Création (Paris)

den einzelnen User und dessen „Smart Environment" fokussierte Vorform des späteren „Reality Mining"-Forschungsansatzes. Durch die fortlaufende Analyse des Gesichtsausdrucks hoffte er sogar bereits Intentionen, Stimmungen und unterschiedliche innere Zustände zu ermitteln. Die Smart Rooms sollten die Fähigkeit erhalten, „to sense attention and emotion and thereby gain a deeper understanding of human actions and motivations" (Pentland 1996, S. 75–76). Der User und seine Alltagsumgebung wurden damit als Sensorträger Objekt multisensorischer Erfassung und algorithmischer Auswertungssysteme. Diese sammeln durch die Fusion von Biometrie- und Verhaltensdaten alle Informationen über ihn, denn der Computer wird für ihn umso wertvoller, je mehr er über ihn weiß: „Imagine a house that always knows where your kids are and tells you if they are getting into trouble." (Pentland 1996, S. 68).

Damit nahmen die MIT/MediaLab-Projekte so manche späteren Google- und Facebook-Entwicklungen vorweg. Mit „The Familiar", einem „perceptual system" in Puppengestalt, das mit Videokamera, Mikrofon und Bewegungssensoren ausgestattet ist, konzipierte Pentland außerdem parallel zu C. Gordon Bell ein „living diary", das alle Erinnerungen und Fotos einer Familie aufzeichnet, um sie in Datenbanken lebenslang zu speichern (Clarkson et al. 2001). Über eine komplexe „Scene Analysis", die durch die Verbindung von tragbaren Sensoren mit KI-Methoden die Bewegungsarten, Sprachereignisse, Ortsveränderungen und Aktivitätsformen einer Person erfasst, hoffte er, das alltägliche Verhalten sogar vorhersagen zu können:

> „To use a metaphor, such an agent would act as a butler/confidant, who always stands behind the user's shoulder, knows his employer's personal preferences and tastes, and trys to streamline interactions with the rest of the world." (Starner et al. 1997; Pentland und Liu 1999)

In einem Telemedizinprojekt wollte Pentland bereits 1997/1998 Minikameras und „Affective Wearables", die Temperatur und Hautsensitivität messen, für einen „Digital Doctor" nutzen (Pentland et al. 1997). Bei all dem war ihm durchaus bewusst, dass sein „Looking at People"-Ansatz schnell zu Privacy-Problemen führen konnte. Vor 2001 bestand er deshalb wie Steve Mann noch auf einem „quasi-local approach", um eine potenzielle Orwell-Technologie von vornherein auszuschließen. Statt eines „ubiquitous networked computing" gab es in seiner „local perceptual intelligence" nur eine sparsame und ausschließlich vom User selbst initiierte Vernetzung. Dadurch werde es für Außenstehende schwierig, „to track and analyze people's behavior" (Pentland 2000b, S. 116–117).

3.2 Der Wandel von Sozialer Architektur, Medienkonstellation und Forschungsperspektive: Die soziometrische Verhaltensforschung unter dem Eindruck von 9/11

Die Ereignisse vom 11. September 2001 führten jedoch innerhalb kurzer Zeit im Perceptual Intelligence-Forschungsprogramm am MediaLab – wie in der gesamten

Computer Science auch – zu einem Perspektivwandel: zur Abkehr vom Leitbild einer vom Benutzer selbst verwalteten transparenten Medienkonstellation. Für Pentland kam seit 2001 als Motiv hinzu, dass ihm durch sein Entwicklungsengagement in Indien am „MediaLab Asia" bewusst wurde, „how much of human suffering is due to simplistic models of human behavior and lack of information about local conditions". Er gründete daher das Non-Profit-Unternehmen „Dimagi", das Open-Source-Software für Kliniken und „health system monitoring" bereitstellte.[13] All dies führte auch beim „Behavior Monitoring" und „Emotion Assessment" zu einem Umschlag der Zielperspektive von der Usability der Wearables hin zur Beobachtung und Ausforschung der erhobenen multisensorischen Daten für *externe* Zwecke und Interessenten. Von der individuellen Unterstützung des Benutzers und der Anwendung von Selbstbeobachtungs- und Selbstaufzeichnungsmedien wechselte der Fokus der Projekte und Dissertationen seit dem Ende des Jahres 2001 schlagartig zur Analyse von Kommunikationsstrukturen sozialer Netzwerke, von Interaktionen und Sozialverhalten von Gruppen und Organisationen, also Untersuchungen, die von einem zentralen Datensammelpunkt aus erfolgten. Pentland kritisierte jetzt prinzipiell die bisherige Agenda der Computer- und HCI-Community mit ihrem Fokus auf den isolierten Interface- bzw. Internet-User:

> „Researchers seem to have forgotten that people are social animals, and that the quality of their lives is defined by their roles in human organizations. Instead of inventing technology for the individual as an isolated entity, why not invent systems that support people's organizational roles? Or even invent new types of organizations?" (Pentland 2003a, S. 5)

Pentland orientierte sich von nun an nicht mehr am „private eye" des Users, sondern blickte aus „God's Eye View" auf soziale Gruppen, Organisationen und Gesellschaften. Er kehrte damit zur Sichtweise seiner ersten Forschungsarbeit in einem NASA-Projekt während des Studiums zurück, der statistischen Auswertung der Satellitenaufnahmen von Biberteichen zur Erfassung ihrer Bestände, die er im Nachhinein zu einem Vorzeichen und Leitmotiv aller seiner wissenschaftlichen Vorhaben stilisierte: „That's not a bad model for everything I've done since. But I've been looking at people, not beavers. It has been using sensors to understand people." (Lohr 2014; Konnikova 2014).

Der Wechsel von der individuellen HCI-Perspektive zur sozialorientierten Erfassung, Analyse und Unterstützung von Gruppen und damit zu einem Forschungsansatz der datenmäßig erfassten, kognitiv interpretierten, reaktiv und proaktiv kontrollierten Interaktion von Benutzerpopulationen bewirkte ab 2001/2002 einen grundlegenden Wandel der medialen Konstellation und der sozialen Architektur im Technikensemble der Forschungsprojekte wie auch bei den anvisierten Zielsystemen. Dies zeigte sich im Funktionswandel der Wearable- und Ubiquitous-Computing-Bedieninterfaces zu datensammelnden und -auswertenden Geräten. Aus den „Badges" der „Smart Environments" entwickelten sie mit Hilfe der Verknüpfung mit Mikrofon, Infrarot-Transceiver, Bluetooth, WLANs, RFID, GPS und

---

[13] Email von Alex Pentland an den Autor, 30.9.2019.

Signalverarbeitungs-Software eine ganze Reihe von multimedialen Wearables, mit denen Personen ihre Alltagssituationen, Gruppenkommunikation und -interaktion aufzeichneten:

> „The truly important thing that we learned by living this future was that vast amounts of data would be generated. When everybody has devices on them, when every interaction is measured by digital sensors, and when every device puts off data you can get a picture of society that was unimaginable a few years ago." (Pentland 2019, S. 86)

Durch die Einbeziehung von Data-Mining- und Data-Analytics-Methoden erhielten die bisherigen Unterstützungsmedien und Bedienschnittstellen des Wearable- und Ubiquitous-Computing den Charakter externer Sensoren von außenstehenden Beobachtern. Die dabei gewonnenen Daten und Metadaten blieben nicht mehr wie bisher auf den Benutzermedien, sondern wurden zur statistischen Auswertung auf zentrale Server übertragen. Damit wurde die lokal orientierte soziale Architektur endgültig aufgegeben zugunsten einer immer weiträumigeren Beobachtung von Kollektiven und ansatzweise bereits der Beeinflussung von Nutzergruppen und sozialen Netzwerken.

Mit dem Übergang von spezialisierten Wearable-Medien zu gängigen Kommunikationsmedien wie Personal Digital Assistents (PDA) und Mobiltelefonen wurde dann eine stufenweise Skalierung des Erfassungs- und Ausforschungsradius möglich. Das anfänglich auf 10 bis 100 Versuchspersonen begrenzte Forschungsinstrumentarium konnte dadurch auf Gruppen von über 1000 Personen ausgeweitet werden. Die immer weiter ausgreifende Verwendung der User als lebende Sensoren ermöglichte nun sogar die Erfassung, Analyse und Prognose der Kommunikationsstrukturen großer gesellschaftlicher Gruppen. Ziel dieser Projekte waren „computational models of group interaction dynamics", die Unternehmen, Organisationen, Staat und Militärs gleichermaßen nutzen konnten (Choudhury und Pentland 2003, S. 216). Der MediaLab-Forschungsansatz gelangte dadurch endgültig in den Big-Data-Bereich, und die zugrunde liegende soziale Architektur entwickelte sich infolge zunehmender Zentralisierung der Datenbank- und Datenanalysesysteme sowie der Mitnutzung von Metadaten der Telekombetreiber und IT-Konzerne tendenziell zum „Cloud Mining" Abb. 6 (Orange 2009, S. 18). Obwohl Pentlands Projekte in diesen Jahren weitgehend von der NSF und privaten Sponsoren aus dem IT-Bereich finanziert wurden, bewegten sie sich doch ganz im Rahmen der von staatlich-geheimdienstlichen Stellen und von Internetdienstanbietern anvisierten sozialen Architektur eines durch zentrale Beobachtungs- und Kontrollinstanzen erweiterten Internet-Computing. Von 2001 bis 2008 betrieb Pentland mit seiner „Human Dynamics Group" im Wesentlichen finalisierte Grundlagenforschung zur algorithmischen Beobachtung und zur parametrischen Steuerung des Sozialverhaltens. Ab 2008 kam es zur engen Kooperation mit militärischen Institutionen sowie mit IT-Konzernen wie Nokia, Toshiba und vor allem Google, die ihn in ihre Advisory Boards beriefen.

Von 2001 bis 2006 entwickelte Pentland mit seinem Team schrittweise das datenbasierte soziotechnische Methodeninstrumentarium des „Reality Mining". Er schuf

1. Understanding Ourselves: The Big Data Revolution

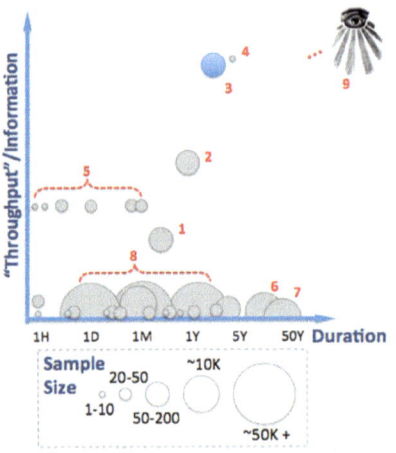

Human Dynamics Observatories:

(1) MIT Reality Mining Study
(2) MIT Social Evolution,
(3) MIT Friends and Family (Current),
(4) MIT lifelog pioneers; MyLifeBits,
(5) Sociometric Badge studies,
(6) Midwest Field Station ,
(7) Framingham Heart Study,
(8) Large Call Record Datasets ,
(9) "Omniscient"/All-Seeing View

Abb. 6 Wachstum des Datenvolumens und Erfassungszeitraums von Alex Pentlands Big-Data-Sozialforschungs-Projekten (1, 2, 3, 5) auf dem Wege zur „All-Seeing View" (Pentland 2014b, Folie 3). Mit freundlicher Genehmigung von Alex Pentland

damit die Voraussetzungen für die umfassende datenanalytische Sozialverhaltensbeobachtung und -beeinflussung von Individuen, Organisationen und sozialen Netzwerken. Den Anfang machte eine von seiner Schülerin Tanzeem K. Choudhury (*1975) 2002/2003 konstruierte „wearable sensor platform", die in Anlehnung an Mark R. Learys (*1954) soziologisches Monitoring-System für die Selbstwertschätzung und den Integrationsgrad von Personen die Bezeichnung „Sociometer" erhielt (Choudhury und Pentland 2002). Mit diesem wurden über zwei Wochen Sensordaten aller Gesprächskontakte von 23 Student*innen kontinuierlich aufgezeichnet und statistisch vor allem mit Markov Models ausgewertet. Damit gelang die quantitative und grafische Modellierung charakteristischer Kommunikations- und Interaktionsmuster, aus denen sich Schlüsselpersonen, Informationsflüsse, Einflusswege und die Existenz von informellen Netzwerken im Forschungsteam ableiten ließen (Choudhury 2003, S. 8–15; Choudhury 2004, S. 3, 29–33, 81–93).[14] Die automatische sensorische Dauerbeobachtung im Hintergrund erwies sich, wie der Vergleich mit parallel von den Versuchspersonen angefertigten Protokollen der täglichen Interaktionen ergab, als weitaus ergiebiger und arbeitssparender als die sich auf sporadische Interviews, Fragebogenerhebungen und Umfragen stützenden Forschungsmethoden. Ohne die besonderen sozialen Bedingungen bei einem relativ

---

[14] Vgl. hierzu und zum Folgenden (Zuboff 2018, S. 484–485).

herrschaftsfreien studentischen Forschungsteam und bei hierarchisch-herrschaftlich geprägten Arbeitszusammenhängen zu beachten, wurde die in der Folgezeit ständig technisch weiter aufgerüstete Soziometertechnologie schon bald Unternehmen und Organisationen für die „unaufdringliche" Realzeitbeobachtung und Kontrolle von Belegschaften und Mitgliedern angeboten. Diese wird seit 2010 von Pentlands Schülern Ben Waber und Daniel Olguin über die Firma „Sociometrics Solutions" (ab 2015 „Humanyze") vertrieben. Zusammen mit ihnen erweiterte Pentland den Ansatz zum „Sensor-Based Organizational Engineering", bei dem die Live-Überwachung von Angestellten auch Gesichtsausdruck, Körpergesten, nichtlinguistische Stimmgebung und Intonation einbezieht, sodass nicht nur das aktuelle, sondern auch das künftige Stressniveau einer Person ermittelt werden kann (Kim et al. 2009; Zuboff 2018, S. 489–492; Konnikova 2014). Mit allgegenwärtigen „Sociometric Badges" und dem „People Analytics System" als Dauereinrichtung im Arbeitsprozess hoffen sie die Beschäftigten effektiver und zufriedener zu machen und mit einer dadurch möglichen „Augmented Social Reality" die Arbeitswelt grundlegend zu transformieren (Waber 2013, Kap. 10).

Ihre Vollendung erhielt das „Reality Mining"-Konzept aber erst durch die von 2003 bis 2005 entstandene bahnbrechende Dissertation von Nathan N. Eagle (*1976) „Machine Perception and Learning of Complex Social Systems". Ihm gelang mit dem Übergang vom „Sociometer" zu den weltweit verwendeten Mobiltelefonen und PDAs als soziometrischer Erfassungstechnologie der konzeptionelle Einstieg in „Big Data in Computational Social Science". Mit Blick auf die nun mögliche Ausdehnung der Untersuchungen auf Millionen von Menschen verwendete er als erster im Pentland-Team den Big-Data-Begriff und führte übrigens bereits 2003 die Bezeichnung „Reality Mining" ein (Eagle 2018; Zuboff 2018, S. 485–489). In einem über neun Monate laufenden Pilotprojekt zeichnete er über Bluetooth-Schnittstellen sämtliche Kommunikationskontakte von 100 MIT-Mitgliedern auf und ergänzte sie mit Orts- und Zeitdaten („Call Detail Records") von Telekommunikationsgesellschaften. Den Wechsel der Konversationsthemen, die Muster der Gruppenkommunikation und die Interessenfokussierung nutzte er für „social interest ratings". Anhand von Gesprächshäufigkeit und -dauer, Sprechintensität und Verbindungsstrukturen ermittelte er Präferenzen bei Sozialkontakten, „leader", „connectors" und „influence models" in den Gruppenbeziehungen (Eagle 2005, S. 19, 34–37, 56–60; Madan et al. 2004, S. 309). Über die bisherigen Netzknoten- und Link-Analysen hinaus gelang dadurch ein detailliertes „Mining the Organizational Cognitive Infrastructure" von ganzen Institutionen. Mit der statistischen „Eigenbehavior"-Modellierung von spezifischen Tagesabläufen mit Hilfe der „Principle Component Analysis" schuf Eagle zudem eine soziometrische Messmethode, die anhand der „behavioral signatures" von Alltagsroutinen eine zuverlässige, quasi biometrische Personenidentifikation, die eine Deanonymisierung von Daten sowie Verhaltensprognosen ermöglichte: „[...] we can automatically infer the typical paths through someone's day and their daily activities, predicting what they will do next and *detecting anomalies*." (Clarkson et al. 2002, S. 235; Hervorhebung des Autors). Reality Mining etablierte sich ab 2005 als ein vorwiegend sensorikbasierter Spezialbereich des Data Mining, der im Unterschied zum Text- und Opinion-Mining in der Regel nicht auf der User-Content-Analyse, sondern auf Webstrukturdaten und Webgebrauchshistorien basiert und sich deshalb als besonders datenschutzbewusst ausgibt (Berka 2015, S. 5–7). Auf der Webseite des Projektes äußerten Eagle und Pentland bereits im Mai 2005 die Erwartung, dass der Einsatz von Mobiltelefonen zur Erfassung des Alltagsverhaltens die Soziologie des 21. Jahrhunderts hervorbringen könne.[15]

Die Erweiterung ihres multidisziplinären Ansatzes aus sozialer Netzwerkanalyse und statistischer Mechanik durch die nun verfügbaren Mobilfunkmetadaten als allgegenwärtige und stets präsente Sensordaten eröffnete Eagle und Pentland die Möglichkeit Algorithmen- und Analytiksysteme für die Analyse von individuellen Kommunikationskontakten bzw. -barrieren und Gruppenprozessen zu entwickeln, um damit die Aktivitätsverteilung zwischen Individuen und deren Bedeutung für die Gruppenleistung von Unternehmen, Organisationen, Behörden und sogar Städten zu ermitteln. So sollten etwa Manager Reality Mining am Arbeitsplatz zu individuellen Leistungsvergleichen, zur Ermittlung von Sozialprofilen und Einflussindikatoren einsetzen. Die ließen sich dann zu Simulationen für Personalwechsel und, über die selbst lernende „credit assignment function", zum Aufspüren der tatsächlichen, von den offiziellen Organigrammen abweichenden Kollaborationsbeziehungen verwenden. Reality Mining erwies sich so auch, wie Pentland im Nachhinein feststellte, als ein hocheffektives Selektionsinstrument und Mittel zum Anheben des allgemeinen Kulturniveaus: „What you need is something that selects for the best cultures and the best groups, but also selects for the best individuals because they're the things that transmit the genes." (Eagle und Pentland 2003; Pentland 2017, S. 3).[16]

Die algorithmische Beobachtung von Kommunikationskontakten und Ideenflüssen wurde dann vor allem fokussiert auf die Nachverfolgung von Ansteckungen und Epidemien in Institutionen und der gesamten Gesellschaft, ebenso zur Ermittlung von kriminellen Absichten. So wurden Rückschlüsse auf die Ideenausbreitung im Internet und in sozialen Netzwerken möglich, auf eventuelle „computational epidemiology communities". Es ließen sich damit auch genauere Prognosemodelle für die Verbreitung von Krankheitserregern über die Luft sowie anderer harmloserer „Ansteckungen" im Informationsgeschehen erstellen (Eagle und Pentland 2006, S. 263). Die Ausbreitungswellen von Netzwerkanomalien, aber auch von innovativen Ideen wurden später durch Yaniv Altshuler (*1978) und die „Human Dynamics Group" in algorithmischen „social diffusion models" beschrieben und der „Homeland Security" wie auch Google über die MIT-Spin-off-Gründung von „Endor" für die Prognose des Konsumverhaltens und generell für „business predictions" zur Verfügung gestellt (Madan und Pentland 2009; Altshuler et al. 2012).[17] Dabei führ-

---

[15] „Sociology in the 21st Century", Reality.media.mit.edu. MIT, n.d. Web. 2 May 2011. http://reality.media.mit.edu/soc.php, zit. nach (Manovich 2011, S. 464).

[16] Florian Rötzer (Rötzer 2004), bezeichnete dies als „Rasterfahndung" zur besseren Organisation des „Humankapitals".

[17] Yaniv Altshuler ist CEO des vom damaligen Google-Chef Erich Schmidt finanziell gestützten Unternehmens, das sich auch als „‚Google' for predictive analytics" bezeichnet.

ten die Forschungsprojekte am MediaLab implizit vor, dass „Big Data in Computational Social Science", auch ohne auf die Kommunikationsinhalte direkt zuzugreifen, allein aus Sensordaten und Metadaten äußerst wirksame Überwachungsinstrumente schaffen konnte. So konstatierte Pentland später:

> „The thing is, I can read most of your life from your metadata. And what's worse, I can read your metadata from the people you interact with. I don't have to see you at all."[18]

Hiermit trat das „Reality Mining System" aus dem geschützten Bereich der akademischen „clubhouse mentality" heraus in den von sozialen Gegensätzen und Interessenskonflikten geprägten gesellschaftlichen Raum. In ihm waren die Daten nicht mehr, wie noch im MediaLab, quasi Kollektivbesitz der Forschungscommunity, sondern sie wurden zu einer von Interessenten angeeigneten Privatressource, auch wenn Pentland weiterhin an der technokratischen Fiktion eines auf betriebliche bzw. gesamtgesellschaftliche Optimierung bedachten Datenkollektivs festhielt.

Im Boston Magazine belegt Liv Gold (2012) in einem Schaubild, dass Alex Pentland mit seinen Data-Analytics-Forschungen Anwendungsmöglichkeiten in „just about every industry imaginable, from fashion to defense research" erschlossen habe. Gold ordnet die von Pentland geleiteten bzw. mitorganisierten Projekte in die wissenschaftlichen Kernprogramme am MediaLab, die Spin-off-Projekte für die betriebliche Verwertung von „Reality Mining" sowie Programme für die Nutzung der soziometrischen Verhaltensforschung in staatlichen Institutionen und in sehr unterschiedlichen gesellschaftlichen Bereichen:

- **MIT MediaLab**
  - Sleep Research (in der Human Dynamics Group)
  - Sociometric Badges (in der Human Dynamics Group)
  - Emerging Economics (im Entrepreneurship Program)
- **Business Ventures**
  - Business Efficiency (Sociometric Solutions)
  - Disease Defense (Ginger.io)
  - Security Measures (L-1 Identity Solutions)
  - Speech Patterns (Cogito Health)
  - Transportation Assistance (Sense Network)
- **Public Projects**
  - Smart Bandages (University of Rochester)
  - Terrorism Analysis (DARPA)
  - Wearable Computers (Smart Clothes Fashion Show)
  - Trust Frameworks (ID^3)

---

[18] Pentland nach (Konnikova 2014). Vgl. hierzu die Aussage des NSA General Counsel Stewart Baker: „Metadata absolutely tells you everything about somebody's life. If you have enough metadata you don't really need content." Zitiert nach (Schneier 2015).

Die neu erschlossenen Potenziale datengetriebener Aufspürung von „social patterns" und „large-scale dynamics of collective human behavior" (Eagle und Pentland 2006, S. 263, 255, 267) motivierten Pentland 2004 zu einem ersten sozialtechnokratischen Big-Data-Szenario für die Revolutionierung der nationalen Gesundheitsfürsorge. Da sich die Mobiltelefone nach und nach zu tragbaren Computern und zu „situation-aware intelligent assistents" entwickeln würden, sollten mit ihnen von jedem Benutzer durch kontinuierliche Messung der Vitalsignale, der motorischen Aktivität, der Schlafmuster und anderer Gesundheitsindikatoren personalisierte Profile der körperlichen und nervlichen Leistungsfähigkeit erstellt werden. „Medical Provider" würden dann eine komplette Auskunft über den Zustand einer Person erhalten und könnten durch Zusammenführung aller Daten Epidemien, Seuchen und Angriffe mit biologischen Waffen frühzeitig erkennen. Durch die Verwendung von Machine-Learning-Techniken und Hidden Markov Models zur Spracherkennung ließe sich ein Modell des normalen und abweichenden Verhaltens einer Person ermitteln, und durch die Einbeziehung ihres „social life" und sozialen Netzwerks könne sogar die Verhaltensdynamik, die „mental health" und „psychological disorder" prognostiziert werden (Pentland 2004, S 42–48). Über ein kontinuierliches „biomedical sensing" sollte ein Instrumentarium entstehen, das jeden Einzelnen zu einer gesunden Lebensführung ermuntert und so optimale Gesundheit auf gesellschaftlichem Niveau gewährleistet. Fernziel war die Installierung einer Überwachung der öffentlichen Gesundheit und Krankheitsbekämpfung als ein durch Realzeitdaten gestütztes, sich selbst regulierendes Regime von Verfahren, Technologien und Regeln (Pentland et al. 2009, S. 24).

Reality Mining wurde sehr bald wegen seiner hervorragenden „Surveillance"-Eigenschaften, unübliche Bewegungs- und Kommunikationsmuster durch Abgreifen von Mobilfunkinformationen herauszufiltern, von staatlichen und halbstaatlichen Institutionen der US-amerikanischen „Homeland Security" als neue Methode für die Auffindung und Verfolgung von Terroristennetzwerken entdeckt.[19] Pentland selber empfahl 2009 beim Weltwirtschaftsforum, Reality Mining als ein „global nervous system" auch für die Terroristenbekämpfung einzusetzen (Pentland 2009, S. 75–76). Ab 2008 wurden mehrere seiner Projekte und Promotionsvorhaben vom US Army Research Laboratory und der DARPA unterstützt. Nachdem Pentlands Team 2009 bei einem Geolocation-Detection-Preisausschreiben der DARPA durch die Mobilisierung von Internet-Communities die mit herkömmlichen Geheimdienstmethoden nicht mögliche Aufspürung von zehn roten Ballons in den USA gelungen war, kam es zu einer zeitweise engen Kooperation mit dem Militär und der neuen DARPA-Chefin Regina Dugan (*1963), die wieder zur „Full Take"-Strategie der TIA von 2002/2003 zurückkehren wollte (Pickard et al. 2010). Pentland, der den Hauptfehler der Geheimdienste in der Fixierung auf gefährliche Individuen sah, gewann sie für sein Konzept der Big-Data-gestützten „computational counterinsurgency", die den Fokus auf die „social fabric" von Terror- und Aufrührer-Netzwerken legte. Als militärisches Pilotprojekt kam Reality Mining dann 2010 im Afghanistankrieg im Nexus-7-Data-Mining-Programm zum Einsatz, an dem das MediaLab-

---

[19] Siehe u. a. (Kramer 2007, S. 8).

Ballon-Team und die NSA-Big-Data-Cloud beteiligt waren (Noah Shachtman Security 2011, S. 5–9, 20). Doch wegen der inkonsistenten heterogenen Datenlage kam es zu Fehleinsätzen von Drohnen, und die Aufstandsbekämpfung bis zum Jahr 2013 wurde weithin als gescheiterte Strategie verspottet (Weinberger 2017, S. 4–6). Militärisches Sponsoring von MediaLab-Projekten zu Ausbreitungswegen von Ideen, Stimmungen und politischen Einstellungen sowie zur permanenten Messung und Beeinflussung des gesellschaftlichen Gesundheitszustands liefen jedoch weiter, ebenso die Finanzierung von Forschungen der „Endor Enterprise" für die Nutzung von Erkenntnissen der „Social Physics" zur optimalen Platzierung und dezentralen Steuerung von Aufklärungs- und Kampfdrohnenschwärmen mittels „Schwarmintelligenz".[20]

3.3 Die sozialwissenschaftliche Forschungsmethodik und theoretische Begründung der datenintensiven Computational Social Science und der Plan zu einer Big Data Plattform

In wenigen Jahren hatte Pentlands MediaLab-Team auf der Grundlage einer Wearable-, Mobile- und Ubiquitous-Computing-Infrastruktur ein sensometrisches Forschungsinstrumentarium für die Realzeitanalyse von Sozialbeziehungen und Sozialverhalten von Gruppen entwickelt und vielseitige Verwendungsmöglichkeiten in Wirtschaft, Gesellschaft und Staat aufgezeigt. Gegenüber der traditionellen empirischen Forschungsmethodik war der maschinell datengewinnende Analytikansatz nicht nur weitaus effizienter, sondern auch für die Verarbeitung großer Datenmengen ideal geeignet. Der Sozialwissenschaftler musste sich nicht mehr selber ins Feld begeben und sich mit stichprobenartigen „single-shot self-report data on relationships" zufriedengeben (Pentland 2009, S. 76–77). Denn er bekam nun fortlaufende Realzeit- und Langzeit-Daten über größere Gruppen in hoher Detailauflösung und in einer bei manueller Forschungsdatensammlung unmöglichen Reichhaltigkeit. Die automatisierten sensometrischen Data-Mining- und Datenanalyse-Verfahren überwanden mit der nun erreichbaren großräumigen Zusammenführung vielfältiger Datentypen die Skalierungsbarrieren der bisher üblichen Kleingruppenforschung. Sie vermittelten bei sorgfältiger Datenbereinigung und Datenverknüpfung Einsichten in Verhaltensmuster und Gruppendynamik, die selbst über die Potenziale der agentenbasierten Simulation der bisherigen Computational Social Science weit hinausgingen (Eagle 2005, S. 21, 34–37):

> „By continually logging and time-stamping information about a user's activity, location, and proximity to other users, the large-scale dynamics of collective human behavior can be analyzed." (Eagle und Pentland 2006, S. 263)

---

[20] Siehe die Zusammenfassung des langjährigen Projekts in (Altshuler et al. 2018).

Die begrenzte Erklärungstiefe von Sensor- und Metadaten ließ andererseits kaum Aussagen zu über qualitative und strukturelle Aspekte des Individual- und Gruppenverhaltens sowie vor allem auch nicht über die subjektiven Motive der Handelnden, wie sie in herkömmlichen Tiefeninterviews ermittelt werden. Überhaupt fehlte dem Reality-Mining-Forschungsinstrumentarium ein theoretisches Fundament, das den Verzicht auf eine Auswertung der kommunikativen Inhalte und rationalen Diskurse sowie generell auf sprachverstehende hermeneutische Verfahren rechtfertigte. Zur theoretischen Begründung seiner ausschließlich auf Sensordaten beruhenden Verhaltensanalytik suchte Pentland deshalb zunächst Anschluss an die Forschungsarbeiten von Mark L. Knapp (*1938) und Judith A. Hall (*1946) über die Bedeutung nonverbaler Kommunikation für die menschliche Interaktion (Knapp und Hall 1992). Ebenso griff er die signalökonomische „Social Display"-These von Nalini Ambady (1959–2013) und Robert Rosenthal (1933–2024) auf, wonach bereits erste Gestenwahrnehmungen („thin slices of expressive behavior") zur Verhaltensprognose von Personen ausreichen (Ambady und Rosenthal 1992).[21] In dem explorativen Forschungsseminar „Digital Anthropology" überprüfte Pentland 2003/2004 die Social-Signalling-Theorien mit einem vervollständigten multisensorischen Instrumentarium, das zur sensometrischen Analyse der Face-to-Face-Interaktionen einer studentischen Versuchsgruppe alle Facetten der Sprachprosodie, Gesichtsausdruck, Kopfbewegungen, Gestik, Körpersprache und sogar Stressindikatoren der Haut in die mit kleinsten Messzyklen operierenden „behavioral metrics" einbezog (Pentland 2003b, Folie 2, 3). Das mehrmonatige Experiment gab Pentland die Gewissheit, dass sich durch die Quantifizierung von Sozialkontakten und Routinen, durch „Interest Ratings" und Sensordatenfusion von soziometrischen, biometrischen und psychometrischen Daten aus nonverbalen Sozialsignalen das Entscheidungs- und Sozialverhalten auf maschinelle Weise umfassender und zuverlässiger prognostizieren ließ als durch einen menschlichen Beobachter und durch die Analyse verbaler Diskursverläufe (Pentland 2005, S. 33; Eagle und Pentland 2006, S. 257).

Die erfolgreiche Erprobung im relativ homogenen akademischen Umfeld veranlasste ihn, das multimodale Verhaltensaufzeichnungssystem als künftiges Allgemeinmedium zu propagieren. Das sogenannte „GroupMedia System" sollte dann als tragbare bzw. mobile „social prosthesis" fungieren, die neben den üblichen Kommunikationsfunktionen zugleich der permanenten Beobachtung des Sozialverhaltens der Benutzer dient und diese umgehend auf kommunikative, körperliche und soziale Verhaltensdefizite aufmerksam macht (Madan und Pentland 2006, S. 110–111). In Zukunft würden diese ubiquitären „socially aware devices" wie generell auch Computer in der Kleidung, in Alltagsgegenständen und Wänden verschwinden und sich von dort aus nahezu unbemerkt als „unconscious intelligence" im Lebensalltag nützlich machen (Madan et al. 2004). Von der allgemeinen Verbreitung dieser mit „social intelligence" ausgestatteten „social perception machines" versprach sich Pentland Erleichterungen der zwischenmenschlichen Kommunikation, die Aufdeckung ineffizienter, kreativitätshemmender Sozialbeziehungen und

---

[21] Zur Rezeption der Ansätze siehe (Pentland und Heibeck 2008, S. 100–101).

empfahl sie allen wirtschaftlichen, gesellschaftlichen und staatlichen Institutionen zur Produktivitäts- und Kreativitätssteigerung durch ein datengesteuertes „social engineering" (Pentland 2005, S. 34; Waber et al. 2007).

In den Folgejahren baute Pentland sein Social-Signals-Konzept durch Anleihen an die evolutionsbiologische „Signalling Theory" von Nikolaas Tinbergen (1907–1988) zu seinem Honest-Signals-Theorem aus, mit dem er einen neuen Wissenschaftsansatz einer sensordatenbasierten Sozialwissenschaft begründen wollte. In seiner ersten größeren Buchpublikation legte er dar, dass die „social fabric" tief in der biologischen Verhaltensökologie verankert ist, denn sie beruhe sehr wesentlich auf den allen Tieren eigentümlichen reflexartigen Sozialverhaltensmustern und Herdeninstinkten, die über weitgehend unbewusste „honest signals" oder „dishonest signals" kommuniziert würden. Diese alten Signalisierungsmechanismen und para-semantischen Kommunikationsformen boten für ihn einen viel aussagekräftigeren Einblick in die wirklichen Motivationen von Personen, insbesondere in ihre friedlichen, feindlichen oder gar kriminellen Absichten (Buchanan 2007b; Pentland und Heibeck 2008, S. IX–XII, 93; Pentland 2011, S. 1–3). Die sensometrische Honest-Signals-Forschung war hierdurch auch von besonderem Wert für die Terrorismusbekämpfung und für das DARPA-Projekt „Detection and Computational Analysis of Psychological Signals (DCAPS)" (Zhang und Danu 2011, S. 1129–1132; Pentland 2014a, S. 232–233). Für Pentland stand damit fest, dass die Analyse der menschlichen Gesellschaft nicht mehr vom Individuum, sondern vom Schwarmverhalten der „social animals" und deren Enkulturation durch soziale Netzwerke auszugehen habe. Durch sorgfältige Kontrolle der Ideenflüsse und das Kanalisieren der menschlichen Netzwerkintelligenz könnten Informationsgewinnung, Entscheidungsabläufe und Gruppeneffizienz deutlich verbessert werden: „There is the potential to dramatically improve the practice of science, the management of organizations, and political governance." Es entstünde hierdurch ein „social brain" und möglicherweise sogar eine „super-human collective intelligence" (Pentland 2007a, S. 195–196). Allerdings müssten hierbei „benefit" und „,big brother' nature" der „Socioscope"-Informationen sorgfältig abgewogen werden (Pentland und Heibeck 2008, S. 144).

Das multimodale sensometrische Instrumentarium ermöglichte erstmals eine holistische Sicht auf größere Populationen und sogar ganze Gesellschaften, und erhielt damit die Funktion eines datenbasierten „Socioscope", mit dem Sozialwissenschaftler auf Grundlage statistischer Datenmodelle und Analytikverfahren für umfassende, stets aktuelle „Social Surveys" über die Kollektivintelligenz von Millionen von Einwohnern verfügen. Eine fortgeschrittene Version sollte sogar gleichzeitig die Eigenschaften von Teleskopen und Mikroskopen vereinen und so in der Lage sein, das Verhalten von Hunderten von Menschen gleichzeitig genau und kontinuierlich zu verfolgen und selbst feinste Verhaltensweisen mit nahezu perfekter Genauigkeit aufzuzeichnen (Pentland 2007b, S. 60). Wie der Astronom mit seinen digitalen Teleskopen blickte nun auch der Sozialforscher aus „God's Eye View" oder wie ein „Alien" auf sein Big-Data-Untersuchungsfeld, auf eine „Society in High Resolution" (Mann 2016). Doch die von Pentland aufgegriffene „Socioscope"-Metapher verdeckt den grundsätzlich verschiedenen Beobachterstatus des

Sozialwissenschaftlers, denn im Unterschied zum Astronomen bedient er sich nicht eines auf der physikalischen Optik oder Elektronik beruhenden Messinstrumentariums, sondern eines sozial konstruierten Sensordatenfiltersystems und algorithmischen Datenauswertungssystems, in das bereits Wertungen und Sozialvorstellungen eingehen (Lazer et al. 2014). Er ist also keinesfalls der abgehobene neutrale Beobachter, sondern selbst Teil der Gesellschaft und von deren Werten und Anschauungen geprägt, die sowohl in seine Big-Data-Methoden wie auch in seine Leitbilder einer berechenbaren „social fabric" und einer behavioristischen Gesellschaftskontrolle und Verhaltensökonomie einfließen.

Seine endgültige Gestalt erhielt Pentlands Theorie einer sensometrischen Big-Data-Sozialwissenschaft zwischen den Jahren 2006 und 2009 durch Kooperationen mit dem theoretischen Physiker und Herausgeber der Zeitschrift „Nature" Mark Buchanan (*1961) und dem Politologen und Informationswissenschaftler David M. Lazer von der Harvard University. Buchanan regte Pentland dazu an, in seinen bisherigen theoretischen Ansätzen die „hidden physics oft the social world" zu entdecken (Buchanan 2007a, S. 104). In der auf Auguste Comte (1798–1857) und Adolphe Quetelet (1796–1874) zurückgehenden, von dem Astrophysiker John D. Stewart (1915–1998) in den 1940/1950er-Jahren begründeten Tradition der „American Social Physics School" vertrat Buchanan die Auffassung, dass die Gesellschaftstheorie sich ebenfalls der physikalischen Prinzipien und Methoden zu bedienen habe, um Verhalten und Meinungsbildung der Menschen aus der „logic of collective patterns" der „social atoms" zu erklären und zu prognostizieren (Buchanan 2007a, S. 9, 19). Er sah in Pentland einen Mitstreiter für die „quantum revolution" in den Sozialwissenschaften und die probabilistisch-statistische Analyse von sozialen Verhaltensmustern, die in ihrer Berechenbarkeit der „clockwork precision of thermodynamics or planetary motions" entsprächen (Buchanan 2007a, S. X–XI; Buchanan 2007b). Er motivierte Pentland zu einer durchgängigen Quantifizierung und Algorithmisierung von dynamischen sozialen Prozessen und Bewegungen, insbesondere von sozialnützlichen bzw. sozialschädlichen Netzwerkeffekten. Durch Buchanan erhielt Pentland zudem die Anregung zu einer Synthese seiner „Lessons From a New Science" in seinem zweiten Hauptwerk „Social Physics" von 2014. Auch Pentland hatte nun eine weitgehend thermodynamische Sicht von Sozialprozessen:

> „The analysis follows a statistical physics approach such that the individual decision making agents are akin to atoms and their interaction, which results in the network, is akin to an ensemble, e. g. gas." (Altshuler et al. 2015, S. 2)[22]

Durch diese signaling-theoretisch-behavioristische Reduzierung wesentlicher qualitativer Merkmale von Sozialverhalten auf tierische Reflexe und Schwarmverhalten, d. h. eine zirkulär argumentierende Reduktion der gesellschaftstheoretischen Grundlagen von Pentlands Big-Data-Wissenschaft auf berechenbare, automatisch abarbeitbare Verfahren und Steuerungsgrößen, ließen sich in der Sozialen Physik

---

[22] Zu den mathematischen Modellen siehe (Pentland 2014a, S. 240–264; Altshuler et al. 2015).

Menschen-, Tier- und Roboterschwärme mit dem gleichen algorithmischen Big-Data-Instrumentarium analysieren. Mit diesem konsequent sozialphysikalischen Ansatz konnte Pentland nun die Theorie- und Methodenintegration von Natur- und Sozialwissenschaften angehen und auf dieser Basis eine „quantitative, predictive science of human organisations and human society" begründen (Pentland 2009, S. 77). Mit Big Data als einer „gold mine for social science", so sein Versprechen, werde die Produktivität von Gruppen und Institutionen mathematisch messbar, sodass die tatsächliche „social fabric" transparent würde, die wichtiger sei als herausragende Einzelleistungen. Durch permanente Beobachtung von „honest signals" sowie durch die Visualisierung von Kommunikationsbeziehungen und Ideenflüssen sollen nicht-funktionierende soziale Netzwerke ermittelt sowie „independent subgroups" und „information ghettos" mit Sozialproblemen aufgespürt werden, um dann durch „social network incentives" die „social collective intelligence" anzuheben (Pentland 2014a, S. 216).

In ähnlicher Weise will Pentland mit „Preventive Medicine"-Projekten Genom- und Biodaten mit Stoffwechseldaten, „Quantifying Self"-Messreihen sowie mit den „Lifelogging"-Daten der Person und ihrer Familie verknüpfen. Die statistische Verhaltens-Analyse mit fortgeschrittenen Smartphones könnte sogar Depressionen und mentale Krankheiten erkennen und so als eine „sort of low-resolution brain scanning technology" fungieren (Pentland et al. 2009, S. 4; Pentland 2011). Die „behavior-logging technology" wollte er zum Kern einer Big-Data-basierten „Public Health"-Bewegung machen, die durch eine „improved surveillance" Risiko-Faktoren und Risikogruppen herausfiltert, Therapien vorschlägt, im Alltag begleitet, um so alle Krankheiten und Seuchen präventiv auszuschalten: ein Programm, das sogar von der US-Regierung aufgegriffen wurde und das Google mit dem „Verily Life Science"-Konzept im großen Stil betreibt (Pentland et al. 2013, S. 6, 30; Pentland 2014a, S. 143). Fernziel von Pentlands Big-Data-Bestrebungen sind sich permanent messende, berechnende, optimierende und dadurch harmonisierende „sensing cities" und „data-driven societies", die das „Age of Data" zu einem „New Enlightenment" werden lassen:

> „Historically we have always been blind to the living conditions of the rest of humanity; violence or disease could spread to pandemic proportions before the news would make it to the ears of central authorities. We are now beginning to be able to see the condition of all of humanity with unprecedented clarity." (Pentland 2019, S. 104; zum Konzept der „data-driven societies" siehe Pentland 2014a, Kap. 9 und 10)[23]

Aus der Kooperation mit Lazer in Projekten zu Public Health und zur sensometrischen Erforschung von Freundschaftsnetzwerken entstand das Programm zur Umwälzung der bislang vorwiegend auf der Agententechnologie und auf systemdynamischen Simulationsmodellen beruhenden computerunterstützten Sozialforschung hin zu einer Big Data Science, die damit von dem bisherigen „field of craft" zu einem „field of science" werden sollte (Eagle et al. 2009; Altshuler et al. 2013,

---

[23] Zu den darin entfalteten Prinzipien einer instrumentären Gesellschaft siehe (Zuboff 2018, S. 495–510).

S. 421). Unter Leitung von Lazer und Pentland formierte sich im Anschluss an eine Konferenz an der Harvard University im Dezember 2007 ein Verbund verschiedener US-amerikanischer sozialwissenschaftlicher Big-Data-Initiativen, der Anfang 2009 mit dem Manifest „Computational Social Science" (CSS) das neue Programm verkündete, das erstaunlicherweise keinerlei Bezug zu Jim Grays „Fourth Paradigm" nahm (Lazer et al. 2009). Wie bereits die Biologie und Physik durch die zentrale Zusammenführung von Datenbanken in fachspezifischen Plattformen revolutioniert worden waren, so sollte nun mit Big Data Analytics das „macro social network of society" erforscht werden. Voraussetzung hierfür wäre aber, dass die von den Wissenschaftlern gehüteten privaten Datensammlungen in einem „open academic environment" zugänglich gemacht werden. Geplant war deshalb eine sichere, zentralisierte Dateninfrastruktur, die über robuste Modelle eines kollaborativen Datenaustauschs der Wissenschaft auch die kommerziellen Datenbanken, Internetdiensteanbieter und Telcos erschließen sollte (Lazer et al. 2009, S. 722).

Mit dem Plan einer globalen Datenplattform für die Sozialwissenschaften wollte man auch verhindern, dass die Computational Social Science eine exklusive Domäne von Privatfirmen und Regierungsinstitutionen wird. Man legte deshalb besonderes Gewicht auf den Schutz der Privacy durch ein – allerdings erst noch zu schaffendes – sich selbst regulierendes technisches und rechtliches Regelwerk zur Verhinderung eines „Orwell State", eine Gefahr, die wegen der sensometrischen Eingriffstiefe in den Lebensalltag der Bürger ständig präsent war (Lazer et al. 2009, S. 721–722; Pentland 2012b, S. 7). Als Vorbild diente hierfür der von Pentland propagierte „New Deal on Privacy" (Pentland 2009), der zwar die Zusammenführung aller Sozialdatenbestände in einem Cloud-System vorsah, den Usern aber das Recht auf Zugriffsgewährung zu ihren persönlichen Nutzdaten vorbehielt. Dieser Vorschlag unterschätzte aber die Bedeutung der Metadaten und erwies sich angesichts der durch Edward Snowden (*1983) im Jahre 2013 aufgedeckten massiven weltweiten Geheimdienstübergriffe auf Internet- und Kommunikationsdaten schon bald als eine Illusion von Wissenschaftlern. Zudem wäre man bei der Datenbeschaffung gerade auf das Wohlwollen jener privatwirtschaftlichen Akteure des Überwachungskapitalismus angewiesen, die selbst mit der maximalen Aneignung von privaten Nutz- und Transaktionsdaten kommerzielle Ziele verfolgen.

Die Ambitionen der sich neu konstituierenden „CSS-Community" gingen schon bald über eine reine Forschungsplattform hinaus in Richtung Sozialintervention, Politikberatung und Gesellschaftsgestaltung. Gestützt auf „ubiquitous social observatories" und die holistische Sicht der „God's Eye View", bot sie sich Staat und Wirtschaft als „living laboratory" und herausragende Denkfabrik für ein „social engineering" an. Pentland verglich die Eingriffe in das „social mechanism design" mit den bildgebenden Verfahren der Hirnforschung und sprach deshalb von „Social fMRI" (fMRI = functional Magnetic Resonance Imaging) (Aharony et al. 2011, S. 643, 658). Die geplante Open-Source-Plattform für die Sammlung von Sozial- und Verhaltensdaten erschien ihm bereits seit 2008 als eine neue Art von Nervensystem, das die gesamte Menschheit umspannen würde (Pentland und Heibeck 2008, S. XIV, 93, 175). Er bediente sich dabei einer schon mit der Telegrafie aufgekommenen und 1964 von Marshall McLuhan (1911–1980) auf alle elektr(on)ischen Medien ausgeweiteten Metapher (McLuhan 1964, S. 81; Buschauer 2010, S. 76–84, 94, 125–126; Buschauer 2014, 406, 425–429). Nach Pentland bekommt dieses „global nervous system" in Verbindung mit den Modellen der „Social Physics" das Potenzial zur Schaffung von wahrhaft „sensible societies" und der „ability to engineer our society and entire culture" (Pentland und Heibeck 2008, S. 98).

Eine Chance zur Realisierung dieser hochfliegenden sozialtechnokratischen Visionen einer „algorithmic governance" eröffnete sich durch die Kooperation mit dem Physiker und Soziologen Dirk Helbing (*1965) von der ETH Zürich, der ab 2010 europäische Big-Data-Social-Science-Initiativen in dem Verbundprojekt „FuturICT"[24] zusammenführte (Bishop et al. 2011). Helbing hatte sich, unter Berufung auf das Hilbertprogramm vom Anfang der 1920er-Jahre in der Mathematik, das Ziel gesetzt, nun die „Grundfragen der Sozialwissenschaften" zu lösen, ohne allerdings der Frage der Grenzen der Berechenbarkeit speziell in den Sozialwissenschaften allzu große Aufmerksamkeit zu schenken. Die Wissensbasis hierfür sollte durch Datenzusammenführung in „interconnected observatories" und eine Modellintegration der Finanz-, Wirtschafts-, Gesellschafts-, Gesundheits- und Umweltsysteme in einem „planetary super computer" geschaffen werden, um damit in Zukunft globale Krisen vorauszusehen und schon im Vorfeld zu vermeiden (Helbing und Balietti 2010, S. 3). Im Reality Mining des Sozialverhaltens des MediaLab-Teams sah er eine wesentliche Ergänzung seines mehr auf die Modellierung von sozialökonomischen und logistischen Strömungsgrößen ausgerichteten „Living Earth Simulator" (Helbing und Balietti 2011, S. 12, 37–38, 50). Er gewann Pentland für eine Mitarbeit an dem Großantrag für ein auf zehn Jahre angelegtes „EU-Future Emerging Technologies (FET) Flagship Pilot Project" und übernahm sogar dessen Leitidee eines „Planetary Nervous System for Social Mining and Collaborative Awareness". Hierbei sollte das Sensordatenspektrum nun noch einmal deutlich auf das „Internet der Dinge" bzw. auf das „Internet of Everything" ausgeweitet werden Abb. 7 (Bishop und Helbing 2012, S. 15, 41, 78; Helbing et al. 2012, S. 24; Giannotti et al. 2012, S. 10, 24–25, 52–54).

Mit Blick auf das nach dem CERN-Vorbild stärker als dezentrale „Global Participatory Platform" angelegte und weitaus mehr auf Datenschutz bedachte europäische Big-Data-Großvorhaben sowie auf das veränderte politische Klima unter der Obama-Administration modifizierte Pentland sein bisheriges CSS-Programm. In seinem vom Army Research Laboratory finanzierten Projektentwurf „Society's Nervous System: Building Effective Government, Energy, and Public Health Systems" von 2012 sollte Reality Mining künftig nicht mehr primär zur Ermittlung von Störungen, Epidemien, Notsituationen und ungewöhnlichen Verhaltensweisen dienen, sondern zur Herstellung intelligenter, reaktiver Sozialsysteme, in denen durch „pervasive sensing" und datenanalytische Prognosen des Individual- und Kollektivverhaltens ein idealer Selbstregelungsmechanismus entsteht. Im Zentrum stand nun nicht mehr die Frage, was schlecht ist für eine Gesellschaft, sondern wie mit Interventionen in Informationsflüsse und Sozialstrukturen sowie mit gezielten Anreizen „social capital" gebildet und damit eine harmonischere, gesündere und nach-

---

[24] FuturICT: FET Flagship Pilot Project. (Future Information and Communication Technology).

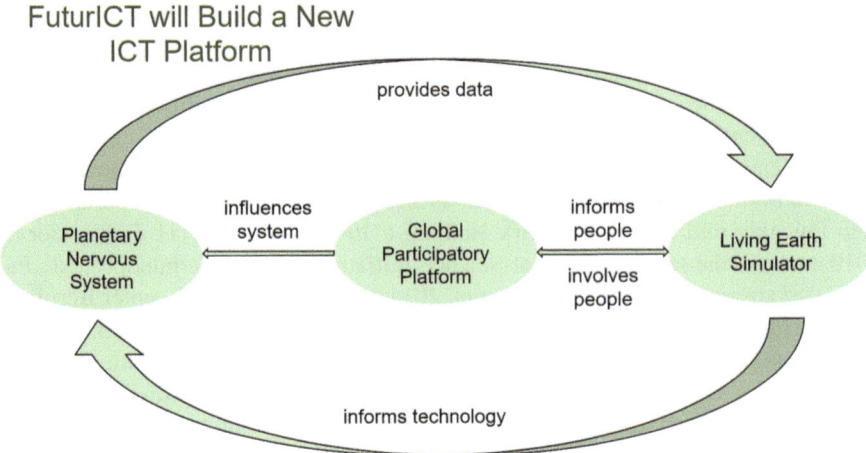

Abb. 7 Die Systemarchitektur der geplanten globalen Big-Data-Plattform des FuturICT Projektverbunds. Abbildung gezeigt nach Bishop et al. 2011, S. 3. Mit freundlicher Genehmigung von Dirk Helbing.

haltigere Sicherheit, Stabilität und Effizienz garantierende Gesellschaft geschaffen werden könne. Pentland betrachtete nun die Gesellschaft mehr als einen Ideenmarkt, in den im Interesse einer maximalen Ertragssteigerung des Humankapitals personalpolitisch und organisatorisch interveniert werden müsse. Deshalb sollte über eine behutsame Verhaltenssteuerung per „incentives for good behavior" korrigierend eingegriffen werden: „[…] we must reinvent societies' systems within a control framework […]." (Pentland 2012a, S. 31; Pentland 2014a, S. 20, 63, 70, 124, 138). Pentlands Big-Data-Ansatz ging hier auf Distanz zur 9/11-Agenda der Computer Science und schwenkte auf die von der neofeudalen Medienkonstellation der großen Internetplattformen angebahnten und um 2010 auch in den Big-Data-Politikmodellen aufgegriffenen Tendenzen zu einem „Libertarian Paternalism" ein, der über eine permanente Lebensführungsberatung und eine datengetriebene Verhaltenssteuerung die staatliche „Crisis of Control" dauerhaft zu überwinden hoffte (Pentland 2012a, S. 32–35).[25]

Die im Oktober 2012 eingereichte Roadmap für „Social Sensing, Social Mining and Social Network Analysis" verknüpfte die europäischen und amerikanischen Big-Data-CSS-Konzepte zu einem hochambitionierten Gesamtprogramm.[26] Dieses versprach die Erstellung einer weltumspannenden ICT-Plattform für „planetary scale simulations powered by a new planetary scale data science" sowie eine völlig neue KI-Qualität einer sozialorientierten Data-Mining- und Data-Analytics-Technologie, die das Sozialverhalten tiefgreifend erfassen, berechnen und dabei doch alle Privacy-Risiken auszuschließen hätte. Mit dieser allen Bürgern zugänglichen, globalen partizipativen Sozialforschungsplattform wollte man schließlich

---

[25] Vgl. zu dieser Debatte (Gigerenzer 2015; Hellige 2014, S. 47–50; Hellige 2015, S. 38–48).
[26] Siehe die Einleitung zu dem Gesamtantrag (Helbing 2012).

einen Paradigmenwechsel zur datenintensiven Politikgestaltung initiieren, die der Big-Data-Technologie eine Schlüsselrolle im politischen und gesellschaftlichen Raum zuweisen sollte, in dem jeder zugleich Datenproduzent und -konsument wäre. Unter der Vorspiegelung, mit dem vermeintlich neutralen wissenschaftlich-technischen Instrumentarium eines „digitalen Nervensystems" würde die kollektive Selbstoptimierung und Selbstorganisation der (Welt-)Gesellschaft angeleitet, wollte sich hier eine Big-Data-Technokratieelite etablieren, die mit dem Heilsversprechen von harmonischen „data-driven societies" eine panoptische bzw. synoptische (Selbst-)Überwachung aller gesellschaftlichen Akteure und Prozesse einforderte (Pentland 2014a, S. 17–19). Das Big-Data-Großszenario, das sich damit an das Konzept der synoptischen Selbstorganisation und Selbstüberwachung und die von den Internet-Service-Providern praktizierte „Governmentality of Digital Platforms" anlehnt (Törnberg und Uitermark 2020), bildete so am Ende eine digitalisierte Neuauflage klassischer technokratischer Illusionen von einer technikvermittelten Lösung aller gesellschaftlichen Widersprüche und Interessengegensätze.

Die mit einem globalen EU-Big-Data-Programm intendierten Ziele standen dabei aber nicht nur im Kontrast zu den verfügbaren finanziellen und vor allem institutionellen Ressourcen, sondern waren auch durch die Verknüpfung sozialökonomischer, geografischer und sensometrisch-behavioristischer Big-Data-Kulturen in sich recht heterogen. All dies trug möglicherweise dazu bei, dass der Antrag im Januar 2013 bei den zuständigen EU-Gremien keine Billigung fand. In den Sozialwissenschaften war hierdurch im Unterschied zur Astronomie und zur Hochenergie-Teilchenphysik eine weltweite Forschungsplattform der gesamten Disziplin und damit der Einstieg in das „Fourth Paradigm" erst einmal gescheitert. Die Ausgangsbedingungen für eine CSS-Plattform in den Sozialwissenschaften unterschieden sich deutlich von denen für eine Plattform in der Astronomie, denn bei ersteren gab es keinen frei verfügbaren gemeinschaftlichen Datenraum, der schon vor der Digitalisierung einen einheitlichen Corpus in einem weltweit anerkannten Methodenspektrum bildete. Während in der Astronomie die disziplinäre „Federation" der Institutionalisierung des „World-Wide Telescope" vorausging, mussten in den Sozialwissenschaften für die Schaffung eines kollaborativen Mittelpunkts der Disziplin die stark zersplitterten und interessenpolitisch höchst divergierenden Akteure erst einmal im Zuge der Big-Data-Plattformgründung zusammengebracht werden. Zudem fehlte eine durchgreifende Überprüfung der tatsächlichen Erklärungs- und Prognosefähigkeiten des weitgehend auf die Berechenbarkeitspotenziale des sensometrischen und datenanalytischen Instrumentariums reduzierten Forschungsansatzes, dessen qualitative Defizite und Grenzen in der sogenannten „Google Flu"-Krise der Big-Data-Prognostik offensichtlich geworden waren (Lazer et al. 2014; Helbing et al. 2017).[27] Hinzu kommen noch die bei Sozial- und Verhaltensdaten ungleich höheren Datenmissbrauchsrisiken für eine derart umfassende Datenfusion.

---

[27] Die DARPA knüpft aber mit ihren Programmen der „Next Generation Social Science" von 2017 und „Knowledge-directed Artificial Intelligence Reasoning Over Schemas" (KAIROS) von 2019 wieder an die Big-Data-CSS-Projekte an, um mit KI von Menschen nicht entdeckte Krisensymptome zu entdecken.

Deren politische Problematik veranlasste Helbing und andere Data Scientists nach den Snowden-Enthüllungen zu einer selbstkritischen Revision der Big-Data-Szenarien. Helbing löste sich bei der Weiterentwicklung seiner Konzeption von dem Anspruch einer „dynamischen Regelung" der Gesellschaft, denn diese laufe nicht wie eine große Maschine, sie solle vielmehr durch die Assistenz von KI und Big Data ein „well-coordinated system of diverse and largely autonomous, self organizing systems, activities and processes" werden (Helbing 2016, S. 29).

Die Aufdeckung der massenhaften Privacy-Verletzungen der NSA führten auch Pentland die Gefahren des „age of government overreach" deutlich vor Augen, und er kam zu dem Schluss: „the ‚all seeing eye' is good in scientific experiments, but very bad in government or social systems".[28] Er forderte deshalb die unverzügliche Eliminierung der hochriskanten zentralen Datenspeicher der NSA, eine generelle Dezentralisierung der Big-Data-Infrastrukturen und die Schaffung eines legalen Rahmens für die staatliche und wissenschaftliche Nutzung persönlicher Daten, wobei er ausdrücklich auf die Klärung der Rechte der Stakeholder in der europäischen Datenschutzrichtlinie verwies (Pentland 2014c, S. 65–66). Die offen sichtbar gewordenen hohen Risiken zentraler Datenanalytik machten aber auch eine Neuordnung des soziotechnischen Instrumentariums und der sozialen Architektur von sozialwissenschaftlichen Big-Data-Infrastrukturen erforderlich, wollte die Computational Social Science nicht der staatlichen und privatwirtschaftlichen Datenkonzentration Vorschub leisten. Deshalb startete Pentland ab 2014 im Rahmen des von ihm initiierten „MIT Connection Science"-Programms eine Reihe von Einzelinitiativen, um das von ihm im „New Deal on Privacy" anvisierte Regulierungsinstrumentarium technisch-konzeptionell auszubauen und institutionell abzusichern. Dazu gehörte die Technologie-Plattform „Open Algorithms" (OPAL), die auf der Basis offengelegter Datenanalytik-Algorithmen das Data Sharing mit privaten und öffentlichen Datenrepositorien in der Weise regelt, dass die Forscher ihre CSS-Recherchen mit zertifizierten Algorithmen an die Datenbanken übermittelten und von dort nur aggregierte „safe answers" erhalten, bei denen eine Reindividualisierung ausschlossen ist (Hardjono und Pentland 2017). Ein „Trust :: Data Framework" sorgt dabei mit Hilfe der Blockchain-Technologie für die Abwicklung des Identitätsmanagements in einem „Internet of Trusted Data". Um die besonders virulenten Datenschutzrisiken externer Metadaten-Auswertung zu beseitigen, soll ein „in-built metadata-monitoring" nach dem Vorbild des Weltbankennetzes SWIFT alle fremden Zugriffe auf Metadaten transparent machen, um mit Metadaten von Metadaten dem Missbrauch Einhalt zu gebieten (Pentland 2014c, S. 67; Pentland et al. 2016, S. 1–4).

All diese MediaLab-Einzelinitiativen für ein „Decentralized Personal Data Management" mündeten in den letzten Jahren in einer grundlegend veränderten sozialen Architektur der MediaLab-Konzeption von Big-Data-CSS-Systemen, und zwar in dezentralisierten, genossenschaftlich organisierten „Data Cooperatives", d. h. zivilgesellschaftlichen Zusammenschlüssen zum Schutz und zur gesicherten

---

[28] Mail von Alex Pentland an den Autor, 26.9.2019.

gemeinsamen Nutzung personenbezogener Daten. Diese „Self-organizing Digital Institutions" könnten künftig als Treuhänder der User ein Gegengewicht gegen die Datenkonzentrationen digitaler Konzerne bilden, so wie einst Gewerkschaften und Kreditgenossenschaften für ein „balance of power" in der Industriegesellschaft gesorgt hätten (Hardjono und Deegan 2014; Hardjono und Pentland 2019, S. 2–3). Die Coronapandemie wurde dann Anlass für ein weiteres Pentland-Großszenario mit dem Ziel einer Ablösung des datenakkumulierenden Big-Data-Regimes durch eine Shared-Data-Kooperation von Innovationsnetzwerken und einer Transformation der extrem vulnerablen hochzentralisierten „global efficiency economy" zu einer dezentralen, selbstorganisierten „local resilience economy" (Pentland et al. 2020, Kap. 1, S. 1–4, Kap. 2, S. 1–6, Kap. 4, S. 4–6). In einem durch den Snowden-Schock und die Coronapandemie ausgelösten Lernprozess nähert sich der von Pentland angestoßene und in einigen „Living Labs" erprobte CSS-Big-Data-Forschungsansatz damit der „shared governance" der kollaborativen Wissenschaftsplattformen in der Astronomie. Die Realisierung ihres Grundprinzips, der „Data Federation", dürfte in den gesellschaftlich stärker umkämpften Sozialwissenschaften jedoch ungleich schwerer fallen.

4   Fazit

Der Beitrag hat gezeigt, dass eines der wichtigsten Pionierkonzepte der Computational Social Science der militärisch-geheimdienstlichen Förderung der Datenanalytik und „Behavior Metrics" wichtige Impulse für die Entwicklung einer soziometrischen Verhaltensforschung verdankte. Ebenso bestand eine enge Wechselbeziehung zwischen den MediaLab-Projekten am MIT und führenden Internet-Service-Providern bei der Schaffung eines Medienensembles zur multisensorischen Erfassung und Ausforschung von Kommunikationsbeziehungen sozialer Gruppen und Netzwerke. Die soziale Architektur des Forschungsinstrumentariums und die Forschungsperspektiven des „Reality Mining"-Ansatzes wurden dadurch auf eine durchgängige multisensorische Erfassung des Alltagsverhaltens von Gruppen und sozialen Netzwerken sowie eine immer weiträumigere Beobachtung ganzer Populationen ausgerichtet. Damit sollten die Grundlagen für eine Soziologie des 21. Jahrhunderts und ein weitreichendes „Social Engineering" geschaffen werden, mit denen alle sozialen Konflikte und Dysfunktionalitäten in Organisationen und der Gesamtgesellschaft präventiv ermittelt und durch sozialtechnische Anreizmechanismen harmonisiert werden. Die Fokussierung des social-signalling-theoretisch und sozialphysikalisch begründeten Forschungsprozesses auf berechenbare und automatisch analysierbare Sensor- und Transaktionsdaten und probabilistische Korrelationen wird dabei freilich erkauft mit großer Erklärungsarmut dieser Art von Big-Data-Sozialforschung (Nerurkar und Gärtner 2020; S. 202–205). Denn da eine solche rein datenanalytische Forschung die hermeneutische Reflexion von Bedeutungshorizonten und Aussagekraft der zugrunde gelegten Daten ausklammert und zudem auf qualitative Interviews und Diskursanalysen verzichtet, blendet sie von vornherein komplexere soziale Kontexte aus. Ohne eine datenhermeneutische Ausweitung ermöglicht sie daher kaum sinnvolle Aussagen über Gründe und subjektive Motivationen von Sozialverhalten (Gerbaudo 2016, S. 95–97, 99–104; Wiegerling et al. 2018, S. 13– 16, 28–33; Häußling 2019, S. 75–77, 81–82). Es wurde aber auch deutlich, dass im Unterschied zur Astronomie und Teilchenphysik in der Computational Social Science die Vielfalt und die gegensätzlichen Interessen der sozialen Akteure sowie vor allem auch die Privacyprobleme der Akkumulation von Verhaltensdaten eine Föderation der Datenarchive bislang verhindert haben. Eine Big-Social-Data-Plattform als Mittelpunkt der Disziplin und Grundlage für eine datenintensive Politikgestaltung dürfte auf kaum überwindliche Hindernisse stoßen.

Sozialwissenschaftliche und physikalische Big-Data-Wissenschaftskulturen sind, dies hat die vergleichende Analyse von herausragenden Pionierkonzepten ergeben, in sehr unterschiedlichen Genese-Konstellationen entstanden. Von diesen gingen spezifische Prägewirkungen auf die jeweiligen sozialen Architekturen der Forschungsinfrastrukturen und Modelle der „data governance", sowie auf Wissenschaftskonzepte und Forschungsperspektiven aus. Big-Data-Wissenskulturen sollten daher grundsätzlich als historisch-spezifische Phänomene behandelt und nicht mit der traditionellen Massendatenverarbeitung vermengt werden. Sie sollten auch nicht unter einem einheitlichen quantitätsbetonten normativen „Fourth Paradigm" subsumiert werden, das die epistemischen Divergenzen zwischen Sozial- und Naturwissenschaften mit dem Big-Data-Begriff oder mit sozialphysikalischen Theorieansätzen von vornherein einebnet. Die inhärente „data diversity" der disziplinären „data cultures" erfordert vielmehr, wie Christine L. Borgman festgestellt hat, „clear discipline-based practices, infrastructure, and agreement in data stewardship practices" (Borgmann 2015, S. 4).

Big-Data-Konzepte entfalten zudem in den einzelnen Wissenschaften jeweils eine unterschiedliche soziale Wirkmächtigkeit, die vor allem von den jeweiligen sozialen und soziotechnischen Systemarchitekturen, gesellschaftlichen Medienkonstellationen sowie den spezifischen disziplinären Kulturen abhängt. Für künftige Sozialwissenschaftler entsteht durch Big Data die Verlockung, statt durch mühevolle eigene Erhebungen und Interviews im Feld auf den von den Akteuren des „Überwachungskapitalismus" in Clouds akkumulierten Datenschatz von „Social Networks" und riesigen „Sociology Lens-Datasets" zurückzugreifen. Eine derartige „Überwachungs-Soziologie" würde dann ebenfalls mit angeblicher „God's Eye View" vom Bildschirm aus soziale Prozesse in Echtzeit verfolgen und algorithmengestützt analysieren. Doch mit der Informatisierung und Verdatung könnten die Sozialwissenschaften auch das Erbe der historischen Genese der Big-Data-Plattformen übernehmen. Deren soziale Architekturen, Denkmuster und implizite Geschäftsmodelle würden dann auch zunehmend *ihre* Episteme bestimmen. So geriete die Big-Data-basierte Computational Social Science in den Sog großer gesellschaftlicher und kommerzieller „Science Cloud"-Betreiber mit ihren „oligoptic views of the world" (Kitchin 2014, S. 4) und ihrer Tendenz zur institutionellen Zentralisierung und Privatisierung des gesellschaftlichen Wissens. Durch die Übertragung des in den Naturwissenschaften entstandenen „Fourth Paradigm" auf die

Sozialwissenschaften würde auch die Tendenz zu einem datenfixierten Neopositivismus verstärkt, also zur Rückkehr des scheinbar neutralen Beobachters, der über Sensordaten auf Personen blickt wie Astronomen auf die Sterne.

Literatur

Aharony, Nadav et al.: Social fMRI: Investigating and Shaping Social Mechanisms in the Real World. In: Pervasive and Mobile Computing 7 (2011), Nr. 6, S. 643–659.

Allwein, Kelcy: Advanced R&D Projects Officer, Department of Defense, [Introduction] Socio-Cultural Modeling R&D Panel, Social Science Modeling and Information Visualization Workshop, National Security Innovations, Febr. 2008, S. 13–14.

Altshuler, Yaniv; Pam, Wie; Pentland. Alex: Trends Prediction Using Social Diffusion Models. In: Yang, Shanchieh Jay; Greenberg, Ariel M.; Endsley, Mica R. (Hrsg.): Social Computing, Behavioral-Cultural Modeling and Prediction, 4th International Conference (LNCS 7227). Berlin, Heidelberg: Springer 2012, S. 97–104.

Altshuler, Yaniv et al.: Trade-Offs in Social and Behavioral Modeling in Mobile Networks. In: Greenberg, Ariel M.; Kennedy, William G.; Bos, Nathan D. (Hrsg.): Social Computing, Behavioral-Cultural Modeling and Prediction, 6th International Conference (LNCS 7812). Berlin, Heidelberg: Springer 2013, S. 412–423.

Altshuler, Yaniv; Pentland, Alex; Gordon, Gorden: Social Behavior Bias and Knowledge Management Optimization 2015, http://web.media.mit.edu/~yanival/SBP15-MiceAndTraders.pdf (Abruf: 1.10.2018).

Altshuler, Yaniv; Pentland, Alex; Bruckstein, Alfred M.: Swarms and Network Intelligence in Search. Basel: Springer Publishing International 2018.

Ambady, Nalini; Rosenthal, Robert: Thin Slices of Expressive Behavior as Predictors of Interpersonal Consequences: A Meta-Analysis. In: Psychological Bulletin, 111 (1992) Nr. 2, S. 256–274.

Auster, Bruce: HighTech Hunting. In: ASEE Prism 12 (2003), Nr. 5, S. 22–27.

Baard, Mark: Sentient World: War Games on the Grandest Scale. In: The Register 23.6.2007, https://www.theregister.co.uk/2007/06/23/sentient_worlds/?page=3 (Abruf: 1.12.2019).

Berka, Petr: Reality Mining: Data Mining or Something Else? In: 10th International Workshop on Knowledge Management IWKM 2015, 13–14 October, Bratislava, Slovakia 2015, S. 5–14, www.cutn.sk/Library/proceedings/km_2015/PDF%20FILES/Berka.pdf (Abruf: 1.10.2018).

Biddle, Sam: How Peter Thiel's Palantir Helped the NSA Spy on the Whole World. In: The Intercept, 22.2.2017, https://theintercept.com/2017/02/22/how-peter-thiels-palantir-helped-the-nsa-spy-on-the-whole-world/ (Abruf: 10.12.2020).

Bishop, Steven et al.: FuturICT: FET Flagship Pilot Project. In: Procedia Computer Science 7 (2011), S. 34–38.

Bishop, Steven; Helbing, Dirk: FuturICT Flagship Proposal Summary 4.11.2012, https://arxiv.org/pdf/1211.2313.pdf (Abruf: 1.12.2018).

Borgmann, Christine L.: Big Data, Little Data, No Data: Scholarship in the Networked World. Cambridge, MA: MIT Press, 2015.

Borne, Kirk D.: Data Mining in Astronomical Databases, 2000a, https://arxiv.org/pdf/astro-ph/0010583v2.pdf (Abruf: 1.10.2018).

Borne, Kirk D.: Science User Scenarios for a VO Design Reference Mission, 2000b, https://arxiv.org/pdf/astro-ph/0008307v1.pdf (Abruf: 1.10.2018).

Borne, Kirk: A Growth Hacker's Jouney Through Data Science. In: Blog MapReduce, 28.4.2015, https://www.linkedin.com/pulse/growth-hackers-journey-through-data-science-kirk-borne/ (Abruf 1.10.2018).

Brin, Sergey et al.: What Can You Do With a Web in Your Pocket? In: IEEE Data Engineering Bulletin 21 (1998), S. 37–47.
Brio, Ariel: Computational Social Science, Presentation 23.7.2009, https://slideplayer.com/slide/5782696/ (Abruf: 1.10.2018).
Buchanan, Mark: The Social Atom: Why the Rich Get Richer, Cheaters Get Caught, and Your Neighbor Usually Looks Like You. New York: Bloomsbury Press 2007a.
Buchanan, Mark: The Science of Subtle Signals. In: Strategy + Business 48 (2007b), https://www.strategy-business.com/article/07307?gko=4a97a (Abruf: 1.10.2018).
Bullington, Joseph: „Affective" Computing and Emotion Recognition Systems: The Future of Biometric Surveillance? In: Information Security Curriculum Development: InfoSecCD 2005, September 23–24, 2005, Kennesaw, GA, S. 95–99.
Buschauer, Regine: Mobile Räume: Medien- und diskursgeschichtliche Studien zur Tele-Kommunikation. Bielefeld: Transcript 2010.
Buschauer, Regine: (Very) Nervous Systems. Big Mobile Data. In: Reichert, Ramón (Hrsg.): Big Data. Analysen zum digitalen Wandel von Wissen, Macht und Ökonomie. Bielefeld: Transcript 2014, S. 405–436.
Busso, Carlos et al.: Analysis of Emotion Recognition Using Facial Expressions, Speech and Multimodal Information. In: Proceedings of the 6th International Conference on Multimodal Interfaces (ICMI'04), October 13–15, 2004. State College, PA, S. 202–211.
Cannataro, Mario; Ielpo, Nicola; Calabres, Barbara: Using Social Networks Data for Behavior and Sentiment Analysis. In: Di Fatta, Giuseppe (Hrsg.): 8th International Conference on Internet and Distributed Computing Systems, Sept. 2015, Proceedings. Cham, Heidelberg, New York: Springer 2015, S. 285–293.
Carley, Kathleen M.; Reminga, Jeff: ORA: Organization Risk Analyzer. CASOS Technical Report 2004.
Carr, Nicholas: The Big Switch: Rewiring the World, From Edison to Google. New York, London: W.W. Norton 2008.
Cerri, Tony; Chaturvedi, Alok: Sentient World Simulation (SWS): A Continuously Running Model of the Real World. Draft Version 2.0. Purdue University 22.8.2006, https://pdfs.semanticscholar.org/ba97/46b42c155752279869da2ae68d95f19182d6.pdf (Abruf: 1.10.2018).
Chaturvedi, Alok: A Society of Simulation Approach to Dynamic Integration of Simulations. In: Proceedings of the 38th Winter Simulation Conference. Monterey, CA 2006, S. 2125–2131.
Chen, Hsinchun: Intelligence and Security Informatics: Information Systems Perspective. In: Decision Support Systems 41 (2006), Nr. 3, S. 555–559.
Chen, Hsinchun et al.: Preface. In: Chen, Hsinchun et al. (Hrsg.): Intelligence and Security Informatics. Second Symposium on Intelligence and Security Informatics, ISI 2004, Tucson, AZ, USA, June 10–11, 2004, Proceedings. Berlin, New York: Springer 2004, S. V–VI.
Chen, Ming-Syan: Data Mining: An Overview From a Database Perspective. In: IEEE Transactions on Knowledge and Data Engineering 8 (1996), Nr. 6, S. 866–883.
Choudhury, Tanzeem K.: Sensing and Modeling Human Networks, Phil. Diss. MIT, Cambridge, MA, Thesis Proposal, 2003, https://www.media.mit.edu/cogmac/prosem2007/tc_thesisproposal_may21.pdf (Abruf: 1.10.2018).
Choudhury, Tanzeem K.: Sensing and Modeling Human Networks, Phil. Diss. MIT, Cambridge, MA, 2004. http://alumni.media.mit.edu/~tanzeem/Thesis/choudhury_phd_thesis.pdf (Abruf: 1.10.2018)
Choudhury, Tanzeem K.; Pentland, Alex: The Sociometer: A Wearable Device for Understanding Human Networks. 2002, https://vismod.media.mit.edu/pub/tech-reports/TR-554.pdf (Abruf: 1.10.2018).
Choudhury, Tanzeem K.; Pentland, Alex: Sensing and Modeling Human Networks Using the Sociometer. In: 7th International Symposium on Wearable Computers (ISWC 2003), 21–23 October 2003, White Plains, NY: IEEE Computer Society 2003, S. 216–222.
Clarkson, Brian P.; Pentland, Alex: Predicting Daily Behavior Via Wearable Sensors. Technical Report, Massachusetts Institute of Technology Media Laboratory, July 2001, http://hd.media.mit.edu/tech-reports/TR-540.pdf (Abruf: 1.10.2018).

Clarkson, Brian P.; Mase, Kenji; Pentland, Alex: The Familiar: A Living Diary and Companion. In: Tremaine, Marilyn (Hrsg.): CHI 2001 Extended Abstracts on Human Factors in Computing Systems, CHI Extended Abstracts 2001, Seattle, Washington, USA, March 31 – April 5, 2001. New York: ACM Press 2001, S. 271–272.

Clarkson, Brian P. et al.: Learning Your Life: Wearables and Familiars. In: Proceedings of the 2nd International Conference on Development and Learning (ICDLi '02), 2002, S. 235, https://www.computer.org/csdl/proceedings/icdl/2002/1459/00/14590235.pdf (Abruf: 1.10.2018).

DARPA Information Awareness Office (IAO) [ehemalige offizielle Web-Darstellung, wiedergegeben vom Internet-Archive], 2002, https://web.archive.org/web/20020802012150/, http://www.darpa.mil/iao/ (Abruf: 1.10.2018).

DeRosa, Mary: Data Mining and Data Analysis for Counterterrorism. In: Center for Strategic and International Studies, März 2004.

Eagle, Nathan N.: Machine Perception and Learning of Complex Social Systems, Phil. Diss. MIT, 2005, http://hdl.handle.net/1721.1/32498 https://papers.ssrn.com/sol3/papers.cfm?abstract_id=2152421 (Abruf: 1.10.2018).

Eagle, Nathan N.: Human Dynamics, Past Member. In: MediaLab people. 2018, https://www.media.mit.edu/people/nathan/overview/ (Abruf 1.10 2018).

Eagle, Nathan N.; Pentland, Alex: Wearables in the Workplace: Sensing Interactions at the Office. In: Proceedings of the Seventh IEEE International Symposium on Wearable Computers (ISWC'03), (2003) S. 256–257.

Eagle, Nathan N.; Pentland, Alex: Reality Mining: Sensing Complex Social Systems. In: Personal Ubiquitous Computing 10 (2006), S. 255–268.

Eagle, Nathan N.; Pentland, Alex; Lazer, David: Inferring Friendship Network Structure by Using Mobile Phone Data. In: Hanson, Susan (Hrsg.): Proceedings of the National Academy of Sciences of the United States of America, Sept. 8, 106 (2009), Nr. 38, S. 15274–15278.

Gallagher, Sean: Knowing the Score: How Facebook's Graph Search Knows What You Want. In: Ars Technica, 14.3.2013, http://arstechnica.com/information-technology/2013/03/knowing-the-score-how-facebooks-graph-search-knows-what-you-want/ (Abruf: 1.10.2018).

Gandy, Oscar H., Jr: Data Mining and Surveillance in the Post-9.11 Environment. In: International Association for Media and Communication Research (IAMCR) 11.7.2002, https://pdfs.semanticscholar.org/c265/688131b3b6ce600d8a92a0f3d2cf2a38fb41.pdf (Abruf: 1.10.2018).

Gerbaudo, Paolo: From Data Analytics to Data Hermeneutics. Online Political Discussions, Digital Methods and the Continuing Relevance of Interpretive Approaches. In: Digital Culture & Society (DCS) 2 (2016), Nr. 2, S. 95–111.

Giannotti, Fosca et al.: A Planetary Nervous System for Social Mining and Collective Awareness. The European Physical Journal, Special Topics, EDP Sciences 214 (2012), Nr. 1, S. 49–75.

Gigerenzer, Gerd: On the Supposed Evidence for Libertarian Paternalism. In: Review of Philosophy and Psychology 6 (2015), Nr. 3, S. 361–383.

Gold, Liv: The MIT Connection. In: Boston Magazine 31.1.2012, https://www.bostonmagazine.com/2012/01/31/alex-sandy-pentland-the-mit-connection/ (Abruf: 1.10.2018).

Hardjono, Thomas; Deegan, Patrick: On the Design of Trustworthy Compute Frameworks for Self-Organizing Digital Institutions. In: Meiselwitz, Gabriele (Hrsg.): Social Computing and Social Media. Cham, Heidelberg, New York: Springer 2014, S. 342–353.

Hardjono, Thomas; Pentland, Alex: Open Algorithms for Identity Federation. In: Computing Research Repository, 24.10.2017, https://arxiv.org/abs/1705.10880 (Abruf: 30.9.2019).

Hardjono, Thomas; Pentland, Alex: Data Cooperatives: Towards a Foundation for Decentralized Personal Data Management. In: Computing Research Repository, 15.5.2019, https://arxiv.org/abs/1905.08819 (Abruf: 30.9.2019).

Hardy, Quentin: Unlocking Secrets, if Not Its Own Value. In: The New York Times, 24.5.2014, https://www.nytimes.com/2014/06/01/business/unlocking-secrets-if-not-its-own-value.html?_r=0 (Abruf: 10.12.2020).

Häußling, Roger: Zur Erklärungsarmut von Big Social Data. Von den Schwierigkeiten, auf Basis von Big Social Data eine Erklärende Soziologie betreiben zu wollen. In: Baron, Daniel et al.

(Hrsg.): Erklärende Soziologie und soziale Praxis. Wiesbaden: Springer Fachmedien 2019, S. 73–100.

Helbing, Dirk: Introduction: The FuturICT Knowledge Accelerator Towards a More Resilient and Sustainable Future. In: European Physical Journal, Special Topics, EDP Sciences 214 (2012), S. 5–9.

Helbing, Dirk: Why We Need Democracy 2.0 and Capitalism 2.0 to Survive. In: Jusletter IT, 25.5.2016.

Helbing, Dirk; Balietti, Stefano: Fundamental and Real-World Challenges in Economics. CCSS Working Paper Series CCSS-10-013, 2010, https://papers.ssrn.com/sol3/papers.cfm?abstract_id=1680262 (Abruf 22.1.2020).

Helbing, Dirk; Balietti, Stefano: From Social Data Mining to Forecasting Socio-Economic Crises. In: European Physical Journal, Special Topics, EDP Sciences 195 (2011), S. 3–68.

Helbing, Dirk et al.: FuturICT: Participatory Computing to Understand and Manage Our Complex World in a More Sustainable and Resilient Way. In: European Physical Journal, Special Topics, EDP Sciences 214 (2012), S. 11–39.

Helbing, Dirk et al.: Will Democracy Survive Big Data and Artificial Intelligence? In: Scientific American, February 25, 2017, https://www.scientificamerican.com/article/will-democracy-survive-big-data-and-artificial-intelligence/ (Abruf: 1.10.2018).

Hellige, Hans Dieter: Cloud Computing versus Crowd Computing. Die Gegenrevolution in der IT-Welt und ihre Mystifikation in der Cloud. In: artec-Paper 184 (November) 2012, https://www.uni-bremen.de/fileadmin/user_upload/sites/artec/Publikationen/artec_Paper/184_paper.pdf (Abruf: 1.10.2018).

Hellige, Hans Dieter: Die Informatisierung der Lebenswelt. Der Strategiewandel algorithmischer Alltagsbewältigung. In: Zeising, Anja et al. (Hrsg.): Vielfalt der Informatik: Ein Beitrag zu Selbstverständnis und Außenwirkung. Bremen 2014, S. 27–61, https://archive.org/details/manualzilla-id-6737178 (Abruf: 12.8.2022).

Hellige, Hans Dieter: Von der Hypermedia-Culture zur Cloud-Media-Culture. Der medieninformatische Diskurs im Wandel der digitalen Medienlandschaft. artec-Paper 205 (Oktober) 2015, https://www.uni-bremen.de/fileadmin/user_upload/sites/artec/Publikationen/artec_Paper/205_paper.pdf (Abruf: 1.10.2018).

Hey, Tony; Tansley, Steward; Tolle, Kristin: The Fourth Paradigm. Data-Intensive Scientific Discovery. In: The Fourth Paradigm. Redmond: Microsoft Research 2009.

Hill, Kashmir: The Secretive Company That Might End Privacy as We Know It. In: The New York Times, 20.1.2020, https://www.nytimes.com/2020/01/18/technology/clearview-privacy-facial-recognition.html (Abruf: 22.1.2020).

Hofstetter, Yvonne: Sie wissen alles: Wie intelligente Maschinen in unser Leben eindringen und warum wir für unsere Freiheit kämpfen müssen. München: Bertelsmann 2014.

Hollywood, John et al.: Out of the Ordinary. Finding Hidden Threats by Analyzing Unusual Behavior. Santa Monica, CA: RAND Corporation 2004.

IBM: Cognitive Government. Enabling the Data-Driven Economy in the Cognitive Era. 2016, https://www.ibm.com/blogs/insights-on-business/government/cognitive-government-pov/ (Abruf: 1.10.2018).

Jacobsen, Anne M.: The Pentagon's Brain: An Uncensored History of DARPA, America's Top-Secret Military Research Agency. New York: Little, Brown and Company 2015.

Kahn, Robert E.; Cerf, Vinton G.: An Open Architecture for a Digital Library System and a Plan for Its Development. The Digital Library Project. Vol 1: The World of Knowbots (Draft), Corporation for National Research Initiatives, March 1988, https://archive.org/details/07Kahle000546/page/n1/mode/2up (Abruf 7.10.2022).

Kessler, Matt: The Logo That Took Down a DARPA Surveillance Project. In: The Atlantic, 22.12.2015, https://www.theatlantic.com/technology/archive/2015/12/darpa-logos-information-awareness-office/421635/ (Abruf: 1.10.2018).

Kim, Taemie et al.: Sensor-Based Feedback Systems in Organizational Computing. In: International Conference on Computational Science and Engineering Bd. 4, 2009, S. 966–969.

Kitchin, Rob: Big Data, New Epistemologies and Paradigm Shifts. In: Big Data & Society 1 (2014), H. 1, S. 1–12.
Knapp, Mark L.; Hall, Judith A.: Non-Verbal Communication in Human Interaction, 3. Aufl. Fort Worth, TX: Harcourt Brace College Publishers 1992.
Kohavi, Ron: Mining E-Commerce Data: The Good, the Bad, and the Ugly. In: KDD '01, Proceedings of the Seventh ACM SIGKDD International Conference on Knowledge Discovery and Data Mining, San Francisco, CA, USA, August 26–29, 2001. New York: ACM 2001, S. 8–13.
Konnikova, Maria: Meet the Godfather of Wearables. In: The Verge, 6.5.2014, https://www.theverge.com/2014/5/6/5661318/the-wizard-alex-pentland-father-of-the-wearable-computer (Abruf: 6.5.2019).
Kramer, Steve: A New Method for Detecting and Tracking Covert Terrorist Networks, White Paper, Paragon Science, Inc. 2007, http://www.paragonscience.com/pdfs/ParagonScience_WhitePaper_NonProp.pdf (Abruf: 1.10.2018).
Kreutzer, Ralf; Land, Karl-Heinz: Digitaler Darwinismus – Der stille Angriff auf Ihr Geschäftsmodell und Ihre Marke. Wiesbaden: Springer Gabler 2013.
Lazer, David et al.: Computational Social Science. In: Science 323 (2009), Nr. 5915, 6 Febr., S. 721–723.
Lazer, David et al.: The Parable of Google Flu: Traps in Big Data Analysis. In: Science 343 (2014), Nr. 6176, 14 March, S. 1203–1205.
Levy, Steven: The Plex: How Google Thinks, Works, and Shapes Our Lives. New York, London, Toronto: Simon and Schuster 2011.
Lohr, Steve: M.I.T.'s Alex Pentland: Measuring Idea Flows to Accelerate Innovation. In: The New York Times, 15.4.2014, https://bits.blogs.nytimes.com/2014/04/15/m-i-t-s-alex-pentland-measuring-idea-flows-to-accelerate-innovation. (Abruf: 5.8.2022).
Madan, Anmol; Pentland, Alex: VibeFones: Socially Aware Mobile Phones. In: International Symposium on Wearable Computers (IWSC) 2006, S. 109–112.
Madan, Anmol; Pentland, Alex: Modeling Social Diffusion Phenomena Using Reality Mining. In: Papers From the AAAI Spring Symposium – Human Behavior Modeling, March 2009. Palo Alto, CA 2009, S. 43–48.
Madan, Anmol; Caneel, Ron; Pentland, Alex: GroupMedia – Using Wearable Devices to Understand Social Context. Proceedings of the 6th International Conference on Multimodal Interfaces ICMI '04, Oct. 13–15, State College, Pennsylvania 2004, S. 309–316.
Manovich, Lev: Trending: The Promises and the Challenges of Big Social Data. In: Debates in the Digital Humanities 2 (2011), Nr. 1, S. 460–475.
Mann, Adam: Core Concepts: Computational Social Science. In: Proceedings of the National Academy of Sciences of the USA 113 (2), 19.1.2016, S. 468–470, https://www.ncbi.nlm.nih.gov/pmc/articles/PMC4725526/ (Abruf: 1.10.201).
Mann, Steve: „Smart Clothing": Wearable Multimedia Computing and „Personal Imaging" to Restore the Technological Balance Between People and Their Environments. In: ACM Multimedia 96, Boston, MA 1996, S. 163–174.
McLuhan, Marshall: Understanding Media. The Extensions of Man. London, New York: McGraw-Hill 1964.
Meyer, Roland: Augmented Crowds. Identitätsmanagement, Gesichtserkennung und Crowd Monitoring. In: Baxmann, Inge; Beyes, Timon; Pias, Claus (Hrsg.): Soziale Medien – Neue Massen. Zürich: Diaphanes 2014, S. 103–118.
Micheli, Marina et al.: Emerging Models of Data Governance in the Age of Datafication. In: Big Data and Society 7 (2020), Nr. 2, S. 1–15.
Mooney, Raymond J. et al.: Relational Data Mining With Inductive Logic Programming for Link Discovery. In: Kargupta, Hillol; Joshi, Anupam; Sivakumar, Krishnamoorthy (Hrsg.): Proceedings of the National Science Foundation Workshop on Next Generation Data Mining. Baltimore, Palo Alto: AAAI Press 2002/04.
Morozov, Evgeny: Google's Plan to Revolutionise Cities is a Takeover in All But Name. In: The Guardian 22.10.2017, 2017, https://www.theguardian.com/technology/2017/oct/21/google-urban-cities-planning-data (Abruf: 1.10.2018).

National Science Foundation: Data Mining and Homeland Security Applications, Fact Sheet 24.1.2003, https://www.nsf.gov/news/news_summ.jsp?cntn_id=103047 (Abruf: 1.10. 2018).

National Science and Technology Council: Biometrics in Government Post-9/11. Advancing Science, Enhancing Operations, Report August 2008, https://fas.org/irp/eprint/biometrics.pdf (Abruf: 1.10.2018).

Nerurkar, Michael; Gärtner, Timon: Datenhermeneutik: Überlegungen zur Interpretierbarkeit von Daten. In: Wiegerling, Klaus; Nerurkar, Michael; Wadepuhl, Christian (Hrsg.): Datafizierung und Big Data. Ethische, anthropologische und wissenschaftstheoretische Perspektiven. Wiesbaden: Springer VS 2020, S. 195–209.

Nesbit, Jeff: Google's True Origin Partly Lies in CIA and NSA Research Grants for Mass Surveillance. In: Quartz 8.12.2017; https://qz.com/1145669/googles-true-origin-partly-lies-in-cia-and-nsa-research-grants-for-mass-surveillance/ (Abruf 1.10.2018):

Nesbitt, Pam: IBM Intelligent Operations Center for Smarter Cities. Redpaper. IBM Redbooks 2012, http://www.redbooks.ibm.com/redpapers/pdfs/redp4939.pdf (Abruf: 1.12.2019).

Noah Shachtman Security: EXCLUSIVE: Inside Darpa's Secret Afghan Spy Machine. Wired, 21.7.2011, https://www.wired.com/2011/07/darpas-secret-spy-machine/ (Abruf: 1.10.2018).

Orange, Erica: Mining Information From the Data Clouds. The Futurist, Jul/Aug 2009, S. 17–21.

Pentland, Alex: Machine Understanding of Human Action. MIT Media Lab Perceptual Computing Section Technical Report 350: Sept. 1995, http://citeseerx.ist.psu.edu/viewdoc/download?doi=10.1.1.53.6423&rep=rep1&type=pdf (Abruf: 1.10.2018).

Pentland, Alex: Smart Rooms. In: Scientific American 274 (1996), Nr. 4, S. 68–76.

Pentland, Alex: Smart Rooms, Desks, and Clothes. In: Assets '98 Proceedings of the Third International ACM Conference on Assistive Technologies 1998a, S. 1–2.

Pentland, Alex: Wearable Intelligence. In: Scientific American, Special Issue on Intelligence 9 (1998b), Nr. 4, S. 90–95.

Pentland, Alex: Perceptual Intelligence. In: Gellersen, Hans W. (Hrsg.): Handheld and Ubiquitous Computing: First International Symposium, HUC'99, Karlsruhe, Sept. 1999 (LNCS 1707), S. 174–188.

Pentland, Alex: Perceptual Intelligence. In: Communications of the ACM 43 (2000a), Nr. 3, S. 35–44.

Pentland, Alex: Looking at People: Sensing for Ubiquitous and Wearable Computing. In: IEEE Transactions on Pattern Analysis in Machine Intelligence 22 (2000b), Nr. 1, S. 107–119.

Pentland, Alex: Human Design: Building Computation Around Human Networks. In: Rauterberg, Matthias; Menozzi, Marino; Wesson, Janet (Hrsg.): Human-Computer Interaction (INTERACT '03), 2003a, S. 5–6.

Pentland, Alex: Digital Anthropology. 2003b, https://ocw.mit.edu/courses/media-arts-and-sciences/mas-966-digital-anthropology-spring-2003/lecture-notes/daintro.pdf (Abruf: 1.10.2018).

Pentland, Alex: Healthwear: Medical Technology Becomes Wearable. In: IEEE Computer 37 (2004), Nr. 4, S. 42–49.

Pentland, Alex: Socially Aware Computation and Communication. In: IEEE Computer 38 (2005), Nr. 3, S. 33–40.

Pentland, Alex: On the Collective Nature of Human Intelligence. In: Adaptive Behavior 15 (2007a), Nr. 2, S. 189–198.

Pentland, Alex: Automatic Mapping and Modeling of Human Networks. In: Physica 378 (2007b), Nr. 1, S. 59–67.

Pentland, Alex: Reality Mining of Mobile Communications: Toward a New Deal on Data. In: Dutta, Sounitra; Mia, Irene (Hrsg.): The Global Information Technology Report 2008–2009. World Economic Forum 2009, S. 75–80.

Pentland, Alex: Signals and Speech. In: INTERSPEECH 2011, 12th Annual Conference of the International Speech Communication Association. Firenze 2011, S. 1–4.

Pentland, Alex: Society's Nervous System: Building Effective Government, Energy, and Public Health Systems. In: IEEE Computer 45 (2012a), Nr. 1, S. 31–38.

Pentland, Alex: Reinventing Society in the Wake of Big Data. A Conversation With Alex Sandy Pentland 30.8.2012b, https://www.edge.org/conversation/alex_sandy_pentland-reinventing-society-in-the-wake-of-big-data (Abruf: 1.10.2018).

Pentland, Alex: Social Physics: How Good Ideas Spread – The Lessons From a New Science. New York: The Penguin Press 2014a.

Pentland, Alex: Social Physics and the Data Driven Society. Connection Science and Engineering WEF Big Data, Hyperconnected World 1914, 2014b, http://sites.nationalacademies.org/cs/groups/pgasite/documents/webpage/pga_082159.pdf (Abruf: 1.10.2018).

Pentland, Alex: Save Big Data From Itself. A Three-Step Plan for Using Data Right in an Age of Government Overreach. In: Scientific American 311 (2014c), Nr. 2, S. 64–67.

Pentland, Alex: The Human Strategy. A Conversation With Alex „Sandy" Pentland. In: Edge, 30.10.2017, https://www.edge.org/conversation/alex_sandy_pentland-the-human-strategy (Abruf: 6.5.2019).

Pentland, Alex: Data for a New Enlightenment. In: González, Francisco (Hrsg.): Towards a New Enlightenment? A Transcendent Decade. OpenMind 2019, S. 85–105, https://www.bbvaopenmind.com/wp-content/uploads/2019/02/BBVA-OpenMind-book-2019-Towards-a-New-Enlightenment-A-Trascendent-Decade-3.pdf (Abruf 22.1.2020).

Pentland, Alex; Liu, Andrew: Modeling and Prediction of Human Behavior. In: Neural Computation 11 (1999), S. 229–242.

Pentland, Alex; Heibeck, Tracy: Honest Signals. How They Shape Our World. Cambridge, MA, London: MIT Press 2008.

Pentland, Alex; Reid, Todd G.; Heibeck, Tracy: Big Data and Health. Revolutionizing Medicine and Public Health. Report of the Big Data and Health Working Group 2013. WISH World Innovation Summit for Health, 2013, https://kit.mit.edu/sites/default/files/documents/WISH_BigData_Report.pdf (Abruf: 1.10.2018).

Pentland, Alex; Lipton, Alexander; Hardjono, Thomas (Hrsg.): Building the New Economy. MIT Press Works in Progress 2020, https://wip.mitpress.mit.edu/new-economy (Abruf: 30.6.2020).

Pentland, Alex et al.: The Digital Doctor: An Experiment in Wearable Telemedicine. In: First International Symposium on Wearable Computers (ISWC 1997). Cambridge, MA 1997, S. 173–174.

Pentland, Alex et al.: Improving Public Health and Medicine by Use of Reality Mining. A Whitepaper for the Robert Wood Johnson Foundation, 2009, https://hd.media.mit.edu/rwjf-reality-mining-whitepaper-0309.pdf (Abruf: 1.10.2018).

Pentland, Alex et al.: Towards an Internet of Trusted Data. A New Framework for Identity and Data Sharing. 2016, https://www.nist.gov/sites/default/files/documents/2016/09/16/mit_rfi_response.pdf (Abruf: 30.9.2019).

Phillips, P. Jonathon et al.: The FERET Evaluation Methodology for Face-Recognition Algorithms, NISTIR Report 6264, 7.1.1999.

Pickard, Galen et al.: Time Critical Social Mobilization: The DARPA Network Challenge Winning Strategy. 2010, https://arxiv.org/pdf/1008.3172.pdf (Abruf: 1.10.2018).

Pontin, Mark Williams: The Total Information Awareness Project Lives On. In: MIT Technology Review 26.4.2006, https://www.technologyreview.com/s/405707/the-total-information-awareness-project-lives-on/ (Abruf: 1.10.2018).

Rötzer, Florian: Reality Mining oder: Überwachung endet in der Erstarrung. In: Telepolis, 6.4.2004, https://www.heise.de/tp/features/Reality-Mining-oder-Ueberwachung-endet-in-der-Erstarrung-3434073.html (Abruf: 11.3.2018).

Rolf, Arno; Sagawe, Arno: Des Googles Kern und andere Spinnennetze. Die Architektur der digitalen Gesellschaft. Konstanz, München: UVK Verlagsgesellschaft 2015.

Rosenzweig, Paul; Kochems, Alane; Schwartz, Ari: Biometric Technologies: Security, Legal, and Policy Implications. The Heritage Foundation, 21.6.2004, https://www.heritage.org/node/17754/print-display (Abruf: 1.10.2018).

Schneier, Bruce: NSA Doesn't Need to Spy on Your Calls to Learn Your Secrets. In: Wired, 25.3.2015, https://www.wired.com/2015/03/data-and-goliath-nsa-metadata-spying-your-secrets/ (Abruf: 1.10.2018).

Seifert, Jeffrey W.: Data Mining and Homeland Security: An Overview. CRS Report for Congress, 18.1.2007, https://fas.org/sgp/crs/intel/RL31798.pdf (Abruf: 1.10.2018).

Senator, Ted: Mr. Ted Senator/Information Awareness Office (IAO). Evidence Extraction and Link Discovery, Program, DARPA Archive. http://www.darpa.mil/DARPATech2002/presentations/iao_pdf/speeches/SENATOR.pdf (Abruf: 1.10.2018).

Sinai, Joshua: Utilizing the Social and Behavioral Sciences to Assess, Model, Forecast and Preemptively Respond to Terrorism. In: Chen, Hsinchun et al. (Hrsg.): Intelligence and Security Informatics. Proceedings Second Symposium on Intelligence and Security Informatics (ISI), Tucson, AZ, USA, June 10–11, 2004. Berlin, Heidelberg, New York: Springer 2004, S. 531–533.

Sparacino, Flavia et al.: Wearable Performance. In: First International Symposium on Wearable Computers (ISWC 1997). Cambridge, MA 1997, S. 181–182.

Starner, Thad et al.: Augmented Reality Through Wearable Computing. In: Presence: Teleoperators and Virtual Environments 6 (1997), Nr. 4, S. 386–398.

Törnberg, Petter; Törnberg, Anton: The Limits of Computation: A Philosophical Critique of Contemporary Big Data Research. In: Big Data and Society 5 (2018), Nr. 2, S. 1–12.

Törnberg, Petter; Uitermark, Justus: Complex Control and the Governmentality of Digital Platforms. In: Frontiers in Sustainable Cities 2 (2020), Nr. 6, S. 1–11.

Turk, Matthew A.; Pentland, Alex: Face Recognition Using Eigenfaces. In: IEEE Conference on Computer Vision and Pattern Recognition (CVPR), June 1991, S. 586–591.

Vaidhyanathan, Siva: The Googlization of Everything. Berkeley, Los Angeles: The University of California Press 2011.

Waber, Benjamin N.: People Analytics: How Social Sensing Technology Will Transform Business and What It Tells Us About the Future of Work. Upper Saddle River, N.J.: Pearson Education 2013.

Waber, Benjamin N. et al.: Organizational Engineering Using Sociometric Badges 2007, https://hd.media.mit.edu/tech-reports/TR-620.pdf (Abruf: 1.10.2018).

Webb, Maureen: Illusions of Security. Global Surveillance and Democracy in the Post-9/11 World. San Francisco: City Lights Books 2007.

Weber, Harrison: How Facebook's Entity Graph Evolved From Plain Text to the Structured Data That Powers Graph Search. In: The Next Web (TNW), Blog 6.5.2013, https://thenextweb.com/facebook/2013/06/06/the-evolution-of-facebooks-entity-graph-the-structured-connections-behind-graph-search/ (Abruf: 1.10.2018).

Weigel, Moira: Palantir Goes to the Frankfurt School. In: b20 the online community of the boundary 2 editorial collective, 2020, https://www.boundary2.org/2020/07/moira-weigel-palantir-goes-to-the-frankfurt-school/ (Abruf: 10.12.2020).

Weinberger, Sharon: Web of War. Can Computational Social Science Help to Prevent or Win Wars? In: Nature 471, 11.3.2011, S. 566–568.

Weinberger, Sharon: The Graveyard of Empires and Big Data. In: Foreign Policy, March 15, 2017, https://foreignpolicy.com/2017/03/15/the-graveyard-of-empires-and-big-data/# (Abruf: 1.10.2018).

Weinstein, Mark: Google's Eric Schmidt: Robin Hood or the Big Bad Wolf? In: Huffington Post, 11.11.2014, https://www.huffingtonpost.com/mark-weinstein/what-the-fk-google_b_6058938.html?ec_carp=4450348032980340226&guccounter=1 (Abruf: 1.10.2018).

Wiegerling, Klaus; Nerurkar, Michael; Wadepuhl, Christian: Ethische und anthropologische Aspekte der Anwendung von Big-Data-Technologien. In: Kolany-Raiser, Barbara et al.: Big Data und Gesellschaft. Eine multidisziplinäre Annäherung. Wiesbaden: Springer VS 2018, S. 1–67.

Wiig, Alan: IBM's Smart City as Techno-Utopian Policy Mobility. In: City 19 (2015), Nr. 2–3, S. 258–273.

Wood, David M.; Mackkinnon, Debra: Partial Platforms and Oligoptic Surveillance in the Smart City. In: Surveillance & Society 17 (2019), Nr. 1/2, S. 176–182.

Zhang, Huiqui; Dantu, Ram et al.: Socioscope: Human Relationship and Behavior Analysis in Social Networks. In: IEEE Transactions on Systems, Man, and Cybernetics, Part A: Systems and Humans 41 (2011), Nr. 6, S. 1122–1143.

Zuboff, Shoshana: The Age of Surveillance Capitalism. The Fight for a Human Future at the New Frontier of Power. New York: PublicAffairs 2016.

Zuboff, Shoshana: Das Zeitalter des Überwachungskapitalismus. Frankfurt, New York: Campus Verlag 2018.

Namensverzeichnis

A
Abbe, Cleveland (1838–1916) 193
Ackermann, Wilhelm Friedrich (1896–1962) 58, 59
Alperin, Roger (*1947) 286, 287
Altshuler, Yaniv (*1978) 422
Ambady, Nalini (1959–2013) 426
Aristoteles (384–322 v. Chr.) 335
Arrhenius, Svante (1859–1927) 177
Aspray, William (* 1952) 22, 24, 27–30, 35
Atkinson, Edward (1827–1905) 307
Ayres, Robert Underwood (*1932) 204

B
Babbage, Charles (1791–1871) 233, 234, 241, 242, 246, 259, 268, 270, 271
Bacon, Francis (1561–1626) 307, 309, 331
Baker, David (*1962) 1
Barbaro, Daniele (1514–1570) 280
Barclay, Tom (*1955) 376
Barnes, Gladeon Marcus (1887–1961) 147
Bauer, Friedrich Ludwig (1924–2015) 26, 52–54, 61, 62, 65, 66
Bell, C. Gordon (*1934) 374, 375, 378, 412, 417
Beloch, Margherita Piazzolla (1879–1976) 280, 281, 283, 284, 286, 296
Beman, Wooster Woodruff (1850–1922) 282
Bénard, Henri (1874–1939) 160
Bense, Max (1910–1990) 303, 314, 320
Berendsohn, Walter G. (*1956) 343, 351, 352, 354, 356, 361
Berlin, Brent (*1936) 318
Bernstein, Alex (1930–1999) 68
Bethe, Hans (1906–2005) 144
Bibel, Wolfgang (*1938) 62
Bjerknes, Vilhelm (1862–1951) 174, 193

Blenck, Emil (1832–1911) 312
Bonpland, Aimé (1773–1858) 337
Boole, George (1815–1864) 241
Booth, Andrew Donald (1918–2009) 2
Borne, Kirk D. 406
Breiman, Leo (1928–2005) 75–82, 84
Breuer, Georg (1919–2009) 206
Brin, Sergey (*1973) 411
Bronns, Heinrich Georg (1800–1862) 329
Buchanan, Mark (*1961) 428
Bunsen, Robert Wilhelm (1811–1899) 306, 310
Busa, Roberto (1913–2011) 309
Bush, George W. (*1946) 406
Bush, Vannevar (1890–1974) 375

C
Caesar, Gaius Iulius (100–44 v. Chr.) 307
Callaghan, James (1912–2005) 183
Care, Charles 25
Ceruzzi, Paul E. (*1949) 31, 36
Champollion, Jean-François (1790–1832) 305
Charney, Jule Gregory (1917–1981) 112, 113, 115, 150, 152, 160, 196
Chaturvedi, Alok R. 406, 407
Choudhury, Tanzeem K. (*1975) 420
Church, Alonzo (1903–1995) 59–61
Clark, Wesley Allison (*1927) 31
Cleveland, William Swain (*1943) 75
Codd, Edgar Frank „Ted" (1923–2003) 62
Colmerauer, Alain Marie (1941–2017) 62
Comte, Auguste (1798–1857) 428
Corrsin, Stanley (1920–1986) 157
Courant, Richard (1888–1972) 142, 154
Cox, Michael 369
Cray, Seymour (1925–1996) 30
Cressman, George (1919–2008) 117, 119
Crowfoot Hodgkin, Dorothy (1910–1994) 2

Cube, Felix von (1927–2020) 303
Cutler, Adele (*1936) 80, 81

D

d'Alembert, Jean le Rond (1717–1783) 133
Daniel, Cuthbert (1904–1997) 82
Darwin, Charles Robert (1809–1882) 339
de Groot, Adrianus Dingeman (Adriaan)
    (1914–2006) 70
De Morgan, Augustus (1806–1871) 241, 305,
    306, 309
De Morgan, Sophia Elizabeth
    (1809–1898) 306
Demaine, Erik Duncan (*1981) 294, 295
Demaine, Martin L (*1942) 294
Descartes, René (1596–1650) 280, 331
Dickens, Charles (1812–1870) 307
Diebold, Francis X. (*1959) 372
Diodor von Sizilien 305 *siehe Diódoros ho*
    Sikeliótes (1. Jh. v. Chr.)
Diódoros ho Sikeliótes (1. Jh. v. Chr.) 305
Djorgovski, Stanislav George (*1956) 376,
    384, 386–388
Donat, Franz (1863-19??) 247, 250–252, 262,
    264, 265
Dreinhöfer, Adolf (1852–1896) 311
Dubos, René (1901–1982) 206
Dugan, Regina (*1963) 424
Duhem, Pierre (1861–1916) 92
Dürer, Albrecht (1471–1528) 276, 280

E

Eagle, Nathan N. (*1976) 421, 422
Eckert, John Presper (1919–1995) 95, 195
Edward Teller (1908–2003) 146
Efron, Bradley (*1938) 83, 84
Eichhorn, Gerhard (1927–2015) 303
Elankovan, Santhirasegaram 345, 348, 350,
    351, 353, 354
Elankovan, Santhirasegaram 330
Ellsworth, David 369
Elßholz, Johann Sigismund (1623–1688) 335
Emmons, Howard (1912–1998) 148, 157
Engler, Heinrich Gustav Adolf
    (1844–1930) 337
Eratosthenes (zw. 276 u. 273 – um 194 v. Chr.)
    236–238, 248
Ernst, George W. (*1939) 68
Euklid (3. Jh. v. Chr.) 235–237
Euler, Leonhard (1707–1783) 139
Everett, Robert (1921–2018) 94

F

Fernbach, Sidney (1917–1991) 154, 157
Feynman, Richard (1918–1988) 128
Flechtheim, Ossip K. (1909–1998) 100
Fletcher, Joseph Otis (1920–2008) 205
Forrester, Jay W. (1918–2016) 94–100, 134
Franck, Ludwig (1882–1973) 315
Frank, Helmar (1933–2013) 303
Frankel, Stanley (1919–1978) 146, 161
Franklin, William Suddards (1863–1930) 194
Frickinger, Johann Michael 262, 265
Friedman, Jerome Harold (*1939) 74–77, 82
Friedrich Wilhelm I. (1688–1740) 335
Friedrich Wilhelm III. (1770–1840) 337
Friedrichs, Kurt Otto (1901–1982) 142, 154
Frigerio, Emma 286
Fucks, Wilhelm (1902–1990) 320
Funtowicz, Silvio Oscar (*1946) 185

G

Gabelsberger, Franz Xaver (1789–1849) 311
Galbraith, Robert (Pseudonym für Joanne
    K. Rowling) 309
Galen (128/131–199/216) 335
Galilei, Galileo (1564–1642) 331
Gaster, Michael (*1932) 163
Geertz, Clifford (1926–2006) 128
Geiger, Rudolf (1894–1981) 217, 222
Gelernter, Herbert Leo (1929–2015) 69
Gerberich, Carl L. 69
Gleditsch, Johann Gottlieb (1714–1786) 336
Gödel, Kurt Friedrich (1906–1978) 56, 59–61
Goethe, Johann Wolfgang
    (1749–1832) 315–317
Goldstine, Herman H. (1913–2004)
    95, 145, 158
Gore, Albert Arnold (Al) (*1948) 392, 393
Gray, Jim (*1944, verschollen 2007) 374–379,
    381, 383, 386, 388, 389, 414, 430
Greenstein, Jesse L. (1909–2002) 385
Greuter, Werner (*1938) 339
Grimshaw, Andrew S. 379
Groos, Karl (1861–1946) 303, 315–319
Groos, Marie 315, 316
Günther, Gotthard (1900–1984) 303
Gunzenhäuser, Rul (1933–2018) 320

H

Haigh, Thomas 22, 23, 27
Hall, Judith A. (*1946) 426
Hansen, James Edward (*1941) 179, 180,
    184, 185

Harlow, Francis H. (1928–2016) 155
Hartree, Douglas Rayner (1897–1958) 143
Hassabis, Denis (*1976) 1
Hastie, Trevor (*1953) 83, 84
Haugeland, John (1945–2010) 72
Hayes, Patrick (*1944) 62
Heath, Edward (1916–2005) 181
Heimbigner, Dennis M. 378
Heisenberg, Werner (1901–1976) 159
Helbing, Dirk (*1965) 404, 431, 433, 434
Hemenway, Augustus (1853–1931) 308
Hencky, Heinrich (1885–1951) 141, 142
Herbrand, Jacques (1908–1931) 59, 60
Heun, Karl (1859–1929) 140
Hilbert, David (1862–1943) 56–59
Hippias (400–460 v. Chr.) 285
Hirschvogel, Augustin (1503–1553) 280
Hoffmann, E.T.A. (1776–1822) 315
Hohenberg, Pierre (1934–2017) 105
Howard, Luke (1772–1864) 220
Hunt, John (1919–2008) 181, 182
Hurwitz, Adolf (1859–1919) 287, 296
Huzita, Humiaki (1924–2005) 286–288

I
Indurkhya, Nitin 370

J
Jacquard, Joseph-Marie (1752–1834) 53, 233–235, 249, 267, 270, 271
Jockers, Matthew L. (*1966) 310
Johnson, Lyndon Baines (1908–1973) 205
Jumper, John (*1985) 1
Jungk, Robert (1913–1994) 100, 205

K
Kaeding, Friedrich Wilhelm (1843–1928) 303, 304, 310–314
Kahn, Herman (1922–1983) 203
Karp, Alexander C. (Alex) (*1967) 407
Katz, Moritz (*1881) 315
Kay, Paul (*1934) 318
Kellogg, William Welch (1917–2007) 177–181, 184, 185
Kennedy, John Fitzgerald (1917–1963) 204
Kenney, George Churchill. (1889–1977) 204
Kirchhoff, Gustav Robert (1824–1887) 306, 310
Kittler, Friedrich Adolf (1943–2011) 219, 296
Kleene, Stephen Cole (1909–1994) 59, 60
Knapp, Mark L. (*1938) 426

Knuth, Donald Ervin (*1938) 26, 54–56, 61–63
Koch, Otto Gustav (1849–1919) 313
Kohn, Walter (1923–2016) 105, 106
Kowalski, Robert Anthony (*1941) 62, 63, 303
Kratzer, Albert (1905-1975) 212, 216–218, 220–223
Kronrod, Alexander Semenovich (1921–1986) 69
Kutta, Wilhelm (1867–1944) 140

L
Lack, Hans Walter (*1949) 338, 349, 350
Landsberg, Helmut (1906–1985) 212, 217, 218, 220, 221, 223–225
Laney, Douglas 373
Lang, Robert James (*1961) 278, 279, 285–291, 294, 296
Langmuir, Irving (1881–1957) 201
Laplace, Pierre-Simon de (1749–1827) 114, 132, 194
Laqueur, August (1875–1954) 316
Laqueur, Ilse *siehe* Netto, Ilse 316
Laqueur, Kurt (1914–1997) 316
Laqueur, Marianne (1918–2006) 316
Larson, Erik (*1954) 369, 371
Lazer, David M. 428, 429
Leary, Mark R. (*1954) 420
Leibniz, Gottfried Wilhelm (1646–1716). 53
Lewy, Hans (1904–1988) 142, 154
Lill, Eduard (1830–1900) 281
Linnaeus, Carolus (1707–1778) 339–341, 358
Lomax, Harvard (1922–1999) 164
Lord Rayleigh = John William Strutt (1842–1919) 160
Lorenz, Edward Norton (1917–2008) 114, 115, 160, 161, 178, 202
Lovelace, Ada (1815–1852) 234, 235, 241, 242, 268, 270, 271
Lumscher, Nathanael (?-1743) 258, 259
Lutosławski, Wincenty (1863–1954) 305
Lutz, Theo (1932–2010) 320

M
Mahoney, Michael S. (1939–2008) 22–24, 26, 37
Malin, David (*1941) 384
Malone, Thomas Francis (1917–2013) 199, 205
Manabe, Syukuro (*1931) 115, 177, 183
Mann, Steve (*1962) 415, 417
Mann, Thomas (1875–1955) 101
Marlowe, Christopher (1564–1593) 307, 309
Mascheroni, Lorenzo (1750–1800) 281

Mashey, John R. (*1946) 369
Mason, Basil John (1923–2015) 180–182
Mauchly, John W. (1907–1980) 95, 195
McCarthy, John (1927–2011) 68, 69
McCorduck, Pamela (1940–2021) 67
McLeod, Dennis 378
McLuhan, Herbert Marshall (1911–1980) 430
Menabrea, Federico Luigi (1809–1896) 234, 268, 269
Mendenhall, Thomas Corwin (1841–1924) 303, 305, 307–310, 315, 318, 319
Metcalfe, Robert (*1946) 379
Meyer, Holger 330, 345, 348, 353, 354
Mill, John Stuart (1806–1873) 307
Minsky, Marvin Lee (1927–2016) 68, 69
Mitchell, Richard 308
Moles, Abraham André (1920–1992) 303
Moretti, Franco (*1950) 319

N
Nake, Frieder (*1938) 297
Naur, Peter (1928–2016) 372
Netto, Eugen (1846–1919) 315, 316
Netto, Ilse 315, 316
Newell, Alan (1927–1992) 67–71, 73
Newson, Roger L. (*1941) 180
Newton, Isaac (1642–1726) 127, 132
Newton, Isaac (1643–1727) 331
Nikomachos von Gerasa (1. Jh. n. Chr.) 237, 238, 272

O
Oettinger, Anthony G. (*1929) 155, 156
Olguin, Daniel 421
Olshen, Richard A. (*1942) 76, 77, 81
Oppenheimer, Robert (1904–1967) 144
O'Rourke, Joseph 295
Ovid (43 v.Chr.–17/18) 335

P
Page, Larry (*1973) 411
Panofsky, Hans Arnold (1917–1988) 116, 117
Pascal, Blaise (1623–1662) 53
Pasta, John (1918–1981) 153
Paulus, Apostel 306
Paulus von Tarsus (vor 10 – nach 60) 306
Peacock, George (1791–1858) 241
Pentland, Alex (Sandy) (*1951) 404, 407, 414–419, 421–432, 434, 435
Phillips, Norman (1923–2019) 113
Piatetsky-Shapiro, Gregory (*1958) 372
Platon (428/427–348/347 v. Chr.) 280

Plinius (23/24–79) 335
Plutarch (um 350–432) 280
Poincaré, Jules Henri (1854–1912) 114
Pólya, George (1887–1985) 70, 71
Pool, Robert (*1955) 184
Pop, Robert 405
Post, Emil Leon (1897–1954) 60, 61
Pratt, Vaughan (*1944) 62

Q
Quetelet, Adolphe (1796–1874) 428
Quillian, M. Ross (1931–2018) 68

R
Rausch, Albert H. (1882–1949) 316
Ravetz, Jerome Raymond (*1929) 185
Reagan, Ronald (1911–2004) 180, 183
Rechenberg, Peter (*1933 52, 54, 61
Reichelderfer, Francis (1895–1983) 112, 196
Revelle, Roger (1909–1991) 177
Richardson, Lewis Fry (1881–1953) 140, 150, 193
Richtmyer, Robert D. (1910-2003) 154
Roberts, Walter Orr (1915–1990) 200
Rochester, Nathaniel (1919–2001) 68, 69, 71
Rock, Joseph Francis Charles (1884–1962) 339
Rosengren, Inger 312
Rosenthal, Robert (*1933) 426
Rossby, Carl-Gustav (1898–1957) 112, 196, 198
Rosser, John Barkley (1907–1998) 59, 60
Row, Tandalam Sundara (1853–ca. 1920) 280–282, 287, 290, 291, 296
Rowling, Joanne K. (*1965) 309
Runge, Carl (1856–1927) 140

S
Samarskij, Alexander Andrejewitsch (1919–2008) 113
Samuel, Arthur Lee (1901–1990) 71–73
Sanger, Frederick (1918–2013) 310
Sarnoff, David (1891–1971) 197
Sawyer, John Stanley (1916–2000) 181
Sax, Robert I. 204
Schaefer, Vincent Joseph (1906–1993) 201
Schickard, Wilhelm (1592–1635) 53
Schiller, Friedrich (1759–1805) 315, 316
Schmauß, August (1877–1954) 222
Schmid, Wolfgang 280
Schneider, Stephen H. (1945–2010) 178–181, 184, 185
Schrey, Ferdinand (1850–1938) 311

Namensverzeichnis 451

Schumann, Robert (1810–1856) 315
Serres, Michel (1930–2019 297
Shakespeare, William (1564–1616) 307, 309, 315, 319
Sham, Lu Jeu (*1938) 105, 106
Shannon, Claude Elwood (1916–2001) 64, 68
Shaw, John Clifford (1922–1991) 67–69, 71
Shaw, Napier (1854–1945) 201
Simon, Herbert Alexander (1916–2001) 66–71, 73
Simonyi, Charles (*1948) 376
Simpson, Joanne (1923–2010) 203
Singer, Burton H. (*1938) 82
Skolem, Albert Thoralf (1887–1963) 58, 59
Smagorinsky, Joseph (1924–2005) 153
Smith, Apollo Milton Olin (1911–1997) 215
Smith, David E. (1860–1944) 282
Snowden, Edward (*1983) 430, 434, 435
Sommer, Julius (1871–1943) 281
Starner, Thad (*1970) 415
Stewart, John D. (1915–1998) 428
Stolze, Heinrich August Wilhelm (1798–1867) 311
Stone, Charles Joel (1936–2019) 76, 77, 81
Sullivan, Walter (1918–1996) 179
Szalay, Alexander (Alex) (*1949)" 376, 378, 379, 381, 383, 386, 388

T
Taub, Abraham H. (1911–1999) 157
Teller, Edward (1908–2003) 146, 154
Thackeray, William Makepeace (1811–1863) 307
Thatcher, Margaret (1925–2013) 183
Theophrast (374/369–288/285 v. Chr.) 335, 336
Thiel, Peter (*1967) 407
Thom, Alexander (1894–1985) 142, 162
Tieck, Ludwig (1773–1853) 315
Timler, Friedrich Karl (1914–1995) 335
Tinbergen, Nikolaas (1907–1988) 427
Tukey, John Wilder (1915–2000) 64, 74, 82, 84, 110, 372, 394
Turing, Alan Mathison (1912–1954) 60, 61, 233
Turk, Matthew 415

U
Ulam, Stanisław Marcin (1909–1984) 114, 146, 153

V
Veblen, Oswald (1880–1960) 59, 143, 148
Vincenti, Walter (1917–2019) 133
Virgil (70–21 v. Chr.) 335
Vogt, Robert (*1957) 330, 340, 361
von Brandenburg, Friedrich Wilhelm (1620–1688) 335
von Brandenburg, Johann Georg (1571–1598) 335
von Humboldt, Alexander (1769–1859) 337
von Kármán, Theodore (1881–1963) 204
von Neumann, John (1903–1957) 22, 27, 64, 67, 68, 95, 111, 112, 114, 116, 143–152, 158, 164, 192, 195, 198

W
Waber, Ben 421
Wagner, Richard (1813–1883) 315
Wahba, Grace Goldsmith (*1934) 81, 82
Walther, Elisabeth (1922–2018) 303
Walther-Bense, Elisabeth 303 *siehe* Walther, Elisabeth (1922–2018)
Wantzel, Pierre (1814–1848) 280
Weaver, Warren (1894–1978) 96
Weiser, Mark (1952–1999) 415
Weiss, Sholom M. 370
Wetherald, Richard Thyron (1936–2011) 115, 177
Wexler, Harry (1911–1962) 198
Whitman, Amy C. 308
Wiener, Norbert (1894–1964) 64, 197, 303
Wilkinson, Leland (*1945) 82, 83
Willdenow, Carl Ludwig (1765–1812) 336, 337, 343
Wirth, Niklaus (*1934) 63
Wood, Fred Starr (1921–1990) 82
Wu, Chien-Fu Jeff (*1949) 75

Y
Young, Thomas (1773–1829) 303–305, 319

Z
Zemanek, Heinz (1920–2014) 54
Zepernick, Bernhard (1926–2019) 335
Zhang, Helping (*1963) 82
Ziegler, Marx 249, 258–260, 264–266
Zuboff, Shoshana 414
Zuse, Konrad (1910–1995) 27, 51, 52, 64
Zworykin, Vladimir Kosma (1888–1982) 112, 150, 192

MIX
Papier aus verantwortungsvollen Quellen
Paper from responsible sources
FSC® C105338

If you have any concerns about our products,
you can contact us on
ProductSafety@springernature.com

In case Publisher is established outside the EU,
the EU authorized representative is:
**Springer Nature Customer Service Center GmbH
Europaplatz 3, 69115 Heidelberg, Germany**

Printed by Libri Plureos GmbH
in Hamburg, Germany